电子与嵌入式系统
设计丛书

STM32F0实战

基于HAL库开发

高显生 编著

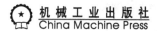

机械工业出版社
China Machine Press

图书在版编目（CIP）数据

STM32F0实战：基于HAL库开发 / 高显生编著 . —北京：机械工业出版社，2018.10
（2021.8重印）
（电子与嵌入式系统设计丛书）

ISBN 978-7-111-61296-4

I. S… II. 高… III. 单片微型计算机－程序设计 IV. TP368.1

中国版本图书馆CIP数据核字（2018）第254508号

STM32F0实战：基于HAL库开发

出版发行：机械工业出版社（北京市西城区百万庄大街22号 邮政编码：100037）

责任编辑：佘 洁 责任校对：殷 虹

印　　刷：北京建宏印刷有限公司 版　　次：2021年8月第1版第3次印刷

开　　本：186mm×240mm 1/16 印　　张：47.25

书　　号：ISBN 978-7-111-61296-4 定　　价：129.00元

前 言

　　意法半导体公司（下文简称意法公司）近年来在国内单片机市场上的业绩可圈可点，旗下 STM32 系列单片机凭借其高性能、高性价比成为 32 位单片机的市场主力，在如今的人才市场上，会不会使用 STM8 和 STM32 单片机往往是用人方选择硬件工程师的条件之一，其重要性和业界的影响力可见一斑。在意法公司的产品线中，STM32F0 系列是 32 位微控制器中的入门级产品。该系列基于 ARM 公司的 Cortex-M0 内核，集实时性能、低功耗运算和 STM32 平台的先进架构及外设于一身，既保留了对传统 8 位和 16 位市场的压倒性竞争力，又可以传承 STM32 用户的开发平台和程序代码，是入门 STM32 开发的不二之选。本书将以 STM32F0 系列微控制器中的旗舰型号 STM32F072VBT6 微控制器为例，从整体架构、存储器、时钟树、异常处理、DMA 和外设模块等方面做详细的介绍，特别是对微控制器片内的 bxCAN 模块和 USB 模块的原理和开发方法进行重点介绍。

　　学习 ARM 微控制器的方法其实与学习 8 位机并无两样，只要找准入门的方法就会事半功倍。在接触 STM32F0 系列的 32 位单片机之前，你一定也曾经是 8 位单片机的"发烧友"，回想当初我们使用 8051 单片机点亮一个 LED 时，那种激动的心情至今仍难以忘怀。在此笔者向大家推荐与当初学习 8051 单片机相同的方法，即从一个简单的实验入手，如点亮一个 LED，由局部到整体，逐步积累开发经验，增强信心，循序渐进，由浅入深。要特别注意的是不要在你还没有学会使用寄存器和函数来操作 STM32 的时候，就贸然研究操作系统移植、图形用户界面（GUI）以及上位机开发等。这不但会让你对学习 STM32 望而却步，还会使你对学习嵌入式开发的信心丧失，这是最可怕的事情。本书不拘泥于概念和原理的探究，而是立足于实践，从系统板基础电路起步，一章一个例子、一章一个实验、一章一个总结、一个模块一套或多套代码，从最基本的 I/O 口学起，逐步拓展到定时器、时钟、串行口、ADC 等，届时你会发现其实 STM32 与 8 位单片机也没有太大差别。

　　近期，意法公司专门针对旗下不同系列的微控制器产品推出了一款全新的开发软件——STM32CubeMX。该软件允许用户使用图形化界面简单直观地对目标微控制器的引脚、时钟等进行初始化设置，并能针对不同的集成开发环境，如 EWARM、MDK-ARM、

TrueSTUDIO 等快速生成开发项目，这无疑是 STM32 入门用户最重大的利好消息。本书将利用 STM32CubeMX 作为项目建立和代码初始化工具，快速生成 STM32F0 系列微控制器的程序架构，并在 MDK-ARM 软件上对代码进行进一步的编辑修改，直至完成最终的项目开发。

作为 STM32 微控制器开发的新手，往往在从寄存器开发入手还是从固件库开发入手的选择上纠结不定。业界对开发 STM32 系列微控制器的方法通常也持有两种不同的观点：一种认为寄存器开发能使开发者明晰单片机内部结构，编写出简洁的代码，执行效率高；而另一种则认为固件库开发能避开对寄存器操作，减轻编程者的压力，还可以为开发者访问底层硬件提供一个中间应用编程界面（API)，并方便上层软件的调用。笔者认为，作为开发 STM32 的硬件工程师，以上两种开发方法都应该掌握，原因是寄存器开发能加深对芯片内部结构和功能的理解，是微控制器入门的必经之路，而固件库开发则是一种趋势，它的编程思想更加先进，对应代码更规范，更具有可读性。本书基于 STM32CubeMX 软件自带的 HAL 库开发——HAL 库不同于以往的标准外设库，是意法公司最新推出的替代标准外设库的产品，书内附 HAL 库、函数、结构、常量等的详细说明及开发实例。

为了配合本书的出版，相应的开发板和视频教程" STM32 奇幻漂流记"也会在近期由"睿芯美微"淘宝网店同步推出，网址为 http://shop59521455.taobao.com。由于作者水平有限，加之写作时间仓促，书中错误在所难免，在此恳请读者和有识之士给予批评斧正，也欢迎大家通过互联网与笔者分享 STM32 的开发心得。

作者 QQ：710878209，微信号：gpmza2000。

本书得以出版，首先要特别感谢机械工业出版社华章公司朱捷等资深编辑，他们对本书的选题、立意和编纂给予了大力支持和悉心指导。其次要感谢的是广大热心网友，你们为本书内容、结构、写法献言献策，给予了莫大关心和支持。再次要感谢笔者的家人，在笔者奋笔疾书的日日夜夜照顾饮食起居，让笔者能更加专注于本书的创作。

尺有所短，寸有所长。每个人的天赋迥异，如果你发现自己对电子产业时常会萌发出一些新奇的想法或创意，请一定将其捕捉住，并且尽早阅读本书，那时你会发现使用 STM32 系列微控制器会让你的想法变为现实，会让你的创意尽情表达，这也许就是你走上研发之路的起点，你的人生也会因此而更加精彩！再次感谢你选择本书，祝学业有成，事业顺达！

高显生

于哈尔滨

目　　录

第一篇

系统架构

STM32F0 系列是意法半导体 32 位微控制器中的入门级产品。但入门不代表低性能，相反，STM32F0 系列微控制器恰恰是集高运算能力和低功耗特性于一身的、极具竞争力的产品。全系列微控制器基于 ARM 公司的 Cortex-M0 高性能内核，集实时性、低功耗运算和 STM32 平台的先进架构及外设于一身，既保留了对传统 8 位和 16 位微控制器市场的压倒性竞争力，又传承了 STM32 用户的开发平台和程序代码，为成本敏感型应用带来了更加灵活的选择。不仅如此，STM32F0 系列微控制器通过集成了 USB 2.0 和 CAN 总线接口，提供了更加丰富的通信功能选项，成为智能电话、通信网关、智能能源器件、多媒体设备、游戏终端等众多便携式消费类应用的理想选择。

本篇将以 STM32F072VBT6 微控制器为例，重点讲述片内系统架构、存储器、系统配置、时钟以及电源管理等内容。在编程方法上，使用了 STM32CubeMX 软件生成开发项目，并且完成对时钟、外设模块的初始化，之后编辑用户应用程序源文件，使用 STM32CubeMX 软件提供的 HAL 库来实现对外设模块的运行控制。

第1章
"芯"系 ARM

在剑桥郊外一个不起眼的商业园区中,坐落着几栋随意排列的办公楼,这就是英国最成功的科技公司之一——ARM 公司的总部所在地。也许你对 ARM 这个名字还不太熟悉,但它的产品却在几乎所有智能手机中处于核心地位。从本章开始,我们将一起步入 ARM 的世界,领略它惊人的运算和处理能力。

1.1 强劲的 ARM 芯

ARM(Advanced RISC Machines)公司是微控制器行业的一家知名企业,设计了大量高性能、廉价、低耗能的 RISC 微控制器和相关技术及软件。通过将其技术授权给世界上许多著名的半导体、软件和 OEM 厂商,ARM 公司成为许多全球性 RISC 标准的缔造者。目前总共有 30 余家半导体公司与 ARM 签订了硬件技术使用许可协议,其中包括 Intel、IBM、LG半导体、NEC、SONY、飞利浦和国家半导体等知名企业。

1.1.1 最成功的科技公司

采用 ARM 技术知识产权的微处理器已遍及工业控制、消费类电子产品、通信系统、网络系统、无线系统等各类产品市场,基于 ARM 技术的微处理器应用约占 32 位 RISC 微处理器 75% 以上的市场份额。目前,全世界超过 95% 的智能手机和平板电脑都采用 ARM 架构,ARM 技术正在逐步渗入我们生活的方方面面。

20 世纪 90 年代,ARM 业绩平平,处理器的出货量徘徊不前。由于资金短缺,ARM 做出了一个意义深远的决定,不再制造芯片,只将芯片的设计方案授权给其他公司,由它们来生产。正是这个模式,最终使得 ARM 芯片遍地开花。进入 21 世纪,由于手机制造行业的快速发展,出货量呈现爆炸式增长,ARM 处理器占据了全球智能手机市场的主导地位。2016年 7 月,ARM 被日本软银收购,并欲成为下一个潜力巨大的科技市场即物联网的领导者。

在传统的计算设备中,如笔记本电脑、台式计算机和服务器等,Intel 和 AMD 两家公司生产的处理器占据了绝大多数的市场份额。应当说,单纯从计算能力来讲,Intel 和 AMD 的处理器都是非常强大的,大量机器运行的操作系统也都依靠这两家公司的芯片产品,包括

Windows、Mac OS 和 Linux。但强大的计算能力带来的是功耗的成倍提升，以 Intel 的处理器为例，其平均 80W 的功率显然不是一般移动设备所能承受的。而由 ARM 公司授权生产的处理器运行功率非常小，一个多核心的 ARM 处理器大约只有 4W 的功率，并能让整个系统都运行在一个芯片上。这一特点使其产品特别适合用于个人电子设备，更小的功率意味着更小的占用空间、更好的散热和更加经济的成本。这也是 ARM 处理器成功的关键。

1.1.2 ARMv6-M 架构

Cortex 是 ARM 公司一个处理器系列的名称。ARM 公司最初的处理器产品都以数字命名，如 ARM7、ARM9 和 ARM11 等。在 ARM11 之后，新推出的处理器产品则改用 Cortex 命名。Cortex 系列基于先进的 ARMv7 架构。按照应用领域不同，基于 ARMv7 架构的 Cortex 处理器系列所采用的技术也不尽相同：基于 v7A 的称为 Cortex-A 系列，定位为应用处理器，支持复杂的运算，主要面向尖端的、基于虚拟内存的操作系统和用户应用，代表型号如 Cortex-A9；基于 v7R 的称为 Cortex-R 系列，定位为实时高性能处理器，主要针对实时系统的应用，如硬盘控制器和汽车控制系统等，代表型号为 Cortex-R4；基于 v7M 的称为 Cortex-M 系列，定位为微控制器处理器，用于工业控制和低成本消费产品等嵌入式系统，代表型号为 Cortex-M3。我们所熟悉的 STM32F103xx 就是基于 Cortex-M3 内核的微控制器产品。

也许好多好的想法都源于偶然，就像牛顿的万有引力定律与苹果的关系一样。在基于 Cortex-M3 内核的微控制器产品获得成功后，一个全新的设计理念诞生了，这就是基于 Cortex-M0 的新系列微控制器产品。Cortex-M0 的设计理念源于酒吧里几位工程师的对话。作为 ARM 的开发者，他们都在寻找一种很小的 32 位处理器，这个想法很快就成为一个成熟的项目（代号为 Swift），于是在 2009 年，Cortex-M0 设计完成，并在很短的时间里便成为最成功的 ARM 处理器产品之一。

Cortex-M0 系列并没有基于传统的 ARMv7 架构，而是在 Cortex-M3 的基础上，在易用性和低功耗方面加以改进，以 ARMv7-M 架构的异常处理和调试特性为基础，使用了 ARMv6 架构的 Thumb 指令集，从而设计出了崭新的 ARMv6-M 架构。

1.1.3 Cortex-M0 处理器简介

Cortex-M0 系列处理器具有低功耗和操作简单的特点，主要面向的是入门级市场。为了实现这一目的，并且能够保留 Cortex-M3 特有的先进高端特性，Cortex-M0 系列的硅片面积进一步缩小，并且代码量极少，这使得该系列处理器能够在低成本应用中实现 32 位的高性能。Cortex-M3 和 Cortex-M0 指令集之间的对应关系如图 1-1 所示。

不仅如此，为了降低功耗，微控制器的结构也做了重大修改，从哈佛结构改为冯·诺依曼结构（单总线接口），进一步降低了系统的复杂性。Cortex-M0 使用 32 位的精简指令集（RISC）。该指令集被称为 Thumb，其中增加了几条 ARMv6 架构的指令，并且纳入了 Thumb-2 指令集的部分指令。Cortex-M0 处理器的内部结构如图 1-2 所示。

ADC	ADD	ADR	AND	ASR	B	CLZ
BFC	BFI	BIC	CDP	CLREX	CBNZ　CBZ	CMN
CMP				DBG	EOR	LDC
LDMIA	BKPT　BLX　ADC　ADD　ADR			LDMDB	LDR	LDRB
LDRBT	BX　CPS　AND　ASR　B			LDRD	LDREX	LDREXB
LDREXH	DMB　BL　BIC			LDRH	LDRHT	LDRSB
LDRSBT	DSB　CMN　CMP　EOR			LDRSHT	LDRSH	LDRT
MCR	ISB　LDR　LDRB　LOM			LSL	LSR	MLS
MCRR	MRS　LDRH　LDRSB　LDRSH			MLA	MOV	MOVT
MRC	MSR　LSL　LSR　MOV			MRRC	MUL	MVN
NOP	NOP　REV　MUL　MVN　ORR			ORN	ORR	PLD
PLDW	REV16　REVSH　POP　PUSH　ROR			PLI	POP	PUSH
RBIT	SEV　SXTB　RSB　SBC　STM			REV	REV16	REVSH
ROR	SXTH　UXTB　STR　STRB　STRH			RRX	RSB	SBC
SBFX	UXTH　WFE　SUB　SVC　TST			SDIV	SEV	SMLAL
SMULL	WFI　YIELD		Cortex-M0/M1	SSAT	STC	STMIA
STMDB				STR	STRB	STRBT
STRD	STREX	STREXB	STREXH	STRH	STRH	STRT
SUB	SXTB	SXTH	TBB	TBH	TEQ	TST
UBFX	UDIV	UMLAL	UMULL	USAT	UXTB	UXTH
WFE	WFI	YIELD	IT			Cortex-M3

图 1-1　Cortex-M0 指令集（图片源自 ST 技术手册）

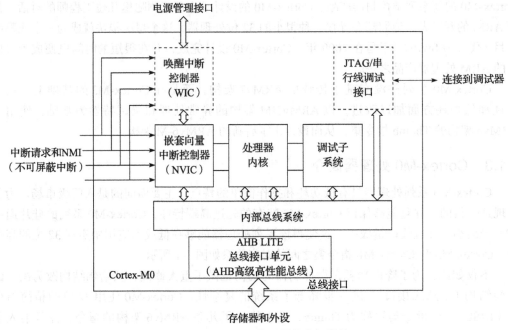

图 1-2　Cortex-M0 处理器的内部结构

Cortex-M0 处理器的各部分功能如下。

1）处理器内核包含寄存器组、算术逻辑单元（ALU）、数据总线和控制逻辑。按照设计要求，流水线可以工作在取指、译码和执行三种状态下。

2）嵌套向量中断控制器（NVIC）用于处理最多 32 个中断请求和一个不可屏蔽中断（NMI）输入，NVIC 需要比较正在执行中断和处于请求状态中断的优先级，然后自动执行高优先级的中断。

3）唤醒中断控制器（WIC）在低功耗应用中使用。当微控制器的大部分模块关闭后，微控制器会进入待机状态。此时，WIC 可以在 NVIC 和处理器处于休眠的情况下执行中断监测功能，当 WIC 检测到一个中断时，会通知电源管理器给系统上电，让 NVIC 和处理器内核执行剩下的中断过程。

4）调试子系统由多个模块构成，用于处理调试控制、程序断点和数据监视点。当调试进行时，处理器内核会自动进入暂停状态。

5）JTAG 和 SWD 接口提供了通向内部总线系统和调试功能的入口。JTAG 一般用作测试功能，而 SWD 则是一种新型接口，只需两根线（时钟线和数据线）就可以完成芯片编程或实现与 JTAG 相同的调试功能。

6）内部总线系统、处理器内核的数据通路以及 AHB-LITE 总线均为 32 位宽，其中 AHB-LITE 是片上总线协议，应用于多款 ARM 处理器中。AMBA 是 ARM 开发的总线架构，已经广泛应用于 IC 设计领域。

1.1.4 Cortex-M0 处理器的特点

Cortex-M0 微控制器功耗非常低、门数量少、代码占用空间小，能在 8 位微控制器的价位上获得 32 位微控制器的性能，可明显降低系统成本，同时能保留对功能强大的 Cortex-M3 微控制器开发工具的兼容能力。Cortex-M0 微控制器的主要特点如下。

1. 功耗低

降低功耗是 Cortex-M0 处理器的设计初衷，在使用 65nm 半导体制造工艺时，处理器的功耗为 12μW/MHz，在 180nm 工艺时功耗也仅为 85μW/MHz，这对于 32 位处理器来说已经是很低的水平了。在 Cortex-M0 处理器的开发过程中，ARM 应用了多种技术和优化措施，以确保硅片面积尽量小，并对处理器的每一部分都经过了小心处理和反复验证以降低功耗。通过尽量减少门数量，直接降低了芯片的动态功耗和漏电流；最低配置的 ARM 处理器仅需 12 000 个门；为了追求更佳的性能，门的数量通常控制在 17 000 ~ 25 000 个，这已经同一般的 16 位处理器差不多了，但性能却是 16 位处理器的两倍有余。

2. 效率高

Cortex-M0 处理器拥有高效率的架构，这主要归功于 Thumb 指令集以及高度优化的硬件设计，可以使用较低的时钟频率来降低动态电流并获取高性能。Cortex-M0 处理器片内有快速乘法器（单周期）和小型乘法器（32 周期）可供选择，在使用快速乘法器时，处理能力可以达到 0.9 DMIPS/MHz，而使用小型乘法器时，可以达到 0.85 DMIPS/MHz。这个性能与老式台式机使用的 80486DX2 的 0.81 DMIPS/MHz 处理能力差不多，但从硅片面积和功耗方面来看就有相当大的差距了。

3. 架构先进

Cortex-M0 本身在架构上支持低功耗，还提供了睡眠和深度睡眠两种低功耗模式，同时也支持 Sleep-on-exit 功能，即一旦中断处理完成，微控制器会重返睡眠模式，从而缩短微控制器处于活跃状态的时间。另外，Cortex-M0 还提供了可选的 WIC 功能，在深度睡眠模式下整个系统时钟关闭，只保持 WIC 处于工作状态，用于在紧急时刻唤醒微控制器。

4. 中断时间确定

内置的嵌套向量中断控制器（NVIC）使中断配置和异常处理简洁而迅速。当接收到中断请求后，中断处理会自动执行，而且无须软件查找中断向量的位置，中断响应时间确定，同时保留了不可屏蔽中断（NMI）输入，对打造高可靠性系统提供了可能。

5. 软件可移植

Cortex-M 系列处理器主要是用于微控制器产品，其中 Cortex-M3 处理器首先发布，其功能丰富且性能出众；Cortex-M1 随后发布，主要用于 FPGA 产品。而 Cortex-M0 则是 Cortex-M 系列发布的第三个处理器。尽管这些处理器的应用场景不同，但它们都有一致的内核架构、相似的系统模型和兼容的指令集。

Cortex-M3 处理器基于 ARMv7-M 内核架构，使用 Thumb-2 指令集，而 Cortex-M0 和 Cortex-M1 处理器都是基于 ARMv6-M 内核架构，使用 Thumb 指令集。Thumb-2 指令集是 Thumb 指令集的超集，因此在 Cortex-M0 上设计的程序可以在完全不用修改的情况下应用在 Cortex-M3 处理器上。

对于所有基于 Cortex-M 内核的微控制器，其软件代码都可以使用 C 语言来编写，这样编程时间更短，而且可移植性强。另外，Cortex-M0 架构支持嵌入式操作系统——在一些复杂的应用中，使用嵌入式操作系统会让并行任务处理变得更加得心应手。

1.1.5　RISC 架构

RISC（Reduced Instruction Set Computer，精简指令集计算机）是一种执行较少类型计算机指令的微控制器。ARM 公司设计的微控制器均基于 RISC 架构，它能够以更快的速度执行操作。因为计算机执行每个指令类型都需要额外的晶体管和电路元件，指令集越大，微控制器就会变得越复杂，执行操作也会更慢，因此使用 RISC 架构的微控制器可以增加工作效率并降低功耗。

RISC 微控制器不仅精简了指令系统，还采用了超流水线结构。虽然它们的指令数目只有几十条，却大大增强了并行处理能力，可以在单一指令周期内容纳多个并行操作。另外，RISC 芯片的工作频率一般在 400MHz 数量级，时钟频率低，功率消耗少，温升也少，机器不易发生故障和老化，提高了系统的可靠性。

1.1.6　AMBA 总线

ARM 研发的 AMBA（Advanced Microcontroller Bus Architecture）提供了一种特殊的机制，

可将 RISC 微控制器集成在其他 IP 芯核和外设中。2.0 版的 AMBA 标准中定义了三组总线：高级高性能总线（Advanced High-performance Bus，AHB）、高级系统总线（Advanced System Bus，ASB）和高级外设总线（Advanced Peripheral Bus，APB）。

1. AHB

高级高性能总线由主模块、从模块和基础结构三部分组成，整个 AHB 上的传输都由主模块发出，由从模块负责回应。其基本结构由仲裁器、主模块到从模块的多路选择器、从模块到主模块的多路选择器、译码器、虚拟从模块、虚拟主模块等组成，是应用于高性能、高时钟频率的系统模块。它构成了高性能的系统骨干总线。

2. ASB

高级系统总线适用于连接高性能的系统模块。它的读 / 写数据总线采用的是同一条双向数据总线，可以在某些高速且不需要使用 AHB 的场合作为系统总线使用，并可以支持处理器、片上存储器和片外处理器接口以及与低功耗外部单元之间的连接。

3. APB

APB 是本地二级总线，通过桥与 AHB 或 ASB 相连，主要是为了满足不需要高性能流水线接口或不需要高带宽接口的设备互连。APB 只有一个 APB 桥，用于将来自于 AHB 或 ASB 的信号转换为合适的形式以满足挂接在 APB 上设备的要求，如串行口、定时器等。

1.1.7　微控制器软件接口标准（CMSIS）

随着嵌入式软件越来越复杂，软件代码的兼容性和可重用性变得非常重要，这样既可减轻项目开发者的压力、缩短开发时间，又方便第三方软件组件的使用。为了使这些软件产品具有高度的兼容性和可移植性，ARM 同许多微控制器和软件供应商共同努力，为 Cortex-M 处理器产品开发出一个通用的软件接口标准 CMSIS。该标准相当于 Cortex-M 处理器的跨平台驱动程序，用于在不同的开发环境中调用。

1. CMSIS 的软件功能

CMSIS 通常作为微控制器厂商提供的设备驱动库的一部分来使用，它提供了一种标准化的软件接口，并且针对 Cortex-M0、Cortex-M3 等处理器特性，定义了相应的操作函数，这也提高了软件的可移植性。CMSIS 的软件功能如图 1-3 所示。

图 1-3 中，采用 ARM 内核的微控制器产品由 Cortex-M0 核和外设构成。对于外设来说，微控制器厂商通常会提供标准外设函数库来作为其外设产品的驱动，而 CMSIS 则是 ARM 公司为 Cortex-M 系列内核定义的驱动函数库。CMSIS 提供了以下标准化的内容。

❑ 标准化的操作函数，用于访问 NVIC、系统控制块（SCB）以及 SysTick 定时器。

❑ 使用 Cortex-M 微控制器特殊指令的标准化函数。因为有些指令不能由普通的 C 代码生成，如果需要这些指令，就可以使用 CMSIS 提供的相应函数来实现。

❑ 系统异常处理的标准化命名。当系统异常有了标准化命名以后，在一个操作系统里支持不同的设备驱动库也变得更加容易。

❑ 系统初始化函数的标准化命名。通用的系统初始化函数被命名为"SystemInit()"，提高了软件的兼容程度。

☐ 为时钟频率信息建立标准化的变量。这个变量被命名为"SystemFreq"或者"System CoreClock",用于确定处理器的时钟频率。

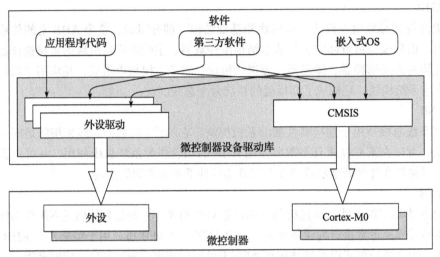

图 1-3 CMSIS 的软件功能

2. CMSIS 的组织结构

CMSIS 被集成在微控制器供应商提供的设备驱动包中。当使用设备驱动库进行软件开发时,就已经在使用 CMSIS 了。CMSIS 设备驱动库具有相似的内核函数和接口,一旦使用了一种 Cortex-M 微控制器,就可以触类旁通,很快上手另外一款微控制器产品。CMSIS 的软件结构可以分为核心外设访问层、中间件访问层、设备外设访问层和外设访问函数等,具体如图 1-4 所示。CMSIS 提供的驱动文件功能详见表 1-1。

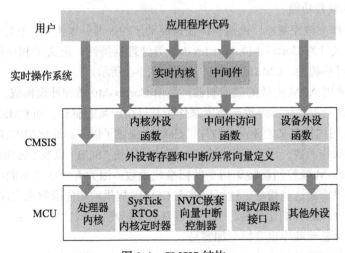

图 1-4 CMSIS 结构

表 1-1 CMSIS 中的文件

文 件	描 述
<device>.h	该文件提供了 CMSIS 需要的多个常量定义、设备特有的异常类型定义、外设寄存器定义以及外设地址定义，实际的文件名同设备相关
core_cm0.h	该文件包含处理器外设寄存器的定义，包括 NVIC、SysTick 定时器、系统控制块（SCB）等，还提供了中断控制和系统控制等内核操作函数。该文件和 core_cm0.c 共同组成了 CMSIS 的内核外设访问层
core_cm0.c	该文件提供了 CMSIS 的内部函数，这些参数与编译器无关
启动代码	CMSIS 中包含了多个版本的启动代码，该代码包含向量表和多个系统异常处理的虚拟定义
system_<device>.h	该文件为 system_<device>.c 函数的头文件
system_<device>.c	该文件包含系统初始化函数"SystemInit()"、处理器时钟频率变量"SystemCoreClock"定义以及"SystemCoreClockUpdate()"函数定义，用于在时钟频率改变后更新"SystemCoreClock"
其他文件	包含外设控制代码和其他辅助函数，这些文件提供了 CMSIS 的设备外设访问层

1.2 STM32 系列微控制器

意法公司推出的 STM32F0 系列微控制器集成了高性能的 32 位 ARM Cortex-M0 RISC 内核，内嵌高速存储器，具有广泛增强的外设和 I/O 端口、标准的通信接口、多个定时器、ADC 和 DAC 转换设备，以及一整套可以用于低功耗应用的节电模式设计。这些特点使得 STM32F0 系列产品可以适用于各种应用，如家电控制、用户界面、手持设备、A/V 接收器和数字 TV、PC 辅助设备、游戏和 GPS 平台、工业应用、PCL、逆变器、打印机、扫描仪、报警系统和视频应用等。

1.2.1 STM32 微控制器家族

从意法公司的网站上，我们能清楚地看到该公司旗下微控制器的产品线构成。意法公司的微控制器产品可以分为低成本的 8 位单片机产品 STM8 系列、基于 32 位 ARM 处理器的 STM32 系列以及 32 位的 SPC56 车用系列。意法公司的微控制器产品线结构如图 1-5 所示。

在意法公司微控制器产品中，目前型号最多、功能最丰富的当属 STM32 系列。该系列产品基于 ARM Cortex-M 内核，可划分成超低功耗系列、主流系列和高性能系列，分别基于 Cortex-M0/M0+、Cortex-M3、Cortex-M4 和 Cortex-M7 内核，为微控制器用户提供多种选择。STM32 系列微控制器产品家族如图 1-6 所示。

1.2.2 STM32 的命名规则

STM32 系列微控制器产品遵循统一的命名规则，产品型号的最开始部分"STM32"代表意法公司的 32 位产品家族，之后的型号定义规则如图 1-7 所示。

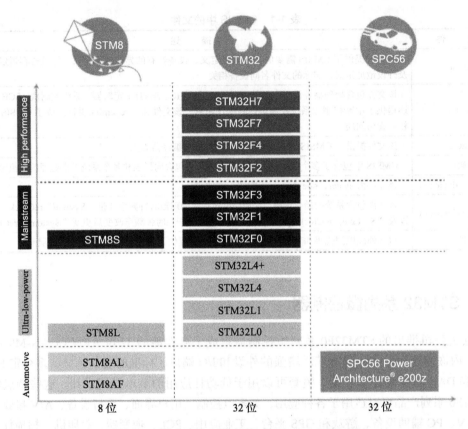

图 1-5   微控制器产品线结构（源自意法公司网站）

❑ 产品类型
- F = 通用
- L = 超低功耗
❑ 设备子系列
    数字越大，即表示具有更多的功能。例如，STM32L0 系列包括 STM32L051、L052、L053、L061、L062、L063 等子系列，其中 STM32L06x 系列具有 AES 功能，但 STM32L05x 系列没有这样的功能。另外，设备子系列编号的最后一个数字显示器件具备的功能：
- 1 = 通用产品
- 2 = 具备 USB 接口
- 3 = 具备 USB 接口和液晶控制器
❑ 引脚数量
- F = 20 引脚
- G = 28 引脚

- K = 32 引脚
- T = 36 引脚

STM32 32 位 ARM Cortex MCU

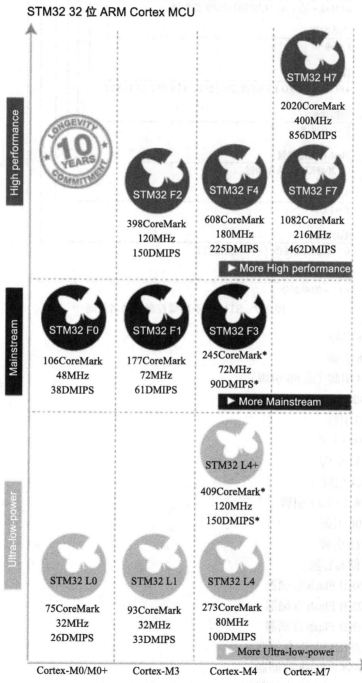

图 1-6　STM32 系列微控制器产品家族（源自意法公司网站）

例子：   STM32 F 439V I T 6×××

器件家族
STM32 = 基于ARM内核的32位微控制器

产品类型
F = 通用

设备子系列
439 = USB OTG FS/HS摄像头接口、以太网、LCD-TFT

引脚数量
V = 100引脚

Flash存储器容量
I = 2048KB Flash存储器

封装
T = LQFP

温度范围
6 = 工业温度范围（−40℃至85℃）

选项
××× = 编程部分

图 1-7　STM32 系列微控制器命名规则

- S = 44 引脚
- C = 48 引脚
- R = 64 引脚（或 66 引脚）
- M = 80 引脚
- O = 90 引脚
- V = 100 引脚
- Q = 132 引脚
- Z = 144 引脚
- I = 176（+ 25）引脚
- B = 208 引脚
- N = 216 引脚

❑ Flash 存储器容量

- 4 = 16KB Flash 存储器
- 6 = 32KB Flash 存储器
- 8 = 64KB Flash 存储器
- B = 128KB Flash 存储器
- C = 256KB Flash 存储器
- D = 384KB Flash 存储器

- E = 512KB Flash 存储器
- F = 768KB Flash 存储器
- G = 1024KB Flash 存储器
- I = 2048KB Flash 存储器

❑ 封装
- B = SDIP
- H = BGA
- M = SO
- P = TSSOP
- T = LQFP
- U = VFQFPN
- Y = WLCSP

1.2.3　STM32F0 系列微控制器功能概述

STM32F0 系列微控制器大致可以分成三类产品：STM32F030 系列是 F0 家族中的低成本系列，其特点是引脚和外设数量较少，价格也经济实惠；STM32F0x1 系列是主流产品，有着较多的产品型号、较多的外设、多种封装选择和适当的价格，是产品开发设计的首选；STM32F0x2 系列代表 F0 家族中的最强阵容，该类产品在 F0x1 系列的基础上增加了全速 USB2.0 接口和 CAN 通信接口，是性能和低功耗的有机组合。本书余下的篇幅将以 STM32F072VBT6 微控制器为例，力求对其功能进行较为全面的叙述。

STM32F072VBT6 微控制器基于 ARM Cortex-M0 的 32 位 RISC 内核，工作频率为 48MHz，具有高达 128KB 的闪存和 16KB 的 SRAM 存储器，具有多个增强型外设，如定时器、串行通信接口、ADC、DAC、CAN、USB 和 I/O 接口等。STM32F072 家族微控制器的特性和外设配置详见表 1-2。

表 1-2　STM32F072 家族器件特性和外设配置

外　　设		STM32F072Cx		STM32F072Rx		STM32F072Vx	
Flash 存储器 /KB		64	128	64	128	64	128
SRAM/KB		16					
定时器	高级控制	1（16 位）					
	通用	5（16 位）、1（32 位）					
	基本	2（16 位）					
通信接口	SPI[I²S]	2[2]					
	I²C	2					
	USART	4					
	CAN	1					
	USB	1					
	CEC	1					

（续）

外　设	STM32F072Cx	STM32F072Rx	STM32F072Vx
12 位 ADC（通道数）	1（10 外部 + 3 内部）	1（16 外部 + 3 内部）	
12 位 DAC（通道数）	1（2）		
模拟比较器	2		
GPIO	37	51	87
电容传感器通道	17	18	24
最大 CPU 频率	48MHz		
工作电压	2.0 ~ 3.6V		

1. 内核

STM32F072 家族微控制器内核采用了 ARM 公司的 32 位 Cortex-M0 CPU，最大频率为 48MHz，在低成本、低功耗的前提下提供了出色的运算性能、较高的代码执行效率和快速的中断响应。

2. 存储器

❑ Flash 存储器：配置有 64 ~ 128KB 的 Flash 存储器，这些存储器可以被分成两部分，其中内部存储器区域用于存放程序和数据，选项字节则用于设定芯片的工作特性或为存储区域提供读写保护。

❑ SRAM 存储器：内部 16KB SRAM 能以 CPU 的速度进行读写访问，无需等待周期，内置的奇偶校验功能可以防止在复杂苛刻的应用条件下发生错误。

3. CRC 计算单元

独立的 CRC（循环冗余校验）计算单元可以依靠硬件计算并生成 CRC 码，用于检验数据传送或存储的完整性。

4. DMA 控制器

7 通道 DMA 控制器用于管理存储器到存储器、外设到存储器以及存储器到外设的数据传送。每个 DMA 通道都连接到专用的 DMA 请求，并且每个通道都支持软件触发。使用 DMA 可以极大地减轻 CPU 的数据传输压力，提高运算性能。

5. 复位和供电管理

❑ STM32F072 家族微控制器的电源供电分为几个部分：V_{DD} 的供电电压为 2.0 ~ 3.6V，用于给 I/O 口和内部电压调节器供电；V_{DDA} 的供电电压同样为 2.0 ~ 3.6V，用于给 ADC、复位时钟、RC 振荡器和 PLL 供电；V_{BAT} 的供电电压为 1.6 ~ 3.6V，当微控制器的 V_{DD} 掉电后，V_{BAT} 用于给 RTC、外部 32kHz 时钟振荡器和备份寄存器供电。

❑ 微控制器内部集成了上电复位（POR）和掉电复位（PDR）电路。这两个电路会一直保持有效，以确保微控制器在 2V 阈值之上正常工作。当电源电压低于规定的阈值 V_{POR}/V_{PDR} 时，微控制器将处于复位状态。

❑ 微控制器还内嵌一个可编程的电压检测器（PVD）以监控 VDD 电源。当 V_{DD} 低于或高于 V_{PVD} 阈值时，会引发中断用于产生警告信息或将微控制器置于某个安全状态。

❑ 电压调节器有主电源（MR）、低功耗（LPR）和掉电三种工作模式。其中，MR 用于正常工作模式，功率消耗最大；LPR 用于停止（STOP）模式，这时微控制器工作在低功耗模式下；掉电用于待机（STANDBY）模式，电压调节器输出为高阻状态，内核电路掉电，寄存器和 SRAM 的内容全部丢失。

6. 低功耗模式

STM32F072 家族微控制器支持睡眠、停止和待机三种低功耗模式，以便在低电源功耗、快速启动时间和可唤醒三者之间实现最佳的低功耗解决方案。

7. 时钟管理

STM32F072 家族微控制器可用的时钟源有 4 ～ 32MHz 外部晶体振荡器、32kHz 的 RTC 振荡器、内部 8MHz RC 振荡器（带 ×6 锁相环倍频）、内部 40kHz RC 振荡器和 48MHz 振荡器。当微控制器复位后，默认情况下选择内部的 8MHz RC 振荡器作为默认的时钟。通过配置也可以选择 4 ～ 32MHz 的外部时钟。如果外部时钟出现故障，系统会自动切换到内部 RC 振荡器上继续运行。通过设定相应的预分频器，软件可以配置 AHB 和 APB 总线频率，AHB 和 APB 的最大频率为 48MHz。

8. 通用输入输出接口（GPIO）

STM32F072 家族微控制器最多可以配置 87 个高速 I/O 口，每个 GPIO 引脚都可以通过软件配置为输出（上拉或开漏）、输入（带或不带上拉 / 下拉）或作为外设的复用功能，所有 GPIO 可配置为外部中断输入。

9. 模 – 数转换器（ADC）

STM32F072 家族微控制器内部集成有 1 个 12 位模 – 数转换器，转换范围为 0 ～ 3.6V，最多有 16 个外部通道和 3 个内部通道（温度传感器、参考电压和 V_{BAT} 电压测量）。ADC 可以执行单次或扫描转换。ADC 还具有模拟看门狗功能，允许精确地监测一个或多个模拟电压，当模拟电压超出可编程阈值时会产生一个中断。

10. 数 – 模转换器（DAC）

12 位的 DAC 转换器可以将数字信号转换成模拟电压信号输出，内部集成有运算放大器，可以选择电压或电流输出，DAC 可以通过定时器触发输出。

11. 模拟比较器

微控制器内嵌两个快速低功耗轨至轨（rail to rail）模拟比较器，具有可编程的参考电压源。模拟比较器可以将微控制器从 STOP 模式中唤醒、产生中断或中止定时器，还可组合成窗口比较器。

12. 触摸感应控制器

独立触摸感应控制器（TSC）具有最多 24 个电容感应通道，用于 I/O 端口上触控感应采集，支持接近、触摸按键、线性和旋转触摸感应控制。

13. 实时时钟（RTC）

实时时钟（RTC）是一个独立 BCD 编码的定时器 / 计数器，用于产生亚秒、秒、分、时、周、天、日、月、年等时间信息，时间数据采用 BCD 编码格式，并可自动调整月天数；

可编程闹钟可以将微控制器从停止或待机中唤醒；具有两个可编程防侵入检测引脚，当检测到侵入事件时可以将微控制器从停止或待机模式中唤醒；时间戳功能用来在发生时间戳事件时，保存日历内容并唤醒微控制器。

14. 定时器

STM32F072家族微控制器内部配置有1个16位高级控制定时器，用于6通道PWM输出，并且带有死区时间发生器和紧急刹车功能；1个32位和7个16位定时器，具有最多4路输入捕获或输出比较通道，可用于红外控制和解码或DAC控制；1个独立的窗口看门狗定时器和24位向下计数的SysTick定时器。

15. 通信接口

❑ 2个 I²C 接口：支持快速脉冲模式（1Mbit/s），其中1个还支持 SMBus/PMBus 功能。

❑ 4个 USART 接口：支持主同步 SPI 和 Modem 控制功能，其中2个还支持 ISO7816 接口、LIN、IrDA、自动波特率检测和唤醒功能。

❑ 2个 SPI 接口：通信速率18Mbit/s，支持4到16位可编程字长，支持 I²S 接口。

❑ 1个 CAN 通信接口。

❑ 1个 USB2.0 全速接口，可以使用内部48MHz振荡器时钟运行。

16. 高清晰度多媒体接口（HDMI）

微控制器内嵌 HDM-CEC 控制器，提供消费电子控制（CEC）协议的硬件支持，可供多媒体设备间的高级控制和互联使用。

第 2 章
开 发 环 境

当我们还没有掌控一个微控制器时，它就好像摆在我们面前的一个魔盒，让人无从下手，打开这个魔盒需要两把"钥匙"，即软、硬件开发工具。让人欣喜的是，为 STM32F0 系列微控制器开发应用程序所需要的开发工具都非常廉价，甚至低于开发绝大多数 8 位微控制器的投入，这也在一定程度上促进了 STM32F0 系列微控制器的普及和推广。本章从介绍程序开发所需要的软、硬件资源入手，教你如何使用 STM32CubeMX 软件快速生成开发项目。

2.1 软件开发工具

STM32F0 系列微控制器的软件开发工具种类非常丰富，且以第三方软件厂商提供的软件居多，常用的软件开发工具有 KEIL 公司的 MDK-ARM、IAR 公司的 EWARM 集成开发环境等。其中 MDK-ARM 软件与开发 8051 系列单片机的集成开发环境 C51 同样出自 KEIL 公司，会让从 51 单片机过渡到 ARM 的开发者有一种似曾相识的感觉，这也许是很多 ARM 用户坚持使用 MDK-ARM 软件的原因之一。

在使用第三方厂商提供的集成开发环境为 STM32F0 系列微控制器开发应用程序时，一方面需要对集成开发环境做出必要的设置，使其能与目标芯片的特性相匹配。另一方面，基于 ARM 内核的芯片内部功能均较为复杂，为了降低开发难度、增加代码的可移植性，往往使用集成的函数库来为微控制器开发应用程序，所以在设置集成开发环境时，还需要考虑将适合的函数库添加到集成开发环境中来。以上两方面看似简单，实则会让大多数的 ARM 初学者就此止步。

作为 STM32 系列微控制器的生产商，意法公司比任何一家第三方的软件厂商都更了解自己的产品。为了简化设置并降低开发难度，意法公司专门针对旗下不同系列的微控制器产品推出了一款全新的开发软件——STM32CubeMX，该软件允许用户使用图形化界面简单直观地对目标微控制器的引脚、时钟和外设等进行初始化设置，并能针对不同的集成开发环境，如 MDK-ARM、EWARM、TrueSTUDIO 等快速生成开发项目，之后在相应的集成开发环境中调用生成的项目即可对程序进行进一步的开发。

本书介绍的 STM32F0 系列微控制器的软件开发就是应用上述方法，即首先使用 STM32CubeMX 软件生成开发项目，之后将开发项目转移至 MDK-ARM 软件中，对项目代码进行进一步的编写、编译直至生成相应的 HEX 文件并烧写至目标微控制器中。以下，我们将围绕 MDK-ARM 和 STM32CubeMX 这两个开发软件进行介绍。

2.1.1 MDK-ARM 集成开发环境

使用集成开发环境为微控制器开发应用程序已经是行业的标准做法，各大芯片厂商也都通过各种方式开发或完善适合自己产品的集成开发环境。集成开发环境通常是将微控制器软件开发的全过程整合到一个软件中，从项目的建立、源代码的编写、编译、仿真调试直至程序的烧写都由一个软件来完成，这样做能让用户更加专注于产品的设计和开发。

如果你曾经是 8051 系列单片机的用户，那么你一定对大名鼎鼎的 KEIL C51 有所了解，应当说使用 KEIL C51 开发 8051 系列单片机是用户的不二之选。其实作为一家业界领先的微控制器软件开发工具供应商，KEIL 公司的软件产品也涵盖了基于 ARM 内核的微控制器产品的开发。特别是自 2005 年被 ARM 公司收购之后，KEIL 公司更加集中精力为高速发展的 32位微控制器市场提供完整的解决方案。

KEIL 公司的集成开发环境（IDE）通常冠以 μVision 的名称，支持包括工程管理、源代码编辑、编译、下载调试和模拟仿真等多种功能。按照推出时间的不同，μVision 有μVision2、μVision3、μVision4 和 μVision5 四个版本，目前最新的版本是 μVision5。确切地说，μVision 只是提供了一个环境，让开发者易于操作，要完成具体的开发过程还需要相关的开发工具配合才行。目前在 μVision5 开发环境下，支持以下四种开发工具：

1）MDK-ARM（Microcontroller Development Kit-ARM）：专为 32 位微控制器定制的开发工具，支持 ARM 和 Cortex 等微控制器内核。

2）KEIL C51：KEIL 公司开发的支持绝大部分 8051 内核微控制器的开发工具。

3）KEIL C166：KEIL 公司开发的支持 C166、XC166 和 XC2000 系列微控制器的开发工具。

4）KEIL C251：KEIL 公司开发的支持基于 80251 内核微控制器的开发工具。

自 2013 年以来，KEIL 公司正式推出了 MDK-ARM V5 版本。该版本使用 μVision5 集成开发环境，是目前针对 ARM 微控制器，尤其是 ARM Cortex-M 内核的微控制器的最佳集成开发工具之一。MDK-ARM V5 加强了针对 Cortex-M 微控制器开发的支持，并且对传统的开发模式和界面进行了升级。MDK-ARM 软件目前的最新版本是 V5.20，其内部框架结构如图2-1 所示。

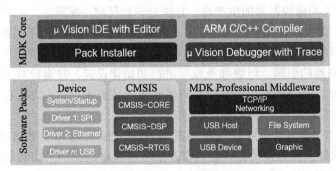

图 2-1 MDK-ARM 框架结构

从软件的框架结构图中可以看出，MDK-ARM V5 将编译器与器件分离，细分成 MDK Core 和 Software Packs 两部分，其中 Software Packs 部分可以独立于工具链进行新芯片支持和中间件的升级。

❏ MDK Core（MDK 核心）

MDK Core 包含微控制器开发的所有组件，包括 IDE（μVision5）、编辑器、C/C++ 编译器、μVision 调试跟踪器和安装包管理器（Pack Installer）等，用于完成程序的编写、编译、仿真调试和代码烧写等任务。

❏ Software Packs（软件安装包）

Software Packs 分为 Device、CMSIS、MDK Professional Middleware 三部分，包含了各类可用的设备驱动。软件安装包支持完整的微控制器系列，如 ARM7、ARM9、Cortex-M0/M0+/M1/M3/M4 等 ARM 内核芯片，另外也提供了对 CMSIS 库、中间件、开发板、示例代码和工程样板的支持，并可以随时将新增器件添加至 MDK 内核中。

按照授权的不同，MDK-ARM 软件有四个不同级别的版本，分别是 MDK-Lite、MDK-Basic、MDK-Standard 和 MDK-Professional。其中 MDK-Lite（32KB）版可免费下载使用，不需要序列号或授权许可密钥。MDK-ARM 软件具体下载方法如下：

1）在浏览器中输入网址"http://www.keil.com/"，访问 KEIL 公司网站，单击"Product Downloads"项，如图 2-2 所示。

图 2-2　下载 MDK-ARM 软件（一）

2）浏览器的"Download Products"窗口中列出了KEIL公司的四种软件开发工具，单击"MDK-ARM"项，如图2-3所示。

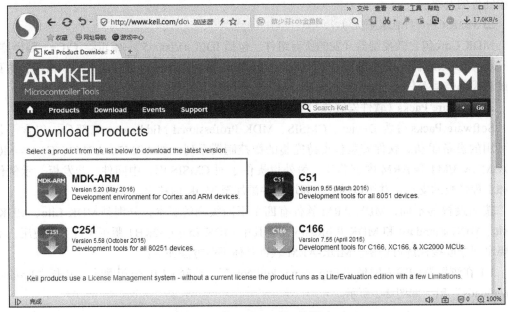

图 2-3　下载 MDK-ARM 软件（二）

3）单击"MDK520.EXE"项即可启动下载任务，如图2-4所示。

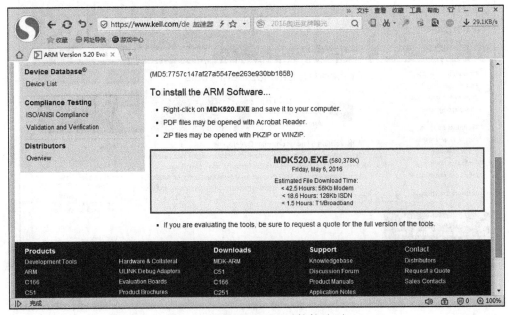

图 2-4　下载 MDK-ARM 软件（三）

4）在 MDK-ARM 软件下载完成后，还需要下载 STM32F0 系列微控制器的软件安装包，方法是在浏览器中输入网址"http://www.keil.com/dd2/Pack/"，即可进入软件安装包下载页面，如图 2-5 所示。

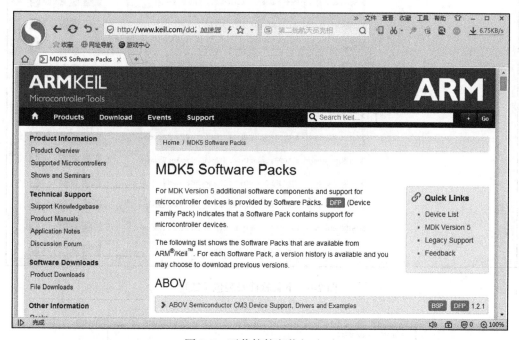

图 2-5　下载软件安装包（一）

5）在"MDK5 Software Packs"页面下找到目标器件所在的系列，如开发 STM32F072VB 微控制器则需要安装"STM32F0"系列，单击该系列后面的下载按钮，即可将该系列的安装包下载到你的 PC 中，如图 2-6 所示。

2.1.2　安装 MDK-ARM 软件

MDK-ARM V5.20 软件和相应的软件安装包成功下载后，即可将其安装在 PC 上，具体方法如下。

1）双击 MDK-ARM V5.20 软件的安装文件即可启动安装过程，如图 2-7 所示。

2）在弹出的窗口中勾选"I agree to all …"选项，并单击"Next"按钮，如图 2-8 所示。

3）软件安装时需要用户指定安装路径，这里需要注意的是 V5.20 版本的 MDK-ARM 软件的安装路径分为"Core"和"Pack"两个部分，此处保持默认的设置并单击"Next"按钮，如图 2-9 所示。

4）在弹出的窗口中依次输入用户的基本信息，并单击"Next"按钮，如图 2-10 所示。

5）软件自动进入文件拷贝过程，这一过程大约需要几分钟，如图 2-11 所示。

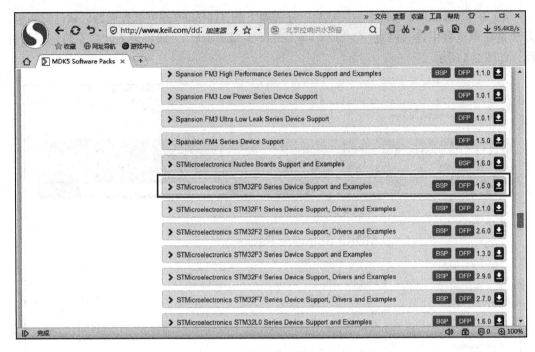

图 2-6 下载软件安装包（二）

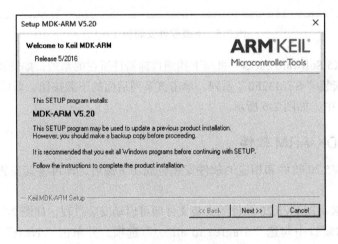

图 2-7 安装 MDK-ARM 软件（一）

6）文件拷贝结束后会提示安装设备驱动程序，单击"安装"按钮，如图 2-12 所示。

7）单击"Finish"按钮结束安装，如图 2-13 所示。

8）MDK-ARM 软件安装完成后会自动弹出软件安装包的欢迎窗口，单击"OK"按钮关闭此窗口，如图 2-14 所示。

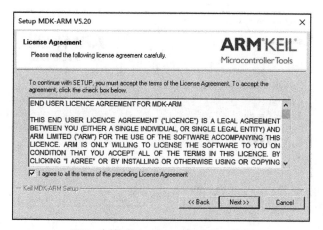

图 2-8 安装 MDK-ARM 软件（二）

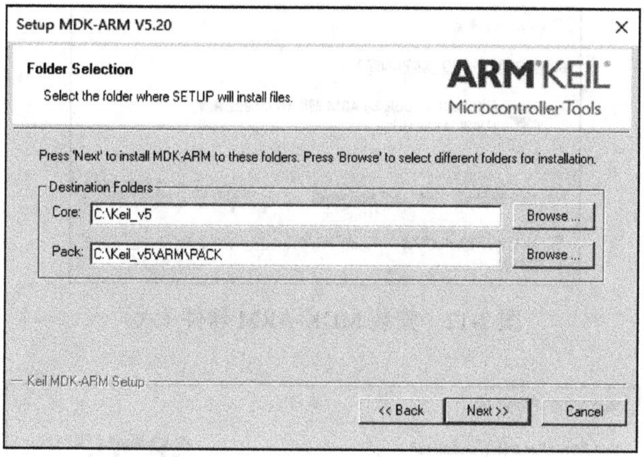

图 2-9 安装 MDK-ARM 软件（三）

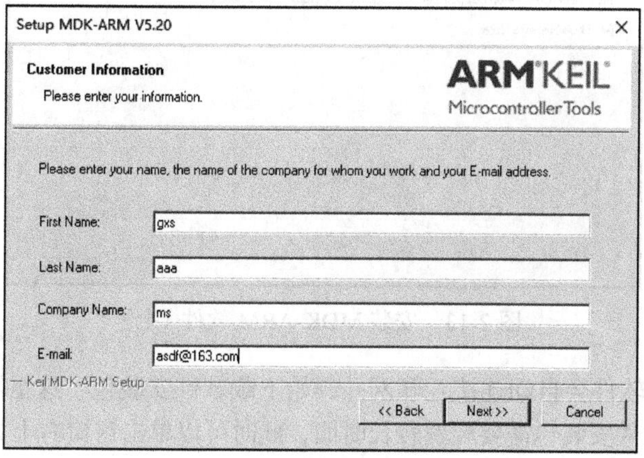

图 2-10 安装 MDK-ARM 软件（四）

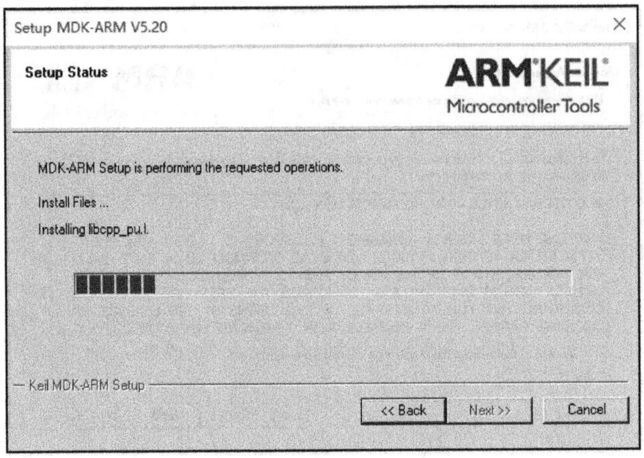

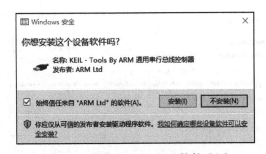

图 2-11 安装 MDK-ARM 软件（五）

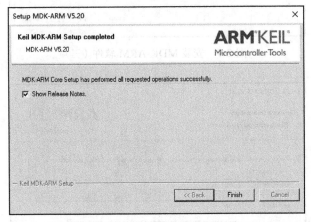

图 2-12 安装 MDK-ARM 软件（六）

图 2-13 安装 MDK-ARM 软件（七）

9）MDK-ARM 软件会自动连接互联网并开始下载软件安装包。这里需要说明的是，使用此方法下载和安装软件安装包需要耗费较长时间，此时可以单击窗口右上方的"×"按钮，中止本次安装包的下载和安装进程，而改用其他方式来下载和安装软件安装包，如图 2-15 所示。

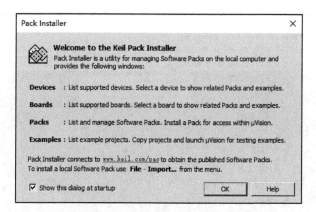

图 2-14　安装 MDK-ARM 软件（八）

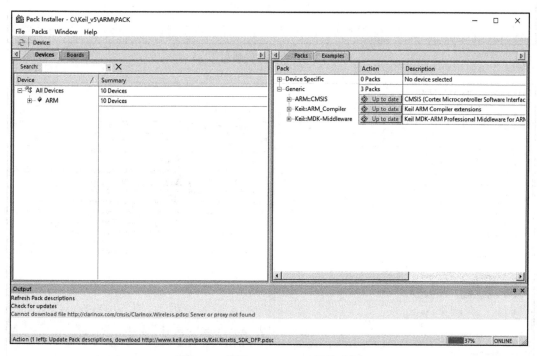

图 2-15　安装 MDK-ARM 软件（九）

10）双击桌面上 MDK-ARM 软件的快捷方式图标，运行 MDK-ARM 软件，如图 2-16 所示。

11）MDK-ARM 软件运行后，界面如图 2-17 所示。单击工具栏上的"Pack Installer"按钮，即可启动安装包管理器。

12）在安装包管理器的"File"菜单中选择"Import"项，如图 2-18 所示。

图 2-16　运行 MDK-ARM 软件

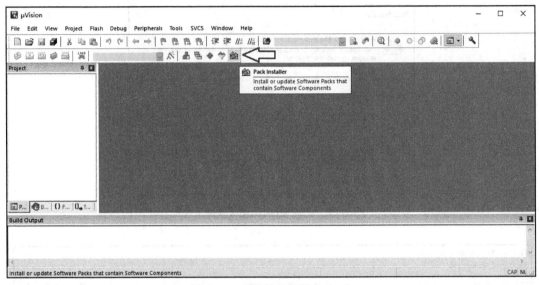

图 2-17　安装软件安装包（一）

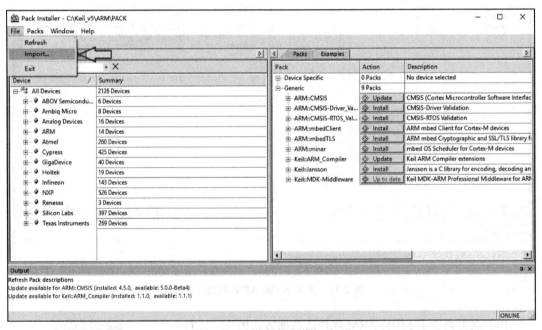

图 2-18　安装软件安装包（二）

13）指定软件安装包的存储路径，并选中安装包文件"Keil.STM32F0xx_DFP.1.5.0"，单击"打开"按钮，即可启动安装包的安装过程，如图 2-19 所示。

14）安装包安装完成后，在"Pack Installer"窗口的器件列表中会出现"STMicroelectronics"项，单击前面的"＋"号可以展开所支持的器件列表，我们需要的目标器件

"STM32F072VB" 就包含在其中，如图 2-20 所示。

图 2-19　安装软件安装包（三）

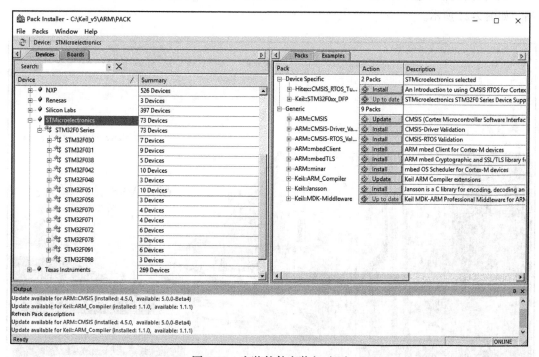

图 2-20　安装软件安装包（四）

2.1.3　STM32CubeMX 软件

STM32CubeMX 软件是意法公司推出的一个具有划时代意义的软件开发工具，它是意法公司 STM32Cube 计划中的一部分。该软件是一个图形化开发工具，用于配置和初始化其旗下全系列基于 ARM Cortex 内核的 32 位微控制器，并可以根据不同的集成开发环境，如 IAR、KEIL 和 GCC 等，生成相应的软件开发项目和 C 代码。简单地说，STM32CubeMX 软件件就是一款初始化 C 代码生成器。

STM32CubeMX 软件可以选择性地安装配套的固件包以支持意法公司不同系列的微控制器产品。不仅如此，STM32CubeMX 软件的固件包内部还提供了意法公司更加先进的 HAL（hardware abstraction layer）库，支持芯片内的所有外设操作。准确地说，HAL 库就是用来取代之前的标准外设固件库（Standard Peripherals Firmware Library）的。相比标准外设固件库，HAL 库具有更高的抽象整合水平和更好的可移植性，可以轻松地实现从一个 STM32 产品移植到另一个不同系列的产品中。

本书将使用 STM32CubeMX 软件为 STM32F072VBT6 微控制器生成基本的开发项目和相关的初始化 C 代码，之后在 MDK-ARM 集成开发环境中完成程序代码的进一步编写、编译直至将生成的 HEX 文件烧写至微控制器中。STM32CubeMX 软件可以从意法公司的官网上免费下载得到，具体方法如下。

1）在浏览器中输入网址"http://www.st.com/content/st_com/zh.html"，访问意法公司网站，如图 2-21 所示。

图 2-21　下载 STM32CubeMX 软件（一）

2）单击"工具与软件"项，并在出现的菜单中选择"Software Development Tools"项，如图 2-22 所示。

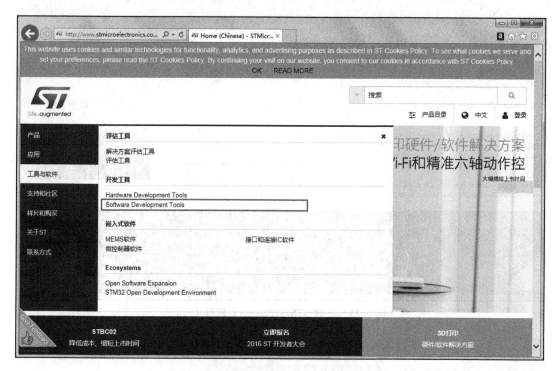

图 2-22 下载 STM32CubeMX 软件（二）

3）在"Software Development Tools"页面中，单击"产品列表"项，如图 2-23 所示。

4）在"产品列表"项中，单击"STM32 Software Development Tools（42）"项后面的加号，展开折叠的项目列表，如图 2-24 所示。

5）在"STM32 Software Development Tools（42）"项目列表中，单击"STM32 Configurators and Code Generators（8）"项，如图 2-25 所示。

6）在"STM32 Configurators and Code Generators"软件列表中，单击"STM32CubeMX"软件，如图 2-26 所示。

7）在"SOFTWARE DEVELOPMENT TOOLS"窗口中，单击"获取软件"按钮，如图 2-27 所示。

8）在"许可协议"窗口中单击"ACCEPT"按钮，如图 2-28 所示。

9）在"获取软件"窗口中填写用户信息，完成后单击"下载"按钮，如图 2-29 所示。

10）软件会提示你的注册信息已提交，并将软件的下载地址链接发送至你刚刚填写的邮箱中。访问邮箱中的软件下载地址，即可将 STM32CubeMX 软件下载至你的 PC，如图 2-30 所示。

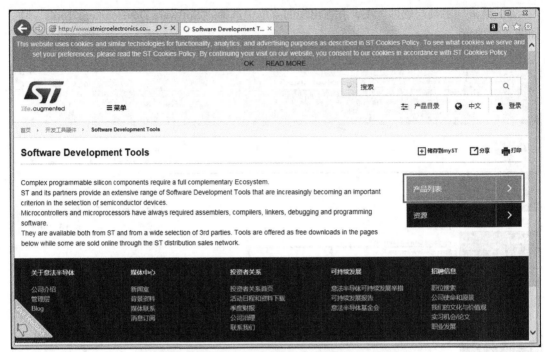

图 2-23　下载 STM32CubeMX 软件（三）

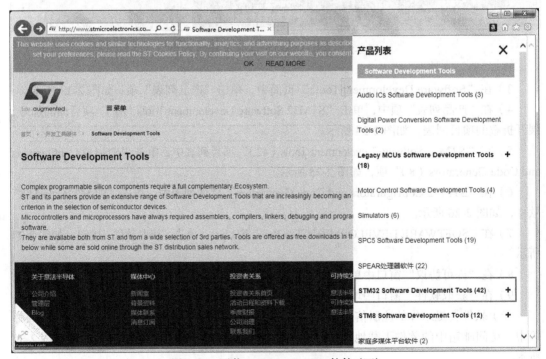

图 2-24　下载 STM32CubeMX 软件（四）

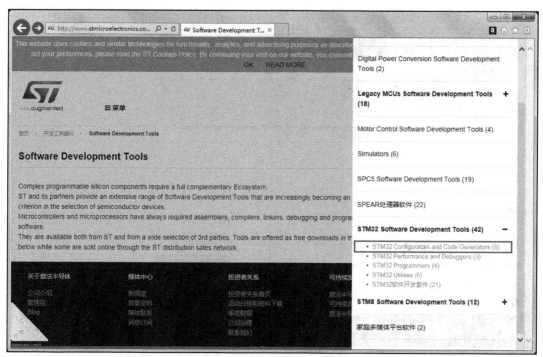

图 2-25 下载 STM32CubeMX 软件（五）

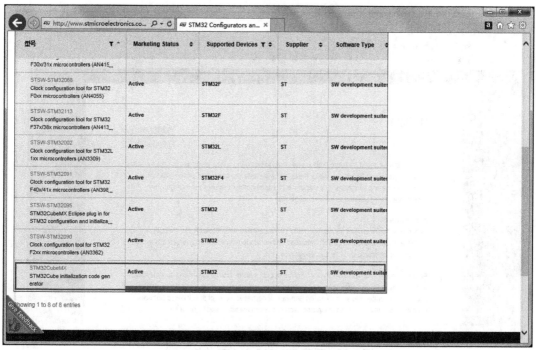

图 2-26 下载 STM32CubeMX 软件（六）

图 2-27 下载 STM32CubeMX 软件（七）

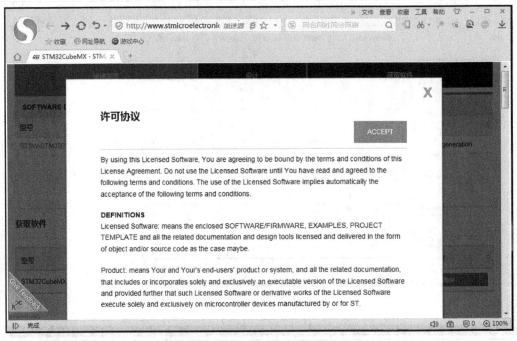

图 2-28 下载 STM32CubeMX 软件（八）

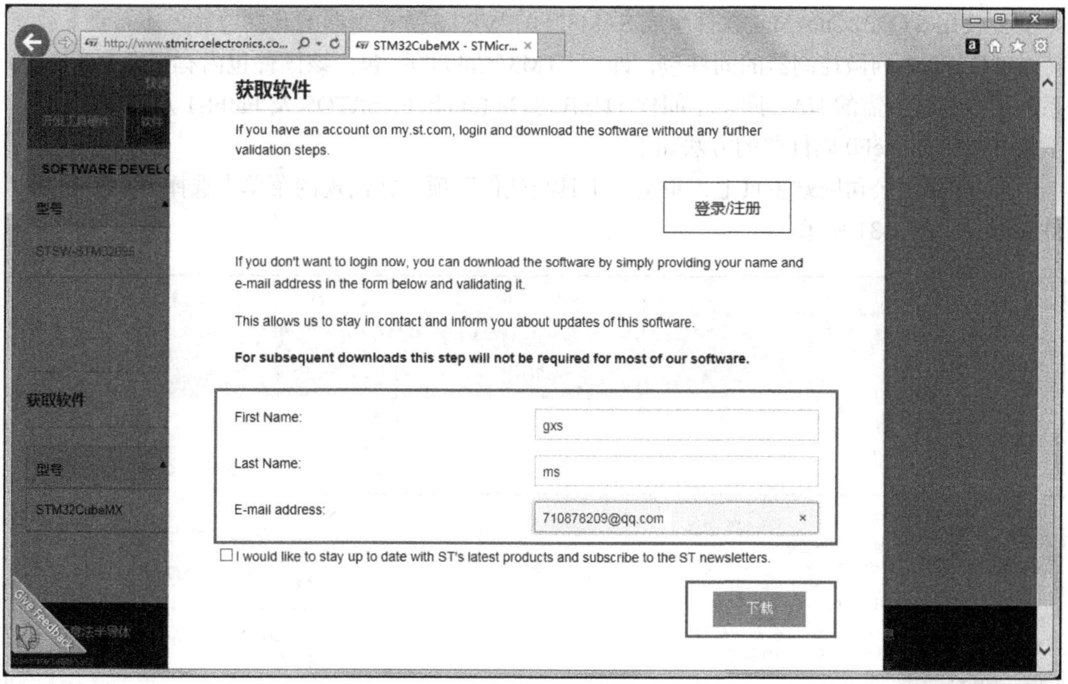

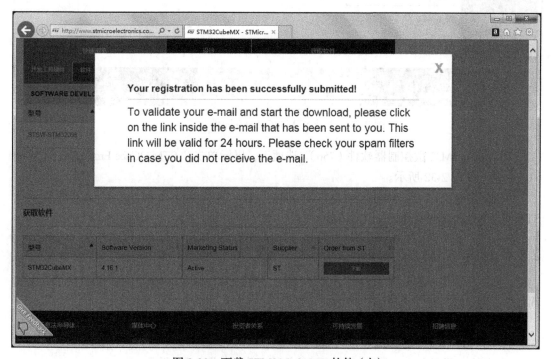

图 2-29　下载 STM32CubeMX 软件（九）

图 2-30　下载 STM32CubeMX 软件（十）

要使用 STM32CubeMX 软件生成 STM32F072VBT6 微控制器的开发项目，还需要下载支持 STM32F0 系列微控制器的固件包，即"STM32CubeF0"包。该固件包内有开发 STM32F0 系列微控制器所需的 HAL 库、中间件（USB、STMTouch、FreeRTOS 及 FatFS）及相应例程等。下载 STM32CubeF0 固件包的方法如下。

1）在意法公司网站主页上，单击"工具与软件"项，在出现的菜单中选择"微控制器软件"项，如图 2-31 所示。

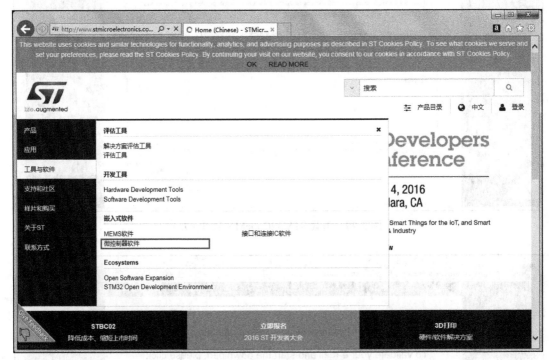

图 2-31　下载 STM32CubeF0 固件包（一）

2）在"STM32 微控制器软件（256）"选项下，鼠标单击"STM32Cube Embedded Software（13）"项，如图 2-32 所示。

3）在软件列表中，单击"STM32CubeF0"软件并开始下载过程，具体方法与下载 STM32CubeMX 软件类似，如图 2-33 所示。

2.1.4　安装 STM32CubeMX 软件

通过以上下载步骤，我们得到了两个软件，分别是 STM32CubeMX 软件和 STM32CubeF0 固件包。两个软件都是以压缩包的形式保存在 PC 中的，如图 2-34 所示。

在获得了这两个软件的压缩包文件后，我们就可以着手安装了，具体方法如下。

1）将名为"en.stm32cubemx"的软件压缩包解压后，双击其中的"SetupSTM32CubeMX-4.16.0"文件，即可启动 STM32CubeMX 软件的安装，如图 2-35 所示。

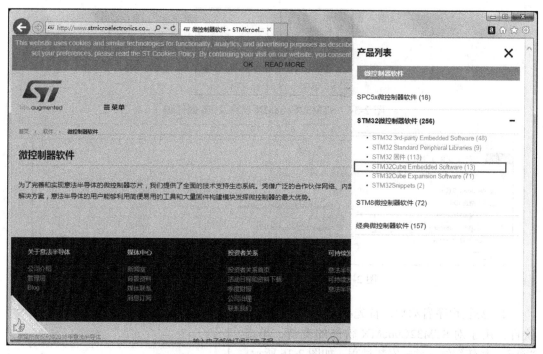

图 2-32 下载 STM32CubeF0 固件包（二）

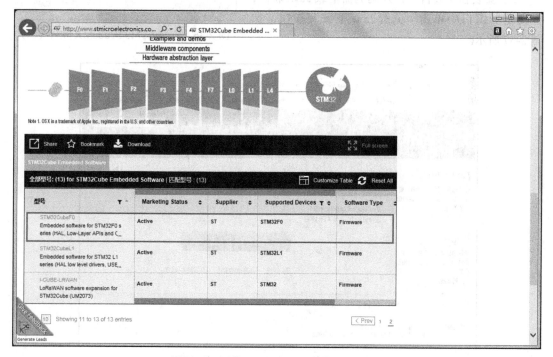

图 2-33 下载 STM32CubeF0 固件包（三）

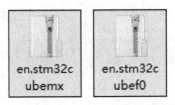

图 2-34 STM32CubeMX 软件及 F0 固件包

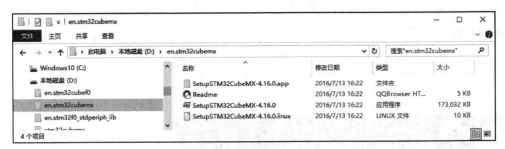

图 2-35 安装 STM32CubeMX 软件（一）

2）安装程序启动后，首先提示需要下载 Java 软件，用于对 STM32CubeMX 软件的支持，单击"确定"按钮继续软件的安装过程，如图 2-36 所示。

3）安装程序会自动打开浏览器下载 Java 软件，在浏览器窗口中单击"免费 Java 下载"按钮，如图 2-37 所示。

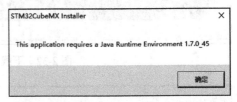

图 2-36 安装 STM32CubeMX 软件（二）

图 2-37 安装 STM32CubeMX 软件（三）

4）在浏览器窗口中，单击"同意并开始免费下载"按钮，如图 2-38 所示。

图 2-38　安装 STM32CubeMX 软件（四）

5）在弹出的新建下载任务窗口中，单击"下载"按钮，如图 2-39 所示。

图 2-39　安装 STM32CubeMX 软件（五）

6）在下载管理器窗口中，双击"JavaSetup8u101.exe"文件，即可启动 Java 软件的安装，如图 2-40 所示。

7）在 Java 安装程序的欢迎使用界面中，单击"安装"按钮，如图 2-41 所示。

8）Java 安装程序需要下载所需的文件，如图 2-42 所示。

9）下载完成后，在弹出的窗口中单击"下一步"按钮，如图 2-43 所示。

10）安装过程需要几分钟的时间，如图 2-44 所示。

图 2-40　安装 STM32CubeMX 软件（六）

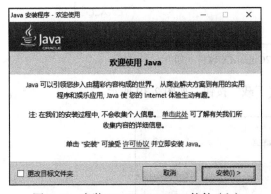

图 2-41　安装 STM32CubeMX 软件（七）

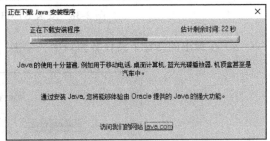

图 2-42　安装 STM32CubeMX 软件（八）

图 2-43　安装 STM32CubeMX 软件（九）

图 2-44　安装 STM32CubeMX 软件（十）

11）Java 软件安装完成后，会弹出"您已成功安装 Java"的提示，单击"关闭"按钮，如图 2-45 所示。

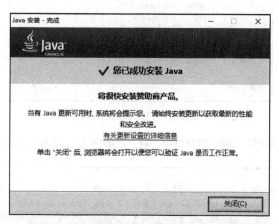

图 2-45　安装 STM32CubeMX 软件（十一）

12）在完成了 Java 软件的安装后，需要对软件的版本进行验证，单击"验证 Java 版本"按钮，如图 2-46 所示。

图 2-46　安装 STM32CubeMX 软件（十二）

13）在弹出的"是否要运行此应用程序？"对话框中，单击"运行"按钮，如图 2-47 所示。

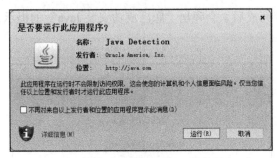

图 2-47 安装 STM32CubeMX 软件（十三）

14）在完成了版本验证后，浏览器窗口中会有"已验证 Java 版本"的提示信息，如图 2-48 所示。

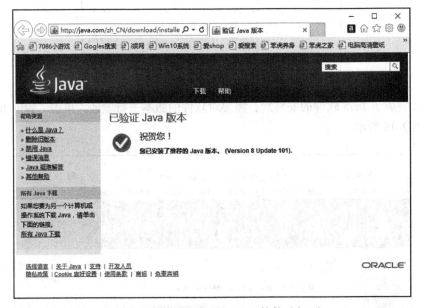

图 2-48 安装 STM32CubeMX 软件（十四）

15）再次双击压缩包中的"SetupSTM32CubeMX-4.16.0"文件，启动 STM32CubeMX 软件的安装，如图 2-49 所示。

16）在 STM32CubeMX 软件的欢迎窗口中单击"Next"按钮，继续安装过程，如图 2-50 所示。

17）在"STM32CubeMX Licensing agreement"窗口中，选择"I accept the terms …"选项，单击"Next"按钮继续安装过程，如图 2-51 所示。

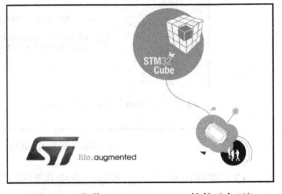

图 2-49 安装 STM32CubeMX 软件（十五）

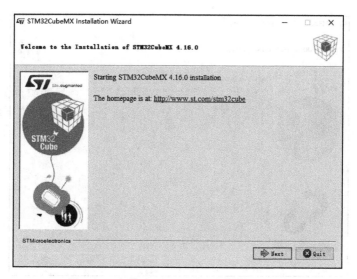

图 2-50　安装 STM32CubeMX 软件（十六）

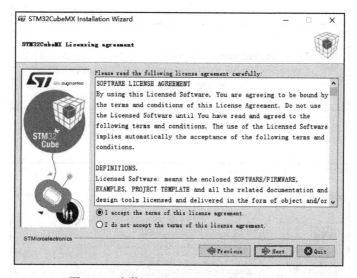

图 2-51　安装 STM32CubeMX 软件（十七）

　　18）在"STM32CubeMX Installation path"窗口中，使用默认的安装路径，并单击"Next"按钮，如图 2-52 所示。

　　19）在"Message"窗口中单击"确定"按钮，如图 2-53 所示。

　　20）在"STM32CubeMX Shortcuts Setup"窗口中，使用默认的安装选项并单击"Next"按钮，如图 2-54 所示。

　　21）在"STM32CubeMX Package installation"窗口中，进度条会提示软件的安装过程，如图 2-55 所示。

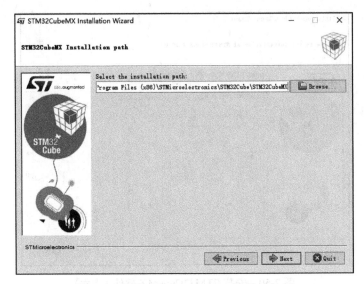

图 2-52　安装 STM32CubeMX 软件（十八）

图 2-53　安装 STM32CubeMX 软件（十九）

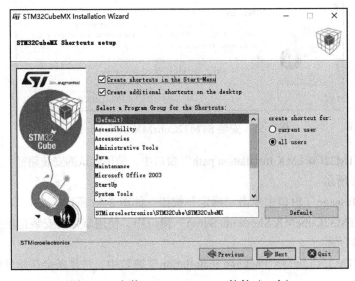

图 2-54　安装 STM32CubeMX 软件（二十）

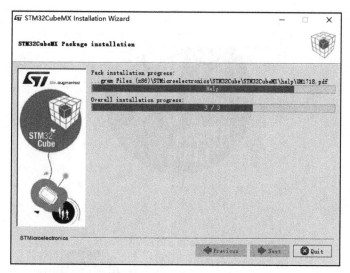

图 2-55　安装 STM32CubeMX 软件（二十一）

22）软件安装过程结束后会弹出" STM32CubeMX Installation done"窗口，单击" Done"按钮，如图 2-56 所示。

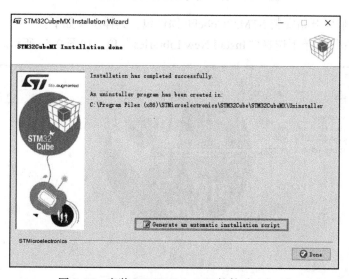

图 2-56　安装 STM32CubeMX 软件（二十二）

23）软件安装完成后，在桌面上会出现" STM32CubeMX"快捷方式图标，如图 2-57 所示。

24）鼠标双击" STM32CubeMX"快捷方式图标，打开" STM32CubeMX"软件，可以看到该软件的界面非常简洁，如图 2-58 所示。

图 2-57　STM32CubeMX 快捷方式图标

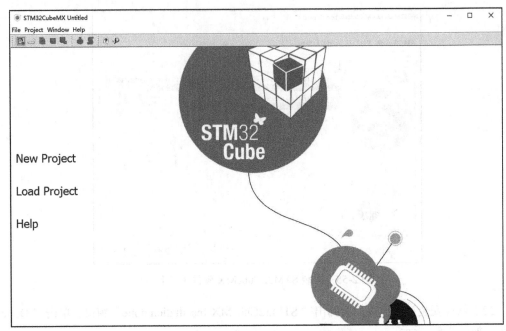

图 2-58　首次运行 STM32CubeMX 软件

接下来，我们要开始安装 STM32CubeF0 固件包，具体步骤如下。

1）在"Help"菜单下选择"Install New Libraries"项，如图 2-59 所示。

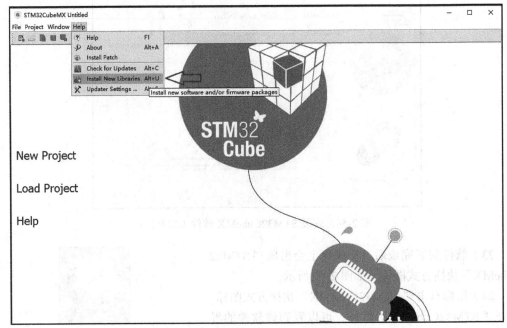

图 2-59　安装 STM32CubeF0 固件包（一）

2）在弹出的"New Libraries Manager"窗口中，单击"From Local…"按钮，选择从本地安装固件包，如图 2-60 所示。

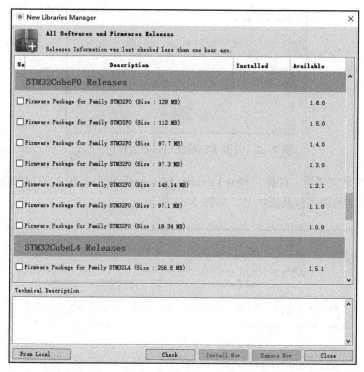

图 2-60 安装 STM32CubeF0 固件包（二）

3）在弹出的"Select a STM32Cube Package File"窗口中，选择已经下载好的固件压缩包文件"en.stm32cubef0.zip"，单击"Open"按钮打开，如图 2-61 所示。

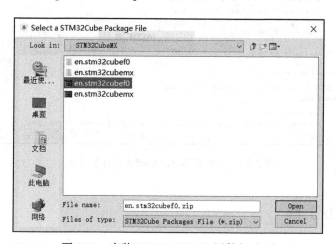

图 2-61 安装 STM32CubeF0 固件包（三）

4）软件会自动加载所选择的压缩文件，并将其解压至 STM32CubeMX 软件中，如图 2-62 所示。

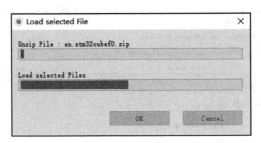

图 2-62 安装 STM32CubeF0 固件包（四）

5）固件包安装完成后，查看" New Libraries Manager"窗口，在" STM32CubeF0 Releases"项中会显示已安装的固件包及版本号，如图 2-63 所示。

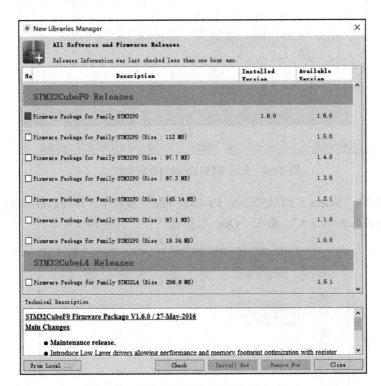

图 2-63 安装 STM32CubeF0 固件包（五）

2.2 硬件开发工具

嵌入式产品的应用程序开发是建立在硬件基础上的，程序代码与硬件电路的结构密不可分。因此，在开始学习开发 STM32F0 系列微控制器时，你需要一点硬件投资来支撑你完成后续的学习任务。

2.2.1 仿真 / 编程器

开发 STM32F0 系列微控制器可供使用的编程 / 仿真器种类很多，本书使用的是由意法公司推出的 ST-LINK/V2 在线仿真 / 编程器。该仿真 / 编程器是意法半导体专门为初学者学习、评估、开发 STM8 和 STM32 系列微控制器设计的低成本开发工具，可以完成 STM8 和 STM32 全系列微控制器的在线调试与编程任务，ST-LINK/V2 在线仿真 / 编程器外观如图 2-64 所示。

ST-LINK/V2 在线仿真 / 编程器是 STM8/32 系列初学者入门、编程和调试的最具性价比的开发工具之一，它可以使用单线接口模块（SWIM）和 JTAG/ 串行线调试接口（SWD）与目标板上的 STM8 或 STM32 单片机通信，用于对目标器件进行硬件联机调试和编程。在使用 ST-LINK/V2 对 STM32F0 系列单片机进行调试或编程时，使用 SWD 接口将在线仿真 / 编程器与目标板进行连接。

在 ST-LINK/V2 在线仿真 / 编程器上有两种类型的接口：一种是 SWIM 接口，用于对 STM8 系列微控制器的在线调试与编程；另一种是 JTAG/SWD 接口，用于对 STM32 系列微控制器的开发。JTAG/SWD 接口引脚排列如图 2-65 所示，其引脚定义详见表 2-1。

图 2-64　ST-LINK/V2 在线仿真 / 编程器（源自产品手册）　　　　图 2-65　JTAG/SWD 接口

表 2-1　JTAG/SWD 接口引脚定义

引脚序号	名　　称	功　　能	与目标板连接（JTAG）	与目标板连接（SWD）
1	VAPP	目标 VCC	MCU 电源正	MCU 电源正
2	VAPP	目标 VCC	MCU 电源正	MCU 电源正
3	TRST	JTAG TRST	JNTRST	GND
4	GND	GND	GND	GND
5	TDI	JTAG TDO	JTDI	GND
6	GND	GND	GND	GND
7	TMS_SWDIO	JTAG TMS、SW IO	JTMS	SWDIO
8	GND	GND	GND	GND
9	TCK_SWCLK	JTAG TCK、SW CLK	JTCK	SWCLK

（续）

引脚序号	名　　称	功　　能	与目标板连接（JTAG）	与目标板连接（SWD）
10	GND	GND	GND	GND
11	NC	未连接	未连接	未连接
12	GND	GND	GND	GND
13	TDO_SWO	JTAG TDI, SWO	JTDO	TRACESWO
14	GND	GND	GND	GND
15	NRST	NRST	NRST	NRST
16	GND	GND	GND	GND
17	NC	未连接	未连接	未连接
18	GND	GND	GND	GND
19	VDD	VDD3.3V	未连接	未连接
20	GND	GND	GND	GND

　　ST-LINK/V2 在线仿真 / 编程器使用 SWD 方式与目标板连接的方法是：使用杜邦线将 20 针的 JTAG 接口中的 VAPP、TMS_SWDIO、TCK_SWCLK 和 GND 引脚与目标板单片机的 VDD、SWDIO、SWCLK 和 GND 引脚连接即可。这里需要注意的是，在线仿真 / 编程器不能对外供电，其 VAPP 引脚是目标板供电电源的反馈引脚，只有当目标板有独立的供电电源时仿真 / 编程操作才能正常进行。ST-LINK/V2 在线仿真 / 编程器与目标板的连接方法如图 2-66 所示。

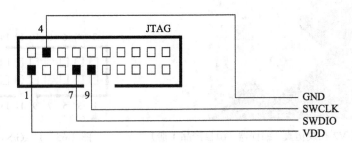

图 2-66　JTAG 接口与目标板的连接（SWD 方式）

　　将 ST-LINK/V2 在线仿真 / 编程器与目标板正确连接后，即可将编程器的 USB 接口与 PC 相连，并且安装相应的驱动程序，具体步骤如下。

　　1）首次将 ST-LINK/V2 在线仿真 / 编程器连接至计算机时会出现提示安装设备驱动程序的信息，如图 2-67 所示。

　　2）当提示安装设备驱动程序的信息出现后，在 PC 设备管理器的"其他设备"中有"STM32 STLink"项出现。该项前面标有黄色的叹号，表明该驱动程序没有正确安装，如图 2-68 所示。

　　3）右击"STM32 STLink"项，在弹出的对话框中选择"更新驱动程序软件"项，如图 2-69 所示。

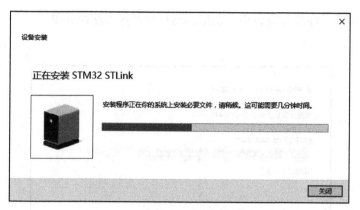

图 2-67 安装 ST-LINK/V2 驱动（一）

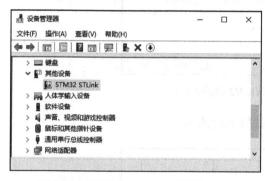

图 2-68 安装 ST-LINK/V2 驱动（二）

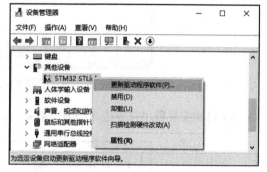

图 2-69 安装 ST-LINK/V2 驱动（三）

4）在弹出的对话框中选择"浏览计算机以查找驱动程序软件"项，如图 2-70 所示。

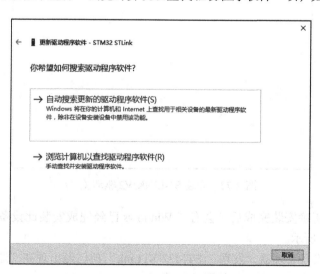

图 2-70 安装 ST-LINK/V2 驱动（四）

5）在更新驱动程序软件窗口中，指定驱动程序的保存路径并单击"下一步"按钮，如图 2-71 所示。

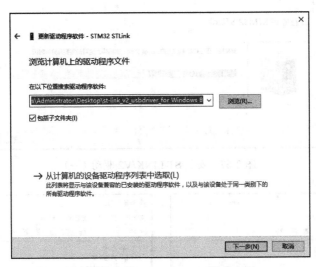

图 2-71　安装 ST-LINK/V2 驱动（五）

6）启动安装程序并等待驱动的安装完成，如图 2-72 所示。

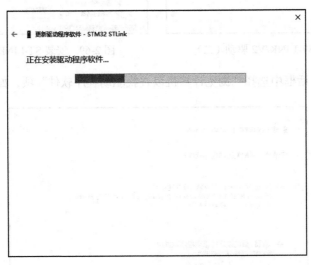

图 2-72　安装 ST-LINK/V2 驱动（六）

7）驱动程序正确安装完成后，会有"Windows 已经完成安装此设备的驱动程序软件"的提示，如图 2-73 所示。

8）再次查看设备管理器，发现"STM32 STLink"项已经出现在"通用串行总线设备"中，且前面黄色的叹号已经消失，如图 2-74 所示。

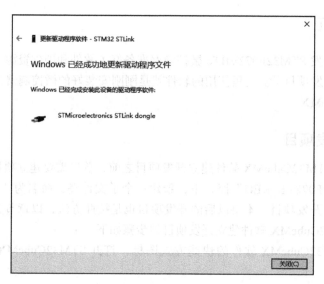

图 2-73 安装 ST-LINK/V2 驱动（七）

2.2.2 STM32 系统板

STM32F072VBT6 微控制器采用 LQFP100 封装，引脚间距仅为 0.5mm，这样的封装很难用手工的方法搭建系统板，所以建议使用成品的系统板或者全功能开发板来完成本书的代码测试任务。STM32F072VBT6 系统板的外观如图 2-75 所示，系统板电路原理可以参考本书附录 A，全功能开发板外观详见本书附录 B。另外，也可以使用核心板配合显示模块来完成系统搭建，具体详见本书附录 C。

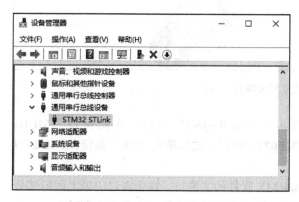

图 2-74 安装 ST-LINK/V2 驱动（八）

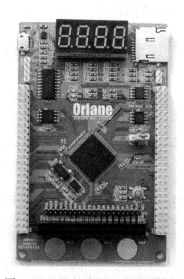

图 2-75 STM32F072VBT6 系统板

2.3 项目建立

我们已经为开发 STM32F072VBT6 微控制器准备好了软件和硬件资源，现在是时候建立一个专属于它的开发项目了。这里使用的软件就是刚刚安装好的微控制器初始化和代码生成器——STM32CubeMX。

2.3.1 新建开发项目

在开始使用 STM32CubeMX 软件建立开发项目之前，首先需要建立项目保存的路径，在 PC 的"D:\STM32F072VB_REG"路径下，新建一个子文件夹，命名为"chapter02"，用于保存本章所建立的开发项目，本书以后的开发项目也是按此方法，以章节为顺序保存到该路径下。使用 STM32CubeMX 软件建立开发项目的步骤如下。

1）双击 STM32CubeMX 软件的快捷方式图标，打开 STM32CubeMX 软件，如图 2-76 所示。

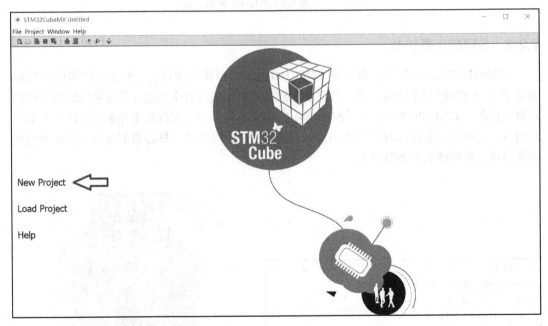

图 2-76 建立开发项目（一）

2）单击"New Project"按钮，会弹出"New Project"窗口，在此窗口"MCUs List"列表中选择微控制器的型号为"STM32F072VBTx"，之后单击"OK"按钮，如图 2-77 所示。

3）器件选择完成后，会显示 STM32CubeMX 软件的主窗口。在主窗口中最上面的部分是软件的菜单栏，其次是工具栏，工具栏的下方是四个视图选项卡，如图 2-78 所示。

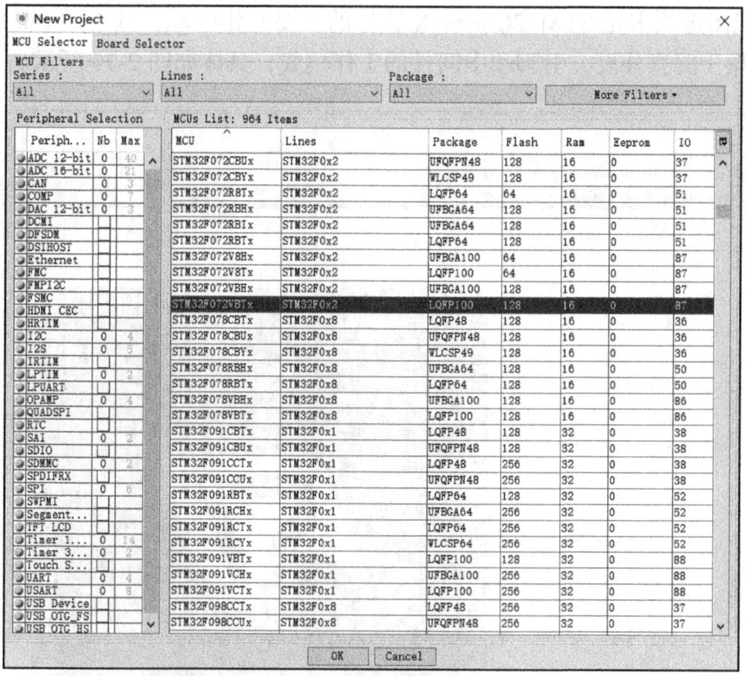

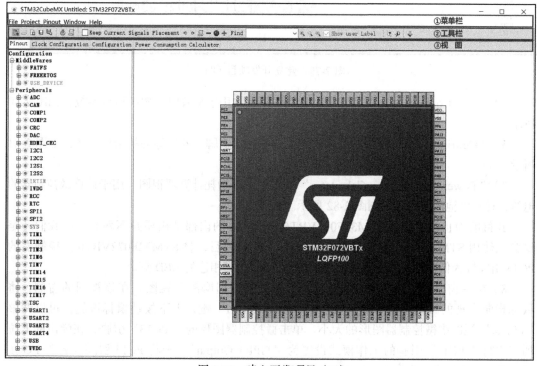

图 2-77　建立开发项目（二）

图 2-78　建立开发项目（三）

　　4）四个视图选项卡是 STM32CubeMX 软件的主要操作区域，其中"Pinout"视图为引脚配置视图，用于配置外设、引脚和中间件的工作模式，具体如图 2-79 所示。

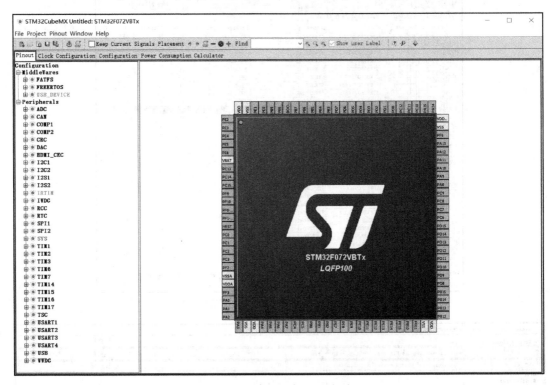

图 2-79　建立开发项目（四）

　　5）"Clock Configuration"视图是时钟配置视图，用于配置时钟树的运行参数，如图 2-80 所示。

　　6）"Configuration"视图是配置视图，用于配置引脚、外设等的初始化参数，如图 2-81 所示。

　　7）"Power Consumption Calculator"视图是电源功耗计算器视图，用于计算微控制器的电流消耗和电池的寿命等，如图 2-82 所示。

　　到目前为止，我们对 STM32F072VBT6 这个芯片的内部结构还并不熟悉，但我们还是要尝试使用 STM32CubeMX 软件来建立第一个开发项目，将 STM32F072VBT6 微控制器的 PC13 引脚置为低电平，用于点亮 DEMO 板上与该引脚相连的 LED 灯。

　　8）在主窗口中单击"Pinout"视图标签，打开引脚配置视图。在该视图的右侧，将鼠标指向出现的微控制器图形，按住键盘上的"Ctrl"键，上下拨动鼠标滚轮，可以调整"Pinout"视图中微控制器图形的大小。单击微控制器图形的"PC13"引脚，在弹出的下拉列表中将"PC13"引脚的工作模式设置为"GPIO_Output"，即将 PC13 引脚配置为 I/O 接口，并将其方向设置为输出，如图 2-83 所示。

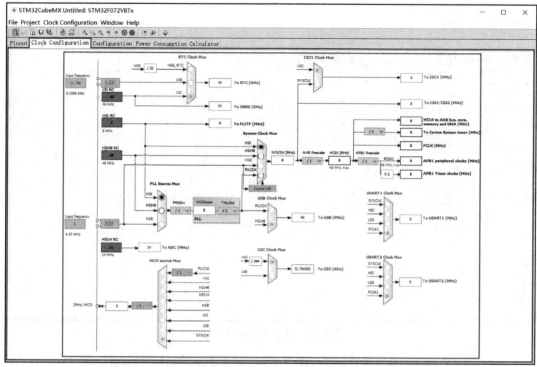

图 2-80　建立开发项目（五）

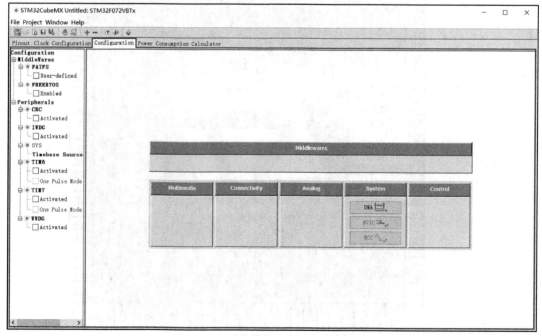

图 2-81　建立开发项目（六）

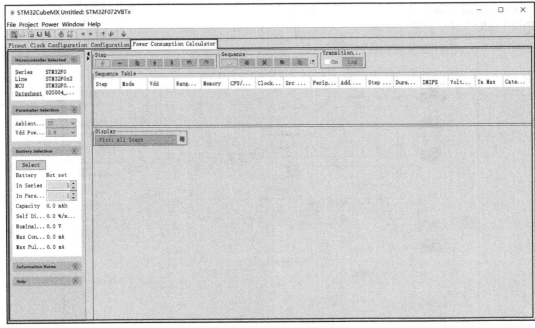

图 2-82 建立开发项目（七）

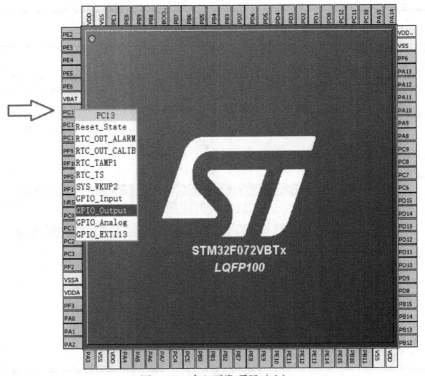

图 2-83 建立开发项目（八）

9）为了使用微控制器外接的 8MHz 晶体振荡器，我们还需配置晶体振荡器的两个驱动端，方法是单击微控制器图形的"PF0"引脚，在弹出的下拉列表中将"PF0"引脚的工作模式设置为"RCC_OSC_IN"，如图 2-84 所示。

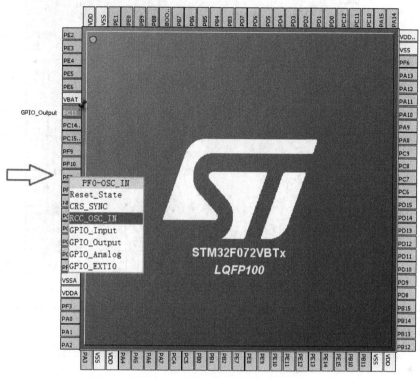

图 2-84　建立开发项目（九）

10）同理，将"PF1"引脚的工作模式设置为"RCC_OSC_OUT"，引脚模式设置完成后的状态如图 2-85 所示，这时我们会发现更改了设置的引脚会用高亮的绿色来显示，且引脚上出现了图钉图标。

11）在轻松地完成了对 STM32F072VBT6 微控制器的引脚配置之后，我们再来配置时钟树。单击"Clock Configuration"视图标签，打开时钟配置视图。在时钟树图形中首先将"PLL Source Mux"锁相环多路选择的输入时钟设置为"HSE"，即将外部晶体振荡器作为锁相环时钟的输入；其次将"PLL"锁相环的"PLLMul"倍频设置为"×6"，即将锁相环输入时钟 6 倍频；最后将"System Clock Mux"系统时钟多路选择的输入端设置为"PLLCLK"，即将锁相环时钟作为系统时钟。时钟的具体设置如图 2-86 所示。

12）仅需三个步骤，复杂的时钟配置在"Clock Configuration"视图中通过轻点鼠标即可轻松完成，这正是 STM32CubeMX 软件的优势所在。接下来我们需要对引脚 PC13 的输出电平做进一步设置。单击"Configuration"视图标签，打开配置视图，在该视图右侧"System"项中单击"GPIO"按钮，如图 2-87 所示。

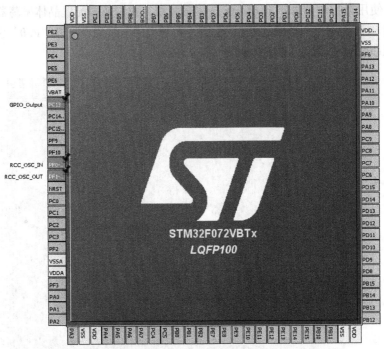

图 2-85 建立开发项目（十）

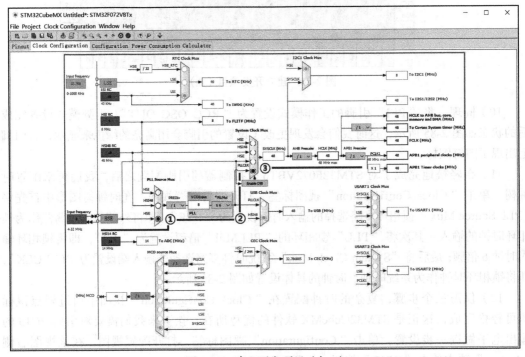

图 2-86 建立开发项目（十一）

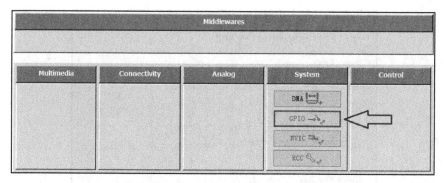

图 2-87　建立开发项目（十二）

13）在弹出的"Pin Configuration"窗口中，选择"GPIO"选项卡，单击配置列表中的"PC13"项，打开"PC13 Configuration"列表，将"GPIO output level"设置为"Low"，将"GPIO mode"设置为"Output Push Pull"，将"GPIO Pull-up/Pull-down"设置为"no pull-up and no pull-down"等，设置完成后单击"Apply"按钮并单击"OK"按钮，如图 2-88 所示。

14）基本设置完成后，在正式生成项目之前，需要先设置项目选项。在"Project"菜单中选择"Settings…"项，如图 2-89所示。

15）在弹出的"Project Settings"窗口中，单击"Project"选项卡，在"Project Name"项中输入要生成项目的名称，在"Project Location"项中输入项目的保存位置，在"Toolchain/IDE"下拉列表中选择"MDK-ARM V5"，将开发工具设置成与我们后期使用的一致，如图 2-90 所示。

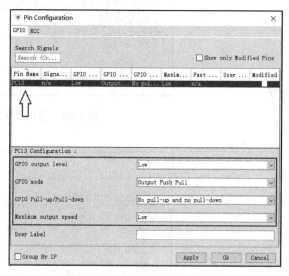

图 2-88　建立开发项目（十三）

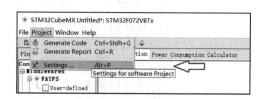

图 2-89　建立开发项目（十四）

16）单击"Code Generator"选项卡，在"STM32Cube Firmware Library Package"项中选择"Copy all used libraries into the project folder"，即在生成项目时，将库文件也一并拷贝至项目文件夹中；在"Generated files"项中，勾选"Keep User Code when re-generating"和"Delete previously generated files when not re-generated"两项，即在重新生成项目时保留用户代码并删除以前生成的文件，如图 2-91所示。

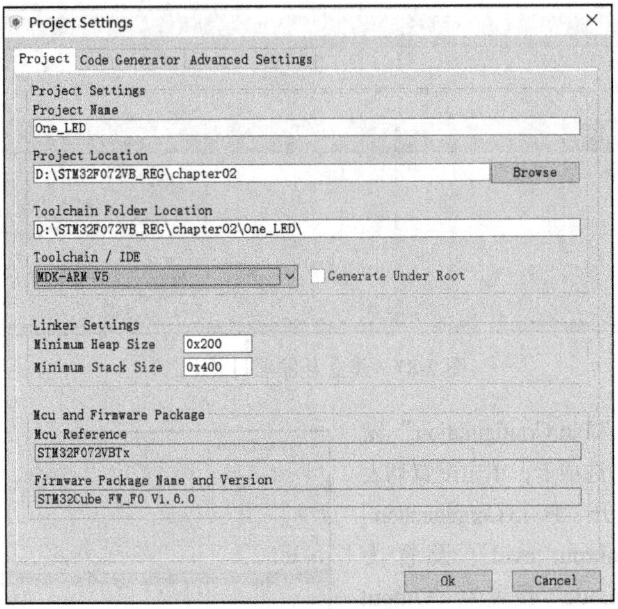

图 2-90　建立开发项目（十五）

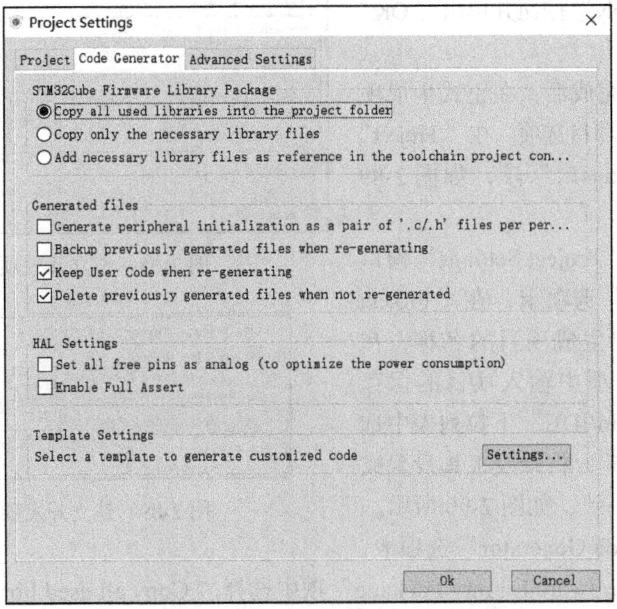

图 2-91　建立开发项目（十六）

17）在"Advanced Settings"选项卡中，使用默认的选项，单击"Ok"按钮保存上述设置，如图 2-92 所示。

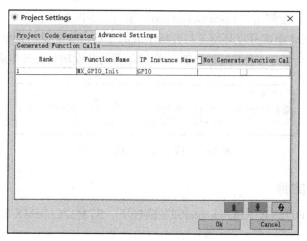

图 2-92　建立开发项目（十七）

18）单击工具栏上齿轮形的"Generate source code based on user settings"按钮，开始生成项目及C代码，如图 2-93 所示。

19）在项目生成期间，STM32CubeMX 软件会将已安装的固件包中的文件拷贝至所生成的项目中，以确保该项目可以在集成开发环境中被正确编译，如图 2-94 所示。

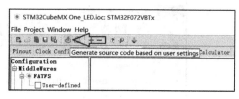

图 2-93　建立开发项目（十八）

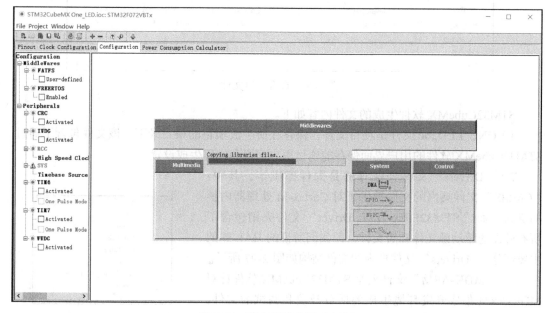

图 2-94　建立开发项目（十九）

20）项目生成后，会弹出"Code Generation"窗口，如图 2-95 所示。单击"Open Project"按钮可以在 MDK-ARM 集成开发环境下打开所生成的项目，这里我们先单击"Close"按钮关闭该窗口。至此，一个基于 STM32F072VBT6 微控制器的开发项目已经生成完毕。

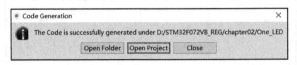

图 2-95　建立开发项目（二十）

2.3.2　查看项目文件

在"D:\STM32F072VB_REG\chapter02"路径下，STM32CubeMX 软件生成的文件结构如图 2-96 所示。

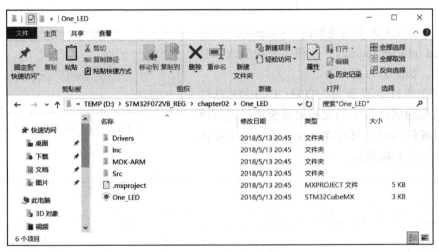

图 2-96　查看项目文件

STM32CubeMX 软件生成的文件内容如下。

1）ONE_LED.ioc 文件是项目文件，保存在所生成项目的根目录下。该文件包含了通过 STM32CubeMX 软件的用户界面保存的项目用户配置和代码生成设置。

2）"Drivers"文件夹保存的是固件库副本，其中："CMSIS"文件夹内的文件提供了对 Cortex-M 处理器内核的支持，而"STM32F0xx_HAL_Driver"文件夹则包含了所有外设的驱动源文件和头文件，即我们所说的 HAL 库的主要部分。"Drivers"文件夹内的文件结构如图 2-97 所示。

3）"MDK-ARM"文件夹是 STM32CubeMX 软件针对 MDK-ARM 集成开发环境生成的项目开发和调试的文件，如图 2-98 所示。双击"One_LED"，μVision5 项目文件可

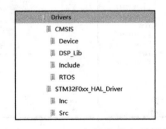

图 2-97　Driver 文件夹的文件结构

以打开所生成的项目。

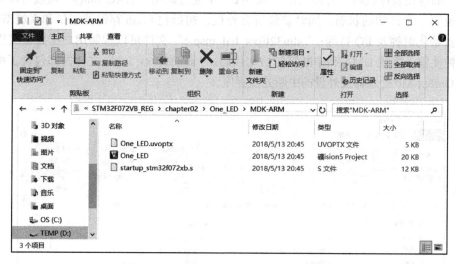

图 2-98 MDK-ARM 文件夹的文件结构

4）项目根目录下的"Inc"和"Src"文件夹包含了 STM32CubeMX 软件为外设、GPIO 或中间件生成的文件。在"Inc"文件夹中，"mxconstants.h"文件保存了用户应用程序中基本宏定义部分，比如我们在 STM32CubeMX 软件中定义的常量或对引脚的定义描述；"stm32f0xx_hal_conf.h"文件定义了在 HAL 驱动下所使用的外设模块、时钟频率和系统配置参数等，而"stm32f0xx_it.h"文件则是中断处理的头文件。"Inc"文件夹内的文件结构如图 2-99 所示。

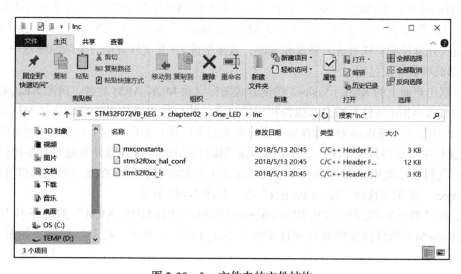

图 2-99 Inc 文件夹的文件结构

　　"Src"文件夹内的文件结构如图 2-100 所示。其中"main.c"文件是主程序文件，保存用户定义的应用程序代码。另外，在"main.c"中通过调用"HAL_init()"函数可以将微控制器复位到一个已知的状态，同时复位所有外设，初始化 Flash 存储器接口和系统节拍器，配置及初始化时钟及 I/O 口等；"stm32f0xx_hal_msp.c"文件可以按照用户配置定义引脚分配、时钟使能、配置 DMA 和中断等初始化代码。"stm32f0xx_it.c"文件内部包含了由用户编写的 Cortex-M0 处理器及外设的中断处理程序。

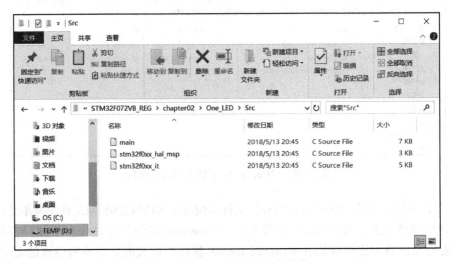

图 2-100　Src 文件夹的文件结构

2.3.3　打开项目

　　我们已经使用 STM32CubeMX 软件为 STM32F072VBT6 微控制器生成了开发项目，并将开发项目保存在"D:\STM32F072VB_REG\chapter02"路径下，以下我们将使用 MDK-ARM 集成开发环境对项目进行修改和编译，直至生成 HEX 文件并烧写至微控制器中，从而完成全部的项目开发过程。

　　1）双击桌面上的 KEIL μVision5 快捷方式图标启动 MDK-ARM 软件。熟悉 KEIL C51 的用户对 MDK-ARM 软件界面会有似曾相识的感觉，相信这也是许多开发者选择 MDK-ARM 软件的原因之一。MDK-ARM 软件的主窗口分为四个区域：主窗口的上方是菜单栏和工具按钮，主窗口中部是项目工作区，下方是编译输出窗口。MDK-ARM 软件界面如图 2-101 所示。

　　2）我们已经使用 STM32CubeMX 软件建立了开发项目，所以在此只要将其打开即可，在"Project"菜单下选择"Open Project"项，如图 2-102 所示。

　　3）在"D:\STM32F072VB_REG\chapter02\One_LED\MDK-ARM"路径下找到使用 STM32CubeMX 软件建立的开发项目文件"One_LED"，单击"打开"按钮，如图 2-103 所示。

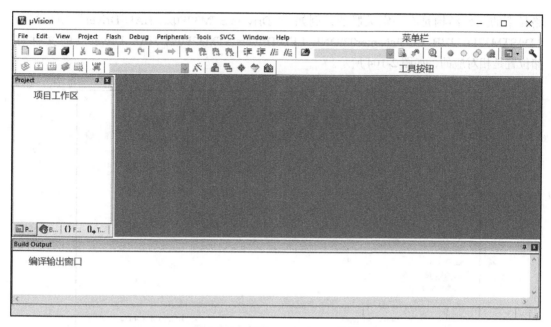

图 2-101　启动 MDK-ARM 软件

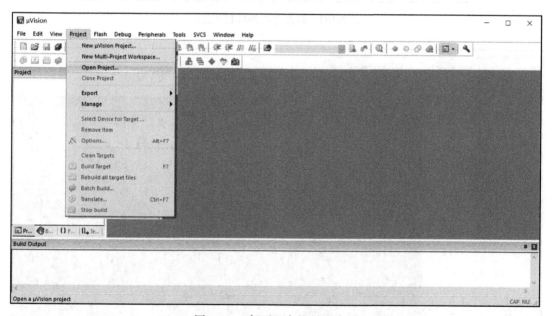

图 2-102　打开已有的项目（一）

4）在项目工作区，我们可以查看由 STM32CubeMX 软件建立的项目组，分别是"App-lication/MDK-ARM""Application/User""Drivers/STM32F0xx_HAL_Driver"和"Drivers/CMSIS"组。这里我们不难发现所生成的项目组的名称与"D:\STM32F072VB_REG\chapter02"

路径下的文件结构是有一定关联的，例如："Drivers/STM32F0xx_HAL_Driver"项目组与"D:\STM32F072VB_REG\chapter02\ONE_LED\Drivers\STM32F0xx_HAL_Driver"的文件存储位置是相对应的，如图 2-104 所示。

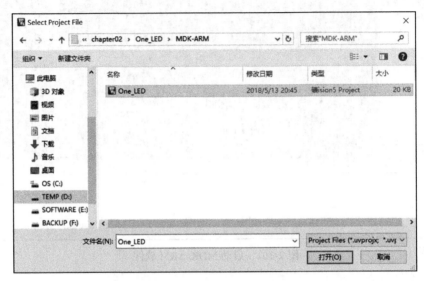

图 2-103　打开已有的项目（二）

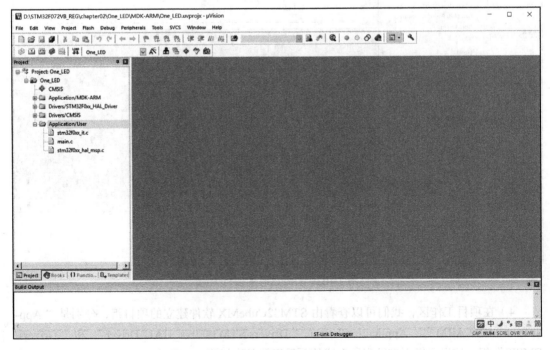

图 2-104　查看项目组（一）

5）单击项目组前面的 "+" 号可以打开项目组并查看该项目组中添加的文件，如图 2-105 所示。

6）为了查看项目组，我们也可以在 "Project" 菜单下选择 "Manage" → "Project Items" 项，打开 "Manage Project Items" 对话框，如图 2-106 所示。

7）在 "Manage Project Items" 对话框中，可以查看这些项目组以及该项目组下所添加的文件，如图 2-107 所示。这里需要注意的是，项目组管理器的功能较多，可以对项目组进行新建、删除、移动以及添加文件的操作。在此我们不要对项目组的结构做任何改动。

8）建立项目组并添加相应文件的目的是把这些文件分门别类，将来在项目编译时这些文件会自动加入程序中，用于实现相应的功能。项目组及添加的文件具体如下。

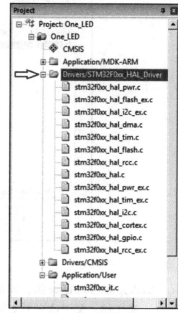

□ Application/MDK-ARM 组：添加有 "startup_stm32f 072xb.s" 文件。该文件提供了 STM32F072VBT6 微控制器的中断矢量列表，供 MDK-ARM 工具链调用。该文件在微控制器启动后会被调用，用于初始化 SP 和 PC 寄存器，设置中断向量入口并最终调用主函

图 2-105　查看项目组（二）

数。在该文件中，可以找到不同的中断服务函数的名称列表，如外设 "USART1" 的中断服务函数的名称为 "USART1_IRQHandler"。

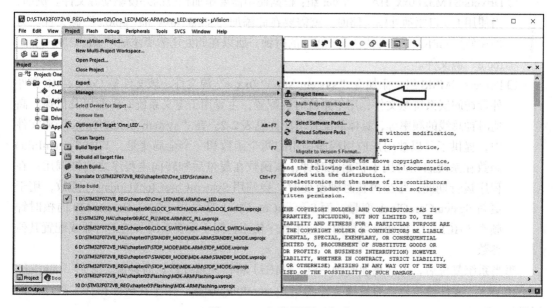

图 2-106　查看项目组（三）

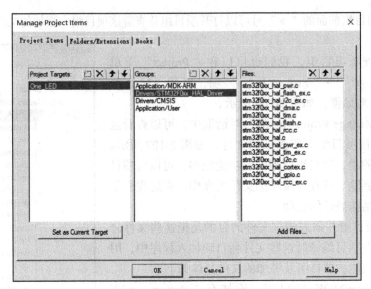

图 2-107   查看项目组（四）

❑ Application/User 组：添加有 " main.c " " stm32f0xx_it.c " 和 " stm32f0xx_hal_msp.c "
源文件。关于这三个文件的功能在本章的前面已经有所叙述，这里需要说明的是，我
们可以对 " main.c " 和 " stm32f0xx_it.c " 两个文件进行修改，将自行定义的程序代码
添加到其中。例如，要修改主程序文件，在项目组中双击 " main.c " 文件即可将其打
开，该文件的内容详见代码清单 2-1。

❑ Drivers/STM32F0xx_HAL_Driver 组：根据使用需要添加相应的外设驱动源文件。例如，
当使用 I/O 口驱动外围电路时，就需要在此添加 " stm32f0xx_hal_gpio.c " 源文件。另
外在使用 GPIO 时，必须使能 GPIO 的时钟，所以在此处还需要添加 " stm32f0xx_hal_
rcc.c " 源文件。

❑ Drivers/CMSIS 组：添加有 " system_stm32f0xx.c " 源文件。该文件是 Cortex-M0 器件
外设访问层系统源文件，用于系统时钟配置，主要用于定义系统时钟源以及低速、高
速时钟总线的频率等，具体的配置情况详见表 2-2。在 " system_stm32f0xx.c " 源文件
中，提供了可以被用户应用程序调用的两个函数和一个全局变量，其中 SystemInit()
函数在系统启动时用于初始化时钟，该函数在复位后和转向主程序之前被调用；在
程序运行期间，每当内核时钟改变时，会调用 SystemCoreClockUpdate() 函数，用于
更新 SystemCoreClock 变量；而 SystemCoreClock 变量用于定义 Cortex-M0 内核时钟
频率（HCLK），该变量可供用户应用程序使用，用于设置系统节拍定时器或配置其他
参数。

每当系统复位后，内部高速时钟 HSI（8MHz）将作为系统默认时钟源，之后 " startup_
stm32f0xx.s " 文件被执行。通过该文件调用 SystemInit() 函数，用于在转向执行主程序之前
配置系统时钟。

表 2-2　系统初始化时钟配置

系统时钟源	HSI
SYSCLK 时钟	8M(Hz)
HCLK 时钟	8M(Hz)
AHB 预分频器（分频比）	1
APB1 预分频器（分频比）	1

2.3.4　查看项目属性

使用 STM32CubeMX 软件的优点不仅在于可以快速建立开发项目，还在于可以同步地完成项目的相关设置，要知道这些设置是使用 MDK-ARM 软件新建开发项目所必需的。以下我们就通过查看项目属性的方法来感受一下 STM32CubeMX 软件在生成开发项目时都自动完成了哪些设置。

1）单击工具栏上的"Option For Target"按钮或在"Project"菜单中选择"Option For Group"项，如图 2-108 所示。

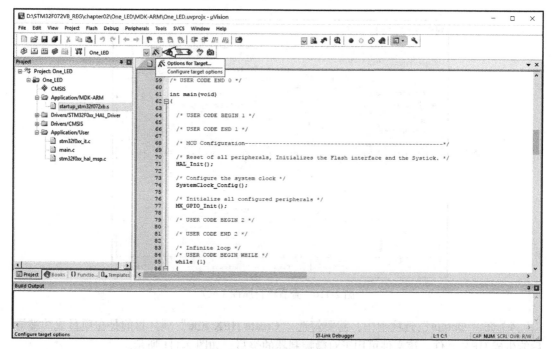

图 2-108　查看项目属性（一）

2）在弹出的"Option For Target'One_LED'"对话框中，单击"Device"选项卡可以查看所选择的目标器件，如图 2-109 所示。

3）在"Target"选项卡中，时钟频率"Xtal(MHz)"默认为 48.0MHz，这也是 STM32F0 系列微控制器允许的最高系统时钟，如图 2-110 所示。

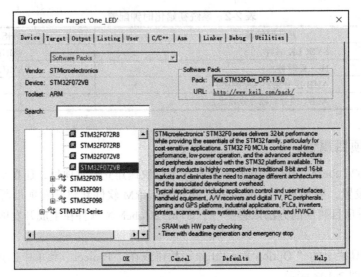

图 2-109 查看项目属性（二）

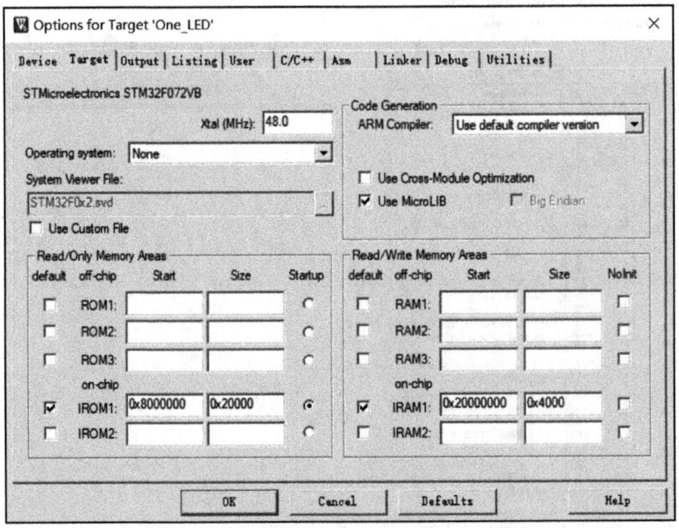

图 2-110 查看项目属性（三）

4）在"Output"选项卡中，需要勾选"Create HEX File"项，目的是在项目成功编译后能生成 HEX 文件，该文件可用于对微控制器的烧写，如图 2-111 所示。

5）保持"Output"、"Listing"和"User"选项卡的默认设置不变，在"C/C++"选项卡下可以看到，在"Preprocessor Symbols"项中软件自动添加了两个非常重要的宏，即："USE_HAL_DRIVER"和"STM32F072xB"，二者之间使用逗号进行分隔。其中"USE_HAL_DRIVER"定义的是使用 HAL 库用于项目开发，项目的开发可以使用标准外设固件库，定义了这个宏之后，与外设相关的函数才允许包含到项目中来；另一个宏"STM32F072xB"

用于指定目标 MCU 的类型和容量。这两个宏对于程序的正确编译是非常重要的，如图 2-112
所示。

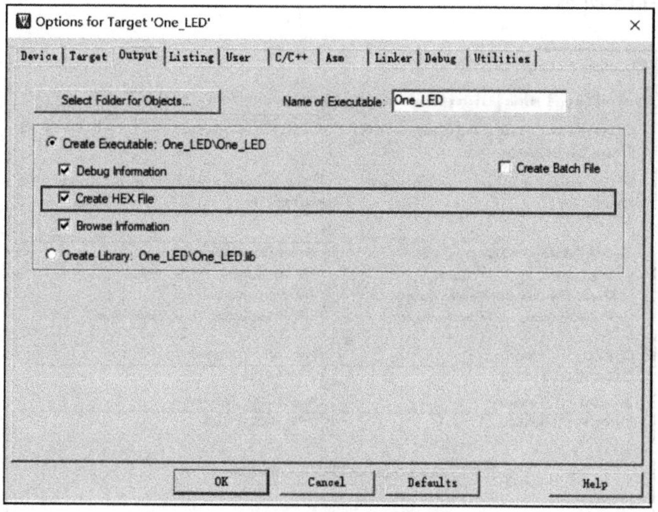

图 2-111 查看项目属性（四）

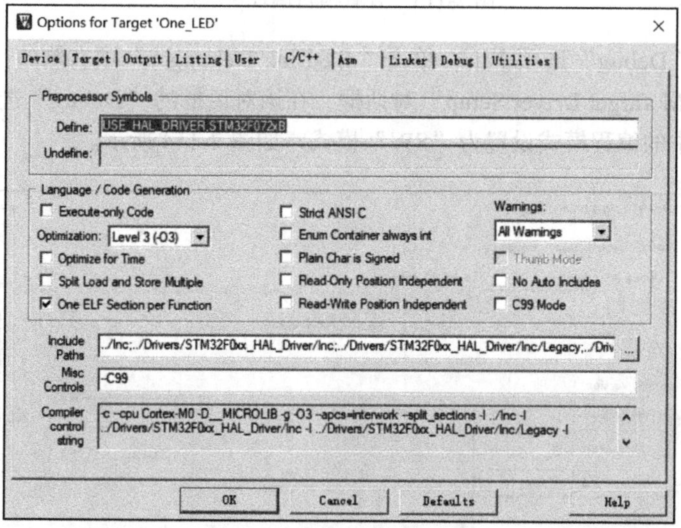

图 2-112 查看项目属性（五）

除了设定以上两个宏之外，软件在生成项目时还在"Include Paths"项中定义了如下路径：../
Inc;../Drivers/STM32F0xx_HAL_Driver/Inc;../Drivers/STM32F0xx_HAL_Driver/Inc/Legacy;../
Drivers/CMSIS/Include;../Drivers/CMSIS/Device/ST/STM32F0xx/Include。该路径指定了与项目
相关的源文件和头文件的保存位置，以便 MDK-ARM 集成开发环境在编译链接这些文件时
能正确地找到它们。

6）保持"Asm""Linker"和"Utilities"选项卡的默认设置不变。在"Debug"选项卡下可以发现，"Use"项中的调试器已经设置为"ST-Link Debugger"，并在"Run to main()"项上打钩，如图 2-113 所示。

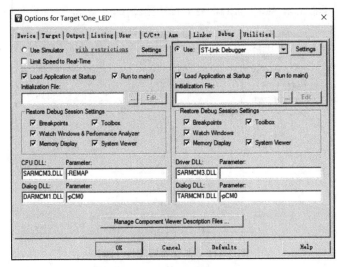

图 2-113　查看项目属性（六）

7）同样在"Debug"选项卡下，单击"ST-Link Debugger"项右侧的"Settings"按钮会弹出"Cortex-M Target Driver Setup"对话框，在该对话框的"Debug"选项卡中，软件已经将"Port"项中的编程模式设置为"SW"模式，如图 2-114 所示。

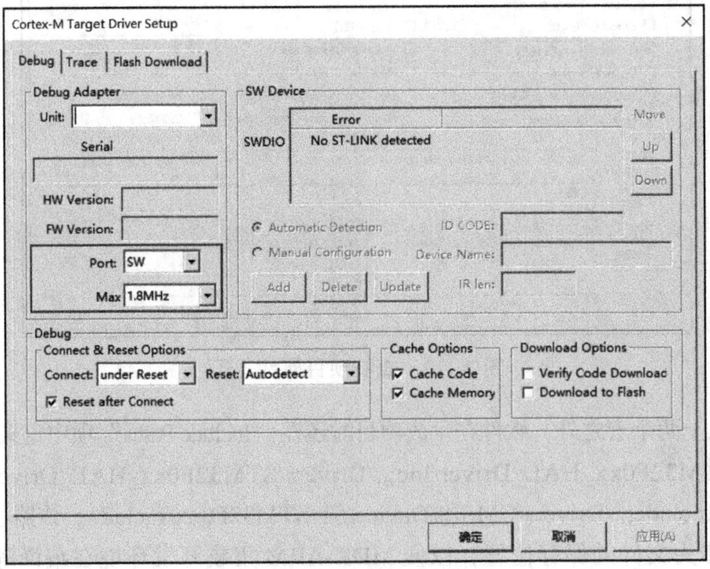

图 2-114　查看项目属性（七）

8）在该对话框中的"Flash Download"选项卡中勾选"Reset and Run"项，该项设置用于烧写结束后使微控制器复位并开始运行程序。以上设置完成后，单击"确定"按钮，并在"Option For Target'ONE_LED'"对话框中单击"OK"按钮保存我们上述更改的设置，如图 2-115 所示。

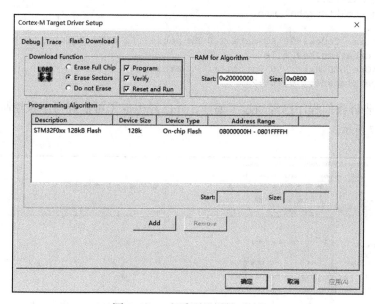

图 2-115　查看项目属性（八）

以上，我们查看并部分修改了由 STM32CubeMX 软件所生成开发项目的属性。令人欣慰的是，软件已经自动完成了大多数烦琐的设置，需要用户手动干预的部分并不多。明确项目属性设置对于理解 MDK-ARM 软件至关重要，正确的项目设置也是程序正确编译的基础，这些都值得初学者花时间好好研读。

2.3.5　编译项目

对于 STM32CubeMX 软件生成的项目基本上都可以一次编译通过，本章的程序也不例外。虽然到目前为止我们对程序代码的具体情况还一无所知，但非常确定的是，我们在初始化目标微控制器时已经将 PC13 引脚设置为输出，并将其初始化为低电平。以下我们就要开始对上述程序进行编译。

1）单击工具栏上的"Rebuild"按钮，重新编译所有的目标文件，即可对项目进行编译，如图 2-116 所示。

2）编译完成后，在 MDK-ARM 软件的编译输出窗口中会有相应的提示如下：

```
*** Using Compiler 'V5.06 update 2 (build 183)',
folder: 'C:\Keil_v5\ARM\ARMCC\Bin'
```

图 2-116　编译项目（一）

```
Rebuild target 'One_LED'
assembling startup_stm32f072xb.s...
compiling stm32f0xx_hal_pwr.c...
......
compiling stm32f0xx_it.c...
compiling main.c...
compiling stm32f0xx_hal_msp.c...
linking...
Program Size: Code=2600 RO-data=240 RW-data=8 ZI-data=1024
FromELF: creating hex file...
"One_LED\One_LED.axf" - 0 Error(s), 0 Warning(s).
Build Time Elapsed:  00:00:23
```

上述提示告诉我们程序已经通过了编译，并已经生成了可供烧写至微控制器的 HEX 文件，如图 2-117 所示。

图 2-117　编译项目（二）

3）将 ST-LINK/V2 在线仿真 / 编程器及 STM32F072VBT6 系统板连接至 PC，单击工具栏上的 "Download" 按钮，启动程序的烧写过程，烧写完成后在编译输出窗口中会有如下提示：

```
Load "One_LED\\One_LED.axf"
Erase Done.
Programming Done.
Verify OK.
Application running ...
Flash Load finished at 21:49:00
```

MDK-ARM 软件的烧写过程如图 2-118 所示。烧写完成后，目标板上与 PC13 相连接的 LED 灯会亮起。

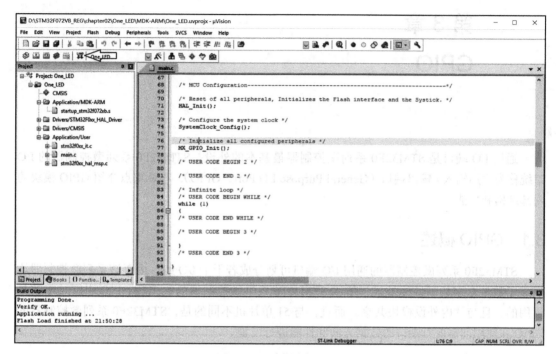

图 2-118　编译项目（三）

上述由 STM32CubeMX 软件所生成的主程序源代码详见代码清单 2-1。

代码清单 2-1　点亮与 PC13 连接的 LED（main.c）（在附录 J 中指定的网站链接下载源代码）

回顾本章，我们已经将开发 STM32F0 系列微控制器所需要的集成开发环境 MDK-ARM、STM32CubeMX 软件及相应的固件库全部安装至 PC 中，为程序的开发做好了软件和硬件的准备。不仅如此，通过使用 STM32CubeMX 软件，我们在对微控制器内部结构并不了解的情况下成功地操控了 I/O 口，并将与之相连的 LED 灯点亮。从这一点上看，使用 STM32CubeMX 软件开发应用程序的确会让开发者更多地脱离硬件，从而更加专注于程序本身。

第3章
GPIO

通用 I/O 端口是 STM32F0 系列微控制器最基本的外设，STM32F0 系列微控制器的 I/O 口统称为通用输入 / 输出端口（General Purpose I/O Port，GPIO），本章重点介绍 GPIO 模块的内部结构和功能。

3.1 GPIO 概述

STM32F0 系列微控制器的通用 I/O 端口可划分成若干个 I/O 组。由于该系列微控制器均集成了数量众多的高性能外设，所以 STM32F0 系列微控制器的大多数 GPIO 引脚功能都是复用的，且与片内外设模块共享。而且，与 51 单片机不同的是，STM32F0 系列微控制器的 GPIO 在使用前需要对端口的数据方向和性能进行设置。

3.1.1 GPIO 的功能

STM32F072VBT6 微控制器采用 LQFP100 封装，具有 100 个引脚，其中 87 个引脚具有 I/O 口的功能，这些 I/O 口分为 6 组，分别称为 GPIOA、GPIOB、GPIOC、GPIOD、GPIOE 和 GPIOF，每一个 GPIO 组都可看作一个独立的外设模块与微控制器的内部总线相连，GPIO 模块与 AHB 总线的连接方式如图 3-1 所示。

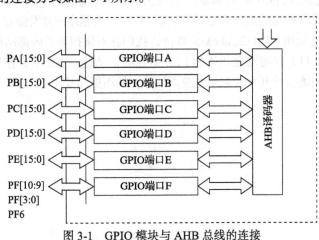

图 3-1　GPIO 模块与 AHB 总线的连接

对于 32 位的微控制器而言，一个完整的 GPIO 组由 16 个引脚构成，每个 GPIO 引脚都可以通过软件配置为输出（推挽或漏极开路）、输入（带或不带上拉及下拉）或复用的外设功能，并且所有 I/O 口均可以配置为外部中断的输入端。GPIO 引脚配备详见表 3-1，引脚功能定义参见本书附录 D。

表 3-1　GPIO 引脚配备

端　　口	配　　置	数　　量
GPIOA	PA0 ～ PA15	16
GPIOB	PB0 ～ PB15	16
GPIOC	PC0 ～ PC15	16
GPIOD	PD0 ～ PD15	16
GPIOE	PE0 ～ PE15	16
GPIOF	PF0 ～ PF3、PF6、PF9 ～ PF10	7

STM32F0 系列微控制器的 GPIO 在输出状态下，可以配置成带有上拉或下拉的推挽输出或开漏输出，而且每个 I/O 口的速度可编程。在输入状态下，可以配置成浮空、上拉、下拉或模拟输入，GPIO 端口位的功能配置详见表 3-2。

表 3-2　GPIO 端口位功能配置

MODER [1:0]	OTYPER	OSPEEDR [B:A]	PUPDR[1:0]		I/O 配置	
01	0	SPEED[B:A]	0	0	GP 输出	PP
	0		0	1	GP 输出	PP + PU
	0		1	0	GP 输出	PP + PD
	0		1	1	保留	
	1		0	0	GP 输出	OD
	1		0	1	GP 输出	OD + PU
	1		1	0	GP 输出	OD + PD
	1		1	1	保留（GP 输出 OD）	
10	0	SPEED[B:A]	0	0	AF	PP
	0		0	1	AF	PP + PU
	0		1	0	AF	PP + PD
	0		1	1	保留	
	1		0	0	AF	OD
	1		0	1	AF	OD + PU
	1		1	0	AF	OD + PD
	1		1	1	保留	
00	×	× ×	0	0	输入	浮空
	×	× ×	0	1	输入	PU
	×	× ×	1	0	输入	PD
	×	× ×	1	1	保留（浮空输入）	

（续）

MODER [1:0]	OTYPER	OSPEEDR [B:A]		PUPDR[1:0]		I/O 配置	
11	×	×	×	0	0	输入 / 输出	模拟
	×	×	×	0	1	保留	
	×	×	×	1	0		
	×	×	×	1	1		

注：GP = 通用，PP = 推挽输出，PU = 上拉，PD = 下拉，OD = 开漏，AF = 复用功能。

3.1.2　GPIO 的位结构

GPIO 的标准端口位结构如图 3-2 所示。每一个 GPIO 端口位都由相应的寄存器、输入输出驱动等部分构成。系统复位后所有的 GPIO 端口被配置为浮空输入模式，比较特殊的是，用于调试功能的两个引脚在复位后被自动设置为复用功能的上拉 / 下拉模式，即：PA14/SWCLK 引脚置于下拉模式，而 PA13/SWDAT 引脚置于上拉模式。

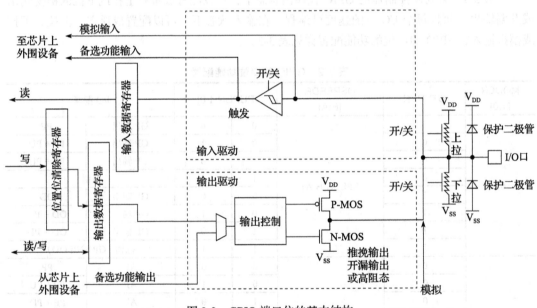

图 3-2　GPIO 端口位的基本结构

1. 输入配置

GPIO 端口配置为输入模式时，端口的输出缓冲区禁用，输入端连接的施密特触发器激活，GPIOx_PUPDR 寄存器用于设置是否激活上拉、下拉电阻。在每个 AHB 时钟周期，I/O 引脚上的数据都会被锁存至输入数据寄存器，CPU 通过对输入数据寄存器的读访问来获得 I/O 口的实际状态，GPIO 端口的输入配置如图 3-3 所示。

2. 输出配置

GPIO 端口配置为输出时，输出缓冲器开启。如果 GPIO 工作在开漏模式下，输出寄存器上的数字"0"将激活 N-MOS，端口输出低电平，相应地输出寄存器上的数字"1"则不能激活 P-MOS，端口处于高阻状态；如果 GPIO 工作在推挽模式下，输出寄存器上的"0"会激活 N-MOS，端口输出低电平，而输出寄存器上的"1"会激活 P-MOS，端口输出高电平。

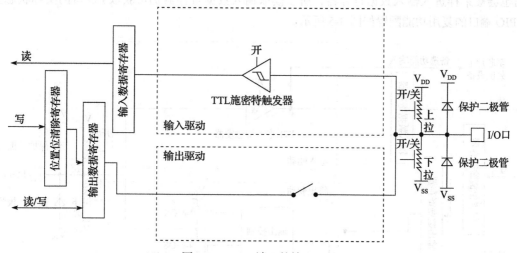

图 3-3　GPIO 端口的输入配置

在 GPIO 端口配置为输出时，施密特触发器输入同样会被激活，弱上拉和弱下拉电阻是否激活取决于 GPIOx_PUPDR 寄存器的值。在每个 AHB 时钟周期，I/O 引脚上的数据仍会被采样至输入数据寄存器中，对输入数据寄存器的读操作同样可以获取 I/O 口的真实状态，而对输出数据寄存器的读访问可以获取最后写进该寄存器的值，GPIO 端口的输出配置如图 3-4 所示。

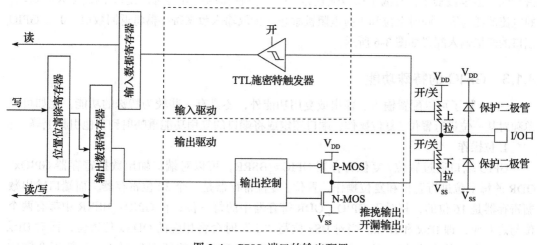

图 3-4　GPIO 端口的输出配置

3. 复用功能配置

绝大多数的 GPIO 端口与外设输入输出共同使用端口引脚。当端口被配置为复用功能时，来自外设的信号会驱动输出缓冲器，施密特触发器同样会被激活。弱上拉和弱下拉电阻是否激活则取决于 GPIOx_PUPDR 寄存器的设定。在每个 AHB 时钟周期，I/O 引脚上的数据也会被采样进入输入数据寄存器，所以读取输入数据寄存器仍可获取 I/O 口的实际状态。GPIO 端口的复用功能配置如图 3-5 所示。

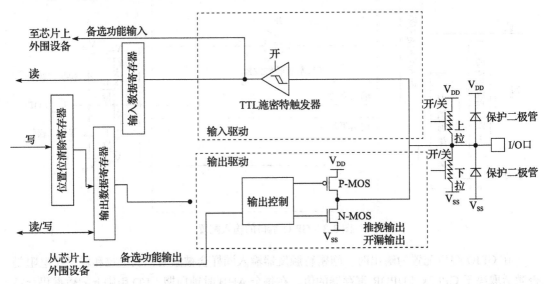

图 3-5 GPIO 端口的复用功能配置

4. 模拟配置

当 GPIO 端口被配置为 ADC 模块的输入通道时，输出缓冲器关闭，为了降低功耗，施密特触发器也被禁止，其输出值被强置为 "0"。这样做的好处是可以使每个模拟 I/O 引脚上的电流消耗为零。同时上拉和下拉电阻被禁止，读取输入数据寄存器将返回数值 "0"。GPIO 端口的模拟输入配置如图 3-6 所示。

3.1.3 GPIO 的特殊功能

GPIO 除了可以配置输入、输出或复用功能外，还具有一些较为特殊的功能，比如可以单独对某一位进行置位/复位操作、端口锁定或将端口的复用功能重映射到其他引脚上等。

1. 位操作

GPIO 端口通过置位/复位寄存器 GPIOx_BSRR，可以对端口输出数据寄存器 GPIOx_ODR 的每个位进行置位和复位操作。置位/复位寄存器是一个 32 位寄存器，而端口输出数据寄存器是 16 位的，相对于 GPIOx_ODR 寄存器中的每一位，在 GPIOx_BSRR 中都有两个位与之对应，即 BSx 和 BRx。当对 BSx 位写 "1" 时会将相应的 ODRx 位置位，而对 BRx 位写 "1" 时则复位相应的 ODRx 位。对 GPIOx_BSRR 中的任意位写 "0" 都不会影响

GPIOx_ODR 寄存器的值，如果对 GPIOx_BSRR 寄存器的 BSx 位和 BRx 位同时置 1，那么其置位操作具有优先权，即对相应位做置位操作。

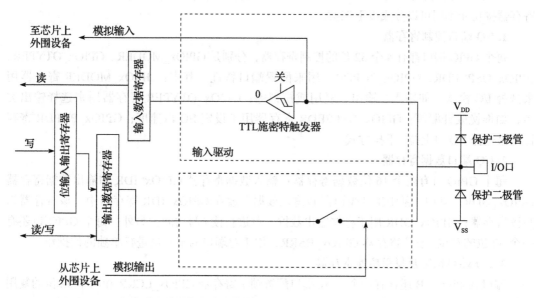

图 3-6　GPIO 端口的模拟输入配置

2. 端口锁定

端口配置锁定寄存器（GPIOx_LCKR）用于冻结端口 A 和端口 B 的控制寄存器，当一个特定的写 / 读序列作用在 GPIOx_LCKR 寄存器时，端口 A 或端口 B 的相关寄存器会冻结，即 GPIOx_MODER、GPIOx_OTYPER、GPIOx_OSPEEDR、GPIOx_PUPDR、GPIOx_AFRL 和 GPIOx_AFRH。冻结后的上述寄存器的值将不能更改，直到下一次复位为止。使用端口的锁定机制可以防止微控制器在运行时意外改变端口配置，从而造成误动作。

3. 端口复用功能映射

STM32F0 系列微控制器的大部分 GPIO 端口会与多个外设共用，选择每个端口的有效复用功能可以通过 GPIOx_AFR 寄存器来实现。通过对 GPIOx_AFR 寄存器的 AFRLx[3:0] 位赋值，可以选择该端口所连接的外设，也可以根据需要将某一复用功能映射到其他引脚。

例如，PA7 端口的复用功能有 "SPI1_MOSI"、"I2S1_SD"、"TIM3_CH2"、"TIM1_CH1N"、"TSC_G2_IO4"、"TIM14_CH1"、"TIM17_CH1"、"EVENTOUT" 和 "COMP2_OUT"，如果想使用 "COMP2_OUT" 这个功能，则可以给 GPIOA_AFRL 寄存器的 AFRL7[3:0] 位赋值为 "0111"（AF7），将 PA7 端口的复用功能设置为 "COMP2_OUT"。又如，比较器 1 的外部输出端 "COMP1_OUT" 默认在 PA0 引脚，可以通过将 GPIOA_AFRL 寄存器的 AFRL6[3:0] 位赋值为 "0111"（AF7），将 "COMP1_OUT" 功能从 PA0 引脚转移到 PA6 上。端口的复用功能映射详见本书附录 F。

3.1.4 GPIO 的寄存器分类

GPIO 的寄存器可以以字（32 位）、半字（16 位）或字节（8 位）的方式写入。这些相关寄存器按功能不同可以分成以下三类。

1. I/O 端口控制寄存器

每个 GPIO 端口都有 4 个 32 位的控制寄存器，分别是 GPIOx_MODER、GPIOx_OTYPER、GPIOx_OSPEEDR、GPIOx_PUPDR，用来配置端口特性。其中：GPIOx_MODER 寄存器用来选择 I/O 模式，如输入、输出、复用或模拟等；GPIOx_OTYPER 寄存器用来选择输出类型，如推挽或开漏等；GPIOx_OSPEEDR 寄存器用于设定 I/O 口速度；GPIOx_PUPDR 寄存器用来选择 I/O 口上拉 / 下拉方式。

2. I/O 端口数据寄存器

每个 GPIO 口有两个 16 位数据寄存器：输入数据寄存器 GPIOx_IDR 和输出数据寄存器 GPIOx_ODR。其中，从 I/O 口线锁存的输入数据存放在 GPIOx_IDR 寄存器中，该寄存器为只读寄存器；GPIOx_ODR 用于存储输出数据，可进行读 / 写访问。另外，每个 GPIO 口还有一个 32 位的置位 / 复位寄存器 GPIOx_BSRR，用于对端口的某一位进行单独的位操作。

3. I/O 端口锁定及复用功能寄存器

端口 A 和端口 B 还含有一个 32 位端口配置锁定寄存器 GPIOx_LCKR 和两个 32 位的复用功能寄存器 GPIOx_AFRH 和 GPIOx_AFRL。端口配置锁定寄存器用于锁定 I/O 口配置，防止微控制器在运行过程中被更改，复用功能寄存器用于将 I/O 口的复用功能重映射到其他引脚上。

3.2 GPIO 函数

3.2.1 GPIO 类型定义

输出类型 3-1：GPIO 初始化结构定义

```
typedef struct
{
  uint32_t Pin;        /* 指定需要配置的 GPIO 引脚，该参数可以是 GPIO_pins 的值之一 */
  uint32_t Mode;       /* 指定所选引脚的操作模式，该参数可以是 GPIO_mode 的值之一 */
  uint32_t Pull;       /* 指定所选引脚的上拉 / 下拉方式，该参数可以是 GPIO_pull 的值之一 */
  uint32_t Speed;      /* 指定所选引脚的速度，该参数可以是 GPIO_speed 的值之一 */
uint32_t Alternate;    /* 将外设连接至所选择的引脚，该参数可以是 GPIOEx_Alternate_function_
                          selection 的值之一 */
}GPIO_InitTypeDef;
```

输出类型 3-2：GPIO 位置位和复位枚举

```
typedef enum
{
  GPIO_PIN_RESET = 0,
  GPIO_PIN_SET
}GPIO_PinState;
```

3.2.2　GPIO 常量定义

输出常量 3-1：GPIO_pins 定义

状态定义	释　　义
GPIO_PIN_0	引脚 0 被选择
GPIO_PIN_1	引脚 1 被选择
GPIO_PIN_2	引脚 2 被选择
GPIO_PIN_3	引脚 3 被选择
GPIO_PIN_4	引脚 4 被选择
GPIO_PIN_5	引脚 5 被选择
GPIO_PIN_6	引脚 6 被选择
GPIO_PIN_7	引脚 7 被选择
GPIO_PIN_8	引脚 8 被选择
GPIO_PIN_9	引脚 9 被选择
GPIO_PIN_10	引脚 10 被选择
GPIO_PIN_11	引脚 11 被选择
GPIO_PIN_12	引脚 12 被选择
GPIO_PIN_13	引脚 13 被选择
GPIO_PIN_14	引脚 14 被选择
GPIO_PIN_15	引脚 15 被选择
GPIO_PIN_All	所有引脚被选择

输出常量 3-2：GPIO_mode 定义

状态定义	释　　义
GPIO_MODE_INPUT	浮空输入模式
GPIO_MODE_OUTPUT_PP	推挽输出模式
GPIO_MODE_OUTPUT_OD	开漏输出模式
GPIO_MODE_AF_PP	复用功能推挽模式
GPIO_MODE_AF_OD	复用功能开漏模式
GPIO_MODE_ANALOG	模拟模式
GPIO_MODE_IT_RISING	上升沿触发检测的外部中断模式
GPIO_MODE_IT_FALLING	下降沿触发检测的外部中断模式
GPIO_MODE_IT_RISING_FALLING	上升 / 下降沿触发检测的外部中断模式
GPIO_MODE_EVT_RISING	上升沿触发检测的外部事件模式
GPIO_MODE_EVT_FALLING	下降沿触发检测的外部事件模式
GPIO_MODE_EVT_RISING_FALLING	上升 / 下降沿触发检测的外部事件模式

输出常量 3-3：GPIO_speed 定义

状态定义	释　　义
GPIO_SPEED_FREQ_LOW	频率范围最高至 2MHz
GPIO_SPEED_FREQ_MEDIUM	频率范围 4MHz 至 10MHz
GPIO_SPEED_FREQ_HIGH	频率范围 10MHz 至 50MHz

输出常量 3-4：GPIO_pull 定义

状态定义	释　义
GPIO_NOPULL	没有上拉或下拉激活
GPIO_PULLUP	上拉激活
GPIO_PULLDOWN	下拉激活

3.2.3　GPIO 函数定义

函数 3-1

函数名	HAL_GPIO_DeInit
函数原型	void **HAL_GPIO_DeInit** (　GPIO_TypeDef *　GPIOx, 　uint32_t　　　GPIO_Pin)
功能描述	反初始化 GPIOx 外设寄存器至其复位值
输入参数 1	GPIOx：此处 x 可以是（A～F），用来选择 STM32F0 家族的 GPIO 外设
输入参数 2	GPIO_Pin：指定要写入的端口位，这个参数可以是 GPIO_PIN_x 之一，此处 x 可以是（0～15）
先决条件	无
注意事项	无
返回值	无

函数 3-2

函数名	HAL_GPIO_Init
函数原型	void **HAL_GPIO_Init** (　GPIO_TypeDef *　　　GPIOx, 　GPIO_InitTypeDef *　GPIO_Init)
功能描述	通过 GPIO_Init 中指定的参数初始化 GPIOx 外设
输入参数 1	GPIOx：此处 x 可以是（A～F），用来选择 STM32F0 家族的 GPIO 外设
输入参数 2	GPIO_Init：指向 GPIO_InitTypeDef 结构体指针，包含指定 GPIO 外设的配置信息
先决条件	无
注意事项	无
返回值	无

函数 3-3

函数名	HAL_GPIO_EXTI_Callback
函数原型	void **HAL_GPIO_EXTI_Callback** (uint16_t　GPIO_Pin)
功能描述	EXTI 线检测回调
输入参数 1	GPIO_Pin：指定连接至相应 EXTI 线的端口引脚
先决条件	无
注意事项	无
返回值	无

函数 3-4

函数名	**HAL_GPIO_EXTI_IRQHandler**
函数原型	void **HAL_GPIO_EXTI_IRQHandler** (uint16_t　GPIO_Pin)
功能描述	处理 EXTI 中断请求（清除 EXTI 线中断挂起位）
输入参数 1	GPIO_Pin：指定连接至相应 EXTI 线的端口引脚
先决条件	无
注意事项	无
返回值	无

函数 3-5

函数名	**HAL_GPIO_LockPin**
函数原型	HAL_StatusTypeDef **HAL_GPIO_LockPin** (　GPIO_TypeDef *　GPIOx, 　uint16_t　　　　GPIO_Pin)
功能描述	锁定 GPIO 引脚配置寄存器
输入参数 1	GPIOx：此处 x 可以是 (A ～ F)，用来选择 STM32F0 家族的 GPIO 外设
输入参数 2	GPIO_Pin：指定被锁定的端口位，这个参数可以是任意 GPIO_PIN_x 的组合，此处 x 可以是（0 ～ 15）
先决条件	无
注意事项	无
返回值	无

函数 3-6

函数名	**HAL_GPIO_ReadPin**
函数原型	GPIO_PinState **HAL_GPIO_ReadPin** (　GPIO_TypeDef *　GPIOx, 　uint16_t　　　　GPIO_Pin)
功能描述	读取指定的输入端口引脚
输入参数 1	GPIOx：此处 x 可以是 (A ～ F)，用来选择 STM32F0 家族的 GPIO 外设
输入参数 2	GPIO_Pin：指定要读取的端口位，这个参数可以是 GPIO_PIN_x，此处 x 可以是（0 ～ 15）
先决条件	无
注意事项	无
返回值	输入端口引脚的值

函数 3-7

函数名	**HAL_GPIO_TogglePin**
函数原型	void **HAL_GPIO_TogglePin**

（续）

函数原型	(　GPIO_TypeDef *　GPIOx, 　uint16_t　　　　GPIO_Pin)
功能描述	反转指定 GPIO 引脚的状态
输入参数 1	GPIOx：此处 x 可以是 (A ~ F)，用来选择 STM32F0 家族的 GPIO 外设
输入参数 2	GPIO_Pin：指定要切换状态的引脚
先决条件	无
注意事项	无
返回值	无

函数 3-8

函数名	**HAL_GPIO_WritePin**
函数原型	void **HAL_GPIO_WritePin** (　GPIO_TypeDef *　GPIOx, 　uint16_t　　　　GPIO_Pin, 　GPIO_PinState　　PinState)
功能描述	置位或清除选择的数据端口位
输入参数 1	GPIOx：此处 x 可以是 (A ~ H)，用来选择 STM32F0 家族的 GPIO 外设
输入参数 2	GPIO_Pin：指定要写入的端口位，这个参数可以是 GPIO_PIN_x 之一，此处 x 可以是（0 ~ 15）
输入参数 3	PinState：指定要写入的所选择位的值，这个参数可以是 GPIO_PinState 的枚举值之一： ● GPIO_PIN_RESET：清除端口引脚 ● GPIO_PIN_SET：置位端口引脚
先决条件	无
注意事项	无
返回值	无

3.3　GPIO 应用实例

下面我们要控制连接在 PC13 引脚上的 LED 灯，让它以半秒钟的时间间隔闪烁。这里我们使用 STM32CubeMX 软件完成时钟和 PC13 引脚的初始化配置并生成开发项目，对 PC13 的 I/O 口电平变化控制将使用 HAL 库函数来实现。

3.3.1　生成开发项目

1）打开 STM32CubeMX 软件，单击 "New Project" 按钮，新建开发项目，在视图选项卡的 "Pinout" 视图中，将 "PF0" 引脚的工作模式设置为 "RCC_OSC_IN"，将 "PF1" 引脚的工作模式设置为 "RCC_OSC_OUT"，将 "PC13" 引脚的工作模式设置为 "GPIO_Output"，用于驱动 LED，如图 3-7 所示。

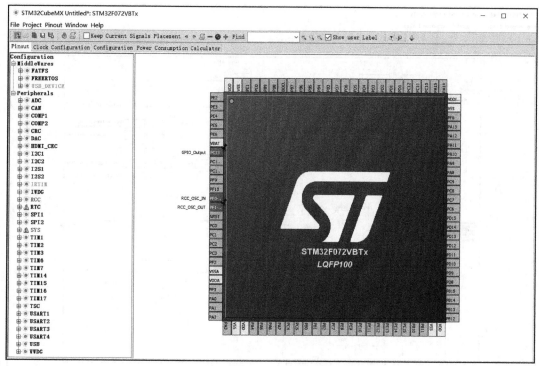

图 3-7　建立 GPIO 开发项目（一）

2）在"Clock Configuration"视图中，将 HSE 时钟作为锁相环输入时钟，将锁相环时钟倍频设置为"×6"，并且将锁相环时钟设置为系统时钟，如图 3-8 所示。

3）在"Configuration"视图中，在"System"列表中单击"GPIO"按钮，如图 3-9 所示。

4）在弹出的"Pin Configuration"对话框中，将 PC13 引脚的初始化电平设置为"Low"，如图 3-10 所示。

5）将生成的开发项目命名为"Flashing"，并将其保存至"D:\STM32F072VB_HAL\chapter03"路径下，如图 3-11 所示。

6）使用 MDK-ARM 集成开发环境打开所生成的项目，在程序的主循环中，找到"/* USER CODE BEGIN 3 */"位置，并加入以下代码：

```
/* USER CODE BEGIN 3 */

    /* 置位 PC13 引脚 */
    HAL_GPIO_WritePin(GPIOC, GPIO_PIN_13, GPIO_PIN_SET);
    /* 延时 500ms */
    HAL_Delay(500);
    /* 复位 PC13 引脚 */
    HAL_GPIO_WritePin(GPIOC, GPIO_PIN_13, GPIO_PIN_RESET);
    /* 延时 500ms */
    HAL_Delay(500);
    }
/* USER CODE END 3 */
```

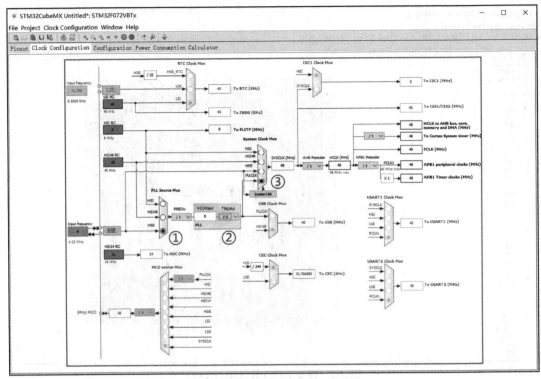

图 3-8 建立 GPIO 开发项目（二）

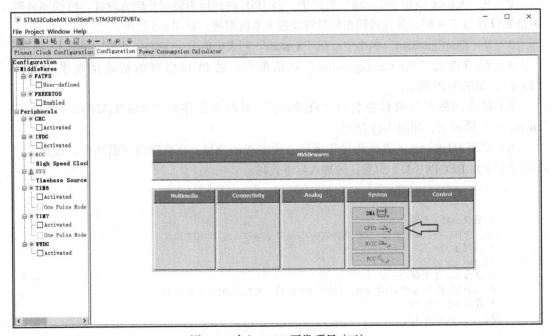

图 3-9 建立 GPIO 开发项目（三）

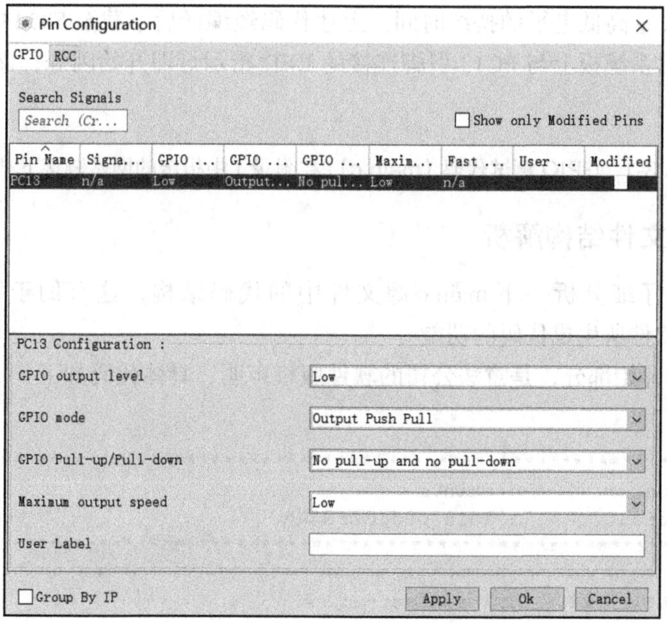

图 3-10　建立 GPIO 开发项目（四）

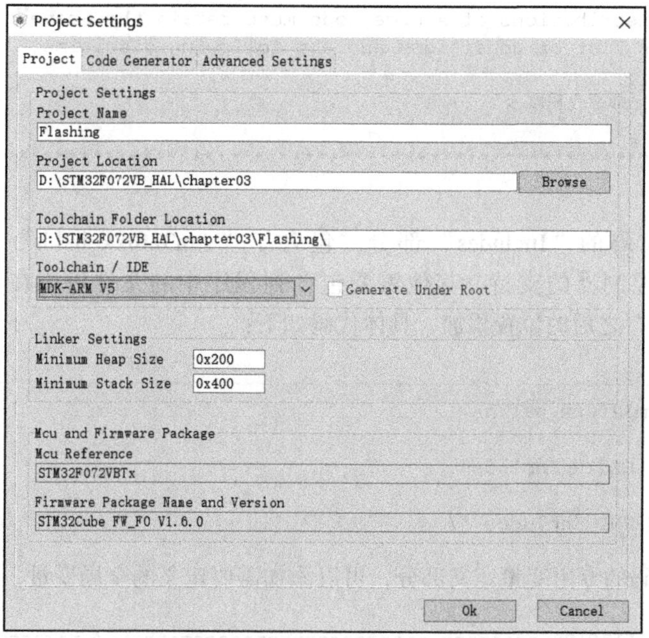

图 3-11　建立 GPIO 开发项目（五）

在上述代码中，通过"HAL_GPIO_WritePin()"函数控制 PC13 引脚的输出电平，使其循环输出各为 500ms 的高低电平。这里还调用了 HAL 固件库中的延时函数"HAL_

Delay();"，用于设置高低电平的持续时间。上述代码经编译后下载至 STM32F072VBT6 系统板中，代码运行后系统板上与 PC13 引脚连接的 LED 指示灯即开始闪烁，该项目的完整代码详见代码清单 3-1。

代码清单 3-1　GPIO 测试代码（main.c）（在附录 J 中指定的网站链接下载源代码）

3.3.2　主程序文件结构解析

下面我们来仔细分析一下 main.c 源文件中的代码结构，这有助于我们进一步理解 STM32CubeMX 软件所生成代码的功能。

1）在程序的开始部分，是意法公司的软件版权声明，具体代码如下：

```
/**
  ******************************************************************************
  * File Name          : main.c
  * Description         : Main program body
  ******************************************************************************
  *
  * COPYRIGHT(c) 2016 STMicroelectronics
  *
  * Redistribution and use in source and binary forms, with or without modification,
  * are permitted provided that the following conditions are met:
  *   1. Redistributions of source code must retain the above copyright notice,
  *      this list of conditions and the following disclaimer.
  *
        …… <部分代码略> ……
  *
  ******************************************************************************
  */
```

2）在程序代码的 "Includes" 部分，包含了 "stm32f0xx_hal.h" 头文件，用于对 STM32F0 系列微控制器的支持，其他需要包含到程序中的文件可以在 "/* USER CODE BEGIN Includes */" 之后的位置添加，具体代码如下：

```
/* Includes ------------------------------------------------------------------*/
#include "stm32f0xx_hal.h"

/* USER CODE BEGIN Includes */

/* USER CODE END Includes */
```

3）在程序代码的专用变量定义部分，可以添加需要定义的全局变量，具体代码如下：

```
/* Private variables ---------------------------------------------------------*/

/* USER CODE BEGIN PV */
/* Private variables ---------------------------------------------------------*/

/* USER CODE END PV */
```

4）在程序代码的专用函数原型声明部分，软件在此对自动生成的 SystemClock_Config();
等 3 个函数进行了原型声明。在"/* USER CODE BEGIN PFP */"部分可以对自行定义的函
数进行声明，在"/* USER CODE BEGIN 0 */"部分可以加入用户需要的其他代码，这部分
程序运行的具体内容如下：

```
/* Private function prototypes ----------------------------------------- */
void SystemClock_Config(void);
void Error_Handler(void);
static void MX_GPIO_Init(void);

/* USER CODE BEGIN PFP */
/* Private function prototypes ----------------------------------------- */

/* USER CODE END PFP */

/* USER CODE BEGIN 0 */

/* USER CODE END 0 */
```

5）在主函数"int main(void)"中，开始部分"/* USER CODE BEGIN 1 */"是用户代
码区，可以自行加入需要的程序代码；之后是"MCU Configuration"区，用于复位所有外设、
初始化 Flash 存储器接口和系统节拍器等。软件在此自动生成了代码，其中通过调用 HAL_
Init() 函数来配置 Flash、时基源、NVIC 和底层硬件；通过调用 SystemClock_Config() 函数来
配置系统时钟；通过调用 MX_GPIO_Init() 函数来配置 GPIO 引脚。具体代码如下：

```
/* USER CODE BEGIN 1 */

  /* USER CODE END 1 */

  /* MCU Configuration----------------------------------------------- */

  /* Reset of all peripherals, Initializes the Flash interface and the Systick. */
  HAL_Init();

  /* Configure the system clock */
  SystemClock_Config();

  /* Initialize all configured peripherals */
  MX_GPIO_Init();

  /* USER CODE BEGIN 2 */

  /* USER CODE END 2 */
```

6）在主函数"int main(void)"的循环体中，可以加入程序中需要重复执行的部分，我
们定义的 LED 闪烁程序行就在此加入。具体代码如下：

```
/* Infinite loop */
  /* USER CODE BEGIN WHILE */
  while (1)
```

```
    {
    /* USER CODE END WHILE */

    /* USER CODE BEGIN 3 */
        …… ＜部分代码略＞ ……
    }
    /* USER CODE END 3 */
```

7）在"/** System Clock Configuration */"部分，软件自动生成了系统时钟配置函数
SystemClock_Config()，并允许在时钟错误时调用 Error_Handler() 函数来处理错误。具体代码
如下：

```
/** System Clock Configuration
*/
void SystemClock_Config(void)
{

    RCC_OscInitTypeDef RCC_OscInitStruct;
    RCC_ClkInitTypeDef RCC_ClkInitStruct;

    RCC_OscInitStruct.OscillatorType = RCC_OSCILLATORTYPE_HSE;
    RCC_OscInitStruct.HSEState = RCC_HSE_ON;
    RCC_OscInitStruct.PLL.PLLState = RCC_PLL_ON;
    RCC_OscInitStruct.PLL.PLLSource = RCC_PLLSOURCE_HSE;
    RCC_OscInitStruct.PLL.PLLMUL = RCC_PLL_MUL6;
    RCC_OscInitStruct.PLL.PREDIV = RCC_PREDIV_DIV1;
    if (HAL_RCC_OscConfig(&RCC_OscInitStruct) != HAL_OK)
    {
      Error_Handler();
    }

    RCC_ClkInitStruct.ClockType = RCC_CLOCKTYPE_HCLK|RCC_CLOCKTYPE_SYSCLK
                            |RCC_CLOCKTYPE_PCLK1;
    RCC_ClkInitStruct.SYSCLKSource = RCC_SYSCLKSOURCE_PLLCLK;
    RCC_ClkInitStruct.AHBCLKDivider = RCC_SYSCLK_DIV1;
    RCC_ClkInitStruct.APB1CLKDivider = RCC_HCLK_DIV1;
    if (HAL_RCC_ClockConfig(&RCC_ClkInitStruct, FLASH_LATENCY_1) != HAL_OK)
    {
      Error_Handler();
    }

    HAL_SYSTICK_Config(HAL_RCC_GetHCLKFreq()/1000);

    HAL_SYSTICK_CLKSourceConfig(SYSTICK_CLKSOURCE_HCLK);

    /* SysTick_IRQn interrupt configuration */
    HAL_NVIC_SetPriority(SysTick_IRQn, 0, 0);
}
```

8）在"/** Configure pins as …… */"部分，可以将引脚配置成模拟、输入和输出等模
式。软件在此自动生成了 MX_GPIO_Init() 函数来配置引脚，并在之后的"/* USER CODE
BEGIN 4 */"区域允许用户自行添加其他程序代码。具体内容如下：

```
/** Configure pins as
      * Analog
      * Input
      * Output
      * EVENT_OUT
      * EXTI
*/
static void MX_GPIO_Init(void)
{

  GPIO_InitTypeDef GPIO_InitStruct;                 //定义结构体变量 GPIO_InitStruct

  /* GPIO Ports Clock Enable */
  __HAL_RCC_GPIOC_CLK_ENABLE();                     //使能 GPIOC 时钟
  __HAL_RCC_GPIOF_CLK_ENABLE();                     //使能 GPIOF 时钟

  /* Configure GPIO pin Output Level */
  HAL_GPIO_WritePin(GPIOC, GPIO_PIN_13, GPIO_PIN_RESET);  //复位 PC13 引脚

  /* Configure GPIO pin : PC13 */
  GPIO_InitStruct.Pin = GPIO_PIN_13;                //初始化目标引脚 PC13
  GPIO_InitStruct.Mode = GPIO_MODE_OUTPUT_PP;       //推挽输出模式
  GPIO_InitStruct.Pull = GPIO_NOPULL;               //无上下拉
  GPIO_InitStruct.Speed = GPIO_SPEED_FREQ_LOW;      /低速
  HAL_GPIO_Init(GPIOC, &GPIO_InitStruct);           //调用 GPIO 初始化函数

}

/* USER CODE BEGIN 4 */

/* USER CODE END 4 */
```

9）在 " /** @brief This function is executed in case of error occurrence……" 部分定义了一个空的错误处理函数 Error_Handler(void)，我们可以给该函数添加相应的功能，用于应对可能发生的错误。这部分的具体代码如下：

```
/**
  * @brief  This function is executed in case of error occurrence.
  * @param  None
  * @retval None
  */
void Error_Handler(void)
{
  /* USER CODE BEGIN Error_Handler */
  /* User can add his own implementation to report the HAL error return state */
  while(1)
  {
  }
  /* USER CODE END Error_Handler */
}
```

10）在主程序文件的最后部分是一个条件编译结构，其中定义了一个 assert_failed() 函

数，用于检测程序中存在错误的文件名称和程序行号码。这部分的具体代码如下：

```
#ifdef USE_FULL_ASSERT

/**
  * @brief Reports the name of the source file and the source line number
  * where the assert_param error has occurred.
  * @param file: pointer to the source file name
  * @param line: assert_param error line source number
  * @retval None
  */
void assert_failed(uint8_t* file, uint32_t line)
{
  /* USER CODE BEGIN 6 */
  /* User can add his own implementation to report the file name and line number,
     ex: printf("Wrong parameters value: file %s on line %d\r\n", file, line) */
  /* USER CODE END 6 */

}

#endif
```

3.3.3　外设初始化过程分析

下面我们以 GPIO 的初始化过程为例，分析 STM32CubeMX 软件（使用 HAL 库）是如何对外设进行初始化的。在开始分析之前，需要先回顾一下 C 语言中关于结构体的相关内容。C 语言允许定义构造类型的数据结构，它是由若干个成员组成的，每一个成员的数据类型可以不同，典型的结构体定义方法如下：

```
struct  date
{
  int month;
  int day;
  int year;
};
```

上面的代码定义了一个结构体，其类型名是“date”，由三个 int 型成员构成。结构体类型定义完成后，与其他系统定义的类型（如 int 型）一样，仅仅是多了一种数据类型而已，并不在内存中占用固定的存储空间。然而在声明了该类型的变量之后，就会在内存中为该变量分配存储单元。声明结构体变量的方法可参考以下代码：

```
struct  date  date1;
```

我们也可以在定义结构体的同时声明结构体变量，具体方法如下：

```
struct  date
{
  int month;
  int day;
  int year;
} date1;
```

与上面例子相似的是，在 HAL 库的 stm32f0xx_hal_gpio.h 头文件中同样定义了一个结构体类型，具体如下：

```
typedef struct
{
  uint32_t Pin;           /* !< Specifies the GPIO pins to be configured.
                              This parameter can be any value of @ref GPIO_pins */

  uint32_t Mode;          /* !< Specifies the operating mode for the selected pins.
                              This parameter can be a value of @ref GPIO_mode */

  uint32_t Pull;          /* !< Specifies the Pull-up or Pull-Down activation for the
selected pins.
                              This parameter can be a value of @ref GPIO_pull */

  uint32_t Speed;         /* !< Specifies the speed for the selected pins.
                              This parameter can be a value of @ref GPIO_speed */

  uint32_t Alternate;     /* !< Peripheral to be connected to the selected pins
                              This parameter can be a value of @ref GPIOEx_Alternate_
function_selection */
}GPIO_InitTypeDef;
```

以上代码在定义结构体类型时，使用了 C 语言的关键词"typedef"，这里我们还需要对这一关键词进行解读。"typedef"的作用是为一种已经存在的数据类型重新定义一个新的名字。这里所讲的数据类型包括 C 语言中默认的系统数据类型（如 int、char 型等），也包括自定义的数据类型（如 struct、enum 型等）。"typedef"最简单的使用方法如下：

```
typedef int  INTEGER;
```

在上述代码中，使用 INTEGER 代替 int 作为整型变量的类型名，这样做的好处是让代码更加清晰直观，之后我们就可以使用以下方法来声明整型变量了：

```
INTEGER  num1,num2;
```

同样，使用"typedef"也可以为结构体类型重新命名，以使程序更加具有可读性。具体可以参考如下代码：

```
typedef  struct  date
{
  int month;
  int day;
  int year;
}DateStruct;
```

上述语句实际上是完成了两个步骤的操作过程。第一步是定义了一个新的结构体类型，"date"虽然是结构体类型名，但它需要与"struct"关键词一同使用来声明结构体变量。

```
struct  date
{
  int month;
```

```
    int day;
    int year;
};
```

第二步是使用"typedef"为定义好的"struct date"结构体类型重新命名,称为"Date Struct",这相当于如下代码:

```
typedef  struct date  DateStruct;
```

之后,我们就可以使用"DateStruct"这个结构体类型名来声明结构体变量了,例如:

```
DateStruct  date1;
```

其作用就相当于如下代码:

```
struct  date  date1;
```

有了上面对结构体和关键词"typedef"内容的解读,我们再回过头来分析 stm32f0xx_hal_gpio.h 头文件中关于结构体类型的定义就十分好理解了。具体如下:

```
typedef struct
{
  uint32_t Pin;               //定义一个 32 位的结构体成员 Pin,用于指定目标 GPIO 引脚
  uint32_t Mode;              //定义一个 32 位的结构体成员 Mode,用于引脚模式配置
  uint32_t Pull;              //定义一个 32 位的结构体成员 PuLL,用于设定引脚的上拉和下拉
  uint32_t Speed;             //定义一个 32 位的结构体成员 Speed,用于设定引脚的速度
  uint32_t Alternate;         //定义一个 32 位的结构体成员 Alternate,用于设定与外设连接的引脚
}GPIO_InitTypeDef;
```

以上代码的作用就是定义了一个"GPIO_InitTypeDef"类型的结构体变量,其成员有 5 个,均为 32 位长,成员名称分别是"Pin""Mode""Pull""Speed"和"Alternate"。之后在 main.c 用户文件中,定义了一个函数用于初始化 GPIO 端口。具体代码如下:

```
static void MX_GPIO_Init(void)
{

  GPIO_InitTypeDef GPIO_InitStruct;                   //定义结构体变量 GPIO_InitStruct

  /* GPIO Ports Clock Enable */
  __HAL_RCC_GPIOC_CLK_ENABLE();                       //使能 GPIOC 时钟
  __HAL_RCC_GPIOF_CLK_ENABLE();                       //使能 GPIOF 时钟

  /* Configure GPIO pin Output Level */
  HAL_GPIO_WritePin(GPIOC, GPIO_PIN_13, GPIO_PIN_RESET);  //复位 PC13 引脚

  /* Configure GPIO pin : PC13 */
  GPIO_InitStruct.Pin = GPIO_PIN_13;                  //初始化目标引脚 PC13
  GPIO_InitStruct.Mode = GPIO_MODE_OUTPUT_PP;         //推挽输出模式
  GPIO_InitStruct.Pull = GPIO_NOPULL;                 //无上下拉
  GPIO_InitStruct.Speed = GPIO_SPEED_FREQ_LOW;        //低速
  HAL_GPIO_Init(GPIOC, &GPIO_InitStruct);             //调用 GPIO 初始化函数

}
```

上述函数中使用了如下的语句来定义"GPIO_InitTypeDef"类型的结构体变量，该变量用于给 GPIO 端口初始化，其名称为"GPIO_InitStruct"：

```
GPIO_InitTypeDef GPIO_InitStruct;
```

给"GPIO_InitStruct"结构体变量赋值即可完成对端口相关寄存器的初始化操作。给结构体变量赋值的方法就是分别给结构体变量的每一个成员赋值，具体代码如下：

```
GPIO_InitStruct.Pin = GPIO_PIN_13;                   // 初始化目标引脚 PC13
GPIO_InitStruct.Mode = GPIO_MODE_OUTPUT_PP;          // 推挽输出模式
GPIO_InitStruct.Pull = GPIO_NOPULL;                  // 无上下拉
GPIO_InitStruct.Speed = GPIO_SPEED_FREQ_LOW;         // 低速
```

赋值完成后，使用初始化函数来完成对 GPIO 端口的初始化。该函数的定义在"stm32f0xx_hal_gpio.c"文件中，函数原型如下：

```
void HAL_GPIO_Init  (
GPIO_TypeDef *  GPIOx,
                        GPIO_InitTypeDef *  GPIO_Init
                )
```

上述函数有两个参数，其中，第一个参数是"GPIOx"，是指向"GPIO_TypeDef"结构体的指针，其值可以是 GPIOA、GPIOB 等；另一个参数是"GPIO_Init"，是一个指向"GPIO_InitTypeDef"结构的指针。在调用"HAL_GPIO_Init()"函数时，使用以下语句：

```
HAL_GPIO_Init(GPIOC, &GPIO_InitStruct);
```

在以上代码中，HAL 库已经将 GPIOC 定义成了指针类型的变量，指向 GPIOC 的端口地址，而 GPIO_InitStruct 是一个结构体变量，在此需要将其地址取出，所以使用了"&GPIO_InitStruct"的写法。

通过上述对于 GPIO 外设初始化过程的分析，我们可以触类旁通，STM32CubeMX 软件就是通过与之类似的方法对 STM32F0 系列微控制器的外设进行初始化的。

回顾本章，我们已经知道 GPIO 是微控制器最基本的外设。STM32F0 系列微控制器的 GPIO 与其他微控制器相比还有一些较为特殊的地方，如每一个 GPIO 引脚都可以配置成外部中断输入端；端口 A 和 B 具有配置锁定功能，可以防止端口误动作；与外设复用的端口可以通过重映射功能将端口的复用功能转移至其他引脚上等。另外，通过端口置位/复位寄存器，可以对端口进行灵活的位操作，这会给程序的编写带来便利。至此，我们已经成功地迈出了 STM32F0 系列微控制器开发最重要的一步，而且似乎这一步也没有想象中那么难！

第4章
HAL 库

通过 STM32CubeMX 软件和 MDK-ARM 集成开发环境，我们已经实现了对 STM32F0 微控制器 GPIO 的控制，并且对如何使用 HAL 库有了最基本的认识，本章将以此为基础，对 HAL 库进行较为深入的解读。

4.1　HAL 库结构

STM32CubeMX 软件是一个综合性的嵌入式软件平台，其内部集成有 STM32Cube HAL（Hardware Abstraction Layer）库。它是 STM32 抽象层嵌入式软件，可以实现对 STM32 系列器件家族的全面支持并可以增加代码的可移植性。另外，STM32CubeMX 软件内部还集成有中间件组件，可以提供对 RTOS、USB、TCP/IP 以及图形功能的中间层支持。

4.1.1　HAL 库的特点

HAL 库的设计初衷就是为编程者提供规范化的函数和宏指令，用于操作意法公司的 STM32 系列微控制器。这些函数和宏也便于操作系统或上层应用程序调用，从而使编程者避开烦琐的寄存器操作，让对于硬件功能了解不是很深入的用户也能使用单片机，并能够方便地移植软件。HAL 库由一系列驱动模块构成，每个模块都与一个外设或外设的某一种功能相对应，其主要特点如下：

- 提供了通用的应用程序编程接口（API），覆盖了外设的常见功能，为不同家族芯片间的软件移植（如 F1 至 F0）提供了可能。
- 三种应用程序编程模型——查询、中断和 DMA。
- 应用程序编程接口与 RTOS 兼容。
- 支持用户回调功能机制，当外设中断或错误产生时，将会调用用户回调（callback）函数来做相应处理。
- 支持对象锁定机制，提供了更加安全的硬件访问方式，以防止软件对共享资源的多重访问。
- 在阻塞进程中提供了可编程的超时时间，用于提高软件的可靠性和实时性。

4.1.2　HAL 库的构成

HAL 驱动层提供了通用的应用程序编程接口（API）与上层应用程序、库和堆栈进行连接，具有规范化的体系结构——这种结构提高了库代码的可重用性和可移植性。HAL 驱动由通用和扩展 API 组成，其中通用 API 支持器件家族通用的功能，扩展 API 仅提供对个别器件家族或部分器件型号的特定功能支持。

HAL 驱动程序源代码基于 C 语言编写，符合 ANSIC 标准，提供完整的器件功能支持，可以帮助开发者快速、简易地编写出嵌入式应用程序。例如，HAL 驱动为 SPI 模块提供了诸如初始化和功能配置、管理基于查询方式的数据传输、处理中断和 DMA 以及管理通信错误等功能。HAL 库的驱动程序文件构成详见表 4-1。

表 4-1　HAL 库的文件结构

文　件	释　义
stm32f0xx_hal_ppp.c	外设 / 模块驱动程序主文件，包括 STM32 器件的所有应用程序编程接口，例如：stm32f0xx_hal_adc.c
stm32f0xx_hal_ppp.h	主驱动 C 文件的头文件，包括常见的数据、处理、枚举结构和宏定义语句，例如：stm32f0xx_hal_adc.h
stm32f0xx_hal_ppp_ex.c	外设 / 模块的扩展驱动文件，用于提供特定的器件型号或家族的应用程序编程接口，例如：stm32f0xx_hal_adc_ex.c
stm32f0xx_hal_ppp_ex.h	扩展 C 文件的头文件，包括指定的数据、枚举结构、定义语句和宏，以及器件特定部分的输出应用程序编程接口，例如：stm32f0xx_hal_adc_ex.h
stm32f0xx_hal.c	该文件用于 HAL 库初始化，同时包含调试、重映射和基于 systick 的延时功能
stm32f0xx_hal.h	stm32f0xx_hal.c 文件的头文件
stm32f0xx_hal_msp_template.c	模板文件，用于复制到用户应用程序文件夹中，包含了针对特定微控制器外设的初始化和反初始化程序
stm32f0xx_hal_conf_template.h	模板文件，用于为指定的应用定制驱动程序
stm32f0xx_hal_def.h	通用 HAL 库资源，如通用的状态定义、枚举、结构和宏等

注：ppp 为外设名称。

4.1.3　HAL 库用户应用程序

在建立软件开发项目时，HAL 库驱动文件会随之嵌入程序中，并与其他工程文件一起参与编译。使用 STM32CubeMX 软件建立的项目结构如图 4-1 所示。图中软件建立的项目名称为" Calendar"，右击项目区窗口的" Calendar"项目，在弹出的对话框中选择" Manage Project Items…"，打开项目管理窗口，在"Project Items"选项卡下，可以查看和管理项目的组织结构。STM32CubeMX 软件已经为项目的开发建立了相应的组（Groups），并且已经将相应的文件添加进组中。相关设置也由软件自动完成，无需用户干预。

在" Drivers/STM32F0xx_HAL_Driver"组中，添加有外设模块的多个驱动文件，其名称为" stm32f0xx_hal_ppp.c"或" stm32f0xx_hal_ppp_ex.c"。这些文件也是 HAL 库的主要组成部分，相关的函数和宏指令就保存于此；" Application/MDK-ARM"组中添加有目标微控制器的启动文件" startup_stm32f051x8.s"，该文件中保存有为 MDK-ARM 工具链设置的中断向量表等内容;"Drivers/CMSIS"组中添加有 Cortex-M0 内核的标准驱动文件"system_stm32f0xx.c";而在"Application/User"组中,分别添加有主程序文件"main.c"、外设初始化和反初始化文件"stm32f0xx_hal_msp.c"以及中断异常处理文件"stm32f0xx_it.c",这三个文件是需要软件开发者根据程序的需要自行编辑的。另外,还有一些文件也是项目编译所必需的,如"stm32f0xx_hal_conf.h"等,它们会以文件包含的方式添加到项目中。使用 HAL 库构建应用程序所需的最小文件详见表 4-2。

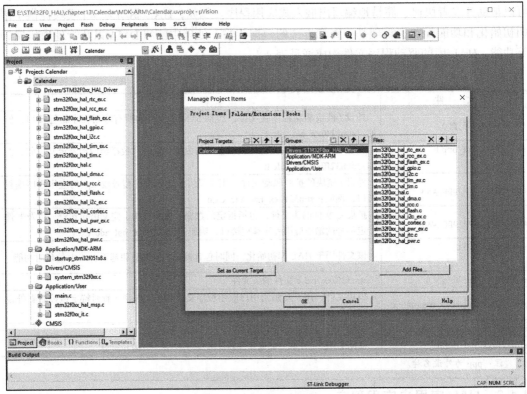

图 4-1 开发项目结构

表 4-2 用户应用程序文件

文件	释义
main.c/.h	主程序文件
stm32f0xx_it.c/.h	中断和异常处理程序文件。如果一个中断需要用户干预,必须通过在 PPP_IRQHandler() 函数中调用 HAL_PPP_IRQHandler() 函数来实现
stm32f0xx_hal_msp.c	该文件包含微控制器外设初始化和反初始化(主程序和回调)用户应用程序
system_stm32f0xx.c	该文件包含 SystemInit() 函数,它在启动时刚刚复位后和主程序执行之前被调用,允许在内部存储器中重新定位向量表
startup_stm32f0xx.s	工具链文件,其中包含重置处理程序和异常向量
stm32f0xx_flash.icf(可选)	EWARM 工具链链接器文件
stm32f0xx_hal_conf.h	该文件允许用户为一个特定的应用程序定制 HAL 驱动,通常不用修改而是直接使用默认配置

4.2　HAL 库文件

我们前面提到，STM32CubeMX 软件在生成开发项目时会自动将 HAL 库驱动文件复制到开发项目的相关文件路径下。打开一个位于 "E:\STM32F0_HAL\chapter13" 路径下的开发项目，在 "E:\STM32F0_HAL\chapter13\Calendar\Drivers\STM32F0xx_HAL_Driver" 路径下有两个文件夹，分别是 "Inc" 和 "Src"，其中 "Inc" 文件夹中保存的是 HAL 库驱动程序的相关头文件，而 "Src" 文件夹中保存的则是相关的 C 源文件。

4.2.1　HAL 库头文件

为了更清晰地了解 HAL 库的内容，我们以 "Inc" 文件夹中的 "stm32f0xx_hal_gpio.h" 头文件为例，讲解一下 HAL 库头文件的构成和功能。"stm32f0xx_hal_gpio.h" 头文件的内容详见代码清单 4-1。为了便于理解，我们对其内容进行了相应的注解。

　　代码清单 4-1　stm32f0xx_hal_gpio.h 头文件（在附录 J 中指定的网站链接下载源代码）

在头文件中，开始部分是 HAL 库文件说明和意法半导体公司的版权信息，具体代码如下：

```
/**
  ******************************************************************************
  * @file    stm32f0xx_hal_gpio.h          // 文件: stm32f0xx_hal_gpio.h
  * @author  MCD Application Team          // 作者: MCD Application Team
  * @version V1.4.0                        // 版本: V1.4.0
  * @date    27-May-2016                   // 时间: 27-05-2016
  * @brief   Header file of GPIO HAL module. // 概要: GPIO HAL 模块的头文件
  ******************************************************************************
  * @attention
  *
  * <h2><center>&copy; COPYRIGHT(c) 2016 STMicroelectronics</center></h2>
  *
  * Redistribution and use in source and binary forms, with or without modification,
  * are permitted provided that the following conditions are met:
  *   1. Redistributions of source code must retain the above copyright notice,
  *      this list of conditions and the following disclaimer.
  *   ……部分代码略……
  ******************************************************************************
  */
```

为了便于解读，我们对余下的部分进行了分组。

1. 第一部分：条件编译

这部分使用了一个条件编译语句，目的是防止 "stm32f0xx_hal_gpio.h" 头文件被重复编译，具体代码如下：

```
#ifndef __STM32F0xx_HAL_GPIO_H   // 如果程序段 __STM32F0xx_HAL_GPIO_H 没有被编译过
#define __STM32F0xx_HAL_GPIO_H   // 则对程序段 __STM32F0xx_HAL_GPIO_H 进行编译
```

在接下来的代码中，使用了一个比较特殊的格式。如果你细心地将此头文件的代码浏览一遍，你会发现头文件中几乎全部的代码都被包括在以下的格式中：

```
#ifdef __cplusplus
  extern "C" {
                    #endif
                    ……代码行1……
                    ……代码行n……
                    #ifdef __cplusplus
                  }
#endif

#endif /* __STM32F0xx_HAL_GPIO_H */
```

这样的写法是用于判断要编译的文件是 C++ 文件（*.cpp 后缀）还是 C 文件（*.c 后缀）。"__cpl usplus"是 C++ 文件中的自定义宏，"cplusplus"是"C plus plus"的另一种书写文法，即"C++"。"#ifdef__cplusplus"的意思是如果编译的是 C++ 文件，则使用"extern "C""的方式对"{ }"中的程序进行编译。而"extern "C""也是由 C++ 提供的，它是一个连接交换指定符号，用于告诉 C++ 编译器"{ }"中的代码是用 C 写成的，必须用 C 的方式来编译和链接它们。另外，被"extern "C""限定的函数或变量都是"extern"类型的，可以在其他程序模块中正常使用。这段代码的最终目的是实现在 C++ 环境下对 C 的支持，即实现 C 和 C++ 的混合编程。

当要编译的代码不是 C++ 文件时，编译器会跳过上述部分，直接编译和链接"代码行 1"至"代码行 n"部分，这里我们只需要关注 stm32f0xx_hal_gpio.h 头文件中"代码行 1"至"代码行 n"部分即可。

2. 第二部分：文件包含

这部分将一个名为"stm32f0xx_hal_def.h"的头文件包含到程序代码中，该文件涵盖了 HAL 库的一些常量、枚举、宏和结构定义。例如在该文件中定义了 HAL 库函数的工作状态，即"HAL_OK = 0x00"、"HAL_ERROR = 0x01"，通过分析 HAL 库函数所返回的不同状态值可以判断其工作状态，这部分的代码如下：

```
/* Includes ------------------------------------------------------------ */
#include "stm32f0xx_hal_def.h"   //包含 stm32f0xx_hal_def.h 头文件
```

3. 第三部分：输出类型

这部分通过结构体定义和枚举的方式来定义不同的数据类型，用于对 GPIO 模块进行初始化和相关的状态定义。具体定义的方式详见本书 GPIO 章节。

```
/* Exported types ------------------------------------------------------ */
……部分代码略……
typedef struct
{
  uint32_t Pin;          /* !< Specifies the GPIO pins to be configured.
                                This parameter can be any value of @ref GPIO_pins */
        ……部分代码略……
  uint32_t Alternate;    /* !< Peripheral to be connected to the selected pins
                                This parameter can be a value of @ref
                                GPIOEx_Alternate_function_selection */
}GPIO_InitTypeDef;

……部分代码略……
typedef enum
```

```
{
    GPIO_PIN_RESET = 0,              //复位值为 0
    GPIO_PIN_SET                     //置位值为 1
}GPIO_PinState;
```

4. 第四部分：输出常量

这一部分主要是使用宏定义的方式，将某一个字符串与一个固定的数字相关联，这样在编写程序代码时，即可避免对寄存器位或数字的直接操作，增加代码的可读性。例如：

```
/* Exported constants ------------------------------------------------- */
……部分代码略……
#define GPIO_PIN_0                   ((uint16_t)0x0001)  /* Pin 0 selected */
……部分代码略……
```

上述代码的功能就是将 uint16_t 类型的十六进制数 "0x0001" 宏定义为 "GPIO_PIN_0"，以后在程序中书写 "GPIO_PIN_0" 就代表数字 "0x0001"。

5. 第五部分：输出宏

这部分定义了具有特定功能的宏，用于实现如清除某一个中断标志位等具体用途。代码中大量使用了带参宏定义的方法，具体代码如下：

```
/* Exported macro ------------------------------------------------- */
……部分代码略……

 * @brief  Check whether the specified EXTI line flag is set or not.
 * @param  __EXTI_LINE__: specifies the EXTI line flag to check.
 *   This parameter can be GPIO_PIN_x where x can be(0..15)
 * @retval The new state of __EXTI_LINE__ (SET or RESET).
 */

#define __HAL_GPIO_EXTI_GET_FLAG(__EXTI_LINE__) (EXTI->PR & (__EXTI_LINE__))

……部分代码略……
```

在上面的代码中，定义了一个宏指令 "__HAL_GPIO_EXTI_GET_FLAG(__EXTI_LINE__)"，其作用是将 GPIO_PIN_x 与 EXTI_PR 寄存器做与运算，取出相应标志位，以检测指定的 EXTI 线标志是否置位。该宏的参数为 "__EXTI_LINE__"，其值可以是 "GPIO_PIN_x（x=0~15）" 之一。该宏的返回值为 EXTI 线的状态（0 或 1）。

6. 第六部分：专用宏

这部分同样使用了带参宏定义的方法，用于实现断言测试的功能。在下面的宏定义中，形参为 "__MODE__"，其作用是判断 "__MODE__" 的值是否与 "GPIO_MODE_INPUT" "GPIO_MODE_OUTPUT_PP" "GPIO_MODE_OUTPUT_OD" 等的值之一相等，即判断 "__MODE__" 的值是否合法。

```
/* Private macros ------------------------------------------------- */
……部分代码略……
#define IS_GPIO_MODE(__MODE__) (((__MODE__) == GPIO_MODE_INPUT)           ||\
                                ((__MODE__) == GPIO_MODE_OUTPUT_PP)       ||\
                                ((__MODE__) == GPIO_MODE_OUTPUT_OD)       ||\
                                ((__MODE__) == GPIO_MODE_AF_PP)           ||\
```

```
                               ((__MODE__) == GPIO_MODE_AF_OD)              ||\
                               ((__MODE__) == GPIO_MODE_IT_RISING)          ||\
                               ((__MODE__) == GPIO_MODE_IT_FALLING)         ||\
                               ((__MODE__) == GPIO_MODE_IT_RISING_FALLING)  ||\
                               ((__MODE__) == GPIO_MODE_EVT_RISING)         ||\
                               ((__MODE__) == GPIO_MODE_EVT_FALLING)        ||\
                               ((__MODE__) == GPIO_MODE_EVT_RISING_FALLING) ||\
                               ((__MODE__) == GPIO_MODE_ANALOG))
```
……部分代码略……

7. 第七至九部分：函数声明

这部分分别对定义在"stm32f0xx_hal_gpio.c"文件中的函数进行声明。这些函数可以分为输出函数、初始化和反初始化函数、IO 操作函数等。

```
/* Exported functions ------------------------------------------------- */
……部分代码略……
/* Initialization and de-initialization functions ***************************/
void                 HAL_GPIO_Init(GPIO_TypeDef  *GPIOx, GPIO_InitTypeDef *GPIO_Init);
void                 HAL_GPIO_DeInit(GPIO_TypeDef  *GPIOx, uint32_t GPIO_Pin);
……部分代码略……
/* IO operation functions ***************************************************/
GPIO_PinState        HAL_GPIO_ReadPin(GPIO_TypeDef* GPIOx, uint16_t GPIO_Pin);
void                 HAL_GPIO_WritePin(GPIO_TypeDef* GPIOx, uint16_t GPIO_Pin, GPIO_
PinState PinState);
……部分代码略……
```

4.2.2　HAL 库源文件

与"Inc"文件夹相同路径下的"Src"文件夹保存有多个外设的 C 源文件，其中"stm32f0xx_hal_gpio.c"文件中定义了 HAL 库中与 GPIO 外设相关的函数等内容。具体内容详见代码清单 4-2，我们同样对其内容进行了注解以方便理解。

代码清单 4-2　stm32f0xx_hal_gpio.c 文件内容（在附录 J 中指定的网站链接下载源代码）

在"stm32f0xx_hal_gpio.c"文件中，开始部分分别是 C 源文件版本功能介绍、功能概述、GPIO 外设特性以及如何使用本驱动等的介绍。对于初学者，阅读这一部分内容有助于理解本文件的结构和所实现的功能。

在之后的代码中，为了便于理解，我们也对内容进行了分组。

1. 第一部分：文件包含

这里包含了"stm32f0xx_hal.h"头文件。该文件是 STM32F0 系列微控制器的 HAL 驱动头文件，包含了针对不同芯片的功能定义和宏指令等内容，具体代码如下：

```
// 第一部分：文件包含
/* Includes ------------------------------------------------------------ */
#include "stm32f0xx_hal.h"  // 包含"stm32f0xx_hal.h"头文件

……部分代码略……
```

2. 第二部分至第六部分

"stm32f0xx_hal.h"头文件注释中的第二部分至第六部分，分别是 GPIO 外设的专用类型定义、专用宏定义、专用宏指令、专用变量和函数的原型声明。具体代码如下：

```
/* Private typedef ------------------------------------------------------------- */
//第二部分：专用类型定义

/* Private defines ------------------------------------------------------------- */
//第三部分：专用宏定义

/** @defgroup GPIO_Private_Defines GPIO Private Defines //GPIO 专用宏定义
  * @{
  */
#define GPIO_MODE               ((uint32_t)0x00000003)
#define EXTI_MODE               ((uint32_t)0x10000000)
#define GPIO_MODE_IT            ((uint32_t)0x00010000)
#define GPIO_MODE_EVT           ((uint32_t)0x00020000)
#define RISING_EDGE             ((uint32_t)0x00100000)
#define FALLING_EDGE            ((uint32_t)0x00200000)
#define GPIO_OUTPUT_TYPE        ((uint32_t)0x00000010)
……部分代码略……

/* Private macros -------------------------------------------------------------- */
//第四部分：专用宏指令

/* Private variables ----------------------------------------------------------- */
//第五部分：专用变量

/* Private function prototypes --------------------------------------------------- */
//第六部分：专用函数原型
```

3. 第七部分：输出函数

注释中的第七部分是 stm32f0xx_hal_gpio.c 文件的重点，这部分中定义了多个函数，分别是 GPIO 的初始化、反初始化函数以及 I/O 操作函数等。在主程序文件 main.c 中，用户可以调用这些函数来实现一些特定的功能，如可以调用 HAL_GPIO_TogglePin() 函数来反转指定 I/O 口的电平，该函数在 stm32f0xx_hal_gpio.c 文件中的定义方式如下：

```
……部分代码略……
===============================================================================
                    ##### IO operation functions #####
===============================================================================
@endverbatim
……部分代码略……

/**
  * @brief  Toggle the specified GPIO pin.
  * @param  GPIOx: where x can be (A..F) to select the GPIO peripheral for STM32F0 family
  * @param  GPIO_Pin: specifies the pin to be toggled.
  * @retval None
  */
void HAL_GPIO_TogglePin(GPIO_TypeDef* GPIOx, uint16_t GPIO_Pin)
{
  /* Check the parameters */
  assert_param(IS_GPIO_PIN(GPIO_Pin));

  GPIOx->ODR ^= GPIO_Pin;
}
……部分代码略……
```

　　在对回调（callback）函数进行定义时，使用了"__weak"这样的关键字。"__weak"在这里是一个宏，用于对函数的弱定义。在 C 语言中规定，函数和已初始化的全局变量（包括初始化为 0）是强符号，而定义为"弱"属性的函数或未初始化的全局变量是弱符号。另外，程序中同名的强符号只能有一个，否则编译器会给出"重复定义"的错误。而弱符号可以有多个，当有多个弱符号相同时，链接器选择占用内存空间最大的那个。

　　使用了"__weak"修饰的函数功能和一般函数没有太大差别，只是当另有一个不带"__weak"的同名函数被定义时，所有对这个函数的调用都会指向不带"__weak"修饰的那个函数。例如，对 EXTI 线中断或事件检测回调函数的定义方式如下：

```
/**
  * @brief  EXTI line detection callback.
  * @param  GPIO_Pin: Specifies the port pin connected to corresponding EXTI line.
  * @retval None
  */
__weak void HAL_GPIO_EXTI_Callback(uint16_t GPIO_Pin)
{
  /* Prevent unused argument(s) compilation warning */
  UNUSED(GPIO_Pin);

  /* NOTE: This function should not be modified, when the callback is needed,
           the HAL_GPIO_EXTI_Callback could be implemented in the user file
  */
}
```

　　另外，这里还需要对回调函数再做简要的说明。回调函数与普通函数的本质区别在于调用者不同：普通函数由用户代码调用，而回调函数则是由系统在适当的条件下调用。回调函数用于对各种事件的响应和处理，例如上述回调函数的功能就是当指定的 EXTI 线上发生中断或事件时，HAL_GPIO_EXTI_Callback() 函数会自动执行，以完成某些特定的功能。

　　值得注意的是，在 HAL 库中，C 源文件中定义的回调函数是一个空函数，没有指定具体的功能，所以它在定义时采用了"__weak"修饰，使该函数成为弱属性。如果程序中需要使用此回调功能，可以在 main.c 文件中自行定义一个同名且不带"__weak"修饰的函数，并可以在该函数中加入相应的处理代码，回调函数在这里其实就是给出了一个参考模板而已。

　　回顾本章内容，其主要目的是让读者快速地理解 HAL 库结构和功能。首先，HAL 库是 STM32CubeMX 软件的一部分，在生成开发项目时，HAL 库会随项目一起保存在其路径下；其次，当使用集成开发环境打开生成的项目时，可以调用 HAL 库中定义好的函数和宏指令来完成具体的功能。这样做的好处是可以在对硬件不十分了解的情况下完成程序的开发，并且所开发出的软件具有很好的可读性和可移植性；再次，通过对 HAL 库中具有代表性的 stm32f0xx_hal_gpio.c 源文件和 stm32f0xx_hal_gpio.h 头文件的解读，让我们理解了 HAL 库的基本构成，即通过这两个文件定义了大量的结构、枚举、宏和函数，这些都是 HAL 库具体功能实现的关键所在；最后，在查看 HAL 库的文件内容时，我们也涉及了一些关于函数的弱定义和回调函数的内容。以上这些都是本章的重点，需要读者认真领会。

第5章
系 统 配 置

理解微控制器的系统架构有利于从总体上把握 STM32F0 微控制器，本章重点讲述的是
STM32F0 系列微控制器内部总线结构、存储器组织以及 CRC 计算等内容。

5.1 系统架构

STM32F0 系列微控制器是意法公司 32 位微控制器产品中的入门级微控制器，具有高性
能、低功耗和高性价比等特性，芯片由 ARM 公司的 Cortex-M0 高性能内核和相关外设构成。

5.1.1 总线结构

纵观 STM32F0 系列微控制器的总体架构，主要由 2 个主模块和 4 个从模块构成。主模
块有 Cortex-M0 内核和 DMA 通道，从模块有 SRAM、Flash、AHB1 和 AHB2 总线。在从模
块中，AHB1 总线是 AHB 到 APB 的桥，所有的外设都挂在 APB 总线上，而 AHB2 总线则
专门用于连接 GPIO 端口。STM32F072 微控制器的系统架构如图 5-1 所示。

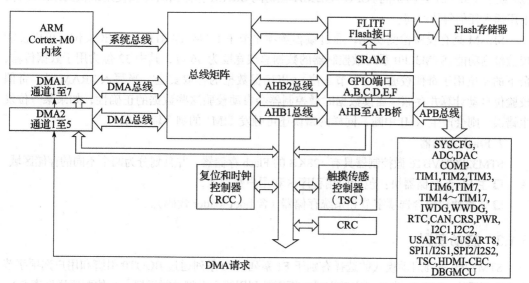

图 5-1　STM32F072 微控制器的系统架构

1）系统总线：连接 Cortex-M0 内核的系统总线到总线矩阵，总线矩阵用来协调内核和 DMA 间的总线访问控制。

2）DMA 总线：连接 DMA 的 AHB 主控接口与总线矩阵，总线矩阵用于协调 CPU 和 DMA 到 SRAM、闪存和外设的访问控制。

3）总线矩阵：管理系统总线与 DMA 总线的访问仲裁，总线矩阵由 3 个主模块总线（CPU、DMA1 和 DMA2）及 4 个从模块总线（FLITF、SRAM、AHB1 附带 AHB 至 APB 桥和 AHB2）组成。AHB 外设通过总线矩阵与系统总线相连并允许 DMA 访问。

4）AHB 到 APB 桥：在 AHB 与 APB 总线间提供同步连接。在每次复位之后，除了 SRAM 和 FLITF 外所有的外设时钟都关闭。在使用外设前，需要在 RCC_AHBENR、RCC_APB2ENR 或 RCC_APB1ENR 寄存器中打开外设相应的时钟使能位。当对 APB 寄存器进行 8 位或者 16 位访问时，会将此自动转换成 32 位的访问，而且桥会自动将 8 位或 16 位数据扩展以配合 32 位的宽度。

5.1.2 存储器的组织

STM32F0 系列微控制器将程序存储器、数据存储器、寄存器以及 I/O 口统一编址，其线性地址空间可以达到 4GB。数据字节以小端格式存放在存储器中，一个字里的最低地址字节被认为是该字的最低有效字节，而最高地址字节是最高有效字节。微控制器的寻址空间共分成 8 块，每块 512MB，没有分配给片上存储器和外设的存储器空间都是保留的地址空间。STM32F072VBT6 存储器映射如图 5-2 所示。外设寄存器编址详见本书附录 G。

1. SRAM

STM32F072VBT6 微控制器内置 16KB 的静态 SRAM，可以以字节（8 位）、半字（16 位）或字（32 位）进行访问。CPU 及 DMA 在访问 SRAM 存储器时可以使用最快的系统时钟，不用插入任何等待时间。

SRAM 具有校验检测功能，通过编程选项字节中 RAM_PARITY_CHECK 位，可以使能校验检测功能。STM32F0 系列微控制器的数据总线宽度为 36 位，其中 32 位为用于数据传输，余下的 4 位用于奇偶校验（每字节 1 位），以确保数据的存取安全。当写入 SRAM 时，奇偶校验位自动计算并存储。当读数据时微控制器会自动校验这些数据的正确性，如果某一位发生错误，则会产生 NMI 中断，同样的错误还可触发 TIM1 的刹车输入等。

2. Flash 存储器

STM32F072VBT6 微控制器具有 128KB 的 Flash 存储器，并且划分为两个不同的存储区域：

❑ 主 Flash 存储器块：包括应用程序区和用户数据区；

❑ 信息块：包含选项字节和系统存储器（含 boot loader 代码）。

5.1.3 启动配置

STM32F0 系列启动模式的选择有别于 F1 系列。F0 系列通过 BOOT0 引脚和用户选项字节中启动配置位 nBOOT1 来选择启动方式，而不是利用两个引脚进行设置，具体配置详见表 5-1。

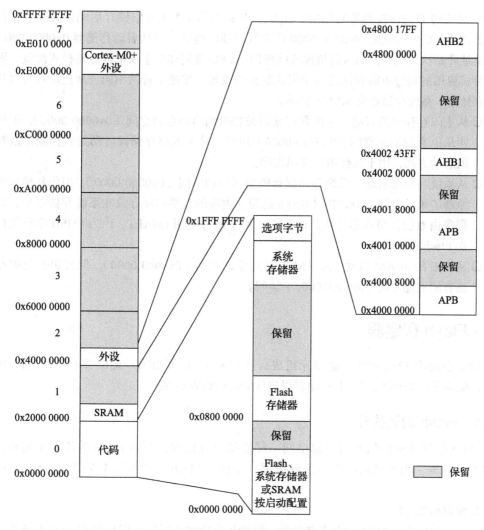

图 5-2　存储器映射

表 5-1　启动模式配置

启动模式配置				模　　式
nBOOT1 位	BOOT0 引脚	BOOT_SEL 位	nBOOT0 位	
×	0	1	×	选择主 Flash 存储器作为启动区
1	1	1	×	选择系统存储器作为启动区
0	1	1	×	选择内置的 SRAM 作为启动区
×	×	0	1	选择主 Flash 存储器作为启动区
1	×	0	0	选择系统存储器作为启动区
0	×	0	0	选择内置的 SRAM 作为启动区

注：表中阴影部分只适用于 STM32F04x 和 STM32F09x。

STM32F0 系列微控制器复位后，在 SYSCLK 的第 4 个上升沿锁存启动模式配置。在启动延迟之后，CPU 从地址 0x0000 0000 获取堆栈顶的地址，并从启动存储器 0x0000 0004 指示的地址开始执行代码。当从待机模式唤醒时，CPU 也同样会重新采样启动模式配置，因此在有待机应用的场合也需要保持启动模式的正确设置。按照配置的不同，微控制器可以从主闪存存储器、系统存储器或 SRAM 启动。

❑ 从主闪存存储器启动：主闪存存储器被映射到启动存储空间（0x0000 0000），但仍然能从原有的地址空间（0x0800 0000）访问。从主闪存存储器启动是微控制器最常用的启动方式，用于执行用户应用程序。

❑ 从系统存储器启动：系统存储器被映射到启动空间（0x0000 0000），但仍然能够在它原有的地址空间（0x1FFF C800）访问。内嵌的自举程序存放在系统存储器中，自举程序由意法公司在芯片生产时写入，用于通过使用 USART、I²C 或 USB 串行接口编程 Flash 存储器。

❑ 从内置的 SRAM 启动：SRAM 映射到启动空间（0x0000 0000），但其仍然能够在它原有的地址空间（0x2000 0000）访问。

5.2   Flash 存储器

闪存空间由 32 位宽的存储单元组成，按 128 页（每页 2KB）或 64 扇区（每扇区 4KB）分块，最高可达 256KB。Flash 存储器以扇区为单位设置写保护。

5.2.1   Flash 的读操作

Flash 存储器可以像普通存储空间一样直接寻址访问，但对 Flash 的读操作须经过专门的判断过程。无论是取指令还是取数据，任何对 Flash 的读操作都是通过 AHB 总线进行的。

1. 预取指缓冲区

Cortex-M0 通过 AHB 总线读取指令，使能预取指缓冲区后可以提高 CPU 运行速度。预取指缓冲区分为 3 块，每块 8 字节，复位后预取指缓冲区的默认状态是打开的，预取控制器会根据预取指缓冲区的可用空间来把握访问 Flash 的时机。当预取指缓冲区中至少有一块可用空间时，预取控制器会发起一次读取请求。预取指缓冲区的存在可以大大提高 CPU 的读取效率，当 CPU 取第一个字的指令时，下一个字的指令内容页已经存在于预取指缓冲区中了，这意味着可以达到 2 倍的取指速度。

2. 访问延迟

为了确保对 Flash 的正确读取，必须在 Flash 访问控制寄存器中的 LATENCY[2:0] 位域中指定预取控制器的速度比，该数值等于每次访问 Flash 到下次访问之间所需要插入的等待周期的个数。复位后该值默认为 0，即不插入等待周期。当系统时钟（SYSCLK）高于 24MHz 时，需要插入 1 个等待周期。

5.2.2 Flash 的写和擦除操作

STM32F0 系列微控制器的 Flash 存储器支持在线编程（ICP）和在应用编程（IAP）。ICP 是指使用 SWD 或 Boot loader 的方法在线改变 Flash 的内容，将用户代码烧录到微控制器中。ICP 提供了一种简单高效的芯片编程方法，可以先将芯片焊接在 PCB 上再写入程序，免除了烧写芯片时的芯片装夹等问题。与 ICP 方法不同的是，IAP 能够使用微控制器支持的任何通信接口，如 I/O、USB、CAN、UART、I2C 和 SPI 等下载程序并保存至 Flash，IAP 允许用户在运行程序的过程中重写自身的应用程序。在对 Flash 进行写 / 擦除操作的同时，任何对 Flash 的访问都会令总线停止，也就是说，在写 / 擦除 Flash 的同时不可以再对它进行读操作。另外，在对 Flash 空间做写 / 擦除操作时，内部 RC 振荡器（HSI）必须处于开启状态。

1. Flash 解锁

复位后，Flash 存储器默认为写保护状态，以防止意外的擦除操作，FLASH_CR 寄存器不允许被改写。只有执行一系列针对 FLASH_KEYR 寄存器的解锁操作后，才能开启对 FLASH_CR 的访问权限。解锁操作由下面两个写操作构成：

❑ 写关键字 1：0x45670123
❑ 写关键字 2：0xCDEF89AB

任何错误的写顺序将会锁死 FLASH_CR 寄存器直至下次复位。当发生关键字错误时，会引发硬件错误中断。

2. Flash 编程

主闪存编程每次都以 16 位为单位，当 FLASH_CR 寄存器中的 PG 位为 1 时，直接对相应的地址写一个半字（16 位）即一次编程操作，试图写入其他长度将引发硬件错误中断。Flash 存储器接口会预读 Flash 待编程字节是否全为 1，如果不是则编程操作会自动取消，并将 FLASH_SR 寄存器的 PGERR 位置 "1" 来提示编程错误。如果与待编程地址对应的 FLASH_WRPR 寄存器中相应的写保护位有效，上述编程操作将不能进行，并会产生编程错误提示。编程结束后，FLASH_SR 寄存器的 EOP 位会硬件置 "1" 指示编程结束。

💻 **编程向导　Flash 编程**

1）检查 FLASH_SR 寄存器的 BSY 位，以确认上次编程操作已经结束。
2）将 FLASH_CR 寄存器的 PG 位置 1。
3）以半字为单位向目标地址写入数据。
4）等待 FLASH_SR 寄存器中的 BSY 清 0。
5）检测 FLASH_SR 寄存器的 EOP 标志（当编程操作成功时该位置位），并软件清除此标志。

对 Flash 的编程操作可以参考以下代码：

```
FLASH->CR |= FLASH_CR_PG;
```

```
*(__IO uint16_t*)(flash_addr) = data;
while ((FLASH->SR & FLASH_SR_BSY) != 0);
```

3. Flash 擦除

Flash 存储器可以按页为单位擦除（Page Erase），也可以整片擦除（Mass Erase），即一次擦除整个 Flash 用户区，但信息块不会受这个命令影响。

📖 编程向导　Flash 页擦除

1）检查 FLASH_SR 中的 BSY 位，以确认上次编程操作已经结束。

2）将 FLASH_CR 寄存器的 PER 位置 "1"。

3）写 FLASH_AR 寄存器以选择待擦除的页。

4）将 FLASH_CR 寄存器的 STRT 位置 "1"。

5）等待 FLASH_SR 中的 BSY 清 0。

6）检测 FLASH_SR 寄存器的 EOP 标志（当擦除操作成功时该位置位），并软件清除此标志。

对 Flash 的页擦除操作可以参考以下代码：

```
FLASH->CR |= FLASH_CR_PER;
FLASH->AR = page_addr;
FLASH->CR |= FLASH_CR_STRT;
while ((FLASH->SR & FLASH_SR_BSY) != 0) ;
if ((FLASH->SR & FLASH_SR_EOP) != 0)
{
  FLASH->SR = FLASH_SR_EOP;
}
else
{
/* 错误管理 */
}
FLASH->CR &= ~FLASH_CR_PER; /* 复位 PER 位以禁止页擦除 */
```

📖 编程向导　Flash 整片擦除

1）检查 FLASH_SR 中的 BSY 位，以确认上次编程操作已经结束。

2）将 FLASH_CR 寄存器的 MER 位置 "1"。

3）将 FLASH_CR 寄存器的 STRT 位置 "1"。

4）等待 BSY 位归 0。

5）检测 FLASH_SR 寄存器的 EOP 标志（当擦除操作成功时该位置位），并软件清除此标志。

对 Flash 的整片擦除操作可以参考以下代码：

```
FLASH->CR |= FLASH_CR_MER;
```

```
FLASH->CR |= FLASH_CR_STRT;
while ((FLASH->SR & FLASH_SR_BSY) != 0) ;
if ((FLASH->SR & FLASH_SR_EOP) != 0)
{
  FLASH->SR = FLASH_SR_EOP;
}
else
{
/* 错误管理 */
}
FLASH->CR &= ~FLASH_CR_MER; /* 复位 MER 位以禁止整片擦除 */
```

5.2.3　Flash 读保护

读保护可以防范用户 Flash 区的代码被可疑代码读出。编程选项字节中的 RDP 位，然后重新复位微控制器，即可激活 Flash 读保护。读保护可以分为 Level 0 至 Level 2 三个级别，具体定义如下。

1）Level 0：无读保护。将 0xAA 写入读保护选项字节 RDP 时，读保护级别设置为 Level 0。这时从 Flash、RAM 启动或进入调试模式时，均可执行对 Flash 或备份 SRAM 的读 / 写操作。

2）Level 1：使能读保护。这是擦除选项字节后默认的保护级别，将除 0xAA 和 0xCC 的任意值写入 RDP 选项字节时，可以激活读保护 Level 1，这时在连接调试功能或从 RAM 或系统存储器启动时，不能对 Flash 或备份 SRAM 进行访问（读取、擦除、编程），读请求将导致总线错误；从 Flash 启动时，允许通过用户代码对 Flash 和备份 SRAM 进行访问。激活 Level 1 后，如果将保护选项字节 RDP 编程为 Level 0，则将对 Flash 和备份 SRAM 执行全部擦除。

3）Level 2：禁止调试 / 芯片读保护。将 0xCC 写入 RDP 选项字节时可激活读保护级别 Level 2。当设置了读保护 Level 2 后，Cortex-M0 的调试功能被禁止。存储器读保护 Level 2 是不可更改的，即激活 Level 2 后保护级别不能再降回 Level 0 或 Level 1。

当设置读保护 Level 2 后，由 Level1 提供的所有保护均有效，芯片不再允许从 RAM 或系统存储器启动，JTAG、SWD 调试处于禁止状态，用户选项字节不能再进行更改；当从 Flash 启动时，允许通过用户代码对 Flash 和备份 SRAM 进行访问（读取、擦除、编程）。这里需要注意的是，系统存储区不受读保护字节的影响，但该区域不允许编程和擦除操作。读保护的设置方法详见表 5-2。

表 5-2　Flash 存储器读保护设置

读保护级别	RDP 字节值	RDP 补码值
Level 0	0xAA	0x55
Level 1	除 0xAA 或 0xCC 的任意值	除 0x55 和 0x33 任意值（不要求互补）
Level 2	0xCC	0x33

5.2.4　Flash 写保护

1. Flash 写保护

写保护以扇区为单位来控制，配置选项字节中的 WRP[1:0] 位，然后通过 FLASH_CR 寄存器的 FORCE_OPTLOAD 位强制重新加载选项字节即可使能写保护。如果试图写入或擦除一个受保护的扇区，会引起 FLASH_SR 寄存器的 WRPRTERR 标志置位。

💻 **编程向导　解除写保护同时解除读保护**

1）使用 FLASH_CR 寄存器的 OPTER 位擦除整个选项字节区域。

2）向 RDP 写入 0xAA 解除所有保护，会引发整片擦除。

3）设置 FLASH_CR 寄存器的 FORCE_POTLOAD 位，会引发选项字节重新加载。

2. 选项字节的写保护

选项字节默认是写保护，但其在任何时候都可读。为了对选项字节进行写 / 擦除操作，必须对 FLASH_OPTKEYR 寄存器顺序写入关键字。正确的关键字会引起 FLASH_CR 中的 POTWRE 置位，表明解锁成功。同样，通过对该位清零，能够再次禁止对选项字节的写操作。

5.2.5　Flash 中断

Flash 中断请求可以分为操作结束中断、写保护错误中断和编程错误中断 3 类，Flash 中断事件及控制逻辑详见表 5-3。

表 5-3　Flash 中断请求

中断事件	事件标志	使能控制位
操作结束	EOP	EOPIE
写保护错误	WRPRTERR	ERRIE
编程错误	PGERR	ERRIE

5.2.6　CRC 计算单元

　CRC 计算单元可以按照既定的多项式算法，依据输入数据快速计算出循环冗余校验的结果。使用循环冗余校验可以检查数据经传输或存储过程后的完整性。CRC 计算单元的结构如图 5-3 所示。STM32F0 系列微控制器的 CRC 计算单元中包含一个 32 位可读 / 写的数据寄存器 CRC_DR，它既可以用来输入新的计算数据（写操作），也可以用来输出上一次的计算结果（读操作）。每次对该寄存器的写操作都会使得 CRC 计算单元将所写入的数据和上次计算得到的数据进行综合计算，并得到一个新的计算结果。

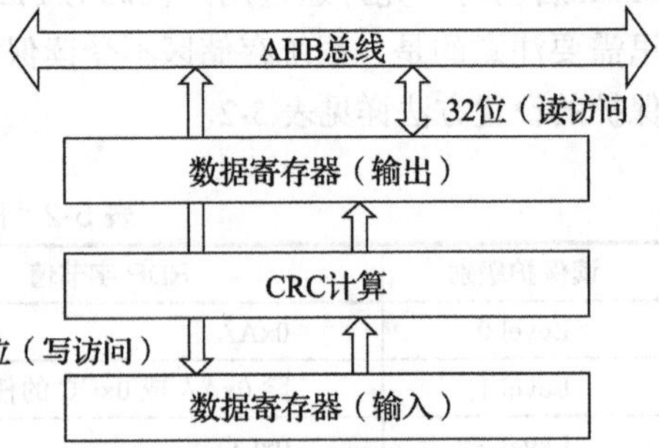

图 5-3　CRC 计算单元结构

CRC 计算单元可以处理 8、16、32 位数据，根据写入数据的格式不同，CRC 计算单元自行决定是整字计算还是逐字节计算。CRC_DR 寄存器可以按字访问，也可以按找右对齐的半字或者右对齐的字节的方式访问。根据数据宽度不同，计算的持续时间也不相同，其中 32 位计算需要 4 个 AHB 时钟周期，而 16 位和 8 位计算分别需要 2 个和 1 个 AHB 时钟周期。在默认情况下，CRC 计算单元采用与以太网标准相同的 CRC-32 多项式（0x4C11DB7），即：

$$X^{32} + X^{26} + X^{23} + X^{22} + X^{16} + X^{12} + X^{11} + X^{10} + X^{8} + X^{7} + X^{5} + X^{4} + X^{2} + X + 1$$

另外，软件编程 CRC 多项式寄存器（CRC_POL）可以更改 CRC 计算系数，即可以使用其他多项式。CRC 计算初始值可以通过 CRC 初值寄存器（CRC_INIT）预置，该值默认为 0xFFFFFFFF。在初始化时，CRC 初值自动更新到 CRC_DR 寄存器中，CRC_IDR 寄存器则用来保存 CRC 计算的结果。该寄存器不受 CRC_CR 寄存器的 RESET 位影响。

5.3　选项字节

STM32F072VBT6 微控制器共有 4 个选项字节，这些选项字节用于系统功能的设定，由用户按照需要进行设置，可以决定看门狗由硬件还是软件启动等类似的功能。每次系统复位后，选项字节装载器（OBL）将读取信息块数据并将这些数据存储到相应的选项字节寄存器 FLASH_OBR 和闪存保护寄存器 FLASH_WRPR 中。

5.3.1　选项字节的格式

每个选项字节都有与其值相对应的补码数据并保存在信息块中，其目的是用于校验选项字节的正确性。当选项字节装载后，CPU 会对其进行检查，若与其补码不一致，会产生选项字节校验错误（OPTERR），这时 CPU 会强制相应的选项字节值变为 0xFF。当选项字节与其补码都为 0xFF（擦除状态）时，CPU 将不会比较其与补码之间的差异。选项字节格式详见表 5-4。

表 5-4　选项字节格式

位 31 ～ 24	位 23 ～ 16	位 15 ～ 8	位 7 ～ 0
选项字节 1 补码	选项字节 1	选项字节 0 补码	选项字节 0

选项字节在信息块中的结构详见表 5-5，它可以从表 5-5 中所列的地址读取或从寄存器 FLASH_OBR 中读取。这里需要特别注意的是：修改后的选项字节在系统复位后不会生效，只有在上电复位（POR）或将 OBL_LAUNCH 位置 "1" 时才能重新装入。

表 5-5　选项字节结构

地　　址	[31:24]	[23:16]	[15:8]	[7:0]
0x1FFF F800	nUSER	USER	nRDP	RDP
0x1FFF F804	nData1	Data1	nData0	Data0
0x1FFF F808	nWRP1	WRP1	nWRP0	WRP0
0x1FFF F80C	nWRP3	WRP3	nWRP2	WRP2

1. 用户和读保护选项字节

Flash 存储器地址：0x1FFF F800

ST 产品值：0x00FF 55AA

31 30 29 28 27 26 25 24	23	22	21	20	19	18	17	16
nUSER	USER							
	BOOT_SEL	RAM_PARITY_CHECK	VDDA_MONITOR	nBOOT1	nBOOT0	nRST_STDBY	nRST_STOP	WDG_SW
rw rw rw rw rw rw rw rw	rw	rw	rw	rw	rw	rw	rw	rw

15 14 13 12 11 10 9 8	7	6	5	4	3	2	1	0
nRDP	RDP							
rw rw rw rw rw rw rw rw	rw	rw	rw	rw	rw	rw	rw	rw

位 [31:24] nUSER：用户选项字节补码。

位 [23:16] USER：用户选项字节（保存于 FLASH_OBR[15:8]）。

位 [23]（BOOT_SEL）：

0：BOOT0 信号由 nBOOT0 选项位定义。

1：BOOT0 信号由 nBOOT0 引脚值定义（原有模式）。

注：该位只有在 STM32F04x 和 STM32F09x 器件上可用，在其他器件上该位被识别为 1。

位 [22]（RAM_PARITY_CHECK）：

0：RAM 校验检测使能。

1：RAM 校验检测禁用。

位 [21]（VDDA_MONITOR）：

0：VDDA 电源电压监控失能。

1：VDDA 电源电压监控使能。

位 [20]（nBOOT）：连同 BOOT0 引脚选择从主闪存存储器、SRAM 或系统内存启动。

位 [19]（nBOOT0）：当 BOOT_SEL 位清除时，nBOOT0 位定义 BOOT0 信号值，用于选择器件的启动模式。（注：该位只有在 STM32F04x 和 STM32F09x 器件上可用。）

位 [18]（nRST_STDBY）：

0：当进入待机模式产生复位。

1：不产生复位。

位 [17]（nRST_STOP）：

0：当进入停机模式产生复位。

1：不产生复位。

位 [16]（WDG_SW）：

0：硬件看门狗。

1：软件看门狗。

位 **[15:8]**　**nRDP**：读保护选项字节补码。

位 **[7:0]**　**RDP**：读保护选项字节。该字节的值决定 Flash 存储器保护级别。

　　0xAA：Level 0。

　　0xXX（除 0xAA 和 0xCC 之外）：Level 1。

　　0xCC：Level 2。

2. 用户数据选项字节

　　Flash 存储器地址：0x1FFF F804

　　ST 产品值：0x00FF 00FF

31	30	29	28	27	26	25	24	23	22	21	20	19	18	17	16
nData1								Data1							
rw	rw	rw	rw	rw	rw	rw	rw	rw	rw	rw	rw	rw	rw	rw	rw
15	14	13	12	11	10	9	8	7	6	5	4	3	2	1	0
nData0								Data0							
rw	rw	rw	rw	rw	rw	rw	rw	rw	rw	rw	rw	rw	rw	rw	rw

　　Datax：两字节的用户数据。这些地址可由选项字节编程过程进行编程。

位 **[31:24]**　**nData1**：用户数据字节 1 补码。

位 **[23:16]**　**Data1**：用户数据字节 1 值（保存于 FLASH_OBR[25:18]）。

位 **[15:8]**　**nData0**：用户数据字节 0 补码。

位 **[7:0]**　**Data0**：用户数据字节 0 值（保存于 FLASH_OBR[23:16]）。

3. 写保护选项字节

　　这些寄存器用于 Flash 存储器的写保护，清除 WRPx 字段的相应位（同时设置 nWRPx 字段的相应位）将会写保护相应的存储器扇区（对于 STM32F03x、STM32F04x、STM32F05x 和 STM32F07x 器件，WRP 位从 0 至 31 用于保护 Flash 存储器的 4KB 扇区。对于 STM32F09x 器件，WRP 位从 0 至 30 用于保护开始的 124KB，位 31 用于保护最后的 132KB）。

　　Flash 存储器地址：0x1FFF F808

　　ST 产品值：0x00FF 00FF

31	30	29	28	27	26	25	24	23	22	21	20	19	18	17	16
nWRP1								WRP1							
rw	rw	rw	rw	rw	rw	rw	rw	rw	rw	rw	rw	rw	rw	rw	rw
15	14	13	12	11	10	9	8	7	6	5	4	3	2	1	0
nWRP0								WRP0							
rw	rw	rw	rw	rw	rw	rw	rw	rw	rw	rw	rw	rw	rw	rw	rw

位 **[31:24]**　**nWRP1**：Flash 存储器写保护选项字节 1 补码。

位 **[23:16]**　**WRP1**：Flash 存储器写保护选项字节 1 值（保存于 FLASH_WRPR[15:8]）。

位 **[15:8]**　**nWRP0**：Flash 存储器写保护选项字节 0 补码。

位 [7:0]　WRP0：Flash 存储器写保护选项字节 0 值（保存于 FLASH_WRPR[7:0]）。

　　1：写保护使能

　　0：写保护失能

（注：仅 STM32F03x 和 STM32F04x 器件内嵌 WRP0 和 nWRP0。）

4. 写保护选项字节（仅 STM32F07x 和 STM32F09x 器件可用）

Flash 存储器地址：0x1FFF F80C

ST 产品值：0x00FF 00FF

31	30	29	28	27	26	25	24	23	22	21	20	19	18	17	16
nWRP3								WRP3							
rw	rw	rw	rw	rw	rw	rw	rw	rw	rw	rw	rw	rw	rw	rw	rw
15	14	13	12	11	10	9	8	7	6	5	4	3	2	1	0
nWRP2								WRP2							
rw	rw	rw	rw	rw	rw	rw	rw	rw	rw	rw	rw	rw	rw	rw	rw

位 [31:24]　nWRP3：Flash 存储器写保护选项字节 1 补码。

位 [23:16]　WRP3：Flash 存储器写保护选项字节 1 值（保存于 FLASH_WRPR[15:8]）。

位 [15:8]　nWRP2：Flash 存储器写保护选项字节 0 补码。

位 [7:0]　WRP2：Flash 存储器写保护选项字节 0 值（保存于 FLASH_WRPR[7:0]）。

5.3.2　选项字节编程

　　对选项字节的编程需要先解除 Flash 的访问限制，再针对 FLASH_OPTKEYR 寄存器完成关键字写入操作，这时 FLASH_CR 寄存器的 OPTWRE 位会置 "1"，之后就可以通过置位 FLASH_CR 寄存器的 OPTPG 位，按半字为单位写目标地址。

📖 编程向导　选项字节编程

　　1）检查 FLASH_SR 寄存器中的 BSY 位，以确保上次编程结束。

　　2）解锁 FLASH_CR 寄存器中的 OPTWRE 位。

　　3）将 FLASH_CR 寄存器的 OPTPG 位置 "1"。

　　4）写数据（半字）到目标地址。

　　5）等待 BSY 位清 0。

　　6）读取并校验。

对选项字节的编程操作可以参考以下代码：

```
FLASH->CR |= FLASH_CR_OPTPG;
*opt_addr = data;
while ((FLASH->SR & FLASH_SR_BSY) != 0);
if ((FLASH->SR & FLASH_SR_EOP) != 0)
```

```
{
FLASH->SR = FLASH_SR_EOP; /* 清除 EOP 位 */
}
else
{
/* 错误管理 */
}
FLASH->CR &= ~FLASH_CR_OPTPG; /* 复位 PG 位禁用编程 */
```

📟 编程向导　擦除选项字节

1）检查 FLASH_SR 寄存器中的 BSY 位，以确保上次编程结束。

2）解锁 FLASH_CR 寄存器中的 OPTWRE 位。

3）将 FLASH_CR 寄存器的 OPTER 位置 "1"。

4）将 FLASH_CR 寄存器的 STRT 位置 "1"。

5）等待 BSY 位清 0。

6）读取并校验。

擦除选项字节的过程可以参考以下代码：

```
FLASH->CR |= FLASH_CR_OPTER;
FLASH->CR |= FLASH_CR_STRT;
while ((FLASH->SR & FLASH_SR_BSY) != 0) ;
if ((FLASH->SR & FLASH_SR_EOP) != 0) /* 检测 EOP 标志 */
{
FLASH->SR = FLASH_SR_EOP; /* 清除 EOP 标志 */
}
else
{
/* 错误管理 */
}
FLASH->CR &= ~FLASH_CR_OPTER; /* 复位 PER 位禁用页擦除 */
```

注意： 当读保护选项字节由保护状态改成非保护状态时，会自动引发一次整片擦除。如果用户只想改写其他字节，则不会引发整片擦除，这个机制用于保护 Flash 的内容。

5.4　Flash 函数

5.4.1　Flash 类型定义

输出类型 5-1：Flash 程序结构定义

FLASH_ProcedureTypeDef

```
typedef enum
{
  FLASH_PROC_NONE                = 0,
```

```
FLASH_PROC_PAGEERASE           = 1,
FLASH_PROC_MASSERASE           = 2,
FLASH_PROC_PROGRAMHALFWORD     = 3,
FLASH_PROC_PROGRAMWORD         = 4,
FLASH_PROC_PROGRAMDOUBLEWORD = 5
} FLASH_ProcedureTypeDef;
```

输出类型 5-2：Flash 处理结构定义

FLASH_ProcessTypeDef

```
typedef struct
{
    __IO FLASH_ProcedureTypeDef ProcedureOnGoing;     /* 在 IT 环境下使用内部变量来表示程序是
                                                          否正在进行 */

    __IO uint32_t    DataRemaining;      /* 在 IT 环境下使用内部变量用来保存要擦除的其余页或半字
                                             编程 */

    __IO uint32_t     Address;           /* 用来保存编程式或擦除地址的内部变量 */
    __IO uint64_t     Data;              /* 用来保存编程数据的内部变量 */
    HAL_LockTypeDef   Lock;              /* Flash 锁定对象 */
    __IO uint32_t     ErrorCode;         /* Flash  错误代码，该参数可以是 FLASH_Error_Codes
                                             的值之一 */

} FLASH_ProcessTypeDef;
```

5.4.2 Flash 常量定义

输出常量 5-1：Flash 错误代码

状态定义	释　义
HAL_FLASH_ERROR_NONE	没有错误
HAL_FLASH_ERROR_PROG	编程错误
HAL_FLASH_ERROR_WRP	写保护错误

输出常量 5-2：Flash 类型编程

状态定义	释　义
FLASH_TYPEPROGRAM_HALFWORD	在指定的地址编程一个半字（16 位）
FLASH_TYPEPROGRAM_WORD	在指定的地址编程一个字（32 位）
FLASH_TYPEPROGRAM_DOUBLEWORD	在指定的地址编程一个双字（64 位）

输出常量 5-3：Flash 延迟

状态定义	释　义
FLASH_LATENCY_0	Flash 0 延迟周期
FLASH_LATENCY_1	Flash 1 延迟周期

5.4.3 Flash 函数定义

函数 5-1

函数名	**FLASH_PageErase**
函数原型	void **FLASH_PageErase** (uint32_t PageAddress)
功能描述	删除指定的 Flash 存储器页
输入参数	PageAddress：要删除的 Flash 页面地址
先决条件	无
注意事项	无
返回值	无

函数 5-2

函数名	**FLASH_Program_HalfWord**
函数原型	void **FLASH_Program_HalfWord** (uint32_t Address, uint16_t Data)
功能描述	在指定的地址编程（写入）半字
输入参数 1	Address：指定编程地址
输入参数 2	Data：指定编程数据
先决条件	无
注意事项	无
返回值	无

函数 5-3

函数名	**FLASH_SetErrorCode**
函数原型	void **FLASH_SetErrorCode** (void)
功能描述	置位指定的 Flash 错误标志位
输入参数	无
先决条件	无
注意事项	无
返回值	无

函数 5-4

函数名	**FLASH_WaitForLastOperation**
函数原型	HAL_StatusTypeDef **FLASH_WaitForLastOperation** (uint32_t Timeout)
功能描述	等待一个 Flash 操作结束
输入参数	Timeout：最大 Flash 操作超时（时间）
先决条件	无
注意事项	无
返回值	HAL 状态

函数 5-5

函数名	HAL_FLASH_EndOfOperationCallback
函数原型	void **HAL_FLASH_EndOfOperationCallback** (uint32_t ReturnValue)
功能描述	Flash 操作结束中断回调函数
输入参数	ReturnValue：保存在这个参数中的值取决于正在进行的程序块擦除操作，没有预期的返回值
先决条件	无
注意事项	无
返回值	无

函数 5-6

函数名	HAL_FLASH_IRQHandler
函数原型	void **HAL_FLASH_IRQHandler** (void)
功能描述	处理中断请求函数
输入参数	无
先决条件	无
注意事项	无
返回值	无

函数 5-7

函数名	HAL_FLASH_OperationErrorCallback
函数原型	void **HAL_FLASH_OperationErrorCallback** (uint32_t ReturnValue)
功能描述	Flash 操作错误中断回调函数
输入参数	ReturnValue：保存在这个参数中的值取决于正在进行的程序块擦除操作，没有预期的返回值 页擦除：返回错误的页面地址 编程：选中的数据编程地址
先决条件	无
注意事项	无
返回值	无

函数 5-8

函数名	HAL_FLASH_Program
函数原型	HAL_StatusTypeDef **HAL_FLASH_Program** (uint32_t TypeProgram, uint32_t Address, uint64_t Data)
功能描述	在指定的地址以半字、字或双字编程
输入参数 1	TypeProgram：指定编程方式，该参数可以是 Flash 编程类型值
输入参数 2	Address：指定编程地址
输入参数 3	Data：指定编程数据
先决条件	无
注意事项	无
返回值	HAL 状态

函数 5-9

函数名	**HAL_FLASH_Program_IT**
函数原型	HAL_StatusTypeDef **HAL_FLASH_Program_IT** (uint32_t　TypeProgram, uint32_t　Address, uint64_t　Data)
功能描述	在指定的地址以半字、字或双字编程，并使能中断
输入参数 1	TypeProgram：指示对指定的地址的编程方式，该参数可以是 Flash 编程类型值
输入参数 2	Address：指定被编程的地址
输入参数 3	Data：指定被编程的数据
先决条件	无
注意事项	无
返回值	HAL 状态

函数 5-10

函数名	**HAL_FLASH_Lock**
函数原型	HAL_StatusTypeDef **HAL_FLASH_Lock**　(void)
功能描述	锁定 Flash 控制寄存器访问
输入参数	无
先决条件	无
注意事项	无
返回值	HAL 状态

函数 5-11

函数名	**HAL_FLASH_OB_Launch**
函数原型	HAL_StatusTypeDef **HAL_FLASH_OB_Launch**　(void)
功能描述	启动选项字节的装载
输入参数	无
先决条件	无
注意事项	该函数会自动地复位微控制器
返回值	HAL 状态

函数 5-12

函数名	**HAL_FLASH_OB_Lock**
函数原型	HAL_StatusTypeDef **HAL_FLASH_OB_Lock** (void)
功能描述	锁定 Flash 控制寄存器访问
输入参数	无
先决条件	无
注意事项	无
返回值	HAL 状态

函数 5-13

函数名	**HAL_FLASH_OB_Unlock**
函数原型	HAL_StatusTypeDef **HAL_FLASH_OB_Unlock** (void)
功能描述	解锁 Flash 控制寄存器访问
输入参数	无
先决条件	无
注意事项	无
返回值	HAL 状态

函数 5-14

函数名	**HAL_FLASH_Unlock**
函数原型	HAL_StatusTypeDef **HAL_FLASH_Unlock** (void)
功能描述	解锁 Flash 控制寄存器访问
输入参数	无
先决条件	无
注意事项	无
返回值	HAL 状态

函数 5-15

函数名	**HAL_FLASH_GetError**
函数原型	uint32_t **HAL_FLASH_GetError** (void)
功能描述	获取特定的 Flash 错误标志位（状态）
输入参数	无
先决条件	无
注意事项	无
返回值	Flash 错误代码

函数 5-16

函数名	**FLASH_MassErase**
函数原型	void **FLASH_MassErase** (void)
功能描述	全部擦除 Flash 存储器组
输入参数	无
先决条件	无
注意事项	无
返回值	无

函数 5-17

函数名	**FLASH_OB_DisableWRP**
函数原型	HAL_StatusTypeDef **FLASH_OB_DisableWRP** (uint32_t WriteProtectPage)
功能描述	禁用目标页面写保护
输入参数	WriteProtectPage：指定取消写保护的页面
先决条件	无

（续）

注意事项	无
返回值	HAL 状态

函数 5-18

函数名	**FLASH_OB_EnableWRP**
函数原型	HAL_StatusTypeDef **FLASH_OB_EnableWRP** (uint32_t WriteProtectPage)
功能描述	对目标页面使能写保护
输入参数	WriteProtectPage：指定写保护的页面
先决条件	无
注意事项	无
返回值	HAL 状态

函数 5-19

函数名	**FLASH_OB_GetRDP**
函数原型	uint32_t **FLASH_OB_GetRDP** (void)
功能描述	返回 Flash（存储器）写保护级别
输入参数	无
先决条件	无
注意事项	无
返回值	Flash RDP 保护级别

函数 5-20

函数名	**FLASH_OB_GetUser**
函数原型	uint8_t **FLASH_OB_GetUser** (void)
功能描述	返回 Flash 用户选项字节的值
输入参数	无
先决条件	无
注意事项	Flash 用户选项字节的值：IWDG_SW(Bit0)、RST_STOP(Bit1)、RST_STDBY(Bit2)、nBOOT1(Bit4)、VDDA_Analog_Monitoring(Bit5) 和 SRAM_Parity_Enable(Bit6)。对于少部分器件，还有以下选项字节可用：nBOOT0(Bit3) 和 BOOT_SEL(Bit7)
返回值	Flash 用户选项字节的值

函数 5-21

函数名	**FLASH_OB_GetWRP**
函数原型	uint32_t **FLASH_OB_GetWRP** (void)
功能描述	返回 Flash 写保护选项字节的值
输入参数	无
先决条件	无
注意事项	无
返回值	Flash 写保护选项字节值

函数 5-22

函数名	**FLASH_OB_ProgramData**
函数原型	HAL_StatusTypeDef **FLASH_OB_ProgramData** (uint32_t Address, uint8_t Data)
功能描述	对指定的选项字节数据地址使用半字编程
输入参数 1	Address：指定的编程地址值，该参数可以是 0x1FFFF804 或 0x1FFFF806
输入参数 2	Data：指定编程的数据
先决条件	无
注意事项	无
返回值	HAL 状态

函数 5-23

函数名	**FLASH_OB_RDP_LevelConfig**
函数原型	HAL_StatusTypeDef **FLASH_OB_RDP_LevelConfig** (uint8_t ReadProtectLevel)
功能描述	设置读保护级别
输入参数	ReadProtectLevel：指定读保护级别，该参数可以是以下几个值之一 ● OB_RDP_LEVEL_0 无保护 ● OB_RDP_LEVEL_1 存储器读保护 ● OB_RDP_LEVEL_2 芯片保护
先决条件	无
注意事项	无
返回值	HAL 状态

函数 5-24

函数名	**FLASH_OB_UserConfig**
函数原型	HAL_StatusTypeDef **FLASH_OB_UserConfig** (uint8_t UserConfig)
功能描述	编程 Flash 用户选项字节
输入参数	UserConfig：FLASH 用户选项字节值，即 IWDG_SW(Bit0)、RST_STOP(Bit1)、RST_STDBY(Bit2)、nBOOT1(Bit4)、VDDA_Analog_Monitoring(Bit5) 和 SRAM_Parity_Enable(Bit6)。对于某些器件，以下选项字节可用：nBOOT0(Bit3)& BOOT_SEL(Bit7)
先决条件	无
注意事项	编程选项字节应当在擦除操作之后执行
返回值	HAL 状态

函数 5-25

函数名	**FLASH_PageErase**
函数原型	void **FLASH_PageErase** (uint32_t PageAddress)
功能描述	删除指定的 Flash 存储器页面

（续）

输入参数	PageAddress：要删除的 Flash 页面
先决条件	无
注意事项	无
返回值	无

函数 5-26

函数名	**HAL_FLASHEx_Erase**
函数原型	HAL_StatusTypeDef **HAL_FLASHEx_Erase** (FLASH_EraseInitTypeDef * pEraseInit, uint32_t * PageError)
功能描述	执行块擦除或擦除指定的 Flash 存储器页面
输入参数 1	[in]pEraseInit：指向 FLASH_EraseInitTypeDef 结构的指针，包含擦除的配置信息
输入参数 2	[out]PageError：指向一个变量指针，包含错误页面上的错误信息（0xFFFFFFFF 意味着所有的页面已被正确删除）
先决条件	无
注意事项	无
返回值	HAL 状态

函数 5-27

函数名	**HAL_FLASHEx_Erase_IT**
函数原型	HAL_StatusTypeDef **HAL_FLASHEx_Erase_IT** (FLASH_EraseInitTypeDef * pEraseInit)
功能描述	执行块擦除或擦除指定的 Flash 存储器页面并使能中断
输入参数	pEraseInit：指向一个 FLASH_EraseInitTypeDef 结构的指针，包含擦除的配置信息
先决条件	无
注意事项	无
返回值	HAL 状态

函数 5-28

函数名	**HAL_FLASHEx_OBErase**
函数原型	HAL_StatusTypeDef **HAL_FLASHEx_OBErase** (void)
功能描述	删除 Flash 选项字节
输入参数	无
先决条件	无
注意事项	无
返回值	HAL 状态

函数 5-29

函数名	HAL_FLASHEx_OBGetConfig
函数原型	void **HAL_FLASHEx_OBGetConfig** (FLASH_OBProgramInitTypeDef * pOBInit)
功能描述	获取选项字节配置
输入参数	pOBInit：指向一个 FLASH_OBInitStruct 结构的指针，包含编程的配置信息
先决条件	无
注意事项	无
返回值	无

函数 5-30

函数名	HAL_FLASHEx_OBGetUserData
函数原型	uint32_t **HAL_FLASHEx_OBGetUserData** (uint32_t DATAAdress)
功能描述	获取选项字节用户数据
输入参数	DATAAdress：选项字节数据的地址，该参数可以是下列值之一 ● OB_DATA_ADDRESS_DATA0 ● OB_DATA_ADDRESS_DATA1
先决条件	无
注意事项	无
返回值	用户数据中的编程值

函数 5-31

函数名	HAL_FLASHEx_OBProgram
函数原型	HAL_StatusTypeDef **HAL_FLASHEx_OBProgram** (FLASH_OBProgramInitTypeDef * pOBInit)
功能描述	编程选项字节
输入参数	pOBInit：指向 FLASH_OBInitStruct 结构的指针，包含编程的配置信息
先决条件	无
注意事项	无
返回值	HAL 状态

5.5 CRC 函数

5.5.1 CRC 类型定义

输出类型 5-3：CRC 状态结构定义

HAL_CRC_StateTypeDef
| ```
typedef enum
{
    HAL_CRC_STATE_RESET    = 0x00,   /* CRC 没有初始化或禁用 */
    HAL_CRC_STATE_READY    = 0x01,   /* CRC 已初始化并准备使用 */
    HAL_CRC_STATE_BUSY     = 0x02,   /* CRC 内部处理正在进行 */
    HAL_CRC_STATE_TIMEOUT  = 0x03,   /* CRC 超时状态 */
    HAL_CRC_STATE_ERROR    = 0x04    /* CRC 错误状态 */
}HAL_CRC_StateTypeDef;
``` |
```

输出类型 5-4：CRC 初始化结构定义

CRC_InitTypeDef

```
typedef struct
{
    uint8_t DefaultPolynomialUse;          /* 如果使用默认的多项式，该参数的值可以是 CRC_Default_
                                              Polynomial */
    uint8_t DefaultInitValueUse;           /* 如果使用默认初始化值，该参数的值为 CRC_Default_Init-
                                              Value_Use 的值之一 */
    uint32_t GeneratingPolynomial;         /* 设置 CRC 生成的多项式。如果设置为 DEFAULT_POLYNOMIAL_
                                              ENABLE，则此项不需要指定 */
    uint32_t CRCLength;        /* 该参数可以是 CRCEx_Polynomial_Sizes，用于指示 CRC 长度 */
    uint32_t InitValue;        /* 启动 CRC 计算初始值。如果在 DefaultInitValueUse 中设置了 DEFAULT_
                                  INIT_VALUE_ENABLE，则此项不需要指定 */
    uint32_t InputDataInversionMode;       /* 该参数的值可以是 CRCEx_Input_Data_Inversion 的值
                                              之一，用于指定输入数据反转模式 */
    uint32_t OutputDataInversionMode;      /* 该参数的值可以是 CRCEx_Output_Data_Inversion 值，
                                              用于指定输出数据（如 CRC）反转模式 */
}CRC_InitTypeDef;
```

输出类型 5-5：CRC 处理结构定义

CRC_HandleTypeDef

```
typedef struct
{
    CRC_TypeDef      *Instance;             /* 寄存器基地址 */
    CRC_InitTypeDef  Init;                  /* CRC 配置参数 */
    HAL_LockTypeDef  Lock;                  /* CRC 锁定对象 */
        __IO HAL_CRC_StateTypeDef   State;  /* CRC 通信状态 */
    uint32_t InputDataFormat;               /* 该参数可以是 CRC_Input_Buffer_Format 的值之一 */
}CRC_HandleTypeDef;
```

5.5.2　CRC 常量定义

输出常量 5-4：CRC 生成多项式

状态定义	释　义
DEFAULT_CRC32_POLY	0x04C11DB7

输出常量 5-5：CRC 多项式长度

状态定义	释　义
CRC_POLYLENGTH_32B	32 位 CRC
CRC_POLYLENGTH_16B	16 位 CRC
CRC_POLYLENGTH_8B	8 位 CRC
CRC_POLYLENGTH_7B	7 位 CRC

输出常量 5-6：输入数据反转模式

状态定义	释 义
CRC_INPUTDATA_INVERSION_NONE	没有输入数据反转
CRC_INPUTDATA_INVERSION_BYTE	字节方式反转
CRC_INPUTDATA_INVERSION_HALFWORD	半字反转
CRC_INPUTDATA_INVERSION_WORD	字反转

输出常量 5-7：输出数据反转模式

状态定义	释 义
CRC_OUTPUTDATA_INVERSION_DISABLE	无 CRC 输出反转
CRC_OUTPUTDATA_INVERSION_ENABLE	CRC 输出反转

输出常量 5-8：CRC 输入数据格式 (CRC_Input_Buffer_Format)

状态定义	释 义
CRC_INPUTDATA_FORMAT_BYTES	输入数据为连续的字节数据串（8 位数据）
CRC_INPUTDATA_FORMAT_HALFWORDS	输入数据为连续的半字数据串（16 位数据）
CRC_INPUTDATA_FORMAT_WORDS	输入数据为连续的字数据串（32 位数据）

输出常量 5-9：CRC 计算初始值

状态定义	释 义
DEFAULT_CRC_INITVALUE	CRC 计算初始值 0xFFFFFFFFU

输出常量 5-10：指示是否使用默认的多项式

状态定义	释 义
DEFAULT_POLYNOMIAL_ENABLE	使用默认的多项式
DEFAULT_POLYNOMIAL_DISABLE	禁用默认的多项式

输出常量 5-11：指示是否使用默认初始化值 (CRC_Default_InitValue_Use)

状态定义	释 义
DEFAULT_INIT_VALUE_ENABLE	使用默认初始化值
DEFAULT_INIT_VALUE_DISABLE	禁用默认初始化值

输出常量 5-12：输入缓冲区格式 (CRC_Input_Buffer_Format)

状态定义	释 义
CRC_INPUTDATA_FORMAT_UNDEFINED	CRC 输入数据格式未定义
CRC_INPUTDATA_FORMAT_BYTES	CRC 输入数据格式为字节
CRC_INPUTDATA_FORMAT_HALFWORDS	CRC 输入数据格式为半字
CRC_INPUTDATA_FORMAT_WORDS	CRC 输入数据格式为字

5.5.3 CRC 函数定义

函数 5-32

函数名	CRC_Handle_16
函数原型	uint32_t **CRC_Handle_16** (　CRC_HandleTypeDef * hcrc, 　uint16_t pBuffer[], 　uint32_t BufferLength)
功能描述	将 16 位输入数据输送至 CRC 计算器
输入参数 1	hcrc：CRC 处理
输入参数 2	pBuffer：指向输入数据缓冲区指针
输入参数 3	BufferLength：输入数据缓冲区长度
先决条件	无
注意事项	无
返回值	返回短于 32 位 CRC 的 LSB 值

函数 5-33

函数名	CRC_Handle_8
函数原型	uint32_t **CRC_Handle_8** (　CRC_HandleTypeDef * hcrc, 　uint8_t pBuffer[], 　uint32_t BufferLength)
功能描述	将 8 位输入数据输送至 CRC 计算器
输入参数 1	hcrc：CRC 处理
输入参数 2	pBuffer：指向输入数据缓冲区指针
输入参数 3	BufferLength：输入数据缓冲区长度
先决条件	无
注意事项	无
返回值	返回短于 32 位 CRC 的 LSB 值

函数 5-34

函数名	HAL_CRC_DeInit
函数原型	HAL_StatusTypeDef **HAL_CRC_DeInit** (CRC_HandleTypeDef * hcrc)
功能描述	反初始化 CRC 外设
输入参数	hcrc：CRC 处理
先决条件	无
注意事项	无
返回值	HAL 状态

函数 5-35

函数名	**HAL_CRC_Init**
函数原型	HAL_StatusTypeDef **HAL_CRC_Init** (CRC_HandleTypeDef * hcrc)
功能描述	在 CRC_InitTypeDef 结构中，根据指定的参数初始化 CRC 并创建相关的处理
输入参数	hcrc：CRC 处理
先决条件	无
注意事项	无
返回值	HAL 状态

函数 5-36

函数名	**HAL_CRC_MspDeInit**
函数原型	void (CRC_HandleTypeDef * hcrc)
功能描述	反初始化 CRC 微控制器特定程序包
输入参数	hcrc：CRC 处理
先决条件	无
注意事项	无
返回值	无

函数 5-37

函数名	**HAL_CRC_MspInit**
函数原型	void **HAL_CRC_MspInit** (CRC_HandleTypeDef * hcrc)
功能描述	初始化 CRC MSP
输入参数	hcrc：CRC 处理
先决条件	无
注意事项	无
返回值	无

函数 5-38

函数名	**HAL_CRC_Accumulate**

函数原型	uint32_t **HAL_CRC_Accumulate**
	(
	  CRC_HandleTypeDef * hcrc,
	  uint32_t pBuffer[],
	  uint32_t BufferLength
	)

功能描述	使用以前计算的 CRC 值作为初始值，开始计算 8、16 或 32 位数据缓冲区数据的 7、8、16 或 32 位 CRC 值
输入参数 1	hcrc：CRC 处理
输入参数 2	pBuffer：输入数据缓冲区的指针
输入参数 3	BufferLength：输入数据缓冲区长度（如果 pBuffer 类型是 uint8_t，则长度为字节；如果 pBuffer 类型是 uint16_t，则长度为半字；如果 pBuffer 类型是 uint32_t，则长度为字）
先决条件	无
注意事项	无
返回值	返回短于 32 位 CRC 的 LSB 值

函数 5-39

函数名	**HAL_CRC_Calculate**
函数原型	uint32_t **HAL_CRC_Calculate** (　CRC_HandleTypeDef * hcrc, 　uint32_t pBuffer[], 　uint32_t BufferLength)
功能描述	使用 hcrc → Instance → INIT 作为初始值，开始计算 8、16 或 32 位数据缓冲区中数据的 7、8、16 或 32 位 CRC 值
输入参数 1	hcrc：CRC 处理
输入参数 2	pBuffer：输入数据缓冲区的指针
输入参数 3	BufferLength：输入数据缓冲区长度（如果 pBuffer 类型是 uint8_t，则长度为字节；如果 pBuffer 类型是 uint16_t，则长度为半字；如果 pBuffer 类型是 uint32_t，则长度为字）
先决条件	无
注意事项	无
返回值	返回短于 32 位 CRC 的 LSB 值

函数 5-40

函数名	**HAL_CRC_GetState**
函数原型	HAL_CRC_StateTypeDef **HAL_CRC_GetState** (CRC_HandleTypeDef * hcrc)
功能描述	返回 CRC 状态
输入参数	hcrc：CRC 处理
先决条件	无
注意事项	无
返回值	HAL 状态

函数 5-41

函数名	**HAL_CRCEx_Init**
函数原型	HAL_StatusTypeDef **HAL_CRCEx_Init** (CRC_HandleTypeDef * hcrc)
功能描述	扩展初始化用于设置生成的多项式
输入参数	hcrc：CRC 处理
先决条件	无
注意事项	无
返回值	HAL 状态

函数 5-42

函数名	**HAL_CRCEx_Input_Data_Reverse**
函数原型	HAL_StatusTypeDef **HAL_CRCEx_Input_Data_Reverse** (　CRC_HandleTypeDef * hcrc, 　uint32_t InputReverseMode)
功能描述	设置输入数据反转模式
输入参数 1	hcrc：CRC 处理

（续）

输入参数 2	InputReverseMode：输入数据反向模式，该参数可以是下列值之一 ● CRC_INPUTDATA_NOINVERSION：没有改变位顺序（默认值） ● CRC_INPUTDATA_INVERSION_BYTE：字节位反转 ● CRC_INPUTDATA_INVERSION_HALFWORD：半字位反转 ● CRC_INPUTDATA_INVERSION_WORD：字位反转
先决条件	无
注意事项	无
返回值	HAL 状态

函数 5-43

函数名	**HAL_CRCEx_Output_Data_Reverse**
函数原型	HAL_StatusTypeDef **HAL_CRCEx_Output_Data_Reverse** (CRC_HandleTypeDef * hcrc, uint32_t OutputReverseMode)
功能描述	设置输出数据反转模式
输入参数 1	hcrc：CRC 处理
输入参数 2	OutputReverseMode：输出数据反向模式，该参数可以是下列值之一 ● CRC_OUTPUTDATA_INVERSION_DISABLE：没有 CRC 反向（默认值） ● CRC_OUTPUTDATA_INVERSION_ENABLE：位级别反向
先决条件	无
注意事项	无
返回值	HAL 状态

函数 5-44

函数名	**HAL_CRCEx_Polynomial_Set**

函数原型	HAL_StatusTypeDef **HAL_CRCEx_Polynomial_Set**
	(
	CRC_HandleTypeDef * hcrc,
	  uint32_t Pol,
	  uint32_t PolyLength
	)

功能描述	使用与默认不同的设置初始化 CRC 多项式
输入参数 1	hcrc：CRC 处理
输入参数 2	Pol：CRC 生成多项式（7、8、16 或 32 位长）
输入参数 3	PolyLength：CRC 多项式长度，该参数可以是下列值之一 ● CRC_POLYLENGTH_7B：7 位长 CRC ● CRC_POLYLENGTH_8B：8 位长 CRC ● CRC_POLYLENGTH_16B：16 位长 CRC ● CRC_POLYLENGTH_32B：32 位长 CRC
先决条件	无
注意事项	无
返回值	HAL 状态

第 6 章
时　钟

　　处理器稳定工作离不开高精度的时钟，STM32F0 系列微控制器的时钟配置非常灵活，既可以使用外部晶体振荡器、陶瓷谐振器或者 RC 振荡器作为时钟源，也可以直接使用来自外部的时钟信号，还可以使用片内的多个 RC 振荡器为系统提供时钟。多时钟源的优点在于可以充分利用不同时钟源的特点，使微控制器的工作状态更加符合要求，本章主要介绍这些时钟的功能及使用方法。

6.1　概述

　　系统时钟是 STM32F0 系列微控制器最重要的时钟，它为 CPU（Cortex-M0 内核）、AHB 总线和存储器提供时钟。对于系统时钟的选择是在微控制器启动时开始的，当微控制器复位后，内部 8MHz 的 RC 振荡器被选为默认的系统时钟。这时可以使用软件的方式将系统时钟切换至 4～32MHz 的外部时钟上。一旦检测到外部时钟故障，时钟安全系统（CSS）将会启动，并且将系统时钟自动切换回内部 RC 振荡器。内部锁相环（PLL）电路可以将输入的时钟倍频，以在低功耗、低电磁辐射的条件下获得更高频率的时钟。多个预分频器还可以灵活地调整 AHB 和 APB 总线的时钟频率（最高频率为 48MHz），以将微控制器的工作调整至最佳状态。

6.1.1　时钟树的结构

　　STM32F072VBT6 微控制器时钟树结构如图 6-1 所示。从图中可以看出，微控制器可以使用的外部时钟源有外部高速晶体振荡器（HSE）和外部低速晶体振荡器（LSE）。除了外部时钟源以外，微控制器片内还有 8MHz 的内部高速 RC 振荡器（HSI）、40kHz 的内部低速 RC 振荡器时钟（LSI）、ADC 专用的 14MHz 内部高速 RC 振荡器（HSI14）和为 USB 模块提供高精度时钟的 HSI48 RC 振荡器。

　　有 4 种不同的时钟源可以用作系统时钟，以驱动 CPU、AHB 总线和存储器，这些时钟源分别是 HSI 时钟、HSE 时钟、PLL（锁相环）时钟和 HSI48 时钟，其中 PLL 时钟的输入可以源自 HSI 时钟、HSE 时钟或 HSI48 时钟，锁相环输入时钟经倍频后可以为系统提供更高速的时钟。

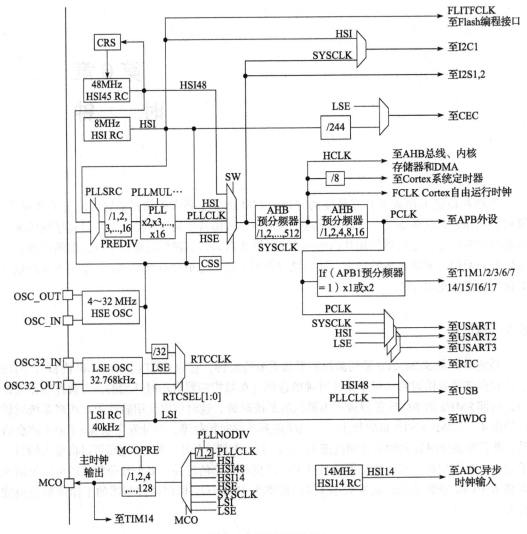

图 6-1 时钟树的结构

系统时钟 (SYSCLK) 经 AHB 预分频器后生成 AHB 时钟 (HCLK), 用于为 AHB 总线、Cortex 内核、存储器以及 DMA 提供时钟。HCLK 时钟经 APB 预分频器后生成 APB 时钟 (PCLK), 用于驱动 APB 外围设备。STM32F0 系列微控制器的 AHB 和 APB 时钟频率最高为 48MHz。Cortex 系统定时器 (SysTick) 由 AHB 时钟驱动, 其时钟输入可以在 AHB 和 AHB/8 之间选择。所有的外设时钟由其所在的总线时钟 (HCLK 或 PCLK) 驱动, 但比较特殊的有以下几个:

- 闪存编程接口时钟 (FLITFCLK) 总是由 HSI 时钟驱动。
- 选项字节装载器时钟由 HSI 时钟驱动。
- ADC 可以使用专门的 HSI14 时钟或 APB 时钟 (PCLK) 的 2 或 4 分频。

- USART1 的时钟可以在系统时钟（SYSCLK）、HSI 时钟、LSE 时钟和 APB 时钟（PCLK）之间选择。
- I2C1 的时钟可以是系统时钟或 HSI 时钟。
- CEC 时钟来自于 HSI/244 或者 LSE。
- I2S1 时钟为系统时钟。
- RTC 时钟来自于 LSE、LSI 或 HSE/32。
- IWWDG 时钟只能源于 LSI。
- USB 时钟可以是 HSI48 或锁相环（PLL）时钟。

另外，多个定时器的计数时钟频率分配由硬件自动设置。当 APB 预分频系数为 1 时，定时器的时钟频率与所在 APB 总线频率一致。否则，定时器的时钟频率被设置为 APB 总线频率的 2 倍。FCLK 是 Cortex-M0 内核的自由运行时钟，它源自于 AHB 时钟。

6.1.2 时钟源

STM32F0 系列微控制器使用了多个种类的时钟源为系统和外设提供时钟，这些时钟源各具特色，有的启动迅速，有的具有较高的精度，有的功耗很低。这些时钟源的灵活运用可以为微控制器的安全稳定运行创造好的条件。

1. HSE 时钟

连接于微控制器 OSC_IN 和 OSC_OUT 引脚的 4 ～ 32MHz 外部晶体、陶瓷谐振器或外部时钟信号统称为 HSE 时钟。HSE 时钟可以为系统提供高精度时钟源，当使用晶体 / 陶瓷谐振器作为时钟源时，可以通过设置时钟控制寄存器 RCC_CR 中的 HSEON 位启动和关闭振荡器。当 HSE 晶体振荡器启动后，内部的计数器会对 HSE 时钟脉冲连续计数 512 个以确保 HSE 晶体进入稳定工作状态。时钟控制寄存器 RCC_CR 的 HSERDY 位用来指示振荡器工作是否稳定，只有当 HSERDY 位硬件置 "1" 时才表明该时钟可用。这时如果时钟中断寄存器 RCC_CIR 中相应的允许位置位，将会产生中断。使用外部晶体 / 陶瓷谐振器时的电路如图 6-2 所示。

当微控制器使用外部时钟源（HSE 旁路）时，外部时钟信号（可以是占空比为 40% ～ 60% 方波、正弦波或三角波信号）由 OSC_IN 引脚输入，最大频率为 32MHz。通过设置时钟控制寄存器 RCC_CR 的 HSEBYP 和 HSEON 位来选择此工作方式。当使用外部时钟信号时，OSC_OUT 引脚可以作为 GPIO 使用。使用外部时钟信号的电路如图 6-3 所示。

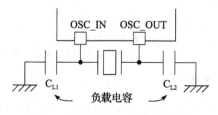

图 6-2　连接晶体 / 陶瓷谐振器

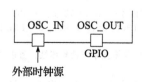

图 6-3　连接外部时钟

2. HSI 时钟

HSI 时钟由内部 8MHz 的 RC 振荡器产生，该时钟可以直接作为系统时钟或在 2 分频后作为锁相环（PLL）时钟输入。使用 HSI_RC 振荡器能够在不需要任何外部器件的情况下为系统提供时钟。HSI_RC 振荡器的启动时间比 HSE 晶体振荡器短，但频率精度比晶体振荡器稍差。HSI_RC 可由时钟控制寄存器 RCC_CR 的 HSION 位来使能和关闭，HSIRDY 位用来指示 HSI_RC 振荡器的工作状态是否稳定。

由于制造工艺所限，不同芯片的 RC 振荡器频率会有所不同，意法公司在每个芯片出厂前都对 HSI 时钟频率进行了校准，确保在 25℃的温度下频率误差在 1% 以内。当微控制器复位时，工厂校准值会自动装载到时钟控制寄存器 RCC_CR 的 HSICAL[7:0] 位。如果微控制器的工作环境与上述校准状态差异较大，将会影响 RC 振荡器的精度，这时可以通过设置时钟控制寄存器 RCC_CR 的 HSITRIM[4:0] 位来调整 HSI 频率。

3. PLL 时钟

内部锁相环（Phase Locked Loop，PLL）时钟可以通过 HSI、HSE 或 HSI48 倍频得到。对于 PLL 时钟的设置，如选择输入时钟、倍频因子等，必须在使能 PLL 之前配置好。PLL 输出频率设置的范围是 16 ～ 48MHz，一旦 PLL 使能后，这些参数将不能更改。

🖥 **编程向导 配置 PLL 时钟**

1）设置 PLLON=0 禁用 PLL。

2）等待 PLLRDY 位清 0，当 PLLRDY 位清 0 时表明 PLL 已经停止工作。

3）重新设置 PLL 参数。

4）设置 PLLON=1 重新使能 PLL。

5）如果使能了时钟中断寄存器 RCC_CIR 的 PLLRDYIE 允许位，当 PLL 时钟就绪时会产生一个中断。

配置 PLL 时钟的方法可以参考如下代码：

```
if ((RCC->CFGR & RCC_CFGR_SWS) == RCC_CFGR_SWS_PLL) /* 检测 PLL 是否作为系统时钟 */
{
  RCC->CFGR &= (uint32_t) (~RCC_CFGR_SW);            /* 选择 HSI 作为系统时钟 */
  while ((RCC->CFGR & RCC_CFGR_SWS) != RCC_CFGR_SWS_HSI) /* 等待切换到 HSI */
  {
  /* 为增强系统的鲁棒性，可以在此添加超时管理 */
  }
}
RCC->CR &= (uint32_t)(~RCC_CR_PLLON);               /* 禁用 PLL */
while((RCC->CR & RCC_CR_PLLRDY) != 0)                /* 等待直至 PLLRDY 位清除 */
{
    /* 为增强系统的鲁棒性，可以在此添加超时管理 */
}
RCC->CFGR = RCC->CFGR & (~RCC_CFGR_PLLMUL) | (RCC_CFGR_PLLMUL6); /* 设置 PLL 倍频系数
                                                            为 6 */
```

```
RCC->CR |= RCC_CR_PLLON;                           /* 使能 PLL */
while((RCC->CR & RCC_CR_PLLRDY) == 0)              /* 等待直至 PLLRDY 置位 */
{
    /* 为增强系统的鲁棒性，可以在此添加超时管理 */
}
RCC->CFGR |= (uint32_t) (RCC_CFGR_SW_PLL);         /* 选择 PLL 作为系统时钟 */
while ((RCC->CFGR & RCC_CFGR_SWS) != RCC_CFGR_SWS_PLL) /* 等待直至切换到 PLL 时钟 */
{
    /* 为增强系统的鲁棒性，可以在此添加超时管理 */
}
```

4. LSE 时钟

LSE 时钟可以通过连接在微控制器外部的 32.768kHz 低速外部晶体或陶瓷谐振器得到。它可以为实时时钟（RTC）或其他定时功能提供一个低功耗且精确的时钟源。LSE 晶体振荡器可以通过备份域控制寄存器 RCC_BDCR 的 LSEON 位来使能或关闭，RCC_BDCR 寄存器的 LSEDRV[1:0] 位用来控制对 LSE 晶体的驱动能力，在设置时需要综合考虑时钟的稳定性、启动时间及功耗。备份域寄存器 RCC_BDCR 的 LSERDY 位用于指示 LSE 晶体振荡是否已经就绪，如果在时钟中断寄存器 RCC_CIR 中允许，LSE 晶体工作稳定时将产生中断请求。

LSE 也可以连接 32.768kHz 的外部时钟源（LSE 旁路），通过设置备份域控制寄存器 RCC_BDCR 的 LSEBYP 和 LSEON 位来选择此工作方式，外部时钟信号（50% 占空比的方波、正弦波或三角波）从 OSC32_IN 引脚输入，OSC32_OUT 引脚可以作为 I/O 口使用。

5. LSI 时钟

LSI_RC 振荡器是低功耗的内部时钟源，它可以在停机和待机模式下保持运行，为独立看门狗和 RTC 提供时钟。LSI 时钟频率为 40kHz，它可以由时钟控制状态寄存器 RCC_CSR 的 LSION 位控制，而 LSIRDY 位用于指示 LSI 是否稳定，如果在时钟中断寄存器 RCC_CIR 中被允许，LSI 稳定后将产生中断请求。

6. HSI48 时钟

部分 STM32F0 微控制器内部集成有 48MHz 的 HSI48_RC 振荡器，主要用于为 USB 外设提供高精度时钟，通过一个特殊的时钟恢复系统（CRS），可以确保将 HSI48_RC 时钟调整到一个非常精确的范围以适应 USB 总线的要求。另外，HSI48_RC 时钟也可以直接用作系统时钟或作为锁相环的输入时钟。

只有当系统处在运行模式时，HSI48_RC 时钟才可以作为系统时钟使用，当系统进入停止或待机模式时，HSI48_RC 将被禁用。时钟控制寄存器 RCC_CR 的 HSI48RDY 标志用于指示 HSI48_RC 是否稳定工作。在系统启动时，只有当 HSI48RDY 标志硬件置位后，HSI48_RC 时钟输出才有效。时钟控制寄存器的 HSI48ON 位可以用于使能和关闭 HSI48_RC 时钟，当 USB 外设使能并选择 HSI48 作为时钟源时，硬件会强制将 HSI48ON 置位以启用此振荡器。HSI48 时钟也可以作为 MCO 输出，为其他应用提供时钟。

6.1.3　时钟安全

1. 时钟安全系统（CSS）

时钟安全系统可以由软件使能，用于监测 HSE 的工作是否正常。时钟安全系统激活后，时钟监测器将在 HSE 振荡器启动延迟后被使能，并在 HSE 时钟关闭后关闭。在时钟监测器工作期间，HSE 时钟在发生故障时将被关闭，系统时钟自动切换到 HSI 振荡器上，时钟失效事件也将同时被送到高级定时器（TIM1 和 TIM8）的刹车输入中，并产生时钟安全中断 CSSI，使用户可以使用软件完成系统的相应补救处理。在使用时钟安全系统时需要注意以下几点。

1）CSSI 中断连接到 Cortex-M0 的 NMI 中断（不可屏蔽中断），一旦 CSS 被激活并且 HSE 时钟出现故障，CSS 中断就会产生，相应地 NMI 中断也将自动产生。

2）NMI 中断产生后将不断被执行，直到 CSS 中断挂起位被清除。因此在 NMI 的中断处理程序中必须通过设置 RCC_CIR 寄存器的 CSSC 位来清除 CSS 中断。

3）如果 HSE 振荡器被直接或间接地（通过 PLL）用作系统时钟，时钟故障将导致系统时钟自动切换到 HSI 振荡器，同时外部 HSE 振荡器被关闭。在时钟失效时，如果 HSE 振荡器作为 PLL 的输入时钟，PLL 也将被关闭。

2. 时钟恢复系统（CRS）

CRS 是一个先进的数字控制器，它基于一个可选择的同步信号来对 HSI48_RC 振荡器的频率进行精确修正，以减少其频率误差，同时也可以使用手动的方式来修正 HSI48_RC 振荡器的频率。

使用时钟恢复系统的目的就是为 USB 外设提供精确的时钟信号，用于校正的同步信号有多种类型可供选择：既可以是来自 USB 总线上的帧起始（SOF）包信号、USB 主机发送的 1 毫秒时钟脉冲、LSE 振荡器输出和从外部引脚输入时钟，又可以直接由用户软件生成。

6.1.4　时钟应用

1. 系统时钟（SYSCLK）

有 4 种时钟源可以用作系统时钟（SYSCLK），即 HSI、HSE、PLL 和 HSI48。系统复位后，HSI 振荡器被选为系统时钟，当时钟源被直接或通过 PLL 间接作为系统时钟时，它将不能被停止。时钟的切换只有在目标时钟源可用的情况下才能进行。假如系统选择了未准备好的时钟源作为当前系统时钟，那么只有在目标时钟源准备好后才能执行时钟切换，时钟控制寄存器 RCC_CR 指示当前系统时钟采用哪个时钟源作为系统时钟。

2. ADC 时钟

ADC 时钟可从专用的 14MHz RC 振荡器（HSI14）获得，也可以由 PCLK/2 或 PCLK/4 得到。当 ADC 时钟源于 PCLK 时，其时钟相位为 PCLK 时钟的反相信号。14MHz 的 HSI_RC 振荡器可以配置成由 ADC 接口打开或者关闭，也可以配置成常开模式。当 APB 时钟被选为 ADC 模块时钟时，HSI_RC 振荡器将不能被 ADC 接口打开。

3. RTC 时钟

通过设置备份域控制寄存器 RCC_BDCR 的 RTCSEL[1:0] 位，可以配置 RTC 时钟源为 HSE/32、LSE 或 LSI。除非备份域复位，此选择不能被改变。系统必须按照 PCLK 时钟频率必须高于或等于 RTCCLK 频率的标准，合理配置时钟才能正确使用 RTC。LSE 时钟属于备份域，但 HSE 和 LSI 不属于备份域，因此在配置 RTC 时钟时还需要注意以下几个方面：

- 当 LSE 被选为 RTC 时钟时，只要维持 V_{BAT} 正常供电，即使 V_{DD} 掉电，RTC 仍会继续工作。
- 当 LSI 被选为 RTC 时钟时，如果 V_{DD} 掉电后，RTC 将处于不定的状态。
- 当 HSE/32 被选为 RTC 时钟时，如果 V_{DD} 或内部电压调压器掉电时，RTC 将处于不定的状态。

4. 看门狗时钟

如果独立看门狗已经由硬件使能或软件启动，LSI 振荡器将被强制在打开状态，并且不能被关闭，当 LSI 振荡器稳定后将为 IWWDG 提供时钟。

5. 时钟输出

微控制器可以软件选择将 HSI14、SYSCLK、HSI、HSE、PLL/2、LSE、LSI 和 HSI48 时钟信号从 MCO 引脚输出，这时与 MCO 对应的 GPIO 引脚须配置为复用功能模式，MCO 输出的时钟选择由时钟配置寄存器 RCC_CFGR 的 MCO[3:0] 位设定。

6.1.5　低功耗模式下的时钟

APB 外设时钟和 DMA 时钟都可以通过软件禁止。在睡眠模式下，CPU 时钟停止，相应地存储器接口时钟（Flash 和 RAM）也可以被停止。当连接到 APB 范围内的所有外设时钟禁止后，进入睡眠模式时 AHB 至 APB 桥的时钟也将由 CPU 硬件关闭。

在停止模式下将停止所有内核供电域时钟，并且禁止 PLL、HSI、HSI14 和 HSE 时钟。HDMI-CEC、USART1 和 I2C1 外设在微控制器进入停止模式后仍可以打开 HSI 振荡器（如果 HSI 被选为这些外设的时钟）。HDMI-CEC 和 USART1 在系统进入停止模式下也可由 LSE 振荡器驱动（如果 LSE 被选为这些外设时钟），但是这些外设不能打开 LSE 振荡器。

在待机模式下将停止内核供电域时钟，并且禁止 PLL、HSI、HSI14 和 HSE 时钟。当系统从停止或从待机模式唤醒后，HSI 振荡器将被选为系统时钟，而无论进入停止或待机模式之前选用的是何种时钟。

6.1.6　复位

STM32F0 系列微控制器有 3 种复位方式，分别是系统复位、电源复位和备份域复位，复位电路原理如图 6-4 所示。外部复位以及内部的多个复位源将最终作用于 NRST 引脚，脉冲发生器保证每一个内部复位源都能有至少 20μs 的脉冲延时，并且内部复位信号会在 NRST

引脚上输出。复位入口地址被固定在 0x00000004 处，通过查看控制状态寄存器 RCC_CSR 中的复位状态标志位可以分辨复位事件的来源。

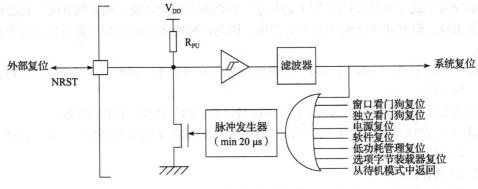

图 6-4　复位电路的原理

1. 系统复位

系统复位将使微控制器的寄存器初始化至其复位值，但时钟控制状态寄存器 RCC_CSR 的复位标志和备份域寄存器除外。当以下事件发生时微控制器将产生系统复位。

- ❑ NRST 引脚上的低电平（外部复位）。
- ❑ 窗口看门狗事件（WWDG 复位）。
- ❑ 独立看门狗事件（IWWDG 复位）。
- ❑ 软件复位（SW 复位）。即将 Cortex-M0 中断和复位控制寄存器中的 SYSRESETREQ 位置 "1" 可实现软件复位。
- ❑ 低功耗管理复位。当选项字节中的 nRST_STDBY 位置 "1"，且在执行进入待机模式 的过程时，系统将被复位而不是进入待机模式；当选项字节中的 nRST_STOP 位置 "1"，且在执行进入停机模式的过程时，系统将被复位而不是进入停机模式。
- ❑ 选项字节装载器复位。当 FLASH_CR 寄存器的 FORCE_OBL 位置 "1"，且软件读取 选项字节时将产生选项字节装载器复位。

2. 电源复位

电源复位将复位除备份域外的所有寄存器，当以下事件发生时将产生电源复位：

- ❑ 上电 / 掉电复位（POR/PDR 复位）
- ❑ 从待机模式中返回

3. 备份域复位

备份域复位只影响备份域寄存器，对系统其他寄存器无影响。当以下事件发生时将产生 备份域复位：

- ❑ 当备份域控制寄存器 RCC_BDCR 的 BDRST 位置位时将软件复位备份域。
- ❑ 在当 V_{DD} 和 V_{BAT} 都掉电的情况下，V_{DD} 和 V_{BAT} 再次上电时将产生备份域复位。

6.2 RCC 函数

6.2.1 RCC 类型定义

输出类型 6-1：内部/外部振荡器（HSE、HIS、LSE 和 LSI）配置结构定义

RCC_OscInitTypeDef

```
typedef struct
{
uint32_t OscillatorType; /* 待配置的振荡器，该参数可以是 RCC_Oscillator_Type 的值之一 */
uint32_t HSEState;        /* HSE 的状态，该参数可以是 RCC_HSE_Config 的值之一 */
uint32_t LSEState;        /* LSE 的状态，该参数可以是 RCC_LSE_Config 的值之一 */
uint32_t HSIState;        /* HSI 的状态，该参数可以是 RCC_HSI_Config 的值之一 */
uint32_t HSICalibrationValue;   /* HSI 校准调整值（默认为 RCC_HSICALIBRATION_DEFAULT），
                                 该参数必须在 Min_Data=0x00 和 Max_Data=0x1f 之间 */
uint32_t HSI14State;      /* HSI14 的状态，该参数可以是 RCC_HSI14_Config 的值之一 */
uint32_t HSI14CalibrationValue; /* HSI14 校准调整值（默认为 RCC_HSI14CALIBRATION_DEFAULT），
                                 该参数必须在 Min_Data=0x00 和 Max_Data=0x1F 之间 */
uint32_t LSIState;        /* LSI 的状态，该参数可以是 RCC_LSI_Config 的值之一 */
uint32_t HSI48State;      /* HSI48 的状态，该参数可以是 RCC_HSI48_Config 的值之一（仅对支持 HSI48
                             时钟的器件有效）*/
RCC_PLLInitTypeDef PLL;   /* PLL 结构参数 */
}RCC_OscInitTypeDef;
```

输出类型 6-2：RCC 系统、AHB 和 APB 总线时钟配置结构定义

RCC_ClkInitTypeDef

```
typedef struct
{
uint32_t ClockType;       /* 待配置的时钟，该参数可以是 RCC_System_Clock_Type 的值之一 */
uint32_t SYSCLKSource;    /* 作为系统时钟（SYSCLKS）的时钟源，该参数可以是 RCC_System_
                             Clock_Source 的值之一 */
uint32_t AHBCLKDivider;   /* AHB 时钟（HCLK）分频器，此时钟来源于系统时钟（SYSCLK），该
                             参数可以是 RCC_AHB_Clock_Source 的值之一 */
uint32_t APB1CLKDivider;  /* APB1 时钟（PCLK1）分频器，该时钟源自 AHB 时钟（HCLK），该参
                             数可以是 RCC_APB1_Clock_Source 的值之一 */
}RCC_ClkInitTypeDef;
```

输出类型 6-3：PLL 配置结构定义

RCC_PLLInitTypeDef

```
typedef struct
{
uint32_t PLLState;        /* PLL 的状态，该参数可以是 RCC_PLL_Config 的值之一 */
uint32_t PLLSource;       /* PLL 输入时钟源，该参数可以是 RCC_PLL_Clock_Source 的值之一 */
uint32_t PLLMUL;          /* PLL VCO 输入时钟倍频因数，该参数必须是 RCC_PLL_Multiplication_Factor
                             的值之一 */
uint32_t PREDIV;          /* PLL VCO 输入时钟预分频因数，该参数必须是 RCC_PLL_Prediv_Factor 的值
                             之一 */
} RCC_PLLInitTypeDef;
```

输出类型 6-4：RCC 扩展时钟结构定义（适用于 STM32F051x8）

RCC_PeriphCLKInitTypeDef

```
typedef struct
{
uint32_t PeriphClockSelection;    /* 扩展时钟配置，该参数可以是RCCEx_Periph_Clock_
                                     Selection 的值之一 */
uint32_t RTCClockSelection;       /* 指定RTC时钟预分频选择，该参数可以是RCC_RTC_Clock_
                                     Source 的值之一 */
uint32_t Usart1ClockSelection;    /* USART1时钟源，该参数可以是RCC_USART1_Clock_
                                     Source 的值之一 */
uint32_t I2c1ClockSelection;      /* I2C1时钟源，该参数可以是RCC_I2C1_Clock_Source
                                     的值之一 */
uint32_t CecClockSelection;       /* HDMI CEC 时钟源，该参数可以是RCCEx_CEC_Clock_
                                     Source 的值之一 */
}RCC_PeriphCLKInitTypeDef;
```

输出类型 6-5：RCC 扩展时钟结构定义（适用于 STM32F072xB）

RCC_PeriphCLKInitTypeDef

```
typedef struct
{
uint32_t PeriphClockSelection;    /* 扩展时钟配置，该参数可以是RCCEx_Periph_Clock_
                                     Selection 的值之一 */
uint32_t RTCClockSelection;       /* 指定RTC时钟预分频选择，该参数可以是RCC_RTC_
                                     Clock_Source 的值之一 */
uint32_t Usart1ClockSelection;    /* USART1时钟源，该参数可以是RCC_USART1_Clock_
                                     Source 的值之一 */
uint32_t Usart2ClockSelection;    /* USART2时钟源，该参数可以是RCC_USART2_Clock_
                                     Source 的值之一 */
uint32_t I2c1ClockSelection;      /* I2C1时钟源，该参数可以是RCC_I2C1_Clock_Source
                                     的值之一 */
uint32_t CecClockSelection;       /* HDMI CEC 时钟源，该参数可以是RCCEx_CEC_Clock_
                                     Source 的值之一 */
uint32_t UsbClockSelection;       /* USB时钟源，该参数可以是RCCEx_USB_Clock_Source
                                     的值之一 */
}RCC_PeriphCLKInitTypeDef;
```

输出类型 6-6：RCC_CRS 初始化结构定义

RCC_CRSInitTypeDef

```
typedef struct
{
uint32_t Prescaler;    /* 指定同步信号的分频系数，该参数可以是RCCEx_CRS_SynchroDivider
                          的值之一 */
uint32_t Source;       /* 指定同步信号源，该参数可以是RCCEx_CRS_SynchroSource 的值
                          之一 */
```

```
uint32_t Polarity;              /* 指定同步信号源的输入极性,该参数可以是 RCCEx_CRS_SynchroPolarity
                                   的值之一 */
uint32_t ReloadValue;           /* 指定每一个同步事件要装入频率错误计数器的值,它们可以通过 __HAL_
                                   RCC_CRS_RELOADVALUE_CALCULATE(__FTARGET__, __FSYNC__)
                                   宏来计算,该参数的值必须在 0 至 0xFFFF 之间,或为 RCCEx_CRS_
                                   ReloadValueDefault 的值 */
uint32_t ErrorLimitValue;       /* 指定用于评估捕捉频率错误值,该参数的值必须在 0 至 0xFF 之间,
                                   或为 RCCEx_CRS_ErrorLimitDefault 的值 */
uint32_t HSI48CalibrationValue; /* 指定对 HSI48 振荡器的用户可编程修改值,该参数必须在 0 至
                                   0x3F 之间,或为 RCCEx_CRS_HSI48CalibrationDefault
                                   的值 */
}RCC_CRSInitTypeDef;
```

输出类型 6-7：RCC_CRS 同步结构定义

RCC_CRSSynchroInfoTypeDef

```
typedef struct
{
uint32_t ReloadValue;            /* 指定计数器的重装值,该参数必须在 0 至 0xFFFF 之间 */
uint32_t HSI48CalibrationValue;  /* 指定装入 HSI48 振荡器的平滑校准值,该参数必须在 0 至 0x3F
                                    之间 */
uint32_t FreqErrorCapture;       /* 指定装入 FECAP 的值,频率错误计数值锁存在最后一个同步
                                    事件发生的时间 */
uint32_t FreqErrorDirection;     /* 指定装入 FEDIR 的值,频率错误计数器的计数方向锁存在最
                                    后一个同步事件,它显示实际的频率是否低于或高于目标值,
                                    该参数必须是 RCCEx_CRS_FreqErrorDirection 的值之一 */
}RCC_CRSSynchroInfoTypeDef;
```

6.2.2　RCC 常量定义

输出常量 6-1：PLL 时钟源

状态定义	释　　义
RCC_PLLSOURCE_HSE	HSE 时钟选择作为 PLL 输入时钟

输出常量 6-2：时钟振荡器类型

状态定义	释　　义
RCC_OSCILLATORTYPE_NONE	无
RCC_OSCILLATORTYPE_HSE	HSE
RCC_OSCILLATORTYPE_HSI	HSI
RCC_OSCILLATORTYPE_LSE	LSE
RCC_OSCILLATORTYPE_LSI	LSI
RCC_OSCILLATORTYPE_HSI14	HSI14
RCC_OSCILLATORTYPE_HSI48	HSI48

输出常量 6-3：HSE 配置

状态定义	释　义
RCC_HSE_OFF	HSE 时钟禁用
RCC_HSE_ON	HSE 时钟激活
RCC_HSE_BYPASS	外部时钟源作为 HSE 时钟

输出常量 6-4：LSE 配置

状态定义	释　义
RCC_LSE_OFF	LSE 时钟禁用
RCC_LSE_ON	LSE 时钟激活
RCC_LSE_BYPASS	外部时钟源作为 LSE 时钟

输出常量 6-5：HSI 配置

状态定义	释　义
RCC_HSI_OFF	HSI 时钟禁用
RCC_HSI_ON	HSI 时钟激活
RCC_HSICALIBRATION_DEFAULT	默认 HSI 校准调整值

输出常量 6-6：HSI14 配置

状态定义	释　义
RCC_HSI14_OFF	HSI14 关闭
RCC_HSI14_ON	HSI14 开启
RCC_HSI14_ADC_CONTROL	ADC 接口控制 HSI14 振荡器开启或禁用
RCC_HSI14CALIBRATION_DEFAULT	默认 HSI14 校准调整值

输出常量 6-7：LSI 配置

状态定义	释　义
RCC_LSI_OFF	LSI 时钟禁用
RCC_LSI_ON	LSI 时钟激活

输出常量 6-8：HSI48 配置

状态定义	释　义
RCC_HSI48_OFF	HSI48 时钟禁用
RCC_HSI48_ON	HSI48 时钟激活

输出常量 6-9：PLL 配置

状态定义	释　义
RCC_PLL_NONE	PLL 没有配置
RCC_PLL_OFF	PLL 禁用
RCC_PLL_ON	PLL 激活

输出常量 6-10：系统时钟类型

状态定义	释　义
RCC_CLOCKTYPE_SYSCLK	配置 SYSCLK
RCC_CLOCKTYPE_HCLK	配置 HCLK
RCC_CLOCKTYPE_PCLK1	配置 PCLK1

输出常量 6-11：系统时钟源

状态定义	释　义
RCC_SYSCLKSOURCE_HSI	HSI 选择作为系统时钟
RCC_SYSCLKSOURCE_HSE	HSE 选择作为系统时钟
RCC_SYSCLKSOURCE_PLLCLK	PLL 选择作为系统时钟

输出常量 6-12：系统时钟源状态

状态定义	释　义
RCC_SYSCLKSOURCE_STATUS_HSI	HSI 作为系统时钟
RCC_SYSCLKSOURCE_STATUS_HSE	HSE 作为系统时钟
RCC_SYSCLKSOURCE_STATUS_PLLCLK	PLL 作为系统时钟

输出常量 6-13：AHB 时钟源

状态定义	释　义
RCC_SYSCLK_DIV1	SYSCLK 不分频
RCC_SYSCLK_DIV2	SYSCLK 除以 2
RCC_SYSCLK_DIV4	SYSCLK 除以 4
RCC_SYSCLK_DIV8	SYSCLK 除以 8
RCC_SYSCLK_DIV16	SYSCLK 除以 16
RCC_SYSCLK_DIV64	SYSCLK 除以 64
RCC_SYSCLK_DIV128	SYSCLK 除以 128
RCC_SYSCLK_DIV256	SYSCLK 除以 256
RCC_SYSCLK_DIV512	SYSCLK 除以 512

输出常量 6-14：APB1 时钟源

状态定义	释　义
RCC_HCLK_DIV1	HCLK 不分频
RCC_HCLK_DIV2	HCLK 除以 2
RCC_HCLK_DIV4	HCLK 除以 4
RCC_HCL K_DIV8	HCLK 除以 8
RCC_HCLK_DIV16	HCLK 除以 16

输出常量 6-15：RTC 时钟源

状态定义	释　义
RCC_RTCCLKSOURCE_NO_CLK	无时钟
RCC_RTCCLKSOURCE_LSE	LSE 振荡器时钟作为 RTC 时钟
RCC_RTCCLKSOURCE_LSI	LSI 振荡器时钟作为 RTC 时钟
RCC_RTCCLKSOURCE_HSE_DIV32	HSE 振荡器时钟除以 32 作为 RTC 时钟

输出常量 6-16：PLL 倍频因数

状态定义	释　义
RCC_PLL_MUL2	PLL2 倍频
RCC_PLL_MUL3	PLL3 倍频
RCC_PLL_MUL4	PLL4 倍频
RCC_PLL_MUL5	PLL5 倍频
RCC_PLL_MUL6	PLL6 倍频
RCC_PLL_MUL7	PLL7 倍频
RCC_PLL_MUL8	PLL8 倍频
RCC_PLL_MUL9	PLL9 倍频
RCC_PLL_MUL10	PLL10 倍频
RCC_PLL_MUL11	PLL11 倍频
RCC_PLL_MUL12	PLL12 倍频
RCC_PLL_MUL13	PLL13 倍频
RCC_PLL_MUL14	PLL14 倍频
RCC_PLL_MUL15	PLL15 倍频
RCC_PLL_MUL16	PLL16 倍频

输出常量 6-17：PLL 预分频因数

状态定义	释　义
RCC_PREDIV_DIV1	PLL 预分频因数为 1
RCC_PREDIV_DIV2	PLL 预分频因数为 2
RCC_PREDIV_DIV3	PLL 预分频因数为 3
RCC_PREDIV_DIV4	PLL 预分频因数为 4
RCC_PREDIV_DIV5	PLL 预分频因数为 5
RCC_PREDIV_DIV6	PLL 预分频因数为 6
RCC_PREDIV_DIV7	PLL 预分频因数为 7
RCC_PREDIV_DIV8	PLL 预分频因数为 8
RCC_PREDIV_DIV9	PLL 预分频因数为 9
RCC_PREDIV_DIV10	PLL 预分频因数为 10
RCC_PREDIV_DIV11	PLL 预分频因数为 11
RCC_PREDIV_DIV12	HSE 预分频因数为 12
RCC_PREDIV_DIV13	PLL 预分频因数为 13
RCC_PREDIV_DIV14	PLL 预分频因数为 14
RCC_PREDIV_DIV15	PLL 预分频因数为 15
RCC_PREDIV_DIV16	PLL 预分频因数为 16

输出常量 6-18：USART1 时钟源

状态定义	释　　义
RCC_USART1CLKSOURCE_PCLK1	PCLK 被选为 USART1 的时钟源（默认值）
RCC_USART1CLKSOURCE_SYSCLK	系统时钟（SYSCLK）被选为 USART1 的时钟源
RCC_USART1CLKSOURCE_LSE	LSE 时钟被选为 USART1 的时钟源
RCC_USART1CLKSOURCE_HSI	HSI 时钟被选为 USART1 的时钟源

输出常量 6-19：RCC I2C1 时钟源

状态定义	释　　义
RCC_I2C1CLKSOURCE_HSI	HSI 时钟被选为 I2C1 时钟源（默认值）
RCC_I2C1CLKSOURCE_SYSCLK	系统时钟（SYSCLK）被选为 I2C1 的时钟源

输出常量 6-20：RCC MCO 时钟源

状态定义	释　　义
RCC_MCO1SOURCE_NOCLOCK	MCO 引脚上没有时钟输出
RCC_MCO1SOURCE_LSI	LSI 时钟输出
RCC_MCO1SOURCE_LSE	LSE 时钟输出
RCC_MCO1SOURCE_SYSCLK	系统时钟（SYSCLK）输出
RCC_MCO1SOURCE_HSI	HSI 时钟输出
RCC_MCO1SOURCE_HSE	HSE 时钟输出
RCC_MCO1SOURCE_PLLCLK_DIV2	PLL/2 时钟输出
RCC_MCO1SOURCE_HSI14	HSI14 时钟输出

输出常量 6-21：外设时钟选择

状态定义	释　　义
RCC_PERIPHCLK_USART1	USART1 时钟
RCC_PERIPHCLK_USART2	USART2 时钟
RCC_PERIPHCLK_I2C1	I2C1 时钟
RCC_PERIPHCLK_CEC	CEC 时钟
RCC_PERIPHCLK_RTC	RTC 时钟
RCC_PERIPHCLK_USB	USB 时钟

输出常量 6-22：USB 时钟源

状态定义	释　　义
RCC_USBCLKSOURCE_HSI48	HSI48 时钟选择作为 USB 时钟源
RCC_USBCLKSOURCE_PLL	PLL 时钟（PLLCLK）选择作为 USB 时钟

注：适用于 STM32F072xB。

输出常量 6-23：USART2 时钟源

状态定义	释　　义
RCC_USART2CLKSOURCE_PCLK1	PCLK 选择作为 USART2 时钟源（默认值）
RCC_USART2CLKSOURCE_SYSCLK	系统时钟（SYSCLK）作为 USART2 时钟源
RCC_USART2CLKSOURCE_LSE	LSE 时钟作为 USART2 时钟源
RCC_USART2CLKSOURCE_HSI	HSI 时钟作为 USART2 时钟源

输出常量 6-24：CEC 时钟源

状态定义	释　义
RCC_CECCLKSOURCE_HSI	HSI 时钟除以 244 作为 CEC 时钟（默认值）
RCC_CECCLKSOURCE_LSE	LSE 时钟作为 CEC 时钟

输出常量 6-25：MCOx 时钟预分频

状态定义	释　义
RCC_MCODIV_1	预分频因数为 1
RCC_MCODIV_2	预分频因数为 2
RCC_MCODIV_4	预分频因数为 4
RCC_MCODIV_8	预分频因数为 8
RCC_MCODIV_16	预分频因数为 16
RCC_MCODIV_32	预分频因数为 32
RCC_MCODIV_64	预分频因数为 64
RCC_MCODIV_128	预分频因数为 128

输出常量 6-26：LSE 驱动配置

状态定义	释　义
RCC_LSEDRIVE_LOW	晶体模式低驱动能力
RCC_LSEDRIVE_MEDIUMLOW	晶体模式中低驱动能力
RCC_LSEDRIVE_MEDIUMHIGH	晶体模式中高驱动能力
RCC_LSEDRIVE_HIGH	晶体模式高驱动能力

输出常量 6-27：CRS 状态

状态定义	状态值	释　义
RCC_CRS_NONE	((uint32_t)0x00000000)	无
RCC_CRS_TIMEOUT	((uint32_t)0x00000001)	超时
RCC_CRS_SYNCOK	((uint32_t)0x00000002)	同步事件 OK
RCC_CRS_SYNCWARN	((uint32_t)0x00000004)	同步警告
RCC_CRS_SYNCERR	((uint32_t)0x00000008)	同步错误
RCC_CRS_SYNCMISS	((uint32_t)0x00000010)	同步丢失
RCC_CRS_TRIMOVF	((uint32_t)0x00000020)	校准上溢或下溢

输出常量 6-28：CRS 同步源

状态定义	释　义
RCC_CRS_SYNC_SOURCE_GPIO	同步信号源为 GPIO
RCC_CRS_SYNC_SOURCE_LSE	同步信号源为 LSE
RCC_CRS_SYNC_SOURCE_USB	同步信号源为 USB SOF（默认）

输出常量 6-29：CRS 同步预分频器

状态定义	释 义
RCC_CRS_SYNC_DIV1	同步信号不分频
RCC_CRS_SYNC_DIV2	同步信号除以 2
RCC_CRS_SYNC_DIV4	同步信号除以 4
RCC_CRS_SYNC_DIV8	同步信号除以 8
RCC_CRS_SYNC_DIV16	同步信号除以 16
RCC_CRS_SYNC_DIV32	同步信号除以 32
RCC_CRS_SYNC_DIV64	同步信号除以 64
RCC_CRS_SYNC_DIV128	同步信号除以 128

输出常量 6-30：CRS 同步信号极性

状态定义	释 义
RCC_CRS_SYNC_POLARITY_RISING	同步激活在上升沿（默认）
RCC_CRS_SYNC_POLARITY_FALLING	同步激活在下降沿

输出常量 6-31：CRS 默认装入值

状态定义	释 义
RCC_CRS_RELOADVALUE_DEFAULT	复位值重新加载字段，相当于 48MHz 的目标频率和 1kHz 的同步信号（来自 USB 的 SOF 信号）

输出常量 6-32：CRS 默认错误限制值

状态定义	释 义
RCC_CRS_ERRORLIMIT_DEFAULT	默认频率误差限制

输出常量 6-33：CRS 默认 HSI48 校准

状态定义	释 义
RCC_CRS_HSI48CALIBRATION_DEFAULT	默认值是 32，相当于中度的校准间隔

输出常量 6-34：CRS 频率错误检测

状态定义	释 义
RCC_CRS_FREQERRORDIR_UP	向上计数，实际频率高于目标频率
RCC_CRS_FREQERRORDIR_DOWN	向下计数，实际频率低于目标频率

输出常量 6-35：CRS 中断源

状态定义	释 义
RCC_CRS_IT_SYNCOK	同步事件 OK
RCC_CRS_IT_SYNCWARN	同步报警
RCC_CRS_IT_ERR	错误
RCC_CRS_IT_ESYNC	预期同步
RCC_CRS_IT_SYNCERR	同步错误
RCC_CRS_IT_SYNCMISS	同步丢失
RCC_CRS_IT_TRIMOVF	校准上溢或下溢

输出常量 6-36：CRS 标志位

状态定义	释　　义
RCC_CRS_FLAG_SYNCOK	同步事件 OK 标志位
RCC_CRS_FLAG_SYNCWARN	同步警告标志位
RCC_CRS_FLAG_ERR	错误标志位
RCC_CRS_FLAG_ESYNC	预期同步标志位
RCC_CRS_FLAG_SYNCERR	同步错误标志位
RCC_CRS_FLAG_SYNCMISS	同步丢失标志位
RCC_CRS_FLAG_TRIMOVF	校准上溢或下溢标志位

6.2.3　RCC 函数定义

函数 6-1

函数名	**HAL_RCC_ClockConfig**
函数原型	HAL_StatusTypeDef **HAL_RCC_ClockConfig** (　RCC_ClkInitTypeDef *　RCC_ClkInitStruct, 　uint32_t　FLatency)
功能描述	根据 RCC_ClkInitStruct 中指定的参数初始化 CPU、AHB 和 APB 总线时钟
输入参数 1	RCC_ClkInitStruct：指向 RCC_OscInitTypeDef 结构的指针，包含 RCC 外设的配置信息
输入参数 2	Flatency：Flash 延迟，该参数的值取决于器件的系列
先决条件	无
注意事项	无
返回值	HAL 状态

函数 6-2

函数名	**HAL_RCC_DeInit**
函数原型	void **HAL_RCC_DeInit** (void)
功能描述	重置 RCC 时钟配置至默认的复位状态
输入参数	无
先决条件	无
注意事项	默认的复位状态时钟配置下，HSI 打开并且作为系统时钟源，所有中断禁用
返回值	无

函数 6-3

函数名	**HAL_RCC_OscConfig**
函数原型	HAL_StatusTypeDef **HAL_RCC_OscConfig** (RCC_OscInitTypeDef *　RCC_OscInitStruct)
功能描述	按照 RCC_OscInitTypeDef 中指定的参数初始化 RCC 振荡器
输入参数	RCC_OscInitStruct：指向 RCC_OscInitTypeDef 结构的指针，包含 RCC 振荡器的配置信息
先决条件	无
注意事项	无
返回值	HAL 状态

函数 6-4

函数名	HAL_RCC_CSSCallback
函数原型	void **HAL_RCC_CSSCallback**（void）
功能描述	RCC 时钟安全系统中断回调
输入参数	无
先决条件	无
注意事项	无
返回值	无

函数 6-5

函数名	HAL_RCC_DisableCSS
函数原型	void **HAL_RCC_DisableCSS**（void）
功能描述	禁用时钟安全系统
输入参数	无
先决条件	无
注意事项	无
返回值	无

函数 6-6

函数名	HAL_RCC_EnableCSS
函数原型	void **HAL_RCC_EnableCSS**（void）
功能描述	使能时钟安全系统
输入参数	无
先决条件	无
注意事项	如果检测到 HSE 时钟振荡器故障，HSE 振荡器自动禁用，并生成一个时钟安全系统中断（CSSI），使微控制器可以执行救援行动。时钟安全系统中断连接至 Cortex-M0 的不可屏蔽中断向量（NMI）
返回值	无

函数 6-7

函数名	HAL_RCC_GetClockConfig
函数原型	void **HAL_RCC_GetClockConfig** (RCC_ClkInitTypeDef * RCC_ClkInitStruct, uint32_t * pFLatency)
功能描述	根据内部 RCC 配置寄存器获取 RCC_ClkInitStruct
输入参数 1	RCC_ClkInitStruct：指向 RCC_ClkInitTypeDef 结构的指针，包含当前的时钟配置
输入参数 2	pFLatency：延迟指针
先决条件	无
注意事项	无
返回值	无

函数 6-8

函数名	**HAL_RCC_GetHCLKFreq**
函数原型	uint32_t **HAL_RCC_GetHCLKFreq** (void)
功能描述	返回 HCLK 频率
输入参数	无
先决条件	无
注意事项	每次 HCLK 变化时，必须调用此函数来更新正确的 HCLK 值。否则，任何基于该函数的配置将是不正确的
返回值	HCLK 频率

函数 6-9

函数名	**HAL_RCC_GetOscConfig**
函数原型	void **HAL_RCC_GetOscConfig** (RCC_OscInitTypeDef * RCC_OscInitStruct)
功能描述	根据内部 RCC 配置寄存器配置 RCC_OscInitStruct 结构
输入参数	RCC_OscInitStruct：指向 RCC_OscInitTypeDef 结构的指针，用于将来的配置中
先决条件	无
注意事项	无
返回值	无

函数 6-10

函数名	**HAL_RCC_GetPCLK1Freq**
函数原型	uint32_t **HAL_RCC_GetPCLK1Freq** (void)
功能描述	返回 PCLK1 频率
输入参数	无
先决条件	无
注意事项	每次 PCLK1 变化，必须调用此函数来更新正确的 PCLK1 值。否则，任何基于该函数的配置将是不正确的
返回值	PCLK1 频率

函数 6-11

函数名	**HAL_RCC_GetSysClockFreq**
函数原型	uint32_t **HAL_RCC_GetSysClockFreq** (void)
功能描述	返回系统时钟频率
输入参数	无
先决条件	无
注意事项	无
返回值	系统时钟频率

函数 6-12

函数名	**HAL_RCC_MCOConfig**
函数原型	void **HAL_RCC_MCOConfig** (　uint32_t　RCC_MCOx, 　uint32_t　RCC_MCOSource, 　uint32_t　RCC_MCODiv)
功能描述	选择用于 MCO 引脚输出的时钟源
输入参数 1	RCC_MCOx：指定时钟源的输出方向，该参数可以是以下值 ● RCC_MCO1：时钟源输出至 MCO1 引脚（PA8）
输入参数 2	● RCC_MCOSource：指定输出的时钟源，该参数可以是以下值之一 ● RCC_MCO1SOURCE_NOCLOCK：没有时钟被选择 ● RCC_MCO1SOURCE_SYSCLK：选择系统时钟作为 MCO 时钟 ● RCC_MCO1SOURCE_HSI：选择 HSI 作为 MCO 时钟 ● RCC_MCO1SOURCE_HSE：选择 HSE 作为 MCO 时钟 ● RCC_MCO1SOURCE_LSI：选择 LSI 作为 MCO 时钟 ● RCC_MCO1SOURCE_LSE：选择 LSE 作为 MCO 时钟 ● RCC_MCO1SOURCE_HSI14：选择 HSI14 作为 MCO 时钟 ● RCC_MCO1SOURCE_HSI48：选择 HSI48 作为 MCO 时钟 ● RCC_MCO1SOURCE_PLLCLK：选择 PLLCLK 作为 MCO 时钟 ● RCC_MCO1SOURCE_PLLCLK_DIV2：选择 PLLCLK 两分频作为 MCO 时钟
输入参数 3	RCC_MCODiv：指定 MCO 分频值，该参数可以是下列值之一 ● RCC_MCODIV_1：MCO 时钟不分频 ● RCC_MCODIV_2：除 2 用于 MCO 时钟 ● RCC_MCODIV_4：除 4 用于 MCO 时钟 ● RCC_MCODIV_8：除 8 用于 MCO 时钟 ● RCC_MCODIV_16：除 16 用于 MCO 时钟 ● RCC_MCODIV_32：除 32 用于 MCO 时钟 ● RCC_MCODIV_64：除 64 用于 MCO 时钟 ● RCC_MCODIV_128：除 128 用于 MCO 时钟
先决条件	无
注意事项	MCO 引脚应该配置成复用功能模式
返回值	无

函数 6-13

函数名	**HAL_RCC_NMI_IRQHandler**
函数原型	void **HAL_RCC_NMI_IRQHandler** (void)
功能描述	该函数用于处理 RCC 时钟安全系统中断
输入参数	无
先决条件	无
注意事项	该用户应用程序需要在 NMI_Handler() 中被调用
返回值	无

函数 6-14

函数名	**HAL_RCCEx_GetPeriphCLKConfig**
函数原型	void **HAL_RCCEx_GetPeriphCLKConfig** (RCC_PeriphCLKInitTypeDef * PeriphClkInit)
功能描述	通过内部 RCC 配置寄存器获取 RCC_ClkInitStruct
输入参数	PeriphClkInit：指向 RCC_PeriphCLKInitTypeDef 结构的指针，返回扩展外设的时钟（USART、RTC、I2C、CEC 和 USB）的配置信息
先决条件	无
注意事项	无
返回值	无

函数 6-15

函数名	**HAL_RCCEx_GetPeriphCLKFreq**
函数原型	uint32_t **HAL_RCCEx_GetPeriphCLKFreq** (uint32_t PeriphClk)
功能描述	返回外设时钟频率
输入参数	PeriphClk：外设时钟标识，该参数可以是下列值之一 • RCC_PERIPHCLK_RTC：RTC 外设时钟 • RCC_PERIPHCLK_USART1：USART1 外设时钟 • RCC_PERIPHCLK_I2C1：I2C1 外设时钟 • RCC_PERIPHCLK_USART2：USART2 外设时钟 • RCC_PERIPHCLK_USB：USB 外设时钟 • RCC_PERIPHCLK_CEC：CEC 外设时钟
先决条件	无
注意事项	如果外设时钟参数未知则返回 0
返回值	以 Hz 为单位的频率值

函数 6-16

函数名	**HAL_RCCEx_PeriphCLKConfig**
函数原型	HAL_StatusTypeDef **HAL_RCCEx_PeriphCLKConfig** (RCC_PeriphCLKInitTypeDef * PeriphClkInit)
功能描述	按照 RCC_PeriphCLKInitTypeDef 中指定的参数初始化 RCC 扩展外设的时钟
输入参数	PeriphClkInit：指向 RCC_PeriphCLKInitTypeDef 结构的指针，包含扩展外设时钟（USART、RTC、I2C、CEC 和 USB）的配置信息
先决条件	无
注意事项	当 HAL_RCCEx_PeriphCLKConfig() 用于选择 RTC 时钟源时必须小心，在这种情况下，为了修改 RTC 时钟源，备份域将被重新设置，RTC 寄存器（包括备份寄存器）和 RCC_BDCR 寄存器将被重置
返回值	HAL 状态

函数 6-17

函数名	**HAL_RCCEx_CRS_ErrorCallback**
函数原型	void **HAL_RCCEx_CRS_ErrorCallback** (uint32_t Error)
功能描述	RCC 时钟恢复系统错误中断回调
输入参数	Error：错误状态的组合，该参数可以是以下值的组合 ● RCC_CRS_SYNCERR ● RCC_CRS_SYNCMISS ● RCC_CRS_TRIMOVF
先决条件	无
注意事项	无
返回值	无

函数 6-18

函数名	**HAL_RCCEx_CRS_ExpectedSyncCallback**
函数原型	void **HAL_RCCEx_CRS_ExpectedSyncCallback** (void)
功能描述	RCC 时钟恢复系统预期同步中断回调
输入参数	无
先决条件	无
注意事项	无
返回值	无

函数 6-19

函数名	**HAL_RCCEx_CRS_IRQHandler**
函数原型	void **HAL_RCCEx_CRS_IRQHandler** (void)
功能描述	处理时钟恢复系统中断请求
输入参数	无
先决条件	无
注意事项	无
返回值	无

函数 6-20

函数名	**HAL_RCCEx_CRS_SyncOkCallback**
函数原型	void **HAL_RCCEx_CRS_SyncOkCallback** (void)
功能描述	RCC 时钟恢复系统同步成功中断回调
输入参数	无
先决条件	无
注意事项	无
返回值	无

函数 6-21

函数名	**HAL_RCCEx_CRS_SyncWarnCallback**
函数原型	void **HAL_RCCEx_CRS_SyncWarnCallback** (void)
功能描述	RCC 时钟恢复系统同步警告中断回调
输入参数	无
先决条件	无
注意事项	无
返回值	无

函数 6-22

函数名	**HAL_RCCEx_CRSConfig**
函数原型	void **HAL_RCCEx_CRSConfig** (RCC_CRSInitTypeDef * pInit)
功能描述	在查询模式下开始自动同步
输入参数	pInit：指向 RCC_CRSInitTypeDef 结构指针
先决条件	无
注意事项	无
返回值	无

函数 6-23

函数名	**HAL_RCCEx_CRSGetSynchronizationInfo**
函数原型	void **HAL_RCCEx_CRSGetSynchronizationInfo** (RCC_CRSSynchroInfoTypeDef * pSynchroInfo)
功能描述	返回同步信息
输入参数	pSynchroInfo：RCC_CRSSynchroInfoTypeDef 结构指针
先决条件	无
注意事项	无
返回值	无

函数 6-24

函数名	**HAL_RCCEx_CRSSoftwareSynchronizationGenerate**
函数原型	void **HAL_RCCEx_CRSSoftwareSynchronizationGenerate** (void)
功能描述	创建软件同步事件
输入参数	无
先决条件	无
注意事项	无
返回值	无

函数 6-25

函数名	**HAL_RCCEx_CRSWaitSynchronization**
函数原型	uint32_t **HAL_RCCEx_CRSWaitSynchronization** (uint32_t Timeout)
功能描述	等待 CRS 同步状态
输入参数	Timeout：超时持续时间
先决条件	无
注意事项	无
返回值	同步状态，可以是以下值的组合 ● RCC_CRS_TIMEOUT ● RCC_CRS_SYNCOK ● RCC_CRS_SYNCWARN ● RCC_CRS_SYNCERR ● RCC_CRS_SYNCMISS ● RCC_CRS_TRIMOVF

6.3 时钟控制实例

在默认情况下，复位后 STM32F072VBT6 微控制器使用内部 8MHz 的 HSI 时钟作为系统时钟，AHB 和 APB 预分频系数均为 1 时，AHB 和 APB 总线时钟频率为 8MHz。系统默认的时钟配置如图 6-5 所示。

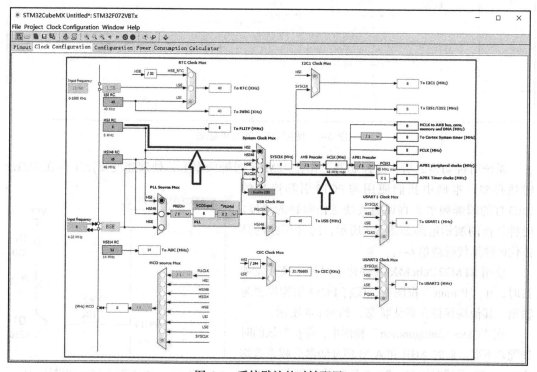

图 6-5 系统默认的时钟配置

在本例中我们要演示的是时钟的切换。当系统复位后，微控制器使用上述 HSI 时钟工作，一段时间后，将微控制器的时钟切换至 HSE，而且将 HSE 作为 PLL 的输入时钟，PLL 倍频系数设置为 6，PLL 输出时钟频率为 48MHz，达到了 STM32F0 系列微控制器 AHB 和 APB 总线时钟的最大值。切换后的时钟配置如图 6-6 所示。这里我们只是使用该图来说明一下时钟切换至 HSE 时的工作状态，具体的切换过程需要通过 HAL 库函数来实现。

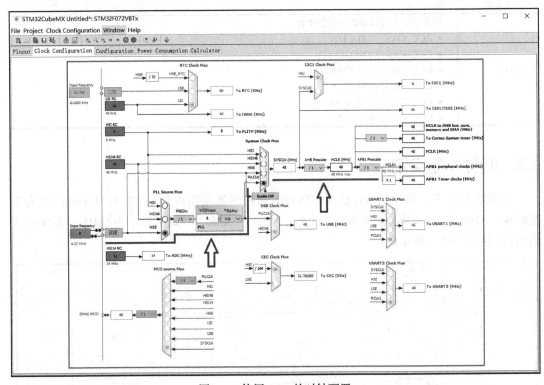

图 6-6　使用 HSE 的时钟配置

系统时钟切换之后，微控制器工作在 48MHz 时钟频率上，处理速度要比工作在 8MHz 时快得多。本例中我们使用与 PC13 引脚连接的 LED 灯的闪烁频率来直观地反映工作时钟的速度。时钟切换的演示电路如图 6-7 所示，时钟切换的具体代码详见代码清单 6-1。

使用 STM32CubeMX 软件建立时钟切换开发项目时，在 "Pinout" 视图中，仅将 PC13 引脚设置为输出，其他均保持在默认状态，如图 6-8 所示。

在 "Clock Configuration" 视图中，保持默认的时钟配置不变，此时 AHB 和 APB 预分频器分频系数均为 1，AHB 总线时钟和 APB 总线时钟频率为 8MHz。

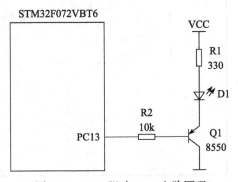

图 6-7　PC13 驱动 LED 电路原理

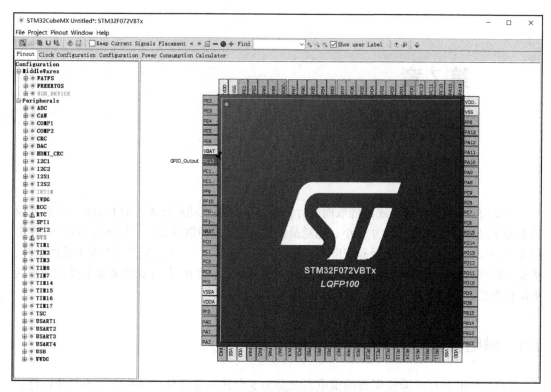

图 6-8　时钟切换演示的引脚配置

使用以上设置生成开发项目，并编写时钟切换代码详见代码清单 6-1。

代码清单 6-1　时钟切换（main.c）（在附录 J 中指定的网站链接下载源代码）

第 7 章
电 源 控 制

ARM 处理器专门为实现高能效而设计，采用了多项低功耗技术，而 Cortex-M0 系列微控制器又是市场上现有的尺寸最小、能耗最低的 ARM 微控制器之一。Cortex-M0 内核在架构上支持低功耗，提供了睡眠和深度睡眠两种低功耗模式，与外设配合可以在更低的功耗、更少的唤醒时间和不同的唤醒源之间做出合适的选择。本章将对 STM32F0 系列微控制器的电源控制系统进行介绍。

7.1　供电管理

STM32F072VBT6 微控制器的供电系统分为 5 个独立的部分，这些独立的部分也称为"域"。按照供电方式的不同，这些独立的部分可以分为 V_{DD} 域、V_{DDIO2} 域、1.8V 域、V_{DDA} 域和备份域。以下我们将对这些域分别进行介绍。

7.1.1　供电引脚

STM32F072VBT6 微控制器的供电部分如图 7-1 所示。从图中我们可以看出，STM32F072VBT6 具有多个供电引脚，其中 V_{DD} 和 V_{SS} 引脚是主电源供电和接地引脚，正常情况下供电电压为 2.0 ～ 3.6V，用于为包含 GPIO 和内部电压调节器在内的 V_{DD} 工作域供电。V_{DDIO2} 引脚是为一部分 I/O 口专门设立的供电引脚，为一部分 GPIO 供电。V_{DDA} 和 V_{SSA} 引脚是模拟电源供电和接地引脚，用于为包括 ADC 和 DAC 模块在内的 V_{DDA} 工作域提供独立的供电。对于 V_{DDA} 工作域独立供电的目的是能更好地过滤和屏蔽来自电路板的噪声，提高转换精度。V_{BAT} 引脚为电池供电引脚，供电电压为 1.6 ～ 3.6V，当主电源 V_{DD} 掉电后，V_{BAT} 用于给 RTC、外部 32kHz 振荡器和备份域寄存器供电。

另外，按照供电方式的不同，可以将片内的不同供电部分划分成不同的域，其中，V_{DD} 域包括大部分 I/O 引脚、待机电路（唤醒电路、独立看门狗）以及电压调节器，V_{DDIO2} 域包括一部分 I/O 引脚，1.8V 域主要包括 Cortex-M0 内核、存储器和外设等，V_{DDA} 域包括 ADC 模块、DAC 模块、复位模块、RC 振荡器和 PLL 部分，而备份域则包括 RTC、外部 32kHz 振荡器和备份域寄存器等。

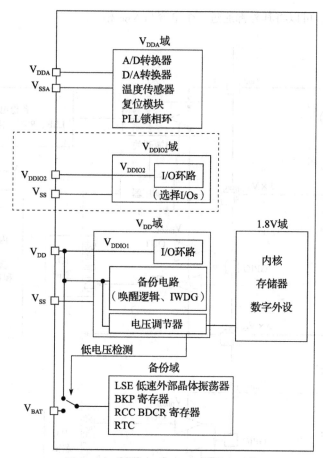

图 7-1　STM32F072VBT6 的供电系统

　　STM32F072VBT6 的供电电路如图 7-2 所示。图中内置的电压调节器用于给内部 1.8V 域数字电路提供电源。器件复位后电压调节器总是打开的，其工作方式有主要（MR）、低功耗（LPR）和掉电 3 种，当微控制器工作在运行模式下，电压调节器以 MR 方式为 1.8V 域（内核、内存和数字外设）提供 1.8V 电源，而当微控制器进入停机模式时，电压调节器可以以 MR 或 LPR 方式工作，为保持寄存器和 SRAM 内容提供 1.8V 电源。当微控制器处于待机模式下时，电压调节器工作在掉电方式，输出呈高阻状态，电流消耗为零，除了待机电路及备份域电路外，寄存器和 SRAM 掉电，其中内容全部丢失。

　　当微控制器使用 V_{DDA} 和 V_{DD} 分别供电时，V_{DDA} 供电电压可以大于或等于 V_{DD} 电压，而当使用单一电源供电时，V_{DDA} 可以连接至 V_{DD}，并可以接入外部滤波电路以确保过滤掉 V_{DDA} 电压的噪声。V_{BAT} 引脚为后备电源引脚，当主电源掉电后或者在 V_{DD} 上升阶段，抑或是检测到掉电复位（PDR）之后，V_{BAT} 和 V_{DD} 之间的电源开关会保持连接到 V_{BAT}。在 V_{DD} 上升阶段，如果 V_{DD} 在规定时间内达到稳定状态，且 $V_{DD} > V_{BAT} + 0.6V$ 时，电流可能通过连接于 V_{DD} 和 V_{BAT} 之间的内部二极管注入 V_{BAT}，向与 V_{BAT} 引脚连接的电池充电，如果在实际应用中 V_{BAT}

没有连接外部电池，可以将其外部通过一个电容与 V_{DD} 相连。

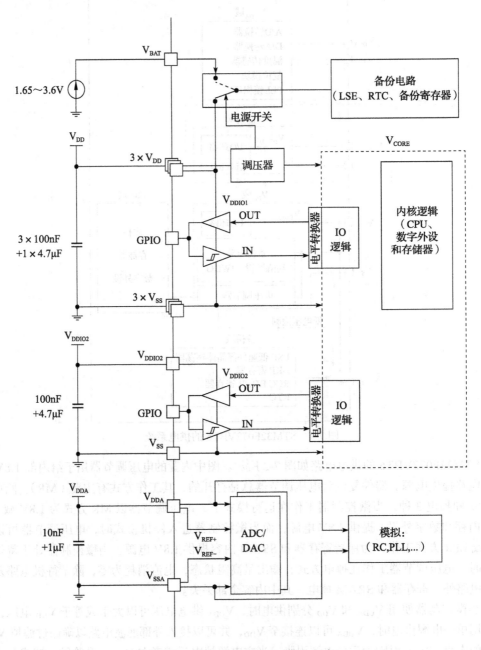

图 7-2   STM32F072VBT6 供电电路

为了更好地提高供电的灵活性，外部 V_{DDIO2} 引脚为部分 I/O 引脚提供了单独的供电回路，该回路供电的范围可以为 $1.65 \sim 3.6V$。V_{DDIO2} 供电完全独立于 V_{DD} 或 V_{DDA}，但 V_{DDIO2}

的供电也同样受到监控，它会与内部参考电压（V_{REFINT}）进行比较，一旦低于某个阈值，该回路供电的所有 I/O 口将被禁用，电压比较器的输出连接到 EXTI 的 31 线并由此产生中断。

当备份域由 V_{BAT} 供电时，微控制器内部的模拟开关连接到 V_{BAT}，这时 PC14 和 PC15 引脚只能用作手表晶振的驱动引脚，PC13 可以作为 TAMPER 引脚、RTC 闹钟或秒脉冲输出；当备份域由 V_{DD} 供电时，内部模拟开关连接到 V_{DD}，其 I/O 口的供电是通过内部模拟开关获得的，PC14 和 PC15 可以作为 GPIO 口或 LSE 引脚，PC13 可作为 GPIO 口、TAMPER 引脚、RTC 时钟校准、RTC 闹钟或秒脉冲输出使用。当 PC13、PC14 和 PC15 引脚启用 GPIO 功能且配置为输出时，因为模拟开关只能通过少量的电流（$\leq 3mA$），所以这 3 个引脚的速度必须限制在 2MHz 以下，最大负载不能超过 30pF，而且这些 I/O 口不能当作电流源使用（如驱动 LED）。

7.1.2 上电复位和掉电复位

STM32F072VBT6 微控制器片内集成了上电复位（POR）和掉电复位（PDR）电路，这两种电路始终处于工作状态，以确保主供电在 2V 以上时微控制器处于正常工作状态。当主供电电压降低至阈值以下，微控制器将置于复位状态。上电复位和掉电复位的控制波形如图 7-3 所示。

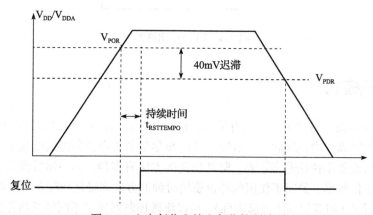

图 7-3　上电复位和掉电复位控制波形

- 上电复位（POR）：微控制器在启动阶段 POR 监视 V_{DD} 供电电压，它需要 V_{DDA} 先上电且电压要高于或等于 V_{DD}，当 V_{DD} 上升超过 V_{POR} 时，经过一个持续时间（$t_{RSTTEMPO}$），微控制器从复位状态中退出。
- 掉电复位（PDR）：在微控制器运行过程中，PDR 监视 V_{DD} 和 V_{DDA} 供电电压，当供电电压低于 V_{PDR} 时微控制器立即进入复位状态。

另外，如果外部应用电路能确保 V_{DDA} 高于或等于 V_{DD}，也可以通过编程专用选项位来禁用对 V_{DDA} 电源的监测以降低系统功耗。

7.1.3　可编程电压检测器

STM32F072VBT6 微控制器片内有可编程电压监测器（PVD），用于监视 V_{DD} 电源并与 PVD 阈值相比较，当 V_{DD} 低于或高于阈值 V_{PVD} 时可以产生中断，微控制器通过中断服务程序既可以生成警告消息，也可以执行紧急关闭任务，将其置于安全状态。PVD 阈值可以通过编程电源控制寄存器 PWR_CR 的 PLS[2:0] 位设定，PVDE 位用于使能 PVD。电源控制 / 状态寄存器 PWR_CSR 的 PVDO 标志用于指示 V_{DD} 是高于还是低于 PVD 的电压阈值。

当 PVDO 置位时，该事件内部连接到外部中断的第 16 线上，当 V_{DD} 下降到 PVD 阈值以下或当 V_{DD} 上升到 PVD 阈值以上时，PVD 输出触发信号的波形如图 7-4 所示。按照外部中断线 16 的触发设置，会在相应的边沿产生 PVD 中断请求。

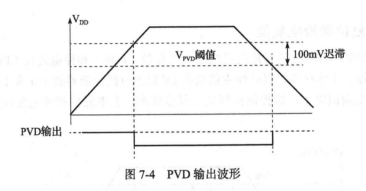

图 7-4　PVD 输出波形

7.2　低功耗模式

当系统复位后微控制器工作于运行模式，此时外设正常运行，内核及 SRAM 持续供电，未使用的外设时钟默认为关闭状态。有时，我们想尽量节省微控制器的电流消耗，这一点在使用电池的手持设备中往往非常重要。降低功耗的方法有多种，如在运行模式下，可以通过降低微控制器工作频率、关闭不使用的外设模块时钟的方法来降低功耗。不仅如此，当 CPU 不需要持续运行时（如等待某个外部事件），可以将微控制器置于不同的低功耗模式下来进一步降低功耗。以下我们要进一步探讨 STM32F0 系列微控制器的低功耗模式。

7.2.1　低功耗模式的分类

STM32F072VBT6 微控制器由 Cortex-M0 内核和相关外设模块构成，Cortex-M0 内核自身支持睡眠（Sleep）和深度睡眠（Sleepdeep）两种低功耗模式。按照 Cortex-M0 内核、外设时钟、片上电压调节器等工作状态的组合，可以将 STM32F072VBT6 微控制器的低功耗模式细分为睡眠模式（Sleep mode）、停机模式（Stop mode）和待机模式（Standby mode）三种，具体详见表 7-1。

表 7-1　低功耗模式

模式	Cortex内核	进入	唤醒	对 1.8V 区域时钟的影响	对 V_{DD} 区域时钟的影响	电压调节器
睡眠	Sleep	WFI	任一中断	CPU 时钟关闭，对其他时钟及模拟时钟无影响	无影响	开启
		WFE	唤醒事件			
停机	Sleep deep	PDDS 和 LPDS 位 + SLEEPDEEP 位 + WFI 或 WFE	任一外部中断（在 EXTI 寄存器中设置）或指定通信接口接收事件（CEC、USART、I2C）	所有 1.8V 域时钟关闭	HSI 和 HSE 振荡器关闭	开启低功耗模式
待机	Sleep deep	PDDS 位 + SLEEP-DEEP 位 + WFI 或 WFE	WKUP 引脚上升沿、RTC 闹钟、NRST 引脚外部复位、IWDG 复位			关闭

7.2.2　睡眠模式

在睡眠模式下，Cortex-M0 内核进入 Sleep 状态，内核时钟关闭并停止工作，所有外设，包括内核外设（如 NVIC、SysTick）等仍在运行，所有 I/O 口线都保持与运行模式一样的状态，并可在任何中断 / 事件发生后唤醒。

1. 进入睡眠模式

在运行模式下，当 Cortex-M0 系统控制寄存器的 SLEEPDEEP 位清 0 时，按照 Cortex-M0 系统控制寄存器中 SLEEPONEXIT 位的设置不同，有两种进入睡眠模式的方法。

❑ Sleep-now：当 SLEEPONEXIT 位清 0 时，执行 WFI 或 WFE 指令后 MCU 立即进入睡眠模式。

❑ Sleep-on-exit：当 SLEEPONEXIT 位置 "1" 时，执行 WFI 或 WFE 指令后，MCU 从最低优先级的中断服务程序中退出后进入睡眠模式。

2. 退出睡眠模式

如果是执行 WFI 指令进入睡眠模式，任意一个由 NVIC 识别的外设中断都可以唤醒微控制器并退出睡眠模式；如果是执行 WFE 指令时进入睡眠模式，当任一事件发生时，微控制器退出睡眠模式。唤醒事件可通过以下方式产生：

❑ 在外设控制寄存器中使能一个中断，但不在相应的 NVIC 中使能，并且在 Cortex-M0 系统控制寄存器 SCR 中将 SEVONPEND 位置 "1"，当中断发生后微控制器被唤醒。从 WFE 中唤醒后，外设的中断挂起位和外设的 NVIC 中断通道挂起位需要用软件清除。

❑ 配置一个外部或内部 EXTI 线作为事件模式，事件发生后微控制器被唤醒。事件的产生不会导致对应的挂起位被设置，所以从 WFE 唤醒后无需清除挂起位。

由于没有在中断的进入或退出上消耗时间，所以从睡眠模式唤醒所需的时间最短，进入和退出睡眠模式的方法详见表 7-2。

表 7-2 进入和退出睡眠模式

睡眠模式	Sleep-now	Sleep-on-exit
进入	在 SLEEPDEEP = 0 和 SLEEPONEXIT = 0 条件下执行 WFI（等待中断）或 WFE（等待事件）指令	在 SLEEPDEEP = 0 和 SLEEPONEXIT = 1 条件下执行了 WFI（等待中断）指令
退出	当执行 WFI（等待中断）指令进入睡眠模式：中断 当执行 WFE（等待事件）指令进入睡眠模式：唤醒事件	中断
唤醒延时	无	无

7.2.3 停机模式

在停机模式下，Cortex-M0 内核进入 Sleepdeep 状态，外设所有时钟都停止，电压调节器可以运行在正常或低功耗模式，1.8V 域的时钟禁用，PLL、HSI 和 HSE 振荡器关闭，SRAM 和寄存器的内容被保留，所有 I/O 引脚都保持在运行模式时的状态。

1. 进入停机模式

当 Cortex-M0 系统控制寄存器的 SLEEPDEEP 位置 "1"，且电源控制寄存器 PWR_CR 的 PDDS 位清 0 时（即当 CPU 进入深度睡眠时进入停机模式），执行 WFI 或 WFE 指令，微控制器进入停机模式，这时通过将电源控制寄存器 PWR_CR 的 LPDS 位置 "1"，可以使内部调节器进入低功耗模式以进一步降低功耗。

在进入停机模式之前，首先要确定所有中断 / 事件标志被清除，如果正在进行闪存编程，须等到对存储器的访问完成，否则不能进入停机模式；如果正在进行对 APB 的访问，须等到访问完成才进入停机模式。

在停机模式下，可以启用如下功能：

☐ 独立看门狗（IWDG）：独立看门狗可以由配置看门狗寄存器或硬件选项来启动，一旦启动了独立看门狗，它将会一直开启直到系统复位。

☐ 实时时钟（RTC）：通过备份域控制寄存器 RCC_BDCR 的 RTCEN 位设置。

☐ 内部低速 RC 振荡器（LSI）：通过控制 / 状态寄存器 RCC_CSR 的 LSION 位设置。

☐ 外部 32.768kHz 振荡器（LSE）：通过备份域控制寄存器 RCC_BDCR 的 LSEON 位设置。

☐ 如果进入停机模式前 ADC 和 DAC 没有被关闭，那么在停机模式下这些外设仍然消耗电流，可通过清除相关使能位来关闭这两个外设。

2. 退出停机模式

在停机模式下，微控制器可以通过任意的 EXTI 线唤醒。EXTI 线唤醒源可以是 16 个外部线、PVD 输出、RTC 报警、比较器输出、I2C1、USART1 或 CEC 之一。另外，I2C1、USART1 和 CEC 模块还可以配置为能够打开 HSI 的 RC 振荡器，以便处理传入的数据。这样做的前提是不能将电压调节器置于低功耗模式。

中断唤醒控制器（WIC）用于监测中断唤醒源并唤醒微控制器。WIC 只有在 DEEPSLEEP 位置 "1" 时才能使能，WIC 不可编程也没有相关的控制寄存器，它只与硬件信号有关。当 Cortex-M0 进入深度睡眠时，内核大部分模块包括 Systick 都被关闭，因此当内核被唤醒时，需要较多的时间恢复到睡眠前的状态并处理中断。

当微控制器从停机模式唤醒后，将使用 HSI 时钟作为系统时钟。在停机模式下如果电压调节器工作在低功耗模式，那么系统从停机模式退出时将会有一段额外的启动延时。进入和退出停机模式的方法详见表 7-3。

表 7-3　进入和退出停机模式

停机模式	说　明
进入	在以下条件下执行 WFI（等待中断）或 WFE（等待事件）指令： ● SLEEPDEEP = 1（Cortex-M0 系统控制寄存器） ● PDDS = 0（电源控制寄存器 PWR_CR） ● 通过设置 PWR_CR 寄存器的 LPDS 位选择电压调节器模式 注：为了进入停机模式，所有的外部中断请求挂起位（挂起寄存器 EXTI_PR）和 RTC 闹钟标志位必须清除，否则系统会忽略 WFI 或 WFE 指令并保持运行状态
退出	如果是执行了 WFI 指令进入了停机模式： ● 任何外部中断线配置为中断模式（在 NVIC 中必须使能相应的 EXTI 中断向量） ● 一些特定的通信外设（CEC、USART、I2C）中断，配置为唤醒模式（该外设必须配置为唤醒模式且在 NVIC 中相应的中断向量必须使能） 如果是执行了 WFE 指令进入了停机模式： ● 任一外部中断线配置为事件模式
唤醒延时	HSI RC 唤醒时间 + 电压调节器从低功耗模式唤醒时间

7.2.4　待机模式

待机模式可实现最低的功耗，在此模式下 Cortex-M0 内核进入 Sleepdeep 状态，所有时钟都停止，电压调节器关闭，全部 1.8V 域被断电，PLL、HSI 和 HSE 振荡器被关闭，SRAM 和寄存器的内容丢失，只有备份域寄存器和待机电路维持供电。但 RTC、IWDG 及与之对应的时钟源不会停止。

1. 进入待机模式

当 Cortex-M0 系统控制寄存器的 SLEEPDEEP 位置 "1" 时，且电源控制寄存器 PWR_CR 的 PDDS 位置 "1"（当 CPU 进入深度睡眠时进入待机模式）、电源控制 / 状态寄存器 PWR_CSR 的 WUF = 0（没有唤醒事件发生）时，执行 WFI 或 WFE 指令则进入待机模式。在待机模式下同样可以启用独立看门狗、实时时钟、内部低速 RC 振荡器以及外部 32.768kHz 振荡器，这一点与停机模式相同。

在待机模式下，除了复位引脚（始终有效）、配置为防侵入或校准输出时的 TAMPER 引脚、使能的唤醒（WKUP）引脚外，所有的 I/O 口线处于高阻状态。另外，在默认情况下如果在调试时微控制器进入停止或待机模式，将会失去调试连接，这是 Cortex-M0 内核已经失去了时钟所导致的，通过设置 DBGMCU_CR 寄存器的相关配置位可以在低功耗模式下启用调试功能。

2. 退出待机模式

NRST 引脚上的外部复位信号、IWDG 复位、WKUP 引脚上的上升沿信号或 RTC 闹钟事件可以将微控制器从待机模式唤醒。当微控制器退出待机模式时，除了电源控制 / 状态寄存器 PWR_CSR 外所有的寄存器均复位。从待机模式唤醒后，程序执行过程与复位后相同，电源控制 / 状态寄存器 PWR_CSR 的 SBF 状态标志位指示内核由待机状态退出，进入和退出待机模式的方法详见表 7-4。

表 7-4 进入和退出待机模式

待机模式	说　明
进入	在以下条件下执行 WFI（等待中断）或 WFE（等待事件）指令： ● SLEEPDEEP = 1（Cortex-M0 系统控制寄存器） ● PDDS = 1（电源控制寄存器 PWR_CR） ● WUF = 0（电源控制 / 状态寄存器 PWR_CSR）
退出	WKUP 引脚上升沿、RTC 闹钟事件、NRST 引脚上的外部复位信号、独立看门狗复位
唤醒延时	与复位相同

7.2.5　自动唤醒

在自动唤醒模式下，RTC 可以在不依赖外部中断的情况下唤醒低功耗模式下的微控制器。RTC 提供一个可编程的时间基数，用于周期性地从停止或待机模式下唤醒微控制器。通过编程备份域控制寄存器 RCC_BDCR 的 RTCSEL[1:0] 位，可以在 3 个 RTC 时钟源中选择以下两个时钟源来实现此功能：

□ 低功耗 32.768kHz 外部晶振（LSE）：该时钟源提供了一个低功耗且精确的时间基准，典型情况下功耗小于 1μA。

□ 低功耗内部 RC 振荡器（LSI RC）：使用该时钟源可以省略 32.768kHz 晶振，但是启用 RC 振荡器会增加电源消耗。

🖥 编程向导　使用 RTC 闹钟事件唤醒 MCU

1）配置外部中断线 17 为上升沿触发（如果要从待机模式中唤醒，则不必配置外部中断线 17）。

2）配置 RTC 使其可产生 RTC 闹钟事件。

7.3　电源控制函数

7.3.1　电源控制类型定义

输出类型 7-1：PVD 配置结构定义

```
PWR_PVDTypeDef
typedef struct
{
    uint32_t PVDLevel;    /* 指定 PVD 检测水平，该参数可以是 PWREx_PVD_detection_level 的值之一 */
    uint32_t Mode;        /* 指定所选引脚的操作模式，该参数可以是 PWREx_PVD_Mode 的值之一 */
}PWR_PVDTypeDef;
```

7.3.2 电源控制常量定义

输出常量 7-1：在停机模式下 PWR 电压调节器状态

状态定义	释 义
PWR_MAINREGULATOR_ON	主电压调节器开启
PWR_LOWPOWERREGULATOR_ON	低功耗电压调节器开启

输出常量 7-2：进入 PWR 睡眠模式

状态定义	状态值	释 义
PWR_SLEEPENTRY_WFI	0x01	使用 WFI 指令进入睡眠模式
PWR_SLEEPENTRY_WFE	0x02	使用 WFE 指令进入睡眠模式

输出常量 7-3：进入 PWR 停机模式

状态定义	状态值	释 义
PWR_STOPENTRY_WFI	0x01	使用 WFI 指令进入停机模式
PWR_STOPENTRY_WFE	0x02	使用 WFE 指令进入停机模式

输出常量 7-4：PWREx 唤醒引脚

状态定义	释 义
PWR_WAKEUP_PIN1	唤醒引脚 1
PWR_WAKEUP_PIN2	唤醒引脚 2
PWR_WAKEUP_PIN3	唤醒引脚 3
PWR_WAKEUP_PIN4	唤醒引脚 4
PWR_WAKEUP_PIN5	唤醒引脚 5
PWR_WAKEUP_PIN6	唤醒引脚 6
PWR_WAKEUP_PIN7	唤醒引脚 7
PWR_WAKEUP_PIN8	唤醒引脚 8

输出常量 7-5：PWREx EXTI 线

状态定义	释 义
PWR_EXTI_LINE_PVD	外部中断线 16 连接到 PVD EXTI 线
PWR_EXTI_LINE_VDDIO2	外部中断线 31 连接到 Vddio2 监测 EXTI 线

输出常量 7-6：PWREx PVD 检测级别

状态定义	释 义
PWR_PVDLEVEL_0	PVD 检测级别 0
PWR_PVDLEVEL_1	PVD 检测级别 1
PWR_PVDLEVEL_2	PVD 检测级别 2
PWR_PVDLEVEL_3	PVD 检测级别 3
PWR_PVDLEVEL_4	PVD 检测级别 4
PWR_PVDLEVEL_5	PVD 检测级别 5
PWR_PVDLEVEL_6	PVD 检测级别 6
PWR_PVDLEVEL_7	PVD 检测级别 7

输出常量 7-7：PWREx PVD 模式

状态定义	状态值	释　　义
PWR_PVD_MODE_NORMAL	0x00000000	使用基本模式
PWR_PVD_MODE_IT_RISING	0x00010001	上升沿触发检测的外部中断模式
PWR_PVD_MODE_IT_FALLING	0x00010002	下降沿触发检测的外部中断模式
PWR_PVD_MODE_IT_RISING_FALLING	0x00010003	上升和下降沿触发检测的外部中断模式
PWR_PVD_MODE_EVENT_RISING	0x00020001	上升沿触发检测的事件模式
PWR_PVD_MODE_EVENT_FALLING	0x00020002	下降沿触发检测的事件模式
PWR_PVD_MODE_EVENT_RISING_FALLING	0x00020003	上升和下降沿触发检测的事件模式

7.3.3　电源控制函数定义

函数 7-1

函数名	HAL_PWR_DeInit
函数原型	void **HAL_PWR_DeInit**　(void)
功能描述	反初始化 PWR 外设寄存器至它的默认复位值
输入参数	无
先决条件	无
注意事项	无
返回值	无

函数 7-2

函数名	HAL_PWR_DisableBkUpAccess
函数原型	void **HAL_PWR_DisableBkUpAccess**　(void)
功能描述	禁止访问备份域（RTC 寄存器、RTC 备份数据寄存器）
输入参数	无
先决条件	无
注意事项	无
返回值	无

函数 7-3

函数名	HAL_PWR_EnableBkUpAccess
函数原型	void **HAL_PWR_EnableBkUpAccess**　(void)
功能描述	允许访问备份域（RTC 寄存器、RTC 备份数据寄存器） 注意：如果 HSE 除以 32 用作 RTC 时钟，备份域访问应该保持启用
输入参数	无
先决条件	无
注意事项	无
返回值	无

函数 7-4

函数名	HAL_PWR_DisableBkUpAccess
函数原型	void HAL_PWR_DisableBkUpAccess (void)
功能描述	禁止访问备份域（RTC 寄存器、RTC 备份数据寄存器）
输入参数	无
先决条件	无
注意事项	无
返回值	无

函数 7-5

函数名	HAL_PWR_DisableSEVOnPend
函数原型	void HAL_PWR_DisableSEVOnPend (void)
功能描述	禁用 CORTEX M0 SEVONPEND 位 注意：设置 SCR 寄存器的 SEVONPEND 位。当该位被设置时，中断发生后将产生 WFE 唤醒
输入参数	无
先决条件	无
注意事项	无
返回值	无

函数 7-6

函数名	HAL_PWR_DisableSleepOnExit
函数原型	void HAL_PWR_DisableSleepOnExit (void)
功能描述	当处理器从处理模式返回线程模式时禁用 Sleep-On-Exit 特性
输入参数	无
先决条件	无
注意事项	无
返回值	无

函数 7-7

函数名	HAL_PWR_DisableWakeUpPin
函数原型	void HAL_PWR_DisableWakeUpPin (uint32_t WakeUpPinx)
功能描述	禁用唤醒引脚功能
输入参数	WakeUpPinx：指定禁用的唤醒引脚，该参数可以是 PWREx 唤醒引脚的值之一
先决条件	无
注意事项	无
返回值	无

函数 7-8

函数名	HAL_PWR_EnableBkUpAccess
函数原型	void HAL_PWR_EnableBkUpAccess (void)
功能描述	允许访问备份域（RTC 寄存器、RTC 备份数据寄存器）
输入参数	无
先决条件	无
注意事项	无
返回值	无

函数 7-9

函数名	HAL_PWR_EnableSEVOnPend
函数原型	void HAL_PWR_EnableSEVOnPend (void)
功能描述	使能 CORTEX M0 SEVONPEND 位 注意：设置 SCR 寄存器的 SEVONPEND 位。当该位被设置时，中断发生后将产生 WFE 唤醒
输入参数	无
先决条件	无
注意事项	无
返回值	无

函数 7-10

函数名	HAL_PWR_EnableSleepOnExit
函数原型	void HAL_PWR_EnableSleepOnExit (void)
功能描述	当处理器从处理模式返回线程模式时，标志 Sleep-On-Exit 状态 注意：设置 SCR 寄存器的 SLEEPONEXIT 位。该位被设置时，当中断处理结束后处理器重新进入睡眠模式，如果处理器只用于中断处理时设置此位非常有用
输入参数	无
先决条件	无
注意事项	无
返回值	无

函数 7-11

函数名	HAL_PWR_EnableWakeUpPin
函数原型	void HAL_PWR_EnableWakeUpPin (uint32_t WakeUpPinx)
功能描述	使能唤醒引脚功能
输入参数	WakeUpPinx：指定使能的电源唤醒引脚，该参数可以是 PWREx 唤醒引脚值之一
先决条件	无
注意事项	无
返回值	无

函数 7-12

函数名	**HAL_PWR_EnterSLEEPMode**
函数原型	void **HAL_PWR_EnterSLEEPMode** (uint32_t　Regulator, uint8_t　　SLEEPEntry)
功能描述	进入睡眠模式
输入参数 1	Regulator：指定睡眠模式下电压调节器的状态。在 STM32F0 设备上，该参数是一个虚拟值并被忽略，电压调节器模式在此模式下不能修改，该参数存在是为了保持平台的兼容性
输入参数 2	SLEEPEntry：指定通过 WFI 或 WFE 指令进入睡眠模式。在使用 WFI 指令进入睡眠模式时，当系统节拍器没有作为中断唤醒源使用时，其中断将被禁用。 该参数可以是下列值之一 ● PWR_SLEEPENTRY_WFI：使用 WFI 指令进入睡眠模式 ● PWR_SLEEPENTRY_WFE：使用 WFE 指令进入睡眠模式
先决条件	无
注意事项	无
返回值	无

函数 7-13

函数名	**HAL_PWR_EnterSTANDBYMode**
函数原型	void **HAL_PWR_EnterSTANDBYMode** (void)
功能描述	进入待机模式
输入参数	无
先决条件	无
注意事项	无
返回值	无

函数 7-14

函数名	**HAL_PWR_EnterSTOPMode**
函数原型	void **HAL_PWR_EnterSTOPMode** (uint32_t　Regulator, uint8_t　STOPEntry)
功能描述	进入停机模式
输入参数 1	Regulator：指定停机模式下电压调节器状态，该参数可以是下列值之一 ● PWR_MAINREGULATOR_ON：停机模式下电压调节器开启 ● PWR_LOWPOWERREGULATOR_ON：停机模式下低功耗电压调节器开启
输入参数 2	STOPEntry：指定使用 WFI 或 WFE 指令进入停机模式，该参数可以是下列值之一 ● PWR_STOPENTRY_WFI：使用 WFI 指令进入停机模式 ● PWR_STOPENTRY_WFE：使用 WFE 指令进入停机模式
先决条件	无
注意事项	无
返回值	无

函数 7-15

函数名	HAL_PWR_ConfigPVD
函数原型	void **HAL_PWR_ConfigPVD** (PWR_PVDTypeDef * sConfigPVD)
功能描述	通过电源电压检测器（PVD）配置电压阈值检测
输入参数	sConfigPVD：指向 PWR_PVDTypeDef 结构的指针，包含 PVD 配置信息
先决条件	无
注意事项	无
返回值	无

函数 7-16

函数名	HAL_PWR_DisablePVD
函数原型	void **HAL_PWR_DisablePVD** (void)
功能描述	禁用电源电压检测器（PVD）
输入参数	无
先决条件	无
注意事项	无
返回值	无

函数 7-17

函数名	HAL_PWR_EnablePVD
函数原型	void **HAL_PWR_EnablePVD** (void)
功能描述	使能电源电压检测器（PVD）
输入参数	无
先决条件	无
注意事项	无
返回值	无

函数 7-18

函数名	HAL_PWR_PVD_IRQHandler
函数原型	void **HAL_PWR_PVD_IRQHandler** (void)
功能描述	处理电源 PVD 中断请求 注意：该用户应用程序应当在 PVD_IRQHandler() 或 PVD_VDDIO2_IRQHandler() 下被调用
输入参数	无
先决条件	无
注意事项	无
返回值	无

函数 7-19

函数名	HAL_PWR_PVDCallback
函数原型	void **HAL_PWR_PVDCallback** (void)
功能描述	电源 PVD 中断回调
输入参数	无
先决条件	无
注意事项	无
返回值	无

函数 7-20

函数名	**HAL_PWREx_DisableVddio2Monitor**
函数原型	void **HAL_PWREx_DisableVddio2Monitor** (void)
功能描述	禁用 Vddio2 监视器
输入参数	无
先决条件	无
注意事项	无
返回值	无

函数 7-21

函数名	**HAL_PWREx_EnableVddio2Monitor**
函数原型	void **HAL_PWREx_EnableVddio2Monitor** (void)
功能描述	使能 Vddio2 监视器：使能 EXTI 线 31 并且在下降沿检测
输入参数	无
先决条件	无
注意事项	无
返回值	无

函数 7-22

函数名	**HAL_PWREx_Vddio2Monitor_IRQHandler**
函数原型	void **HAL_PWREx_Vddio2Monitor_IRQHandler** (void)
功能描述	处理 Vddio2 监视器中断需求 注意：该用户应用程序应当在 VDDIO2_IRQHandler() 或 PVD_VDDIO2_IRQHandler() 下被调用
输入参数	无
先决条件	无
注意事项	无
返回值	无

函数 7-23

函数名	**HAL_PWREx_Vddio2MonitorCallback**
函数原型	void **HAL_PWREx_Vddio2MonitorCallback** (void)
功能描述	电源 Vddio2 监视器中断回调
输入参数	无
先决条件	无
注意事项	无
返回值	无

7.4 低功耗模式应用实例

低功耗本来就是 STM32F0 系列微控制器的设计初衷，而低功耗管理模式会让这些本来就相对节能的微控制器更加省电。以下我们将通过两个简单的实例来讲解如何让 STM32F0 进入和退出功耗管理模式。

7.4.1 从停机模式唤醒

当微控制器工作在停机模式时，PLL、HIS、HSE 振荡器都被禁用，1.8V 域的所有时钟都停止，内部 SRAM 和寄存器内容保留。进入停机模式通过使用 HAL 库中的 HAL_PWR_EnterSTOPMode(PWR_MAINREGULATOR_ON, PWR_STOPENTRY_WFI) 函数。其中：PWR_MAINREGULATOR_ON 或 PWR_LOWPOWERREGULATOR_ON 参数用于设置主调节器或低功耗电压调节器开启，而 PWR_STOPENTRY_WFI 或 PWR_STOPENTRY_WFE 参数用于指定使用 WFI 或 WFE 指令进入停机模式。

唤醒停机模式下的微控制器可以使用以下两种方法：一种是任何配置在中断或事件模式的 EXTI 线（内部或外部）可以将微控制器唤醒；另一种是特定通信外设（CEC、USART、I2C）中断可以将微控制器唤醒，此时外设必须被编程在唤醒模式，并且相应的中断向量必须在 NVIC 中启用。另外，停机模式下的编程还要注意以下几个方面。

1）当微控制器从停机模式被唤醒并退出停机模式时，默认情况下将使用 HSI 振荡器作为系统时钟。如果正常模式下系统时钟来自 HSE 的 PLL 时钟，那么在唤醒后需要考虑两种时钟在频率上可能存在差异，必要时可以在唤醒后对时钟重新配置。

2）进入停机模式之前，所有在挂起寄存器 EXTI_PR 中的外部中断请求挂起位和 RTC 闹钟标志位必须清除，否则系统会忽略 WFI 或 WFE 指令而不能进入停机模式。

3）微控制器在停机模式下时，由于电压调节器是开启的，SRAM 和寄存器不断电，所以其内容被保留，当微控制器从停机模式唤醒后，程序将从 WFI 或 WFE 指令之后的程序行开始继续执行，寄存器中的各种变量值仍然保留。

4）当微控制器进入停机模式后，由于片上时钟都已停止，所以对其编程也将被禁止。当使用集成开发环境重新对芯片进行编程时，需要将微控制器复位，在微控制器保持运行状态时重新开始对其编程。

5）当使用闹钟中断唤醒微控制器时，唤醒后程序进入闹钟中断服务函数，然后再进入原来停机的位置并继续运行。

在本例中重点要验证的是如何使 STM32F072VBT6 微控制器进入或退出停机模式，具体做法是将 PA2 引脚配置成外部中断模式（仅在 EXTI 中使能），当微控制器复位数字"200"开始递减，四位数码管显示数字的递减结果。当数值递减至"0"时，软件执行 WFI 指令将微控制器置于停机模式。之后通过 PA2 引脚的上升沿再次将微控制器唤醒，并重复数字的递减过程。在使用 STM32CubeMX 软件建立开发项目时，在"Pinout"视图中对引脚的配置如图 7-5 所示。

在"Clock Configuration"视图中，对时钟的配置如图 7-6 所示。

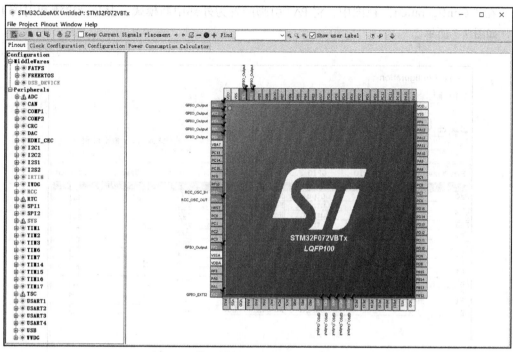

图 7-5 停机模式下的唤醒程序配置（一）

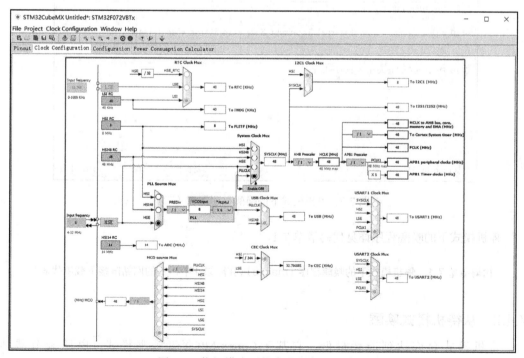

图 7-6 停机模式下的唤醒程序配置（二）

在"Configuration"视图中,将 PA2 引脚配置为外部中断模式、上升沿检测和引脚下拉,如图 7-7 所示。

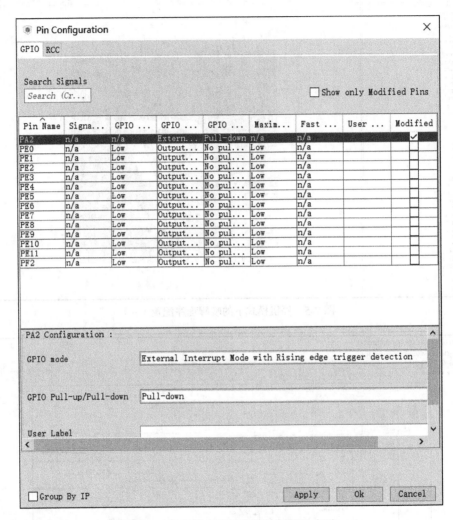

图 7-7 停机模式下的唤醒程序配置(三)

停机模式下的唤醒程序详见代码清单 7-1。

代码清单 7-1 停机模式下的唤醒程序(main.c)(在附录 J 中指定的网站链接下载源代码)

7.4.2 从待机模式唤醒

待机模式允许达到能耗最低,它基于 Cortex-M0 深度睡眠模式,电压调节器禁用，1.8V 域关闭，PLL、HIS 和 HSE 振荡器也关闭，SRAM 和寄存器内容丢失。只有 RTC 寄存器、RTC 备份寄存器和备用电路保持工作。可以使用 HAL 库中的 HAL_PWR_ EnterSTANDBYMode() 函数进入待机模式，由于待机模式下电压调节器和时钟均关闭，因此只有 WKUP 引脚的上升沿、RTC 闹钟（Alarm A）、RTC 唤醒、篡改事件、时间戳事件、NRST 外部重置事件或 IWDG 复位才能将微控制器唤醒。

　　本例中待机模式下的唤醒是通过 WKUP1（PA0）引脚来实现的，当微控制器复位后，同样是执行一个数字由"200"开始的递减，当数值递减至"0"时，执行 WFI 指令将微控制器置于待机模式，之后 WKUP1（PA0）引脚的上升沿会将微控制器唤醒，并再次进行数字的递减过程。使用 STM32CubeMX 软件建立项目时，在"Pinout"和"Clock Configuration"视图中对引脚和时钟的配置方法如图 7-8 和图 7-9 所示。

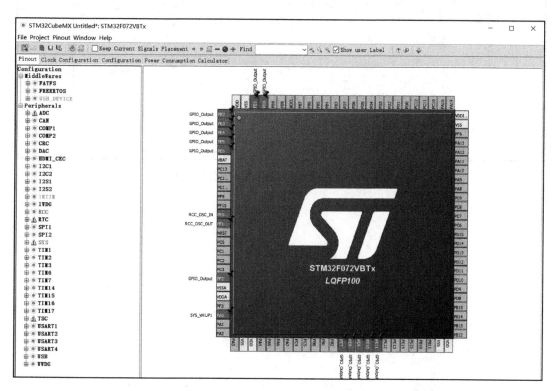

图 7-8　待机模式下的唤醒程序配置（一）

待机模式下的唤醒程序详见代码清单 7-2。

代码清单 7-2　待机模式下的唤醒程序（main.c）（在附录 J 中指定的网站链接下载源代码）

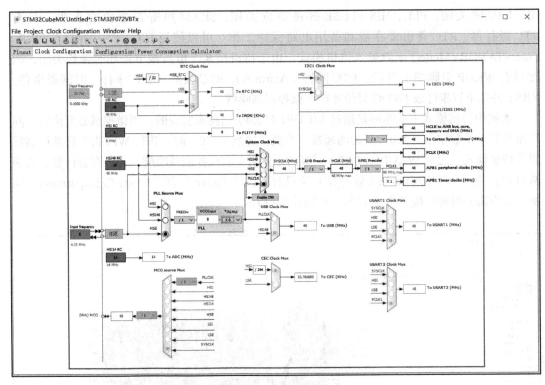

图 7-9 待机模式下的唤醒程序配置（二）

第 8 章
DMA 控制器

DMA（Direct Memory Access）即直接存储器访问，是一种不经过 CPU 而直接从存储器存取数据的数据交换模式。在 DMA 模式下，CPU 只需要向 DMA 控制器下达指令，数据传输由 DMA 自动完成，这样能够减少 CPU 的资源占用。DMA 是现代高性能微控制器的标准配置，本章将重点介绍 STM32F0 系列微控制器片内的 DMA 控制器。

8.1 DMA 概述

DMA 控制器用于提供外设和存储器之间、存储器和存储器之间的高速数据传输，数据可以通过 DMA 控制器进行快速传输而无须 CPU 干预，这就为其他操作保留了 CPU 的资源。DMA 非常适用于快速设备与存储器批量交换数据的场合，使用 DMA 既能够保证数据传输的准确性，又可以大幅度减少快速设备的读写操作对 CPU 的干扰。

8.1.1 DMA 控制器内部结构

STM32F072VBT6 微控制器片内的 DMA 控制器共有 7 个通道，每个通道都相应地管理一个或多个外设对存储器的访问请求，DMA 控制器和 Cortex-M0 内核共享系统数据总线，用于执行直接存储器数据传输，控制器内部的仲裁器用于协调不同 DMA 请求的优先权，其内部结构如图 8-1 所示。

当 CPU 和 DMA 同时访问相同的目标（RAM 或外设）时，DMA 请求会暂停 CPU 访问系统总线若干个周期，总线仲裁器执行循环调度，以确保 CPU 至少可以得到一半的系统总线带宽。每个通道都与专用的硬件 DMA 请求相连接，并且每个通道都支持软件触发。当有多个 DMA 请求发生时，其优先权可以通过软件编程来设置。数据源和目标数据区的传输宽度可以按需设置，数据可以以字节、半字或字的长度进行传输，但源和目标地址的数据长度必须一致。DMA 传输的最大数量为 65536，并且支持无限循环操作。每个 DMA 通道都有 DMA 传输中、DMA 传输完成和 DMA 传输错误三个事件标志。这三个事件标志的逻辑或作为一个单独的中断请求，向 CPU 申请中断。

8.1.2 DMA 的处理过程

在发生一个事件后，外设向 DMA 控制器发送一个 DMA 请求信号，DMA 控制器根据通道的优先权处理该请求，当 DMA 控制器开始访问发出请求的外设时，DMA 控制器立即发送一个应答信号，当外设从 DMA 控制器接收到应答信号后立即释放本次的请求，DMA 处理完毕。

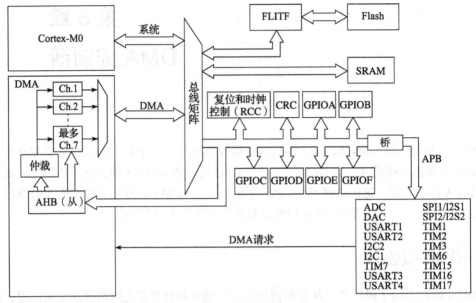

图 8-1　DMA 控制器的内部结构

1. DMA 传输过程

每次 DMA 传输由以下 3 组操作组成：

- DMA 控制器从外设或者存储器中读取数据，该地址由 DMA_CPARx 或 DMA_CMARx 寄存器指定。
- DMA 控制器将读取到的数据存储至 DMA_CPARx 或 DMA_CMARx 寄存器指定的外设基地址或存储器单元中。
- DMA 将对 DMA_CNDTRx 寄存器执行一次递减操作，DMA_CNDTRx 寄存器保存有未完成的 DMA 操作计数。

2. 通道的优先级

当两个通道同时产生 DMA 请求时，哪个通道被优先响应是基于优先级来管理的，仲裁器通过比较两个通道的优先级来决定哪一个 DMA 请求被优先响应。DMA 通道优先级的管理可以分为软件优先级和硬件优先级两个部分。

- 软件优先级：通过 DMA_CCRx 寄存器可以配置每个通道的软件优先级，软件优先级具体分为 4 个等级，即最高优先级、高优先级、中等优先级和低优先级。
- 硬件优先级：如果两个 DMA 请求有相同的软件优先级，则较低编号的通道有较高的优先权，如通道 2 优先于通道 4。

3. 数据传输数量

DMA 控制器管理着 7 个独立的 DMA 通道，每个通道都可以在外设和存储器之间执行

DMA 数据传输。DMA 传输的数据量是由 DMA_CNDTRx 寄存器指定的，最大传输数量为 65535，每次 DMA 传输完成后，DMA_CNDTRx 寄存器的值都会递减直至为 0。

当通道配置为非循环模式时，在 DMA_CNDTRx 寄存器已经递减至 0 时，DMA 传输结束并且不再产生新的 DMA 请求。如果需要在 DMA_CNDTRx 寄存器中重新写入传输数量时，需要先关闭相应的 DMA 通道。当配置为循环模式时，在最后一次传输结束后，DMA_CNDTRx 寄存器自动重新装载为初始计数值，DMA 传输继续进行。循环模式适用于处理循环缓冲区和连续的数据传输（如 ADC 的扫描模式），DMA_CCRx 寄存器的 CIRC 位用于开启此模式。

4. 地址管理

通过设置 DMA_CCRx 寄存器的 PINC 和 MINC 位，可以将外设和存储器的指针在每次传输后有选择地完成自动增量。当设置为增量模式时，下一个源地址和目标地址值将会是前面相应地址加上增量值。增量值取决于所选的数据宽度，当数据宽度为 8 位时地址增量值为 1，当数据宽度为 16 位时地址增量值为 2，而当数据宽度为 32 位时地址增量值为 4。

5. 存储器到存储器模式

DMA 通道的数据传输不仅可以用于外设和存储器之间，也可以用于两个不同的存储器地址之间，这种操作就是存储器到存储器模式。当设置了 DMA_CCRx 寄存器中的 MEM2-MEM 位后，存储器到存储器模式被使能，当 DMA_CCRx 寄存器的 EN 位置位后，DMA 通道启用，相应的 DMA 传输将立即开始，直至 DMA_CNDTRx 寄存器的值变为 0 时结束。

在存储器到存储器模式下，由于没有外设的参与，因此 DMA 通道的数据传输是在没有 DMA 请求的情况下进行的，这也是存储器到存储器模式与外设到存储器模式数据传输的本质区别。受存储器容量的限制，存储器到存储器模式下的数据传输不能无限进行，因此该模式不能与循环模式同时使用。

6. 错误管理

当 DMA 控制器读写一个保留的地址区域时，将会产生 DMA 传输错误，这时硬件会自动清除通道配置寄存器 DMA_CCRx 的 EN 位，通道传输被终止，DMA_IFR 寄存器中传输错误中断标志 TEIF 置位，如果 DMA_CCRx 寄存器中设置了传输错误中断允许位，将会产生中断。

7. 数据对齐方式

DMA 控制器在传输数据时，如果源端口与目标端口的数据位宽不一致，传输仍将继续，但其数据对齐方式和数据大小端操作遵循以下规则：

❑ 当源端口位宽小于目标端口位宽时，写入目标端口的数据与源数据右对齐且高位补 0。

❑ 当源端口位宽大于目标端口位宽时，写入目标端口的数据与源数据右对齐且高位舍弃。

🖳 编程向导　配置 DMA 通道

1）在 DMA_CPARx 寄存器中设置外设寄存器地址，该地址将是数据传输的源或目的地址。

2）在 DMA_CMARx 寄存器中设置存储器地址，该地址在 DMA 传输时是数据的读出或写入地址。

3）在 DMA_CNDTRx 寄存器中写入需要传输的数据量，在每次 DMA 传输结束后，该寄存器的值会递减 1。

4）在 DMA_CCRx 寄存器的 PL[1:0] 位中配置通道的优先级。

5）在 DMA_CCRx 寄存器中配置数据的传输方向、循环模式、外设和存储器的增量模式、外设和存储器的数据宽度及中断设置。

6）设置 DMA_CCRx 寄存器中的 EN 位来启动该通道。

8.1.3 DMA 中断

每个 DMA 通道都可以在 DMA 传输过半、传输完成和传输错误时产生中断，这些中断都有相应使能位来控制。一旦启用了 DMA 通道，它就会响应连接到此通道上外设的 DMA 请求，当数据传输一半后，半传输标志 HTIF 位会硬件置"1"，如果设置了半传输中断允许位 HTIE，将产生半传输完成中断。当数据传输全部完成后，传输完成标志 TCIF 位会硬件置"1"，如果设置了传输完成中断允许位 TCIE，将产生一个传输完成中断，DMA 中断控制位详见表 8-1。

表 8-1 DMA 中断控制位

中断事件	事件标志位	使能控制位
传输过半	HTIF	HTIE
传输完成	TCIF	TCIE
传输错误	TEIF	TEIE

8.1.4 DMA 请求映射

DMA 控制器最多可以使用 7 个传输通道，其中 TIMx、ADC、DAC、SPI、I2C 和 USARTx 外设的 DMA 请求是经逻辑或运算后才进入 DMA 控制器的，这样可以确保在同一时刻只有一个 DMA 请求进入 DMA 控制器。外设的 DMA 请求可以通过设置外设寄存器的控制位独立地开启或关闭。当外设的 DMA 功能使能后，要实现 DMA 传输，还需要使能与外设相对应的 DMA 通道。

例如，要启用 ADC 模块的 DMA 传输，需要先将 ADC 配置寄存器 ADC_CFGR1 的 DMAEN 位置位，使能 ADC 模块的 DMA 功能，之后还需要将 DMA 通道配置寄存器 DMA_CCR1 的 EN 位置位，使能 DMA 通道 1 以响应 ADC 模块的 DMA 请求。ADC 外设的 DMA 传输示例可以参考以下代码：

```
/* 使能 DMA 外设时钟 */
RCC->AHBENR |= RCC_AHBENR_DMA1EN;
/* 使能 ADC 的 DMA 功能 */
ADC1->CFGR1 |= ADC_CFGR1_DMAEN;
/* 配置外设数据寄存器地址 */
DMA1_Channel1->CPAR = (uint32_t) (&(ADC1->DR));
/* 配置存储器地址 */
DMA1_Channel1->CMAR = (uint32_t)(ADC_array);
/* 配置 DMA 通道 1 的数据传输数量 */
DMA1_Channel1->CNDTR = 3;
/* 配置增量、数据大小和中断 */
DMA1_Channel1->CCR |= DMA_CCR_MINC | DMA_CCR_MSIZE_0 | DMA_CCR_PSIZE_0
| DMA_CCR_TEIE | DMA_CCR_TCIE ;
/* 使能 DMA 通道 1 */
```

```
DMA1_Channel1->CCR |= DMA_CCR_EN; /* (7) */
/* 使能 DMA 通道 1 中断 */
NVIC_EnableIRQ(DMA1_Channel1_IRQn);
/* 设置 DMA 通道 1 的优先级 */
NVIC_SetPriority(DMA1_Channel1_IRQn,0);
```

存储器到存储器模式比较特殊，在该模式下允许使用任意一个 DMA 通道来处理 DMA
传输。DMA 请求映射如图 8-2 所示，各通道的 DMA 请求详见表 8-2。

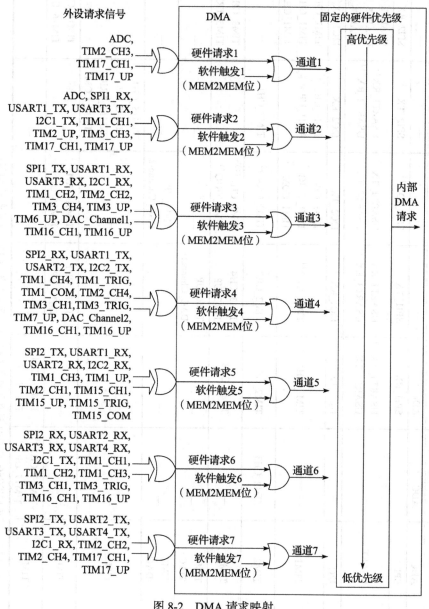

图 8-2   DMA 请求映射

表8-2 各通道的DMA请求

外设	通道 1	通道 2	通道 3	通道 4	通道 5	通道 6	通道 7
ADC	ADC[1]	ADC[2]	—	—	—	—	—
SPI	—	SPI1_RX	SPI1_TX	SPI2_RX[1]	SPI2_TX[1]	SPI2_RX[2]	SPI2_TX[2]
USART	—	USART1_TX[1] USART3_TX[2]	USART1_RX[1] USART3_RX[2]	USART1_TX[2] USART2_TX[1]	USART1_RX[2] USART2_RX[1]	USART2_RX[2] USART3_RX[1] USART4_RX	USART2_TX[2] USART3_TX[1] USART4_TX
I2C	—	I2C1_TX[1]	I2C1_RX[1]	I2C2_TX	I2C2_RX	I2C1_TX[2]	I2C1_RX[2]
TIM1	—	TIM1_CH1[1]	TIM1_CH2[1]	TIM1_CH4 TIM1_TRIG TIM1_COM	TIM1_CH3[1] TIM1_UP	TIM1_CH1[2] TIM1_CH2[2] TIM1_CH3[2]	—
TIM2	TIM2_CH3	TIM2_UP	TIM2_CH2[1]	TIM2_CH4[1]	TIM2_CH1	—	TIM2_CH2[2] TIM2_CH4[2]
TIM3	—	TIM3_CH3	TIM3_CH4 TIM3_UP	TIM3_CH1[1] TIM3_TRIG[1]	—	TIM3_CH1[2] TIM3_TRIG[2]	—
TIM6 /DAC	—	—	TIM6_UP DAC_Channel1	—	—	—	—
TIM7 /DAC	—	—	—	TIM7_UP DAC_Channel2	—	—	—
TIM15	—	—	—	—	TIM15_CH1 TIM15_UP TIM15_TRIG TIM15_COM	—	—
TIM16	—	—	TIM16_CH1[1] TIM16_UP[1]	TIM16_CH1[2] TIM16_UP[2]	—	TIM16_CH1[3] TIM16_UP[3]	—
TIM17	TIM17_CH1[1] TIM17_UP[1]	TIM17_CH1[2] TIM17_UP[2]	—	—	—	—	TIM17_CH1[3] TIM17_UP[3]

注：(1) 只有在 SYSCFG_CFGR1 寄存器相应的重映像位清0时该 DMA 请求映射到此通道。
(2) 只有在 SYSCFG_CFGR1 寄存器相应的重映像位置1时该 DMA 请求映射到此通道。
(3) 只有在 SYSCFG_CFGR1 寄存器附加的 RMP2 映射该 DMA 请求位时该 DMA 请求映射到此通道。

8.2　DMA 函数

8.2.1　DMA 类型定义

输出类型 8-1：DMA 配置结构定义

DMA_InitTypeDef

```
typedef struct
{
  uint32_t Direction;           /* 指定数据传输方向是从存储器传送至外设、从存储器至存储器还是从外设至
                                   存储器，该参数可以是 DMA_Data_transfer_direction 的值之一 */
  uint32_t PeriphInc;           /* 指定是否设置为外设寄存器地址增量模式，该参数可以是 DMA_Peripheral_
                                   incremented_mode 的值之一 */
  uint32_t MemInc;              /* 指定是否设置存储器地址增量模式，该参数可以是 DMA_Memory_incre-
                                   mented_mode 的值之一 */
  uint32_t PeriphDataAlignment;  /* 指定外设数据宽度，该参数可以是 DMA_Peripheral_data_
                                     size 的值之一 */
  uint32_t MemDataAlignment;     /* 指定存储器数据宽度，该参数可以是 DMA_Memory_data_
                                     size 的值之一 */
  uint32_t Mode;               /* 指定 DMA 通道，该参数可以是 DMA_mode 的值之一 */
  uint32_t Priority;           /* 指定 DMA 通道的软件优先级，该参数可以是 DMA_Priority_level 的值之一 */
}DMA_InitTypeDef;
```

输出类型 8-2：DMA 配置枚举值定义

DMA_ControlTypeDef

```
typedef enum
{
  DMA_MODE    = 0,      /* 在 DMA_InitTypeDef 中控制相关 DMA 模式参数 */
  DMA_PRIORITY = 1,     /* 在 DMA_InitTypeDef 中控制相关优先级参数 */
} DMA_ControlTypeDef;
```

输出类型 8-3：HAL DMA 状态结构定义

HAL_DMA_StateTypeDef

```
typedef enum
{
  HAL_DMA_STATE_RESET       = 0x00,   /* DMA 还没有初始化或已关闭 */
  HAL_DMA_STATE_READY       = 0x01,   /* DMA 已经初始化完毕并可以被使用 */
  HAL_DMA_STATE_READY_HALF  = 0x11,   /* DMA 半程处理完毕 */
  HAL_DMA_STATE_BUSY        = 0x02,   /* DMA 正在处理中 */
  HAL_DMA_STATE_TIMEOUT     = 0x03,   /* DMA 超时状态 */
  HAL_DMA_STATE_ERROR       = 0x04,   /* DMA 错误状态 */
}HAL_DMA_StateTypeDef;
```

输出类型 8-4：HAL DMA 错误代码结构定义

HAL_DMA_LevelCompleteTypeDef

```
typedef enum
{
```

```
HAL_DMA_FULL_TRANSFER        = 0x00,      /* 完全传输 */
HAL_DMA_HALF_TRANSFER        = 0x01,      /* 半程传输 */
}HAL_DMA_LevelCompleteTypeDef;
```

输出类型 8-5：DMA 处理结构定义

DMA_HandleTypeDef

```
typedef struct __DMA_HandleTypeDef
{
    DMA_Channel_TypeDef    *Instance;      /* 寄存器基地址 */
    DMA_InitTypeDef        Init;           /* DMA 通信参数 */
    HAL_LockTypeDef        Lock;           /* DMA 锁定对象 */
    __IO HAL_DMA_StateTypeDef  State;      /* DMA 通信状态 */
    void    *Parent;                       /* 上层对象状态 */
    void    (* XferCpltCallback)( struct __DMA_HandleTypeDef * hdma); /* DMA 传输结束回调 */
    void    (* XferHalfCpltCallback)( struct __DMA_HandleTypeDef * hdma);
    /* DMA 半程传输结束回调 */
    void    (* XferErrorCallback)( struct __DMA_HandleTypeDef * hdma); /* DMA 传输错误回调 */
    void    (* XferAbortCallback)( struct __DMA_HandleTypeDef * hdma); /* DMAwfny 传输终止
                                                                       回调 */

    __IO uint32_t          ErrorCode;      /* DMA 错误代码 */
} DMA_HandleTypeDef;
```

8.2.2 DMA 常量定义

输出常量 8-1：DMA 错误代码

状态定义	状态值	释 义
HAL_DMA_ERROR_NONE	((uint32_t)0x00000000)	没有错误
HAL_DMA_ERROR_TE	((uint32_t)0x00000001)	传输错误
HAL_DMA_ERROR_NO_XFER	((uint32_t)0x00000004)	没有正在进行的传输
HAL_DMA_ERROR_TIMEOUT	((uint32_t)0x00000020)	超时错误

输出常量 8-2：DMA 数据传输定义

状态定义	状态值	释 义
DMA_PERIPH_TO_MEMORY	((uint32_t)0x00000000)	外设至存储器方向
DMA_MEMORY_TO_PERIPH	((uint32_t)DMA_CCR_DIR)	存储器至外设方向
DMA_MEMORY_TO_MEMORY	((uint32_t)(DMA_CCR_MEM2MEM))	存储器至存储器方向

输出常量 8-3：DMA 外设增量模式

状态定义	状态值	释 义
DMA_PINC_ENABLE	((uint32_t)DMA_CCR_PINC)	外设增量模式使能
DMA_PINC_DISABLE	((uint32_t)0x00000000)	外设增量模式禁止

输出常量 8-4：DMA 存储器增量模式

状态定义	状态值	释　义
DMA_MINC_ENABLE	((uint32_t)DMA_CCR_MINC)	存储器增量模式使能
DMA_MINC_DISABLE	((uint32_t)0x00000000)	存储器增量模式禁止

输出常量 8-5：DMA 外设数据宽度

状态定义	状态值	释　义
DMA_PDATAALIGN_BYTE	((uint32_t)0x00000000)	外设数据对齐：字节
DMA_PDATAALIGN_HALFWORD	((uint32_t)DMA_CCR_PSIZE_0)	外设数据对齐：半字
DMA_PDATAALIGN_WORD	((uint32_t)DMA_CCR_PSIZE_1)	外设数据对齐：字

输出常量 8-6：DMA 存储器数据宽度

状态定义	状态值	释　义
DMA_MDATAALIGN_BYTE	((uint32_t)0x00000000)	存储器数据对齐：字节
DMA_MDATAALIGN_HALFWORD	((uint32_t)DMA_CCR_MSIZE_0)	存储器数据对齐：半字
DMA_MDATAALIGN_WORD	((uint32_t)DMA_CCR_MSIZE_1)	存储器数据对齐：字

输出常量 8-7：DMA 模式

状态定义	状态值	释　义
DMA_NORMAL	((uint32_t)0x00000000)	正常模式
DMA_CIRCULAR	((uint32_t)DMA_CCR_CIRC)	循环模式

输出常量 8-8：DMA 优先级

状态定义	状态值	释　义
DMA_PRIORITY_LOW	((uint32_t)0x00000000)	优先级：低
DMA_PRIORITY_MEDIUM	((uint32_t)DMA_CCR_PL_0)	优先级：中
DMA_PRIORITY_HIGH	((uint32_t)DMA_CCR_PL_1)	优先级：高
DMA_PRIORITY_VERY_HIGH	((uint32_t)DMA_CCR_PL)	优先级：最高

8.2.3　DMA 函数定义

函数 8-1

函数名	DMA_SetConfig
函数原型	void **DMA_SetConfig** (　DMA_HandleTypeDef *　hdma, 　uint32_t　SrcAddress, 　uint32_t　DstAddress, 　uint32_t　DataLength)　[static]
功能描述	设置 DMA 传输参数
输入参数 1	hdma：指向 DMA_HandleTypeDef 结构的指针，包含指定 DMA 通道的配置信息
输入参数 2	SrcAddress：源存储器缓冲区地址
输入参数 3	DstAddress：目标存储器缓冲区地址

（续）

输入参数 4	DataLength：从源地址至目标地址传输的数据长度
先决条件	无
注意事项	无
返回值	HAL 状态

函数 8-2

函数名	**HAL_DMA_DeInit**
函数原型	HAL_StatusTypeDef **HAL_DMA_DeInit** (DMA_HandleTypeDef * hdma)
功能描述	反初始化 DMA 外设
输入参数	hdma：指向 DMA_HandleTypeDef 结构的指针，包含指定 DMA 通道的配置信息
先决条件	无
注意事项	无
返回值	无

函数 8-3

函数名	**HAL_DMA_Init**
函数原型	HAL_StatusTypeDef **HAL_DMA_Init** (DMA_HandleTypeDef * hdma)
功能描述	按照 DMA_InitTypeDef 中指定的参数初始化 DMA 并且创建相关处理
输入参数	hdma：指向 DMA_HandleTypeDef 结构的指针，包含指定 DMA 通道的配置信息
先决条件	无
注意事项	无
返回值	HAL 状态

函数 8-4

函数名	**HAL_DMA_Abort**
函数原型	HAL_StatusTypeDef **HAL_DMA_Abort** (DMA_HandleTypeDef * hdma)
功能描述	中止 DMA 传输
输入参数	hdma：指向 DMA_HandleTypeDef 结构的指针，包含指定 DMA 通道的配置信息
先决条件	无
注意事项	无
返回值	HAL 状态

函数 8-5

函数名	**HAL_DMA_Abort_IT**
函数原型	HAL_StatusTypeDef **HAL_DMA_Abort_IT** (DMA_HandleTypeDef * hdma)
功能描述	在中断模式下中止 DMA 传输
输入参数	hdma：指向 DMA_HandleTypeDef 结构的指针，包含指定 DMA 通道的配置信息
先决条件	无
注意事项	无
返回值	HAL 状态

函数 8-6

函数名	**HAL_DMA_IRQHandler**
函数原型	void **HAL_DMA_IRQHandler** (DMA_HandleTypeDef * hdma)
功能描述	处理 DMA 中断请求
输入参数	hdma：指向 DMA_HandleTypeDef 结构的指针，包含指定 DMA 通道的配置信息
先决条件	无
注意事项	无
返回值	无

函数 8-7

函数名	**HAL_DMA_PollForTransfer**

函数原型	HAL_StatusTypeDef **HAL_DMA_PollForTransfer**
	 (
	   DMA_HandleTypeDef * hdma,
	   uint32_t CompleteLevel,
	   uint32_t Timeout
	)

功能描述	查询传输结束
输入参数 1	hdma：指向 DMA_HandleTypeDef 结构指针，包含指定 DMA 通道的配置信息
输入参数 2	CompleteLevel：指定 DMA 结束水平
输入参数 3	Timeout：超时持续时间
先决条件	无
注意事项	无
返回值	HAL 状态

函数 8-8

函数名	**HAL_DMA_Start**

函数原型	HAL_StatusTypeDef **HAL_DMA_Start**
	 (
	   DMA_HandleTypeDef * hdma,
	   uint32_t SrcAddress,
	   uint32_t DstAddress,
	   uint32_t DataLength
	)

功能描述	启动 DMA 传输
输入参数 1	hdma：指向 DMA_HandleTypeDef 结构的指针，包含指定 DMA 通道的配置信息
输入参数 2	SrcAddress：源存储器缓冲区地址
输入参数 3	DstAddress：目标存储器缓冲区地址
输入参数 4	DataLength：从源地址至目标地址传输的数据长度
先决条件	无
注意事项	无
返回值	HAL 状态

函数 8-9

函数名	**HAL_DMA_Start_IT**
函数原型	HAL_StatusTypeDef **HAL_DMA_Start_IT** (DMA_HandleTypeDef * hdma, uint32_t SrcAddress, uint32_t DstAddress, uint32_t DataLength)
功能描述	启动 DMA 传输并使能中断
输入参数 1	hdma：指向 DMA_HandleTypeDef 结构的指针，包含指定 DMA 通道的配置信息
输入参数 2	SrcAddress：源存储器缓冲区地址
输入参数 3	DstAddress：目标存储器缓冲区地址
输入参数 4	DataLength：从源（地址）至目标（地址）要传输的数据长度
先决条件	无
注意事项	无
返回值	HAL 状态

函数 8-10

函数名	**HAL_DMA_GetError**
函数原型	uint32_t **HAL_DMA_GetError** (DMA_HandleTypeDef * hdma)
功能描述	返回 DMA 错误代码
输入参数	hdma：指向 DMA_HandleTypeDef 结构的指针，包含指定 DMA 通道的配置信息
先决条件	无
注意事项	无
返回值	DMA 错误代码

函数 8-11

函数名	**HAL_DMA_GetState**
函数原型	HAL_DMA_StateTypeDef **HAL_DMA_GetState** (DMA_HandleTypeDef * hdma)
功能描述	返回 DMA 状态
输入参数	hdma：指向 DMA_HandleTypeDef 结构的指针，包含指定 DMA 通道的配置信息
先决条件	无
注意事项	无
返回值	HAL 状态

8.3 DMA 应用实例

开启 DMA 传输的关键是既要使能外设的 DMA 请求，又需要 DMA 控制器开启相应的通道，二者缺一不可。在本例中通过使能 ADC 模块的 DMA 功能，使其在每次转换完成后产生一个 DMA 请求，DMA 通道 1 用于响应 ADC 模块的 DMA 请求，并把转换结果传送至位于内存的变量中。程序运行后，ADC 模块工作于连续转换模式下，使用通道 0（PA0）检测外部模拟电压，转换结果通过 DMA 传输并且动态地显示在四位数码管上，按照输入电压的不同，数码管的显示值在 0～4095 之间。

在使用 STM32CubeMX 软件生成项目时，在"Pinout"视图中，对引脚和外设的配置如图 8-3 所示。其中 PE0～PE11 以及 PF2 引脚用于数码管的驱动，另外需要使能"Peripherals"项下面的 ADC 模块，并且打开"IN0"通道。

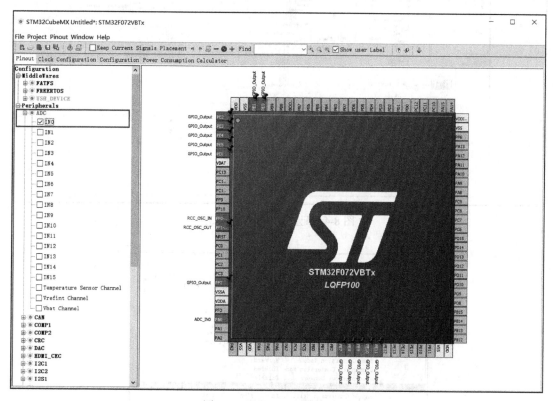

图 8-3　配置 DMA 模块（一）

在"Clock Configuration"视图中，对时钟的配置如图 8-4 所示。

在"Configuration"配置选项卡中，单击"Analog"项目下的"ADC"按钮，在"Parameter Settings"选项卡中，将 ADC 模块配置为 12 位分辨率、连续模式并使能 DMA 请求，具体配置如图 8-5 所示。

在"DMA Settings"选项卡中单击"Add"按钮，添加一个与 ADC 模块相关联的 DMA 传输项，在"DMA Request Settings"对话框中将 DMA 的模式设置为循环模式，数据宽度在外设和存储器方面均为半字，单击"OK"按钮保存设置，具体如图 8-6 所示。

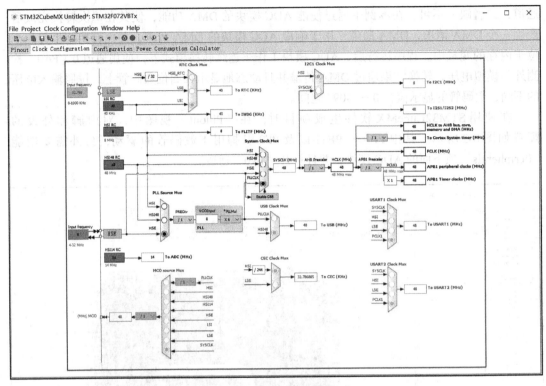

图 8-4　配置 DMA 模块（二）

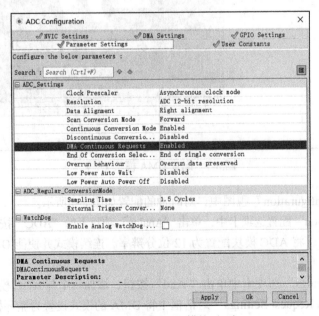

图 8-5　配置 DMA 模块（三）

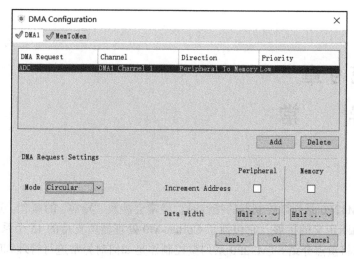

图 8-6　配置 DMA 模块（四）

在完成以上设置后，即可以使用 STM32CubeMX 软件生成开发项目并编写程序了。具体代码详见代码清单 8-1 和代码清单 8-2。

代码清单 8-1　DMA 传输 ADC 转换结果例程（main.c）（在附录 J 中指定的网站链接下载源代码）

代码清单 8-2　DMA 传输 ADC 转换结果例程（stm32f0xx_hal_msp.c）
（在附录 J 中指定的网站链接下载源代码）

第 9 章
异　　常

在解读 STM32F0 系列微控制器的特性时，经常会涉及"异常"的概念。这里所说的"异常"是对传统中断定义的扩展，它包括了 Cortex-M0 处理器所支持的 15 个系统异常和 32 个外部中断。本章将重点介绍 STM32F0 系列微控制器是如何对异常进行管理和响应的。

9.1　Cortex-M0 的异常处理

异常处理对于处理器来说是不可或缺的功能，它能让处理器对某一突发事件做出快速的响应，而不会过多地消耗系统资源。Cortex-M0 处理器具有自己独特的异常响应系统，用来支持为数众多的系统异常和外部中断的处理。

9.1.1　异常的特点

1. 异常的分类

异常响应系统是集成在 Cortex-M0 内核中的，异常会引起程序控制的变化。当异常发生时，处理器会停止当前的任务，转而执行异常处理程序。异常处理完成后，还会继续执行刚才被暂停的程序流程。对基于 Cortex-M0 的微控制器来说，异常通常源自内核部分，如 Hard Fault 和 SVCall 等，它们主要用于操作系统或错误处理。中断一般由内核之外的片上外设或 I/O 口的外部输入产生。Cortex-M0 处理器还支持最多 32 个外部中断，如果外设数量较多，限于 Cortex-M0 内核中断支持总数的限制，多个中断源可能会共用同一个中断连接。STM32F0 系列微控制器所支持的异常类型详见表 9-1。

在表 9-1 中，每一个异常都对应一个异常编号，而每一个异常编号都与一个固定的异常向量地址相对应，这会使异常的响应更加迅速而且响应时间固定。系统异常的编号使用负数定义，异常号"−15 ～ −1"为系统异常，共计 15 个（表 9-1 中仅列出 6 个），而外部中断则使用正数定义，使用异常号"0 ～ 31"，共计 32 个。

2. 异常的优先级

异常的响应是有优先级的，除了复位、NMI 和硬件错误，其他所有异常的优先级都是可编程的。其中复位是一种特殊的异常，当复位发生时，Cortex-M0 处理器会退出主程序，并且在当前线程模式下执行复位处理，复位后也不会从处理模式再次返回到线程模式。NMI 和硬件错误的优先级是固定的，并且比其他异常的都要高。

表 9-1 异常向量表

异常号	优先级	优先级类型	名称	说明	地址
—	—	—	—	保留	0x0000 0000
-15	-3	固定	Reset	复位（Reset）	0x0000 0004
-14	-2	固定	NMI	不可屏蔽中断。RCC 时钟安全系统（CSS）连接到 NMI 向量	0x0000 0008
-13	-1	固定	HardFault	所有类型的错误（fault）	0x0000 000C
-5	3	可设置	SVCall	通用 SWI 指令调用的系统服务	0x0000 002C
-2	5	可设置	PendSV	可挂起的系统服务	0x0000 0038
-1	6	可设置	SysTick	系统节拍定时器	0x0000 003C
0	7	可设置	WWDG	窗口看门狗中断	0x0000 0040
1	8	可设置	PVD_VDDIO2	PVD 和 V_{DDIO2} 供电比较器中断（连接到 EXTI 线 16 和 31）	0x0000 0044
2	9	可设置	RTC	RTC 中断（连接到 EXTI 线 17、19 和 20）	0x0000 0048
3	10	可设置	FLASH	Flash 全局中断	0x0000 004C
4	11	可设置	RCC_CRS	RCC 和 CRS 全局中断	0x0000 0050
5	12	可设置	EXTI0_1	EXTI 线 [1:0] 中断	0x0000 0054
6	13	可设置	EXTI2_3	EXTI 线 [3:2] 中断	0x0000 0058
7	14	可设置	EXTI4_15	EXTI 线 [15:4] 中断	0x0000 005C
8	15	可设置	TSC	触摸传感中断	0x0000 0060
9	16	可设置	DMA_CH1	DMA 通道 1 中断	0x0000 0064
10	17	可设置	DMA_CH2_3 DMA2_CH1_2	DMA 通道 2 和 3 中断 DMA2 通道 1 和 2 中断	0x0000 0068
11	18	可设置	DMA_CH4_5_6_7 DMA2_CH3_4_5	DMA 通道 4、5、6、7 中断 DMA2 通道 3、4、5 中断	0x0000 006C
12	19	可设置	ADC_COMP	ADC 和比较器中断（ADC 中断连接到 EXTI 线 21 和 22）	0x0000 0070
13	20	可设置	TIM 1_BRK_UP_TRG_COM	TIM1 刹车、更新、触发和通信中断	0x0000 0074
14	21	可设置	TIM1_CC	TIM1 捕获比较中断	0x0000 0078
15	22	可设置	TIM2	TIM2 全局中断	0x0000 007C
16	23	可设置	TIM3	TIM3 全局中断	0x0000 0080
17	24	可设置	TIM6_DAC	TIM6 全局中断和 DAC 欠载中断	0x0000 0084
18	25	可设置	TIM7	TIM7 全局中断	0x0000 0088

（续）

异常号	优先级	优先级类型	名称	说明	地址
19	26	可设置	TIM14	TIM14 全局中断	0x0000 008C
20	27	可设置	TIM15	TIM15 全局中断	0x0000 0090
21	28	可设置	TIM16	TIM16 全局中断	0x0000 0094
22	29	可设置	TIM17	TIM17 全局中断	0x0000 0098
23	30	可设置	I2C1	I2C1 全局中断（连接至 EXTI 线 23）	0x0000 009C
24	31	可设置	I2C2	I2C2 全局中断	0x0000 00A0
25	32	可设置	SPI1	SPI1 全局中断	0x0000 00A4
26	33	可设置	SPI2	SPI2 全局中断	0x0000 00A8
27	34	可设置	USART1	USART1 全局中断（连接至 EXTI 线 25）	0x0000 00AC
28	35	可设置	USART2	USART2 全局中断（连接至 EXTI 线 26）	0x0000 00B0
29	36	可设置	USART3_4_5_6_7_8	USART3、4、5、6、7、8 全局中断（连接至 EXTI 线 28）	0x0000 00B4
30	37	可设置	CEC_CAN	CEC 和 CAN 全局中断（连接到 EXTI 线 27）	0x0000 00B8
31	38	可设置	USB	USB 全局中断（连接至 EXTI 线 18）	0x0000 00BC

3. 异常的响应地址

每一个异常都有固定的入口地址,这些地址保存在内存的向量表中。在默认情况下,Cortex-M0 使用 4 字节表示每个向量的位置,因为地址 0x0000 0000 处通常用于存储引导代码,所以从 0x0000 0004 ~ 0x0000 003C 总计保存了 15 个系统异常地址,而从 0x0000 0040 ~ 0x0000 00BC 则保存了 32 个外部中断地址。

为异常分配唯一的向量号和入口地址会有很大优势。当异常或中断被响应时,中断服务程序可以迅速从向量表中准确地查找出中断服务程序的入口地址并开始执行,而不用通过软件查询的方式确定哪个中断被响应,这不仅会使中断响应时间大大降低,而且还会把响应时间固定在一个确定的时间范围内。

9.1.2　嵌套向量中断控制器

Cortex-M0 处理器使用嵌套向量中断控制器(Nested Vectored Interrupt Controller,NVIC)来管理为数众多的异常。NVIC 与内核紧密耦合,是 Cortex-M0 内核不可分割的一部分,属于内核外设,其提供的功能如下。

1. 可编程的中断优先级

Cortex-M0 处理器具有 2 位的中断优先级设置,可以设置 4 级中断优先级。对于优先级可编程的异常或中断来说,可以将中断的优先级设置为 0 ~ 3 级,其中 0 级具有较高的优先权。

2. 支持中断嵌套

NVIC 对所支持的异常和中断按优先级排序并处理。当一个中断正在处理时,如果有新的中断产生,NVIC 将比较新中断与当前中断的优先级,如果新中断优先级高于当前中断,则新中断将优先执行,而当前中断的处理过程被暂停。

3. 低延时的异常处理

每一个中断或异常都有固定的向量号,当中断被响应时,中断服务程序可以从内存向量表中保存的地址处开始执行,而不用通过软件查询的方式确定哪个中断被响应,这会使微控制器可以花费更少的时间处理中断请求,并且中断的响应时间固定。

4. 中断可屏蔽

NVIC 支持最多 32 个外部中断,中断输入请求可以是电平触发,也可以是最小一个时钟周期的脉冲信号。通过写中断使能设置寄存器可以使能或禁止这些中断。当某一个中断被禁用时,中断的发生仍将使该中断对应的标志位置位,但该中断不会被执行。

9.1.3　中断的使能

Cortex-M0 处理器对于中断请求的使能和禁止是由中断控制寄存器实现的。中断控制寄存器是可编程的,用于控制中断请求(异常编号 16 及以上)的使能和禁止。寄存器的宽度根据支持的中断数量不同,最大为 32 位、最小为 1 位。

1. 中断使能设置寄存器（SETENA）

地　　址：0xE000E100

复位值：0x0000 0000

31	30	29	28	27	26	25	24	23	22	21	20	19	18	17	16
#31	#30	#29	#28	#27	#26	#25	#24	#23	#22	#21	#20	#19	#18	#17	#16
rw	rw	rw	rw	rw	rw	rw	rw	rw	rw	rw	rw	rw	rw	rw	rw

15	14	13	12	11	10	9	8	7	6	5	4	3	2	1	0
#15	#14	#13	#12	#11	#10	#9	#8	#7	#6	#5	#4	#3	#2	#1	#0
rw	rw	rw	rw	rw	rw	rw	rw	rw	rw	rw	rw	rw	rw	rw	rw

位 [31]　用于中断 #31（异常 47）中断使能，对该位写 1 将会使该位置 "1"，写 0 无作用。

……

位 [0]　用于中断 #0（异常 16）中断使能，对该位写 1 将会使该位置 "1"，写 0 无作用。

2. 中断清除寄存器（CLRENA）：清零使能中断 0 到 31

地　　址：0xE000 E180

复位值：0x0000 0000

31	30	29	28	27	26	25	24	23	22	21	20	19	18	17	16
#31	#30	#29	#28	#27	#26	#25	#24	#23	#22	#21	#20	#19	#18	#17	#16
rw	rw	rw	rw	rw	rw	rw	rw	rw	rw	rw	rw	rw	rw	rw	rw

15	14	13	12	11	10	9	8	7	6	5	4	3	2	1	0
#15	#14	#13	#12	#11	#10	#9	#8	#7	#6	#5	#4	#3	#2	#1	#0
rw	rw	rw	rw	rw	rw	rw	rw	rw	rw	rw	rw	rw	rw	rw	rw

位 [31]　用于中断 #31（异常 47）使能位清除，对该位写 1 将会使该位清 0，写 0 无作用。

……

位 [0]　用于中断 #0（异常 16）使能位清除，对该位写 1 将会使该位清 0，写 0 无作用。

另外，在使用标准库编写应用程序时，使能或禁止中断可以参考以下代码：

```
void HAL_NVIC_EnableIRQ   ( IRQn_Type  IRQn );    // 在 NVIC 中断控制器中使能一个中断
void HAL_NVIC_DisableIRQ  ( IRQn_Type  IRQn );    // 在 NVIC 中断控制器中禁止一个中断
```

9.1.4　中断请求的挂起和清除

如果一个中断发生了，却无法立即被处理（处理器可能在处理更高优先级的中断），这个中断请求将会被挂起，通过操作中断挂起状态设置寄存器（SETPEND）或中断挂起状态清除寄存器（CLRPEND），可以查询和修改中断的挂起状态。

1. 中断挂起状态设置寄存器（SETPEND）

地　　址：0xE000 E200

复位值：0x0000 0000

31	30	29	28	27	26	25	24	23	22	21	20	19	18	17	16
#31	#30	#29	#28	#27	#26	#25	#24	#23	#22	#21	#20	#19	#18	#17	#16
rw	rw	rw	rw	rw	rw	rw	rw	rw	rw	rw	rw	rw	rw	rw	rw

15	14	13	12	11	10	9	8	7	6	5	4	3	2	1	0
#15	#14	#13	#12	#11	#10	#9	#8	#7	#6	#5	#4	#3	#2	#1	#0
rw	rw	rw	rw	rw	rw	rw	rw	rw	rw	rw	rw	rw	rw	rw	rw

位 [31] 用于中断 #31（异常 47）挂起状态设置，对该位写 1 将会使该位置 "1"，写 0 无作用。

......

位 [0] 用于中断 #0（异常 16）挂起状态设置，对该位写 1 将会使该位置 "1"，写 0 无作用。

2. 中断挂起状态清除寄存器（CLRPEND）

地　址：0xE000 E280

复位值：0x0000 0000

31	30	29	28	27	26	25	24	23	22	21	20	19	18	17	16
#31	#30	#29	#28	#27	#26	#25	#24	#23	#22	#21	#20	#19	#18	#17	#16
rw	rw	rw	rw	rw	rw	rw	rw	rw	rw	rw	rw	rw	rw	rw	rw

15	14	13	12	11	10	9	8	7	6	5	4	3	2	1	0
#15	#14	#13	#12	#11	#10	#9	#8	#7	#6	#5	#4	#3	#2	#1	#0
rw	rw	rw	rw	rw	rw	rw	rw	rw	rw	rw	rw	rw	rw	rw	rw

位 [31] 用于中断 #31（异常 47）挂起状态清除，对该位写 1 将会使该位清 0，写 0 无作用。

......

位 [0] 用于中断 #0（异常 16）挂起状态清除，对该位写 1 将会使该位清 0，写 0 无作用。

中断挂起状态设置寄存器允许使用软件将相应位置 "1" 来触发中断，如果中断已经使能并且没有被屏蔽，且当前也没有更高优先级的中断在运行，中断服务程序会立即执行。有时可能需要清除某个中断的挂起状态，这时可以通过将中断挂起状态清除寄存器的相应位置 "1" 来清除该中断的挂起状态。在使用标准库编写应用程序时，可以使用以下 3 个函数来访问中断挂起状态寄存器：

```
void HAL_NVIC_SetPendingIRQ ( IRQn_Type  IRQn );    // 设置一个中断的挂起状态
void HAL_NVIC_ClearPendingIRQ ( IRQn_Type  IRQn );  // 清除一个中断的挂起状态
uint32_t HAL_NVIC_GetPendingIRQ ( IRQn_Type  IRQn ); // 获取一个中断的挂起状态
```

3. 全局异常屏蔽

在一些对时间敏感的应用中，需要在一段时间内禁止所有中断。对于 Cortex-M0 处理器来说，可以使用 PRIMASK 寄存器来屏蔽除 NMI 和硬件错误异常之外的所有系统异常和外部中断。PRIMASK 寄存器只有一位有效，复位后该位为 0，默认情况下允许所有中断和异常。当该位置 "1" 后，只有 NMI 和硬件错误异常使能，其他均禁止。在使用标准库编写应用程序时，设置和清除 PRIMASK 寄存器可以参考以下代码：

```
void __enable_irq(void);        // 清除 PRIMASK
void __disable_irq(void);       // 设置 PRIMASK
```

9.1.5　中断优先级控制

优先级用于解决诸如当两个中断同时发生时哪一个会被优先响应，或者当一个中断正在响应又发生另外一个中断时如何处理的问题。Cortex-M0 处理器使用了简化后的 2 位可编程位来表达优先级，具体如图 9-1 所示。这 2 个可编程位可以设置 4 级的中断优先级（0～3），优先级的数值越小，则优先级越高。每一个外部中断（Cortex-M0 处理器内核以外的中断）都有一个相对应的优先级控制位，并且使用一字节的最高两位来定义。优先级寄存器的结构详见表 9-2。简化的优先级配置可以降低芯片制造成本和功耗，这完全符合基于 Cortex-M0 内核微控制器的市场定位。

bit7	bit6	bit5	bit4	bit3	bit2	bit1	bit0
表达优先级		保留（读为"0"）					

图 9-1　优先级的表达方式

表 9-2　中断优先级寄存器

地址	寄存器	31:30	29:24	23:22	21:16	15:14	13:8	7:6	5:0
0xE000E41C	IPR7	IRQ31		IRQ30		IRQ29		IRQ28	
0xE000E418	IPR6	IRQ27		IRQ26		IRQ25		IRQ24	
0xE000E414	IPR5	IRQ23		IRQ22		IRQ21		IRQ20	
0xE000E410	IPR4	IRQ19		IRQ18		IRQ17		IRQ16	
0xE000E40C	IPR3	IRQ15		IRQ14		IRQ13		IRQ12	
0xE000E408	IPR2	IRQ11		IRQ10		IRQ9		IRQ8	
0xE000E404	IPR1	IRQ7		IRQ6		IRQ5		IRQ4	
0xE000E400	IPR0	IRQ3		IRQ2		IRQ1		IRQ0	

由于每次访问优先级寄存器就相当于访问 4 个中断的优先级，如果只想改变其中 1 个中断的优先级，就需要将整字读出，修改相应的部分，然后再写回整字。应当注意的是，中断优先级的设定应当在中断使能之前，最好不要在中断使能之后改变中断的优先级。例如，要将中断 #2 的优先级设置为 0xC0，可以使用以下代码来实现：

```
unsigned long temp;                              // 定义临时变量
temp=*((volatile unsigned long *)(0xE000E400));  // 获取 IPR0
temp=temp&(0xFF00FFFF)|(0xC0<<16);               // 修改优先级
*((volatile unsigned long *)(0xE000E400)) = temp; // 设置 IPR0
```

在使用标准库编写应用程序时，可以使用以下 3 个函数来访问中断优先级寄存器：

```
void HAL_NVIC_SetPriority( IRQn_Type IRQn,uint32_t PreemptPriority,uint32_t SubPriority);
// 设置一个中断的优先级
uint32_t HAL_NVIC_GetPriority ( IRQn_Type  IRQn );   // 获取一个中断的优先级
```

9.1.6　SysTick 定时器

Cortex-M0 处理器中集成了一个称为 SysTick 的简单定时器，它是一个 24 位向下计数定

时器，当定时器的数值递减为 0 时，就会重新装载一个可编程的数值并且产生异常。SysTick
定时器为嵌入式操作系统而设计，用于周期性地产生异常并可以实现操作系统的上下文切
换。对于不需要操作系统的嵌入式开发而言，SysTick 定时器也可以用于计时或为需要周期
执行的任务提供中断源等。SysTick 的异常是可编程的，当其被禁止时仍然可以使用轮询的
方式使用 SysTick 定时器。SysTick 定时器由 4 个寄存器控制，如图 9-2 所示。

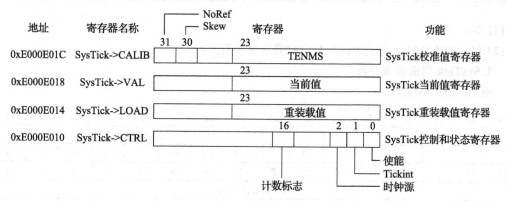

图 9-2　SysTick 定时器控制寄存器

1. SysTick 控制和状态寄存器

地址：0xE000 E010

31	30	29	28	27	26	25	24	23	22	21	20	19	18	17	16
															COUNT FLAG
															r

15	14	13	12	11	10	9	8	7	6	5	4	3	2	1	0
													CLKSO URCE	TICK INT	ENABLE
													rw	rw	rw

位 [31:17]　保留。

位 [16]　COUNTFLAG：当 SysTick 定时器计数到 0 时，该位会置 "1"，读取寄存器会被清 0。

位 [15:3]　保留。

位 [2]　CLKSOURCE：值为 1 时表示 SysTick 定时器使用内核时钟，否则会使用参考时钟
（依赖于 MCU 设计）。

　　位 [1]　TICKINT：SysTick 定时器中断使能，该位置 1 时，定时器计数值为 0 时会产生异常。

位 [0]　ENABLE：置 "1" 时 SysTick 定时器使能，否则计数器会被禁止。

2. SysTick 重装载值寄存器

地址：0xE000 E014

31	30	29	28	27	26	25	24	23	22	21	20	19	18	17	16
								RELOAD[23:16]							
								rw	rw	rw	rw	rw	rw	rw	rw

15	14	13	12	11	10	9	8	7	6	5	4	3	2	1	0
							RELOAD[15:0]								
rw	rw	rw	rw	rw	rw	rw	rw	rw	rw	rw	rw	rw	rw	rw	rw

位 [31:24]　保留。

位 [23:0]　RELOAD：指定 SysTick 定时器的重装载值。

3. SysTick 当前值寄存器

地址：0xE000 E018

31	30	29	28	27	26	25	24	23	22	21	20	19	18	17	16
								CURRENT[23:16]							
								rw	rw	rw	rw	rw	rw	rw	rw

15	14	13	12	11	10	9	8	7	6	5	4	3	2	1	0
							CURRENT[15:0]								
rw	rw	rw	rw	rw	rw	rw	rw	rw	rw	rw	rw	rw	rw	rw	rw

位 [31:24]　保留。

位 [23:0]　CURRENT：读出值为 SysTick 定时器的当前数值，写入任何值都会清除寄存器，COUNTFLAG 也会清 0（不会引起 SysTick 异常）。

4. SysTick 校准值寄存器

地址：0xE000 E01C

31	30	29	28	27	26	25	24	23	22	21	20	19	18	17	16
NOREF	SKEW							TENMS[23:16]							
r	r							rw	rw	rw	rw	rw	rw	rw	rw

15	14	13	12	11	10	9	8	7	6	5	4	3	2	1	0
							TENMS[15:0]								
rw	rw	rw	rw	rw	rw	rw	rw	rw	rw	rw	rw	rw	rw	rw	rw

位 [31]　NOREF：如果读出值为 1，表明由于没有外部参考时钟，SysTick 定时器总是使用内核时钟；如果为 0，则表示有外部参考时钟可以使用。该位值与 MCU 设计相关。

位 [30]　SKEW：如果为 1，则表示 TENMS 域不准确，该数值与 MCU 设计相关。

位 [29:24]　保留。

位 [23:0]　TENMS：10ms 校准值，该数值与 MCU 设计相关。

SysTick 定时器可以自由开启或关闭，它的时钟源来自于 AHB 时钟。在系统复位后 SysTick 定时器的重载值和当前值均没有定义。为了防止产生意想不到的结果，SysTick 的设置过程需要遵循一个固定的流程，具体方法如图 9-3 所示。

图 9-3 SysTick 的设置过程

在使用标准库编写应用程序时，可以使用以下函数使能并配置 SysTick 定时器产生周期性的异常：

```
uint32_t HAL_SYSTICK_Config ( uint32_t  TicksNumb );  // 配置 SysTick 定时器的异常周期
```

也可以使用以下代码来直接操作 SysTick 寄存器来控制 SysTick 定时器：

```
SysTick->CTRL = 0;          // 禁止 SysTick
SysTick->LOAD = 999 ;       // 从 999 开始递减计数
SysTick->VAL = 0;           // 将当前计数值清 0
SysTick->CTRL = 0x7;        // 使能 SysTick
```

这里需要注意，SysTick 定时器的重装载值为 999，即重装载值为计数周期减 1。该定时器也可以通过轮询方式工作，软件通过读取 SysTick 控制和状态寄存器，来检查 COUNTFLAG 位是否置位，该标志位置位则表示 SysTick 计数已经递减至 0。

9.2 扩展中断和事件控制器（EXTI）

Cortex-M0 处理器支持最多 15 个系统异常和 32 个外部中断，它们统一由 NVIC 来管理。这里所说的 32 个外部中断，是相对于 Cortex-M0 内核来说的。这 32 个中断均来自于 Cortex-M0 内核以外的部分，比如片上的定时器、beCAN、USART 等外设，所以称之为外部中断。如果一个微控制器中外设数量较多，由于 Cortex-M0 内核支持中断总数的限制，某几个中断源会共用同一个中断连接。为了更好地管理外部中断，STM32F0 系列微控制器引入了专用的扩展中断和事件控制器（extended interrupts and events controller，EXTI)，以专门管理与 GPIO 输入输出或与内核唤醒相关的一类中断。

9.2.1 事件线概述

在 EXTI 中引入了"事件"这一概念。与中断相比，事件的产生不会中断主程序的进程，但可以让处于功耗管理模式下的微控制器唤醒。EXTI 管理的异步事件和中断包括以下两类。

❑ 来自引脚的外部中断 / 事件：这类中断和事件大多与 GPIO 相关联，涉及端口引脚的输入或输出，如 GPIO 端口电平变化、电源电压变化、RTC 报警输出及时间戳输入、比较器输出等，引脚上的电平变化可以引发中断，也可以产生相关事件用于唤醒 CPU。

❑ 来自外设的唤醒事件：这类事件是由部分通信外设（USART、I2C、CEC）在系统处于运行模式或允许唤醒的停止模式时产生的，它们同样可以用于唤醒 CPU。

EXTI 管理的每一种中断和事件称为事件线。EXTI 总计管理着 32 个事件线（区别于

NVIC 管理的 32 个外部中断），其中包含 23 个外部事件线和 9 个内部事件线。事件线统一由 NVIC 管理，多个事件线可以占用同一个中断向量号。EXTI 管理的事件线具体详见表 9-3。

表 9-3　EXTI 管理的事件线

事件线	分类	特征描述	向量号
EXTI0	外部	$Px0(x = A, B, C, D, E, F)$	5
EXTI1	外部	$Px1(x = A, B, C, D, E, F)$	5
EXTI2	外部	$Px2(x = A, B, C, D, E, F)$	6
EXTI3	外部	$Px3(x = A, B, C, D, E, F)$	6
EXTI4	外部	$Px4(x = A, B, C, D, E, F)$	7
EXTI5	外部	$Px5(x = A, B, C, D, E, F)$	7
EXTI6	外部	$Px6(x = A, B, C, D, E, F)$	7
EXTI7	外部	$Px7(x = A, B, C, D, E, F)$	7
EXTI8	外部	$Px8(x = A, B, C, D, E, F)$	7
EXTI9	外部	$Px9(x = A, B, C, D, E, F)$	7
EXTI10	外部	$Px10(x = A, B, C, D, E, F)$	7
EXTI11	外部	$Px11(x = A, B, C, D, E, F)$	7
EXTI12	外部	$Px12(x = A, B, C, D, E, F)$	7
EXTI13	外部	$Px13(x = A, B, C, D, E, F)$	7
EXTI14	外部	$Px14(x = A, B, C, D, E, F)$	7
EXTI15	外部	$Px15(x = A, B, C, D, E, F)$	7
EXTI16	外部	可编程电压检测（PVD）输出	1
EXTI17	外部	RTC 报警事件	2
EXTI18	内部	内部 USB 唤醒事件	31
EXTI19	外部	RTC 篡改和时间戳事件	2
EXTI20	外部	RTC 唤醒事件	2
EXTI21	外部	比较器 1 的输出	12
EXTI22	外部	比较器 2 的输出	12
EXTI23	内部	内部 I2C1 唤醒事件	23
EXTI24	内部	保留（内部保持低电平）	-
EXTI25	内部	内部 USART1 唤醒事件	27
EXTI26	内部	内部 USART2 唤醒事件	28
EXTI27	内部	内部 CEC 唤醒事件	30
EXTI28	内部	内部 USART3 唤醒事件（仅 STM32F09x 器件可用）	29
EXTI29	内部	保留（内部保持低电平）	-
EXTI30	内部	保留（内部保持低电平）	-
EXTI31	外部	V_{DDIO2} 供电比较器输出	1

9.2.2　事件线的控制逻辑

每个事件线（EXTI0 ～ EXTI31）都有专用的中断屏蔽寄存器 EXTI_IMR 和专用的事件

屏蔽寄存器 EXTI_EMR，用于配置某一个线路上的事件 / 中断请求。对于外部事件 / 中断（EXTI0 ～ EXTI17、EXTI19 ～ EXTI22 和 EXTI31），有相应的边沿触发选择寄存器 EXTI_RTSR 和 EXTI_FTSR，用于选择触发的有效边沿。

　　EXTI 管理的外部事件 / 中断还有相应的软件中断事件寄存器 EXTI_SWIER 和挂起寄存器 EXTI_PR，软件中断事件寄存器用于软件生成相应事件或中断，而挂起寄存器则用于查询发生了哪类外部事件或中断。当某一个外部中断或事件发生时，该中断可以将相应的挂起位持续置位，直至软件将挂起位清除。GPIO 口连接到 16 个外部中断 / 事件线，如图 9-4 所示，外部事件 / 中断的控制逻辑如图 9-5 所示。

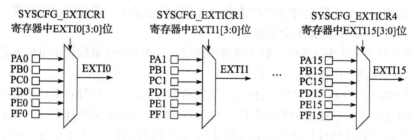

图 9-4　GPIO 连接的事件线

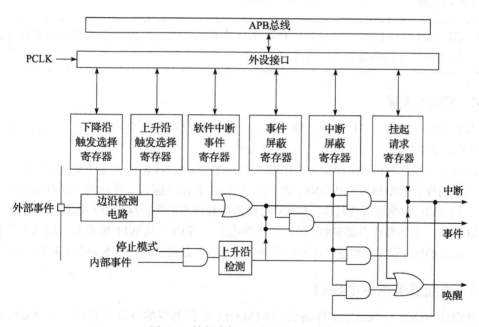

图 9-5　外部事件 / 中断的控制逻辑

　　相比外部事件或中断，内部事件线总是上升沿触发，所以不需要设置触发边沿，也没有特定的挂起位。另外，内部事件线只有在停止模式下才被使能，当系统处于运行模式时将会自动禁止内部各线的功能。

9.2.3 事件线的配置方法

通过配置事件线可以产生中断或事件，具体方法如下：

1）产生外部中断：根据需要检测的边沿，设置 2 个边沿触发选择寄存器，并且在中断屏蔽寄存器的相应位写 1 以允许该中断请求。当外部中断线上发生了预期的边沿时将产生一个中断请求，与之对应的挂起位也随之被置 1，对挂起寄存器的相应位写 1 可以清除该挂起位。另外，还需要配置与该 EXTI 线对应的 NVIC 中断通道的使能位，使该中断线的中断请求可以被正确地响应。

2）产生外部事件：根据需要的边沿检测，设置 2 个边沿触发选择寄存器，同时在事件屏蔽寄存器的相应位写 1 以允许该事件请求。当事件线上发生了期待的边沿时将产生一个事件请求脉冲，但对应的挂起位不会被置 1。

3）软件产生外部中断 / 事件：对于外部中断线，一个中断 / 事件请求也可由软件对相应软件中断事件寄存器的相应位写 1 来产生。

4）产生内部中断 / 事件：对于内部线，触发沿都为上升沿，同样可以将中断或事件屏蔽寄存器的相应位写 1 来使能该中断或事件，但内部中断线没有相应的挂起位。这里需要注意的是，内部线的中断或事件仅在系统处于停止模式时才能被触发，当系统运行时不会产生该类的中断和事件。

注意： STM32F072VBT6 微控制器的所有端口都有外部中断能力，当启用外部中断时，端口的数据方向必须设置为输入模式。

9.2.4 EXTI 唤醒

当软件执行 WFE（等待事件）指令后可以让 STM32F0 系列微控制器进入睡眠模式。这时如果有以下事件发生，微控制器会退出睡眠模式。

❑ 在外设控制寄存器中使能一个中断，但不在相应的 NVIC 中使能。在 Cortex-M0 系统控制寄存器中设置 SEVONPEND 位，当微控制器唤醒后，外设的中断挂起位和外设的 NVIC 中断通道挂起位（在 NVIC 中断挂起状态清除寄存器中）必须被清除。

❑ 配置一个外部或内部 EXTI 线作为事件模式。当 CPU 从 WFE 唤醒后，因为与事件线对应的挂起位未被设置，不必清除外设的中断挂起位或外设的 NVIC 中断通道挂起位。

9.2.5 中断服务程序（ISR）

在经由 STM32CubeMX 软件创建的 STM32F0 微控制器的开发项目中，在 Application/User 组中，生成有 stm32f0xx_it.c 文件，该文件是项目组中 STM32F0 系列微控制器的异常和中断服务程序（ISR），如图 9-6 所示。stm32f0xx_it.c 文件的具体内容详见代码清单 9-1。为了方便理解，在代码中加入了注释。

代码清单 9-1：stm32f0xx_it.c 文件内容（在附录 J 中指定的网站链接下载源代码）

stm32f0xx_it.c 文件的内容分为两个部分。

第一部分是 Cortex-M0 处理器的异常和中断处理，包括不可屏蔽中断、硬件错误中断、系统服务调用、可挂起服务以及系统节拍定时器异常等，这些异常或中断的处理函数（ISR）已经由 STM32CubeMX 软件定义完成，开发者只要在主程序（main.c）中使能该类型的中断，并在相应的中断服务函数中添加相应的处理代码即可。

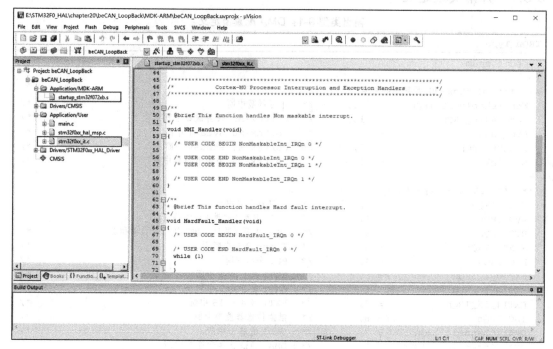

图 9-6　中断服务程序

第二部分是 STM32F0xx 外设中断处理，这里允许开发者自行添加相应的外设中断服务程序代码。需要注意的是这些外设中断服务函数有自己固定的名称，不能自行定义。这些外设中断服务函数的名称定义在 Application/MDK-ARM 组中的 startup_stm32f0xx.s 文件中，可以在集成开发环境中将其打开并查看其中的内容。

startup_stm32f0xx.s 文件是 STM32F0 系列微控制器为 MDK-ARM 工具链开发的向量表文件，用于设置初始化栈指针（SP）、程序计数器（PC）以及设置异常和中断入口地址等。该文件中包含对外设中断服务函数的名称定义，其属性为"弱"，即允许在程序的其他位置重新定义函数的内容。startup_stm32f0xx.s 文件的内容可以参考代码清单 9-2。

代码清单 9-2：startup_stm32f0xx.s 文件内容（在附录 J 中指定的网站链接下载源代码）

在使用 STM32CubeMX 软件创建开发项目时，如果在初始化设置时启用了相应的外设中断功能，那么相应的外设中断服务函数会自动添加到stm32f0xx_it.c文件中，开发者只要在此函数中添加相应的处理代码即可。

9.3 异常相关函数

9.3.1 异常类型定义

输出类型 9-1：DMA 配置值定义

IRQn_Type

```
typedef enum
{
/****** Cortex-M0 处理器异常号 ******/
  NonMaskableInt_IRQn          = -14,        /* 不可屏蔽中断                                         */
  HardFault_IRQn               = -13,        /* Cortex-M0 硬件故障中断                               */
  SVC_IRQn                     = -5,         /* Cortex-M0 SVCall 中断                               */
  PendSV_IRQn                  = -2,         /* Cortex-M0 PendSV 中断                               */
  SysTick_IRQn                 = -1,         /* Cortex-M0 系统节拍器中断                             */

/****** STM32F0 特定中断号 ******/
  WWDG_IRQn                    = 0,          /* 窗口看门狗中断                                       */
  PVD_IRQn                     = 1,          /* PVD 中断（通过 EXTI 线 16）                          */
  RTC_IRQn                     = 2,          /* RTC 中断（通过 EXTI 线 17、19 和 20）                */
  FLASH_IRQn                   = 3,          /* Flash 全局中断面                                     */
  RCC_IRQn                     = 4,          /* RCC 全局中断                                         */
  EXTI0_1_IRQn                 = 5,          /* EXTI 线 0 和 1 中断                                  */
  EXTI2_3_IRQn                 = 6,          /* EXTI 线 2 和 3 中断                                  */
  EXTI4_15_IRQn                = 7,          /* EXTI 线 4 ～ 15 中断                                 */
  TSC_IRQn                     = 8,          /* 触摸传感器控制中断                                   */
  DMA1_Channel1_IRQn           = 9,          /* DMA1 通道 1 中断                                     */
  DMA1_Channel2_3_IRQn         = 10,         /* DMA1 通道 2 和通道 3 中断                            */
  DMA1_Channel4_5_IRQn         = 11,         /* DMA1 通道 4 和通道 5 中断                            */
  ADC1_COMP_IRQn               = 12,         /* ADC1 和 COMP 中断（ADC 中断连接至 EXTI 线 21 和 22） */
  TIM1_BRK_UP_TRG_COM_IRQn     = 13,         /* TIM1 刹车、更新、触发和通信中断                      */
  TIM1_CC_IRQn                 = 14,         /* TIM1 捕获比较中断                                    */
  TIM2_IRQn                    = 15,         /* TIM2 全局中断                                        */
  TIM3_IRQn                    = 16,         /* TIM3 全局中断                                        */
  TIM6_DAC_IRQn                = 17,         /* TIM6 全局中断和 DAC 通道欠载错误中断                 */
  TIM14_IRQn                   = 19,         /* TIM14 全局中断                                       */
  TIM15_IRQn                   = 20,         /* TIM15 全局中断                                       */
  TIM16_IRQn                   = 21,         /* TIM16 全局中断                                       */
  TIM17_IRQn                   = 22,         /* TIM1 全局中断                                        */
  I2C1_IRQn                    = 23,         /* I2C1 事件中断（I2C1 唤醒连接至 EXTI 线 23）          */
  I2C2_IRQn                    = 24,         /* I2C2 事件中断                                        */
  SPI1_IRQn                    = 25,         /* SPI1 全局中断                                        */
  SPI2_IRQn                    = 26,         /* SPI2 全局中断                                        */
  USART1_IRQn                  = 27,         /* USART1 全局中断（USART1 唤醒连接至 EXTI 线 25）      */
  USART2_IRQn                  = 28,         /* USART2 全局中断                                      */
  CEC_CAN_IRQn                 = 30          /* CEC 和 CAN 全局中断（连接到 EXTI 线 27）             */
} IRQn_Type;
```

9.3.2　异常常量定义

输出常量 9-1：Cortex 系统节拍器时钟源

状态定义	状态值	释　　义
SYSTICK_CLKSOURCE_HCLK_DIV8	((uint32_t)0x00000000)	AHB 时钟除以 8
SYSTICK_CLKSOURCE_HCLK	((uint32_t)0x00000004)	AHB 时钟

9.3.3　异常函数定义

函数 9-1

函数名	**HAL_DeInit**
函数原型	HAL_StatusTypeDef **HAL_DeInit** (void)
功能描述	该函数反初始化 HAL 库的公共部分并且停止时钟源
输入参数	无
先决条件	无
注意事项	无
返回值	HAL 状态

函数 9-2

函数名	**HAL_Init**
函数原型	HAL_StatusTypeDef **HAL_Init** (void)
功能描述	该函数用于配置 Flash 预读取、配置时基源、NVIC 和底层硬件
输入参数	无
先决条件	无
注意事项	无
返回值	HAL 状态

函数 9-3

函数名	**HAL_InitTick**
函数原型	HAL_StatusTypeDef **HAL_InitTick** (uint32_t TickPriority)
功能描述	该函数配置时基的时钟源，时钟源被配置成 1ms 时基并且具有专用的系统节拍器中断优先级
输入参数	TickPriority：系统节拍器中断优先级
先决条件	无
注意事项	无
返回值	HAL 状态

函数 9-4

函数名	**HAL_MspDeInit**
函数原型	void **HAL_MspDeInit** (void)
功能描述	反初始化微控制器特定程序包
输入参数	无

（续）

先决条件	无
注意事项	无
返回值	无

函数 9-5

函数名	**HAL_MspInit**
函数原型	void **HAL_MspInit** (void)
功能描述	初始化微控制器特定程序包
输入参数	无
先决条件	无
注意事项	无
返回值	无

函数 9-6

函数名	**HAL_DBGMCU_DisableDBGStandbyMode**
函数原型	void **HAL_DBGMCU_DisableDBGStandbyMode** (void)
功能描述	在待机模式禁用调试模块
输入参数	无
先决条件	无
注意事项	无
返回值	无

函数 9-7

函数名	**HAL_DBGMCU_DisableDBGStopMode**
函数原型	void **HAL_DBGMCU_DisableDBGStopMode** (void)
功能描述	在停止模式禁用调试模块
输入参数	无
先决条件	无
注意事项	无
返回值	无

函数 9-8

函数名	**HAL_DBGMCU_EnableDBGStandbyMode**
函数原型	void **HAL_DBGMCU_EnableDBGStandbyMode** (void)
功能描述	在待机模式启用调试模块
输入参数	无
先决条件	无
注意事项	无
返回值	无

函数 9-9

函数名	HAL_DBGMCU_EnableDBGStopMode
函数原型	void **HAL_DBGMCU_EnableDBGStopMode** (void)
功能描述	在停止模式启用调试模块
输入参数	无
先决条件	无
注意事项	无
返回值	无

函数 9-10

函数名	HAL_Delay
函数原型	void **HAL_Delay** (__IO uint32_t Delay)
功能描述	这个函数基于变量值的增加来提供精确的延时（以毫秒为单位）
输入参数	Delay：指定延时时间长度（以毫秒为单位）
先决条件	无
注意事项	无
返回值	无

函数 9-11

函数名	HAL_GetDEVID
函数原型	uint32_t **HAL_GetDEVID** (void)
功能描述	返回设备标识符
输入参数	无
先决条件	无
注意事项	无
返回值	设备标识符

函数 9-12

函数名	HAL_GetHalVersion
函数原型	uint32_t **HAL_GetHalVersion** (void)
功能描述	这个函数返回 HAL 修订版本号
输入参数	无
先决条件	无
注意事项	无
返回值	版本号（8 位十进制数）

函数 9-13

函数名	HAL_GetREVID
函数原型	uint32_t **HAL_GetREVID** (void)
功能描述	返回设备修改标识符

（续）

输入参数	无
先决条件	无
注意事项	无
返回值	设备修改标识符

函数 9-14

函数名	**HAL_GetTick**
函数原型	uint32_t **HAL_GetTick** (void)
功能描述	以毫秒为单位返回系统节拍值
输入参数	无
先决条件	无
注意事项	无
返回值	系统节拍值

函数 9-15

函数名	**HAL_IncTick**
函数原型	void **HAL_IncTick** (void)
功能描述	这个函数被调用后使一个全局变量 uwTick 的值增加，用于应用程序的时基中
输入参数	无
先决条件	无
注意事项	无
返回值	无

函数 9-16

函数名	**HAL_ResumeTick**
函数原型	void **HAL_ResumeTick** (void)
功能描述	重新启动系统节拍器
输入参数	无
先决条件	无
注意事项	无
返回值	无

函数 9-17

函数名	**HAL_SuspendTick**
函数原型	void **HAL_SuspendTick** (void)
功能描述	暂停系统节拍器
输入参数	无
先决条件	无
注意事项	无
返回值	无

函数 9-18

函数名	**HAL_NVIC_DisableIRQ**
函数原型	void **HAL_NVIC_DisableIRQ** (IRQn_Type IRQn)
功能描述	在 NVIC 中断控制器中禁止一个设备的指定中断
输入参数	IRQn：外部中断号，该参数可以是一个 IRQn_Type 的枚举值之一
先决条件	无
注意事项	无
返回值	无

函数 9-19

函数名	**HAL_NVIC_EnableIRQ**
函数原型	void **HAL_NVIC_EnableIRQ** (IRQn_Type IRQn)
功能描述	在 NVIC 中断控制器中使能一个设备的指定中断
输入参数	IRQn：外部中断号，这个参数可以是一个 IRQn_Type 的枚举值之一
先决条件	要配置正确的中断优先级，NVIC_PriorityGroupConfig() 函数应当先期调用
注意事项	无
返回值	无

函数 9-20

函数名	**HAL_NVIC_SetPriority**

函数原型	void **HAL_NVIC_SetPriority**
	 (
	   IRQn_Type IRQn,
	   uint32_t PreemptPriority,
	   uint32_t SubPriority
	)

功能描述	设置一个中断的优先级
输入参数 1	IRQn：外部中断号，这个参数可以是一个 IRQn_Type 的枚举值之一
输入参数 2	PreemptPriority：IRQn 通道抢占优先级，该参数可以是 0 ～ 3 之间的值，值越小表示优先级越高
输入参数 3	SubPriority：STM32f0xx 器件 IRQ 通道辅助优先级，该参数值可以被忽略，因为基于 Cortex-M0 的产品没有辅助优先级
先决条件	无
注意事项	无
返回值	无

函数 9-21

函数名	**HAL_NVIC_SystemReset**
函数原型	void **HAL_NVIC_SystemReset** (void)
功能描述	启动系统复位请求用于复位 MCU
输入参数	无
先决条件	无
注意事项	无
返回值	无

函数 9-22

函数名	HAL_SYSTICK_Config
函数原型	uint32_t **HAL_SYSTICK_Config** (uint32_t TicksNumb)
功能描述	初始化系统定时器和它的中断, 并且启动系统节拍定时器, 计数器工作在自由运行模式并产生周期性的中断
输入参数	TicksNumb: 在两个系统节拍定时器中断之间指定节拍定时器的计数值
先决条件	无
注意事项	无
返回值	0: 功能执行成功 1: 功能执行失败

函数 9-23

函数名	HAL_NVIC_ClearPendingIRQ
函数原型	void **HAL_NVIC_ClearPendingIRQ** (IRQn_Type IRQn)
功能描述	清除外部中断的标志位
输入参数	IRQn: 外部中断号, 这个参数可以是一个 IRQn_Type 的枚举值之一
先决条件	无
注意事项	无
返回值	无

函数 9-24

函数名	HAL_NVIC_GetPendingIRQ
函数原型	uint32_t **HAL_NVIC_GetPendingIRQ** (IRQn_Type IRQn)
功能描述	获取中断挂起状态 (在 NVIC 中读取挂起中断寄存器并且返回特定中断的挂起位)
输入参数	IRQn: 外部中断号, 这个参数可以是一个 IRQn_Type 的枚举值之一
先决条件	无
注意事项	无
返回值	0: 中断状态没有挂起 (没有产生相应中断) 1: 中断状态已经挂起 (产生了相应中断)

函数 9-25

函数名	HAL_NVIC_GetPriority
函数原型	uint32_t **HAL_NVIC_GetPriority** (IRQn_Type IRQn)
功能描述	获取一个中断的优先级
输入参数	IRQn: 外部中断号, 这个参数可以是一个 IRQn_Type 的枚举值之一
先决条件	无
注意事项	无
返回值	中断的优先级

函数 9-26

函数名	HAL_NVIC_SetPendingIRQ
函数原型	void **HAL_NVIC_SetPendingIRQ** (IRQn_Type　IRQn)
功能描述	设置一个外部中断的挂起位
输入参数	IRQn：外部中断号，这个参数可以是一个 IRQn_Type 的枚举值之一
先决条件	无
注意事项	无
返回值	无

函数 9-27

函数名	HAL_SYSTICK_Callback
函数原型	void **HAL_SYSTICK_Callback** (void)
功能描述	系统节拍定时器回调
输入参数	无
先决条件	无
注意事项	无
返回值	无

函数 9-28

函数名	HAL_SYSTICK_CLKSourceConfig
函数原型	void **HAL_SYSTICK_CLKSourceConfig** (uint32_t　CLKSource)
功能描述	配置系统节拍定时器时钟源
输入参数	CLKSource：指定 SysTick 时钟源，该参数可以是下列值之一 SYSTICK_CLKSOURCE_HCLK_DIV8：AHB 时钟除以 8 作为 SysTick 时钟源 SYSTICK_CLKSOURCE_HCLK：AHB 时钟作为 SysTick 时钟源
先决条件	无
注意事项	无
返回值	无

函数 9-29

函数名	HAL_SYSTICK_IRQHandler
函数原型	void **HAL_SYSTICK_IRQHandler** (void)
功能描述	该函数处理系统时钟中断请求
输入参数	无
先决条件	无
注意事项	无
返回值	无

9.4　EXTI 应用实例

学习本章内容要把握两个重点：首先需要明确的是 Cortex-M0 处理器，它是 STM32F0

系列微控制器的内核部分，异常响应系统是集成在 Cortex-M0 内核中的，称为 NVIC，它管理着来自内核的异常和来自内核之外的外设模块（如定时器等）的中断；其次要明确的是对于一些涉及 GPIO 端口电平变化、入侵检测或来自通信外设 USART、I2C 的唤醒事件等由部分外设引发的中断，使用了专用的扩展中断和事件控制器（EXTI）进行管理，EXTI 管理的这些中断源会占用 NVIC 定义的几个中断向量号，它只是 NVIC 管理的多个异常和中断的一小部分而已。

STM32F072VBT6 微控制器的每一个 GPIO 端口都具有电平变化中断的功能该功能是通过 EXTI 控制器来实现的。在本例中我们将使能 PA0 引脚的外部中断功能，用于检测外部电平的变化，并将由此引发的中断次数用四位数码管显示出来。使用引脚电平变化中断功能时要特别注意所选 GPIO 端口的配置，如我们要使用下降沿触发中断，则需要将 GPIO 端口设置成上拉的输入模式，这样可以避免外部电磁信号对 GPIO 的干扰。另外，当 EXTI 线上的中断产生后，需要在中断服务程序中将相应的标志位清除。在使用 STM32CubeMX 软件生成项目时，在"Pinout"视图中的引脚配置如图 9-7 所示。

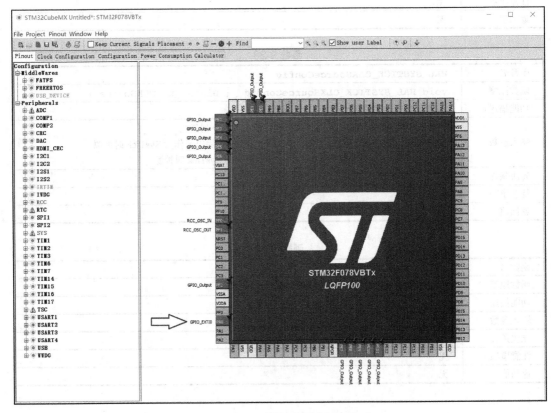

图 9-7　EXTI 线外部中断配置（一）

在"Clock Configuration"视图中，对于时钟的配置如图 9-8 所示。

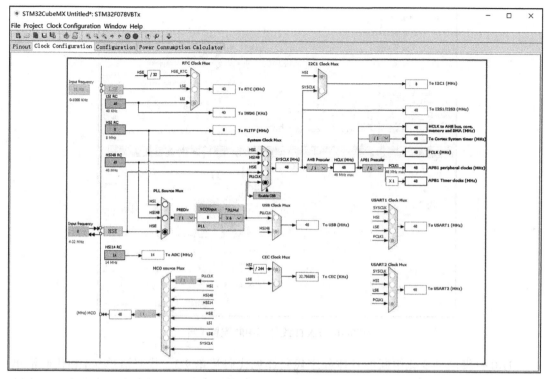

图 9-8　EXTI 线外部中断配置（二）

在"Configuration"视图中，对 GPIO 和 NVIC 的配置如图 9-9、图 9-10 所示。

图 9-9　EXTI 线外部中断配置（三）

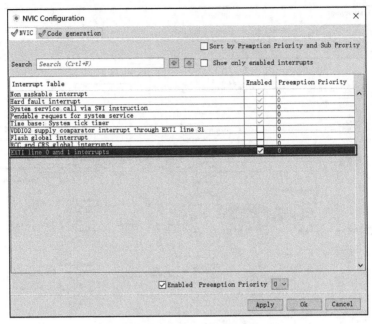

图 9-10　EXTI 线外部中断配置（四）

　　PA0 引脚电平变化中断的具体程序代码详见代码清单 9-3、代码清单 9-4 和代码清单
9-5。上述程序运行后，当 PA0 端口上电平变化时会引发中断，中断发生的次数会显示在数
码管上。

代码清单 9-3　PA0 引脚电平变化中断（main.c）（在附录 J 中指定的网站链接下载源代码）

代码清单 9-4　PA0 引脚电平变化中断（stm32f0xx_hal_msp.c）
（在附录 J 中指定的网站链接下载源代码）

代码清单 9-5　PA0 引脚电平变化中断（stm32f0xx_it.c）（在附录 J 中指定的网站链接下载源代码）

第二篇

外 设 模 块

在上一篇中，我们对 Cortex-M0 内核有了基本的了解，对 STM32F0 系列微控制器的系统架构、存储器、时钟、电源管理、DMA 和异常处理等方面进行了较为详细的研究，掌握了开发 STM32F0 系列微控制器相关软件的使用方法，成功地步入了 STM32 开发者的行列。在这一篇中，我们要对 STM32F0 系列微控制器片内的 ADC、DAC、比较器、定时器和多个通信模块等高性能外设逐一进行解析，通过对模块的结构、功能进行详细的介绍，力求在短时间内掌握它们的开发方法。

第 10 章
模拟 – 数字转换器

将模拟信号转换成数字信号的器件称为模—数转换器,简称 A/D 转换器或 ADC。同理,将数字信号转换成模拟信号的电路则称为数—模转换器,简称 D/A 转换器或 DAC。本章重点介绍 STM32F0 系列微控制器片内配置的 ADC 模块。

10.1 ADC 模块概述

STM32F072VBT6 微控制器片内的 ADC 模块是逐次逼近型模拟数字转换器,具有最高 12 位的转换精度,有 16 个外部转换通道和 3 个内部转换通道,可以执行单次或连续的 A/D 转换,也可以使能 DMA 或中断来管理 ADC 模块的运行。

10.1.1 ADC 的内部结构

ADC 模块的内部结构如图 10-1 所示。STM32F072VBT6 微控制器片内的 ADC 模块是逐次逼近型模拟数字转换器,具有 19 个模拟量输入通道,其中 ADC_IN[15:0] 是 16 个外部转换通道,这些外部通道分别与 GPIO 口相连接,可以对外部输入信号进行 A/D 转换。另外 ADC 模块还有 3 个内部转换通道,分别与片内的温度传感器(T_S)、内部参考电压(V_{REF})和外部电池(V_{BAT})供电引脚相连接,用于对这些模拟量进行测量。各通道的 A/D 转换可以以单次、连续、扫描或间断模式执行。

转换完成后,转换结果可以左对齐或右对齐的方式存储在 16 位的数据寄存器中。ADC 模块具有可编程的转换精度,其分辨率可以设定为 6 位、8 位、10 位或 12 位。与大多数逐次逼近型模拟数字转换器一样,STM32F0 系列微控制器的 ADC 模块的转换精度与转换时间是成正比的,转换精度越高,需要的转换时间也越长。

来自模拟量输入通道的模拟信号经输入选择及扫描控制开关控制后,进入转换通道并对采样电容充电。ADC 模块由专用的引脚 V_{DDA} 和 V_{SSA} 供电,供电电压在 $2.4 \sim 3.6V$ 之间,模拟输入电压不应高于 ADC 模块的供电电压。模块具有可编程的软件或硬件启动方式。当 A/D 转换由硬件触发时,来自 TIM1、TIM2、TIM3 和 TIM15 的内部定时器事件均可以触发 A/D 转换。ADC 模块可以使用中断及 DMA 来增加对数据和事件的处理能力,当一个单次转换或序列转换完成、模拟看门狗、转换溢出事件发生后,都可以产生相应的中断,转换结果可以通过 DMA 进行传输。ADC 模块的引脚及内部信号类型详见表 10-1 和表 10-2。

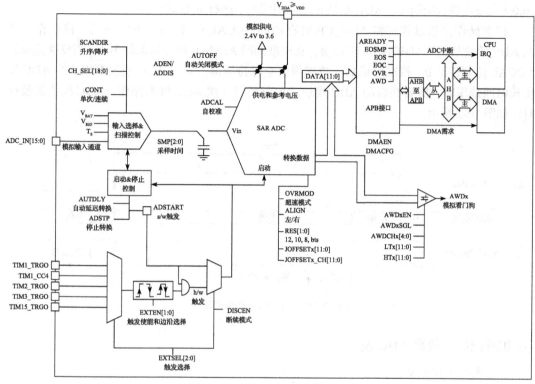

图 10-1　ADC 模块的内部结构

表 10-1　ADC 引脚

名称	信号类型	注　释
V_{DDA}	模拟供电电源	模拟供电电源，ADC 参考电压的正极，$V_{DDA} \geq V_{DD}$
V_{SSA}	模拟电源地	模拟地，$V_{SSA} = V_{SS}$
ADC_IN[15:0]	模拟输入信号	16 路模拟输入

表 10-2　ADC 内部信号

名称	信号类型	说明
TIMx_TRG	输入	来自定时器的内部信号
V_{SENSE}	输入	内部温度传感器输出
V_{REFINT}	输入	内部参考电压输出
V_{BAT}	输入	VBAT 引脚输入电压

10.1.2　ADC 校准

　　ADC 模块自身具有校准功能，用于消除各芯片 A/D 转换的偏移误差。为了保证转换精度，在 A/D 转换前应执行校准操作，在校准期间 ADC 模块自动计算一个用于 ADC 校准的 7 位校准因子，校准完成后，校准因子保存于 ADC_DR 寄存器中，可从 ADC_DR 寄存器的

[6:0] 位读出该校准因子。ADC 模块在校准期间不能进行 A/D 转换。

校准操作是通过软件将 ADC_CR 寄存器的 ADCAL 位置 "1" 来实现的, 该操作只能在 ADC 模块禁用 (ADEN=0) 时启动, 在校准期间 ADCAL 位必须保持为 1, 当校准完成后 ADCAL 位硬件清 0。校准完成后, 校准因子会保持原值, 直至 ADC 模块断电。当 ADC 模块长时间禁用时, 需要在启动 ADC 模块之前重新做一次 ADC 校准操作。ADC 模块的校准时序如图 10-2 所示。

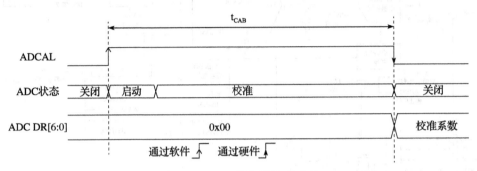

图 10-2 ADC 模块的校准时序

🖥 编程向导 校准 ADC 模块

1) 确认 ADEN=0。

2) 设置 ADCAL=1。

3) 等待 ADCAL=0。

4) 如果需要, 校准因子可以从 ADC_DR 寄存器的 6:0 位读取。

校准 ADC 模块可以参考以下代码:

```
if ((ADC1->CR & ADC_CR_ADEN) != 0)          /* 确保 ADEN = 0 */
{
ADC1->CR |= ADC_CR_ADDIS;                    /* 通过设置 ADDIS 位清除 ADEN 位 */
}
while ((ADC1->CR & ADC_CR_ADEN) != 0)
{
/* 为了增强代码的鲁棒性, 可以在此增加超时管理 */
}
ADC1->CFGR1 &= ~ADC_CFGR1_DMAEN;             /* 清除 DMAEN 位 */
ADC1->CR |= ADC_CR_ADCAL;  /* 通过设置 ADCAL 位启动校准 */
while ((ADC1->CR & ADC_CR_ADCAL) != 0)  /* 等待直至 ADCAL = 0 */
{
/* 为了增强代码的鲁棒性, 可以在此增加超时管理 */
}
```

10.1.3 ADC 的启动和关闭

当 STM32F0 系列微控制器复位后, ADC 模块被禁用, 模块处于断电模式 (ADEN=0)。

ADC 模块的开启和关闭是通过 2 个控制位实现的。当软件将 ADC_CR 寄存器 ADEN 位置 1 时，ADC 模块开启，这时模块需要一个稳定时间（t_{STAB}）以等待模块准备完成，在此期间 A/D 转换的精度无法保证。ADC 模块准备好后，ADRDY 标志位置 1。当软件将 ADC_CR 寄存器 ADDIS 位置 1 时，会使 ADC 模块置于断电模式，直至 ADC 模块完全关断后，硬件自动将 ADEN 位和 ADDIS 位清 0。ADC 模块的启动和关闭时序如图 10-3 所示。

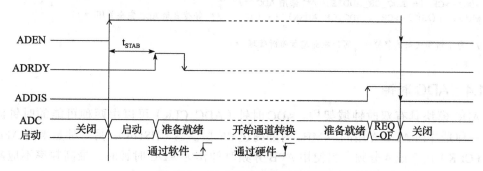

图 10-3　ADC 模块的启动和关闭

🖥 编程向导　开启和关闭 ADC 模块

开启 ADC 模块可以参考以下步骤。

1）在 ADC_CR 寄存器中设置 ADEN=1。

2）等待 ADC 模块准备就绪（ADC_CR 寄存器中 ADRDY=1），如果使能了 ADC 准备好中断（ADC_IER 寄存器中 ADRDYIE=1），将引发中断并可以在中断服务程序中做相应处理。

开启 ADC 模块可以参考以下代码：

```
if ((ADC1->ISR & ADC_ISR_ADRDY) != 0)      /* 确保 ADRDY = 0 */
{
ADC1->ISR |= ADC_CR_ADRDY;                 /* 清除 ADRDY 位 */
}
ADC1->CR |= ADC_CR_ADEN;                    /* 使能 ADC */
while ((ADC1->ISR & ADC_ISR_ADRDY) == 0)   /* 等待直至 ADC 准备好 */
{
/* 为了增强代码的鲁棒性，可以在此增加超时管理 */
}
```

关闭 ADC 模块可以参考以下步骤。

1）检查 ADC_CR 寄存器的 ADSTART 位是否为 0，以确保 ADC 模块不在转换过程中。如果需要，可以将 ADC_CR 寄存器中的 ADSTP 位置 1 来停止当前正在进行的 A/D 转换，并等待 ADSTP 位被硬件清 0（A/D 转换已停止）。

2）设置 ADC_CR 寄存器中的 ADDIS=1。

3）如果需要，可以等待 ADC_CR 寄存器中的 ADEN 位清 0，表明 ADC 模块已经完全关闭（一旦 ADEN 位清 0，ADDIS 位也自动清 0）。

关闭 ADC 模块可以参考以下代码：

```
ADC1->CR |= ADC_CR_ADSTP;                    /* 停止当前正在进行的转换 */
while ((ADC1->CR & ADC_CR_ADSTP) != 0)       /* 等待直至 ADSTP 位硬件复位 */
{
/*为了增强代码的鲁棒性，可以在此增加超时管理 */
}
ADC1->CR |= ADC_CR_ADDIS; /* 禁用 ADC */
while ((ADC1->CR & ADC_CR_ADEN) != 0)        /* 等待直至 ADC 完全关闭 */
{
/*为了增强代码的鲁棒性，可以在此增加超时管理 */
}
```

10.1.4　ADC 时钟

ADC 模块具有双时钟域架构。ADC 时钟（ADC_CLK）可以由两种可能的时钟源产生，一种是片内 ADC 专用的 14MHz 内部高速 RC 振荡器（HSI14），另一种是来自 APB 时钟（PCLK）的 2 或 4 分频，当使用 APB 分频时钟作为 ADC 时钟时，最高频率不应超过 14MHz。ADC 模块的时钟域架构如图 10-4 所示。

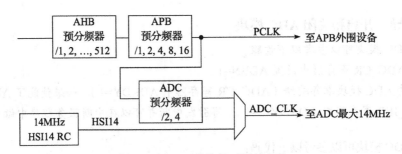

图 10-4　ADC 模块的时钟域架构

使用 ADC 专用时钟（HSI14）作为时钟源的优势在于 ADC 模块可以稳定地工作在其最佳的时钟频率（14MHz）上，而不用考虑 HCLK/PCLK 的时钟方案是如何选择的，而且还支持 ADC 模块的低功耗自关断模式，在需要时可以自动打开或关闭 14MHz 时钟源。

使用 APB 分频时钟的优势在于延迟时间的可控性。当 ADC 模块设定为由定时器触发时，触发事件的产生和开始转换之间存在一个延迟时间。这个延迟时间在使用 HSI14 时是不可预见的，而在使用 APB 分频时钟时，通过合理设置 ADC_CFGR2 寄存器的 JITOFF_D4 和 JITOFF_D2 位，可以得到确定的延迟时间，这在对时间要求较高的应用中是非常有价值的。触发事件和开始转换之间的延迟详见表 10-3。

表 10-3　触发事件和开始转换之间的延迟

ADC 时钟源	JITOFF_D4 位	JITOFF_D2 位	延迟时间
专用 14MHz 时钟	0	0	延迟的不确定性（抖动）
PCLK/2	0	1	延迟是确定的（无抖动），等于 2.75 个 ADC 时钟周期
PCLK/4	1	0	延迟是确定的（无抖动），等于 2.625 个 ADC 时钟周期

10.2　ADC 功能配置

ADC 模块在使用过程中需要有一系列正确的配置，如通道选择、转换模式、转换时序以及低功耗特性等，这是 ADC 可靠工作的前提和保证。

10.2.1　ADC 的基础配置

ADC 模块的配置是通过相应寄存器来完成的，对于 ADC_IER、ADC_CFGRi、ADC_SMPR、ADC_TR、ADC_CHSELR 和 ADC_CCR 寄存器，软件必须在 ADC 开启（ADEN = 1）且无转换期间（ADSTART = 0）才能进行改写，否则 ADC 会进入一种不确定状态。

1. 通道选择

ADC 模块共有 19 个复用的通道，其中有 16 个通道是从 GPIO 引脚引入的模拟输入（ADC_IN0 ～ ADC_IN15），另外 3 个是内部模拟输入，即：温度传感器、内部参考电压和备用电池通道。对于这些通道，ADC 模块可以进行单一或序列转换。待转换的通道序列必须在通道选择寄存器 ADC_CHSELR 中预先编程选择，每个模拟输入通道有专门的选择位（CHSEL0 ～ CHSEL 18）进行选择。ADC 通道的扫描顺序由 ADC_CFGR1 中 SCANDIR 位的配置来设置，当 SCANDIR=0 时为向前扫描，即从通道 0 到通道 18，而当 SCANDIR=1 时为回退扫描，即从通道 18 到通道 0。

2. 采样时间

在启动 A/D 转换之前，ADC 模块需要在被测电压源和内嵌采样电容间建立一个直接连接，用于给 ADC 模块内部的采样电容充电，为了保证采样精度，采样时间必须足够长以便输入电压源可以对采样电容完全充电到输入电压的水平。当采样结束后，中断和状态寄存器 ADC_ISR 的 EOSMP 位会置"1"，表明采样结束。

ADC 模块的采样时间是可编程的，采样时间可以根据输入电压的阻抗、转换精度以及转换时间来综合考虑。采样时间一旦确定，即对所有通道都适用，必要情况下可以根据不同通道的转换需求来更改采样时间。采样时间以 ADC 时钟周期为单位，通过设置 ADC_SMPR 寄存器的 SMP[2:0] 位来修改。可以将采样时间设置为 1.5 ～ 239.5 个 ADC 时钟周期。采样时间的设置详见表 10-4。

表 10-4　采样时间设置

SMP[2:0]	采样时间
000	1.5 ADC 时钟周期
001	7.5 ADC 时钟周期
010	13.5 ADC 时钟周期
011	28.5 ADC 时钟周期
100	41.5 ADC 时钟周期
101	55.5 ADC 时钟周期
110	71.5 ADC 时钟周期
111	239.5 ADC 时钟周期

采样时间直接关系到 ADC 模块的转换速率，其总转换时间可以用以下公式计算：

$$总转换时间\ t_{ADC} = 采样时间\ t_{SMPL} + 逐次逼近时间\ t_{SAR}$$

（12 位分辨率下固定为 12.5 个 ADC 时钟周期）

例如：当 ADC 时钟为 14MHz 时，如果采样时间为 1.5 个 ADC 时钟周期，则总的转换时间为 14 个 ADC 时钟周期，换算成转换时间为 1μs。

3. 转换精度

ADC 模块的逐次逼近时间与转换精度是密切相关的，转换精度越高，所需的转换时间也越长，必要时可以通过降低转换精度的方法来提高 A/D 转换的速度。ADC 模块的转换精度是通过设置转换分辨率来实现的，即通过编程 ADC_CFGR1 寄存器的 RES[1:0] 位可以将 ADC 的转换分辨率配置为 6 ~ 12 位，具体见表 10-5。

表 10-5   逐次逼近时间设置

RES[1:0]	分辨率	逐次逼近时间 t_{SAR}（ADC 时钟周期）
00	12	12.5
01	10	11.5
10	8	9.5
11	6	7.5

4. 数据对齐

每次转换结束后，即 EOC 事件产生时，转换的结果都会被存放到 16 位的 ADC_DR 数据寄存器中。转换结果在 16 位的数据寄存器上的存放方式由 ADC_CFGR1 寄存器的 ALIGN 位设置，当 ALIGN 位为 0 时数据为右对齐，为 1 时数据为左对齐。数据对齐与分辨率的关系如图 10-5 所示。

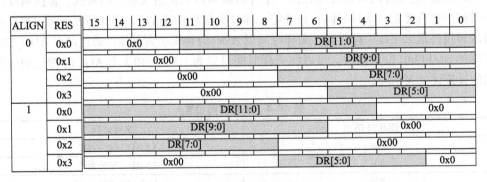

图 10-5   数据对齐与分辨率的关系

10.2.2   ADC 的转换模式

ADC 具有多个模拟输入通道。按照转换顺序的不同，ADC 的转换模式可以设置为单次转换模式、连续转换模式和断续转换模式 3 种。

1. 单次转换模式（CONT=0）

当 ADC_CFGR1 寄存器的 CONT=0 时，ADC 模块被设置为单次转换模式。在此模式下，软件设置 ADC_CR 寄存器的 ADSTART 位或硬件的触发事件将会启动 A/D 转换，ADC 模块依次执行一次序列转换，所有被选择的通道都会被转换一次。当转换序列中的每一个通道转换完成后，转换的结果存放到 16 位的数据寄存器 ADC_DR 中，同时通道转换结束标志位 EOC 会置 1，如果此时 EOCIE 置 1 则会产生中断；当序列中的所有通道转换完成后，序列转换结束标志位 EOS 会置 1，如果 EOSIE 置 1 则同样会产生中断。序列中所有转换结束后，ADC 模块停止工作，直到新的触发事件或 ADSTART 位重新置 1。

2. 连续转换模式 (CONT=1)

当 ADC_CFGR1 寄存器的 CONT=1 时，ADC 模块被设置为连续转换模式。在此模式下，软件设置 ADC_CR 寄存器的 ADSTART 位或硬件的触发事件同样可以启动 A/D 转换，ADC 模块依次执行一次序列转换，所有被选择的通道都会被转换一次。当转换序列中的每一个通道转换完成后，ADC 模块会自动重新开始执行相同的序列转换。在连续转换模式下，每次转换完成将产生一个 EOC 事件，当序列转换完成后，还将产生一个 EOS 事件。

3. 断续转换模式（DISCEN=1）

当 ADC_CFGR1 寄存器的 DISCEN=1 时，ADC 模块被设置为断续转换模式，在此模式下，序列中的每一次转换都需要有软件或硬件的触发事件来启动。相反，当 DISCEN=0 时，一个软件或硬件的触发事件就可以启动定义在一个序列中的所有转换。在断续转换模式下，每次转换完成将产生一个 EOC 事件，当最后一个通道转换完成后，还将产生一个 EOS 事件。之后再次出现的软件或硬件触发事件将会重新开始下一个序列转换。

注意：1）如果只想转换单一通道，则可以编程一个长度为 1 的转换序列。

2）ADC 模块不能同时工作于断续转换模式和连续转换模式下，即 DISCEN 位和 CONT 位不能同时置 1，如果这两位同时置 1，ADC 模块要被设置为单次转换模式。

10.2.3 A/D 转换的启动和停止

A/D 转换的启动是通过软件设置 ADC_CR 寄存器的 ADSTART 位来启动的。当 ADC_CFGR1 寄存器的外部触发使能和极性选择位 EXTEN[1:0] 值为 0 时，ADC 模块被设置为由软件启动，此时当 ADSTART 位置位时，A/D 转换立即开始。当 EXTEN[1:0] 位值不为 0 时，A/D 转换由所选择的硬件触发。A/D 转换的触发方式及外部触发源选择详见表 10-6 和表 10-7。

表 10-6 A/D 转换的触发方式

A/D 转换触发源	EXTEN[1:0]
硬件触发检测禁止（仅由软件触发）	00
在上升沿时检测（由硬件触发）	01
在下降沿时检测（由硬件触发）	10
在上升沿和下降沿都检测（由硬件触发）	11

表 10-7　外部触发源选择

名称	触发源	类型	EXTSEL[2:0]
EXT0	TIM1_TRGO		000
EXT1	TIM1_CC4		001
EXT2	TIM2_TRGO	片内定时器产生的内部	010
EXT3	TIM3_TRGO	信号	011
EXT4	TIM15_TRGO		100
EXT5	保留		101
EXT6	保留		110
EXT7	保留	外部引脚	111

注意：1）ADSTART 位也用于指示当前 A/D 转换操作是否正在进行，当 ADC 模块处于空闲时，ADSTART 位由硬件清除。

2）ADC 模块在设置为由硬件触发且为单次转换模式时，EOS 置位后，ADSTART 不会被硬件清 0，目的是为了避免需要软件重新设置 ADSTART 位时错过硬件触发事件。

　　A/D 转换的停止是通过软件设置 ADC_CR 寄存器中的 ADSTP 位实现的。当 ADSTP 置位时，当前正在进行的转换被终止，当前的转换结果被丢弃，扫描序列也被中止并复位，ADSTP 和 ADSTART 位都由硬件清 0，ADC 模块被复位并进入空闲状态，为下次转换做准备。A/D 转换的终止时序如图 10-6 所示。

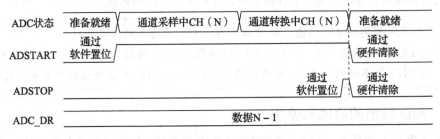

图 10-6　A/D 转换的终止

10.2.4　A/D 转换时序

　　每一次 A/D 转换所用的时间都是采样时间和逐次逼近时间之和。当 ADC 模块设置为由软件触发时，软件将 ADC_CR 寄存器的 ADSTART 置位后，A/D 转换启动并开始对输入的模拟电压进行采样，采样结束后 ADC_ISR 寄存器的采样结束标志位 EOSMP 置位。如果 ADC_IER 寄存器的 EOSMPIE 置位，则会产生 EOSMP 中断，EOSMP 标志位可以通过软件对其写 1 清除。当一次 A/D 转换完成后，转换的结果会硬件存储至 ADC_DR 寄存器中，这时 ADC_ISR 寄存器的转换结束标志位 EOC 位会硬件置位。如果 ADC_IER 寄存器的 EOCIE 位置 1，则会产生一个 EOC 中断。EOC 标志位是通过软件对该位写 1 或读取 ADC_DR 寄存器来清除的。A/D 转换的时序如图 10-7 所示。

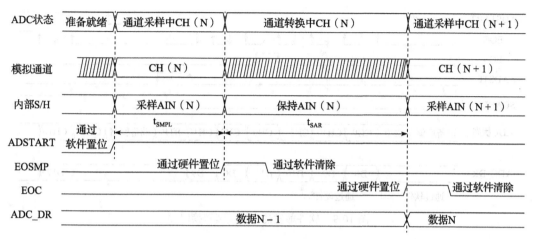

图 10-7 A/D 转换的时序

当一个转换序列中的最后一个通道转换完成并将数据写入 ADC_DR 寄存器后，ADC_ISR 寄存器的 EOS 标志位会硬件置位。当 ADC_IER 寄存器的 EOSIE 位置 1 时，则会产生 EOS 中断。EOS 标志位由软件写 1 来清除。由软件触发的序列单次转换时序如图 10-8 所示。

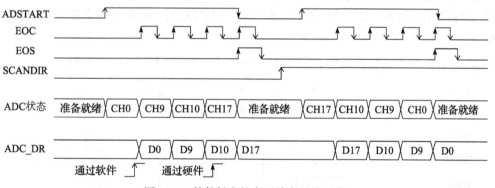

图 10-8 软件触发的序列单次转换时序

当 ADC 模块设置为由软件触发的连续模式时，如果想让正在进行的 A/D 转换停止，需要软件设置 ADC_CR 寄存器的 ADSTP 位来实现，由软件触发的序列连续转换时序如图 10-9 所示。

10.2.5 ADC 过冲

当保存在 ADC_DR 寄存器中的转换数据未被 CPU 或 DMA 及时读取，另外一个转换数据已经有效时，就会发生 ADC 过冲事件。这时 ADC_ISR 寄存器中的 OVR 标志位被硬件置位，如果 ADC_IER 寄存器中的 OVRIE 也置位，则会产生一个 ADC 过冲中断。OVR 标志位可通过软件对其写 1 来清除。

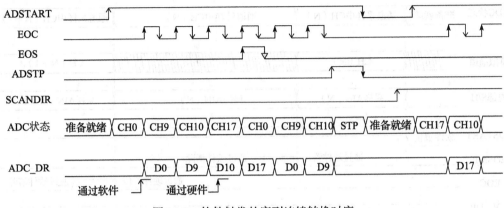

图 10-9 软件触发的序列连续转换时序

当过冲事件发生时，ADC 的转换会继续进行，可通过对 ADC_CFGR1 寄存器中的 OVRMOD 位来设置 ADC 数据寄存器发生过冲时其中的数据是被保持还是被覆盖。当 OVRMOD 清 0 时，过冲事件将保持数据寄存器中的数据，所有后续的转换数据都将被丢弃，如果 OVR 位持续为 1，则后续的转换会继续被执行，但结果都将被丢弃；当 OVRMOD 置 1 时，数据寄存器中新的转换结果将覆盖先前未读取的数据丢失，若 OVR 位持续为 1，后续的转换同样被执行，并且 ADC_DR 寄存器保存的值将持续更新。ADC 过冲事件时序如图 10-10 所示。

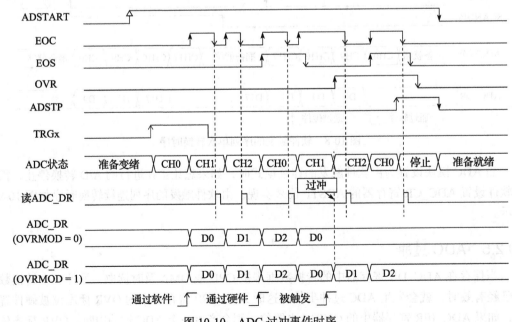

图 10-10 ADC 过冲事件时序

10.2.6 管理转换数据

1. 软件管理转换数据（处理过冲事件）

如果 ADC 的转换速率较低，转换序列可以直接由软件来控制，而无需 DMA 的参与。通过软件轮询 EOC 标志位或使能相应中断的方法确定 A/D 转换完成，之后软件读取 ADC_DR 寄存器获取转换值。另外，还可以将 ADC_CFGR1 寄存器的 OVRMOD 位清 0 来管理可能产生的过冲事件。

2. 软件管理转换数据（忽略过冲事件）

如果不用对每次转换的结果都一定要进行读取，可以将 OVRMOD 位设置为 1，并且软件忽略 OVR 标志位，这时过冲事件不能阻止 ADC 转换的继续进行，并且 ADC_DR 寄存器中的数据始终为最后转换的数据。

3. DMA 管理转换数据

因为所有通道的转换结果都会存放至同一个数据寄存器中，所以当转换通道超过 1 个时，用 DMA 方式会显著降低 CPU 的负担，并且能避免转换结果的丢失。将 ADC_CFGR1 寄存器的 DMAEN 位置 "1" 可以开启 ADC 模块的 DMA 传输模式，这样在每次转换结束后都会产生一个 DMA 请求，从而允许把保存在 ADC_DR 寄存器中的转换数据传送到软件指定的目标地址中。

当某种原因导致 DMA 不能及时处理传输请求而产生过冲时，ADC 会停止产生 DMA 请求，导致之后的转换数据也不能再通过 DMA 进行传输。当软件处理过冲事件后（OVR 位清 0），DMA 传输会继续，这样做的好处是可以确保所有传输到 RAM 中的数据都是有效的。另外，ADC_CFGR1 寄存器的 DMACFG 位用于配置 ADC 模块的 DMA 传输特性，这两种模式用于设定当 DMA 传输数量达到上限时是否产生 DMA 请求。

❑ DMA 单次模式

当 DMACFG 位清 0 时，ADC 模块设置为 DMA 单次模式。在该模式下，ADC 在每次转换数据有效时产生一次 DMA 请求，一旦 DMA 传送数据到达上限，ADC 序列扫描停止并复位，同时产生一个 DMA_EOT 中断，之后即使新的 A/D 转换仍在进行，也不再产生 DMA 请求，DMA 单次模式非常适用于传输固定长度的数据。

❑ DMA 循环模式

当 DMACFG 位置 1 时，ADC 模块被设置为 DMA 循环模式，ADC 会在每次转换数据有效时产生一次 DMA 请求，即使 DMA 传送数据到达上限也不例外。该模式用于在 DMA 模块配置为循环模式或双缓冲模式时处理连续的转换数据流。

10.2.7 ADC 的低功耗特性

1. 自动延迟转换模式（AUTDLY=1，AUTOFF=0）

当 ADC_CFGR1 寄存器的 AUTDLY 位置 1 时，ADC 模块工作在自动延迟模式。在此模式下，只有当先前的 ADC 数据处理完成后，即只有当 ADC_DR 寄存器中的数据被读取或

EOC 标志位被清除后，新的转换才能开始。自动延迟模式是一种自适应 ADC 速度的方法，在正在转换中或自动延迟产生的情况下，任何的硬件触发都会被忽略，用于在低速运行时简化软件操作以及优化系统性能，并且可以有效地避免过冲情况的产生。自动延迟转换模式的时序如图 10-11 所示。

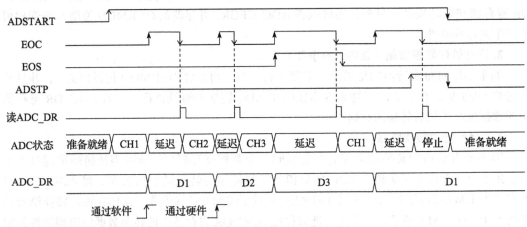

图 10-11　自动延迟转换模式的时序

2. 自动关断模式（AUTDLY=0，AUTOFF=1）

自动关断模式允许 ADC 模块对自身电源进行自动管理。当 ADC_CFGR1 寄存器的 AUTOFF 位置 1 时自动关断模式开启，这时当模块在无 A/D 转换时会自动断电，当被软件或硬件再次触发时，ADC 模块会自动唤醒。模块在唤醒后会在开始转换与采样之间自动插入一个启动时间，一旦序列转换结束后，ADC 会再次自动关闭。自动关断模式可大大降低 ADC 的功耗，非常适用于转换次数少、转换请求间隔时间较长的应用中。自动关断模式的时序如图 10-12 所示。

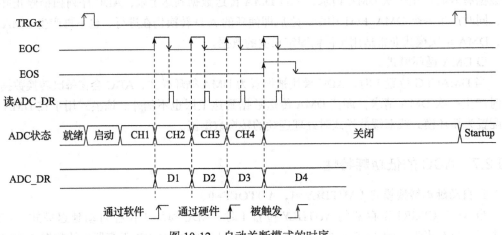

图 10-12　自动关断模式的时序

3. 自动关断和自动延迟联合模式（AUTDLY=1，AUTOFF=1）

在低频率的转换应用中，自动关断模式可以与自动延迟转换模式联合使用，以达到更好的节能效果。在这种情况下，ADC 模块不仅在转换空闲时进入关闭状态，而且会在每次通道转换结束和软件读取 ADC_DR 数据寄存器的时间内关闭。自动关断和自动延迟联合模式时序如图 10-13 所示。

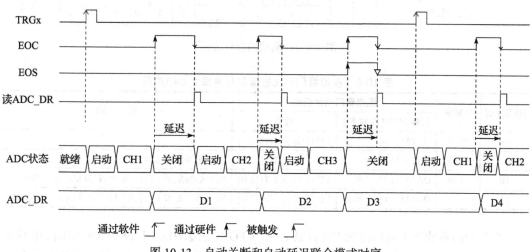

图 10-13　自动关断和自动延迟联合模式时序

10.2.8　模拟看门狗

模拟看门狗（AWD）用于监控 ADC 模块的单一通道或所有使能通道的输入电压是否超出了设定的高 / 低阈值，其配置电压范围（窗口）如图 10-14 所示。模拟看门狗由 ADC_CFGR1 寄存器的 AWDEN 位使能，当所监控的模拟电压低于 ADC_LTR 寄存器设定的低阈值或高于 ADC_HTR 寄存器设定的高阈值时，ADC_ISR 寄存器的 AWD 位硬件置位，表明发生了模拟看门狗事件，软件对该位写 1 可以清除该位。如果软件将 ADC_IER 寄存器的 AWDIE 位置 1，将产生模拟看门狗中断。

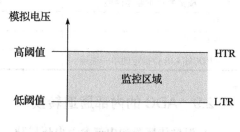

图 10-14　模拟看门狗监控区域

模拟看门狗的高低阈值分别保存在 ADC_HTR 和 ADC_LTR 两个 16 位寄存器中。当 ADC 的分辨率设置为 12 位模式时，阈值的有效值分别保存于寄存器 ADC_HTR 和 ADC_LTR 的 0 ~ 11 位上，而当分辨率设置为 10 位时，阈值的有效值保存于寄存器的 2 ~ 11 位上，与 12 位分辨率时数据的存放高位对齐（左对齐），并且 ADC_HTR 和 ADC_LTR 寄存器阈值的 bit1 ~ bit0 位必须保持为 0。阈值在 ADC_HTR 和 ADC_LTR 寄存器上的存放方式如图 10-15 所示，模拟看门狗比较值与分辨率之间的关系详见表 10-8。

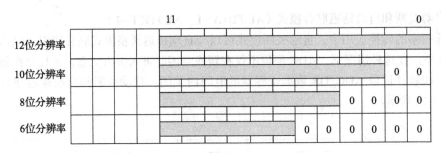

图 10-15　阈值的存放方式

表 10-8　模拟看门狗比较值与分辨率之间的关系

RES[1:0]	分辨率	模拟看门狗比较值		说　　　明
		转换数据（左对齐）	阈值	
00	12 位	DATA[11:0]	LT[11:0] 至 HT[11:0]	
01	10 位	DATA[11:2],00	LT[11:0] 至 HT[11:0]	用户必须配置 LT1[1:0] 和 HT1[1:0] 为 "00"
10	8 位	DATA[11:4],0000	LT[11:0] 至 HT[11:0]	用户必须配置 LT1[3:0] 和 HT1[3:0] 为 "0000"
11	6 位	DATA[11:6],000000	LT[11:0] 至 HT[11:0]	用户必须配置 LT1[5:0] 和 HT1[5:0] 为 "000000"

　　模拟看门狗的通道选择由配置寄存器 ADC_CFGR1 的 AWDSGL 位和 AWDCH[4:0] 位来设定。当 AWDSGL 位的值为 0 时，在所有通道上使能模拟看门狗，而当 AWDSGL 位的值为 1 时，只有 AWDCH[4:0] 位指定的通道才使能模拟看门狗。其通道选择详见表 10-9。

表 10-9　模拟看门狗的通道选择

模拟看门狗监控通道	AWDSGL 位	AWDEN 位
无	×	0
所有通道	0	1
AWDCH[4:0] 位指定的单一通道	1	1

10.2.9　ADC 的内部通道转换

1. 温度传感器和内部参考电压模块

　　STM32F0 系列微控制器片内集成有温度传感器，它的输出电压随温度线性变化，支持的温度测量范围在 –40℃～ 125℃，测量精度为 ±2℃，可以用来测量器件的接点温度。温度传感器内部连接到 ADC1_IN16 输入通道，通过设置 ADC_CCR 寄存器的 TSEN 位来激活温度传感器。

　　另外，STM32F0 系列微控制器片内还集成有内部参考电压模块，提供稳定的 1.2V 电压输出，为 ADC 和比较器提供参考电压源，内部参考电压模块连接于 ADC1_IN17 输入通道，设置 ADC_CCR 寄存器的 VREFEN 位可以使能该模块。温度传感器和参考电压模块的结构如图 10-16 所示。

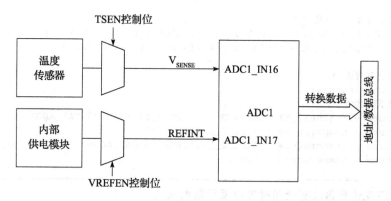

图 10-16　温度传感器和参考电压模块的结构

💻 编程向导　读取温度值

1）选择 ADC1_IN16 输入通道。

2）选择 17.1μs 的采样时间。

3）在 ADC_CCR 寄存器中设置 TSEN 位从断电模式下唤醒温度传感器。

4）设置 ADC_CR 寄存器的 ADSTART 位（也可通过外部触发）来启动 A/D 转换。

5）从 ADC_DR 寄存器中读取 V_{SENSE} 转换数据。

6）使用以下公式计算温度值：

$$温度值（℃）= \frac{110℃ - 30℃}{TS\_CAL2 - TS\_CAL1} \times (TS\_DATA - TS\_CAL1) + 30℃$$

在上式中，TS_CAL2 是温度传感器在 110℃时的校准值，TS_CAL1 是温度传感器在 30℃时的校准值，TS_DATA 是由 ADC 转换得到的实际温度传感器输出值。值得注意的是，在每一片微控制器芯片出厂时，温度传感器的输出值都经过校准，并将校准值保存于片内存储器中，温度传感器校准值存储地址详见表 10-10。

表 10-10　温度传感器校准值存储地址

校准值	条件	存储器地址	参考值（因器件变化）
TS_CAL1	30℃（±5℃）	0x1FFF F7B8	1757
TS_CAL2	110℃（±5℃）	0x1FFF F7C2	1316

读取温度传感器的具体方法可以参考以下代码：

```
ADC1->CHSELR = ADC_CHSELR_CHSEL16; /* 选择通道 16 */
ADC1->SMPR |= ADC_SMPR_SMP_0 | ADC_SMPR_SMP_1 | ADC_SMPR_SMP_2; /* 选择采样时间为
239.5 个 ADC 时钟 */
ADC->CCR |= ADC_CCR_TSEN; /* 唤醒温度传感器 */
```

温度的计算方法可以参考以下代码：

```
/* 温度传感器校准值地址 */
#define TEMP110_CAL_ADDR ((uint16_t*) ((uint32_t) 0x1FFFF7C2))
#define TEMP30_CAL_ADDR ((uint16_t*) ((uint32_t) 0x1FFFF7B8))
......
/* 保存摄氏度的值 */
int32_t temperature;
/* 计算摄氏度的值 */
temperature = (((int32_t) ADC1->DR )- (int32_t) *TEMP30_CAL_ADDR );
temperature = temperature * (int32_t)(110 - 30);
temperature = temperature / (int32_t)(*TEMP110_CAL_ADDR- *TEMP30_CAL_ADDR);
temperature = temperature + 30;
```

注意：1）当温度传感器没有使用时可以置于断电模式。

2）温度传感器的采样时间必须长于 2.2μs。

3）温度传感器从断电模式下唤醒时到能正确输出 V_{SENSE} 的值要有一个启动时间，ADC 从上电后启动也有一个启动时间，若要减少这个延时，则需要在同一时间设置 ADEN 和 TSEN 位。

2. 电池电压监测

STM32F0 系列微控制器允许 ADC 模块监测从 VBAT 引脚进来的后备电池电压，通过将 ADC_CCR 寄存器的 VBATEN 位置 1 可以使能该功能。在实际应用中，由于后备电池的电压可能比电源供电电压高，为了确保 ADC 的正确操作，VBAT 引脚内部连接到一个 2 分压桥，当 VBATEN 位置 1 时该分压桥自动开启，并且内部连接 VBAT/2 到 ADC1_IN18 输入通道。因此，使用 ADC 转换后的数值为 VBAT 供电电压的一半。为了防止不必要的电池能量消耗，最好在需要转换电池电压时再打开分压桥。

10.2.10 ADC 中断

ADC 中断可由以下事件产生：

❑ ADC 上电后，当 ADC 准备就绪时（ADRDY 标志位置位）

❑ 任何一次的转换结束（EOC 标志位置位）

❑ 序列转换结束（EOS 标志位置位）

❑ 模拟看门狗检测事件发生（AWD 标志位置位）

❑ 采样过程结束（EOSMP 标志位置位）

❑ 发生数据过冲（OVR 标志位置位）

当以上事件发生时，ADC 中断和状态寄存器 ADC_ISR 的相应标志位会置位，如果 ADC 中断使能寄存器 ADC_IER 的相应位也置位，相应的中断则会产生。ADC 中断事件及相关功能位详见表 10-11。

表 10-11 ADC 中断事件及相关功能位

中断事件	事件标志	使能控制位
ADC 准备好	ADRDY	ADRDYIE

（续）

中断事件	事件标志	使能控制位
通道转换结束	EOC	EOCIE
序列转换结束	EOS	EOSIE
模拟看门狗事件	AWD	AWDIE
采样阶段结束	EOSMP	EOSMPIE
过冲	OVR	OVRIE

10.3　ADC 函数

10.3.1　ADC 类型定义

输出类型 10-1：ADC 初始化和规则组结构定义

`ADC_InitTypeDef`

```
typedef struct
{
    uint32_t ClockPrescaler;/* 选择 ADC 时钟源和时钟预分频, 该参数可以是 ADC_ClockPrescaler 的
                              值之一 */
    uint32_t Resolution;     /* 配置 ADC 的分辨率, 该参数可以是 ADC_Resolution 的值之一 */
    uint32_t DataAlign;      /* 定义 ADC 数据对齐方式, 该参数可以是 ADC_Data_align 的值之一 */
    uint32_t ScanConvMode;   /* 配置规则组转换序列, 这参数可以是 ADC_Scan_mode 的值之一 */
    uint32_t EOCSelection;   /* 指定 EOC 标志 (转换结束) 被哪一个方式使用 (轮询或中断), 用于指
                              示每个级别或全部序列转换完成, 该参数可以是 ADC_EOCSelection
                              的值之一 */
    uint32_t LowPowerAutoWait;     /* 选择动态低功耗自动延迟, 该参数可以被设置为 ENABLE 或
                                    DISABLE*/
    uint32_t LowPowerAutoPowerOff; /* 选择自动关闭模式, 该参数可以被设置为 ENABLE 或
                                    DISABLE*/
    uint32_t ContinuousConvMode;   /* 在所选择的触发发生后 (软件启动或外部触发), 指定规则
                                    组是否执行单次转换模式或连续转换, 该参数可以被设置为
                                    ENABLE 或 DISABLE*/
    uint32_t DiscontinuousConvMode; /* 指定规则组的转换序列是执行完整序列还是间断序列, 该参
                                     数可以被设置为 ENABLE 或 DISABLE*/
    uint32_t ExternalTrigConv;     /* 选择用于触发规则组开始转换的外部事件, 该参数可以是 ADC_
                                    External_trigger_source_Regular 的值之一 */
    uint32_t ExternalTrigConvEdge; /* 选择规则组外部触发边沿, 该参数可以是 ADC_External_
                                    trigger_edge_Regular 的值之一 */
    uint32_t DMAContinuousRequests; /* 指定是否在单次模式中执行 DMA 请求, 该参数可以被设置为
                                     ENABLE 或 DISABLE*/
    uint32_t Overrun;        /* 选择一旦发生过冲后的动作：数据保存或覆盖。该参数只会影响规则
                              组, 包括在 DMA 模式下, 该参数可以是 ADC_Overrun 的值之一 */
    uint32_t SamplingTimeCommon;   /* 为选定的通道设置采样时间值, 该参数可以是 ADC_samp-
                                    ling_times 的值之一 */
} ADC_InitTypeDef;
```

输出类型 10-2：ADC 通道规则组结构定义

ADC_ChannelConfTypeDef

```
typedef struct
{
    uint32_t Channel;    /* 用于指定 ADC 规则组的通道配置，该参数可以是 ADC_channels 的值之一 */
    uint32_t Rank;       /* 从 ADC 规则组序列中添加或移除通道，这个参数可以是 ADC_rank 值之一 */
    uint32_t SamplingTime;   /* 为所选择的通道设置采样时间值，该参数可以是 ADC_sampling_times
                                的值之一 */
}ADC_ChannelConfTypeDef;
```

输出类型 10-3：ADC 模拟看门狗结构定义

ADC_AnalogWDGConfTypeDef

```
typedef struct
{
    uint32_t WatchdogMode;    /* 配置 ADC 模拟看门狗模式：单独 / 所有 / 无通道，该参数可以是 ADC_
                                 analog_watchdog_mode 的值之一 */
    uint32_t Channel;         /* 选择一个 ADC 通道作为模拟看门狗的监控通道，这个参数只有当 Watchdog-
                                 Mode 配置为单一通道时才有效，且只能有一个通道可以作为监控，该参
                                 数可以是 ADC_channels 的值之一 */
    uint32_t ITMode;          /* 指定是否配置模拟看门狗为中断或查询模式，该参数可以设置为 ENABLE 或
                                 DISABLE */
    uint32_t HighThreshold;   /* 配置 ADC 模拟看门狗高阈值，根据 ADC 的分辨率选择 (12、10、8 或 6 位)，
                                 该参数必须在 Min_Data = 0x000 和 Max_Data = 0xfff 值之间，或
                                 为 0x3ff、0xff、0x3f 的值之一 */
    uint32_t LowThreshold;    /* 配置 ADC 模拟看门狗低阈值。根据 ADC 的分辨率选择 (12、10、8 或 6 位)，
                                 该参数必须在 Min_Data = 0x000 和 Max_Data = 0xfff 值之间，或为
                                 0x3ff、0xff、0x3f 的值之一 */
}ADC_AnalogWDGConfTypeDef
```

输出类型 10-4：ADC 处理结构定义

ADC_HandleTypeDef

```
typedef struct
{
    ADC_TypeDef      *Instance;         /* 寄存器基地址 */
    ADC_InitTypeDef      Init;          /* ADC 所需参数 */
    DMA_HandleTypeDef    *DMA_Handle;   /* DMA 处理指针 */
    HAL_LockTypeDef      Lock;          /* ADC 锁定对象 */
    __IO uint32_t        State;         /* ADC 通信状态（ADC 状态位映像）*/
    __IO uint32_t        ErrorCode;     /* ADC 错误代码 */
}ADC_HandleTypeDef;
```

10.3.2　ADC 常量定义

输出常量 10-1：ADC 转换通道定义

状态定义	释　　义
ADC_CHANNEL_0	通道 0

（续）

状态定义	释　义
ADC_CHANNEL_1	通道 1
ADC_CHANNEL_2	通道 2
ADC_CHANNEL_3	通道 3
ADC_CHANNEL_4	通道 4
ADC_CHANNEL_5	通道 5
ADC_CHANNEL_6	通道 6
ADC_CHANNEL_7	通道 7
ADC_CHANNEL_8	通道 8
ADC_CHANNEL_9	通道 9
ADC_CHANNEL_10	通道 10
ADC_CHANNEL_11	通道 11
ADC_CHANNEL_12	通道 12
ADC_CHANNEL_13	通道 13
ADC_CHANNEL_14	通道 14
ADC_CHANNEL_15	通道 15
ADC_CHANNEL_16	通道 16
ADC_CHANNEL_17	通道 17
ADC_CHANNEL_18	通道 18

输出常量 10-2：ADC 全局状态

状态定义	状态值	释　义
HAL_ADC_STATE_RESET	(uint32_t)0x00000000	ADC 尚未初始化或禁用
HAL_ADC_STATE_READY	(uint32_t)0x00000001	ADC 外设准备好
HAL_ADC_STATE_BUSY_INTERNAL	(uint32_t)0x00000002	ADC 内部忙（初始化、校准过程）
HAL_ADC_STATE_TIMEOUT	(uint32_t)0x00000004	ADC 产生超时

输出常量 10-3：ADC 错误状态

状态定义	状态值	释　义
HAL_ADC_STATE_ERROR_INTERNAL	(uint32_t)0x00000010	产生内部错误
HAL_ADC_STATE_ERROR_CONFIG	(uint32_t)0x00000020	产生配置错误
HAL_ADC_STATE_ERROR_DMA	(uint32_t)0x00000040	产生 DMA 错误

输出常量 10-4：ADC 规则组状态

状态定义	状态值	释　义
HAL_ADC_STATE_REG_BUSY	(uint32_t)0x00000100	规则组转换正在进行或可能发生
HAL_ADC_STATE_REG_EOC	(uint32_t)0x00000200	规则组转换数据有效
HAL_ADC_STATE_REG_OVR	(uint32_t)0x00000400	发生过冲
HAL_ADC_STATE_REG_EOSMP	(uint32_t)0x00000800	采样结束标志位置位（STM32F0 器件不可用）

输出常量 10-5：ADC 注入组状态

状态定义	状态值	释　义
HAL_ADC_STATE_INJ_BUSY	(uint32_t)0x00001000	注入组转换正在进行或可能发生（STM32F0 器件不可用）
HAL_ADC_STATE_INJ_EOC	(uint32_t)0x00002000	注入组转换数据可用（STM32F0 器件不可用）
HAL_ADC_STATE_INJ_JQOVF	(uint32_t)0x00004000	发生注入组队列过冲（STM32F0 器件不可用）

输出常量 10-6：ADC 模拟看门狗状态

状态定义	状态值	释　义
HAL_ADC_STATE_AWD1	(uint32_t)0x00010000	模拟看门狗 1 发生窗口溢出
HAL_ADC_STATE_AWD2	(uint32_t)0x00020000	模拟看门狗 2 发生窗口溢出（STM32F0 器件不可用）
HAL_ADC_STATE_AWD3	(uint32_t)0x00040000	模拟看门狗 3 发生窗口溢出（STM32F0 器件不可用）

输出常量 10-7：ADC 错误代码 (ADC_Error_Code)

状态定义	状态值	释　义
HAL_ADC_ERROR_NONE	((uint32_t)0x00)	没有错误
HAL_ADC_ERROR_INTERNAL	((uint32_t)0x01)	内部错误
HAL_ADC_ERROR_OVR	((uint32_t)0x02)	过冲错误
HAL_ADC_ERROR_DMA	((uint32_t)0x04)	DMA 传输错误

输出常量 10-8：ADC 时钟预分频 (ADC_ClockPrescaler)

状态定义	释　义
ADC_CLOCK_ASYNC_DIV1	ADC 异步时钟来源于 ADC 专用 HIS 时钟
ADC_CLOCK_SYNC_PCLK_DIV2	ADC 同步时钟来源于 AHB 时钟的 2 分频
ADC_CLOCK_SYNC_PCLK_DIV4	ADC 同步时钟来源于 AHB 时钟的 4 分频

输出常量 10-9：ADC 分辨率 (ADC_Resolution)

状态定义	释　义
ADC_RESOLUTION_12B	ADC12 位分辨率
ADC_RESOLUTION_10B	ADC10 位分辨率
ADC_RESOLUTION_8B	ADC8 位分辨率
ADC_RESOLUTION_6B	ADC6 位分辨率

输出常量 10-10：ADC 数据对齐（ADC_Data_align）

状态定义	释　义
ADC_DATAALIGN_RIGHT	ADC 数据右对齐
ADC_DATAALIGN_LEFT	ADC 数据左对齐

输出常量 10-11：ADC 扫描方式（ADC_Scan_mode）

状态定义	释　义
ADC_SCAN_DIRECTION_FORWARD	向前扫描：从通道 0 至通道 18
ADC_SCAN_DIRECTION_BACKWARD	向后扫描：从通道 18 至通道 0

输出常量 10-12：ADC 外部触发边沿规则（ADC_External_trigger_edge_Regular）

状态定义	释 义
ADC_EXTERNALTRIGCONVEDGE_NONE	无边沿触发
ADC_EXTERNALTRIGCONVEDGE_RISING	上升沿触发
ADC_EXTERNALTRIGCONVEDGE_FALLING	下降沿触发
ADC_EXTERNALTRIGCONVEDGE_RISINGFALLING	上升和下降沿触发

输出常量 10-13：ADC 转换结束选择（ADC_EOCSelection）

状态定义	释 义
ADC_EOC_SINGLE_CONV	单次转换结束
ADC_EOC_SEQ_CONV	序列转换结束
ADC_EOC_SINGLE_SEQ_CONV	单次及序列转换结束

输出常量 10-14：ADC 过冲（ADC_Overrun）

状态定义	释 义
ADC_OVR_DATA_OVERWRITTEN	用最后一次的转换数据覆盖
ADC_OVR_DATA_PRESERVED	保持前一次转换数据

输出常量 10-15：ADC 队列（ADC_rank）

状态定义	释 义
ADC_RANK_CHANNEL_NUMBER	将所选通道加入转换队列，序列中转换队列号由被使能的通道号定义，每一个队列号由通道号决定（通道 0 固定为队列 0，通道 1 固定为队列 1）
ADC_RANK_NONE	关闭序列中所选择的队列（所选通道）

输出常量 10-16：ADC 采样时间（ADC_sampling_times）

状态定义	释 义
ADC_SAMPLETIME_1CYCLE_5	采样时间 1.5 ADC 时钟周期
ADC_SAMPLETIME_7CYCLES_5	采样时间 7.5 ADC 时钟周期
ADC_SAMPLETIME_13CYCLES_5	采样时间 13.5 ADC 时钟周期
ADC_SAMPLETIME_28CYCLES_5	采样时间 28.5 ADC 时钟周期
ADC_SAMPLETIME_41CYCLES_5	采样时间 41.5 ADC 时钟周期
ADC_SAMPLETIME_55CYCLES_5	采样时间 55.5 ADC 时钟周期
ADC_SAMPLETIME_71CYCLES_5	采样时间 71.5 ADC 时钟周期
ADC_SAMPLETIME_239CYCLES_5	采样时间 239.5 ADC 时钟周期

输出常量 10-17：ADC 模拟看门狗模式（ADC_analog_watchdog_mode）

状态定义	释 义
ADC_ANALOGWATCHDOG_NONE	关闭模拟看门狗
ADC_ANALOGWATCHDOG_SINGLE_REG	在单一通道上使能看门狗
ADC_ANALOGWATCHDOG_ALL_REG	在所有通道上使能看门狗

输出常量 10-18：ADC 事件类型（ADC_Event_type）

状态定义	释　　义
ADC_AWD_EVENT	ADC 模拟看门狗 1 事件
ADC_OVR_EVENT	ADC 过冲事件

输出常量 10-19：ADC 中断定义（ADC_interrupts_definition）

状态定义	释　　义
ADC_IT_AWD	ADC 模拟看门狗中断源
ADC_IT_OVR	ADC 过冲中断源
ADC_IT_EOS	ADC 规则序列转换中断源
ADC_IT_EOC	ADC 规则转换中断源
ADC_IT_EOSMP	ADC 采样结束中断源
ADC_IT_RDY	ADC 准备就绪中断源

输出常量 10-20：ADC 标志定义（ADC_interrupts_definition）

状态定义	释　　义
ADC_FLAG_AWD	ADC 模拟看门狗标志
ADC_FLAG_OVR	ADC 过冲标志
ADC_FLAG_EOS	ADC 规则组序列转换结束标志
ADC_FLAG_EOC	DC 规则转换结束标志
ADC_FLAG_EOSMP	ADC 采样结束标志
ADC_FLAG_RDY	ADC 就绪标志

10.3.3 ADC 函数定义

函数 10-1

函数名	**ADC_ConversionStop**
函数原型	HAL_StatusTypeDef **ADC_ConversionStop** (ADC_HandleTypeDef * hadc)
功能描述	停止 ADC 转换
输入参数	hadc：ADC 操作
先决条件	ADC 转换必须停止才能关闭 ADC 模块
注意事项	无
返回值	HAL 状态

函数 10-2

函数名	**ADC_Disable**
函数原型	HAL_StatusTypeDef **ADC_Disable** (ADC_HandleTypeDef * hadc)
功能描述	关闭选择的 ADC
输入参数	hadc：ADC 操作
先决条件	ADC 转换必须停止
注意事项	无
返回值	HAL 状态

函数 10-3

函数名	ADC_DMAConvCplt
函数原型	void **ADC_DMAConvCplt** (DMA_HandleTypeDef * hdma)
功能描述	DMA 传输完成回调
输入参数	hdma：指向 DMA 操作的指针
先决条件	无
注意事项	无
返回值	无

函数 10-4

函数名	ADC_DMAError
函数原型	void **ADC_DMAError** (DMA_HandleTypeDef * hdma)
功能描述	DMA 错误回调
输入参数	hdma：指向 DMA 操作的指针
先决条件	无
注意事项	无
返回值	无

函数 10-5

函数名	ADC_DMAHalfConvCplt
函数原型	void **ADC_DMAHalfConvCplt** (DMA_HandleTypeDef * hdma)
功能描述	DMA 半程传输结束回调
输入参数	hdma：指向 DMA 操作的指针
先决条件	无
注意事项	无
返回值	无

函数 10-6

函数名	ADC_Enable
函数原型	HAL_StatusTypeDef **ADC_Enable** (ADC_HandleTypeDef * hadc)
功能描述	使能选择的 ADC
输入参数	hadc：ADC 操作
先决条件	ADC 必须停止，而且电压调节器必须开启（在 ADC_INIT() 函数中设定）
注意事项	无
返回值	HAL 状态

函数 10-7

函数名	HAL_ADC_DeInit
函数原型	HAL_StatusTypeDef **HAL_ADC_DeInit** (ADC_HandleTypeDef * hadc)
功能描述	取消初始设置，复位 ADC 外设寄存器至其默认值，并且反初始化 ADC 微控制器特定程序包
输入参数	hadc：ADC 操作

（续）

先决条件	无
注意事项	无
返回值	HAL 状态

函数 10-8

函数名	**HAL_ADC_Init**
函数原型	HAL_StatusTypeDef **HAL_ADC_Init** (ADC_HandleTypeDef * hadc)
功能描述	按照结构体"ADC_InitTypeDef"中指定的参数，初始化 ADC 外设和通用组
输入参数	hadc：ADC 操作
先决条件	无
注意事项	无
注意事项	无
返回值	HAL 状态

函数 10-9

函数名	**HAL_ADC_MspDeInit**
函数原型	void **HAL_ADC_MspDeInit** (ADC_HandleTypeDef * hadc)
功能描述	反初始化 ADC 微控制器特定程序包
输入参数	hadc：ADC 操作
先决条件	无
注意事项	无
返回值	无

函数 10-10

函数名	**HAL_ADC_MspInit**
函数原型	void **HAL_ADC_MspInit** (ADC_HandleTypeDef * hadc)
功能描述	初始化 ADC 主堆栈指针（MSP）
输入参数	hadc：ADC 操作
先决条件	无
注意事项	无
返回值	无

函数 10-11

函数名	**HAL_ADC_ConvCpltCallback**
函数原型	void **HAL_ADC_ConvCpltCallback** (ADC_HandleTypeDef * hadc)
功能描述	非阻塞模式下转换结束回调
输入参数	hadc：ADC 操作
先决条件	无
注意事项	无
返回值	无

函数 10-12

函数名	**HAL_ADC_ConvHalfCpltCallback**
函数原型	void **HAL_ADC_ConvHalfCpltCallback** (ADC_HandleTypeDef * hadc)
功能描述	在非阻塞模式下，转换后 DMA 半程传输回调
输入参数	hadc：ADC 操作
先决条件	无
注意事项	无
返回值	无

函数 10-13

函数名	**HAL_ADC_ErrorCallback**
函数原型	void **HAL_ADC_ErrorCallback** (ADC_HandleTypeDef * hadc)
功能描述	在非阻塞模式下 ADC 错误回调（ADC 转换在中断模式下或通过 DMA 传输
输入参数	hadc：ADC 操作
先决条件	无
注意事项	无
返回值	无

函数 10-14

函数名	**HAL_ADC_GetValue**
函数原型	uint32_t **HAL_ADC_GetValue** (ADC_HandleTypeDef * hadc)
功能描述	获取 ADC 规则组转换结果
输入参数	hadc：ADC 操作
先决条件	无
注意事项	无
返回值	ADC 规则组转换数据

函数 10-15

函数名	**HAL_ADC_IRQHandler**
函数原型	void **HAL_ADC_IRQHandler** (ADC_HandleTypeDef * hadc)
功能描述	处理 ADC 中断请求
输入参数	hadc：ADC 操作
先决条件	无
注意事项	无
返回值	无

函数 10-16

函数名	**HAL_ADC_LevelOutOfWindowCallback**
函数原型	void **HAL_ADC_LevelOutOfWindowCallback** (ADC_HandleTypeDef * hadc)
功能描述	在非阻塞模式下模拟看门狗回调

（续）

输入参数	hadc：ADC 操作
先决条件	无
注意事项	无
返回值	无

函数 10-17

函数名	**HAL_ADC_PollForConversion**
函数原型	HAL_StatusTypeDef **HAL_ADC_PollForConversion** (　　ADC_HandleTypeDef *　hadc, 　　uint32_t　　　　　　　Timeout)
功能描述	等待规则组转换完成
输入参数 1	hadc：ADC 操作
输入参数 2	Timeout：以毫秒为单位的超时时间值
先决条件	无
注意事项	无
返回值	无

函数 10-18

函数名	**HAL_ADC_PollForEvent**
函数原型	HAL_StatusTypeDef **HAL_ADC_PollForEvent** (　ADC_HandleTypeDef *　　hadc, 　uint32_t　　　　　　　EventType, 　uint32_t　　　　　　　Timeout)
功能描述	查询转换事件
输入参数 1	hadc：ADC 操作
输入参数 2	EventType：ADC 事件类型，这个参数可以是以下值之一 ADC_AWD_EVENT：ADC 模拟看门狗事件 ADC_OVR_EVENT：ADC 过冲事件
输入参数 3	Timeout：以毫秒为单位的超时时间值
先决条件	无
注意事项	无
返回值	HAL 状态

函数 10-19

函数名	**HAL_ADC_Start**
函数原型	HAL_StatusTypeDef **HAL_ADC_Start** (ADC_HandleTypeDef *　hadc)

（续）

功能描述	使能 ADC，启动规则组转换
输入参数	hadc：ADC 操作
先决条件	无
注意事项	无
返回值	HAL 状态

函数 10-20

函数名	**HAL_ADC_Start_DMA**
函数原型	HAL_StatusTypeDef **HAL_ADC_Start_DMA** (　ADC_HandleTypeDef *　hadc, 　uint32_t *　　　　　pData, 　uint32_t　　　　　　Length)
功能描述	使能 ADC，启动规则组转换并且通过 DMA 传送结果
输入参数 1	hadc：ADC 操作
输入参数 2	pData：目标缓冲区地址
输入参数 3	Length：从 ADC 外设至内存要传递的数据长度
先决条件	无
注意事项	无
返回值	HAL 状态

函数 10-21

函数名	**HAL_ADC_Start_IT**
函数原型	HAL_StatusTypeDef **HAL_ADC_Start_IT** (ADC_HandleTypeDef *　hadc)
功能描述	在中断方式下，使能 ADC 并启动规则组转换
输入参数	hadc：ADC 操作
先决条件	无
注意事项	无
返回值	HAL 状态

函数 10-22

函数名	**HAL_ADC_Stop**
函数原型	HAL_StatusTypeDef **HAL_ADC_Stop** (ADC_HandleTypeDef *　hadc)
功能描述	停止 ADC 规则组转换，关闭 ADC 外设
输入参数	hadc：ADC 操作
先决条件	无
注意事项	无
返回值	HAL 状态

函数 10-23

函数名	**HAL_ADC_Stop_DMA**
函数原型	HAL_StatusTypeDef **HAL_ADC_Stop_DMA** (ADC_HandleTypeDef * hadc)
功能描述	停止 ADC 规则组转换，关闭 ADC 外设 DMA 传输，关闭 ADC 外设
输入参数	hadc：ADC 操作
先决条件	无
注意事项	无
返回值	HAL 状态

函数 10-24

函数名	**HAL_ADC_Stop_IT**
函数原型	HAL_StatusTypeDef **HAL_ADC_Stop_IT** (ADC_HandleTypeDef * hadc)
功能描述	停止 ADC 规则组转换，关闭转换结束中断，关闭 ADC 外设
输入参数	hadc：ADC 操作
先决条件	无
注意事项	无
返回值	HAL 状态

函数 10-25

函数名	**HAL_ADC_AnalogWDGConfig**

函数原型	HAL_StatusTypeDef **HAL_ADC_AnalogWDGConfig**
	(
	  ADC_HandleTypeDef * hadc,
	  ADC_AnalogWDGConfTypeDef * AnalogWDGConfig
	)

功能描述	配置模拟看门狗
输入参数 1	hadc：ADC 操作
输入参数 2	AnalogWDGConfig：ADC 模拟看门狗配置数据结构
先决条件	无
注意事项	无
返回值	HAL 状态

函数 10-26

函数名	**HAL_ADC_ConfigChannel**

函数原型	HAL_StatusTypeDef **HAL_ADC_ConfigChannel**
	(
	  ADC_HandleTypeDef * hadc,
	  ADC_ChannelConfTypeDef * sConfig
	)

功能描述	配置所选择的通道连接至规则组
输入参数 1	hadc：ADC 操作

（续）

输入参数 2	sConfig：ADC 规则组通道数据结构
先决条件	无
注意事项	无
返回值	HAL 状态

函数 10-27

函数名	**HAL_ADC_GetError**
函数原型	uint32_t **HAL_ADC_GetError** (ADC_HandleTypeDef * hadc)
功能描述	返回 ADC 错误代码
输入参数	hadc：ADC 操作
先决条件	无
注意事项	无
返回值	ADC 错误代码

函数 10-28

函数名	**HAL_ADC_GetState**
函数原型	uint32_t **HAL_ADC_GetState** (ADC_HandleTypeDef * hadc)
功能描述	返回 ADC 状态
输入参数	hadc：ADC 状态
先决条件	无
注意事项	无
返回值	HAL 状态

函数 10-29

函数名	**HAL_ADCEx_Calibration_Start**
函数原型	HAL_StatusTypeDef **HAL_ADCEx_Calibration_Start** (ADC_HandleTypeDef * hadc)
功能描述	执行 ADC 自动自校准
输入参数	hadc：ADC 操作
先决条件	ADC 必须是关闭状态（执行这个函数要在 HAL_ADC_Start() 函数之前或在 HAL_ADC_Stop() 函数之后）
注意事项	无
返回值	HAL 状态

10.4　ADC 的应用实例

　　ADC 模块的编程要注意时钟的把握，如果对时序的要求不是十分苛刻，推荐采用 ADC 专用的片内 14MHz 时钟。在默认情况下，HSI14 时钟是关闭的，需要经过配置才能为 ADC

模块使用。另外，在对 ADC 模块进行初始化之前，需要软件对 ADC 模块校准，这样可以大大提高转换精度和工作的稳定性。应当注意的是，对 ADC 的初始化不需要事先使能 ADC 模块，将初始化参数配置完成后，方可使能 ADC 模块。

10.4.1 数字显示电压值

在本例中，通过使能 ADC 模块的通道 0 来检测外部的模拟电压，模块被设置成单次转换模式，通过软件来循环启动 A/D 转换，并且将模拟电压值动态地显示在显示模块的四位数码管上。程序运行后，按照输入电压的不同，数码管的显示值在 0.000 ～ 3.299 之间。在使用 STM32CubeMX 软件生成项目时，在 "Pinout" 视图中对引脚的配置如图 10-17 所示，这些引脚用于驱动数码管和晶体振荡器。

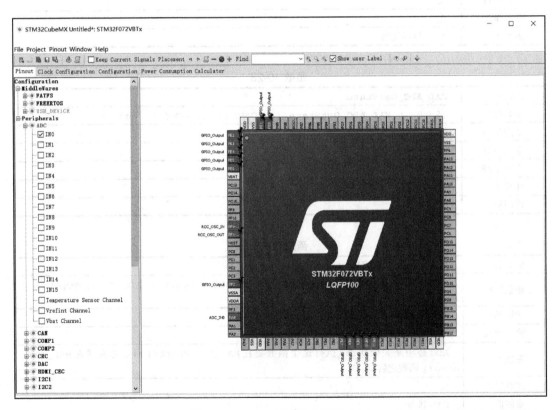

图 10-17　ADC 模块驱动配置（一）

在 "Clock Configuration" 视图中，对时钟的配置是使用外部晶体振荡器作为锁相环输入时钟源，经 6 倍频后为系统提供时钟，具体配置如图 10-18 所示。

在 "Configuration" 视图中，单击 "Analog" 按钮，完成 ADC 模块的参数配置，如图 10-19 所示。

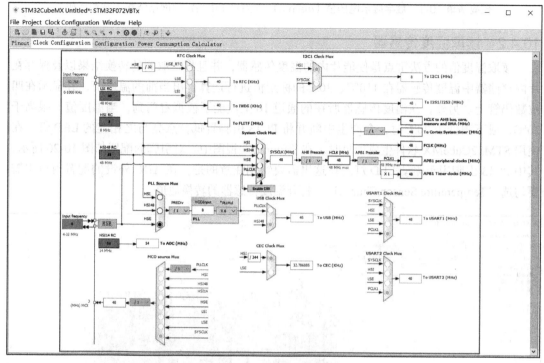

图 10-18　ADC 模块驱动配置（二）

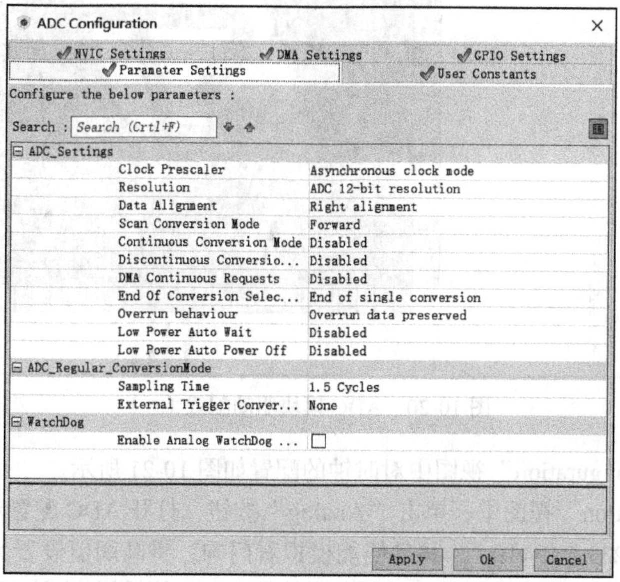

图 10-19　ADC 模块驱动配置（三）

以上配置完成后，即可生成开发项目，具体代码详见代码清单 10-1。

代码清单 10-1 数字显示电压值（main.c）（在附录 J 中指定的网站链接下载源代码）

10.4.2 读取温度传感器

读取温度值的方法重点是使能片内的温度传感器，并且将读取到的转换结果以及保存在片内存储器中温度传感器在 110℃、30℃的标定值进行运算得出当前的温度值，并显示在四位数码管上。另外，在温度传感器所在的通道 16 上使能了模拟看门狗，当温度值上限高于 30℃，或下限低于 20℃时，会产生中断并将 PC13 引脚置低，点亮与之相连的 LED 灯。在使用 STM32CubeMX 软件生成项目时，在"Pinout"视图中，对引脚的配置如图 10-20 所示，其中 PC13 引脚用于驱动 LED 灯。在这里需要特别注意的是，在 ADC 外设的配置窗口中需要勾选"Temperature Sensor Channel"，打开温度传感器的转换通道。

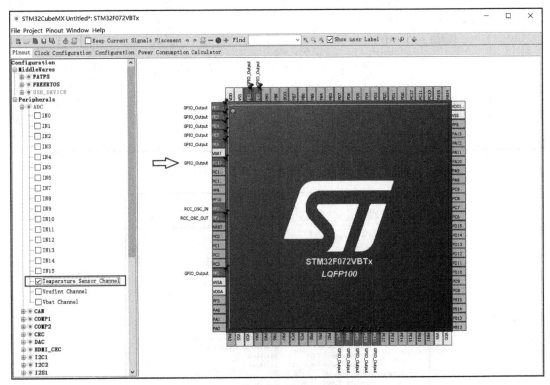

图 10-20 ADC 模块驱动配置（一）

在"Clock Configuration"视图中对时钟的配置如图 10-21 所示。

在"Configuration"视图中，单击"Analog"按钮，打开 ADC 配置对话框。将 ADC 的采样时间设置为"239.5 Cycles"，并且使能模拟看门狗，将高阈值设置为"1812"（20℃），低阈值设置为"1757"（30℃）。这里需要说明的是，30℃的低阈值可能通过读取保存在器件存储器中的校准值得到，并由此计算出 20℃的高阈值，而且这 2 个数值会因器件不同而不同。具体设置如图 10-22 所示。

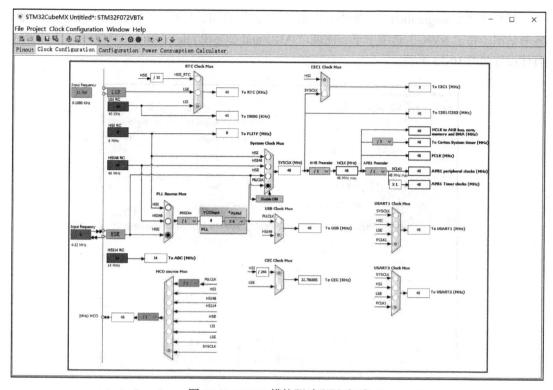

图 10-21 ADC 模块驱动配置（二）

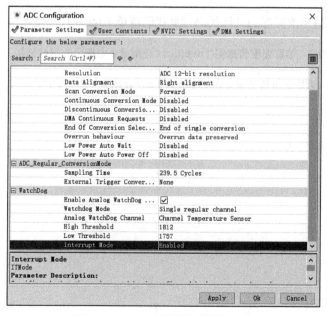

图 10-22 ADC 模块驱动配置（三）

同样在"Configuration"视图中,单击"NVIC"按钮,打开"NVIC Configuration"配置对话框,在"NVIC"选项卡下,使能"ADC and COMP interrupts(COMP……)"中断,具体设置如图 10-23 所示。

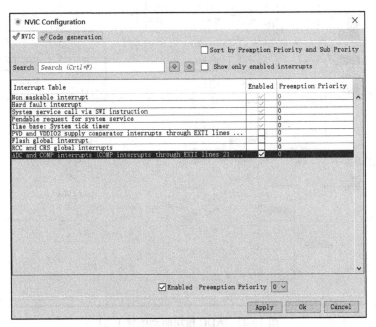

图 10-23　ADC 模块驱动配置(四)

读取温度传感器当前温度的具体代码详见代码清单 10-2 和代码清单 10-3。

代码清单 10-2　读取温度传感器(main.c)(在附录 J 中指定的网站链接下载源代码)

代码清单 10-3　读取温度传感器(stm32f0xx_it.c)(在附录 J 中指定的网站链接下载源代码)

第 11 章
数字－模拟转换器

将数字信号转换成模拟信号的器件称为数字－模拟转换器、D/A 转换器或 DAC。STM32F0 系列微控制器片内集成的 DAC 模块具有 12 位的转换速度。本章重点介绍该 DAC 模块的功能和编程方法。

11.1　DAC 模块概述

STM32F072VBT6 微控制器片内集成有双 DAC 模块，这两个 DAC 模块均是 12 位电压输出数字－模拟转换器，可以按 8 位或 12 位模式进行配置，并且可以与 DMA 控制器配合使用来提高数据处理能力。两个 DAC 通道可以单独或同时转换，每个通道都具有 DMA 功能，且具有多种转换触发方式，可以用于特定的噪声波、三角波生成。

11.1.1　DAC 的内部结构

DAC 模块由可编程的触发选择、控制寄存器、数据保持寄存器 DHR、数据输出寄存器 DOR、数字－模拟转换电路（由集成的电阻串构成）和非反向配置的运算放大器构成，其内部结构如图 11-1 所示。

在引脚配置上，DAC 模块与 ADC 模块共用模拟供电引脚 V_{DDA} 和 V_{SSA}，DAC_OUT 是 DAC 通道输出引脚。当 DAC_CR 寄存器的 TEN1 位置位时，DAC 通道模拟供电开启，经过一小段启动时间后，DAC 通道使能，为了避免寄生的干扰和额外的功率消耗，与 DAC_OUT 复用的 GPIO 端口在使能 DAC 通道之前应设置成模拟输入模式。

DAC 模块的转换启动方式可以设置成触发和非触发两种方式，当 DAC_CR 寄存器的 TEN1 位清 0 时，模块设置为非触发启动方式，写入 DAC_DHRx 寄存器的数据会在一个 APB 时钟周期后自动传送至 DAC_DORx 寄存器并且立即开始 D/A 转换，具体时序如图 11-2 所示。当 DAC_CR 寄存器的 TEN1 位置 1 时，模块被设置为触发启动方式，DAC 模块的转换可以由定时计数器、外部中断线等来触发，存入 DAC_DHRx 寄存器中的数据会在触发事件产生后的第 3 个 PLCK 时钟周期后存入 DAC_DORx 寄存器中并开始 D/A 转换。

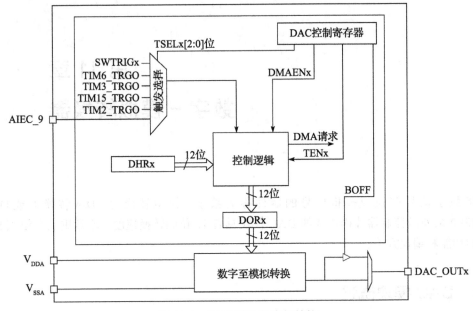

图 11-1   DAC 模块的内部结构

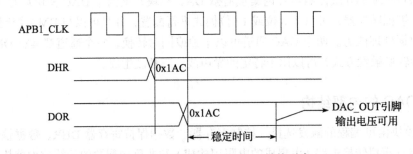

图 11-2   非触发方式下的 D/A 转换时序

当 DAC_DHRx 寄存器的数据加载到 DAC_DORx 寄存器后，经过一个固定的稳定时间，转换后的模拟电压会在模拟输出端 DAC_OUTx 产生，稳定时间随电源电压和模拟输出负载的不同而有所变化。另外，在 DAC 模块的输出部分集成有一个运算放大器，它作为输出缓冲器用于减小输出阻抗并提高驱动负载的能力。输出缓冲器可以通过设置 DAC_CR 寄存器的 BOFFx 位来使能。

11.1.2   DAC 数据格式

在单通道 DAC 模式下，每一个 DAC 通道都有 3 个数据寄存器可用，分别是 12 位右对齐寄存器、12 位左对齐寄存器和 8 位右对齐寄存器。根据所选择的数据对齐方式，软件需要将数据按以下方式写入指定的数据寄存器，具体方法如图 11-3 所示。

❑ 8 位右对齐：软件将数据加载到 DAC_DHR8Rx[7:0] 位（存储到 DHRx[11:4] 位）。

❑ 12 位左对齐：软件将数据加载到 DAC_DHR12Lx[15:4] 位（存储到 DHRx[11:0] 位）。

❑ 12 位右对齐：软件将数据加载到 DAC_DHR12Rx[11:0] 位（存储到 DHRx[11:0] 位）。

在 DAC 双通道模式下，两个 DAC 通道共用一组（3 个）数据寄存器，具体使用方法见图 11-4。

❑ 8 位右对齐：DAC 通道 1 数据加载到 DAC_DHR8RD[7:0] 位（存储到 DHR1[11:4] 位），DAC 通道 2 数据加载到 DAC_DHR8RD[15:8] 位（存储到 DHR2[11:4] 位）。

❑ 12 位左对齐：DAC 通道 1 数据加载到 DAC_DHR12LD[15:4] 位（存储到 DHR1[11:0] 位），DAC 通道 2 数据加载到 DAC_DHR12LD[31:20] 位（存储到 DHR2[11:0] 位）。

❑ 12 位右对齐：DAC 通道 1 数据加载到 DAC_DHR12RD[11:0] 位（存储到 DHR1[11:0] 位）、DAC 通道 2 数据加载到 DAC_DHR12LD[27:16] 位（存储到 DHR2[11:0] 位）。

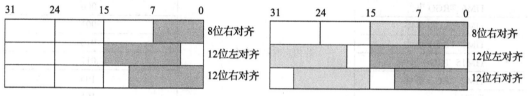

图 11-3　单通道模式下 DAC 数据寄存器　　　图 11-4　双通道模式下 DAC 数据寄存器

11.1.3　DAC 通道转换

数据输出寄存器 DAC_DORx 不能直接写入，任何传输至 DAC 通道的数据都必须通过写入数据保持寄存器 DAC_DHRx（写 DAC_DHR8Rx、DAC_DHR12Lx、DAC_DHR12Rx）执行。如果没有选择硬件触发（DAC_CR 寄存器 TENx 位复位），存储在 DAC_DHRx 寄存器中的数据会在一个 APB 时钟周期后自动转移到 DAC_DORx 寄存器中；当选择硬件触发（DAC_CR 寄存器 TENx 位置位），数据将在触发信号出现后的 3 个 PCLK 时钟周期后传输至 DAC_DORx 寄存器中。当 DAC_DHRx 中的数据传输至 DAC_DORx 寄存器后，模拟电压将在 $t_{SETTLING}$ 时间后从 DAC_OUT 引脚输出。该时间取决于供电电压和模拟输出负载的大小。DAC 通道转换时序如图 11-5 所示。

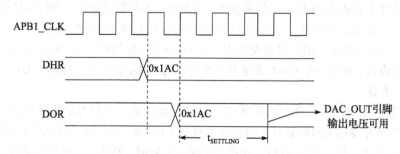

图 11-5　DAC 通道转换时序（触发禁用）

传输至 DAC_DORx 寄存器的数据将会线性地转化为输出电压，其值在 0 和 V_{DDA} 之间。

每个 DAC 通道引脚上的模拟输出电压都是由以下公式定义：

$$DACoutput = V_{DDA} \times \frac{DOR}{4096}$$

11.1.4 DAC 触发选择

当 DAC_CR 寄存器的 TENx 置位时，DAC 转换可以由外部事件来触发，这些触发事件可以是定时器的 TRGO 信号或外部中断等。DAC_CR 寄存器的 TSELx[2:0] 位域用于设定由哪些可能的事件来触发转换，具体见表 11-1。

表 11-1 触发源选择

触发源	类　　型	TSEL[2:0]
TIM6_TRGO 事件	片内定时器内部信号	000
TIM3_TRGO 事件		001
TIM7_TRGO 事件		010
TIM15_TRGO 事件		011
TIM2_TRGO 事件		100
保留		101
EXTI 线 9	外部引脚	110
SWTRIG	软件控制位	111

当在定时器 TRGO 输出或外部中断线 9 上检测到一个上升沿时，DAC_DHRx 寄存器中保持的数据会转移到 DAC_DORx 寄存器中。如果选择软件触发，一旦设置 SWTRIG 位，转换即刻开始，如果 DAC_DHRx 寄存器的内容装入 DAC_DORx 寄存器后，SWTRIG 位将由硬件复位。

11.1.5 DAC 的 DMA 请求

1. 生成 DMA 请求

每个 DAC 通道都具有 DMA 功能。两个 DMA 通道分别用于处理 DAC 通道的 DMA 请求。当已经设置了 DMAENx 位时，如果发生外部触发（不是软件触发），则 DAC 模块的 DMA 请求也会产生。在双通道模式下，如果两个 DMAENx 位均置 1，将生成两个 DMA 请求。如果只需要一个 DMA 请求，用户只要设置相应的 DMAENx 位即可。通过这种方式，应用程序可以在双通道模式下通过一个 DMA 请求和一个特定的 DMA 通道来管理两个 DAC 通道。

2. DMA 下溢

DAC 模块的 DMA 请求没有缓冲队列，如果数据在第 2 个外部触发到时没有及时被收到，DAC_SR 寄存器的 DMA 通道下溢标志 DMAUDRx 将置位。如果 DAC_CR 寄存器中的 DMAUDRIEx 置位，将会产生中断。在产生 DMA 下溢时，DMA 数据传输随即停止，并且不再处理其他 DMA 请求处理，DAC 通道仍将转换原有数据。

软件通过对 DMAUDRx 位写 1 来清除该标志，之后，需要将相应的 DMAEN 位清除，并重新初始化 DMA 和 DAC 通道才会重新启动正确的传输。再次启动传输时，软件应当修改 DAC 触发转换频率或减轻 DMA 工作负担，以免再次发生 DMA 下溢。

11.2　DAC 波形生成

STM32F072VBT6 微控制器内部集成的 DAC 模块内建有噪声和三角波发生器，可以生成无规律的噪声和幅值频率可编程的波形信号。

11.2.1　噪声波生成

DAC 模块噪声波形的生成是通过 LFSR（线性反馈移位寄存器）生成随机数，并将该随机数用于 D/A 转换，以获得可变振幅的伪噪声。通过设置 WAVEx [1:0] 位域为 "01" 即可选择生成噪声。LFSR 的预加载值为 0xAAA，在每次触发事件到来后，经过 3 个 APB 时钟周期，该寄存器会依照特定的计算算法完成更新。特定的计算算法如图 11-6 所示。

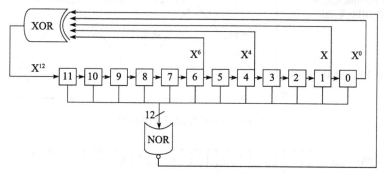

图 11-6　DAC LFSR 寄存器计算算法

LFSR 的值可以通过 DAC_CR 寄存器的 MAMPx[3:0] 位来部分或完全屏蔽，在不发生溢出的情况下，该值将与 DAC_DHRx 的内容相加，然后存储到 DAC_DORx 寄存器中用于生成模拟电压。也就是说，如果我们不向 DAC_DHRx 中写入数据，存储到 DAC_DORx 寄存器中的值将与 LFSR 的生成值相等。如果 LFSR 为 0x0000，将自动向其注入一个 "1"（防锁定机制），通过复位 WAVEx[1:0] 位可以令 LFSR 波形产生功能关闭。LFSR 波形生成的 DAC 转换时序如图 11-7 所示。

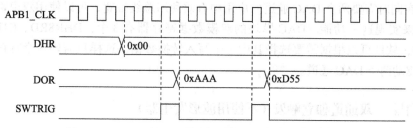

图 11-7　LFSR 波形生成的 DAC 转换（使能软件触发）

11.2.2   三角波生成

DAC 模块可以生成振幅和频率可编程的三角波信号，也可以生成一个叠加有三角波的直流或慢变信号。通过设置 WAVEx [1:0] 为 "10"，可选择 DAC 生成三角波，其振幅通过 DAC_CR 寄存器中的 MAMPx [3:0] 位进行配置。在每个触发事件的 3 个 APB 时钟周期后，内部三角波计数器将会递增。在没有溢出发生的前提下，该计数器的值将与 DAC_DHRx 寄存器内容相加，所得总和将存储到 DAC_DORx 寄存器中用于产生模拟电压，该值只要小于 MAMPx[3:0] 位定义的最大振幅，三角波计数器就会一直递增，一旦达到配置的振幅，计数器将递减至 0，然后再次递增，以此类推。触发事件的频率将决定三角波的频率，DAC_DHRx 寄存器的值用于定义所叠加直流信号的电压幅值，通过复位 WAVEx[1:0] 位可以将三角波生成功能关闭。三角波生成的原理和三角波形生成的 DAC 转换时序如图 11-8 和图 11-9 所示。

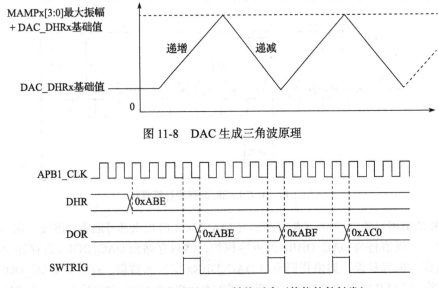

图 11-8   DAC 生成三角波原理

图 11-9   生成三角波的 DAC 转换时序（使能软件触发）

11.2.3   DAC 双通道转换

为了在同时需要两个 DAC 通道的应用中有效利用总线带宽，可以使用双模寄存器加载转换数据来实现这一功能。DAC 模块的双模数据寄存器有 3 个：DHR8RD、DHR12RD 和 DHR12LD，软件可以根据需要选择其中一个写入转换数据，这样只需要一个寄存器的访问即可同时驱动两个 DAC 通道。

💻 **编程向导   双通道独立触发（不使用波形发生器）**

1）将两个 DAC 通道触发，使位 TEN1、TEN2 置位。

2）通过在 TSEL1[2:0]、TSEL2[2:0] 设置不同的值来配置不同的触发源。

3）将 DAC 双通道数据加载到所需的 DHR 寄存器（DAC_DHR12RD、DAC_DHR12LD 或 DAC_DHR8RD）中。

当 DAC 通道 1 触发信号到达时，DHR1 寄存器的数据转移到 DAC_DOR1 中。当 DAC 通道 2 触发信号到来时，DHR2 寄存器数据转移到 DAC_DOR2 中。DAC 双通道独立触发的过程可以参考以下代码：

```
/* 使能 DAC 模块时钟 */
RCC->APB1ENR |= RCC_APB1ENR_DACEN;
/* 使能 DAC 通道 1 和 2 的 DMA 传输、使能 DAC 通道 1 和 2、选择 TIM6 和 TIM7 作为触发源 */
DAC->CR |= DAC_CR_TSEL2_1 | DAC_CR_DMAUDRIE2 | DAC_CR_DMAEN2
| DAC_CR_TEN2 | DAC_CR_EN2
| DAC_CR_DMAUDRIE1 | DAC_CR_DMAEN1 | DAC_CR_BOFF1
| DAC_CR_TEN1 | DAC_CR_EN1;
/* 初始化 DAC 通道 1 的值 */
DAC->DHR12R1 = DAC_OUT1_VALUE;
/* 初始化 DAC 通道 2 的值 */
DAC->DHR12R2 = DAC_OUT2_VALUE;
```

📖 编程向导　双通道独立触发（生成不同的 LFSR 噪声）

1）设置两个 DAC 通道触发使能位 TEN1 和 TEN2。

2）通过在 TSEL1[2:0] 和 TSEL2[2:0] 位域设置不同的值，配置不同的触发源。

3）配置两个 DAC 通道 WAVEx [1:0] 位为 "01"，并且在 MAMP1[3:0] 和 MAMP2[3:0] 位域中设置不同的 LFSR 掩码值。

4）将 DAC 双通道数据加载到所需的 DHR 寄存器（DAC_DHR12RD、DAC_DHR12LD 或 DAC_DHR8RD）。

当 DAC 通道 1 触发到达时，LFSR1 计数器内容（使用 MAMP1[3:0] 配置的掩码值）与 DHR1 寄存器内容相加，所得总和转移到 DAC_DOR1 中，LFSR1 计数器随即更新。当 DAC 通道 2 触发到达时，LFSR2 计数器内容（使用 MAMP2[3:0] 配置的掩码值）与 DHR2 寄存器内容相加，所得总和转移到 DAC_DOR2 中，LFSR2 计数器随即更新。DAC 双通道独立触发生成噪声波的过程可以参考以下代码：

```
/* 使能 DAC 外设时钟 */
RCC->APB1ENR |= RCC_APB1ENR_DACEN;
/* 配置波形发生器值为 01、通道 1 的 LFSR 屏蔽值为 "1000"、通道 2 为 "0111"，并设置 TIM6 和 TIM7
为触发源 */
DAC->CR |= DAC_CR_WAVE1_0 | DAC_CR_WAVE2_0 | DAC_CR_MAMP1_3
| DAC_CR_MAMP2_2 | DAC_CR_MAMP2_1 | DAC_CR_MAMP2_0
| DAC_CR_TSEL2_1 | DAC_CR_BOFF2 | DAC_CR_TEN2 | DAC_CR_EN2
| DAC_CR_BOFF1 | DAC_CR_TEN1 | DAC_CR_EN1;
/* 初始化 DAC 通道 1 的输出值 */
DAC->DHR12R1 = DAC_OUT1_VALUE;
/* 初始化 DAC 通道 2 的输出值 */
DAC->DHR12R2 = DAC_OUT2_VALUE;
```

11.3 DAC 函数

11.3.1 DAC 类型定义

输出类型 11-1：DAC 处理结构定义

DAC_HandleTypeDef

```
typedef struct
{
  DAC_TypeDef              *Instance;   /*  寄存器基地址       */
  __IO HAL_DAC_StateTypeDef   State;    /*  DAC 通信状态       */
  HAL_LockTypeDef             Lock;     /*  DAC 锁定目标       */
  DMA_HandleTypeDef        *DMA_Handle1; /*  DMA 通道 1 的处理指针 */
  DMA_HandleTypeDef        *DMA_Handle2; /*  DMA 通道 2 的处理指针 */
  __IO uint32_t             ErrorCode;  /*  DAC Error code    */
}DAC_HandleTypeDef;
```

输出类型 11-2：DAC 规则通道结构定义

DAC_ChannelConfTypeDef

```
typedef struct
{
  uint32_t DAC_Trigger;        /* 为所选的 DAC 通道指定外部触发源，该参数可以是 DAC_trigger_
                                  selection 的值之一 */
  uint32_t DAC_OutputBuffer;   /* 指定 DAC 通道输出缓冲器使能或禁用，该参数可以是 DAC_output_
                                  buffer 的值之一 */
}DAC_ChannelConfTypeDef;
```

11.3.2 DAC 常量定义

输出常量 11-1：DAC 状态

状态定义	状态值	释　义
HAL_DAC_STATE_RESET	0x00	DAC 尚未初始化或禁用
HAL_DAC_STATE_READY	0x01	DAC 外设准备好
HAL_DAC_STATE_BUSY	0x02	DAC 内部忙
HAL_DAC_STATE_TIMEOUT	0x03	DAC 超时状态
HAL_DAC_STATE_ERROR	0x04	DAC 错误状态

输出常量 11-2：DAC 错误代码

状态定义	状态值	释　义
HAL_DAC_ERROR_NONE	0x00	没有错误
HAL_DAC_ERROR_DMAUNDERRUNCH1	0x01	DAC 通道 1 DMA 下溢错误
HAL_DAC_ERROR_DMAUNDERRUNCH2	0x02	DAC 通道 2 DMA 下溢错误
HAL_DAC_ERROR_DMA	0x04	DAC 超时

输出常量 11-3：DAC 数据对齐

状态定义	释　义
DAC_ALIGN_12B_R	12 位右对齐
DAC_ALIGN_12B_L	12 位左对齐
DAC_ALIGN_8B_R	8 位右对齐

输出常量 11-4：DAC 输出缓冲器（DAC_output_buffer）

状态定义	释　义
DAC_OUTPUTBUFFER_ENABLE	使能缓冲器
DAC_OUTPUTBUFFER_DISABLE	禁用缓冲器

输出常量 11-5：DAC 触发选择（DAC_trigger_selection）

状态定义	释　义
DAC_TRIGGER_NONE	一旦 DAC1_DHRxxxx 寄存器数据被装载，转换自动开始，并且不通过外部触发
DAC_TRIGGER_T2_TRGO	选择 TIM2 TRGO 作为 DAC 通道外部触发转换
DAC_TRIGGER_T3_TRGO	选择 TIM3 TRGO 作为 DAC 通道外部触发转换
DAC_TRIGGER_T6_TRGO	选择 TIM6 TRGO 作为 DAC 通道外部触发转换
DAC_TRIGGER_T15_TRGO	选择 TIM15 TRGO 作为 DAC 通道外部触发转换
DAC_TRIGGER_EXT_IT9	选择外部中断线 9 作为 DAC 通道外部触发转换
DAC_TRIGGER_SOFTWARE	DAC 通道转换启动通过软件触发

11.3.3　DAC 函数定义

函数 11-1

函数名	**DAC_DMAConvCpltCh1**
函数原型	void **DAC_DMAConvCpltCh1**（DMA_HandleTypeDef * hdma）
功能描述	DMA 转换完成回调
输入参数	hdma：指向 DMA_HandleTypeDef 结构体指针，包含指定 DMA 模块的配置信息
先决条件	无
注意事项	无
返回值	无

函数 11-2

函数名	**DAC_DMAConvCpltCh2**
函数原型	void **DAC_DMAConvCpltCh2**（DMA_HandleTypeDef * hdma）
功能描述	DMA 转换结束回调
输入参数	hdma：指向 DMA_HandleTypeDef 结构体指针，包含指定 DMA 模块的配置信息
先决条件	无
注意事项	无
返回值	无

函数 11-3

函数名	DAC_DMAErrorCh1
函数原型	void **DAC_DMAErrorCh1** (DMA_HandleTypeDef * hdma)
功能描述	DMA 错误回调
输入参数	hdma：指向 DMA_HandleTypeDef 结构体指针，包含指定 DMA 模块的配置信息
先决条件	无
注意事项	无
返回值	无

函数 11-4

函数名	DAC_DMAErrorCh2
函数原型	void **DAC_DMAErrorCh2** (DMA_HandleTypeDef * hdma)
功能描述	DMA 错误回调
输入参数	hdma：指向 DMA_HandleTypeDef 结构体指针，包含指定 DMA 模块的配置信息
先决条件	无
注意事项	无
返回值	无

函数 11-5

函数名	DAC_DMAHalfConvCpltCh1
函数原型	void **DAC_DMAHalfConvCpltCh1** (DMA_HandleTypeDef * hdma)
功能描述	DMA 半程传输结束回调
输入参数	hdma：指向 DMA_HandleTypeDef 结构体指针，包含指定 DMA 模块的配置信息
先决条件	无
注意事项	无
返回值	无

函数 11-6

函数名	DAC_DMAHalfConvCpltCh2
函数原型	void **DAC_DMAHalfConvCpltCh2** (DMA_HandleTypeDef * hdma)
功能描述	DMA 半程传输结束回调
输入参数	hdma：指向 DMA_HandleTypeDef 结构体指针，包含指定 DMA 模块的配置信息
先决条件	无
注意事项	无
返回值	无

函数 11-7

函数名	HAL_DAC_DeInit
函数原型	HAL_StatusTypeDef **HAL_DAC_DeInit** (DAC_HandleTypeDef * hdac)
功能描述	反初始化 DAC 外设寄存器至其默认复位值
输入参数	hdac：指向 DAC_HandleTypeDef 结构体指针，包含指定 DAC 的配置信息

（续）

先决条件	无
注意事项	无
返回值	HAL 状态

函数 11-8

函数名	**HAL_DAC_Init**
函数原型	HAL_StatusTypeDef **HAL_DAC_Init** (DAC_HandleTypeDef * hdac)
功能描述	按照 DAC_InitStruct 结构中指定的参数初始化 DAC 外设，并且做初始化相关处理
输入参数	hdac：指向 DAC_HandleTypeDef 结构体指针，包含指定 DAC 的配置信息
先决条件	无
注意事项	无
返回值	HAL 状态

函数 11-9

函数名	**HAL_DAC_MspDeInit**
函数原型	void **HAL_DAC_MspDeInit** (DAC_HandleTypeDef * hdac)
功能描述	反初始化 DAC 微控制器特定程序包
输入参数	hdac：指向 DAC_HandleTypeDef 结构体指针，包含指定 DAC 的配置信息
先决条件	无
注意事项	无
返回值	无

函数 11-10

函数名	**HAL_DAC_MspInit**
函数原型	void **HAL_DAC_MspInit** (DAC_HandleTypeDef * hdac)
功能描述	初始化 DAC 微控制器特定程序包
输入参数	hdac：指向 DAC_HandleTypeDef 结构体指针，包含指定 DAC 的配置信息
先决条件	无
注意事项	无
返回值	无

函数 11-11

函数名	**HAL_DAC_ConvCpltCallbackCh1**
函数原型	void **HAL_DAC_ConvCpltCallbackCh1** (DAC_HandleTypeDef * hdac)
功能描述	在非阻塞模式下 Channel1 转换结束回调
输入参数	hdac：指向 DAC_HandleTypeDef 结构体指针，包含指定 DAC 的配置信息
先决条件	无
注意事项	无
返回值	无

函数 11-12

函数名	HAL_DAC_ConvHalfCpltCallbackCh1
函数原型	void **HAL_DAC_ConvHalfCpltCallbackCh1** (DAC_HandleTypeDef * hdac)
功能描述	在非阻塞模式下，Channel1 转换 DMA 半程传输回调
输入参数	hdac：指向 DAC_HandleTypeDef 结构体指针，包含指定 DAC 的配置信息
先决条件	无
注意事项	无
返回值	无

函数 11-13

函数名	HAL_DAC_DMAUnderrunCallbackCh1
函数原型	void **HAL_DAC_DMAUnderrunCallbackCh1** (DAC_HandleTypeDef * hdac)
功能描述	DAC 模块 channel1 DMA 下溢回调
输入参数	hdac：指向 DAC_HandleTypeDef 结构体指针，包含指定 DAC 的配置信息
先决条件	无
注意事项	无
返回值	无

函数 11-14

函数名	HAL_DAC_ErrorCallbackCh1
函数原型	void **HAL_DAC_ErrorCallbackCh1** (DAC_HandleTypeDef * hdac)
功能描述	DAC 模块 Channel1 错误回调
输入参数	hdac：指向 DAC_HandleTypeDef 结构体指针，包含指定 DAC 的配置信息
先决条件	无
注意事项	无
返回值	无

函数 11-15

函数名	HAL_DAC_IRQHandler
函数原型	void **HAL_DAC_IRQHandler** (DAC_HandleTypeDef * hdac)
功能描述	处理 DAC 中断请求
输入参数	hdac：指向 DAC_HandleTypeDef 结构体指针，包含指定 DAC 的配置信息
先决条件	无
注意事项	无
返回值	无

函数 11-16

函数名	HAL_DAC_SetValue
函数原型	HAL_StatusTypeDef **HAL_DAC_SetValue** (　DAC_HandleTypeDef * hdac,

（续）

函数原型	uint32_t　Channel, uint32_t　Alignment, uint32_t　Data)
功能描述	为 DAC 通道设置指定的数据保持寄存器值
输入参数 1	hdac：指向 DAC_HandleTypeDef 结构体指针，包含指定 DAC 的配置信息
输入参数 2	Channel：选择的 DAC 通道，该参数可以是以下值之一 ● DAC_CHANNEL_1：选择 DAC Channel1 ● DAC_CHANNEL_2：选择 DAC Channel2
输入参数 3	Alignment：指定数据对齐，该参数可以是以下值之一 ● DAC_ALIGN_8B_R：选择 8 位数据右对齐 ● DAC_ALIGN_12B_L：选择 12 位数据左对齐 ● DAC_ALIGN_12B_R：选择 12 位数据右对齐
输入参数 4	Data：在选择的数据保持寄存器中需要装载的数据
先决条件	无
注意事项	无
返回值	HAL 状态

函数 11-17

函数名	**HAL_DAC_Start**
函数原型	HAL_StatusTypeDef **HAL_DAC_Start** (　DAC_HandleTypeDef *　hdac, 　uint32_t　Channel)
功能描述	使能 DAC 和启动 channel 转换
输入参数 1	hdac：指向 DAC_HandleTypeDef 结构体指针，包含指定 DAC 的配置信息。
输入参数 2	Channel：选择的 DAC 通道，该参数可以是以下值之一 ● DAC_CHANNEL_1：选择 DAC Channel1 ● DAC_CHANNEL_2：选择 DAC Channel2
先决条件	无
注意事项	无
返回值	HAL 状态

函数 11-18

函数名	**HAL_DAC_Start_DMA**
函数原型	HAL_StatusTypeDef **HAL_DAC_Start_DMA** (　DAC_HandleTypeDef *　hdac, 　uint32_t　Channel, 　uint32_t *　pData, 　uint32_t　Length, 　uint32_t　Alignment)

（续）

功能描述	使能 DAC 和启动 channel 转换
输入参数 1	hdac：指向 DAC_HandleTypeDef 结构体指针，包含指定 DAC 的配置信息
输入参数 2	Channel：选择的 DAC 通道，该参数可以是以下值之一 ● DAC_CHANNEL_1：选择 DAC Channel1 ● DAC_CHANNEL_2：选择 DAC Channel2
输入参数 3	pData：目标外设缓冲区地址
输入参数 4	Length：从存储器至 DAC 外设要传送的数据长度
输入参数 5	Alignment：指定 DAC 通道数据对齐，该参数可以是以下值之一 ● DAC_ALIGN_8B_R：选择 8 位数据右对齐 ● DAC_ALIGN_12B_L：选择 12 位数据左对齐 ● DAC_ALIGN_12B_R：选择 12 位数据右对齐
先决条件	无
注意事项	无
返回值	HAL 状态

函数 11-19

函数名	**HAL_DAC_Stop**

函数原型	HAL_StatusTypeDef **HAL_DAC_Stop**
	(
	  DAC_HandleTypeDef * hdac,
	  uint32_t Channel
	)

功能描述	禁用 DAC 和停止通道转换
输入参数 1	hdac：指向 DAC_HandleTypeDef 结构体指针，包含指定 DAC 的配置信息
输入参数 2	Channel：选择的 DAC 通道，该参数可以是以下值之一 ● DAC_CHANNEL_1：选择 DAC Channel1 ● DAC_CHANNEL_2：选择 DAC Channel2
先决条件	无
注意事项	无
返回值	HAL 状态

函数 11-20

函数名	**HAL_DAC_Stop_DMA**

函数原型	HAL_StatusTypeDef **HAL_DAC_Stop_DMA**
	(
	  DAC_HandleTypeDef * hdac,
	  uint32_t Channel
	)

功能描述	禁用 DAC 和停止通道转换
输入参数 1	hdac：指向 DAC_HandleTypeDef 结构体指针，包含指定 DAC 的配置信息
输入参数 2	Channel：选择的 DAC 通道，该参数可以是以下值之一 ● DAC_CHANNEL_1：选择 DAC Channel1 ● DAC_CHANNEL_2：选择 DAC Channel2

（续）

先决条件	无
注意事项	无
返回值	HAL 状态

函数 11-21

函数名	**HAL_DAC_ConfigChannel**

函数原型	HAL_StatusTypeDef **HAL_DAC_ConfigChannel**
	(
	  DAC_HandleTypeDef * hdac,
	  DAC_ChannelConfTypeDef * sConfig,
	  uint32_t Channel
	)

功能描述	配置选择的 DAC 通道
输入参数 1	hdac：指向 DAC_HandleTypeDef 结构体指针，包含指定 DAC 的配置信息
输入参数 2	sConfig：DAC 配置结构
输入参数 3	Channel：选择的 DAC 通道，该参数可以是以下值之一 ● DAC_CHANNEL_1：选择 DAC Channel1 ● DAC_CHANNEL_2：选择 DAC Channel2
先决条件	无
注意事项	无
返回值	HAL 状态

函数 11-22

函数名	**HAL_DAC_GetValue**

函数原型	uint32_t **HAL_DAC_GetValue**
	(
	  DAC_HandleTypeDef * hdac,
	  uint32_t Channel
	)

功能描述	返回选择的 DAC 通道最后的数据输出值
输入参数 1	hdac：指向 DAC_HandleTypeDef 结构体指针，包含指定 DAC 的配置信息
输入参数 2	Channel：选择的 DAC 通道，该参数可以是以下值之一 ● DAC_CHANNEL_1：选择 DAC Channel1 ● DAC_CHANNEL_2：选择 DAC Channel2
先决条件	无
注意事项	无
返回值	选择的 DAC 通道数据输出值

函数 11-23

函数名	**HAL_DAC_GetError**
函数原型	uint32_t **HAL_DAC_GetError** (DAC_HandleTypeDef * hdac)

（续）

功能描述	返回 DAC 错误代码
输入参数	hdac：指向 DAC_HandleTypeDef 结构体指针，包含了指定 DAC 的配置信息
先决条件	无
注意事项	无
返回值	DAC 错误代码

函数 11-24

函数名	**HAL_DAC_GetState**
函数原型	HAL_DAC_StateTypeDef **HAL_DAC_GetState** (DAC_HandleTypeDef * hdac)
功能描述	返回 DAC 处理状态
输入参数	hdac：指向 DAC_HandleTypeDef 结构体指针，包含了指定 DAC 的配置信息
先决条件	无
注意事项	无
返回值	HAL 状态

函数 11-25

函数名	**HAL_DACEx_ConvCpltCallbackCh2**
函数原型	void **HAL_DACEx_ConvCpltCallbackCh2** (DAC_HandleTypeDef * hdac)
功能描述	在非阻塞模式下通道 2 转换结束回调
输入参数	hdac：指向 DAC_HandleTypeDef 结构体指针，包含了指定 DAC 的配置信息
先决条件	无
注意事项	无
返回值	无

函数 11-26

函数名	**HAL_DACEx_ConvHalfCpltCallbackCh2**
函数原型	void **HAL_DACEx_ConvHalfCpltCallbackCh2** (DAC_HandleTypeDef * hdac)
功能描述	在非阻塞模式下通道 2 转换 DMA 半程传输回调
输入参数	hdac：指向 DAC_HandleTypeDef 结构体指针，包含了指定 DAC 的配置信息
先决条件	无
注意事项	无
返回值	无

函数 11-27

函数名	**HAL_DACEx_DMAUnderrunCallbackCh2**
函数原型	void **HAL_DACEx_DMAUnderrunCallbackCh2** (DAC_HandleTypeDef * hdac)
功能描述	DAC 通道 2DMA 下溢回调
输入参数	hdac：指向 DAC_HandleTypeDef 结构体指针，包含了指定 DAC 的配置信息
先决条件	无

（续）

注意事项	无
返回值	无

函数 11-28

函数名	**HAL_DACEx_DualGetValue**
函数原型	uint32_t **HAL_DACEx_DualGetValue** (DAC_HandleTypeDef * hdac)
功能描述	返回与所选 DAC 通道最后一个输出值相对应的数字量
输入参数	hdac：指向 DAC_HandleTypeDef 结构体指针，包含了指定 DAC 的配置信息
先决条件	无
注意事项	无
返回值	与所选 DAC 通道输出值相对应的数字量

函数 11-29

函数名	**HAL_DACEx_DualSetValue**

函数原型	HAL_StatusTypeDef **HAL_DACEx_DualSetValue**
	(
	  DAC_HandleTypeDef * hdac,
	  uint32_t Alignment,
	  uint32_t Data1,
	  uint32_t Data2
	)

功能描述	为双 DAC 通道设定指定的数据保持寄存器的值
输入参数 1	hdac：指向 DAC_HandleTypeDef 结构体指针，包含了指定 DAC 的配置信息
输入参数 2	Alignment：指定双通道 DAC 的数据对齐方式，该参数可以是以下值之一 ● DAC_ALIGN_8B_R：选择 8 位数据右对齐 ● DAC_ALIGN_12B_L：选择 12 位数据左对齐 ● DAC_ALIGN_12B_R：选择 12 位数据右对齐
输入参数 3	Data1：在 DAC 通道 2 中所选的数据保持寄存器中装载的数据
输入参数 4	Data2：在 DAC 通道 1 中所选的数据保持寄存器中装载的数据
先决条件	无
注意事项	无
返回值	HAL 状态

函数 11-30

函数名	**HAL_DACEx_ErrorCallbackCh2**
函数原型	void **HAL_DACEx_ErrorCallbackCh2** (DAC_HandleTypeDef * hdac)
功能描述	DAC 通道 2 错误回调
输入参数	hdac：指向 DAC_HandleTypeDef 结构体指针，包含了指定 DAC 的配置信息
先决条件	无
注意事项	无
返回值	无

函数 11-31

函数名	**HAL_DACEx_NoiseWaveGenerate**

函数原型	HAL_StatusTypeDef **HAL_DACEx_NoiseWaveGenerate**
	(
	  DAC_HandleTypeDef * hdac,
	  uint32_t Channel,
	  uint32_t Amplitude
	)

功能描述	使能或禁止所选的 DAC 通道波形发生器
输入参数 1	hdac：指向 DAC_HandleTypeDef 结构体指针，包含了指定 DAC 的配置信息
输入参数 2	Channel：所选的 DAC 通道，这个参数可以是以下值之一 DAC_CHANNEL_1/DAC_CHANNEL_2
输入参数 3	Amplitude：为产生噪声波形打开 DAC 通道 LFSR，该参数可以是以下值之一： • DAC_LFSRUNMASK_BIT0：为产生噪声波形打开 DAC 通道 LFSR 位 0 • DAC_LFSRUNMASK_BITS1_0：为产生噪声波形打开 DAC 通道 LFSR 位 1:0 • DAC_LFSRUNMASK_BITS2_0：为产生噪声波形打开 DAC 通道 LFSR 位 2:0 • DAC_LFSRUNMASK_BITS3_0：为产生噪声波形打开 DAC 通道 LFSR 位 3:0 • DAC_LFSRUNMASK_BITS4_0：为产生噪声波形打开 DAC 通道 LFSR 位 4:0 • DAC_LFSRUNMASK_BITS5_0：为产生噪声波形打开 DAC 通道 LFSR 位 5:0 • DAC_LFSRUNMASK_BITS6_0：为产生噪声波形打开 DAC 通道 LFSR 位 6:0 • DAC_LFSRUNMASK_BITS7_0：为产生噪声波形打开 DAC 通道 LFSR 位 7:0 • DAC_LFSRUNMASK_BITS8_0：为产生噪声波形打开 DAC 通道 LFSR 位 8:0 • DAC_LFSRUNMASK_BITS9_0：为产生噪声波形打开 DAC 通道 LFSR 位 9:0 • DAC_LFSRUNMASK_BITS10_0：为产生噪声波形打开 DAC 通道 LFSR 位 10:0 • DAC_LFSRUNMASK_BITS11_0：为产生噪声波形打开 DAC 通道 LFSR 位 11:0
先决条件	无
注意事项	无
返回值	HAL 状态

函数 11-32

函数名	**HAL_DACEx_TriangleWaveGenerate**

函数原型	HAL_StatusTypeDef **HAL_DACEx_TriangleWaveGenerate**
	(
	  DAC_HandleTypeDef * hdac,
	  uint32_t Channel,
	  uint32_t Amplitude
	)

功能描述	使能或禁止所选的 DAC 通道波形发生器
输入参数 1	hdac：指向 DAC_HandleTypeDef 结构体指针，包含了指定 DAC 的配置信息
输入参数 2	Channel：所选的 DAC 通道，这个参数可以是以下值之一 DAC_CHANNEL_1/DAC_CHANNEL_2

（续）

输入参数 3	Amplitude：选择三角波最大振幅，这个参数可以是以下值之一 ● DAC_TRIANGLEAMPLITUDE_1：选择三角波最大振幅为 1 ● DAC_TRIANGLEAMPLITUDE_3：选择三角波最大振幅为 3 ● DAC_TRIANGLEAMPLITUDE_7：选择三角波最大振幅为 7 ● DAC_TRIANGLEAMPLITUDE_15：选择三角波最大振幅为 15 ● DAC_TRIANGLEAMPLITUDE_31：选择三角波最大振幅为 31 ● DAC_TRIANGLEAMPLITUDE_63：选择三角波最大振幅为 63 ● DAC_TRIANGLEAMPLITUDE_127：选择三角波最大振幅为 127 ● DAC_TRIANGLEAMPLITUDE_255：选择三角波最大振幅为 255 ● DAC_TRIANGLEAMPLITUDE_511：选择三角波最大振幅为 511 ● DAC_TRIANGLEAMPLITUDE_1023：选择三角波最大振幅为 1023 ● DAC_TRIANGLEAMPLITUDE_2047：选择三角波最大振幅为 2047 ● DAC_TRIANGLEAMPLITUDE_4095：选择三角波最大振幅为 4095
先决条件	无
注意事项	无
返回值	HAL 状态

函数 11-33

函数名	**HAL_DACEx_DualGetValue**
函数原型	uint32_t **HAL_DACEx_DualGetValue** (DAC_HandleTypeDef * hdac)
功能描述	返回所选择 DAC 通道最后的输出数据值
输入参数	hdac：指向 DAC_HandleTypeDef 结构体指针，包含了指定 DAC 的配置信息
先决条件	无
注意事项	无
返回值	所选择 DAC 通道最后的输出数据值

11.4　DAC 应用实例

　　DAC 模块的 D/A 转换有两种启动方式。一种是触发启动方式，即 D/A 转换的启动需要某种事件的触发，当 DAC_CR 寄存器的 TENx 位置 1 时，DAC 模块被设置为此种启动方式。另一种启动方式是非触发方式，当 TENx 位清 0 时进入该模式，此种模式也是 DAC 模块默认的工作模式。在非触发模式下，写入 DAC 模块数据保持寄存器中的数据会立即开始 D/A 转换。另外，DAC 模块有多个数据保持寄存器，在对 DAC 模块进行编程时，需要根据数据的长度和对齐方式选择对应的寄存器写入。在本章 DAC 模块的编程应用中，我们将 DAC 模块的输出端 DAC_OUT/PA4 引脚连接 1 个 LED，用于显示 DAC 模块的输出结果，具体电路详见图 11-10。

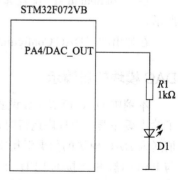

图 11-10　DAC 模块的输出电路

在使用 STM32CubeMX 软件生成项目时，在"Pinout"视图中对引脚和 DAC 外设的配置如图 11-11 所示。

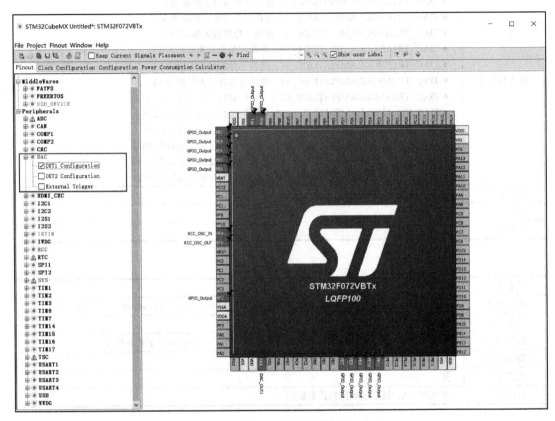

图 11-11 创建 DAC 模块测试项目（一）

在时钟配置上，使用外部晶体振荡器作为时钟源，并将 PLL 时钟作为系统时钟，具体配置如图 11-12 所示。

在"Configuration"配置选项卡中，单击"Analog"项目下面的"DAC"按钮，如图 11-13 所示。

在弹出的"DAC Configuration"对话框中完成对 DAC 模块的配置，如图 11-14 所示。

DAC 模块输出演示

本例中 DAC 通道 1 被设置成非触发启动模式、12 位转换精度右对齐方式，并且使能了输出缓冲器。当程序运行时让一个变量循环累加，其值保持在 0 ～ 4095，并将此变量的值送入 DAC 模块的数据保持寄存器中，转换后的模拟电流会从微控制器的 PA4 引脚输出，与 PA4 引脚相连接的 LED 会显示该输出电流的强度。具体程序见代码清单 11-1 和代码清单 11-2。

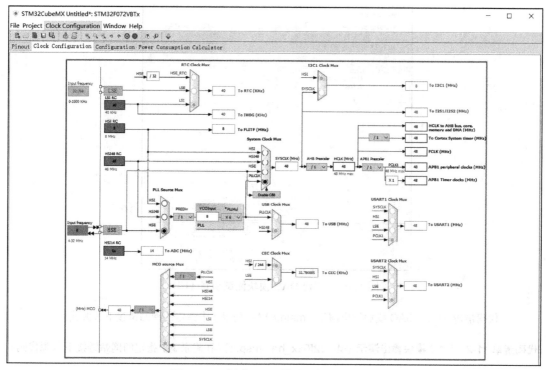

图 11-12 创建 DAC 模块测试项目（二）

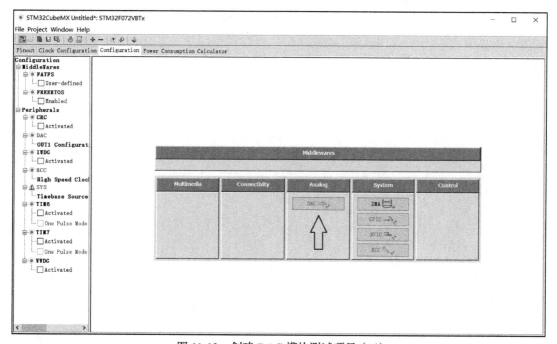

图 11-13 创建 DAC 模块测试项目（三）

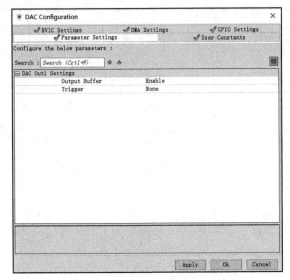

图 11-14 创建 DAC 模块测试项目（四）

代码清单 11-1 DAC 模块输出演示（main.c）（在附录 J 中指定的网站链接下载源代码）

代码清单 11-2 DAC 模块输出演示（stm32f0xx_hal_msp.c）（在附录 J 中指定的网站链接下载源代码）

第 12 章
模拟比较器

模拟比较器是将两个模拟电压进行比较，并将比较后的结果作为数字逻辑输出的一种电路。本章将重点介绍的是 STM32F0 系列微控制器的模拟比较器模块原理及应用。

12.1 模拟比较器概述

STM32F0 系列微控制器内嵌两个通用比较器 COMP1 和 COMP2，它们可以各自独立使用，也可以与定时器结合使用。模拟比较器可以用于由模拟信号触发的从低功耗模式唤醒，对模拟信号的调理，或者与 DAC 及定时器输出的 PWM 相结合，组成逐周期的电流控制回路。

12.1.1 模拟比较器的功能

模拟比较器是将一个模拟电压和一个基准电压进行比较，并把比较的结果以数字形式输出的器件，其主要作用是用来衡量两个模拟电压之间的逻辑关系，其原理如图 12-1 所示。比较器有两个输入端，分别是同相输入端 Vin+ 和反相输入端 Vin−，另外还有一个输出端 OUT。其中两路输入为模拟信号，而输出则为数字信号。

模拟比较器的输出结果与输入电压的对应关系如图 12-2 所示。当 Vin+ 上的电压值小于 Vin− 上的电压值时，比较器输出低电平 0，而当 Vin+ 上的电压值大于 Vin− 上的电压值时，比较器输出高电平 1。图 12-2 中比较器输出的阴影部分表示因输入偏移和响应时间所造成的输出不确定区域。

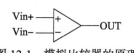

图 12-1 模拟比较器的原理

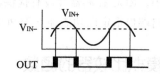

图 12-2 比较器输入与输出的对应关系

12.1.2 模拟比较器的内部结构

STM32F072VBT6 系列微控制器片内有两个轨至轨（rail to rail）比较器，分别称为 COMP1 和 COMP2。在两个比较器的同相输入端上，连接有可选择的 I/O 引脚或 DAC1 的输出端。在反相输入端上，连接有可供选择的基准电压源，它们可以是 3 个 I/O 引脚，DAC1 的输出端、内部参考电压或其分压值（1/4、1/2、3/4）。模拟比较器本身具有可编程的速率、功耗和迟滞特性，其输出具有可编程的极性控制，输出端可以重定向到某一个 I/O 端口或多个定时器输入端，用于触发输入捕捉、参考信号清除、PWM 刹车以及产生中断事件唤醒微控制器等功能。每个比较器都可以产生中断，并支持从 SLEEP 和 STOP 模式唤醒。STM32F072VBT6系列微控制器的模拟比较器模块结构如图 12-3 所示。

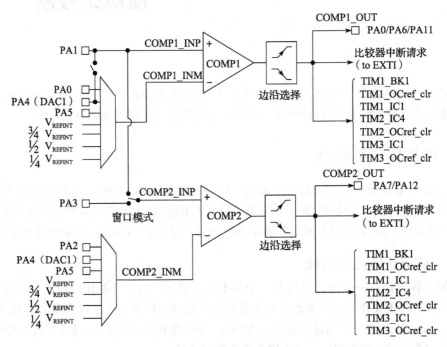

图 12-3　模拟比较器的结构

所谓比较器的迟滞其实就是在比较器的输出端和同相输入端建立耦合，形成正向反馈，用于提高比较器在翻转临界点的稳定度。当比较器的 2 个同相输入端相连接时，通过对 2 个比较器的反相输入端连接不同的基准电压源，可以使比较器工作在窗口模式。另外，在比较器的应用中，RCC 控制器并没有提供比较器外设的时钟使能控制位，模拟比较器的极性选择逻辑与输出端口重定向功能独立于 PCLK 时钟，因此比较器可以在停止模式下工作。

12.2　模拟比较器的函数

12.2.1　模拟比较器类型定义

输出类型 12-1：模拟比较器初始化结构定义

COMP_InitTypeDef

typedef struct

```
{
    uint32_t InvertingInput;      /* 选择比较器的反相输入端, 该参数可以是 COMP_InvertingInput
                                     值之一 */
    uint32_t NonInvertingInput;   /* 选择比较器的同相输入, 该参数可以是 COMP_NonInvertingInput
                                     的值之一 */
    uint32_t Output;              /* 选择比较器的输出重定向, 该参数可以是 COMP_Output 的值之一 */
    uint32_t OutputPol;           /* 选择比较器的输出极性, 该参数可以是 COMP_OutputPolarity 的
                                     值之一 */
    uint32_t Hysteresis;          /* 选择比较器的滞后电压, 该参数可以是 COMP_Hysteresis 的值之一 */
    uint32_t Mode;                /* 选择比较器的功耗模式以调整速度和功耗, 该参数可以是 COMP_Mode
                                     的值之一 */
    uint32_t WindowMode;          /* 选择比较器 1 和 2 的窗口模式, 该参数可以是 COMP_WindowMode
                                     的值之一 */
    uint32_t TriggerMode;         /* 选择比较器的触发模式 (中断模式), 该参数可以是 COMP_Trigger-
                                     Mode 的值之一 */
}COMP_InitTypeDef;
```

输出类型 12-2: COMP 处理结构定义

COMP_HandleTypeDef

```
typedef struct
{
    COMP_TypeDef          *Instance; /* 寄存器基地址      */
    COMP_InitTypeDef      Init;      /* COMP 必需参数      */
    HAL_LockTypeDef       Lock;      /* 锁定对象          */
    __IO uint32_t         State;     /* COMP 通信状态, 该参数可以是 COMP_State 的值之
一 */
}COMP_HandleTypeDef;
```

12.2.2 模拟比较器常量定义

输出常量 12-1: COMP 状态

状态定义	释 义
HAL_COMP_STATE_RESET	COMP 未初始化或禁用
HAL_COMP_STATE_READY	COMP 已初始化并准备使用
HAL_COMP_STATE_READY_LOCKED	COMP 已经初始化但配置已锁定
HAL_COMP_STATE_BUSY	COMP 正在运行
HAL_COMP_STATE_BUSY_LOCKED	COMP 已初始化并准备使用

输出常量 12-2: COMP 输出极性

状态定义	释 义
COMP_OUTPUTPOL_NONINVERTED	COMP 输出在 GPIO 上非反转
COMP_OUTPUTPOL_INVERTED	COMP 输出在 GPIO 上反转

输出常量 12-3：COMP 迟滞

状态定义	释　义
COMP_HYSTERESIS_NONE	没有迟滞
COMP_HYSTERESIS_LOW	迟滞级别低
COMP_HYSTERESIS_MEDIUM	迟滞级别中
COMP_HYSTERESIS_HIGH	迟滞级别高

输出常量 12-4：COMP 模式

状态定义	释　义
COMP_MODE_HIGHSPEED	高速模式
COMP_MODE_MEDIUMSPEED	中速模式
COMP_MODE_LOWPOWER	低速模式
COMP_MODE_ULTRALOWPOWER	超低功耗模式

输出常量 12-5：比较器反相输入

状态定义	释　义
COMP_INVERTINGINPUT_1_4VREFINT	VREFINT 电压 1/4 连接至比较器的反向输入
COMP_INVERTINGINPUT_1_2VREFINT	VREFINT 电压 1/2 连接至比较器的反向输入
COMP_INVERTINGINPUT_3_4VREFINT	VREFINT 电压 3/4 连接至比较器的反向输入
COMP_INVERTINGINPUT_VREFINT	VREFINT 电压连接至比较器的反向输入
COMP_INVERTINGINPUT_DAC1	DAC_OUT1 (PA4) 连接至比较器的反向输入
COMP_INVERTINGINPUT_DAC1SWITCHCLOSED	DAC_OUT1 (PA4) 连接至比较器的反向输入并且关闭开关（PA0 只用于 COMP1）
COMP_INVERTINGINPUT_DAC2	DAC_OUT2 (PA5) 连接至比较器的反向输入
COMP_INVERTINGINPUT_IO1	IO（COMP1 的 PA0 和 COMP2 的 PA2）连接至比较器的反向输入

输出常量 12-6：COMP 同相输入

状态定义	释　义
COMP_NONINVERTINGINPUT_IO1	I/O1（COMP1 的 PA1，COMP2 的 PA3）连接至比较器的同相输入
COMP_NONINVERTINGINPUT_DAC1SWITCHCLOSED	DAC 输出连接至比较器 COMP1 的同相输入

输出常量 12-7：COMP 输出

状态定义	释　义
COMP_OUTPUT_NONE	COMP 输出没有连接其他外设
COMP_OUTPUT_TIM1BKIN	COMP 输出连接至 TIM1 刹车输入（BKIN）
COMP_OUTPUT_TIM1IC1	COMP 输出连接至 TIM1 输入捕捉 1
COMP_OUTPUT_TIM1OCREFCLR	COMP 输出连接至 TIM1 参考信号清除
COMP_OUTPUT_TIM2IC4	COMP 输出连接至 TIM2 输入捕捉 4
COMP_OUTPUT_TIM2OCREFCLR	COMP 输出连接至 TIM2 参考信号清除
COMP_OUTPUT_TIM3IC1	COMP 输出连接至 TIM3 输入捕捉 1
COMP_OUTPUT_TIM3OCREFCLR	COMP 输出连接至 TIM3 参考信号清除

输出常量 12-8：COMP 输出水平

状态定义	释　义
COMP_OUTPUTLEVEL_LOW	当输出极性非反转时，同相输入比反相输入电压低时比较器输出为低
COMP_OUTPUTLEVEL_HIGH	当输出极性非反转时，同相输入比反相输入电压高时比较器输出为高

输出常量 12-9：COMP 触发模式

状态定义	释　义
COMP_TRIGGERMODE_NONE	无外部中断触发检测
COMP_TRIGGERMODE_IT_RISING	外部中断模式和上升沿触发检测
COMP_TRIGGERMODE_IT_FALLING	外部中断模式和下降沿触发检测
COMP_TRIGGERMODE_IT_RISING_FALLING	外部中断模式和上升 / 下降沿触发检测
COMP_TRIGGERMODE_EVENT_RISING	事件模式和上升沿触发检测
COMP_TRIGGERMODE_EVENT_FALLING	事件模式和下降沿触发检测
COMP_TRIGGERMODE_EVENT_RISING_FALLING	事件模式和上升 / 下降沿触发检测

输出常量 12-10：COMP 窗口模式

状态定义	释　义
COMP_WINDOWMODE_DISABLE	窗口模式禁用
COMP_WINDOWMODE_ENABLE	窗口模式使能：比较器 2 的同相输入连接至比较器 1 的同相输入（PA1）

12.2.3　模拟比较器函数定义

函数 12-1

函数名	**HAL_COMP_DeInit**
函数原型	HAL_StatusTypeDef **HAL_COMP_DeInit** (COMP_HandleTypeDef * hcomp)
功能描述	反初始化 COMP 外设
输入参数	hcomp: COMP 处理
先决条件	无
注意事项	如果 COMP 配置锁定反初始化不能执行，要解锁配置，执行一次系统复位
返回值	HAL 状态

函数 12-2

函数名	**HAL_COMP_Init**
函数原型	HAL_StatusTypeDef **HAL_COMP_Init** (COMP_HandleTypeDef * hcomp)
功能描述	根据指定参数在 COMP_InitTypeDef 结构中初始化 COMP 模块并创建相关的处理
输入参数	hcomp: COMP 处理
先决条件	无
注意事项	如果所选的比较器已经锁定，初始化操作将不能被执行，要解锁配置，需执行一次系统复位
返回值	HAL 状态

函数 12-3

函数名	HAL_COMP_MspDeInit
函数原型	void **HAL_COMP_MspDeInit** (COMP_HandleTypeDef * hcomp)
功能描述	反初始化 COMP 微控制器特定程序包
输入参数	hcomp：COMP 处理
先决条件	无
注意事项	无
返回值	无

函数 12-4

函数名	HAL_COMP_MspInit
函数原型	void **HAL_COMP_MspInit** (COMP_HandleTypeDef * hcomp)
功能描述	初始化 COMP 微控制器特定程序包
输入参数	hcomp：COMP 处理
先决条件	无
注意事项	无
返回值	无

函数 12-5

函数名	HAL_COMP_IRQHandler
函数原型	void **HAL_COMP_IRQHandler** (COMP_HandleTypeDef * hcomp)
功能描述	比较器中断处理
输入参数	hcomp：COMP 处理
先决条件	无
注意事项	无
返回值	HAL 状态

函数 12-6

函数名	HAL_COMP_Start
函数原型	HAL_StatusTypeDef **HAL_COMP_Start** (COMP_HandleTypeDef * hcomp)
功能描述	启动比较器
输入参数	hcomp：COMP 处理
先决条件	无
注意事项	无
返回值	HAL 状态

函数 12-7

函数名	HAL_COMP_Start_IT
函数原型	HAL_StatusTypeDef **HAL_COMP_Start_IT** (COMP_HandleTypeDef * hcomp)
功能描述	启动比较器并使能中断
输入参数	hcomp：COMP 处理
先决条件	无
注意事项	无
返回值	HAL 状态

函数 12-8

函数名	HAL_COMP_Stop
函数原型	HAL_StatusTypeDef **HAL_COMP_Stop** (COMP_HandleTypeDef * hcomp)
功能描述	停止比较器
输入参数	hcomp: COMP 处理
先决条件	无
注意事项	无
返回值	HAL 状态

函数 12-9

函数名	HAL_COMP_Stop_IT
函数原型	HAL_StatusTypeDef **HAL_COMP_Stop_IT** (COMP_HandleTypeDef * hcomp)
功能描述	停止比较器并禁止中断
输入参数	hcomp: COMP 处理
先决条件	无
注意事项	无
返回值	HAL 状态

函数 12-10

函数名	HAL_COMP_GetOutputLevel
函数原型	uint32_t **HAL_COMP_GetOutputLevel** (COMP_HandleTypeDef * hcomp)
功能描述	返回所选择的比较器的输出电平（高或低）
输入参数	hcomp: COMP 处理
先决条件	无
注意事项	无
返回值	返回所选比较器输出电压：COMP_OUTPUTLEVEL_LOW 或 COMP_OUTPUTLEVEL_HIGH

函数 12-11

函数名	HAL_COMP_Lock
函数原型	HAL_StatusTypeDef **HAL_COMP_Lock** (COMP_HandleTypeDef * hcomp)
功能描述	锁定所选比较器的配置
输入参数	hcomp: COMP 处理
先决条件	无
注意事项	无
返回值	HAL 状态

函数 12-12

函数名	HAL_COMP_TriggerCallback
函数原型	void **HAL_COMP_TriggerCallback** (COMP_HandleTypeDef * hcomp)
功能描述	比较器触发回调
输入参数	hcomp: COMP 处理
先决条件	无
注意事项	无
返回值	无

函数 12-13

函数名	**HAL_COMP_GetState**
函数原型	uint32_t **HAL_COMP_GetState** (COMP_HandleTypeDef * hcomp)
功能描述	返回 COMP 状态
输入参数	hcomp：COMP 处理
先决条件	无
注意事项	无
返回值	HAL 状态

12.3 模拟比较器应用实例

STM32F0 系列微控制器片内集成有 12 位高速模—数转换器（ADC），其采样率可达 1M/秒，但高转换速度也相应地会产生较高的功耗，其工作时典型的电流消耗会达到 1.5mA，这在一些使用电池供电且需要长期监测某一模拟量的应用中会带来麻烦，而使用模拟比较器就能很好地解决这一问题。比如，利用模拟比较器可以在停机模式下工作这一特点，通常情况下将微控制器置于停机模式以降低功耗，仅使用比较器来监测该模拟量的值，一旦该模拟量超过某一阈值，即刻唤醒微控制器并启动 A/D 转换，这样可以最大限度地减少电流消耗。以下，我们只简单地用模拟比较器监测光敏电阻的输出，当光照达到某一强度时，模拟比较器的输出端会驱动后级做出相应动作，使用模拟比较器监测光照强度的电路如图 12-4 所示。

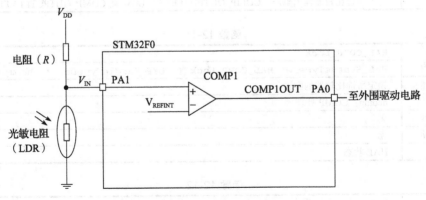

图 12-4 使用模拟比较器监测光照强度

在使用 STM32CubeMX 软件生成开发项目时，在 "Pinout" 视图中将模拟比较器（COMP1）正输入端配置为连接 PA1 引脚，将负输入端配置为连接内部参考电压（VRef），并使能比较器的外部输出。具体设置如图 12-5 所示。

在 "Clock Configuration" 视图中，对时钟的配置如图 12-6 所示。

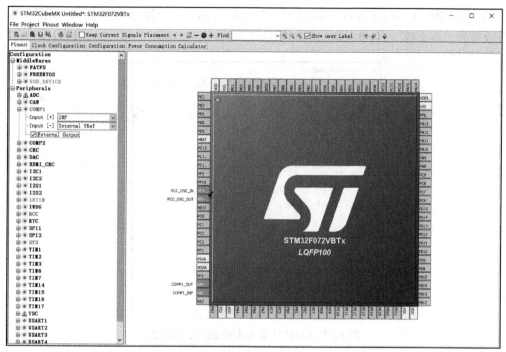

图 12-5　COMP1 监测光照强度引脚设置

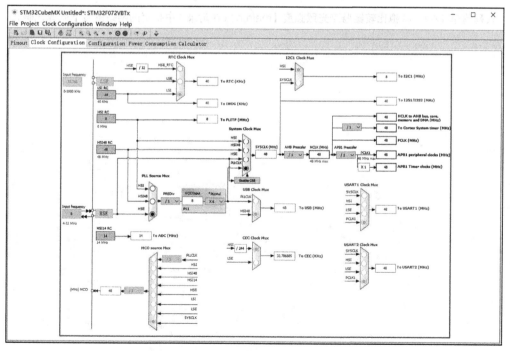

图 12-6　COMP1 监测光照强度时钟设置

在"COMP1 Configuration"视图中,将COMP1的速度设置为"高速/全功率",输出极性设置为"非反转"。具体参数配置如图12-7所示。

图 12-7 COMP1 监测光照强度参数配置

使用模拟比较器监测光照强度的代码详见代码清单 12-1。

代码清单 12-1 模拟比较器监测光照强度（main.c）（在附录 J 中指定的网站链接下载源代码）

第 13 章
实 时 时 钟

实时时钟也称为硬时钟，是一种不依赖于软件就能生成时间数据的时钟芯片，STM32F0 系列微控制器片内的 RTC 模块是一个具有可编程报警功能的时间日历时钟。本章主要介绍 RTC 模块的工作原理和编程方法。

13.1 RTC 概述

STM32F0 系列微控制器内部的 RTC 模块不仅具有实时时钟的日历功能，还可以记录某一事件发生的时间和唤醒处于功耗管理模式下的微控制器，时钟本身具有多种时间校正方式，可以保证程序稳定可靠运行。

13.1.1 RTC 主要特性

RTC 模块是一个独立运行的 BCD 定时 / 计数器，内部有两个 32 位寄存器以 BCD 格式储存秒、分、时、日（星期数）、日期、月和年等时间信息，且具有自动月份及夏令时补偿功能。另外，RTC 模块单独使用一个 32 位寄存器存储报警信息，包括亚秒、秒、分、时、日、日期，当日历寄存器时间信息与报警信息匹配时，即可触发 RTC 报警。RTC 模块还具有自动唤醒功能，可以用于唤醒处于低功耗模式下的微控制器，模块本身的数字校准功能可以对由晶体频率偏差、温度漂移等原因引发的时间误差进行修正。RTC 模块的内部结构如图 13-1 所示。

模块有 3 个侵入事件输入（RTC_TAMPx）、1 个时间戳事件输入（RTC_TS）和 1 个参考时钟输入（RTC_REFIN），另有 1 个报警输出（RTC_ALARM）以及校准输出（RTC_CALIB），两种输出信号均由 RTC_OUT 引脚引出。RTC 模块的具体功能如下。

1. 五个复用功能输入

❑ RTC_TAMP1：侵入事件检测 1

❑ RTC_TAMP2：侵入事件检测 2

❑ RTC_TAMP3：侵入事件检测 3

❑ RTC_TS：时间戳事件输入

❑ RTC_REFIN：50Hz 或 60Hz 参考时钟输入

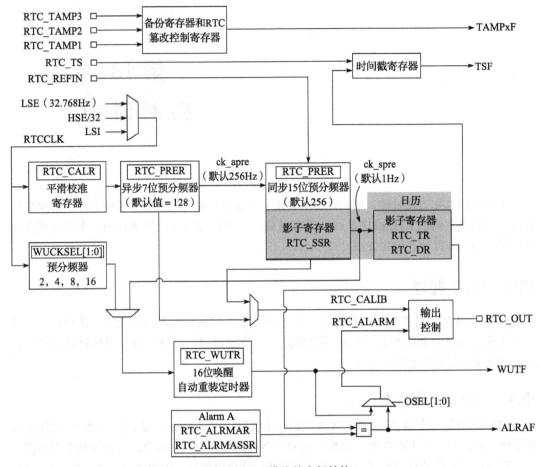

图 13-1　RTC 模块的内部结构

2. 一个复用功能输出

RTC_OUT 是复用功能输出引脚，具有以下两种输出形式：

❑ RTC_CALIB：512Hz 或 1Hz 校准时钟输出，该输出由 RTC_CR 寄存器的 COE 位使能。

❑ RTC_ALARM：报警 A 输出，该输出由 RTC_CR 寄存器的 OSEL[1:0] 位使能。

RTC_OUT、RTC_TS 和 RTC_TAMP1 同时映射到 PC13 引脚，RTC_TAMP2 映射到 PA0 引脚，RTC_REFIN 映射到 PB15 引脚。引脚功能映射详见表 13-1。

表 13-1　RTC 模块引脚功能映射

引脚	RTC 复用功能
PC13	RTC_TAMP1, RTC_TS, RTC_OUT
PA0	RTC_TAMP2
PE6	RTC_TAMP3
PB15	RTC_REFIN

当 PC13 不用作 RTC 复用功能时，可通过设置 RTC_TAFCR 中 PC13MODE 位将 PC13 强制为推挽输出模式，输出值由 PC13VALUE 位设置，并且其输出状态在待机模式下被硬件保持。PC13 引脚配置详见表 13-2。

表 13-2 RTC 引脚配置（PC13）

引脚配置和功能	RTC_ALARM 输出使能	RTC_CALIB 输出使能	RTC_TAMP1 输入使能	RTC_TS 输入使能	PC13MODE 位	PC13VALUE 位
RTC_ALARM 开漏输出	1	无影响	无影响	无影响	无影响	0
RTC_ALARM 推挽输出	1	无影响	无影响	无影响	无影响	1
RTC_CALIB 推挽输出	0	1	无影响	无影响	无影响	无影响
RTC_TAMP1 浮空输入	0	0	1	0	无影响	无影响
RTC_TS 和 RTC_TAMP1 浮空输入	0	0	1	1	无影响	无影响
RTC_TS 浮空输入	0	0	0	1	无影响	无影响
强制推挽输出	0	0	0	0	1	PC13 输出数据值
唤醒引脚或标准 GPIO	0	0	0	0	0	无影响

PC14 和 PC15 引脚与手表晶振（LSE）驱动端复用，当 PC14 和 PC15 不用于驱动 LSE 时，可以通过设置 RTC_TAFCR 寄存器的 PC14MODE 位和 PC15MODE 位将这两个引脚强制为推挽输出模式，输出值由 PC14VALUE 和 PC15VALUE 位设置。PC14 和 PC15 的推挽输出状态在待机模式下也会被硬件保持。LSE 引脚配置详见表 13-3 和表 13-4。

表 13-3 LSE 引脚配置（PC14）

引脚配置和功能	LSEON 位	LSEBYP 位	PC14MODE 位	PC14VALUE 位
LSE 振荡器	1	0	无影响	无影响
LSE 旁路	1	1	无影响	无影响
强制推挽输出	0	无影响	1	PC14 输出数据值
标准 GPIO	0	无影响	0	无影响

表 13-4 LSE 引脚配置（PC15）

引脚配置和功能	LSEON 位	LSEBYP 位	PC15MODE 位	PC15VALUE 位
LSE 振荡器	1	0	无影响	无影响
强制推挽输出	0	无影响	1	PC15 输出数据值
标准 GPIO	0	无影响	0	无影响

3.3 种可选时钟源

RTC 模块可以使用 LSE、HSE/32 和 LSI 三种时钟源，备份域控制寄存器 RCC_BDCR 的 RTCSEL[1:0] 位用于时钟选择。其中 LSE 时钟是 32.768kHz 的手表晶振，它主要用于为 RTC 提供一个低功耗且精确的时钟源，它的使能是通过备份域控制寄存器 RCC_BDCR 中的

LSEON 位来控制，该寄存器的 LSEDRV[1:0] 位用于控制 LSE 的驱动能力，LSERDY 位指示 LSE 晶体振荡是否稳定。

3 种时钟源经选择后作为 RTC 输入时钟（RTCCLK），进入 RTC 校准寄存器（RTC_CALR）。校准寄存器使用增加或屏蔽时钟脉冲的方式对 RTCCLK 时钟进行校准。校准时钟进入异步预分频器，预分频寄存器 RTC_PRER 的 PREDIV_A[6:0] 位用于设置异步预分频比，默认值为 128。时钟经异步分频后生成异步预分频时钟（ck_apre），该时钟再次进入同步预分频器，RTC_PRER 寄存器的 PREDIV_S[14:0] 位用于设置同步预分频比，默认分频比为 256。时钟经同步预分频后生成同步预分频时钟（ck_spre），该时钟作为 RTC 的工作时钟，驱动日历计数器计数。

异步预分频器的分频系数最小为 1，最大为 222，其输入时钟（RTCCLK）与异步预分频时钟（ck_apre）的关系可以用下式来表示：

$$f_{CK\_APRE} = \frac{f_{RTCCLK}}{PREDIV\_A + 1}$$

异步预分频输出时钟（ck_apre）用于为二进制亚秒递减计数器（RTC_SSR）提供时钟。当其值为 0 时，RTC_SSR 的值将被重置为同步预分频器（PREDIV_S）的值。同步预分频器的分频系数最小为 1，最大为 16383。输入时钟（RTCCLK）与同步预分频时钟（ck_spre）的关系可以用下式来表示：

$$f_{CK\_SPRE} = \frac{f_{RTCCLK}}{(PREDIV\_S + 1) \times (PREDIV\_A + 1)}$$

当 RTC 模块使用频率为 32.768kHz 的手表晶振作为时钟源时。在默认情况下该时钟经异步预分频后（预分频比 128），时钟频率为 256Hz（ck_apre），再经同步预分频后（预分频比 256），得到频率为 1Hz 的内部工作时钟（ck_spre）。

13.1.2   时钟和日历

RTC 模块的日历寄存器包括时间寄存器（RTC_TR）、日期寄存器（RTC_DR）和亚秒寄存器（RTC_SSR）3 个，在默认情况下对日历寄存器的访问量通过影子寄存器实现的，该影子寄存器与 PCLK（APB 时钟）同步，必要时软件也可以越过影子寄存器直接访问这些日历寄存器。

RTC 每两个 RTCCLK 时钟周期更新一次影子寄存器的日历值，并将 RTC_ISR 寄存器的 RSF 位置 1，用于指示日历影子寄存器同步完成，此更新在停止及待机模式下会暂停。当退出上述两种功耗管理模式后，影子寄存器将在最多两个 RTCCLK 时钟周期后执行更新操作。默认情况下，应用程序通过访问影子寄存器获取日历寄存器的内容，如需直接访问日历寄存器，可以设置 RTC_CR 寄存器的 BYPSHAD 位来实现。

13.1.3   可编程报警

RTC 模块具有可编程报警功能（Alarm A），设置 RTC_CR 寄存器的 ALRAE 位，启动可编程报警功能。当日历寄存器中亚秒、秒、分、时、日期或星期与报警寄存器 RTC_ALRMASSR 和 RTC_ALRMAR 中设定的值相匹配时，ALRAF 位由硬件置位，设置 RTC_CR 寄存器的 ALRAIE 位会产生报警中断。

所有日历字段都可以通过 RTC_ALRMAR 寄存器的 MSKx 位和 RTC_ALRMASSR 寄存器的 MASKSSx 位独立地选择为报警源。这里需要注意的是，当"秒"字段被选中时，为确保 RTC 正常运行，RTC_PRER 寄存器中同步预分频器的分频系数应大于等于 3。设置 RTC_CR 寄存器的 OSEL[0:1] 位可以启动 Alarm A，并可同步输出至 RTC_ALARM（报警输出），RTC_ALARM 输出极性可由 RTC_CR 寄存器的 POL 位设置。

13.2　RTC 操作

对 RTC 的操作可以分为初始化、读取日历信息、RTC 同步和 RTC 校准等，这些操作可以确保 RTC 正确可靠地运行。

13.2.1　RTC 初始化

1. RTC 寄存器的写保护

上电复位后，所有 RTC 寄存器将处于写保护状态，以防止意外的写操作造成错误。之后无论微控制器处于运行模式、低功耗模式或复位状态，只要供电电压在工作范围内，RTC 将保持正常运行，系统复位不会影响此写保护机制。通过向写保护寄存器 RTC_WPR 写入指定关键字，可以启动 RTC 寄存器的写权限（RTC_ISR[13:8]、RTC_TAFCR 和 RTC_BKPxR 位除外），如果写入错误将重新激活写保护。解除写保护的具体操作可以参考以下代码：

```
RTC->WPR  = 0xCA;
RTC->WPR  = 0x53;
```

通过再次向写保护寄存器 RTC_WPR 写入关键字可以重新使能写保护，具体方法可以参考以下代码：

```
RTC->WPR = 0xFE;
RTC->WPR = 0x64;
```

2. 日历初始化及配置

可以按照以下顺序完成时间和日期值的初始化，其中也包括时间格式和预分频器的配置。

❑ 将 RTC_ISR 寄存器的 INIT 位置 1，进入 RTC 初始化模式，在该模式下日历计数器暂停运行并且允许更新计数器的值。

❑ 等待 RTC_ISR 寄存器的 INITF 位置 1，确保进入初始化模式。由于时钟同步的延迟，该过程大约需要 2 个 RTCCLK 时钟周期。

❑ 为了使日历计数器生成 1 个 1Hz 的时钟，需要设定 RTC_PRER 寄存器中的异步和同步预分频系数。

❑ 将初始时间和日期值加载到日历影子寄存器 RTC_TR 和 RTC_DR 中，并且通过 RTC_CR 寄存器的 FMT 位设置时间格式（12 小时制 /24 小时制）。

❑ 清除 RTC_ISR 寄存器的 INIT 位退出初始化模式，日历计数器的实际值将会自动加载，并在 4 个 RTCCLK 时钟周期后重新启动，日历将开始计时。

注意：1）系统复位后，应用程序可读取 RTC_ISR 寄存器的 INITS 标志，从而检测日历是否已经被初始化。如果该位为"0"，说明"年"字段恢复成其上电复位后的默认值 0x00，此时日历没被初始化。

2）初始化后如果需要读日历，需要检测 RTC_ISR 寄存器的 RSF 标志位是否为 1。

3）夏令时通过 RTC_CR 寄存器的 SUB1H、ADD1H 和 BKP 位管理，通过设置 SUB1H 或 ADD1H 位，软件可在不通过初始化流程的情况下将日历中的时间单次增加 / 减少 1 小时，软件还可以通过 BKP 位记录该操作。

3. 启用可编程报警功能

编程或更新可编程报警时，应遵循以下几点：

❑ 清除 RTC_CR 寄存器的 ALRAE 位，禁用 Alarm A。

❑ 编程 Alarm A 寄存器 RTC_ALRMAR 和 RTC_ALRMASSR。

❑ 设置 RTC_CR 的 ALRAE 位重新启用 Alarm A。

这里需要注意的是，由于时钟同步的延迟，所有对 RTC_CR 寄存器的更新将在大约 2 个 RTCCLK 时钟周期后开始生效。

13.2.2 读取日历寄存器

1. 当 RTC_CR 寄存器的 BYPSHAD 位清 0 时日历寄存器的影子寄存器使能

为确保在安全同步机制下正常读取 RTC 日历寄存器（RTC_SSR、RTC_TR 和 RTC_DR），APB1 时钟频率（f_{PCLK}）应至少为 RTC 时钟频率（f_{RTCCLK}）的 7 倍以上。当 APB1 时钟频率低于 7 倍的 RTC 时钟频率时，软件必须两次读取日历时间和日期寄存器，并比较二者的值是否相同，如果相同说明返回值是正确的，否则需再次读取。

日历寄存器的内容被复制到 RTC_SSR、RTC_TR 和 RTC_DR 影子寄存器中时，RTC_ISR 寄存器的 RSF 位被置位，此复制操作由硬件每两个 RTCCLK 周期执行一次。为确保从 3 个寄存器中读取的时间值为同一个瞬时值，在读取 RTC_SSR 或 RTC_TR 时，会将高阶日历影子寄存器中的值锁存，直至 RTC_DR 中的值被读取。另外，为避免软件在时间间隔少于 2 个 RTCCLK 周期的情况下多次访问日历，每次读取日历寄存器后 RSF 位应由软件清零，软件必须等待 RSF 位被置位后才能再次读取 RTC_SSR、RTC_TR 和 RTC_DR 寄存器。

当微控制器处于关机或待机模式时，RTC_SSR、RTC_TR 和 RTC_DR 寄存器的值将不再被刷新，因此在从低功耗模式唤醒后，RSF 位应由软件清零，并且等待 RSF 位被再次置位后才能读上述 3 个日历寄存器。在系统复位后，复位操作将导致影子寄存器复位至其默认值，软件必须等待 RSF 位硬件置位后才能读 RTC_SSR、RTC_TR 和 RTC_DR 寄存器。同样，当日历初始化或 RTC 同步发生后，也需要在 RSF 置位后才能读取日历寄存器。

2. 当 RTC_CR 寄存器的 BYPSHAD 位置 1 时无需考虑影子寄存器

读日历寄存器，将直接从日历计数器获取时间值，此时读操作无需等待 RSF 位是否被置位。此功能通常应用在刚退出停止或待机模式时，因为影子寄存器在低功耗模式下不会自动更新。如果两次读取日历寄存器之间出现 RTCCLK 边沿，由于该边沿有可能触发日历计数器计数，所以此时对不同日历寄存器的读取结果可能反映的不是同一个时间值，软件必须读取所有的日历寄存器两次，并比较两次读取的结果，或者通过比较两组最低有效日历寄存器的结果，以检验数据是否正确且有一定关联。

3. 复位对 RTC 的影响

任何可用的系统复位源都将导致日历影子寄存器 RTC_SSR、RTC_TR、TC_DR 以及 RTC 状态寄存器 RTC_ISR 复位至默认值，但 RTC 当前日历寄存器、RTC 控制寄存器（RTC_CR）、预分频器寄存器（RTC_PRER）、RTC 校准寄存器（RTC_CALR）、RTC 移位寄存器（RTC_SHIFTR）、RTC 时间戳寄存器（RTC_TSSSR、RTC_TSTR 和 RTC_TSDR）、RTC 侵入和复用功能配置寄存器（RTC_TAFCR）、RTC 备份寄存器（RTC_BKPxR）和 Alarm A 寄存器（RTC_ALRMASSR/RTC_ALRMAR）的复位与系统复位无任何关联，只与上电复位有关。

发生上电复位后，RTC 停止运行，所有 RTC 寄存器复位至默认值。除上电复位外，任何系统复位时 RTC 都将维持运行状态。

13.2.3　RTC 同步

RTC 可以与一个高精度远程时钟同步以精确地调整时间。RTC 在读取亚秒字段（RTC_SSR 或 RTC_TSSSR）后，可计算出远程时钟和 RTC 时钟在亚秒级的精确偏差值，通过 RTC_SHIFTR 寄存器用时钟移位的方式瞬间修正这个偏差。具体的方法是通过软件写 RTC_SHIFTR 寄存器实现。当软件将数值写入该寄存器的 SUBFS[14:0] 位后，写入值将会增加到同步预分频计数器 SS[15:0] 位中，由于同步预分频计数器是递减计数的，数值的增加会使时钟信号延迟，延迟时间由以下公式得出：

$$时钟延迟（秒） = SUBFS / (PREDIV\_S + 1)$$

为了获得最高的调整精度，可以将异步预分频器的分频比设为 1，这时 CK_APRE 时钟频率为 32768Hz，为了保证同步预分频器的输出为 1Hz（CK_SPRE=1Hz），同步预分频器此时的分频比需要设置为 32768（SS[15:0] = 7FFF），这将允许以 30.52μs 的最大分辨率（1/32768Hz）精确地调整时间，时间的最大调整幅度为 1s。这里需要说明的是，同步预分频器输入频率的增加，将会导致相应的动态功耗的增加。

当 ADD1S 位的功能与 SUBFS 位共同使用时，将会使时钟提前若干分之一秒。ADD1S 置位后时钟将超前 1s，而写入 SUBFS 位的数值将会使时钟延迟若干分之一秒，最终的结果可由以下公式得出：

$$时钟超前（秒） = (1 - (SUBFS / (PREDIV\_S + 1)))$$

使用时钟移位操作需要注意以下几点：

- □ 写 SUBFS 将导致 RSF 被清除，在读取日历寄存器时，软件需等待 RSF 位置位以确保影子寄存器中相应值已与移位时间同步。
- □ 在启动移位操作前，必须软件检查 SS[15] 位是否为 "0"，以确保移位后不会发生数据溢出。
- □ 写入 RTC_SHIFTR 寄存器将启动移位操作，并将硬件设置 SHPF 标志位，表示一个移位操作正在进行，当移位操作完成后该位被硬件清除。
- □ 同步功能与参考时钟检测功能不兼容，因此当 "REFCKON=1" 时，固件不能写 RTC_SHIFTR。

13.2.4　RTC 参考时钟检测

RTC 模块允许使用一个 50Hz 或 60Hz 的外部高精度时钟（参考时钟）来衡量自身 LSE 的精确度。当 RTC_CR 寄存器的 REFCKON 置位时，参考时钟检测使能。RTC 会将内部每个 1Hz 的时钟边沿与最近的参考时钟（RTC_REFIN）边沿进行比较，多数情况下两个时钟沿会恰好对齐，当发现二者之间没有正确对齐时，说明 LSE 频率不够精确，RTC 会将 1Hz 时钟移动一个最小位，使下一个边沿能正确对齐，这种操作可以确保日历时钟的精度和参考时钟一样准确。

参考时钟对于 RTC 模块本身来说并不是必需的，当参考时钟停止时，日历将使用自身的 LSE 时钟维持运行。另外，在启动 RTC_REFIN 检测后，PREDIV_A 和 PREDIV_S 必须设置为默认值。

13.2.5　RTC 平滑数字校准

1. 平滑数字校准

平滑数字校准是在 2^{20} 个 RTCCLK 脉冲周期（当输入频率为 32768Hz 时为 32s）的时间内，通过增加或减少 RTCCLK 脉冲数量来进行频率校正，以获得更加精确、均匀的频率修正。当输入时钟为 32768Hz 时，RTC 频率可以按 0.954 ppm（Parts permillion，百万分率）的分辨率进行校准。校准分辨率可用以下公式来计算：

$$校准分辨率 = 1 / （32 \times 32768） = 0.9536 \times 10^{-6}$$

当输入时钟为 32768Hz 时，设置 RTC 校准寄存器的 CALP 位可以在每 2^{11} 个 RTCCLK 脉冲后插入一个额外的 RTCCLK 脉冲，也就意味着每 32s 会插入 512 个 RTCCLK 时钟周期，这将使频率增加 488.5 ppm。频率增加的比例可用以下公式来计算：

$$频率增加比例（百万分率） = 512 / （2^{20} - 512） = 488.52 \text{ ppm}$$

RTC_CALR 寄存器的 CALM[8:0] 位是 "校准减" 控制位，用于降低日历时钟频率，其取值表示在 2^{20} 个 RTCCLK 脉冲（32 s）的时间范围内所屏蔽的 RTCCLK 时钟脉冲个数，其最大值为 511，可以使 RTC 频率最多减少 487.1 ppm，频率降低比例可以用以下公式来计算：

$$频率降低比例（百万分率） = 511 / （2^{20} + 511） = 487.09 \text{ ppm}$$

组合使用 RTC_CALR 寄存器的 CALM 和 CALP 位，可以在 −487.1 ppm ～ +488.5 ppm

的校准范围内，以 0.954 ppm 的校准步长来调整日历时钟频率。有效校准频率可用以下公式计算：

$$有效校准频率 (F_{CAL}) = F_{RTCCLK} \times [\, 1 + (CALP \times 512 - CALM) / (2^{20} + CALM - CALP \times 512) \,]$$

2. 验证 RTC 校准

可以通过对 RTC 模块 1Hz 校准输出脉冲的精确测量来验证 RTC 精度。默认情况下校准周期为 32s，通过测量在 32s 时间内 1Hz 输出的精确度，测算出 RTCCLK 的精确频率，并计算正确的 CALM 和 CALP 值。为有效地对 RTC 进行校准，应当首先确保测量精度可以在 0.477 ppm 以内（0.5 个 RTCCLK 相对于 32s）。另外，当 RTC_CALR 寄存器 CALW16 位或 CALW8 位置位时，将强制使用 16s 或 8s 的校准周期，当然校准时间越短精确度也将会越差。

3. 运行中重校准

当 RTC 模块运行时，也可以通过软件写 RTC_CALR 寄存器，实现运行中动态地调整 RTCCLK 时钟，具体可以通过以下步骤来实现：

❑ 软件查询 RTC_ISR 寄存器的 RECALPF 位（重校准挂起标志），确保该位已经清除。

❑ 软件向 RTC_CALR 寄存器写入一个新的校准值，此时 RECALPF 位将硬件置位。

❑ 在向 RTC_CALR 寄存器写入新值后的 3 个 CK_APRE 时钟周期内，新的校准设置生效。

13.2.6　时间戳

RTC 模块的时间戳功能允许将某一事件与其发生的时间相关联。当某一事件发生时，会将该事件发生时刻的日历寄存器中的实时值记录下来，用于后期软件处理。时间戳的原理如图 13-2 所示。

RTC_TS 是时间戳事件输入端，当 RTC_CR 寄存器 TSE 置位时启用时间戳功能。当 RTC_TS 引脚检测到一个时间戳事件时，会将当前日历分别存储在时间戳事件寄存器（RTC_TSTR）、时间戳日期寄存器（RTC_TSDR）和时间戳亚秒寄存器（RTC_TSSSR）中。RTC_CR 寄存器的 TSEDGE 位用于设置时间戳事件检测的有效边沿。

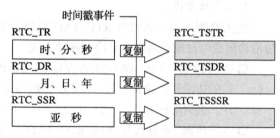

图 13-2　时间戳功能示意

当产生时间戳事件时，RTC_ISR 寄存器的时间戳标志位 TSF 被置位，如果 RTC_CR 寄存器的时间戳事件中断允许位 TSIE 已经置位，则会产生一个中断。当 TSF 标志位已经置位，且 RTC_TS 输入端又检测到一个新的时间戳事件，时间戳溢出标志位 TSOVF 会硬件置位，指示时间戳事件溢出，溢出后时间戳事件寄存器（RTC_TSTR 和 RTC_TSDR）内所保存的内容不变。

13.2.7　侵入检测

1. 侵入检测的功能

与时间戳功能类似，STM32F072VBT6 微控制器的 RTC 模块还有 3 个侵入检测端 RTC_

TAMP1、RTC_TAMP2 和 RTC_TAMP3，用于对外部事件做出相应动作。侵入检测有以下功能。

- 产生侵入中断：当从 RTC_TAMPx 输入端检测到侵入事件时，RTC_ISR 寄存器的 TAMPxF 检测标志位会硬件置位，通过设置 RTC_TAFCR 寄存器的 TAMPIE 位，会产生一个侵入中断。
- 产生时间戳：当 RTC_TAFCR 寄存器的侵入事件时间戳 TAMPTS 位置 1 时，所有侵入事件将产生一个时间戳，其作用和正常的时间戳事件发生时的效果相同。该时间戳事件同样可以设置 TSF 或 TSOVF 位，并且与其关联的侵入标志位 TAMPxF 将同时被设置。
- 复位备份寄存器：备份寄存器 RTC_BKPxR 处于备份域中，当 V_DD 电源被切断后，这些寄存器将切换至 V_BAT 维持供电，其中保存的内容并不会丢失。不仅如此，备份寄存器遇到系统复位或从待机模式下唤醒时，其内容也会保持，只有当微控制器处于上电复位或者发生侵入检测事件时，备份寄存器才会被复位。

侵入检测功能可以作为产品防拆解措施加以利用。例如在产品开发时，事先将一组密码写入备份寄存器中，使用板载电池作为备份域的供电以保持该密码，微控制器每次复位后都将检测该密码的存在，确认之后才能开始运行。一旦产品外壳遭遇意外拆解产生侵入事件（需要相应电路支持），或将微控制器与备份供电分离，将会导致备份寄存器复位，从而使程序不能继续运行。

2. 侵入检测设置

侵入检测可以通过设置 RTC_TAFCR 寄存器的 TAMPxE 位来使能。输入事件可设置为边沿检测或带过滤功能的电平检测两种方式。

- 边沿检测：RTC_TAFCR 寄存器的 TAMPFLT 位为"00"时，按照相关 TAMPxTRG 位的边沿特性设置，当 RTC_TAMPx 引脚检测到上升或下降沿时，将生成侵入检测事件。当边沿检测特性被选中后，RTC_TAMPx 输入端内部的上拉电阻将被停用。
- 电平检测（带滤波）：如果 RTC_TAFCR 寄存器的 TAMPFLT 位不为"00"时，会启用带滤波功能的电平检测。按照 TAMPFLT 位的不同设置，当完成 2 个、4 个或 8 个连续采样后，指定电平（由 TAMPxTRG 位决定）将触发侵入检测事件。

在默认情况下，RTC_TAMPx 引脚在采样前会通过内部上拉电阻实现预充电，预充电时间由 RTC_TAFCR 寄存器的 TAMPPRCH[1:0] 位设定。开启引脚预充电功能可以允许驱动更大的容性负载，置位 RTC_TAFCR 寄存器的 TAMPPUDIS 位可以关闭上拉功能，TAMPFREQ[2:0] 位用于改变电平检测的采样频率，综合使用引脚上拉和采样频率控制可以在侵入检测延迟与上拉电阻电源消耗间进行取舍。

13.2.8 时钟输出

RTC_OUT 是 RTC 模块复用功能输出引脚，具有校准和报警两种输出形式，其原理如图 13-3 所示。

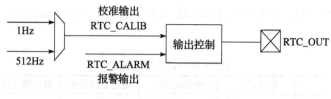

图 13-3　校准输出的原理

1. 校准输出（RTC_CALIB）

校准输出由 RTC_CR 寄存器的 COE 位使能。置位时 RTC_CALIB 校准输出端会输出 512Hz 或 1Hz 时钟信号（由 RTC_CR 寄存器的 COSEL 位设置），此时 RTCCLK 频率必须为 32.768kHz，而且预分频器 PREDIV_A 和 PREDIV_S 均须保持为默认值。

2. 报警输出（RTC_ALARM）

Alarm A 输出由 RTC_CR 寄存器的 OSEL[1:0] 位使能，并与 RTC_ISR 寄存器的 ALRAF 标志位状态相关联。当 OSEL[1:0] 控制位的值为 "01" 时，Alarm A 输出启用，输出极性由 RTC_CR 寄存器的 POL 位决定。当 POL 位清除时，报警输出与 ALRAF 标志状态相同，即 ALRAF 置位时报警输出为高电平；当 POL 位置 1 时，报警输出与 ALRAF 标志状态相反。

这里需要说明的是，报警输出启用后其优先级将高于校准输出，这时 COE 位的值将被忽略，并且需要保持在清除状态。当校准输出或报警输出启用后，RTC_OUT 引脚将自动被配置为复用输出功能。

13.2.9　RTC 低功耗模式

睡眠模式对 RTC 模块无影响，RTC 中断会使微控制器退出睡眠模式。在停止或待机模式下，如果 RTC 使用 LSE 或 LSI 作为时钟源，RTC 将保持运行状态，RTC 报警、RTC 侵入事件、RTC 时间戳事件以及 RTC 唤醒事件将使设备退出停止模式，RTC 模块对低功耗模式的影响详见表 13-5。

表 13-5　RTC 模块对低功耗模式的影响

模式	描　述
睡眠模式	无影响。RTC 中断使微控制器退出睡眠模式
停止模式	如果 RTC 时钟源为 LSE 或 LSI，RTC 将保持运行状态。RTC 报警、RTC 侵入事件、RTC 时间戳事件以及 RTC 唤醒事件将使设备退出停止模式
待机模式	如果 RTC 时钟源为 LSE 或 LSI，RTC 将保持运行状态。RTC 报警、RTC 侵入事件、RTC 时间戳事件以及 RTC 唤醒事件将使设备退出待机模式

13.2.10　RTC 中断

所有 RTC 中断都连接到 EXTI 控制器，并且占用相同的中断向量号 "2"。其中 RTC 报警事件连接至 EXTI17 线，RTC 侵入和时间戳事件连接至 EXTI19 线。RTC 模块的中断控制详见表 13-6。

表 13-6　RTC 中断控制

中断事件	事件标志	使能控制位	退出睡眠模式	退出停止模式	退出待机模式
Alarm A	ALRAF	ALRAIE	是	是	是
RTC_TS 时间戳输入	TSF	TSIE	是	是	是
RTC_TAMP1 侵入检测	TAMP1F	TAMPIE	是	是	是
RTC_TAMP2 侵入检测	TAMP2F	TAMPIE	是	是	是
RTC_TAMP3 侵入检测	TAMP3F	TAMPIE	是	是	是

注：仅当 RTC 时钟源为 LSE 或 LSI 时才可以从停止和待机模式中唤醒。

📖 编程向导

1. 启用 RTC 报警中断

❑ 在中断模式下设置并使能 RTC 报警事件对应的 EXTI 线，并选择上升沿极性。

❑ 设置并使能 NVIC 中的 RTC_ALARM 通道。

❑ 设置并使能 RTC 触发报警功能（Alarm A）。

2. 启用侵入中断

❑ 在中断模式下设置并使能 RTC 侵入事件对应的 EXTI 线，并选择上升沿极性。

❑ 设置并使能 NVIC 的 TAMP_STAMP 通道。

❑ 设置 RTC，检测 RTC 侵入事件。

3. 启用时间戳中断

❑ 在中断模式下设置并使能 RTC 时间戳事件对应的 EXTI 线，并选择上升沿极性。

❑ 设置并使能 NVIC 的 TAMP_STAMP 通道。

❑ 设置 RTC，检测 RTC 时间戳事件。

13.3　RTC 函数

13.3.1　RTC 类型定义

输出类型 13-1：HAL 状态结构定义

HAL_RTCStateTypeDef

```
typedef enum
{
  HAL_RTC_STATE_RESET   = 0x00,  /* RTC 尚未初始化或禁用 */
  HAL_RTC_STATE_READY   = 0x01,  /* RTC 已初始化完成并可以使用 */
  HAL_RTC_STATE_BUSY    = 0x02,  /* RTC 处理进行中 */
  HAL_RTC_STATE_TIMEOUT = 0x03,  /* RTC 超时状态 */
  HAL_RTC_STATE_ERROR   = 0x04   /* RTC 错误状态 */
}HAL_RTCStateTypeDef;
```

输出类型 13-2：RTC 配置结构定义

RTC_InitTypeDef

```
typedef struct
{
  uint32_t HourFormat;    /* 指定 RTC 的小时格式, 该参数可以是 RTC_Hour_Formats 值之一 */
  uint32_t AsynchPrediv;  /* 指定 RTC 异步预分频器的值, 该参数必须在 0x00 至 0x7F 之间 */
  uint32_t SynchPrediv;   /* 指定 RTC 同步预分频器的值, 该参数必须在 0x00 至 0x7FFF 之间 */
  uint32_t OutPut;        /* 指定哪种信号将被 RTC 输出, 该参数可以是 RTCEx_Output_selection_
                             Definitions 的值之一 */
  uint32_t OutPutPolarity; /* 指定输出信号的极性, 该参数的值可以是 RTC_Output_Polarity_De-
                             finitions 的值之一 */
  uint32_t OutPutType;    /* 指定 RTC 输出引脚模式, 该参数可以是 RTC_Output_Type_ALARM_
                             OUT 的值之一 */
}RTC_InitTypeDef;
```

输出类型 13-3：RTC 时间结构定义

RTC_TimeTypeDef

```
typedef struct
{
  uint8_t Hours;          /* 指定 RTC 小时时间值, 该参数的值必须在 0 至 12 之间 (如果选择 RTC_Hour-
                             Format_12) 或该参数的值必须在 0 至 23 之间 (如果选择 RTC_HourFormat_24) */
  uint8_t Minutes;        /* 指定 RTC 分钟时间值, 该参数必须在 0 至 59 之间 */
  uint8_t Seconds;        /* 指定 RTC 秒时间值, 该参数的值必须在 0 至 59 之间 */
  uint8_t TimeFormat;     /* 指定 RTC 上午/下午时间值, 该参数可以是 RTC_AM_PM_Definitions 的值之一 */
  uint32_t SubSeconds;    /* 指定 RTC_SSRRTC 亚秒寄存器的内容, 该参数符合时间单元要求, 在 [0~1]
                             秒范围内使用 [1 Sec / SecondFraction +1] 精度 */
  uint32_t SecondFraction; /* 指定亚秒寄存器内容的精度, 其范围与同步预分频因子 (PREDIV_S) 相
                             一致, 该参数相当于时间单元范围在 [0~1] 秒, 使用 [1 Sec / Second-
                             Fraction +1] 精度, 该域仅在 HAL_RTC_GetTime 函数中使用 */
  uint32_t DayLightSaving; /* 指定 RTC_DayLightSaveOperation: 小时的调整值, 该参数可以是
                             RTC_DayLightSaving_Definitions 的值之一 */
  uint32_t StoreOperation; /* 指定 RTC_StoreOperation 值 (写入 CR 寄存器的 BCK 位以保存该操
                             作), 该参数的值可以是 RTC_StoreOperation_Definitions 的值
                             之一 */
}RTC_TimeTypeDef;
```

输出类型 13-4：RTC 日期结构定义

RTC_DateTypeDef

```
typedef struct
{
  uint8_t WeekDay;  /* 指定 RTC 的日 (星期) 值, 该参数可以是 RTC_WeekDay_Definitions 的值之一 */
  uint8_t Month;    /* 指定 RTC 月份值 (在 BCD 格式), 该参数可以是 RTC_Month_Date_Definitions
                       的值之一 */
  uint8_t Date;     /* 指定 RTC 的日期值, 该参数的值必须在 1 至 31 之间 */
  uint8_t Year;     /* 指定 RTC 的年份值, 该参数的值必须在 0 至 99 之间 */
}RTC_DateTypeDef;
```

输出类型 13-5：RTC 报警结构定义

RTC_AlarmTypeDef

```
typedef struct
{
  RTC_TimeTypeDef AlarmTime;      /* 指定 RTC 报警时间单元 */
  uint32_t AlarmMask;             /* 指定 RTC 报警报警屏蔽，该参数可以是 RTC_AlarmMask_Defin-
                                     itions 定义值 */
  uint32_t AlarmSubSecondMask;    /* 指定 RTC 报警亚秒屏蔽，该参数可以是 RTC_Alarm_Sub_Seconds_
                                     Masks_Definitions 定义值 */
  uint32_t AlarmDateWeekDaySel;   /* 指定 RTC 报警是按日期或按星期，该参数可以是 RTC_AlarmDate-
                                     WeekDay_Definitions 定义值 */
  uint8_t AlarmDateWeekDay;       /* 指定 RTC 报警日期 / 星期选择。Specifies the RTC Alarm Date/
                                     WeekDay. 如果报警日期被选择，该参数必须被设置在 1～31 之间，
                                     如果报警星期被选择，该参数可以是 RTC_WeekDay_Definitions
                                     的值之一 */
  uint32_t Alarm;  /* 指定报警，该参数可以是 RTC_Alarms_Definitions 的值之一 */
}RTC_AlarmTypeDef;
```

输出类型 13-6：RTC 处理结构定义

RTC_HandleTypeDef

```
typedef struct
{
  RTC_TypeDef    *Instance;    /* 寄存器基地址 */
  RTC_InitTypeDef    Init;     /* RTC 必需参数 */
  HAL_LockTypeDef    Lock;     /* RTC 锁定对象 */
  __IO HAL_RTCStateTypeDef    State; /* 时间通信状态 */
}RTC_HandleTypeDef;
```

输出类型 13-7：RTC 侵入结构定义

RTC_TamperTypeDef

```
typedef struct
{
  uint32_t Tamper;    /* 指定侵入引脚，该参数可以是 RTCEx_Tamper_Pins_Definitions 的值之一 */
  uint32_t Trigger;   /* 指定侵入触发器，该参数可以是 RTCEx_Tamper_Trigger_Definitions 的值
                         之一 */
  uint32_t Filter;    /* 指定 RTC 侵入滤波器，该参数可以是 RTCEx_Tamper_Filter_Definitions
                         的值之一 */
  uint32_t SamplingFrequency;    /* 指定采样频率，该参数可以是 RTCEx_Tamper_Sampling_Freq-
                                    uencies_Definitions 的值之一 */
  uint32_t PrechargeDuration;    /* 指定预充电持续时间，该参数可以是 RTCEx_Tamper_Pin_Prec-
                                    harge_Duration_Definitions 的值之一 */
  uint32_t TamperPullUp;         /* 指定侵入引脚上拉，该参数可以是 RTCEx_Tamper_Pull_UP_De-
                                    finitions 的值之一 */
  uint32_t TimeStampOnTamperDetection;    /* 指定时间戳定义，该参数可以是 RTCEx_Tamper_Time-
                                    StampOnTamperDetection_Definitions 的值之一 */
}RTC_TamperTypeDef;
```

13.3.2　RTC 常量定义

输出常量 13-1：RTC 小时格式

状态定义	状态值	释　义
RTC_HOURFORMAT_24	((uint32_t)0x00000000)	24 小时格式
RTC_HOURFORMAT_12	((uint32_t)0x00000040)	12 小时格式

输出常量 13-2：RTC 输出极性定义

状态定义	状态值	释　义
RTC_OUTPUT_POLARITY_HIGH	((uint32_t)0x00000000)	ALRAF 有效时引脚为高电平
RTC_OUTPUT_POLARITY_LOW	((uint32_t)0x00100000)	ALRAF 有效时引脚为低电平

输出常量 13-3：RTC 输出类型

状态定义	状态值	释　义
RTC_OUTPUT_TYPE_OPENDRAIN	((uint32_t)0x00000000)	开漏输出
RTC_OUTPUT_TYPE_PUSHPULL	((uint32_t)0x00040000)	推挽输出

输出常量 13-4：RTC 上午 / 下午定义

状态定义	状态值	释　义
RTC_HOURFORMAT12_AM	((uint8_t)0x00)	上午
RTC_HOURFORMAT12_PM	((uint8_t)0x40)	下午

输出常量 13-5：RTC 夏令时定义

状态定义	状态值	释　义
RTC_DAYLIGHTSAVING_SUB1H	((uint32_t)0x00020000)	减少 1 小时
RTC_DAYLIGHTSAVING_ADD1H	((uint32_t)0x00010000)	增加 1 小时
RTC_DAYLIGHTSAVING_NONE	((uint32_t)0x00000000)	无变化

输出常量 13-6：RTC 存储操作定义

状态定义	状态值	释　义
RTC_STOREOPERATION_RESET	((uint32_t)0x00000000)	存储操作复位
RTC_STOREOPERATION_SET	((uint32_t)0x00040000)	存储操作置位

输出常量 13-7：RTC 输入参数格式定义

状态定义	状态值	释　义
RTC_FORMAT_BIN	((uint32_t)0x000000000)	二进制格式
RTC_FORMAT_BCD	((uint32_t)0x000000001)	BCD 格式

输出常量 13-8：RTC 月份定义

状态定义	状态值	释　义
RTC_MONTH_JANUARY	((uint8_t)0x01)	一月
RTC_MONTH_FEBRUARY	((uint8_t)0x02)	二月
RTC_MONTH_MARCH	((uint8_t)0x03)	三月
RTC_MONTH_APRIL	((uint8_t)0x04)	四月
RTC_MONTH_MAY	((uint8_t)0x05)	五月
RTC_MONTH_JUNE	((uint8_t)0x06)	六月
RTC_MONTH_JULY	((uint8_t)0x07)	七月
RTC_MONTH_AUGUST	((uint8_t)0x08)	八月
RTC_MONTH_SEPTEMBER	((uint8_t)0x09)	九月
RTC_MONTH_OCTOBER	((uint8_t)0x10)	十月
RTC_MONTH_NOVEMBER	((uint8_t)0x11)	十一月
RTC_MONTH_DECEMBER	((uint8_t)0x12)	十二月

输出常量 13-9：RTC 星期定义

状态定义	状态值	释　义
RTC_WEEKDAY_MONDAY	((uint8_t)0x01)	星期一
RTC_WEEKDAY_TUESDAY	((uint8_t)0x02)	星期二
RTC_WEEKDAY_WEDNESDAY	((uint8_t)0x03)	星期三
RTC_WEEKDAY_THURSDAY	((uint8_t)0x04)	星期四
RTC_WEEKDAY_FRIDAY	((uint8_t)0x05)	星期五
RTC_WEEKDAY_SATURDAY	((uint8_t)0x06)	星期六
RTC_WEEKDAY_SUNDAY	((uint8_t)0x07)	星期日

输出常量 13-10：RTC 报警日期 / 星期定义

状态定义	状态值	释　义
RTC_ALARMDATEWEEKDAYSEL_DATE	((uint32_t)0x00000000)	日期
RTC_ALARMDATEWEEKDAYSEL_WEEKDAY	((uint32_t)0x40000000)	星期

输出常量 13-11：RTC 报警屏蔽定义

状态定义	状态值	释　义
RTC_ALARMMASK_NONE	((uint32_t)0x00000000)	无屏蔽
RTC_ALARMMASK_DATEWEEKDAY	RTC_ALRMAR_MSK4	屏蔽日期和星期
RTC_ALARMMASK_HOURS	RTC_ALRMAR_MSK3	屏蔽小时
RTC_ALARMMASK_MINUTES	RTC_ALRMAR_MSK2	屏蔽分钟
RTC_ALARMMASK_SECONDS	RTC_ALRMAR_MSK1	屏蔽秒
RTC_ALARMMASK_AL	((uint32_t)0x80808080U)	屏蔽所有

输出常量 13-12：RTC 报警定义

状态定义	状态值	释　义
RTC_ALARM_A	RTC_CR_ALRAE	报警 A

输出常量 13-13：RTC 报警亚秒屏蔽定义

状态定义	状态值	释 义
RTC_ALARMSUBSECONDMASK_ALL	((uint32_t)0x00000000)	所有亚秒字段均屏蔽
RTC_ALARMSUBSECONDMASK_SS14_1	((uint32_t)0x01000000)	SS[0] 位参与比较
RTC_ALARMSUBSECONDMASK_SS14_2	((uint32_t)0x02000000)	SS[1:0] 位参与比较
RTC_ALARMSUBSECONDMASK_SS14_3	((uint32_t)0x03000000)	SS[2:0] 位参与比较
RTC_ALARMSUBSECONDMASK_SS14_4	((uint32_t)0x04000000)	SS[3:0] 位参与比较
RTC_ALARMSUBSECONDMASK_SS14_5	((uint32_t)0x05000000)	SS[4:0] 位参与比较
RTC_ALARMSUBSECONDMASK_SS14_6	((uint32_t)0x06000000)	SS[5:0] 位参与比较
RTC_ALARMSUBSECONDMASK_SS14_7	((uint32_t)0x07000000)	SS[6:0] 位参与比较
RTC_ALARMSUBSECONDMASK_SS14_8	((uint32_t)0x08000000)	SS[7:0] 位参与比较
RTC_ALARMSUBSECONDMASK_SS14_9	((uint32_t)0x09000000)	SS[8:0] 位参与比较
RTC_ALARMSUBSECONDMASK_SS14_10	((uint32_t)0x0A000000)	SS[9:0] 位参与比较
RTC_ALARMSUBSECONDMASK_SS14_11	((uint32_t)0x0B000000)	SS[10:0] 位参与比较
RTC_ALARMSUBSECONDMASK_SS14_12	((uint32_t)0x0C000000)	SS[11:0] 位参与比较
RTC_ALARMSUBSECONDMASK_SS14_13	((uint32_t)0x0D000000)	SS[12:0] 位参与比较
RTC_ALARMSUBSECONDMASK_SS14	((uint32_t)0x0E000000)	SS[13:0] 位参与比较
RTC_ALARMSUBSECONDMASK_NONE	((uint32_t)0x0F000000)	SS[14:0] 位参与比较

输出常量 13-14：RTC 输出选择定义

状态定义	状态值	释 义
RTC_OUTPUT_DISABLE	((uint32_t)0x00000000)	禁用
RTC_OUTPUT_ALARMA	((uint32_t)0x00200000)	报警
RTC_OUTPUT_WAKEUP	((uint32_t)0x00600000)	唤醒

输出常量 13-15：RTC 备份寄存器定义

状态定义	状态值	释 义
RTC_BKP_DR0	((uint32_t)0x00000000)	备份寄存器 0
RTC_BKP_DR1	((uint32_t)0x00000001)	备份寄存器 1
RTC_BKP_DR2	((uint32_t)0x00000002)	备份寄存器 2
RTC_BKP_DR3	((uint32_t)0x00000003)	备份寄存器 3
RTC_BKP_DR4	((uint32_t)0x00000004)	备份寄存器 4

输出常量 13-16：RTC 时间戳边沿定义

状态定义	状态值	释 义
RTC_TIMESTAMPEDGE_RISING	((uint32_t)0x00000000)	RTC_TS 输入上升沿生成一个时间戳事件
RTC_TIMESTAMPEDGE_FALLING	((uint32_t)0x00000008)	RTC_TS 输入下降沿生成一个时间戳事件

输出常量 13-17：RTC 时间戳引脚选择

状态定义	状态值	释 义
RTC_TIMESTAMPPIN_DEFAULT	((uint32_t)0x00000000)	时间戳检测默认引脚

输出常量 13-18：RTC 侵入引脚定义

状态定义	状态值	释 义
RTC_TAMPER_1	RTC_TAFCR_TAMP1E	侵入引脚 1
RTC_TAMPER_2	RTC_TAFCR_TAMP2E	侵入引脚 2
RTC_TAMPER_3	RTC_TAFCR_TAMP3E	侵入引脚 3

输出常量 13-19：RTC 侵入触发定义

状态定义	状态值	释 义
RTC_TAMPERTRIGGER_RISINGEDGE	((uint32_t)0x00000000)	上升沿触发
RTC_TAMPERTRIGGER_FALLINGEDGE	((uint32_t)0x00000002)	下降沿触发
RTC_TAMPERTRIGGER_LOWLEVEL	RTC_TAMPERTRIGGER_RIS-INGEDGE	低电平触发
RTC_TAMPERTRIGGER_HIGHLEVEL	RTC_TAMPERTRIGGER_FAL-LINGEDGE	高电平触发

输出常量 13-20：RTC 侵入过滤器定义

状态定义	状态值	释 义
RTC_TAMPERFILTER_DISABLE	((uint32_t)0x00000000)	侵入过滤器禁用
RTC_TAMPERFILTER_2SAMPLE	((uint32_t)0x00000800)	侵入事件在有效电平下 2 个连续样本后被激活
RTC_TAMPERFILTER_4SAMPLE	((uint32_t)0x00001000)	侵入事件在有效电平下 4 个连续样本后被激活
RTC_TAMPERFILTER_8SAMPLE	((uint32_t)0x00001800)	侵入事件在有效电平下 8 个连续样本后被激活

输出常量 13-21：RTC 侵入采样频率定义

状态定义	状态值	释 义
RTC_TAMPERSAMPLINGFREQ_RTCCLK_DIV32768	((uint32_t)0x00000000)	RTCCLK/32768
RTC_TAMPERSAMPLINGFREQ_RTCCLK_DIV16384	((uint32_t)0x00000100)	RTCCLK/16384
RTC_TAMPERSAMPLINGFREQ_RTCCLK_DIV8192	((uint32_t)0x00000200)	RTCCLK/8192
RTC_TAMPERSAMPLINGFREQ_RTCCLK_DIV4096	((uint32_t)0x00000300)	RTCCLK/4096
RTC_TAMPERSAMPLINGFREQ_RTCCLK_DIV2048	((uint32_t)0x00000400)	RTCCLK/2048
RTC_TAMPERSAMPLINGFREQ_RTCCLK_DIV1024	((uint32_t)0x00000500)	RTCCLK/1024
RTC_TAMPERSAMPLINGFREQ_RTCCLK_DIV512	((uint32_t)0x00000600)	RTCCLK/512
RTC_TAMPERSAMPLINGFREQ_RTCCLK_DIV256	((uint32_t)0x00000700)	RTCCLK/256

输出常量 13-22：RTC 侵入引脚预充电持续时间定义

状态定义	状态值	释 义
RTC_TAMPERPRECHARGEDURATION_1RTCCLK	((uint32_t)0x00000000)	1 个 RTCCLK 周期
RTC_TAMPERPRECHARGEDURATION_2RTCCLK	((uint32_t)0x00002000)	2 个 RTCCLK 周期
RTC_TAMPERPRECHARGEDURATION_4RTCCLK	((uint32_t)0x00004000)	4 个 RTCCLK 周期
RTC_TAMPERPRECHARGEDURATION_8RTCCLK	((uint32_t)0x00006000)	8 个 RTCCLK 周期

输出常量 13-23：RTC 侵入检测事件时间戳定义

状态定义	状态值	释　义
RTC_TIMESTAMPONTAMPERDETECTION_ENABLE	((uint32_t)RTC_TAFCR_TAMPTS)	侵入事件发生时保存时间戳
RTC_TIMESTAMPONTAMPERDETECTION_DISABLE	((uint32_t)0x00000000)	侵入事件发生时不保存时间戳

输出常量 13-24：RTC 侵入上拉定义

状态定义	状态值	释　义
RTC_TAMPER_PULLUP_ENABLE	((uint32_t)0x00000000)	侵入引脚上拉
RTC_TAMPER_PULLUP_DISABLE	((uint32_t)RTC_TAFCR_TAMPPUDIS)	侵入引脚无上拉

输出常量 13-25：RTC 平滑校准周期定义

状态定义	状态值	释　义
RTC_SMOOTHCALIB_PERIOD_32SEC	((uint32_t)0x00000000)	/* 如果 RTCCLK=32768Hz，平滑校准周期为 32 秒，或 2^{20} RTCCLK 秒 */
RTC_SMOOTHCALIB_PERIOD_16SEC	((uint32_t)0x00002000)	/* 如果 RTCCLK=32768Hz，平滑校准周期为 16 秒，或 2^{19} RTCCLK 秒 */
RTC_SMOOTHCALIB_PERIOD_8SEC	((uint32_t)0x00004000)	/* 如果 RTCCLK=32768Hz，平滑校准周期为 8 秒，或 2^{18} RTCCLK 秒 */

输出常量 13-26：RTC 平滑校准增加脉冲定义

状态定义	状态值	释　义
RTC_SMOOTHCALIB_PLUSPULSES_SET	((uint32_t)0x00008000)	RTCCLK 脉冲数量增加值：X 秒窗口 = Y − CALM[8:0] 当 X = 32、16、8 时，Y = 512、256、128
RTC_SMOOTHCALIB_PLUSPULSES_RESET	((uint32_t)0x00000000)	RTCCLK 脉冲数量减少值：32 秒窗口 = CALM[8:0]

输出常量 13-27：RTC 校准输出选择定义

状态定义	状态值	释　义
RTC_CALIBOUTPUT_512HZ	((uint32_t)0x00000000)	校准输出为 512Hz
RTC_CALIBOUTPUT_1HZ	((uint32_t)0x00080000)	校准输出为 1Hz

输出常量 13-28：RTC 增加 1 秒参数定义

状态定义	状态值	释　义
RTC_SHIFTADD1S_RESET	((uint32_t)0x00000000U)	保持原日历值
RTC_SHIFTADD1S_SET	((uint32_t)0x80000000U)	日历值增加 1 秒

13.3.3　RTC 函数定义

函数 13-1

函数名	**HAL_RTC_DeInit**
函数原型	HAL_StatusTypeDef **HAL_RTC_DeInit** (RTC_HandleTypeDef * hrtc)
功能描述	反初始化 RTC 外设
输入参数	hrtc：RTC 处理
先决条件	无
注意事项	该函数不能复位 RTC 备份数据寄存器
返回值	HAL 状态

函数 13-2

函数名	**HAL_RTC_Init**
函数原型	HAL_StatusTypeDef **HAL_RTC_Init** (RTC_HandleTypeDef * hrtc)
功能描述	按照 RTC_InitTypeDef 结构中指定的参数初始化 RTC 并初始化相关处理
输入参数	hrtc：RTC 处理
先决条件	无
注意事项	无
返回值	HAL 状态

函数 13-3

函数名	**HAL_RTC_MspDeInit**
函数原型	void **HAL_RTC_MspDeInit** (RTC_HandleTypeDef * hrtc)
功能描述	反初始化 RTC 微控制器特定程序包
输入参数	hrtc：RTC 处理
先决条件	无
注意事项	无
返回值	无

函数 13-4

函数名	**HAL_RTC_MspInit**
函数原型	void **HAL_RTC_MspInit** (RTC_HandleTypeDef * hrtc)
功能描述	初始化 RTC 微控制器特定程序包
输入参数	hrtc：RTC 处理
先决条件	无
注意事项	无
返回值	无

函数 13-5

函数名	**HAL_RTC_GetDate**
函数原型	HAL_StatusTypeDef **HAL_RTC_GetDate** (

（续）

函数原型	RTC_HandleTypeDef * hrtc, RTC_DateTypeDef * sDate, uint32_t Format)
功能描述	获取 RTC 当前日期
输入参数 1	hrtc：RTC 处理
输入参数 2	sDate：日期结构指针
输入参数 3	Format：指定输入参数的格式，该参数可以是下列值之一 ● RTC_FORMAT_BIN：二进制数据格式 ● RTC_FORMAT_BCD：BCD 数据格式
先决条件	无
注意事项	必须在调用 HAL_RTC_GetTime() 函数之后再调用 HAL_RTC_GetDate()，以解锁高阶日历影子寄存器的值，以此来确保时间和日期值之间的一致性。读取 RTC 当前时间会锁定日历影子寄存器的值，直到当前日期被读取
返回值	HAL 状态

函数 13-6

函数名	**HAL_RTC_GetTime**

函数原型	HAL_StatusTypeDef **HAL_RTC_GetTime**
	(
	  RTC_HandleTypeDef * hrtc,
	  RTC_TimeTypeDef * sTime,
	  uint32_t Format
	)

功能描述	获取 RTC 当前时间
输入参数 1	hrtc：RTC 处理
输入参数 2	sTime：指向小时、分钟和秒字段时间结构的指针，返回与输入格式参数相同的数据（二进制或 BCD）。其中也包括亚秒级字段，返回 RTC_SSR 寄存器内容和秒的小数部分
输入参数 3	Format：指定输入参数的格式，该参数可以是以下值之一 ● RTC_FORMAT_BIN：二进制数据格式 ● RTC_FORMAT_BCD：BCD 数据格式
先决条件	无
注意事项	无
返回值	HAL 状态

函数 13-7

函数名	**HAL_RTC_SetDate**

函数原型	HAL_StatusTypeDef **HAL_RTC_SetDate**
	(
	  RTC_HandleTypeDef * hrtc,
	  RTC_DateTypeDef * sDate,
	  uint32_t Format
	)

（续）

功能描述	设置 RTC 当前数据
输入参数 1	hrtc：RTC 处理
输入参数 2	sDate：日期结构指针
输入参数 3	Format：指定输入参数的格式，该参数可以是下列值之一 • RTC_FORMAT_BIN：二进制数据格式 • RTC_FORMAT_BCD：BCD 数据格式
先决条件	无
注意事项	无
返回值	HAL 状态

函数 13-8

函数名	**HAL_RTC_SetTime**

函数原型	HAL_StatusTypeDef **HAL_RTC_SetTime**
	(
	RTC_HandleTypeDef * hrtc,
	  RTC_TimeTypeDef * sTime,
	  uint32_t Format
	)

功能描述	设置 RTC 当前时间
输入参数 1	hrtc：RTC 处理
输入参数 2	sTime：指向时间结构的指针
输入参数 3	Format：指定输入参数的格式，该参数可以是下列值之一 • RTC_FORMAT_BIN：二进制数据格式 • RTC_FORMAT_BCD：BCD 数据格式
先决条件	无
注意事项	无
返回值	HAL 状态

函数 13-9

函数名	**HAL_RTC_AlarmAEventCallback**
函数原型	void **HAL_RTC_AlarmAEventCallback** (RTC_HandleTypeDef * hrtc)
功能描述	报警 A 回调
输入参数	hrtc：RTC 处理
先决条件	无
注意事项	无
返回值	无

函数 13-10

函数名	**HAL_RTC_AlarmIRQHandler**
函数原型	void **HAL_RTC_AlarmIRQHandler** (RTC_HandleTypeDef * hrtc)

（续）

功能描述	处理报警中断请求
输入参数	hrtc：RTC 处理
先决条件	无
注意事项	无
返回值	无

函数 13-11

函数名	**HAL_RTC_DeactivateAlarm**

函数原型	HAL_StatusTypeDef **HAL_RTC_DeactivateAlarm**
	(
	  RTC_HandleTypeDef * hrtc,
	  uint32_t Alarm
	)

功能描述	停用指定的 RTC 报警
输入参数 1	hrtc：RTC 处理
输入参数 2	Alarm：指定报警，该参数可以是以下值之一 ● RTC_ALARM_A：报警 A
先决条件	无
注意事项	无
返回值	HAL 状态

函数 13-12

函数名	**HAL_RTC_GetAlarm**

函数原型	HAL_StatusTypeDef **HAL_RTC_GetAlarm**
	(
	  RTC_HandleTypeDef * hrtc,
	  RTC_AlarmTypeDef * sAlarm,
	  uint32_t Alarm,
	  uint32_t Format
	)

功能描述	获取 RTC 报警值和屏蔽
输入参数 1	hrtc：RTC 处理
输入参数 2	sAlarm：指向数据结构的指针
输入参数 3	Alarm：指定报警功能，该参数可以是下列值之一 ● RTC_ALARM_A：报警 A
输入参数 4	Format：指定输入参数的格式，该参数可以是下列值之一 ● RTC_FORMAT_BIN：二进制数据格式 ● RTC_FORMAT_BCD：BCD 数据格式
先决条件	无
注意事项	无
返回值	HAL 状态

函数 13-13

函数名	**HAL_RTC_PollForAlarmAEvent**

函数原型	HAL_StatusTypeDef **HAL_RTC_PollForAlarmAEvent**
	(
	  RTC_HandleTypeDef * hrtc,
	  uint32_t Timeout
	)

功能描述	处理报警 A 轮询请求
输入参数 1	hrtc：RTC 处理
输入参数 2	Timeout：超时持续时间
先决条件	无
注意事项	无
返回值	HAL 状态

函数 13-14

函数名	**HAL_RTC_SetAlarm**

函数原型	HAL_StatusTypeDef **HAL_RTC_SetAlarm**
	(
	  RTC_HandleTypeDef * hrtc,
	  RTC_AlarmTypeDef * sAlarm,
	  uint32_t Format
	)

功能描述	设置指定的 RTC 报警
输入参数 1	hrtc：RTC 处理
输入参数 2	sAlarm：指向 Alarm 结构的指针
输入参数 3	Format：指定输入参数的格式，该参数可以是下列值之一 ● RTC_FORMAT_BIN：二进制数据格式 ● RTC_FORMAT_BCD：BCD 数据格式
先决条件	无
注意事项	无
返回值	HAL 状态

函数 13-15

函数名	**HAL_RTC_SetAlarm_IT**

函数原型	HAL_StatusTypeDef **HAL_RTC_SetAlarm_IT**
	(
	  RTC_HandleTypeDef * hrtc,
	  RTC_AlarmTypeDef * sAlarm,
	  uint32_t Format
	)

功能描述	设置中断模式下的指定 RTC 报警功能
输入参数 1	hrtc：RTC 处理
输入参数 2	sAlarm：指向 Alarm 结构的指针

（续）

输入参数 3	Format：指定输入参数的格式，该参数可以是下列值之一 ● RTC_FORMAT_BIN：二进制数据格式 ● RTC_FORMAT_BCD：BCD 数据格式
先决条件	无
注意事项	报警寄存器只能在相应的报警功能禁用时写（使用 HAL_RTC_DeactivateAlarm()）。HAL_RTC_SetTime() 必须在报警功能之前被启用
返回值	HAL 状态

函数 13-16

函数名	HAL_RTC_WaitForSynchro
函数原型	HAL_StatusTypeDef HAL_RTC_WaitForSynchro (RTC_HandleTypeDef * hrtc)
功能描述	等待直到 RTC 日期和时间寄存器（RTC_TR 和 RTC_DR）与 RTC 的 APB 时钟同步
输入参数	hrtc：RTC 处理
先决条件	无
注意事项	RTC 在进入初始化模式之前是写保护的，在调用该函数之前使用 _HAL_RTC_WRITEPRO-TECTION_DISABLE() 解除写保护。在日历初始化后通过影子寄存器读取日历，日历更新或从低功耗模式唤醒后，软件必须首先清除 RSF 标志位，软件必须等待直到它再次置位后才能读取日历，这意味着日历寄存器已经正确地复制到 RTC_TR 和 RTC_DR 影子寄存器
返回值	HAL 状态

函数 13-17

函数名	HAL_RTC_GetState
函数原型	HAL_RTCStateTypeDef HAL_RTC_GetState (RTC_HandleTypeDef * hrtc)
功能描述	返回 RTC 处理状态
输入参数	hrtc：RTC 处理
先决条件	无
注意事项	无
返回值	HAL 状态

函数 13-18

函数名	RTC_Bcd2ToByte
函数原型	uint8_t RTC_Bcd2ToByte (uint8_t Value)
功能描述	从两位 BCD 码转换成二进制数
输入参数	Value：要转换的 BCD 值
先决条件	无
注意事项	无
返回值	转换字

函数 13-19

函数名	RTC_ByteToBcd2
函数原型	uint8_t RTC_ByteToBcd2 (uint8_t Value)

（续）

功能描述	转换两位十进制为 BCD 格式
输入参数	Value：要转换的字节
先决条件	无
注意事项	无
返回值	已转换的字节

函数 13-20

函数名	**RTC_EnterInitMode**
函数原型	HAL_StatusTypeDef **RTC_EnterInitMode** (RTC_HandleTypeDef * hrtc)
功能描述	进入 RTC 初始化模式
输入参数	hrtc：RTC 处理
先决条件	无
注意事项	RTC 在进入初始化模式之前是写保护的，在调用该函数之前使用 __HAL_RTC_WRITEPROTECTION_DISABLE() 解除写保护
返回值	HAL 状态

函数 13-21

函数名	**HAL_RTCEx_DeactivateTamper**

函数原型	HAL_StatusTypeDef **HAL_RTCEx_DeactivateTamper** (
	  RTC_HandleTypeDef * hrtc,
	  uint32_t Tamper
	)

功能描述	禁止侵入功能
输入参数 1	hrtc：RTC 处理
输入参数 2	Tamper：选择侵入引脚，该参数可以是任何 RTC_TAMPER_1、RTC_TAMPER_2 和 RTC_TAMPER_3 的组合
先决条件	无
注意事项	无
返回值	HAL 状态

函数 13-22

函数名	**HAL_RTCEx_DeactivateTimeStamp**
函数原型	HAL_StatusTypeDef **HAL_RTCEx_DeactivateTimeStamp** (RTC_HandleTypeDef * hrtc)
功能描述	禁用时间戳功能
输入参数	hrtc：RTC 处理
先决条件	无
注意事项	无
返回值	HAL 状态

函数 13-23

函数名	**HAL_RTCEx_GetTimeStamp**

函数原型	HAL_StatusTypeDef **HAL_RTCEx_GetTimeStamp**
	(
	  RTC_HandleTypeDef * hrtc,
	  RTC_TimeTypeDef * sTimeStamp,
	  RTC_DateTypeDef * sTimeStampDate,
	  uint32_t Format
	)

功能描述	获取 RTC 时间戳值
输入参数 1	hrtc：RTC 处理
输入参数 2	sTimeStamp：时间结构指针
输入参数 3	sTimeStampDate：日期结构指针
输入参数 4	Format：指定输入参数的格式，该参数可以是下列值之一 ● RTC_FORMAT_BIN：二进制数据格式 ● RTC_FORMAT_BCD：BCD 数据格式
先决条件	无
注意事项	无
返回值	HAL 状态

函数 13-24

函数名	**HAL_RTCEx_PollForTamper1Event**

函数原型	HAL_StatusTypeDef **HAL_RTCEx_PollForTamper1Event**
	(
	  RTC_HandleTypeDef * hrtc,
	  uint32_t Timeout
	)

功能描述	处理侵入 1 事件轮询
输入参数 1	hrtc：RTC 处理
输入参数 2	Timeout：超时持续时间
先决条件	无
注意事项	无
返回值	HAL 状态

函数 13-25

函数名	**HAL_RTCEx_PollForTamper2Event**

函数原型	HAL_StatusTypeDef **HAL_RTCEx_PollForTamper2Event**
	(
	  RTC_HandleTypeDef * hrtc,
	  uint32_t Timeout
	)

功能描述	处理侵入 2 事件轮询

（续）

输入参数 1	hrtc：RTC 处理
输入参数 2	Timeout：超时持续时间
先决条件	无
注意事项	无
返回值	HAL 状态

函数 13-26

函数名	**HAL_RTCEx_PollForTamper3Event**

函数原型	HAL_StatusTypeDef **HAL_RTCEx_PollForTamper3Event**
	(
	  RTC_HandleTypeDef * hrtc,
	  uint32_t Timeout
	)

功能描述	处理侵入 3 事件轮询
输入参数 1	hrtc：RTC 处理
输入参数 2	Timeout：超时持续时间
先决条件	无
注意事项	无
返回值	HAL 状态

函数 13-27

函数名	**HAL_RTCEx_PollForTimeStampEvent**

函数原型	HAL_StatusTypeDef **HAL_RTCEx_PollForTimeStampEvent**
	(
	  RTC_HandleTypeDef * hrtc,
	  uint32_t Timeout
	)

功能描述	处理时间戳轮询请求
输入参数 1	hrtc：RTC 处理
输入参数 2	Timeout：超时持续时间
先决条件	无
注意事项	无
返回值	HAL 状态

函数 13-28

函数名	**HAL_RTCEx_SetTamper**

函数原型	HAL_StatusTypeDef **HAL_RTCEx_SetTamper**
	(
	  RTC_HandleTypeDef * hrtc,
	  RTC_TamperTypeDef * sTamper
	)

（续）

功能描述	设置侵入
输入参数 1	hrtc：RTC 处理
输入参数 2	sTamper：侵入结构指针
先决条件	无
注意事项	通过调用此用户应用程序可以停用所有侵入导致的侵入中断
返回值	HAL 状态

函数 13-29

函数名	**HAL_RTCEx_SetTamper_IT**
函数原型	HAL_StatusTypeDef **HAL_RTCEx_SetTamper_IT** (　RTC_HandleTypeDef *　hrtc, 　RTC_TamperTypeDef *　sTamper)
功能描述	设置中断模式下的侵入功能
输入参数 1	hrtc：指向 RTC_HandleTypeDef 结构的指针，包含 RTC 的配置信息
输入参数 2	sTamper：RTC 侵入指针
先决条件	无
注意事项	通过调用此用户应用程序使能所有侵入导致的侵入中断
返回值	HAL 状态

函数 13-30

函数名	**HAL_RTCEx_SetTimeStamp**
函数原型	HAL_StatusTypeDef **HAL_RTCEx_SetTimeStamp** (　RTC_HandleTypeDef *　hrtc, 　uint32_t　TimeStampEdge, 　uint32_t　RTC_TimeStampPin)
功能描述	设置时间戳
输入参数 1	hrtc：RTC 处理
输入参数 2	TimeStampEdge：指定时间戳被激活后引脚的边沿特性，该参数可以是下列值之一 • RTC_TIMESTAMPEDGE_RISING：时间戳事件发生在相关引脚的上升沿 • RTC_TIMESTAMPEDGE_FALLING：时间戳事件发生在相关引脚的下降沿
输入参数 3	RTC_TimeStampPin：指定 RTC 的时间戳引脚，该参数可以是如下值 • RTC_TIMESTAMPPIN_DEFAULT：选择 PC13 引脚作为 RTC 时间戳引脚
先决条件	无
注意事项	该用户应用程序应当在启用时间戳特性之前被调用
返回值	HAL 状态

函数 13-31

函数名	**HAL_RTCEx_SetTimeStamp_IT**

函数原型	HAL_StatusTypeDef **HAL_RTCEx_SetTimeStamp_IT**
	(
	  RTC_HandleTypeDef *　hrtc,
	  uint32_t　TimeStampEdge,
	  uint32_t　RTC_TimeStampPin
	)

功能描述	在中断模式下设置时间戳
输入参数 1	hrtc：RTC 处理
输入参数 2	TimeStampEdge：指定时间戳被激活的引脚边沿，该参数可以是下列值之一 ● RTC_TIMESTAMPEDGE_RISING：时间戳事件发生在相关引脚的上升沿 ● RTC_TIMESTAMPEDGE_FALLING：时间戳事件发生在相关引脚的下降沿
输入参数 3	RTC_TimeStampPin：指定 RTC 的时间戳引脚，该参数可以是值 ● RTC_TIMESTAMPPIN_DEFAULT:PC13 选择作为 RTC 时间戳引脚
先决条件	无
注意事项	该用户应用程序必须在使能时间戳之前被调用
返回值	HAL 状态

函数 13-32

函数名	**HAL_RTCEx_Tamper1EventCallback**
函数原型	void **HAL_RTCEx_Tamper1EventCallback** (RTC_HandleTypeDef *　hrtc)
功能描述	侵入 1 回调
输入参数	hrtc：RTC 处理
先决条件	无
注意事项	无
返回值	无

函数 13-33

函数名	**HAL_RTCEx_Tamper2EventCallback**
函数原型	void **HAL_RTCEx_Tamper2EventCallback** (RTC_HandleTypeDef *　hrtc)
功能描述	侵入 2 回调
输入参数	hrtc：RTC 处理
先决条件	无
注意事项	无
返回值	无

函数 13-34

函数名	**HAL_RTCEx_Tamper3EventCallback**
函数原型	void **HAL_RTCEx_Tamper3EventCallback** (RTC_HandleTypeDef *　hrtc)
功能描述	侵入 3 回调
输入参数	hrtc：RTC 处理

（续）

先决条件	无
注意事项	无
返回值	无

函数 13-35

函数名	**HAL_RTCEx_TamperTimeStampIRQHandler**
函数原型	void **HAL_RTCEx_TamperTimeStampIRQHandler** (RTC_HandleTypeDef * hrtc)
功能描述	处理时间戳中断请求
输入参数	hrtc：RTC 处理
先决条件	无
注意事项	无
返回值	无

函数 13-36

函数名	**HAL_RTCEx_TimeStampEventCallback**
函数原型	void **HAL_RTCEx_TimeStampEventCallback** (RTC_HandleTypeDef * hrtc)
功能描述	时间戳回调
输入参数	hrtc：RTC 处理
先决条件	无
注意事项	无
返回值	无

函数 13-37

函数名	**HAL_RTCEx_DeactivateWakeUpTimer**
函数原型	uint32_t **HAL_RTCEx_DeactivateWakeUpTimer** (RTC_HandleTypeDef * hrtc)
功能描述	禁用唤醒定时器计数
输入参数	hrtc：RTC 处理
先决条件	无
注意事项	无
返回值	HAL 状态

函数 13-38

函数名	**HAL_RTCEx_GetWakeUpTimer**
函数原型	uint32_t **HAL_RTCEx_GetWakeUpTimer** (RTC_HandleTypeDef * hrtc)
功能描述	获取唤醒定时器计数值
输入参数	hrtc：RTC 处理
先决条件	无
注意事项	无
返回值	计数值

函数 13-39

函数名	**HAL_RTCEx_PollForWakeUpTimerEvent**

函数原型	HAL_StatusTypeDef **HAL_RTCEx_PollForWakeUpTimerEvent**
	(
	  RTC_HandleTypeDef * hrtc,
	  uint32_t Timeout
	)

功能描述	处理唤醒定时器轮询
输入参数 1	hrtc：RTC 处理
输入参数 2	Timeout：超时持续时间
先决条件	无
注意事项	无
返回值	HAL 状态

函数 13-40

函数名	**HAL_RTCEx_SetWakeUpTimer**

函数原型	HAL_StatusTypeDef **HAL_RTCEx_SetWakeUpTimer**
	(
	  RTC_HandleTypeDef * hrtc,
	  uint32_t WakeUpCounter,
	  uint32_t WakeUpClock
	)

功能描述	设置唤醒定时器
输入参数 1	hrtc：RTC 处理
输入参数 2	WakeUpCounter：唤醒计数器
输入参数 3	WakeUpClock：唤醒时钟
先决条件	无
注意事项	无
返回值	HAL 状态

函数 13-41

函数名	**HAL_RTCEx_SetWakeUpTimer_IT**

函数原型	HAL_StatusTypeDef **HAL_RTCEx_SetWakeUpTimer_IT**
	(
	  RTC_HandleTypeDef * hrtc,
	  uint32_t WakeUpCounter,
	  uint32_t WakeUpClock
	)

功能描述	在中断模式下设置唤醒定时器
输入参数 1	hrtc：RTC 处理
输入参数 2	WakeUpCounter：唤醒定时器
输入参数 3	WakeUpClock：唤醒时钟
先决条件	无
注意事项	无
返回值	HAL 状态

函数 13-42

函数名	**HAL_RTCEx_WakeUpTimerEventCallback**
函数原型	void **HAL_RTCEx_WakeUpTimerEventCallback** (RTC_HandleTypeDef * hrtc)
功能描述	唤醒定时器回调
输入参数	hrtc：RTC 处理
先决条件	无
注意事项	无
返回值	无

函数 13-43

函数名	**HAL_RTCEx_WakeUpTimerIRQHandler**
函数原型	void **HAL_RTCEx_WakeUpTimerIRQHandler** (RTC_HandleTypeDef * hrtc)
功能描述	处理唤醒定时器中断请求
输入参数	hrtc：RTC 处理
先决条件	无
注意事项	无
返回值	无

函数 13-44

函数名	**HAL_RTCEx_BKUPRead**
函数原型	uint32_t **HAL_RTCEx_BKUPRead** (　RTC_HandleTypeDef * hrtc, 　uint32_t BackupRegister)
功能描述	从指定的 RTC 备份数据寄存器中读取数据
输入参数 1	hrtc：RTC 处理
输入参数 2	BackupRegister：RTC 备份数据寄存器号码。这个参数可以是 RTC_BKP_DRx（x 可以是从 0 到 4 的指定寄存器）
先决条件	无
注意事项	无
返回值	读取值

函数 13-45

函数名	**HAL_RTCEx_BKUPWrite**
函数原型	void **HAL_RTCEx_BKUPWrite** (　RTC_HandleTypeDef * hrtc, 　uint32_t BackupRegister, 　uint32_t Data)
功能描述	将数据写入指定的 RTC 备份数据寄存器

（续）

输入参数 1	hrtc：RTC 处理
输入参数 2	BackupRegister：RTC 备份数据寄存器号码。这个参数可以是 RTC_BKP_DRx（x 可以是从 0 到 4 的指定寄存器）
输入参数 3	Data：写入指定的 RTC 备份数据寄存器的数据
先决条件	无
注意事项	无
返回值	无

函数 13-46

函数名	**HAL_RTCEx_DeactivateCalibrationOutPut**
函数原型	HAL_StatusTypeDef **HAL_RTCEx_DeactivateCalibrationOutPut** (RTC_HandleTypeDef * hrtc)
功能描述	停用校准引脚（RTC_CALIB）选择（1Hz 或 512Hz）
输入参数	hrtc：RTC 处理
先决条件	无
注意事项	无
返回值	HAL 状态

函数 13-47

函数名	**HAL_RTCEx_DeactivateRefClock**
函数原型	HAL_StatusTypeDef **HAL_RTCEx_DeactivateRefClock** (RTC_HandleTypeDef * hrtc)
功能描述	禁用 RTC 基准时钟检测
输入参数	hrtc：RTC 处理
先决条件	无
注意事项	无
返回值	HAL 状态

函数 13-48

函数名	**HAL_RTCEx_DisableBypassShadow**
函数原型	HAL_StatusTypeDef **HAL_RTCEx_DisableBypassShadow** (RTC_HandleTypeDef * hrtc)
功能描述	禁用旁路影子特性
输入参数	hrtc：RTC 处理
先决条件	无
注意事项	当启用了旁路影子寄存器，日历值将直接取自日历计数器
返回值	HAL 状态

函数 13-49

函数名	**HAL_RTCEx_EnableBypassShadow**
函数原型	HAL_StatusTypeDef **HAL_RTCEx_EnableBypassShadow** (RTC_HandleTypeDef * hrtc)

（续）

功能描述	使能旁路影子特性
输入参数	hrtc：RTC 处理
先决条件	无
注意事项	无
返回值	HAL 状态

函数 13-50

函数名	**HAL_RTCEx_SetCalibrationOutPut**

函数原型	HAL_StatusTypeDef **HAL_RTCEx_SetCalibrationOutPut**
	(
	  RTC_HandleTypeDef * hrtc,
	  uint32_t CalibOutput
	)

功能描述	配置校准引脚（RTC_CALIB）选择（1Hz 或 512Hz）
输入参数 1	hrtc：RTC 处理
输入参数 2	CalibOutput：校准输出选择，该参数可以是下列值之一 ● RTC_CALIBOUTPUT_512HZ：512Hz 常规波形信号 ● RTC_CALIBOUTPUT_1HZ：1Hz 常规波形的信号
先决条件	无
注意事项	无
返回值	HAL 状态

函数 13-51

函数名	**HAL_RTCEx_SetRefClock**
函数原型	HAL_StatusTypeDef **HAL_RTCEx_SetRefClock** (RTC_HandleTypeDef * hrtc)
功能描述	使能 RTC 参考时钟检测
输入参数	hrtc：RTC 处理
先决条件	无
注意事项	无
返回值	HAL 状态

函数 13-52

函数名	**HAL_RTCEx_SetSmoothCalib**

函数原型	HAL_StatusTypeDef **HAL_RTCEx_SetSmoothCalib**
	(
	  RTC_HandleTypeDef * hrtc,
	  uint32_t SmoothCalibPeriod,
	  uint32_t SmoothCalibPlusPulses,
	  uint32_t SmoothCalibMinusPulsesValue
	)

（续）

功能描述	设置平滑校准参数
输入参数 1	hrtc：RTC 处理
输入参数 2	SmoothCalibPeriod：选择平滑校准周期，该参数可以是下列值之一 ● RTC_SMOOTHCALIB_PERIOD_32SEC：平滑校准周期是 32s ● RTC_SMOOTHCALIB_PERIOD_16SEC：平滑校准周期是 16s ● RTC_SMOOTHCALIB_PERIOD_8SEC：平滑校准周期是 8s
输入参数 3	SmoothCalibPlusPulses：选择设置或复位 CALP 位，该参数可以是下列值之一 ● RTC_SMOOTHCALIB_PLUSPULSES_SET：每 2^{11} 脉冲添加一个 RTCCLK 脉冲 ● RTC_SMOOTHCALIB_PLUSPULSES_RESET：没有添加 RTCCLK 脉冲
输入参数 4	SmoothCalibMinusPulsesValue：选择 CALM[8:0] 位的值，该参数可以是任何从 0 到 0x000001ff 的值之一
先决条件	无
注意事项	无
返回值	HAL 状态

函数 13-53

函数名	HAL_RTCEx_SetSynchroShift
函数原型	HAL_StatusTypeDef **HAL_RTCEx_SetSynchroShift** (　RTC_HandleTypeDef *　hrtc, 　uint32_t　ShiftAdd1S, 　uint32_t　ShiftSubFS)
功能描述	配置同步移位控制设置
输入参数 1	hrtc：RTC 处理
输入参数 2	ShiftAdd1S：选择是否添加一秒至时间日历，该参数可以是下列值之一 ● RTC_SHIFTADD1S_SET：添加一秒至时间日历 ● RTC_SHIFTADD1S_RESET：不发挥作用
输入参数 3	ShiftSubFS：选择更改秒的小数部分数值，该参数可以是 0 到 0x7fff 的任意值之一
先决条件	无
注意事项	当 REFCKON 位被置位，固件不能写移位控制寄存器
返回值	HAL 状态

13.4　RTC 应用实例

　　STM32F072VBT6 微控制器的 RTC 模块相对于芯片来说是一个独立的部分，它不仅能依靠主电源供电，当主电源 V_{CC} 掉电后还可以使用 V_{BAT} 引脚的电池供电以维持时钟的运行，只有发生上电复位时 RTC 才停止工作并返回到初始状态。在本章 RTC 模块的编程应用中，将读取 RTC 模块日历寄存器的值并将时间显示在四位数码管上，并且使能 PC13 的 1Hz 校准输

出，用其驱动一个 LED 灯，显示 RTC 模块的运行状态。由于 PC13、PC14 和 PC15 引脚处
于备份域，其引脚通过片内模拟开关供电，对
于供电电流有严格限制（< 3 mA），所以在驱动
LED 时需要通过一个晶体管来提高其负载能力。
具体电路见图 13-4。

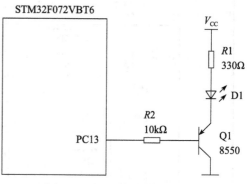

图 13-4　RTC 模块的校准输出

　　在使用 STM32CubeMX 软件生成开发项
目时，在"Pinout"视图中，对于外设和引脚
的配置如图 13-5 所示。这里需要注意的是要使
能 RTC 模块的校准输出，频率为 1Hz，并且将
PC14 和 PC15 的引脚功能设置为 RCC_OSC32_
IN 和 RCC_OSC32_OUT。

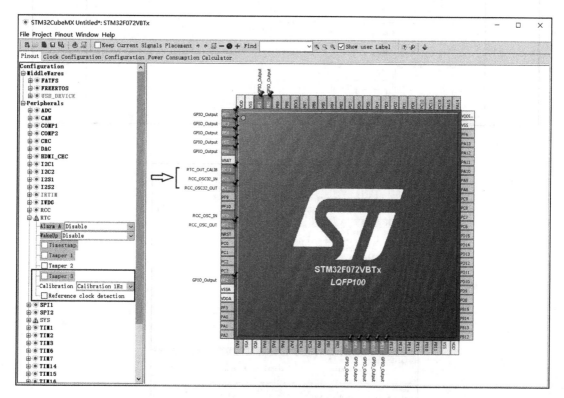

图 13-5　配置 RTC 模块（一）

　　在"Clock Configuration"视图中，对时钟的配置如图 13-6 所示。这里需要注意的是要
将 RTC 模块的时钟设置为 LSE。

　　在"Configuration"视图中，对于 RTC 的配置如图 13-7 所示。RTC 模块的时间设置为
"2018 年 1 月 1 日 12 时 00 分，星期一"。

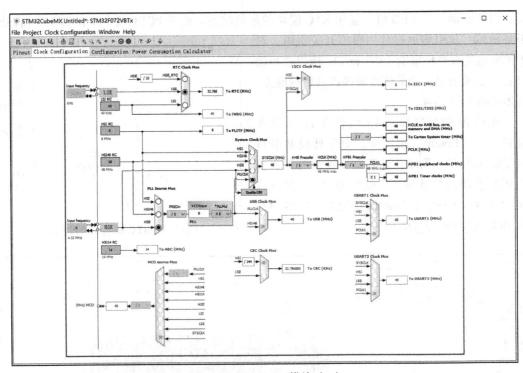

图 13-6　配置 RTC 模块（二）

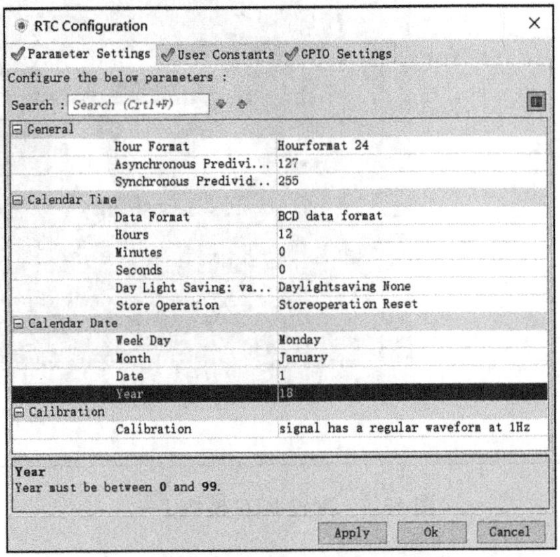

图 13-7　配置 RTC 模块（三）

基于 RTC 模块的四位数字时钟代码详见代码清单 13-1。

代码清单 13-1　RTC 四位数字时钟（main.c）（在附录 J 中指定的网站链接下载源代码）

第 14 章
定 时 器

STM32F0 系列微控制器片内集成了多个定时器。按照功能的不同，这些定时器可以分为高级控制型、通用型和基本型 3 种，本章将以高级控制型定时器 TIM1 为例，介绍定时器的内部结构和编程方法。

14.1 定时器概述

STM32F0 系列微控制器片内的定时器功能非常丰富，除了最基本的定时和计数功能以外，还集成了输入捕捉、输出比较和 PWM 输出等功能。此外，定时器按使用定位不同，还支持互补输出、死区时间控制、定时器从模式等一些特殊功能。

14.1.1 定时器配置

STM32F072VBT6 微控制器片内集成了 9 个具有定时功能的定时器。其中有 1 个 16 位高级控制定时器、1 个 32 位及 5 个 16 位通用定时器、2 个 16 位基本定时器。定时器的具体配置及功能详见表 14-1。

表 14-1 定时器的类型及功能

定时器类型	定时器	定时器分辨率	计数类型	预分频因数	产生 DMA 请求	比较 / 捕捉通道	互补输出
高级控制	TIM1	16 位	向上、向下 向上 / 向下	1 ～ 65536	是	4	3
通用	TIM2	32 位	向上、向下 向上 / 向下	1 ～ 65536	是	4	—
	TIM3	16 位	向上、向下 向上 / 向下	1 ～ 65536	是	4	—
	TIM14	16 位	向上	1 ～ 65536	否	1	—
	TIM15	16 位	向上	1 ～ 65536	是	2	1
	TIM16 TIM17	16 位	向上	1 ～ 65536	是	1	1
基本	TIM6 TIM7	16 位	向上	1 ～ 65536	是	—	—

1. 高级控制定时器（TIM1）

TIM1 用于高级控制功能，具有 16 位自动重载向上 / 向下计数器和 16 位预分频器。该定时器有 4 个独立通道，可用于输入捕捉、输出比较、PWM 或单脉冲输出模式。TIM1 可以配置成具有 6 路复合输出的三相 PWM 控制器，每相均有互补输出通道并带有可编程死区时间控制。

2. 通用定时器（TIM2、TIM 3、TIM 14、TIM 15、TIM 16、TIM 17）

通用定时器可以用于时基或 PWM 输出，其中 TIM2 是 32 位定时器，TIM3 是基于 16 位定时器，这两个定时器均具有自动重载向上 / 向下计数功能，有 16 位预分频器和 4 个独立通道。TIM14、TIM15、TIM16 和 TIM17 都是 16 位定时器。TIM15 有两个独立的通道，TIM14、TIM16 和 TIM17 只有一个通道。这些定时器的每一个通道都具有输入捕捉、输出比较、PWM 或单脉冲输出功能。

3. 基本定时器（TIM6、TIM7）

TIM6 和 TIM7 也是基于 16 位自动装载向上计数和 16 位预分频器的定时器，没有输入输出通道，主要用于产生 DAC 触发事件或作为通用的 16 位时基使用。

14.1.2 TIM1 的功能

TIM1 定时器由一个 16 位向上、向下、向上 / 向下自动装载计数器构成，具有 16 位可编程、可以实时修改预分频器，预分频系数可以在 1 ～ 65535 的任意数值调整。TIM1 具有 4 个独立通道，每个通道可以配置成输入捕捉、输出比较、PWM 或单脉冲模式输出。当配置成 PWM 功能时，具有可编程的死区时间控制、互补输出和刹车功能。可以在更新或触发等事件发生时产生中断或 DMA 请求。此外，TIM1 还支持编码器和霍尔传感器电路。TIM1 定时器的内部结构如图 14-1 所示。

1. 时基单元

TIM1 的时基单元包含 4 个寄存器，分别是计数器寄存器 TIM1_CNT、预分频器寄存器 TIM1_PSC、自动装载寄存器 TIM1_ARR 和重复计数寄存器 TIM1_RCR。TIM1 的主要部分由一个 16 位计数器（CNT）和自动装载寄存器构成，计数器可以向上计数、向下计数或者向上 / 向下双向计数，计数器由预分频器的时钟输出 CK_CNT 驱动，当 TIM1_CR1 寄存器的计数器使能位 CEN = 1 时，计数器开始计数。计数器、自动装载寄存器和预分频寄存器均可以由软件读写，而不论计数器运行与否。

自动装载寄存器由预装载寄存器和影子寄存器构成，二者组成预装载结构，如图 14-2 所示。写或读自动装载寄存器，将首先访问其预装载寄存器。按照设置的不同，预装载寄存器的内容可以被立即或在每次更新事件（UEV）产生时传送到影子寄存器。当自动预装载使能（TIM1_CR1 寄存器 ARPE = 1）时，写入自动装载寄存器中的数据将被保存在预装载寄存器中，并在下一个更新事件时传送到影子寄存器并立即生效；当自动预装载禁止时（ARPE = 0），写入自动装载寄存器的数据将立即传送至影子寄存器中。

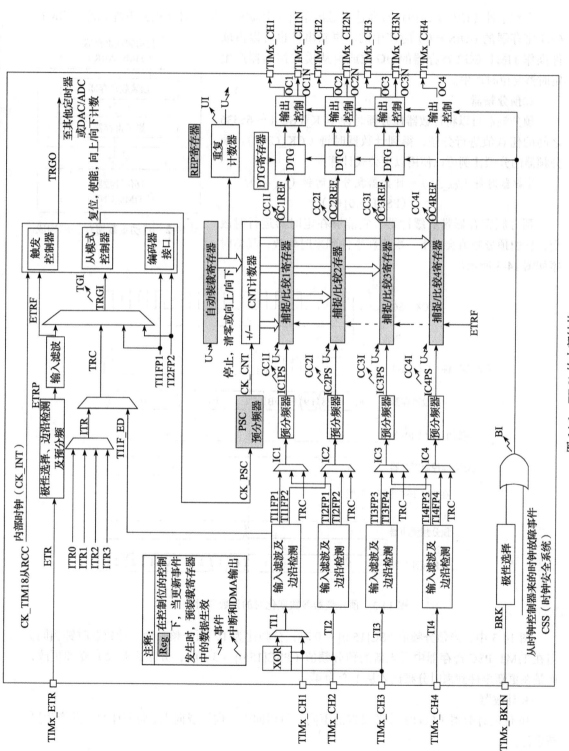

图 14-1 TIM1 的内部结构

更新事件（UEV）是由计数器达到溢出条件（上溢或下溢），且在更新事件允许（TIM1_CR1 寄存器的 UDIS = 0）时产生的。更新事件也可以由软件操作 TIM1_EGR 寄存器的 UG 位或由从模式控制器产生定时器复位时产生。

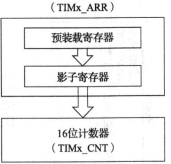

图 14-2　自动重载寄存器的构成

2. 预分频器

预分频器可以将计数器预分频时钟（CK_PSC）1 ～ 65536 之间的任意值进行分频，得到计数器时钟（CK_CNT）。预分频器的分频比例可以使用以下公式计算：

$$计数器时钟\,(f_{CK\_CNT}) = 计数器预分频时钟\,(f_{CK\_PSC})/\,(PSC[15:0]+1)$$

预分频寄存器带有缓冲器，它能够在定时器运行时改变，新的预分频值会在下一次更新事件到来时生效，具体时序如图 14-3 所示。

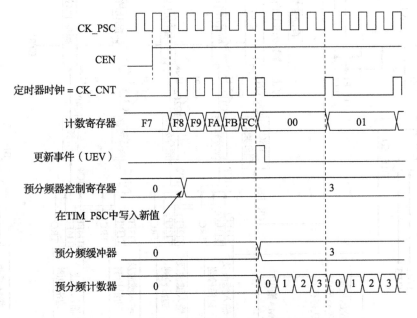

图 14-3　预分频器参数变化时的计数器时序

图 14-3 中，当预分频值 PSC[15:0] = 0 时，分频比为 1，预分频时钟与计数器时钟相同。当在 TIM1_PSC 寄存器中写入新的预分频值（PSC[15:0] = 3）时，分频比并没有立即更改，而是在更新事件到来时分频比才从 1 变为 4。

3. 计数器

16 位的计数器（CNT）按照设置的不同，可以向上、向下或向上 / 向下计数，并产生更新事件。

❏ 向上计数模式

计数器从 0 计数到自动加载值（TIM1_ARR 寄存器的值），并产生计数溢出，然后重新从 0 开始计数。计数溢出时将产生一个更新事件，如果开启了重复计数功能（TIM1_RCR 寄存器的值不为 0），只有在向上计数溢出的次数达到设置的重复次数（TIM1_RCR 寄存器的值）时，才会产生更新事件。

当更新事件产生时，重复计数器被重新加载为 TIM1_RCR 寄存器的值，自动装载影子寄存器被更新为预装载寄存器 TIM1_ARR 的值，预分频器的缓冲区被写入预装载寄存器 TIM1_PSC 的值，TIM1_SR 寄存器的更新标志位 UIF 将置位，如果 TIM1_DIER 寄存器的 UIE 位为 1，将产生更新中断。通过软件设置 TIM1_CR1 寄存器中的 UDIS 位，可以禁止更新事件的产生，但计数器溢出后计数器的值仍然会被清 0，同时预分频器的计数也将被清 0，但原有的预分频系数不变。

图 14-4 中显示了当预分频系数为 4 且 TIM1_ARR 寄存器的值为"0x0036"时，向上计数的时序。图中计数器在每 4 个预分频时钟时计数 1 次，当计数值达到"0x0036"时发生计数溢出，计数值清 0 并产生更新事件，同时更新中断标志位将被设置。

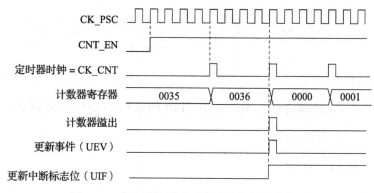

图 14-4 向上计数模式时序（预分频因子为 4）

在计数过程中，更改 TIM1_ARR 寄存器的值会对当前的计数过程产生影响，这可以分两种情况来讨论。

一种是当 TIM1_CR1 寄存器的 ARPE 位为 0 时，TIM1_ARR 寄存器的预装载功能关闭，正常情况下，计数器计数到"0x00FF"时才发生计数溢出，但在计数器计数到"0x0032"时软件向 TIM1_ARR 寄存器写入数值"0x0036"，写入的数值立即生效，并在计数器计数至"0x0036"时发生计数溢出并产生更新事件。当 ARPE = 0 时更新事件对计数器的影响如图 14-5 所示。

另一种情况是当 ARPE 位为 1 时，TIM1_ARR 寄存器的预装载功能开启，这时写入 TIM1_ARR 寄存器的值"0x0036"并没有立即生效，而是在下一次更新事件到来时，才更新自动装载影子寄存器，并开始对计数溢出产生影响。ARPE = 1 时更新事件对计数器的影响如图 14-6 所示。

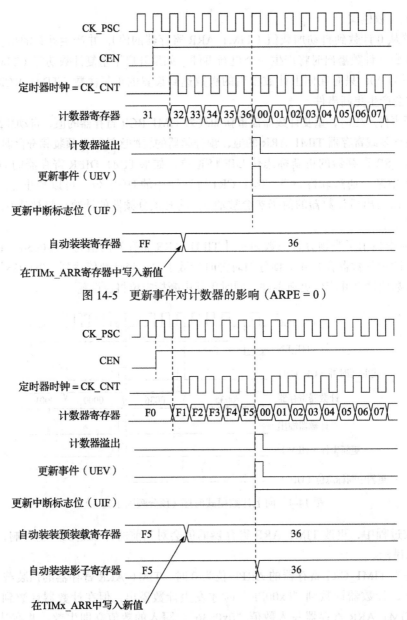

图 14-5 更新事件对计数器的影响（ARPE = 0）

图 14-6 更新事件对计数器的影响（ARPE = 1）

❑ 向下计数模式

在向下计数模式中，计数器从自动装入值（TIM1_ARR 寄存器的值）开始向下计数到 0，在发生计数器下溢时产生一个更新事件。之后，计数器再次从自动装入值开始向下计数。如果启用了重复计数器，只有当向下计数溢出次数达到重复计数寄存器 TIM1_RCR 中设定的值后，才产生更新事件。向下计数模式的时序如图 14-7 所示。

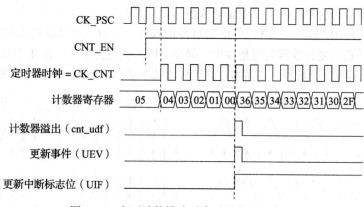

图 14-7　向下计数模式时序（预分频比为 1）

❏ 中央对齐模式（向上 / 向下计数）

在中央对齐模式下，计数器从 0 开始向上计数到自动加载值（TIM1_ARR 寄存器的值），产生一个计数器上溢事件，然后向下计数到 1 并产生一个计数器下溢事件。之后，计数器再次从 0 开始重新计数，每次计数上溢和下溢时均会产生更新事件。中央对齐模式的计数时序如图 14-8 所示。

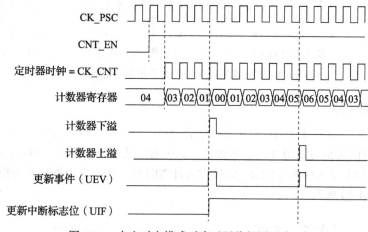

图 14-8　中央对齐模式时序（预分频因子为 1）

4. 重复计数器

重复计数寄存器 TIM1_RCR 的值默认为 0，这时计数器每次上溢或下溢都会产生更新事件。当重复计数器的值为 N 时，则在每 N 次计数上溢或下溢时，才会产生更新事件。重复计数器的值在以下条件成立时递减：

❏ 在向上计数模式下每次计数器溢出时
❏ 在向下计数模式下每次计数器下溢时
❏ 在中央对齐模式下每次上溢和每次下溢时

　　重复计数器是自动加载的，当重复计数值达到 0 并产生更新事件时，重复计数器的值自动加载为 TIM1_RCR 寄存器的值。当更新事件由软件产生时（通过设置 TIM1_EGR 寄存器的 UG 位），则不论重复计数器的值是多少，都会立即产生更新事件，并且 TIM1_RCR 寄存器的内容被重载入到重复计数器。定时器不同工作模式下更新事件的产生情况如图 14-9 所示。

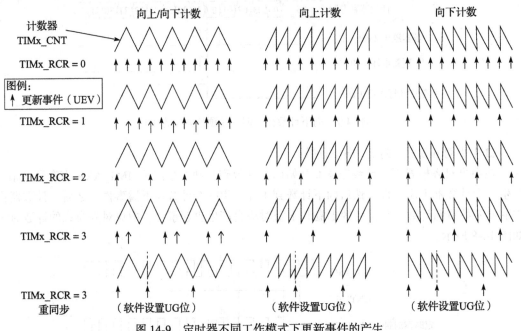

图 14-9　定时器不同工作模式下更新事件的产生

14.1.3　计数时钟

　　通常情况下，TIM1 的计数时钟由系统内部时钟（CK_INT）提供，称为内部时钟模式。此外，计数时钟也可以由外部信号提供，如配置成使用输入通道（TIx）、内部触发输入（ITRx）或外部触发输入引脚（ETR）信号作为计数时钟，这称之为外部时钟模式。TIM1 的时钟结构如图 14-10 所示。

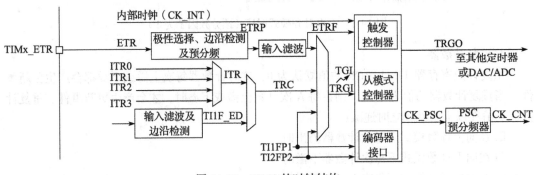

图 14-10　TIM1 的时钟结构

1. 内部时钟模式

当 TIM1 从模式控制寄存器 TIM1_SMCR 的"SMS = 000"时，预分频器时钟 CK_PSC 由内部时钟 CK_INT 提供。当 TIM1_CR1 寄存器的 CEN 位置 1 后，计数器开始使用内部时钟的分频时钟计数。

2. 外部时钟模式 1

当 TIM1_SMCR 寄存器的"SMS = 111"时，计数器在选定输入端的每个上升沿或下降沿计数。按照 TIM1_SMCR 寄存器 TS[2:0] 位域的设置不同，可以用来自其他定时器的内部触发信号（ITRx）、定时器输入通道 TI1 的边沿检测信号（TI1_ED）、经滤波后的输入通道 TI1/TI2 信号（TI1PF1、TI2PF2）以及外部触发引脚 TIM1_ETR 信号驱动计数器计数。

在外部时钟模式 1 中，TI1FPx 和 TI2FPx 信号是电平输出，它是 TI1 和 TI2 输入端经滤波和采样整形后的完整信号；而 TI1F_ED 是脉冲信号，它只有在每次 TI1F 变化时输出一个短脉冲（只要变化就会有脉冲产生）。使用 TI2 信号的外部时钟模式 1 的原理如图 14-11 所示。

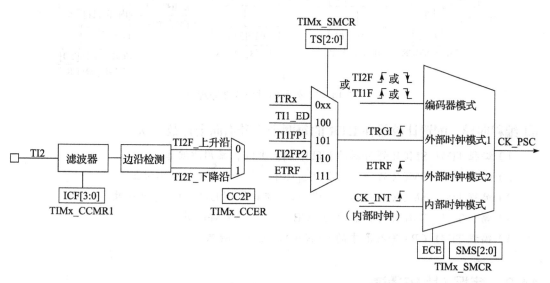

图 14-11　外部时钟模式 1 原理（使用 TI2 信号）

📖 编程向导　配置计数器在 TI2 输入端的上升沿向上计数

1）编程 TIM1_CCMR1 寄存器 CC2S[1:0] = 01，配置通道 2 检测 TI2 输入的上升沿。

2）编程 TIM1_CCMR1 寄存器的 IC2F[3:0]，选择输入滤波器带宽。

3）编程 TIM1_CCER 寄存器的 CC2P = 0，选定上升沿极性。

4）编程 TIM1_SMCR 寄存器的 SMS[2:0] = 111，选择定时器为外部时钟模式 1。

5）编程 TIM1_SMCR 寄存器中的 TS[2:0] = 110，选定 TI2 作为触发输入源。

6）编程 TIM1_CR1 寄存器的 CEN = 1，启动计数器。

这里需要注意的是，输入捕捉预分频器不用作触发或内部时钟功能，所以不需要对 TIM1_CCMR1 寄存器的 IC2PSC[1:0] 进行配置。当 TI2 上升沿出现时，计数器计数一次，相应的 TIF 标志会置位，软件对 TIF 位写 0 可以清除此标志。

3. 外部时钟模式 2

外部时钟模式 2 等同于外部时钟模式 1 并将 ETRF 信号连接至 TRGI。当 TIM1_SMCR 寄存器的 ECE = 1 时，外部时钟模式 2 被使能，计数器在外部触发引脚 ETR 的每个上升或下降沿进行计数。外部时钟模式 2 的原理如图 14-12 所示。

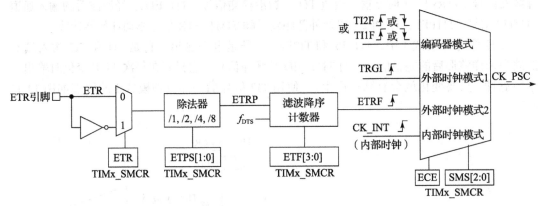

图 14-12 外部时钟模式 2 原理

💻 **编程向导 配置计数器在 ETR 的每两个上升沿向上计数一次**

1）编程 TIM1_SMCR 寄存器的 ETF[3:0] = 0000，禁用滤波器。

2）编程 TIM1_SMCR 寄存器的 ETPS[1:0] = 01，设置预分频比为 2。

3）编程 TIM1_SMCR 寄存器的 ETP = 0，选择检测 ETR 的上升沿有效。

4）编程 TIM1_SMCR 寄存器中的 ECE = 1，开启外部时钟模式 2。

5）编程 TIM1_CR1 寄存器中的 CEN = 1，启动计数器。

14.2 捕捉 / 比较通道

TIM1 具有 4 个独立的通道，每个通道都可以配置成输入捕捉、输出比较、PWM 或单脉冲输出功能。其中，3 个通道具有互补输出功能，当启用了互补输出后，可以设定死区时间控制功能。

14.2.1 捕捉 / 比较通道结构

每一个捕捉 / 比较通道都包括一个捕捉 / 比较寄存器 TIM1_CCRx（包含影子寄存器）、一个捕捉输入部分（数字滤波、多路复用和预分频器）和一个输出部分（比较器和输出控制）。其中输入部分用于采样相应的 TIx 输入信号，并产生一个滤波后的信号 TIxF。然后，一个带极性选择的边沿检测器依据检测结果生成 TIxFPx 信号,用于从模式控制器的输入触发或捕捉控制,该信号被预分频后进入捕捉寄存器(ICxPS)。捕捉 / 比较通道 1 的输入部分如图 14-13 所示。

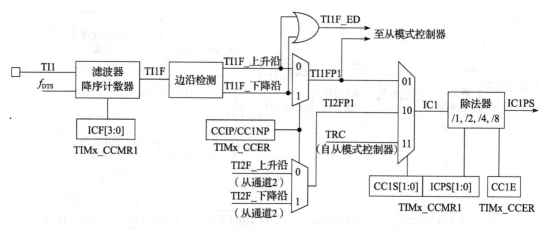

图 14-13　捕捉 / 比较通道的输入部分

捕捉 / 比较寄存器 TIM1_CCRx 由捕捉比较预装载寄存器和捕捉比较影子寄存器组成,对 TIM1_CCRx 寄存器的读写过程仅操作预装载寄存器。在捕捉模式下,当一个有效的捕捉事件发生时,计数器的值复制到影子寄存器上,然后再复制到预装载寄存器中。在比较模式下,预装载寄存器的内容被复制到影子寄存器中,然后影子寄存器的内容和计数器进行比较。捕捉 / 比较通道的寄存器部分如图 14-14 所示。

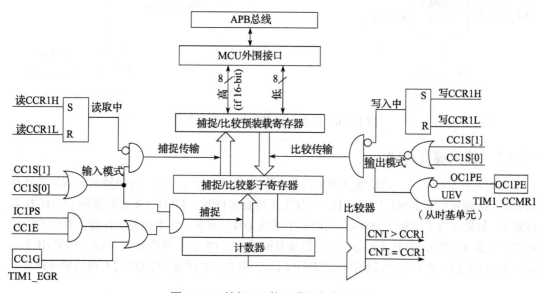

图 14-14　捕捉 / 比较通道的寄存器部分

捕捉 / 比较通道的输出部分产生一个中间波形 OCxRef,高电平为有效电平,OCxRef 作为末极输出的基准信号，最终输出信号的极性还取决于相关寄存器的设置。捕捉 / 比较通道的输出部分如图 14-15 和图 14-16 所示。

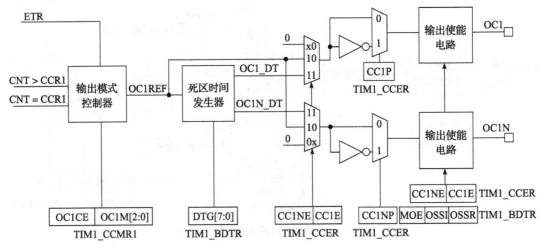

图 14-15　捕捉 / 比较通道 1 至 3 的输出部分

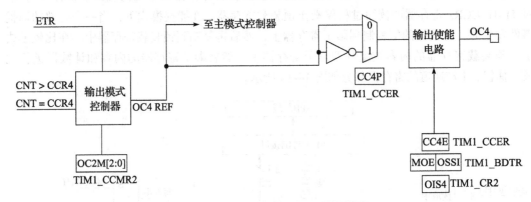

图 14-16　捕捉 / 比较通道 4 的输出部分

14.2.2　输入捕捉模式

在输入捕捉模式下，当检测到 ICx 信号上有相应的边沿跳变时，计数器的当前值被锁存到捕捉 / 比较寄存器 TIM1_CCRx 中。当发生了捕捉事件时，TIM1_SR 寄存器的 CCxIF 标志被置 1，如果开启了中断或 DMA，则产生中断或 DMA 请求。如果在发生捕捉事件时 CCxIF 标志已经置 1，那么 TIM1_SR 寄存器上的重复捕捉标志 CCxOF 将被置 1。软件对 CCxIF 写 0 或对 TIM1_CCRx 寄存器的读操作可以清除 CCxIF 标志，软件对 CCxOF 写 0 可清除该标志。

🖥 编程向导　配置 TI1 输入捕捉

要在 TI1 输入信号的上升沿捕捉计数器的值到 TIM1_CCR1 寄存器中，可以参考以下步骤：

1）编程 TIM1_CCR1 寄存器的"CC1S = 01"，通道被配置为输入，TI1 链接到 TIM1_CCR1，并且 TIM1_CCR1 寄存器变为只读。

2）编程 TIM1_CCMRx 寄存器中的 ICxF 位，配置输入滤波器的带宽。例如：假设输入信号在最多 5 个内部时钟周期的时间内抖动，可以配置滤波器的带宽长于 5 个时钟周期，即以 f_{DTS} 频率采样且连续采样 8 次，以确认在 TI1 上一次新的边沿变换，即在 TIM1_CCMR1 寄存器中写入 IC1F = 0011。

3）编程 TIM1_CCER 寄存器的 CC1P 和 CC1NP 位，选择 TI1 通道的有效转换边沿。本例中为上升沿，因此 CC1P = 0、CC1NP = 0。

4）编程 TIM1_CCMR1 寄存器"IC1PS = 00"，禁用输入预分频器。

5）编程 TIM1_CCER 寄存器的 CC1E = 1，允许捕捉计数器的值到捕捉寄存器中。

6）如果需要，可以设置 TIM1_DIER 寄存器的 CC1IE 位和 CC1DE 位，使能中断或 DMA 请求。

7）将 TIM1_CR1 寄存器的 CEN 位置 1，使能计数器。

当上述步骤设置完成后，在 TI1 输入端产生有效的电平转换时，计数器的值被锁存到 TIM1_CCR1 寄存器中，并且 CC1IF 标志被置 1。如设置了 CC1IE 或 CC1DE 位，还会产生中断或 DMA 请求。

14.2.3 PWM 输入模式

PWM 输入模式是捕捉模式的一个特例，用于测量 PWM 信号的周期和占空比。它将捕捉功能与定时器从模式控制功能相结合，将同一个输入通道产生的信号分别用于两个通道的捕捉，一个通道捕捉上升沿，一个通道捕捉下降沿。同时，输入通道的信号还用于定时器的复位，以清除上一次的计数值。

💻 编程向导　测量 PWM 信号的周期和占空比

如果要测量输入到 TI1 上 PWM 信号的周期（保存在 TIM1_CCR1 寄存器）和占空比（保存在 TIM1_CCR2 寄存器），可以采用以下步骤：

1）编程 TIM1_CCMR1 寄存器的 CC1S = 01，将 TI1 配置为 TIM1_CCR1 的输入端。

2）编程 TIM1_CCER 寄存器的 CC1P = 0，选择 TI1FP1 的有效极性为上升沿，用来捕捉数据到 TIM1_CCR1 寄存器并清除计数器。

3）编程 TIM1_CCMR1 寄存器的 CC2S = 10，将 TI1 同样配置为 TIM1_CCR2 的输入端。

4）编程 TIM1_CCER 寄存器的 CC2P = 1，选择 TI1FP2 的有效极性为下降沿，用来捕捉数据到 TIM1_CCR2。

5）编程 TIM1_SMCR 寄存器的 TS = 101，选择 TI1FP1 为定时器有效的触发输入信号。

6）编程 TIM1_SMCR 寄存器的 SMS = 100，配置从模式控制器为复位模式。

7）将 TIM1_CCER 寄存器的 CC1E 和 CC2E 位置 1，使能捕捉功能。

8）将 TIM1_CR1 寄存器的 CEN 位置 1，使能计数器。

通过 TI1 测量 PWM 信号的周期和占空比的 PWM 输入模式时序如图 14-17 所示。

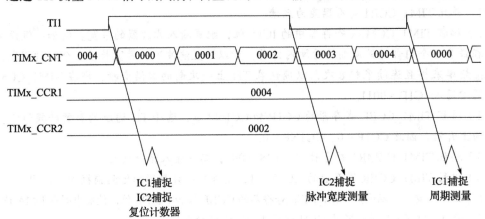

图 14-17　PWM 输入模式时序

14.2.4　强制输出模式

在通道被配置成输出模式（TIM1_CCMRx 寄存器的 CCxS = 00）时，输出比较信号 OCxREF 以及相应的 OCx/OCxN 信号能够直接由软件强制为有效或无效状态，而不依赖于输出比较寄存器和计数器之间的比较结果。设置 TIM1_CCMRx 寄存器 OCxM = 101，可以将输出比较信号（OCxREF/OCx）强制为有效状态，OCxREF 被强制为高电平，如果此时 TIM1_CCER 寄存器 CCxP = 0（OCx 为高电平有效），那么 OCx 被强制为高电平。同样，如果设置 TIM1_CCMRx 寄存器的 OCxM = 100，可强制 OCxREF 信号为低电平，后续输出端的动作与上述例子相反。在强制输出模式下，TIM1_CCRx 影子寄存器和计数器之间的比较仍然在进行，相应的标志也会被修改，中断和 DMA 请求也仍然会产生。

14.2.5　输出比较模式

输出比较功能用来产生一个输出波形，也用来指示一段给定的时间已经到达。输出比较模式寄存器 TIM1_CCMRx 的 OCxM 位用于定义比较匹配时输出引脚的动作。当比较匹配时，输出引脚可以保持它的电平（OCxM = 000）、设置为有效电平（OCxM = 001）、设置为无效电平（OCxM = 010）或进行电平翻转（OCxM = 011）。捕捉/比较使能寄存器 TIM1_CCER 的 CCxP 位用于定义的输出到对应的引脚上的电平值。

当匹配发生时，中断状态寄存器 TIM1_SR 的 CCxIF 位会置 1，如果 TIM1_DIER 寄存器中的 CCxIE 位也置 1，则会产生一个中断。如果软件对 TIM1_DIER 寄存器的 CCxDE 位和 TIM1_CR2 寄存器的 CCDS 位进行了相应设定并使能了 DMA，则会产生一个 DMA 请求。

TIM1_CCMRx 寄存器的 OCxPE 位用于选择是否启用预装载功能。如果禁用了 TIM1_CCRx 寄存器的预装载功能（OCxPE = 0），可以随时写入 TIM1_CCRx 寄存器，并且写入的新值会立即参与比较；如果启用了预装载功能（OCxPE = 1），TIM1_CCRx 寄存器的预装载值会在下一个更新事件（UEV）到来时生效。

🖥 编程向导　输出比较模式的配置

1）选择计数器时钟（内部、外部及设置预分频比）。

2）将相应的数值写入 TIM1_ARR 和 TIM1_CCRx 寄存器中。

3）如果要产生一个中断请求，设置 CCxIE 位。

4）选择输出模式：

❑ 如果需要计数器与 CCRx 匹配时翻转 OCx 的输出引脚，则设置 OCxM = 011。

❑ 置 OCxPE = 0 禁用预装载功能。

❑ 置 CCxP = 0 选择极性为高电平有效。

❑ 置 CCxE = 1 使能输出。

5）设置 TIM1_CR1 寄存器的 CEN 位启动计数器。

　　输出比较模式的工作时序示例如图 14-18 所示。图中该模式设置为比较匹配时输出翻转，当计数器 TIM1_CNT 的值达到"003Ah"时，与比较值 TIM1_CCR1 的值相匹配，OC1 输出电平翻转；之后，软件写入"B201h"至 TIM1_CCR1 中，由于该寄存器的预装载功能被禁用，写入的新值立即参与比较，并在下一次达到比较匹配时将 OC1 的输出电平再次翻转。

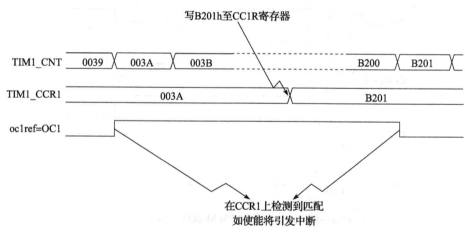

图 14-18　输出比较模式工作时序（OC1 输出电平翻转）

14.2.6　PWM 模式

　　脉冲宽度调制 PWM 模式可以产生一个由 TIM1_ARR 寄存器决定频率、由 TIM1_CCRx 寄存器决定占空比的输出信号。通过将 TIM1_CCMRx 寄存器的 OCxM 位域写入"110"或"111"，可以使能 PWM 模式 1 或 2。在 PWM 模式下，TIM1_CNT 和 TIM1_CCRx 始终在进行比较，根据 TIM1_CR1 寄存器中 CMS 位域的状态，定时器能够产生边沿对齐或中央对齐的 PWM 信号，每个 OCx 输出通道都能够独立地输出一路 PWM 信号。

　　要使用 PWM 模式，必须设置 TIM1_CCMRx 寄存器的 OCxPE 位使能相应的预装载寄存器，还要设置 TIM1_CR1 寄存器的 ARPE 位，以使能自动重装载寄存器的预装载功能。在完成上述设置后，只有当更新事件（UEV）产生时，预装载寄存器的内容才能被传送到其影子寄存器中。为了初始化设置，在计数器开始计数之前，必须通过软件设置 TIM1_EGR 寄存器中的 UG 位来更新具有预装载功能的寄存器。OCx 的极性可以通过软件在 TIM1_CCER 寄存器的 CCxP 位设置，输出状态可以通过 CCxE、CcxNE 以及 TIM1_BDTR 寄存器的 MOE、OSSI 和 OSSR 位的组合来控制。

1. PWM 边沿对齐模式

❏ 向上计数配置：当 TIM1_CR1 寄存器中的 DIR 位为 0 时，计数器执行向上计数。在 PWM 模式 1 时，当 TIM1_CNT < TIM1_CCRx 时，PWM 参考信号 OCxREF 为高电平，否则为低电平。如果 TIM1_CCRx 中的比较值大于自动重装载值（TIM1_ARR），则 OCxREF 保持为高。如果 TIM1_CCRx 中的比较值为 0，则 OCxREF 保持为低。当 TIM1_ARR = 8、CCRx 为不同取值时，边沿对齐的 PWM 输出波形如图 14-19 所示。

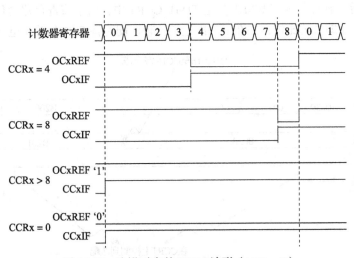

图 14-19 边沿对齐的 PWM 波形（ARR = 8）

❏ 向下计数配置：当 TIM1_CR1 寄存器的 DIR 位为 1 时，计数器执行向下计数。在 PWM 模式 1 时，当 TIM1_CNT > TIM1_CCRx 时参考信号 OCxREF 为低电平，否则为高电平。如果 TIM1_CCRx 中的比较值大于 TIM1_ARR 中的自动重装载值，则 OCxREF 保持为高。向下计数模式下不能产生占空比为 0% 的 PWM 波形。

2. PWM 中央对齐模式

当 TIM1_CR1 寄存器中的 CMS 位域不为"00"时 PWM 设置为中央对齐模式。按照 CMS 位域的设置不同，比较标志位可以在计数器向上、向下或向上和向下计数时被置 1。在此模式下，TIM1_CR1 寄存器的方向位（DIR）由硬件更新，无须软件干预。当 TIM1_ARR = 8、CMS = 01 时，PWM 模式 1 的输出波形如图 14-20 所示。

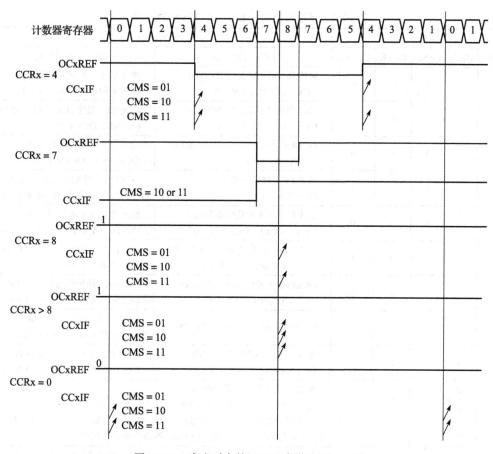

图 14-20　中央对齐的 PWM 波形 (APR = 8)

在进入中央对齐模式时，计数开始的方向取决于 TIM1_CR1 寄存器 DIR 位的当前值，软件不能同时修改 DIR 和 CMS 位。使用中央对齐模式时，在启动计数器之前需要软件产生一个更新事件 (设置 UG 位) 以初始化各寄存器，在计数进行过程中禁止软件修改计数器的值。

14.2.7　互补输出和死区控制

1. 互补输出

TIM1 的 OC1、OC2 和 OC3 通道都具有互补输出功能，每一个通道都能够输出两路互补的 PWM 信号，用于驱动功率器件的开启和关断。TIM1_CCER 寄存器的 CCxE 和 CCxNE 位用于使能主输出 OCx 和互补输出 OCxN。CCxP 和 CCxNP 位用于配置 OCx 和 OCxN 的输出极性，TIM1_BDTR 寄存器的 MOE 位是主输出控制，用于使能 OCx 和 OCxN 的输出。OSSR 位和 OSSI 位分别用于定义主输出使能或禁止且定时器停止工作时的互补输出状态。TIM1_CR2 寄存器的 OISx、OISxN 位用于定义主输出禁止 (MOE = 0) 时，互补通道的输出状态。互补输出通道的控制位功能详见表 14-2。

表 14-2　互补输出通道 OCx 和 OCxN 的控制

控制位					输出状态	
MOE	OSSI	OSSR	CCxE	CCxNE	OCx 输出状态	OCxN 输出状态
1	X	0	0	0	输出禁止（不由定时器驱动）OCx=0, OCx_EN=0	输出禁止（不由定时器驱动）OCxN=0, OCxN_EN=0
		0	0	1	输出禁止（不由定时器驱动）OCx=0, OCx_EN=0	OCxREF+极性 OCxN=OCx–REF xor CCxNP, OCxN_EN=1
		0	1	0	OCxREF+极性 OCx=OCxREF xor CCxP, OCx_EN=1	输出禁止（不由定时器驱动）OCxN=0, OCxN_EN0
		0	1	1	OCREF+极性+死区 OCx_EN=1	OCREF互补输出（逻辑非OCREF）+极性+死区 OCxN_EN=1
		1	0	0	输出禁止（不由定时器驱动）OCx=CCxP, OCx_EN=0	输出禁止（不由定时器驱动）OCxN=CCxNP, OCxN_EN=0
		1	0	1	Off-State（输出使能但非可用状态）OCx=CCxP, OCx_EN=1	OCxREF+极性 OCxN=OCxREF xor CCxNP、OCxN_EN=1
		1	1	0	OCxREF+极性 OCx=OCxREF xor CCxP, OCx_EN=1	Off-State（输出使能但非可用状态）OCxN=CCxNP, OCxN_EN=1
		1	1	1	OCREF+极性+死区 OCx_EN=1	OCREF互补输出（逻辑非OCREF）+极性+死区 OCxN_EN=1
0	0	X	0	0	输出禁止（不由定时器驱动）OCx=CCxP, OCx_EN=0	输出禁止（不由定时器驱动）OCxN=CCxNP, OCxN_EN=0
	0	X	0	1	输出禁止（不由定时器驱动） 异步：OCx=CCxP, OCx_EN=0, OCxN=CCxNP, OCxN_EN=0 如果时钟存在：经过一个死区时间后 OCx=OISx, OCxN=OISxN, 假设 OISx 与 OISxN 并不都对应 OCx 和 OCxN 的有效电平	
	0	X	1	0		
	0	X	1	1		
	1	X	0	0	输出禁止（不由定时器驱动）OCx=CCxP、OCx_EN=0	输出禁止（不由定时器驱动）OCxN=CCxNP、OCxN_EN=0
	1	X	0	1	Off-State（输出使能但非可用状态） 异步：OCx=CCxP, OCx_EN=1, OCxN=CCxNP, OCxN_EN=1 如果时钟存在：经过一个死区时间后 OCx=OISx, OCxN=OISxN, 假设 OISx 与 OISxN 并不都对应 OCx 和 OCxN 的有效电平	
	1	X	1	0		
	1	X	1	1		

2. 死区控制

在使用互补通道驱动功率器件时，为了避免通道接通和关断的瞬间产生大电流冲击，在通道电平转换的初期加入了适当的延时，以允许根据 OCx 和 OCxN 输出端所连接的输出器件特性来调整死区时间特性。当 TIM1_CCER 寄存器的 CCxE 和 CCxNE 位均为 1 时，将自动插入死区。

每一个通道的 OCxREF 参考信号可以生成 OCx 和 OCxN 两路输出，如果 OCx 和 OCxN 均设置为高电平有效，当死区插入时，OCx 输出信号与 OCxREF 参考信号相同，但上升沿相对于参考信号的上升沿有一个延迟；而 OCxN 输出信号与参考信号相反，上升沿相对于参考信号的下降沿有一个延迟。插入死区时参考信号与互补输出信号的相位关系如图 14-21 所示。

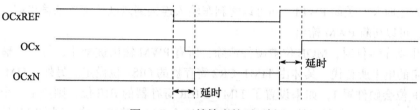

图 14-21　互补输出的死区插入

定时器每一个通道的死区延时时间都是相同的，都由 TIM1_BDTR 寄存器中的 DTG 位域进行配置。死区时间的计算基于定时器采样时钟 "T_{DTS}"，该时钟由定时器时钟（CK_INT）经 TIM1_CR1 寄存器的 CKD[1:0] 位域定义的分频器分频而来。死区时间的计算可以参考以下方法：

当 DTG[7:5] = 0xx 时，死区时间 = DTG[7:0] × Tdtg，Tdtg = T_{DTS}

当 DTG[7:5] = 10x 时，死区时间 = (64+DTG[5:0]) × Tdtg，Tdtg = 2 × T_{DTS}

当 DTG[7:5] = 110 时，死区时间 = (32+DTG[4:0]) × Tdtg，Tdtg = 8 × T_{DTS}

当 DTG[7:5] = 111 时，死区时间 = (32+DTG[4:0]) × Tdtg，Tdtg = 16 × T_{DTS}

如果配置的死区延时时间大于当前有效的输出宽度（OCx 或者 OCxN），则相应的通道上不会产生输出脉冲。死区延时时间大于正、负脉冲持续时间时，通道输出状态如图 14-22 和图 14-23 所示。

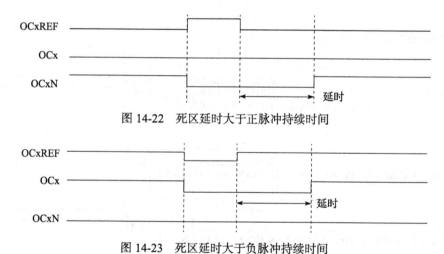

图 14-22　死区延时大于正脉冲持续时间

图 14-23　死区延时大于负脉冲持续时间

14.2.8　刹车及清除参考信号

1. 刹车

当定时器工作在 PWM 方式时，如果某些异常情况发生，可以将 PWM 输出禁止，这种功能称为刹车。刹车源既可以是刹车输入引脚的电平变化，也可以是时钟失效的事件。TIM1_BKIN 引脚是 TIM1 的刹车输入端，它由 TIM1_BDTR 寄存器的 BKE 位使能，BKP 位用于定义刹车输入极性，而时钟失效事件由复位时钟控制器中的时钟安全系统（CSS）产生。刹车功能可在意外发生时及时关闭 PWM，如可以将刹车输入连接到热敏传感器的输出端，当器件过热报警时，可以切断 PWM 输出。

　　当发生刹车事件时，MOE 位被硬件清除，所有 PWM 输出被禁止，每一个输出通道的输出由固定的电平所替代，具体由 TIM1_CR2 寄存器的 OISx 位设定。另外，TIM1_SR 寄存器中的 BIF 位会硬件置 1，如果设置了 TIM1_DIER 寄存器的 BIE 位，则产生一个中断。如果设置了 TIM1_DIER 寄存器的 BDE 位，则产生一个 DMA 请求。响应刹车时的输出状态如图 14-24 所示。

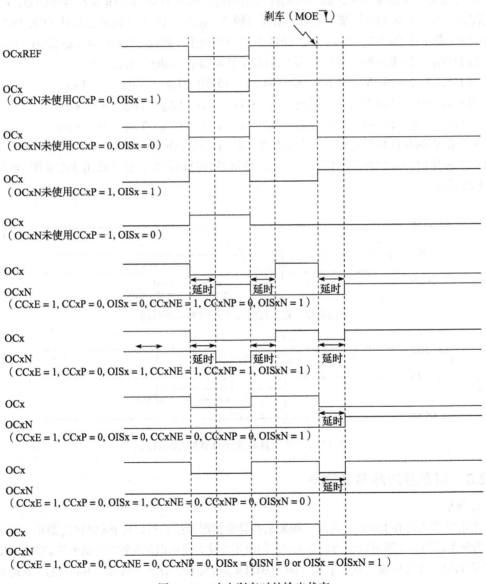

图 14-24　响应刹车时的输出状态

TIM1_BDTR 寄存器的 AOE 位是自动输出使能位，如果该位置 1，当刹车事件被解除后，一旦有更新事件（UEV）产生，MOE 位会硬件置 1，否则 MOE 始终保持为低直到被软件再次置位。刹车输入端是电平有效的，当刹车输入保持有效状态时，不能自动或者通过软件设置 MOE 位，BIF 状态标志也不能被清除。

为了保障安全，可以通过软件写入 TIM1_BDTR 寄存器的 LOCK 位域，从三级保护中选择一种来保护应用程序的运行安全。一旦写保护功能开启，死区长度、OCx/OCxN 极性、OCxM 配置、刹车使能和极性等设置将被冻结。

2. 在外部事件清除 OCxREF 信号

设置 TIM1_CCMRx 寄存器的 OCxCE 位可以使能外部事件清除 OCxREF 信号功能。这时，一旦检测到 ETRF 输入高电平，即可使 OCxREF 输出为低电平，直至下一次更新事件（UEV）产生。外部事件清除 OCxREF 信号功能只适用于输出比较或 PWM 模式，不能应用于强制输出模式。该功能在实际应用时，可以将 ETR 输入端连接至比较器的输出端，比较器的输入端用于对某一电流的实时监测。当该电流强度超过某一个门限值时，会使 ETR 产生有效边沿并清除 OCxREF 信号，这会更有效地降低 PWM 输出波形的占空比，并由此控制输出电流的强度。

📖 编程向导　ETR 清除 OCxREF 信号配置

1）外部触发预分频器必须处于关闭：TIM1_SMCR 寄存器的 ETPS[1:0] = 00。
2）外部时钟模式 2 必须禁止：TIM1_SMCR 寄存器中的 ECE = 0。
3）外部触发极性（ETP）和外部触发滤波器（ETF[3:0]）可以根据需要设置。

ETR 清除 OCxREF 信号的工作过程如图 14-25 所示。图中定时器工作于 PWM 模式时，当 ETRF 输入有效（高电平）时，"OCxCE = 0"的通道参考信号 OCxREF 输出不受影响，而"OCxCE = 1"的通道 OCxREF 输出被接低，直至下一个更新事件的产生。

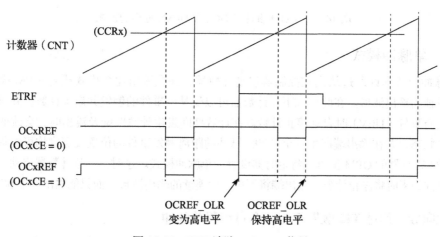

图 14-25　ETR 清除 OCxREF 信号

3. COM 事件

当在一个通道上使能了互补输出且 TIM1_CR2 寄存器的捕获 / 比较预装载位 CCPC 置 1 时,将使能 OCxM、CCxE 和 CCxNE 位的预装载功能。这种情况下,如果更改 OCxM、CCxE 和 CCxNE 位的状态,只能在发生 COM 事件时,这些位的值才能被更新。

COM 事件是捕捉比较控制更新事件,当 TIM1_CR2 寄存器的 CCUS 位清 0 时,COM 事件只能通过软件设置 COMG 位产生;而当 CCUS 位置 1 时,COM 事件既可以通过设置 COMG 位产生,也可以在 TRGI 检测到上升沿时产生。当发生 COM 事件时,TIM1_SR 寄存器中的 COMIF 位置位,如果设置了 TIM1_DIER 寄存器的 COMIE 位,则会产生中断;如果设置了 TIM1_DIER 寄存器的 COMDE 位,则会产生 DMA 请求。

启用捕获 / 比较控制位预装载功能的好处是可以预先设置好下一步输出通道的配置,并在同一个时刻同时更改所有通道的配置,这对于 PWM 在实际应用来说非常重要。COM 事件对 OCx 和 OCxN 通道输出的影响如图 14-26 所示。

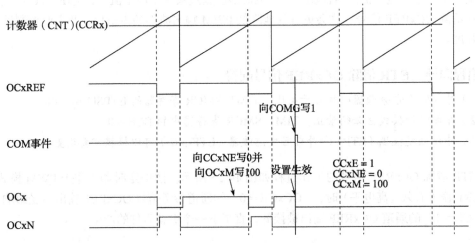

图 14-26 COM 事件对 OCx 和 OCxN 输出的影响

14.2.9 单脉冲模式

单脉冲模式允许通过从模式控制器启动计数器,并在输出比较模式或者 PWM 模式下产生一个单独的输出波形。在此模式下,计数器可以受某一事件的触发并启动计数,并且在产生下一个更新事件(UEV)时自动停止计数。在计数期间发生计数匹配及溢出时,会改变输出参考信号的状态,并在输出端产生一个脉冲。脉冲的距离触发事件的位置及宽度均可编程。设置 TIM1_CR1 寄存器的 OPM 位可以将定时器设置为单脉冲模式。这时,一旦计数器启动,在下一个更新事件到来时将停止计数,输出端将不再产生连续的输出波形,而只能输出一个脉冲信号。

📖 编程向导 通过 TI2 触发产生一个可编程单脉冲

需要从 TI2 输入端检测到上升沿开始,延迟 t_{DELAY} 之后在 OC1 上产生一个长度为 t_{PULSE}

的正脉冲，可以参考以下步骤：

1）编程 TIM1_CCMR1 寄存器的 CC2S = 01，把 TI2FP2 映像到 TI2。

2）编程 TIM1_CCER 寄存器中的 CC2P = 0 和 CC2NP = 0，使 TI2FP2 能够检测上升沿。

3）编程 TIM1_SMCR 寄存器中的 TS = 110，TI2FP2 作为从模式控制器的触发（TRGI）。

4）编程 TIM1_SMCR 寄存器中的 SMS = 110（触发模式），将 TI2FP2 用作启动计数器。

5）编程 TIM1_CCMR1 寄存器的 OC1M = 111，选择 PWM 模式 2。

6）根据需要有选择地使能预装载寄存器，即置 TIM1_CCMR1 中的 OC1PE = 1 和 TIM1_CR1 寄存器中的 ARPE。

7）向 TIM1_CCR1 寄存器中填写比较值，向寄存器中入自动装载值。

8）编程 TIM1_CR1 寄存器的 OPM = 1、DIR = 0 以及 CMS = 00。

9）设置 TIM1_EGR 寄存器的 UG 位来产生一个更新事件，以初始化预装载寄存器（TIM1_CCR1 和 TIM1_ARR）。

10）等待在 TI2 上的一个外部触发事件。

由 TI2 触发的单脉冲模式时序如图 14-27 所示。在单脉冲模式下，t_{DELAY} 由 TIM1_CCR1 寄存器的值决定，t_{PULSE} 由自动装载值和比较值之间的差值（TIM1_ARR 减去 TIM1_CCR1）决定。

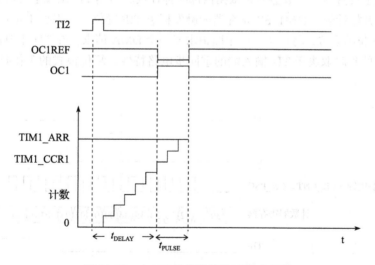

图 14-27　由 TI2 触发的单脉冲模式时序

在上述例子中，计数器的启动是通过 TIx 输入端的边沿检测逻辑设置 CEN 位来启动的，而计数器和比较值之间的比较结果来驱动输出转换，它决定了最小延时 t_{DELAY}。如果需要以更小的延时时间快速地产生单脉冲，可以设置 TIM1_CCMRx 寄存器中的 OCxFE 位，使能输出比较快速允许功能，此时 OCxREF 和 OCx 信号都将直接响应激励而不再依赖比较的结果，但所输出的波形与比较匹配时的波形一样。

14.2.10 外部触发同步

TIM1 定时器的工作状态可以与外部触发信号之间建立某种关联。按照设置的不同，定时器可以工作在复位模式、门控模式和触发模式下，它们均为定时器的从模式。

1. 复位模式

在一个触发输入事件发生时，计数器和它的预分频器能够重新被初始化，如果 TIM1_CR1 寄存器的 URS 位为 0，还产生一个更新事件 (UEV)，所有的预装载寄存器 (TIM1_ARR、TIM1_CCRx) 都被更新。

💻 **编程向导　TI1 上升沿使计数器清零**

1）配置 TIM1_CCMR1 寄存器 CC1S = 01，将 IC1 映射至 TI1 上。本例中不需要使用滤波器和捕捉预分频器，保持 IC1F = 0000，IC1PSC = 00。

2）配置 TIM1_CCER 寄存器的 CC1P = 0 和 CC1NP = 0，只检测 TI1 的上升沿。

3）配置 TIM1_SMCR 寄存器的 SMS = 100，将定时器设置为复位模式。设置 TS = 101，选择 TI1 作为输入源。

4）配置 TIM1_CR1 寄存器的 CEN = 1，启动计数器。

在完成以上设置后，计数器开始依据内部时钟计数。当然 TI1 出现上升沿时，计数器清零并从 0 重新开始计数，TIM1_SR 寄存器的触发标志 TIF 置位，并根据 TIM1_DIER 寄存器中 TIE 和 TDE 位的设置，将产生一个中断请求或一个 DMA 请求。在 TI1 上升沿和计数器的实际复位之间的延时取决于 TI1 输入端的重同步电路特性。复位模式的工作时序如图 14-28 所示。

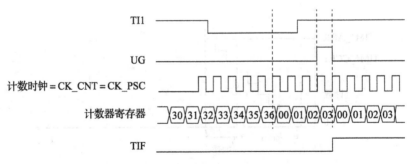

图 14-28　复位模式的工作时序 (TIM1_ARR = 0x36)

2. 门控模式

在门控模式下，定时器按照选中的输入电平使能计数，计数器的启动和停止都是受控的。例如，可以设置当触发输入 (TRGI) 为高时，计数器开始计数，一旦触发输入变为低，则计数器计数停止，但计数器的计数值并不复位。之后，如果触发输入再次变为高，则计数再次开始。

💻 **编程向导　计数器在 TI1 为低时向上计数**

1）配置 TIM1_CCMR1 寄存器 CC1S = 01，将 IC1 映射至 TI1 上。本例中不需要使用滤波器和捕捉预分频器，保持 IC1F = 0000，IC1PSC = 00。

2）配置 TIM1_CCER 寄存器的 CC1P = 1 和 CC1NP = 0，只检测 TI1 的低电平。

3）配置 TIM1_SMCR 寄存器的 SMS = 101，将定时器设置为门控模式，设置 TS = 101，选择 TI1 作为输入源。

4）配置 TIM1_CR1 寄存器的 CEN = 1，启动计数器。

在上述配置完成后，只要 TI1 为低，计数器就会开始依据内部时钟计数，一旦 TI1 变高则停止计数。当计数器开始或停止时，都会设置 TIM1_SR 寄存器的 TIF 标置。在门控模式下，如果 CEN = 0，则计数器不能启动，不论触发输入电平如何。另外，TI1 上升沿和计数器实际停止之间会有一个延时，这取决于 TI1 输入端的重同步电路特性。门控模式的工作时序如图 14-29 所示。

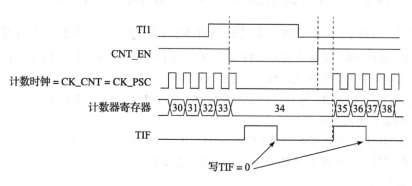

图 14-29　门控模式的工作时序

3. 触发模式

在触发模式下，输入端上选中的事件将使能计数器，此模式下只有计数器的启动是受控的。

💻 **编程向导　计数器在 TI2 输入的上升沿开始向上计数**

1）配置 TIM1_CCMR1 寄存器 CC2S = 01，将 IC2 映射至 TI2 上。本例中不需要使用滤波器和捕捉预分频器，保持 IC2F = 0000，IC2PSC = 00。

2）配置 TIM1_CCER 寄存器的 CC2P = 0 和 CC2NP = 0，只检测 TI2 的上升沿。

3）配置 TIM1_SMCR 寄存器的 SMS = 110，将定时器设置为触发模式。配置 TS = 110，选择 TI2 作为输入源。

在完成上述配置后，当 TI2 上出现一个上升沿时，计数器按内部时钟开始计数，同时设置 TIF 标志。TI2 上升沿和计数器启动计数之间的延时，取决于 TI2 输入端的重同步电路特性。触发模式的工作时序如图 14-30 所示。

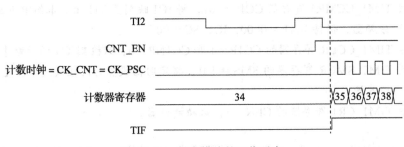

图 14-30 触发模式的工作时序

4. 外部时钟模式 2+ 触发模式

外部时钟模式 2 可以与复位、门控或者触发 3 种从模式一起使用（外部时钟模式 1 和编码器模式除外）。这时，ETR 信号被用作外部时钟的输入，可以选择除 ETR 以外的其他信号作为触发输入 TRGI。当 TRGI 输入选定的边沿后，计数器会产生相应的动作。

💻 **编程向导** **TI1 的上升沿将触发计数器在 ETR 的每一个上升沿向上计数**

1）配置 TIM1_SMCR 寄存器的 ETP = 0，检测 ETR 的上升沿。设置 ECE = 1，使能外部时钟模式 2，不使用滤波器和预分频器，不需要配置。

2）配置 TIM1_CCMR1 寄存器的 CC1S = 01，选择 TI1 为输入捕捉源。没有滤波，不使用捕捉预分频器，不需要配置。

3）配置 TIM1_CCER 寄存器的 CC1P = 0 和 CC1NP = 0，只检测上升沿。

4）配置 TIM1_SMCR 寄存器的 SMS = 110，将定时器设置为触发模式。设置 TS = 101，选择 TI1 作为输入源。

在完成上述配置后，当 TI1 上出现一个上升沿时，TIF 标志被设置，计数器开始在 ETR 的每一个上升沿计数。ETR 信号的上升沿和计数器开始计数之间的延时，取决于 ETRP 输入端的重同步电路特性。外部时钟模式 2+ 触发模式的工作时序如图 14-31 所示。

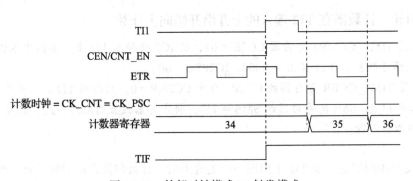

图 14-31 外部时钟模式 2+ 触发模式

TIM1 定时器的功能比较复杂，除了前面介绍的功能以外，TIM1 还支持编码器模式，并可以与霍尔传感器连接。本书限于篇幅，对这两种功能不再讲解。

14.3 定时器函数

14.3.1 定时器类型定义

输出类型 14-1：TIM 时基配置结构定义

TIM_Base_InitTypeDef

```
typedef struct
{
  uint32_t Prescaler;          /* 指定预分频器的值用于定时器时钟分频，该参数的取值可以在 Min_Data
                                  = 0x0000 至 Max_Data = 0xFFFF 之间 */
  uint32_t CounterMode;        /* 指定计数器模式，该参数可以是 TIM_Counter_Mode 的值之一 */
  uint32_t Period;             /* 指定下一个更新事件用于装入活跃的自动重装寄存器的周期值，该参数
                                  的取值可以在 Min_Data = 0x0000 至 Max_Data = 0xFFFF
                                  之间 */
  uint32_t ClockDivision;      /* 指定时钟分频值，该参数可以是 TIM_ClockDivision 的值之一 */
  uint32_t RepetitionCounter;  /* 指定重复计数器的值。每次 RCR 降序计数达到零，一个更新事件生成
                                  和计数值从 RCR 值 (N) 重启，这意味着在 PWM 模式下 (N+1) 相当于：
                                  • 在边缘对齐模式下 PWM 周期的数量
                                  • 在中央对齐模式下 PWM 半周期的数量
                                  该参数取值必须在 Min_Data = 0 x00 至 Max_Data = 0xff 之间，该
                                  参数只对于 TIM1 和 TIM8 有效   * /
} TIM_Base_InitTypeDef;
```

输出类型 14-2：定时器输出比较配置结构定义

TIM_OC_InitTypeDef

```
typedef struct
{
  uint32_t OCMode;         /* 指定定时器模式，该参数可以是 TIM_Output_Compare_and_PWM_
                              modes 的值之一 */
  uint32_t Pulse;          /* 指定要被装入捕捉比较寄存器的脉冲值，该参数的取值可以在 Min_
                              Data = 0x0000 至 Max_Data = 0xFFFF 之间 */
  uint32_t OCPolarity;     /* 指定输出极性，该参数可以是 TIM_Output_Compare_Polarity
                              的值之一 */
  uint32_t OCNPolarity;    /* 指定互补输出极性，该参数可以是 TIM_Output_Compare_N_Polarity
                              极性之一，该参数只对 TIM1 和 TIM8 有效 */
  uint32_t OCFastMode;     /* 指定速战速决模式状态，该参数可以是 TIM_Output_Fast_State
                              的值之一，该参数仅用于 PWM1 和 PWM2 模式 */
  uint32_t OCIdleState;    /* 指定在空闲状态下定时器输出比较引脚状态，该参数可以是 TIM_Out
                              put_Compare_Idle_State 的值之一，该参数仅用于 TIM1 和 TIM8 */
  uint32_t OCNIdleState;   /* 指定在空闲期间定时器输出比较引脚状态，该参数可以是 TIM_Out
                              put_ Compare_N_Idle_State 的值之一，该参数只对 TIM1 和
                              TIM8 可用 */
} TIM_OC_InitTypeDef;
```

输出类型 14-3：定时器单脉冲模式配置结构定义

TIM_OnePulse_InitTypeDef

```
typedef struct
{
  uint32_t OCMode;              /* 指定定时器模式，该参数可以是 TIM_Output_Compare_and_PWM
                                   _modes 的值之一 */
  uint32_t Pulse;               /* 指定被装入比较捕捉寄存器中的单脉冲模式，该参数的取值可以在 Min
                                   _Data = 0x0000 至 Max_Data = 0xFFFF 之间 */
  uint32_t OCPolarity;          /* 指定输出极性，该参数可以是 TIM_Output_Compare_Polarity
                                   的值之一 */
  uint32_t OCNPolarity;         /* 指定互补输出极性，该参数可以是 TIM_Output_Compare_N_Pol
                                   arity 的值之一，该参数仅 TIM1 和 TIM8 可用 */
  uint32_t OCIdleState;         /* 指定在空闲时定时器输出比较引脚状态，该参数可以是 TIM_Output_
                                   Compare_Idle_State 的值之一，该参数仅 TIM1 和 TIM8 可用 */
  uint32_t OCNIdleState;        /* 指定在空闲期间定时器输出比较引脚状态，该参数可以是 TIM_Output_
                                   Compare_N_Idle_State 的值之一，该参数仅 TIM1 和 TIM8 可用 */
  uint32_t ICPolarity;          /* 指定输入信号的活动边沿，该参数可以是 TIM_Input_Capture_
                                   Polarity 的值之一 */
uint32_t ICSelection;           /* 指定输入，该参数可以是 TIM_Input_Capture_Selection 的值
                                   之一 */
uint32_t ICFilter;              /* 指定输入捕捉滤波器，该参数的取值可以在 Min_Data = 0x0 和 Max_
                                   Data = 0xF 之间 */
} TIM_OnePulse_InitTypeDef;
```

输出类型 14-4：定时器输入捕捉配置结构定义

TIM_IC_InitTypeDef

```
typedef struct
{
  uint32_t  ICPolarity;         /* 指定输入信号的活动边沿，该参数可以是 TIM_Input_Capture_
                                   Polarity 的值之一 */
  uint32_t ICSelection;         /* 指定输入，该参数可以是 TIM_Input_Capture_Selection 的值
                                   之一 */
  uint32_t ICPrescaler;         /* 指定输入捕捉预分频器，该参数可以是 TIM_Input_Capture_Pre
                                   scaler 的值之一 */
  uint32_t ICFilter;            /* 指定输入捕捉滤波器，该参数的取值可以在 Min_Data = 0x0 至 Max
                                   _Data = 0xF 之间 */
} TIM_IC_InitTypeDef;
```

输出类型 14-5：定时器编码器配置结构定义

TIM_Encoder_InitTypeDef

```
typedef struct
{
  uint32_t EncoderMode;         /* 指定输入信号的活动边沿，该参数可以是 TIM_Encoder_Mode 的值
                                   之一 */
 uint32_t IC1Polarity;          /* 指定输入信号的活动边沿，该参数可以是 TIM_Input_Capture_
                                   Polarity 极性之一 */
  uint32_t IC1Selection;        /* 指定输入，该参数可以是 TIM_Input_Capture_Selection 的值之一 */
  uint32_t IC1Prescaler;        /* 指定输入捕捉预分频器，该参数可以是 TIM_Input_Capture_
                                   Prescaler 的值之一 */
```

```
    uint32_t IC1Filter;          /* 指定输入捕捉滤波器，该参数的取值可以在 Min_Data =0x0 至 Max_
                                    Data = 0xF 之间 */
    uint32_t IC2Polarity;        /* 指定输入捕捉信号的活动边沿，该参数可以是 TIM_Input_Capture_
                                    Polarity 的值之一 */
    uint32_t IC2Selection;       /* 指定输入，该参数可以是 TIM_Input_Capture_Selection 的值之一 */
    uint32_t IC2Prescaler;       /* 指定输入捕捉预分频器，该参数可以是 TIM_Input_Capture_
                                    Prescaler 的值之一 */
    uint32_t IC2Filter;          /* 指定输入捕捉滤波器，该参数的取值可以在 Min_Data = 0x0 至
                                    Max_Data = 0xF 之间 */
} TIM_Encoder_InitTypeDef;
```

输出类型 14-6：定时器时钟配置处理结构定义

TIM_ClockConfigTypeDef

```
typedef struct
{
    uint32_t ClockSource;        /* 定时器时钟源配置，该参数可以是 TIM_Clock_Source 的值之一 */
    uint32_t ClockPolarity;      /* 定时器时钟极性，该参数可以是 TIM_Clock_Polarity 的值之一 */
    uint32_t ClockPrescaler;     /* 定时器时钟预分频器，该参数可以是 TIM_Clock_Prescaler 的值
                                    之一 */
    uint32_t ClockFilter;        /* 定时器时钟滤波器，该参数的取值可以在 Min_Data = 0x0 至 Max_
                                    Data = 0xF 之间 */
}TIM_ClockConfigTypeDef;
```

输出类型 14-7：定时器输入配置处理结构定义

TIM_ClearInputConfigTypeDef

```
typedef struct
{
    uint32_t ClearInputState;        /* 定时器清除状态，该参数可以是 ENABLE 或 DISABLE  */
    uint32_t ClearInputSource;       /* 定时器清除输入源，该参数可以是 TIMEx_Clock_Clear_
                                        Input_Source 的值之一 */
    uint32_t ClearInputPolarity;     /* 定时器清除输入极性，该参数可以是 TIM_ClearInput_
                                        Polarity 的值之一 */
    uint32_t ClearInputPrescaler;    /* 定时器清除输入预分频器，该参数可以是 TIM_ClearInput_
                                        Prescaler 的值之一 */
    uint32_t ClearInputFilter;       /* 定时器清除输入滤波器，该参数的取值可以在 Min_Data
                                        = 0x0 至 Max_Data = 0xF 之间 */
}TIM_ClearInputConfigTypeDef;
```

输出类型 14-8：定时器从模式配置结构定义

TIM_SlaveConfigTypeDef

```
typedef struct {
    uint32_t  SlaveMode;         /* 从模式选择，该参数可以是 TIM_Slave_Mode 的值之一 */
    uint32_t  InputTrigger;      /* 输入触发源，该参数可以是 TIM_Trigger_Selection 的
                                    值之一 */
    uint32_t  TriggerPolarity;   /* 输入触发极性，该参数可以是 TIM_Trigger_Polarity 的
                                    值之一 */
    uint32_t  TriggerPrescaler;  /* 输入捕捉预分频器，该参数可以是 TIM_Trigger_Prescaler
                                    的值之一 */
    uint32_t  TriggerFilter;     /* 输入捕捉滤波器，该参数的取值可以在 Min_Data = 0x0
                                    至 Max_Data = 0xF 之间 = */
}TIM_SlaveConfigTypeDef;
```

输出类型 14-9：HAL 状态结构定义

HAL_TIM_StateTypeDef

```
typedef enum
{
    HAL_TIM_STATE_RESET        = 0x00,    /* 外设还没有初始化或已关闭 */
    HAL_TIM_STATE_READY        = 0x01,    /* 外设已初始化并准备使用 */
    HAL_TIM_STATE_BUSY         = 0x02,    /* 一个内部处理正在进行 */
    HAL_TIM_STATE_TIMEOUT      = 0x03,    /* 超时状态 */
    HAL_TIM_STATE_ERROR        = 0x04     /* 接收处理正在进行 */
}HAL_TIM_StateTypeDef;
```

输出类型 14-10：HAL 活动通道结构定义

HAL_TIM_ActiveChannel

```
typedef enum
{
    HAL_TIM_ACTIVE_CHANNEL_1        = 0x01,    /* 活动通道是 1 */
    HAL_TIM_ACTIVE_CHANNEL_2        = 0x02,    /* 活动通道是 2 */
    HAL_TIM_ACTIVE_CHANNEL_3        = 0x04,    /* 活动通道是 3 */
    HAL_TIM_ACTIVE_CHANNEL_4        = 0x08,    /* 活动通道是 4 */
    HAL_TIM_ACTIVE_CHANNEL_CLEARED  = 0x00     /* 所有可用通道已清除 */
}HAL_TIM_ActiveChannel;
```

输出类型 14-11：定时器时基处理结构定义

TIM_HandleTypeDef

```
typedef struct
{
    TIM_TypeDef              *Instance;    /* 寄存器基地址 */
    TIM_Base_InitTypeDef     Init;         /* 定时器时基参数 */
    HAL_TIM_ActiveChannel    Channel;      /* 活动通道 */
    DMA_HandleTypeDef        *hdma[7];      /* DMA 处理阵列，该阵列通过 TIM_DMA_Handle_
                                              index 访问 */
    HAL_LockTypeDef          Lock;         /* 锁定对象 */
    __IO HAL_TIM_StateTypeDef  State;      /* 定时器操作状态 */
}TIM_HandleTypeDef;
```

输出类型 14-12：定时器霍尔传感器配置结构定义

TIM_HallSensor_InitTypeDef

```
typedef struct
{
    uint32_t IC1Polarity;          /* 指定输入信号的活动边沿，该参数可以是 TIM_Input_Cap-
                                      ture_Polarity 的值之一 */
    uint32_t IC1Prescaler;         /* 指定输入捕捉预分频器，该参数可以是 TIM_Input_Cap-
                                      ture_Prescaler 的值之一 */
    uint32_t IC1Filter;            /* 指定输入捕捉滤波器，该参数的取值可以在 Min_Data = 0x0
                                      至 Max_Data = 0xF 之间 */
    uint32_t Commutation_Delay;    /* 指定装入捕捉比较寄存器的脉冲值，该参数的取值可以在
                                      Min_Data = 0x0000 至 Max_Data = 0xFFFF 之间 */
} TIM_HallSensor_InitTypeDef;
```

输出类型 14-13：定时器主机配置结构定义

`TIM_MasterConfigTypeDef`

```
typedef struct
{
 uint32_t  MasterOutputTrigger;                /* 触发输出 (TRGO) 选择，该参数可以是 TIM_Master_
                                                  Mode_Selection 的值之一 */
 uint32_t  MasterSlaveMode;                     /* 主 / 从模式选择，该参数可以是 TIM_Master_
                                                  Slave_Mode 的值之一 */
}TIM_MasterConfigTypeDef;
```

输出类型 14-14：定时器刹车和死区时间配置结构定义

`TIM_BreakDeadTimeConfigTypeDef`

```
typedef struct
{
 uint32_t OffStateRunMode;            /* 定时器运行模式下的关闭状态，该参数可以是 TIM_OSSR_
                                         Off_State_Selection_for_Run_mode_state 的值之一 */
 uint32_t OffStateIDLEMode;           /* 定时器空闲模式下的关闭状态，该参数可以是 TIM_OSSI_
                                         Off_State_Selection_for_Idle_mode_state 的值
                                         之一 */
 uint32_t LockLevel;                  /* 定时锁定级别，该参数可以是 TIM_Lock_level 的值之一 */
 uint32_t DeadTime;                   /* 定时器死区时间，该参数的值可以在 Min_Data = 0x00 至
                                         Max_Data = 0xFF 之间 */
 uint32_t BreakState;                 /* 定时器刹车状态，该参数可以是 TIM_Break_Input_ena-
                                         ble_disable 的值之一 */
 uint32_t BreakPolarity;              /* 定时器刹车输入极性，该参数可以是 TIM_Break_Polarity
                                         的值之一 */
 uint32_t AutomaticOutput;            /* 定时器自动输出使能状态，该参数可以是 TIM_AOE_Bit_
                                         Set_Reset 的值之一 */
} TIM_BreakDeadTimeConfigTypeDef;
```

14.3.2 定时器常量定义

输出常量 14-1：定时器输入通道极性

状态定义	释　　义
TIM_INPUTCHANNELPOLARITY_RISING	TIx 源极性为上升沿
TIM_INPUTCHANNELPOLARITY_FALLING	TIx 源极性为下降沿
TIM_INPUTCHANNELPOLARITY_BOTHEDGE	TIx 源极性为上升和下降沿

输出常量 14-2：定时器 ETR 极性

状态定义	释　　义
TIM_ETRPOLARITY_INVERTED	ETR 源极性反转
TIM_ETRPOLARITY_NONINVERTED	ETR 源极性无反转

输出常量 14-3：定时器 ETR 预分频器

状态定义	释　义
TIM_ETRPRESCALER_DIV1	没有预分频器使用
TIM_ETRPRESCALER_DIV2	ETR 输入源 2 分频
TIM_ETRPRESCALER_DIV4	ETR 输入源 4 分频
TIM_ETRPRESCALER_DIV8	ETR 输入源 8 分频

输出常量 14-4：定时器计数模式

状态定义	释　义
TIM_COUNTERMODE_UP	向上计数模式
TIM_COUNTERMODE_DOWN	向下计数模式
TIM_COUNTERMODE_CENTERALIGNED1	中央对齐模式 1
TIM_COUNTERMODE_CENTERALIGNED2	中央对齐模式 2
TIM_COUNTERMODE_CENTERALIGNED3	中央对齐模式 3

输出常量 14-5：定时器时钟分频

状态定义	释　义
TIM_CLOCKDIVISION_DIV1	定时器时钟无分频
TIM_CLOCKDIVISION_DIV2	定时器时钟 2 分频
TIM_CLOCKDIVISION_DIV4	定时器时钟 4 分频

输出常量 14-6：定时器输出比较和 PWM 模式

状态定义	释　义
TIM_OCMODE_TIMING	计数模式
TIM_OCMODE_ACTIVE	匹配时设置通道为有效电平
TIM_OCMODE_INACTIVE	匹配时设置通道为无效电平
TIM_OCMODE_TOGGLE	匹配时通道电平翻转
TIM_OCMODE_PWM1	PWM 模式 1
TIM_OCMODE_PWM2	PWM 模式 2
TIM_OCMODE_FORCED_ACTIVE	强制为有效电平
TIM_OCMODE_FORCED_INACTIVE	强制为无效电平

输出常量 14-7：定时器输出快速状态

状态定义	释　义
TIM_OCFAST_DISABLE	输出比较 1 快速禁止
TIM_OCFAST_ENABLE	输出比较 1 快速使能

输出常量 14-8：定时器输出比较极性

状态定义	释　义
TIM_OCPOLARITY_HIGH	OC1 为高电平
TIM_OCPOLARITY_LOW	OC1 为低电平

输出常量 14-9：定时器互补输出比较极性

状态定义	释　义
TIM_OCNPOLARITY_HIGH	OC1N 为高电平
TIM_OCNPOLARITY_LOW	OC1N 为低电平

输出常量 14-10：定时器输出比较空闲状态

状态定义	释　义
TIM_OCIDLESTATE_SET	当 MOE = 0 时，如果 OC1N 输出已完成，则死区时间后 OC1 = 1
TIM_OCIDLESTATE_RESET	当 MOE = 0 时，如果 OC1N 输出已完成，则死区时间后 OC1 = 0

输出常量 14-11：定时器互补输出比较空闲状态

状态定义	释　义
TIM_OCNIDLESTATE_SET	当 MOE = 0 时，死区时间后 OC1N = 1
TIM_OCNIDLESTATE_RESET	当 MOE = 0 时，死区时间后 OC1N = 0

输出常量 14-12：定时器通道

状态定义	释　义
TIM_CHANNEL_1	定时器通道 1
TIM_CHANNEL_2	定时器通道 2
TIM_CHANNEL_3	定时器通道 3
TIM_CHANNEL_4	定时器通道 4
TIM_CHANNEL_ALL	所有定时器通道

输出常量 14-13：定时器输入捕捉极性

状态定义	释　义
TIM_ICPOLARITY_RISING	上升沿捕捉
TIM_ICPOLARITY_FALLING	下降沿捕捉
TIM_ICPOLARITY_BOTHEDGE	上升沿和下降沿捕捉

输出常量 14-14：定时器输入捕捉选择

状态定义	释　义
TIM_ICSELECTION_DIRECTTI	定时器输入 1、2 和 3、4 分别选择连接至 IC1、IC2 和 IC3、IC4
TIM_ICSELECTION_INDIRECTTI	定时器输入 1、2 和 3、4 分别选择连接至 IC2、IC1 和 IC4 和 IC3
TIM_ICSELECTION_TRC	定时器 1、2、3 或 4 选择连接至 TRC

输出常量 14-15：定时器输入捕捉预分频器

状态定义	释　义
TIM_ICPSC_DIV1	捕捉的执行每 1 个事件执行 1 次
TIM_ICPSC_DIV2	捕捉的执行每 2 个事件执行 1 次
TIM_ICPSC_DIV4	捕捉的执行每 4 个事件执行 1 次
TIM_ICPSC_DIV8	捕捉的执行每 8 个事件执行 1 次

输出常量 14-16：定时器单脉冲模式

状态定义	释 义
TIM_OPMODE_SINGLE	在发生下一次更新事件时计数器停止（清除 CEN 位）
TIM_OPMODE_REPETITIVE	在发生更新事件时计数器不停止

输出常量 14-17：定时器编码器模式

状态定义	释 义
TIM_ENCODERMODE_TI1	根据 TI1FP1 的电平，计数器在 TI2FP2 的边沿向上 / 向下计数
TIM_ENCODERMODE_TI2	根据 TI2FP2 的电平，计数器在 TI1FP1 的边沿向上 / 向下计数
TIM_ENCODERMODE_TI12	根据另一个信号的输入电平，计数器在 TI1FP1 和 TI2FP2 的边沿向上 / 向下计数

输出常量 14-18：定时器更新源

状态定义	释 义
TIM_COMMUTATION_TRGI	通过设置 COMG 位或 TRGI 的上升沿更新捕捉 / 比较控制位
TIM_COMMUTATION_SOFTWARE	只能通过设置 COMG 位更新捕捉 / 比较控制位

输出常量 14-19：定时器 DMA 源

状态定义	释 义
TIM_DMA_UPDATE	更新 DMA 请求使能
TIM_DMA_CC1	捕捉 / 比较 1 DMA 请求使能
TIM_DMA_CC2	捕捉 / 比较 2 DMA 请求使能
TIM_DMA_CC3	捕捉 / 比较 3 DMA 请求使能
TIM_DMA_CC4	捕捉 / 比较 4 DMA 请求使能
TIM_DMA_COM	COM DMA 请求使能
TIM_DMA_TRIGGER	触发 DMA 请求使能

输出常量 14-20：定时器事件源

状态定义	释 义
TIM_EVENTSOURCE_UPDATE	产生更新事件
TIM_EVENTSOURCE_CC1	产生捕捉 / 比较 1 事件
TIM_EVENTSOURCE_CC2	产生捕捉 / 比较 2 事件
TIM_EVENTSOURCE_CC3	产生捕捉 / 比较 3 事件
TIM_EVENTSOURCE_CC4	产生捕捉 / 比较 4 事件
TIM_EVENTSOURCE_COM	产生捕捉 / 比较控制更新
TIM_EVENTSOURCE_TRIGGER	产生触发事件
TIM_EVENTSOURCE_BREAK	产生刹车事件

输出常量 14-21：定时器时钟源

状态定义	释 义
TIM_CLOCKSOURCE_ETRMODE2	外部时钟模式 2
TIM_CLOCKSOURCE_INTERNAL	内部时钟模式
TIM_CLOCKSOURCE_ITR0	内部触发 0

（续）

状态定义	释　义
TIM_CLOCKSOURCE_ITR1	内部触发 1
TIM_CLOCKSOURCE_ITR2	内部触发 2
TIM_CLOCKSOURCE_ITR3	内部触发 3
TIM_CLOCKSOURCE_TI1ED	TI1 边沿检测信号
TIM_CLOCKSOURCE_TI1	TI1 滤波信号
TIM_CLOCKSOURCE_TI2	TI2 滤波信号
TIM_CLOCKSOURCE_ETRMODE1	外部时钟模式 1

输出常量 14-22：定时器时钟极性

状态定义	释　义
TIM_CLOCKPOLARITY_INVERTED	ETRx 时钟源极性反转
TIM_CLOCKPOLARITY_NONINVERTED	ETRx 时钟源极性非反转
TIM_CLOCKPOLARITY_RISING	TIx 时钟源极性为上升沿
TIM_CLOCKPOLARITY_FALLING	TIx 时钟源极性为下降沿
TIM_CLOCKPOLARITY_BOTHEDGE	TIx 时钟源极性为上升沿和下降沿

输出常量 14-23：定时器时钟预分频器

状态定义	释　义
TIM_CLOCKPRESCALER_DIV1	无预分频器可用
TIM_CLOCKPRESCALER_DIV2	外部 ETR 时钟预分频器：每 2 个事件执行 1 次捕捉
TIM_CLOCKPRESCALER_DIV4	外部 ETR 时钟预分频器：每 4 个事件执行 1 次捕捉
TIM_CLOCKPRESCALER_DIV8	外部 ETR 时钟预分频器：每 8 个事件执行 1 次捕捉

输出常量 14-24：定时器清除输入极性

状态定义	释　义
TIM_CLEARINPUTPOLARITY_INVERTED	ETRx 引脚极性反转
TIM_CLEARINPUTPOLARITY_NONINVERTED	ETRx 引脚极性非反转

输出常量 14-25：定时器清除输入预分频器

状态定义	释　义
TIM_CLEARINPUTPRESCALER_DIV1	没有预分频器可用
TIM_CLEARINPUTPRESCALER_DIV2	外部 ETR 引脚预分频器：每 2 个事件执行 1 次捕捉
TIM_CLEARINPUTPRESCALER_DIV4	外部 ETR 引脚预分频器：每 4 个事件执行 1 次捕捉
TIM_CLEARINPUTPRESCALER_DIV8	外部 ETR 引脚预分频器：每 8 个事件执行 1 次捕捉

输出常量 14-26：运行模式下定时器 OSSR 关闭状态选择

状态定义	释　义
TIM_OSSR_ENABLE	OC/OCN 输出使能
TIM_OSSR_DISABLE	OC/OCN 输出禁用

输出常量 14-27：空闲模式下定时器 OSSI 关闭状态选择

状态定义	释　义
TIM_OSSI_ENABLE	OC/OCN 输出使能
TIM_OSSI_DISABLE	OC/OCN 输出禁止

输出常量 14-28：定时器锁定级别

状态定义	释　义
TIM_LOCKLEVEL_OFF	无锁定
TIM_LOCKLEVEL_1	定时器锁定级别 1
TIM_LOCKLEVEL_2	定时器锁定级别 2
TIM_LOCKLEVEL_3	定时器锁定级别 3

输出常量 14-29：定时器刹车输入使能

状态定义	释　义
TIM_BREAK_ENABLE	定时器刹车输入使能
TIM_BREAK_DISABLE	定时器刹车输入禁止

输出常量 14-30：定时器刹车输入极性

状态定义	释　义
TIM_BREAKPOLARITY_LOW	刹车输入低电平有效
TIM_BREAKPOLARITY_HIGH	刹车输入高电平有效

输出常量 14-31：TIM 自动输出使能

状态定义	释　义
TIM_AUTOMATICOUTPUT_ENABLE	自动输出使能
TIM_AUTOMATICOUTPUT_DISABLE	自动输出禁止

输出常量 14-32：TIM 主模式选择

状态定义	释　义
TIM_TRGO_RESET	复位
TIM_TRGO_ENABLE	使能
TIM_TRGO_UPDATE	更新
TIM_TRGO_OC1	比较脉冲
TIM_TRGO_OC1REF	比较 – OC1REF 信号被用作触发输出（TRGO）
TIM_TRGO_OC2REF	比较 – OC2REF 信号被用作触发输出（TRGO）
TIM_TRGO_OC3REF	比较 – OC3REF 信号被用作触发输出（TRGO）
TIM_TRGO_OC4REF	比较 – OC4REF 信号被用作触发输出（TRGO）

输出常量 14-33：定时器从模式

状态定义	释　义
TIM_SLAVEMODE_DISABLE	从模式禁用
TIM_SLAVEMODE_RESET	复位模式

（续）

状态定义	释 义
TIM_SLAVEMODE_GATED	门控模式
TIM_SLAVEMODE_TRIGGER	触发模式
TIM_SLAVEMODE_EXTERNAL1	外部时钟模式 1

输出常量 14-34：定时器主从模式

状态定义	释 义
TIM_MASTERSLAVEMODE_ENABLE	触发输入（TRGI）事件被延迟
TIM_MASTERSLAVEMODE_DISABLE	无作用

输出常量 14-35：定时器触发选择

状态定义	释 义
TIM_TS_ITR0	内部触发 0
TIM_TS_ITR1	内部触发 1
TIM_TS_ITR2	内部触发 2
TIM_TS_ITR3	内部触发 3
TIM_TS_TI1F_ED	TI1 边沿检测器
TIM_TS_TI1FP1	滤波后的定时器输入 1
TIM_TS_TI2FP2	滤波后的定时器输入 2
TIM_TS_ETRF	外部触发输入
TIM_TS_NONE	无触发源

输出常量 14-36：定时器触发极性

状态定义	释 义
TIM_TRIGGERPOLARITY_INVERTED	ETRx 触发源极性反转
TIM_TRIGGERPOLARITY_NONINVERTED	ETRx 触发源极性非反转
TIM_TRIGGERPOLARITY_RISING	TixFPx 或 TI1_ED 触发极性为上升沿
TIM_TRIGGERPOLARITY_FALLING	TixFPx 或 TI1_ED 触发极性为下降沿
TIM_TRIGGERPOLARITY_BOTHEDGE	TixFPx 或 TI1_ED 触发源极性为上升沿和下降沿

输出常量 14-37：定时器触发预分频器

状态定义	释 义
TIM_TRIGGERPRESCALER_DIV1	没有可用的预分频器
TIM_TRIGGERPRESCALER_DIV2	外部 ETR 触发极性：每 2 个事件执行 1 次捕捉
TIM_TRIGGERPRESCALER_DIV4	外部 ETR 触发极性：每 4 个事件执行 1 次捕捉
TIM_TRIGGERPRESCALER_DIV8	外部 ETR 触发极性：每 8 个事件执行 1 次捕捉

输出常量 14-38：定时器 TI1 输入选择

状态定义	释 义
TIM_TI1SELECTION_CH1	TIMx_CH1 引脚连接至 TI1 输入
TIM_TI1SELECTION_XORCOMBINATION	TIMx_CH1、CH2 和 CH3 引脚经异或后连接至 TI1 输入

输出常量 14-39：定时器 DMA 连续传送长度

状态定义	释 义
TIM_DMABURSTLENGTH_1TRANSFER	1 次传输
TIM_DMABURSTLENGTH_2TRANSFERS	2 次传输
TIM_DMABURSTLENGTH_3TRANSFERS	3 次传输
…	…
TIM_DMABURSTLENGTH_18TRANSFERS	18 次传输

输出常量 14-40：DMA 处理指示

状态定义	释 义
TIM_DMA_ID_UPDATE	用于更新 DMA 请求的 DMA 处理指示
TIM_DMA_ID_CC1	用于捕捉 / 比较 1 DMA 请求的 DMA 处理指示
TIM_DMA_ID_CC2	用于捕捉 / 比较 2 DMA 请求的 DMA 处理指示
TIM_DMA_ID_CC3	用于捕捉 / 比较 3 DMA 请求的 DMA 处理指示
TIM_DMA_ID_CC4	用于捕捉 / 比较 4 DMA 请求的 DMA 处理指示
TIM_DMA_ID_COMMUTATION	用于交换 DMA 请求的 DMA 处理指示
TIM_DMA_ID_TRIGGER	用于触发 DMA 请求的 DMA 处理指示

输出常量 14-41：定时器捕捉 / 比较通道状态

状态定义	释 义
TIM_CCx_ENABLE	CCx 通道使能
TIM_CCx_DISABLE	CCx 通道禁用
TIM_CCxN_ENABLE	CCxN 通道使能
TIM_CCxN_DISABLE	CCxN 通道禁用

输出常量 14-42：定时器重映射

状态定义	释 义
TIM_TIM14_GPIO	TIM14 TI1 连接至 GPIO
TIM_TIM14_RTC	TIM14 TI1 连接至 RTC 时钟
TIM_TIM14_HSE	TIM14 TI1 连接至 HSE/32
TIM_TIM14_MCO	TIM14 TI1 连接至 MCO

输出常量 14-43：定时器清除输入源

状态定义	释 义
TIM_CLEARINPUTSOURCE_NONE	无
TIM_CLEARINPUTSOURCE_ETR	触发信号
TIM_CLEARINPUTSOURCE_OCREFCLR	输出比较信号

14.3.3 定时器函数定义

函数 14-1

函数名	`TIM_Base_SetConfig`
函数原型	`void` **`TIM_Base_SetConfig`**

（续）

函数原型	(
	     TIM_TypeDef * TIMx,
	     TIM_Base_InitTypeDef * Structure
	)

功能描述	时基配置
输入参数 1	TIMx：TIM 外设
输入参数 2	Structure：时基配置结构
先决条件	无
注意事项	无
返回值	无

函数 14-2

函数名	**TIM_CCxChannelCmd**

函数原型	void TIM_**CCxChannelCmd**
	 (
	     TIM_TypeDef * TIMx,
	     uint32_t Channel,
	     uint32_t ChannelState
	)

功能描述	使能和禁用 TIM 捕捉和比较通道 X
输入参数 1	TIMx：被选择的定时器外设
输入参数 2	Channel：指定 TIM 通道，该参数可以是下列值之一 ● TIM_CHANNEL_1：TIM 通道 1 ● TIM_CHANNEL_2：TIM 通道 2 ● TIM_CHANNEL_3：TIM 通道 3 ● TIM_CHANNEL_4：TIM 通道 4
输入参数 3	ChannelState：指定 TIM 通道 CCxE 位的新状态，该参数可以是 TIM_CCx_ENABLE 或 TIM_CCx_Disable 的值之一
先决条件	无
注意事项	无
返回值	无

函数 14-3

函数名	**TIM_DMACaptureCplt**
函数原型	void **TIM_DMACaptureCplt** (DMA_HandleTypeDef * hdma)
功能描述	定时器 DMA 捕捉比较回调
输入参数	hdma：DMA 处理指针
先决条件	无
注意事项	无
返回值	无

函数 14-4

函数名	**TIM_DMADelayPulseCplt**
函数原型	void **TIM_DMADelayPulseCplt** (DMA_HandleTypeDef * hdma)
功能描述	定时器 DMA 延时脉冲结束回调
输入参数	hdma：DMA 处理指针
先决条件	无
注意事项	无
返回值	无

函数 14-5

函数名	**TIM_DMAError**
函数原型	void **TIM_DMAError** (DMA_HandleTypeDef * hdma)
功能描述	定时器 DMA 错误回调
输入参数	hdma：DMA 处理指针
先决条件	无
注意事项	无
返回值	无

函数 14-6

函数名	**TIM_DMAPeriodElapsedCplt**
函数原型	void **TIM_DMAPeriodElapsedCplt** (DMA_HandleTypeDef * hdma)
功能描述	定时器 DMA 周期结束回调
输入参数	hdma：DMA 处理指针
先决条件	无
注意事项	无
返回值	无

函数 14-7

函数名	**TIM_DMATriggerCplt**
函数原型	void **TIM_DMATriggerCplt** (DMA_HandleTypeDef * hdma)
功能描述	定时器 DMA 触发回调
输入参数	hdma：DMA 处理指针
先决条件	无
注意事项	无
返回值	无

函数 14-8

函数名	**TIM_ETR_SetConfig**
函数原型	void **TIM_ETR_SetConfig** (

（续）

| 函数原型 | ```
    TIM_TypeDef *   TIMx,
    uint32_t   TIM_ExtTRGPrescaler,
    uint32_t   TIM_ExtTRGPolarity,
    uint32_t   ExtTRGFilter
)
``` |
|---|---|
功能描述	配置 TIMx 外部触发（ETR）
输入参数 1	TIMx：要选择的定时器外设
输入参数 2	TIM_ExtTRGPrescaler：外部触发预分频器，该参数可以是下列值之一 • TIM_ETRPRESCALER_DIV1：ETRP 分频器关闭 • TIM_ETRPRESCALER_DIV2：ETRP 频率除以 2 • TIM_ETRPRESCALER_DIV4：ETRP 频率除以 4 • TIM_ETRPRESCALER_DIV8：ETRP 频率除以 8
输入参数 3	TIM_ExtTRGPolarity：外部触发极性，该参数可以是下列值之一 • TIM_ETRPOLARITY_INVERTED：低电平有效或下降沿有效 • TIM_ETRPOLARITY_NONINVERTED：高电平有效或上升沿有效
输入参数 4	ExtTRGFilter：外部触发滤波器，该参数有的值必须在 0x00 至 0x0F 之间
先决条件	无
注意事项	无
返回值	无

函数 14-9

函数名	**TIM_ITRx_SetConfig**
| 函数原型 | ```
void TIM_ITRx_SetConfig
(
    TIM_TypeDef *   TIMx,
    uint16_t   InputTriggerSource
)
``` |
功能描述	选择输入触发源
输入参数 1	TIMx：选择 TIM 外设
输入参数 2	InputTriggerSource：输入触发源，该参数可以是下列值之一 • TIM_TS_ITR0：内部触发 0 • TIM_TS_ITR1：内部触发 1 • TIM_TS_ITR2：内部触发 2 • TIM_TS_ITR3：内部触发 3 • TIM_TS_TI1F_ED：TI1 边沿检测 • TIM_TS_TI1FP1：经滤波的定时器输入 1 • TIM_TS_TI2FP2：经滤波的定时器输入 2 • TIM_TS_ETRF：外部触发输入
先决条件	无
注意事项	无
返回值	无

函数 14-10

函数名	**TIM_OC1_SetConfig**

函数原型	void **TIM_OC1_SetConfig**
	(
	    TIM_TypeDef * TIMx,
	    TIM_OC_InitTypeDef * OC_Config
	)

功能描述	定时器输出比较 1 配置
输入参数 1	TIMx：选择的定时器外设
输入参数 2	OC_Config：输出配置结构
先决条件	无
注意事项	无
返回值	无

函数 14-11

函数名	**TIM_OC2_SetConfig**

函数原型	void **TIM_OC2_SetConfig**
	(
	    TIM_TypeDef * TIMx,
	    TIM_OC_InitTypeDef * OC_Config
	)

功能描述	定时器输出比较 2 配置
输入参数 1	TIMx：选择定时器外设
输入参数 2	OC_Config：输出配置结构
先决条件	无
注意事项	无
返回值	无

函数 14-12

函数名	**TIM_OC3_SetConfig**

函数原型	void **TIM_OC3_SetConfig**
	(
	    TIM_TypeDef * TIMx,
	    TIM_OC_InitTypeDef * OC_Config
	)

功能描述	外设输出比较 3 配置
输入参数 1	TIMx：选择 TIM 外设
输入参数 2	OC_Config：输出配置结构
先决条件	无
注意事项	无
返回值	无

函数 14-13

函数名	**TIM_OC4_SetConfig**

函数原型	void **TIM_OC4_SetConfig**
	(
	    TIM_TypeDef * TIMx,
	    TIM_OC_InitTypeDef * OC_Config
	)

功能描述	定时器输出比较 4 配置
输入参数 1	TIMx：选择 TIM 外设
输入参数 2	OC_Config：输出配置结构
先决条件	无
注意事项	无
返回值	无

函数 14-14

函数名	**TIM_SlaveTimer_SetConfig**

函数原型	void **TIM_SlaveTimer_SetConfig**
	(
	    TIM_HandleTypeDef * htim,
	    TIM_SlaveConfigTypeDef * sSlaveConfig
	)

功能描述	从定时器设置
输入参数 1	htim：时基处理
输入参数 2	从定时器配置
先决条件	无
注意事项	无
返回值	无

函数 14-15

函数名	**TIM_TI1_ConfigInputStage**

函数原型	void **TIM_TI1_ConfigInputStage**
	(
	    TIM_TypeDef * TIMx,
	    uint32_t TIM_ICPolarity,
	uint32_t TIM_ICFilter
	)

功能描述	配置 TI1 的极性和滤波器
输入参数 1	TIMx：选择定时器外设
输入参数 2	TIM_ICPolarity：输入极性，该参数可以是下列值之一 ● TIM_ICPOLARITY_RISING ● TIM_ICPOLARITY_FALLING ● TIM_ICPOLARITY_BOTHEDGE

（续）

输入参数 3	TIM_ICFilter：指定输入捕捉滤波，该参数的值必须在 0x00 至 0x0F 之间
先决条件	无
注意事项	无
返回值	无

函数 14-16

函数名	**TIM_TI1_SetConfig**
函数原型	void **TIM_TI1_SetConfig** (　　　　TIM_TypeDef *　TIMx, 　　　　uint32_t　TIM_ICPolarity, 　　　　uint32_t　TIM_ICSelection, 　　　　uint32_t　TIM_ICFilter 　　)
功能描述	配置 TI1 作为输入
输入参数 1	TIMx：选择定时器外设
输入参数 2	TIM_ICPolarity：输入极性，该参数可以是下列值之一 ● TIM_ICPOLARITY_RISING ● TIM_ICPOLARITY_FALLING ● TIM_ICPOLARITY_BOTHEDGE
输入参数 3	TIM_ICSelection：指定被使用的输入，该参数可以是下列值之一 ● TIM_ICSELECTION_DIRECTTI：定时器输入 1 被选择为连接至 IC1 ● TIM_ICSELECTION_INDIRECTTI：定时器输入 1 被选择为连接至 IC2 ● TIM_ICSELECTION_TRC：定时器输入 1 被选择为连接至 RTC
输入参数 4	TIM_ICFilter：指定输入捕捉滤波器，该参数必须在 0x00 至 0x0F 之间
先决条件	无
注意事项	无
返回值	无

函数 14-17

函数名	**TIM_TI2_ConfigInputStage**
函数原型	void **TIM_TI2_ConfigInputStage** (　　　　TIM_TypeDef *　TIMx, 　　　　uint32_t　TIM_ICPolarity, 　　　　uint32_t　TIM_ICFilter 　　)
功能描述	配置 TI2 极性和滤波器
输入参数 1	TIMx：选择定时器外设
输入参数 2	TIM_ICPolarity：输入极性，该参数可以是下列值之一 ● TIM_ICPOLARITY_RISING ● TIM_ICPOLARITY_FALLING ● TIM_ICPOLARITY_BOTHEDGE

（续）

输入参数 3	TIM_ICFilter：指定输入捕捉滤波器，该参数必须在 0x00 至 0x0F 之间
先决条件	无
注意事项	无
返回值	无

函数 14-18

函数名	**TIM_TI2_SetConfig**

函数原型	void **TIM_TI2_SetConfig**
	(
	    TIM_TypeDef * TIMx,
	    uint32_t TIM_ICPolarity,
	    uint32_t TIM_ICSelection,
	    uint32_t TIM_ICFilter
	)

功能描述	配置 TI2 输入
输入参数 1	TIMx：选择定时器外设
输入参数 2	TIM_ICPolarity：输入极性，该参数可以是下列值之一 • TIM_ICPOLARITY_RISING • TIM_ICPOLARITY_FALLING • TIM_ICPOLARITY_BOTHEDGE
输入参数 3	TIM_ICSelection：指定被使用的输入，该参数可以是下列值之一 • TIM_ICSELECTION_DIRECTTI：定时器输入 2 被选择连接至 IC2 • TIM_ICSELECTION_INDIRECTTI：定时器输入 2 被选择连接至 IC1 • TIM_ICSELECTION_TRC：定时器输入 2 被选择连接至 TRC
输入参数 4	TIM_ICFilter：指定输入捕捉滤波器，该参数的值必须在 0x00 至 0x0F 之间
先决条件	无
注意事项	无
返回值	无

函数 14-19

函数名	**TIM_TI3_SetConfig**

函数原型	void **TIM_TI3_SetConfig**
	(
	    TIM_TypeDef * TIMx,
	    uint32_t TIM_ICPolarity,
	    uint32_t TIM_ICSelection,
	    uint32_t TIM_ICFilter
	)

功能描述	配置 TI3 作为输入
输入参数 1	TIMx：选择定时器外设
输入参数 2	TIM_ICPolarity：输入极性，该参数可以是下列值之一 • TIM_ICPOLARITY_RISING • TIM_ICPOLARITY_FALLING • TIM_ICPOLARITY_BOTHEDGE

（续）

输入参数 3	TIM_ICSelection：指定被使用的输入，该参数可以是下列值之一 • TIM_ICSELECTION_DIRECTTI：定时器输入 3 被选择连接至 IC3 • TIM_ICSELECTION_INDIRECTTI：定时器输入 3 被选择连接至 IC4 • TIM_ICSELECTION_TRC：定时器输入 3 被选择连接至 TRC
输入参数 4	TIM_ICFilter：指定输入捕捉滤波器，该参数的值必须在 0x00 至 0x0F 之间
先决条件	无
注意事项	无
返回值	无

函数 14-20

函数名	**TIM_TI4_SetConfig**

函数原型	void **TIM_TI4_SetConfig**
	（
	    TIM_TypeDef * TIMx,
	    uint32_t TIM_ICPolarity,
	    uint32_t TIM_ICSelection,
	    uint32_t TIM_ICFilter
	）

功能描述	配置 TI4 作为输入
输入参数 1	TIMx：选择的定时器外设
输入参数 2	TIM_ICPolarity：输入极性，该参数可以是下列值之一 • TIM_ICPOLARITY_RISING • TIM_ICPOLARITY_FALLING • TIM_ICPOLARITY_BOTHEDGE
输入参数 3	TIM_ICSelection：指定被使用的输入，该参数可以是下列值之一 • TIM_ICSELECTION_DIRECTTI：定时器输入 4 被选择连接至 IC4 • TIM_ICSELECTION_INDIRECTTI：定时器输入 4 被选择连接至 IC3 • TIM_ICSELECTION_TRC：定时器输入 4 被选择连接至 TRC
输入参数 4	TIM_ICFilter：指定输入捕捉滤波器，该参数的值必须在 0x00 至 0x0F 之间
先决条件	无
注意事项	无
返回值	无

函数 14-21

函数名	**HAL_TIM_Base_DeInit**
函数原型	HAL_StatusTypeDef **HAL_TIM_Base_DeInit** (TIM_HandleTypeDef * htim)
功能描述	反初始化定时器时基外设
输入参数	htim：时基处理
先决条件	无
注意事项	无
返回值	HAL 状态

函数 14-22

函数名	**HAL_TIM_Base_Init**
函数原型	HAL_StatusTypeDef **HAL_TIM_Base_Init** (TIM_HandleTypeDef * htim)
功能描述	按照 TIM_HandleTypeDef 中指定的参数初始化定时器时基单元，并且创建相关处理
输入参数	htim：时基处理
先决条件	无
注意事项	无
返回值	HAL 状态

函数 14-23

函数名	**HAL_TIM_Base_MspDeInit**
函数原型	void **HAL_TIM_Base_MspDeInit** (TIM_HandleTypeDef * htim)
功能描述	反初始化定时器时基 MSP
输入参数	htim：时基处理
先决条件	无
注意事项	无
返回值	无

函数 14-24

函数名	**HAL_TIM_Base_MspInit**
函数原型	void **HAL_TIM_Base_MspInit** (TIM_HandleTypeDef * htim)
功能描述	初始化定时器时基微控制器特定程序包
输入参数	htim：时基处理
先决条件	无
注意事项	无
返回值	无

函数 14-25

函数名	**HAL_TIM_Base_Start**
函数原型	HAL_StatusTypeDef **HAL_TIM_Base_Start** (TIM_HandleTypeDef * htim)
功能描述	启动定时器时基发生器
输入参数	htim：时基处理
先决条件	无
注意事项	无
返回值	HAL 状态

函数 14-26

函数名	**HAL_TIM_Base_Start_DMA**

函数原型	HAL_StatusTypeDef **HAL_TIM_Base_Start_DMA**
	(
	    TIM_HandleTypeDef * htim,
	    uint32_t * pData,
	    uint16_t Length
	)

（续）

功能描述	在 DMA 模式下启动定时器时基发生器
输入参数 1	htim：时基处理
输入参数 2	pData：（数据）源缓冲区地址
输入参数 3	Length：从存储器到外设要传送的数据长度
先决条件	无
注意事项	无
返回值	HAL 状态

函数 14-27

函数名	**HAL_TIM_Base_Start_IT**
函数原型	HAL_StatusTypeDef **HAL_TIM_Base_Start_IT** (TIM_HandleTypeDef * htim)
功能描述	在中断模式下启动定时器时基发生器
输入参数	htim：时基处理
先决条件	无
注意事项	无
返回值	HAL 状态

函数 14-28

函数名	**HAL_TIM_Base_Stop**
函数原型	HAL_StatusTypeDef **HAL_TIM_Base_Stop** (TIM_HandleTypeDef * htim)
功能描述	停止时基发生器
输入参数	htim：时基处理
先决条件	无
注意事项	无
返回值	HAL 状态

函数 14-29

函数名	**HAL_TIM_Base_Stop_DMA**
函数原型	HAL_StatusTypeDef **HAL_TIM_Base_Stop_DMA** (TIM_HandleTypeDef * htim)
功能描述	在 DMA 模式下停止时基发生器
输入参数	htim：时基处理
先决条件	无
注意事项	无
返回值	HAL 状态

函数 14-30

函数名	**HAL_TIM_Base_Stop_IT**
函数原型	HAL_StatusTypeDef **HAL_TIM_Base_Stop_IT** (TIM_HandleTypeDef * htim)
功能描述	在中断模式下停止定时器时基发生器

（续）

输入参数	htim：时基处理
先决条件	无
注意事项	无
返回值	HAL 状态

函数 14-31

函数名	**HAL_TIM_OC_DeInit**
函数原型	HAL_StatusTypeDef **HAL_TIM_OC_DeInit** (TIM_HandleTypeDef * htim)
功能描述	反初始化定时器外设
输入参数	htim：定时器输出比较处理
先决条件	无
注意事项	无
返回值	HAL 状态

函数 14-32

函数名	**HAL_TIM_OC_Init**
函数原型	HAL_StatusTypeDef **HAL_TIM_OC_Init** (TIM_HandleTypeDef * htim)
功能描述	按照 TIM_HandleTypeDef 中指定的参数初始化定时器输出比较并且创建相关处理
输入参数	htim：定时器输出比较处理
先决条件	无
注意事项	无
返回值	HAL 状态

函数 14-33

函数名	**HAL_TIM_OC_MspDeInit**
函数原型	void **HAL_TIM_OC_MspDeInit** (TIM_HandleTypeDef * htim)
功能描述	反初始化定时器输出比较 MSP
输入参数	htim：定时器处理
先决条件	无
注意事项	无
返回值	无

函数 14-34

函数名	**HAL_TIM_OC_MspInit**
函数原型	void **HAL_TIM_OC_MspInit** (TIM_HandleTypeDef * htim)
功能描述	初始化定时器输出比较 MSP
输入参数	htim：定时器处理
先决条件	无
注意事项	无
返回值	无

函数 14-35

函数名	**HAL_TIM_OC_Start**
函数原型	HAL_StatusTypeDef **HAL_TIM_OC_Start** (　　　　TIM_HandleTypeDef *　htim, 　　　　uint32_t　Channel)
功能描述	启动定时器输出比较信号发生器
输入参数 1	htim：定时器输出比较处理
输入参数 2	Channel：定时器被激活的通道，该参数可以是下列值之一 TIM_CHANNEL_1：选择定时器通道 1 TIM_CHANNEL_2：选择定时器通道 2 TIM_CHANNEL_3：选择定时器通道 3 TIM_CHANNEL_4：选择定时器通道 4
先决条件	无
注意事项	无
返回值	HAL 状态

函数 14-36

函数名	**HAL_TIM_OC_Start_DMA**
函数原型	HAL_StatusTypeDef **HAL_TIM_OC_Start_DMA** (　　　　TIM_HandleTypeDef *　htim, 　　　　uint32_t　Channel, 　　　　uint32_t *　pData, 　　　　uint16_t　Length)
功能描述	在 DMA 模式下启动定时器输出比较信号发生器
输入参数 1	htim：定时器输出比较处理
输入参数 2	Channel：定时器被激活的通道，该参数可以是下列值之一 ● TIM_CHANNEL_1：选择定时器通道 1 ● TIM_CHANNEL_2：选择定时器通道 2 ● TIM_CHANNEL_3：选择定时器通道 3 ● TIM_CHANNEL_4：选择定时器通道 4
输入参数 3	pData：（数据）源缓冲区地址
输入参数 4	Length：从存储器到定时器外设传输的数据长度
先决条件	无
注意事项	无
返回值	HAL 状态

函数 14-37

函数名	**HAL_TIM_OC_Start_IT**
函数原型	HAL_StatusTypeDef **HAL_TIM_OC_Start_IT**

（续）

函数原型	(
	    TIM_HandleTypeDef * htim,
	    uint32_t Channel
	)

功能描述	在中断模式下启动定时器输出比较信号发生器
输入参数 1	htim：定时器 OC 处理
输入参数 2	Channel：被使能的定时器通道，该参数可以是下列值之一 ● TIM_CHANNEL_1：选择定时器通道 1 ● TIM_CHANNEL_2：选择定时器通道 2 ● TIM_CHANNEL_3：选择定时器通道 3 ● TIM_CHANNEL_4：选择定时器通道 4
先决条件	无
注意事项	无
返回值	HAL 状态

函数 14-38

函数名	**HAL_TIM_OC_Stop**

函数原型	HAL_StatusTypeDef **HAL_TIM_OC_Stop**
	(
	    TIM_HandleTypeDef * htim,
	    uint32_t Channel
	)

功能描述	停止定时器输出比较信号发生器
输入参数 1	htim：定时器处理
输入参数 2	Channel：禁用的定时器通道，该参数可以是下列值之一 ● TIM_CHANNEL_1：选择定时器通道 1 ● TIM_CHANNEL_2：选择定时器通道 2 ● TIM_CHANNEL_3：选择定时器通道 3 ● TIM_CHANNEL_4：选择定时器通道 4
先决条件	无
注意事项	无
返回值	HAL 状态

函数 14-39

函数名	**HAL_TIM_OC_Stop_DMA**

函数原型	HAL_StatusTypeDef **HAL_TIM_OC_Stop_DMA**
	(
	    TIM_HandleTypeDef * htim,
	    uint32_t Channel
	)

功能描述	在 DMA 模式下停止定时器输出比较信号发生器

（续）

输入参数 1	htim：定时器输出比较处理
输入参数 2	Channel：禁用的定时器通道，该参数可以是下列值之一 • TIM_CHANNEL_1：选择定时器通道 1 • TIM_CHANNEL_2：选择定时器通道 2 • TIM_CHANNEL_3：选择定时器通道 3 • TIM_CHANNEL_4：选择定时器通道 4
先决条件	无
注意事项	无
返回值	HAL 状态

函数 14-40

函数名	**HAL_TIM_OC_Stop_IT**

函数原型	HAL_StatusTypeDef **HAL_TIM_OC_Stop_IT**
	(
	    TIM_HandleTypeDef * htim,
	    uint32_t Channel
	)

功能描述	在中断模式下停止定时器输出比较信号发生器
输入参数 1	htim：定时器输出比较处理
输入参数 2	Channel：禁用的定时器通道，该参数可以是下列值之一 • TIM_CHANNEL_1：选择定时器通道 1 • TIM_CHANNEL_2：选择定时器通道 2 • TIM_CHANNEL_3：选择定时器通道 3 • TIM_CHANNEL_4：选择定时器通道 4
先决条件	无
注意事项	无
返回值	HAL 状态

函数 14-41

函数名	**HAL_TIM_PWM_DeInit**
函数原型	HAL_StatusTypeDef **HAL_TIM_PWM_DeInit** (TIM_HandleTypeDef * htim)
功能描述	反初始化定时器外设
输入参数	htim：定时器处理
先决条件	无
注意事项	无
返回值	HAL 状态

函数 14-42

函数名	**HAL_TIM_PWM_Init**
函数原型	HAL_StatusTypeDef **HAL_TIM_PWM_Init** (TIM_HandleTypeDef * htim)
功能描述	通过在 TIM_HandleTypeDef 中指定的参数初始化定时器 PWM 时基并且创建相关处理

（续）

输入参数	htim：定时器处理
先决条件	无
注意事项	无
返回值	HAL 状态

函数 14-43

函数名	**HAL_TIM_PWM_MspDeInit**
函数原型	void **HAL_TIM_PWM_MspDeInit** (TIM_HandleTypeDef * htim)
功能描述	反初始化定时器 PWM 微控制器特定程序包
输入参数	htim：定时器处理
先决条件	无
注意事项	无
返回值	无

函数 14-44

函数名	**HAL_TIM_PWM_MspInit**
函数原型	void **HAL_TIM_PWM_MspInit** (TIM_HandleTypeDef * htim)
功能描述	初始化定时器 PWM 微控制器特定程序包
输入参数	htim：定时器处理
先决条件	无
注意事项	无
返回值	无

函数 14-45

函数名	**HAL_TIM_PWM_Start**

函数原型	HAL_StatusTypeDef **HAL_TIM_PWM_Start**
	(
	    TIM_HandleTypeDef * htim,
	      uint32_t Channel
	)

功能描述	启动 PWM 信号发生器
输入参数 1	htim：定时器处理
输入参数 2	Channel：使能的定时器通道，该参数可以是下列值之一 ● TIM_CHANNEL_1：选择定时器通道 1 ● TIM_CHANNEL_2：选择定时器通道 2 ● TIM_CHANNEL_3：选择定时器通道 3 ● TIM_CHANNEL_4：选择定时器通道 4
先决条件	无
注意事项	无
返回值	HAL 状态

函数 14-46

函数名	**HAL_TIM_PWM_Start_DMA**

函数原型	HAL_StatusTypeDef **HAL_TIM_PWM_Start_DMA**
	(
	    TIM_HandleTypeDef * htim,
	    uint32_t Channel,
	    uint32_t * pData,
	    uint16_t Length
	)

功能描述	在 DMA 模式下启动定时器 PWM 信号发生器
输入参数 1	htim：定时器处理
输入参数 2	Channel：使能的定时器通道，该参数可以是下列值之一 ● TIM_CHANNEL_1：选择定时器通道 1 ● TIM_CHANNEL_2：选择定时器通道 2 ● TIM_CHANNEL_3：选择定时器通道 3 ● TIM_CHANNEL_4：选择定时器通道 4
输入参数 3	pData：（数据）源缓冲区地址
输入参数 4	Length：从存储器至定时器外设要传送的数据长度
先决条件	无
注意事项	无
返回值	HAL 状态

函数 14-47

函数名	**HAL_TIM_PWM_Start_IT**

函数原型	HAL_StatusTypeDef **HAL_TIM_PWM_Start_IT**
	(
	    TIM_HandleTypeDef * htim,
	    uint32_t Channel
	)

功能描述	在中断模式下启动 PWM 信号发生器
输入参数	htim：定时器处理
先决条件	无
注意事项	无
返回值	HAL 状态

函数 14-48

函数名	**HAL_TIM_PWM_Stop**

函数原型	HAL_StatusTypeDef **HAL_TIM_PWM_Stop**
	(
	    TIM_HandleTypeDef * htim,
	    uint32_t Channel
	)

功能描述	停止 PWM 信号发生器

（续）

输入参数1	htim：定时器处理
输入参数2	Channel：禁用的定时器通道，该参数可以是下列值之一 ● TIM_CHANNEL_1：选择定时器通道1 ● TIM_CHANNEL_2：选择定时器通道2 ● TIM_CHANNEL_3：选择定时器通道3 ● TIM_CHANNEL_4：选择定时器通道4
先决条件	无
注意事项	无
返回值	HAL 状态

函数 14-49

函数名	**HAL_TIM_PWM_Stop_DMA**

函数原型	HAL_StatusTypeDef **HAL_TIM_PWM_Stop_DMA**
	(
	    TIM_HandleTypeDef * htim,
	    uint32_t Channel
	)

功能描述	在 DMA 模式下停止定时器 PWM 信号发生器
输入参数1	htim：定时器处理
输入参数2	Channel：禁用的定时器通道，该参数可以是下列值之一 TIM_CHANNEL_1：选择定时器通道1 TIM_CHANNEL_2：选择定时器通道2 TIM_CHANNEL_3：选择定时器通道3 TIM_CHANNEL_4：选择定时器通道4
先决条件	无
注意事项	无
返回值	HAL 状态

函数 14-50

函数名	**HAL_TIM_PWM_Stop_IT**

函数原型	HAL_StatusTypeDef **HAL_TIM_PWM_Stop_IT**
	(
	    TIM_HandleTypeDef * htim,
	    uint32_t Channel
	)

功能描述	在中断模式下停止 PWM 信号发生器
输入参数1	htim：定时器处理
输入参数2	Channel：禁用的定时器通道，该参数可以是下列值之一 ● TIM_CHANNEL_1：选择定时器通道1 ● TIM_CHANNEL_2：选择定时器通道2 ● TIM_CHANNEL_3：选择定时器通道3 ● TIM_CHANNEL_4：选择定时器通道4

（续）

先决条件	无
注意事项	无
返回值	HAL 状态

函数 14-51

函数名	**HAL_TIM_IC_DeInit**
函数原型	HAL_StatusTypeDef **HAL_TIM_IC_DeInit** (TIM_HandleTypeDef * htim)
功能描述	反初始化定时器外设
输入参数	htim：定时器输入捕捉处理
先决条件	无
注意事项	无
返回值	HAL 状态

函数 14-52

函数名	**HAL_TIM_IC_Init**
函数原型	HAL_StatusTypeDef **HAL_TIM_IC_Init** (TIM_HandleTypeDef * htim)
功能描述	通过在 TIM_HandleTypeDef 中指定的参数初始化定时器输入捕捉时基并且创建相关处理
输入参数	htim：定时器输入捕捉处理
先决条件	无
注意事项	无
返回值	HAL 状态

函数 14-53

函数名	**HAL_TIM_IC_MspDeInit**
函数原型	void **HAL_TIM_IC_MspDeInit** (TIM_HandleTypeDef * htim)
功能描述	返初始化定时器输入捕捉微控制器特定程序包
输入参数	htim：定时器处理
先决条件	无
注意事项	无
返回值	无

函数 14-54

函数名	**HAL_TIM_IC_MspInit**
函数原型	void **HAL_TIM_IC_MspInit** (TIM_HandleTypeDef * htim)
功能描述	初始化定时器输入捕捉微控制器特定程序包
输入参数	htim：定时器处理
先决条件	无
注意事项	无
返回值	无

函数 14-55

函数名	**HAL_TIM_IC_Start**
函数原型	HAL_StatusTypeDef **HAL_TIM_IC_Start** (　　　TIM_HandleTypeDef *　htim, 　　　uint32_t　Channel 　)
功能描述	启动定时器输入捕捉测量
输入参数 1	htim：定时器输入捕捉处理
输入参数 2	Channel：使能的定时器通道，该参数可以是下列值之一 ● TIM_CHANNEL_1：选择定时器通道 1 ● TIM_CHANNEL_2：选择定时器通道 2 ● TIM_CHANNEL_3：选择定时器通道 3 ● TIM_CHANNEL_4：选择定时器通道 4
先决条件	无
注意事项	无
返回值	HAL 状态

函数 14-56

函数名	**HAL_TIM_IC_Start_DMA**
函数原型	HAL_StatusTypeDef **HAL_TIM_IC_Start_DMA** (　　TIM_HandleTypeDef *　htim, 　　uint32_t　Channel, 　　uint32_t *　pData, 　　uint16_t　Length 　)
功能描述	在 DMA 模式下启动定时器输入捕捉测量
输入参数 1	htim：定时器输入捕捉处理
输入参数 2	Channel：使能的定时器通道，该参数可以是下列值之一 ● TIM_CHANNEL_1：选择定时器通道 1 ● TIM_CHANNEL_2：选择定时器通道 2 ● TIM_CHANNEL_3：选择定时器通道 3 ● TIM_CHANNEL_4：选择定时器通道 4
输入参数 3	pData：目标缓冲区地址
输入参数 4	Length：从定时器外设至存储器要传输的数据长度
先决条件	无
注意事项	无
返回值	HAL 状态

函数 14-57

函数名	**HAL_TIM_IC_Start_IT**
函数原型	HAL_StatusTypeDef **HAL_TIM_IC_Start_IT**

（续）

函数原型	(
	    TIM_HandleTypeDef * htim,
	    uint32_t Channel
	)

功能描述	在中断模式下启动定时器输入捕捉测量
输入参数 1	htim：定时器输入捕捉处理
输入参数 2	Channel：使能的定时器，该参数可以是下列值之一： • TIM_CHANNEL_1：选择定时器通道 1 • TIM_CHANNEL_2：选择定时器通道 2 • TIM_CHANNEL_3：选择定时器通道 3 • TIM_CHANNEL_4：选择定时器通道 4
先决条件	无
注意事项	无
返回值	HAL 状态

函数 14-58

函数名	**HAL_TIM_IC_Stop**

函数原型	HAL_StatusTypeDef **HAL_TIM_IC_Stop**
	(
	    TIM_HandleTypeDef * htim,
	    uint32_t Channel
	)

功能描述	停止定时器输入捕捉测量
输入参数 1	htim：定时器处理
输入参数 2	Channel：禁用的定时器通道，该参数可以是以下值之一 • TIM_CHANNEL_1：选择定时器通道 1 • TIM_CHANNEL_2：选择定时器通道 2 • TIM_CHANNEL_3：选择定时器通道 3 • TIM_CHANNEL_4：选择定时器通道 4
先决条件	无
注意事项	无
返回值	HAL 状态

函数 14-59

函数名	**HAL_TIM_IC_Stop_DMA**

函数原型	HAL_StatusTypeDef **HAL_TIM_IC_Stop_DMA**
	(
	    TIM_HandleTypeDef * htim,
	    uint32_t Channel
	)

功能描述	在 DMA 模式下停止定时器输入捕捉测量
输入参数 1	htim：定时器输入捕捉处理

（续）

输入参数 2	Channel：禁用的定时器通道，该参数可以是以下值之一 ● TIM_CHANNEL_1：选择定时器通道 1 ● TIM_CHANNEL_2：选择定时器通道 2 ● TIM_CHANNEL_3：选择定时器通道 3 ● TIM_CHANNEL_4：选择定时器通道 4
先决条件	无
注意事项	无
返回值	HAL 状态

函数 14-60

函数名	**HAL_TIM_IC_Stop_IT**

函数原型	HAL_StatusTypeDef **HAL_TIM_IC_Stop_IT**
	(
	    TIM_HandleTypeDef * htim,
	    uint32_t Channel
	)

功能描述	在中断模式下停止定时器输入捕捉测量
输入参数 1	htim：定时器处理
输入参数 2	Channel：禁用的定时器通道，该参数可以是以下值之一 ● TIM_CHANNEL_1：选择定时器通道 1 ● TIM_CHANNEL_2：选择定时器通道 2 ● TIM_CHANNEL_3：选择定时器通道 3 ● TIM_CHANNEL_4：选择定时器通道 4
先决条件	无
注意事项	无
返回值	HAL 状态

函数 14-61

函数名	**HAL_TIM_OnePulse_DeInit**
函数原型	HAL_StatusTypeDef **HAL_TIM_OnePulse_DeInit** (TIM_HandleTypeDef * htim)
功能描述	反初始化定时器单脉冲
输入参数	htim：定时器单脉冲处理
先决条件	无
注意事项	无
返回值	HAL 状态

函数 14-62

函数名	**HAL_TIM_OnePulse_Init**
函数原型	HAL_StatusTypeDef **HAL_TIM_OnePulse_Init** (

（续）

函数原型	TIM_HandleTypeDef * htim, uint32_t OnePulseMode)
功能描述	按照在 TIM_HandleTypeDef 中指定的参数初始化定时器单脉冲时基并且创建相关处理
输入参数 1	htim：定时器单脉冲处理
输入参数 2	OnePulseMode：选择单脉冲模式，该参数可以是以下值之一 • TIM_OPMODE_SINGLE：只产生一个脉冲 • TIM_OPMODE_REPETITIVE：重复生成多个脉冲
先决条件	无
注意事项	无
返回值	HAL 状态

函数 14-63

函数名	**HAL_TIM_OnePulse_MspDeInit**
函数原型	void **HAL_TIM_OnePulse_MspDeInit** (TIM_HandleTypeDef * htim)
功能描述	反初始化定时器单脉冲的微控制器特定程序包
输入参数	htim：定时器处理
先决条件	无
注意事项	无
返回值	无

函数 14-64

函数名	**HAL_TIM_OnePulse_MspInit**
函数原型	void **HAL_TIM_OnePulse_MspInit** (TIM_HandleTypeDef * htim)
功能描述	初始化定时器单脉冲的微控制器特定程序包
输入参数	htim：定时器处理
先决条件	无
注意事项	无
返回值	无

函数 14-65

函数名	**HAL_TIM_OnePulse_Start**
函数原型	HAL_StatusTypeDef **HAL_TIM_OnePulse_Start** (　　TIM_HandleTypeDef * htim, 　　uint32_t OutputChannel)
功能描述	启动定时器单脉冲信号发生器

（续）

输入参数 1	htim：定时器单脉冲处理
输入参数 2	OutputChannel：被使能的定时器通道，该参数可以是以下值之一 ● TIM_CHANNEL_1：选择定时器通道 1 ● TIM_CHANNEL_2：选择定时器通道 2
先决条件	无
注意事项	无
返回值	HAL 状态

函数 14-66

函数名	**HAL_TIM_OnePulse_Start_IT**

函数原型	HAL_StatusTypeDef **HAL_TIM_OnePulse_Start_IT**
	(
	    TIM_HandleTypeDef * htim,
	    uint32_t OutputChannel
	)

功能描述	在中断模式下启动定时器单脉冲信号发生器
输入参数 1	htim：定时器单脉冲处理
输入参数 2	OutputChannel：被使能的定时器通道，该参数可以是以下值之一 TIM_CHANNEL_1：选择定时器通道 1 TIM_CHANNEL_2：选择定时器通道 2
先决条件	无
注意事项	无
返回值	HAL 状态

函数 14-67

函数名	HAL_TIM_OnePulse_Stop

函数原型	HAL_StatusTypeDef **HAL_TIM_OnePulse_Stop**
	(
	    TIM_HandleTypeDef * htim,
	    uint32_t OutputChannel
	)

功能描述	停止定时器单脉冲信号发生器
输入参数 1	htim：定时器单脉冲处理
输入参数 2	OutputChannel：被禁用的定时器通道，该参数可以是以下值之一 ● TIM_CHANNEL_1：选择定时器通道 1 ● TIM_CHANNEL_2：选择定时器通道 2
先决条件	无
注意事项	无
返回值	HAL 状态

函数 14-68

函数名	**HAL_TIM_OnePulse_Stop_IT**
函数原型	HAL_StatusTypeDef **HAL_TIM_OnePulse_Stop_IT** (　　　　TIM_HandleTypeDef * htim, 　　　　uint32_t OutputChannel)
功能描述	在中断模式下停止定时器单脉冲信号发生器
输入参数 1	htim：定时器单脉冲处理
输入参数 2	OutputChannel：被禁用的定时器通道，该参数可以是以下值之一 ● TIM_CHANNEL_1：选择定时器通道 1 ● TIM_CHANNEL_2：选择定时器通道 2
先决条件	无
注意事项	无
返回值	HAL 状态

函数 14-69

函数名	**HAL_TIM_Encoder_DeInit**
函数原型	HAL_StatusTypeDef **HAL_TIM_Encoder_DeInit** (TIM_HandleTypeDef * htim)
功能描述	反初始化定时器编码器接口
输入参数	htim：TIM Encoder handle 定时器编码器处理
先决条件	无
注意事项	无
返回值	HAL 状态

函数 14-70

函数名	**HAL_TIM_Encoder_Init**
函数原型	HAL_StatusTypeDef **HAL_TIM_Encoder_Init** (　　　　TIM_HandleTypeDef * htim, 　　　　TIM_Encoder_InitTypeDef * sConfig)
功能描述	初始化定时器编码器接口和创建相关处理
输入参数 1	htim：定时器编码器接口处理
输入参数 2	sConfig：定时器编码器接口配置结构
先决条件	无
注意事项	无
返回值	HAL 状态

函数 14-71

函数名	**HAL_TIM_Encoder_MspDeInit**
函数原型	void **HAL_TIM_Encoder_MspDeInit** (TIM_HandleTypeDef * htim)

（续）

功能描述	反初始化定时器编码器接口的微控制器特定程序包
输入参数	htim：定时器处理
先决条件	无
注意事项	无
返回值	无

函数 14-72

函数名	**HAL_TIM_Encoder_MspInit**
函数原型	void **HAL_TIM_Encoder_MspInit** (TIM_HandleTypeDef * htim)
功能描述	初始化定时器编码器接口的微控制器特定程序包
输入参数	htim：定时器处理
先决条件	无
注意事项	无
返回值	无

函数 14-73

函数名	**HAL_TIM_Encoder_Start**

函数原型	HAL_StatusTypeDef **HAL_TIM_Encoder_Start**
	(
	    TIM_HandleTypeDef * htim,
	    uint32_t Channel
	)

功能描述	启动定时器编码器接口
输入参数 1	htim：定时器编码器接口处理
输入参数 2	Channel：被使能的定时器通道，该参数可以是以下值之一 ● TIM_CHANNEL_1：选择定时器通道 1 ● TIM_CHANNEL_2：选择定时器通道 2 ● TIM_CHANNEL_ALL：选择定时器通道 1 和通道 2
先决条件	无
注意事项	无
返回值	HAL 状态

函数 14-74

函数名	**HAL_TIM_Encoder_Start_DMA**

函数原型	HAL_StatusTypeDef **HAL_TIM_Encoder_Start_DMA**
	(
	    TIM_HandleTypeDef * htim,
	    uint32_t Channel,
	    uint32_t * pData1,
	    uint32_t * pData2,
	    uint16_t Length
	)

（续）

功能描述	在 DMA 模式下启动定时器编码器接口
输入参数 1	htim：TIM Encoder Interface handle 定时器编码器接口处理
输入参数 2	Channel：被使能的定时器通道，该参数可以是以下的值之一 ● TIM_CHANNEL_1：选择定时器通道 1 ● TIM_CHANNEL_2：选择定时器通道 2 ● TIM_CHANNEL_ALL：选择定时器通道 1 和通道 2
输入参数 3	pData1：IC1 目标缓冲区地址
输入参数 4	pData2：IC2 目标缓冲区地址
输入参数 5	Length：从定时器外设至存储器传送的数据长度
先决条件	无
注意事项	无
返回值	HAL 状态

函数 14-75

函数名	**HAL_TIM_Encoder_Start_IT**

函数原型	HAL_StatusTypeDef **HAL_TIM_Encoder_Start_IT**
	(
	    TIM_HandleTypeDef * htim,
	    uint32_t Channel
	)

功能描述	在中断模式下启动定时器编码器接口
输入参数 1	htim：定时器编码器接口处理
输入参数 2	Channel：被使能的定时器通道，该参数可以是以下的值之一 ● TIM_CHANNEL_1：选择定时器通道 1 ● TIM_CHANNEL_2：选择定时器通道 2 ● TIM_CHANNEL_ALL：选择定时器通道 1 和通道 2
先决条件	无
注意事项	无
返回值	HAL 状态

函数 14-76

函数名	**HAL_TIM_Encoder_Stop**

函数原型	HAL_StatusTypeDef **HAL_TIM_Encoder_Stop**
	(
	    TIM_HandleTypeDef * htim,
	    uint32_t Channel
	)

功能描述	停止定时器编码器接口
输入参数 1	htim：定时器编码器接口处理
输入参数 2	Channel：被使能的定时器通道，该参数可以是以下的值之一 ● TIM_CHANNEL_1：选择定时器通道 1 ● TIM_CHANNEL_2：选择定时器通道 2 ● TIM_CHANNEL_ALL：选择定时器通道 1 和通道 2

（续）

先决条件	无
注意事项	无
返回值	HAL 状态

函数 14-77

函数名	**HAL_HalfDuplex_Init**
函数原型	HAL_StatusTypeDef HAL_TIM_Encoder_Stop_DMA (　　　TIM_HandleTypeDef * htim, 　　　uint32_t Channel)
功能描述	在 DMA 模式下停止定时器编码器接口
输入参数 1	htim：定时器编码器接口处理
输入参数 2	Channel：被使能的定时器通道，该参数可以是以下的值之一 ● TIM_CHANNEL_1：选择定时器通道 1 ● TIM_CHANNEL_2：选择定时器通道 2 ● TIM_CHANNEL_ALL：选择定时器通道 1 和通道 2
先决条件	无
注意事项	无
返回值	HAL 状态

函数 14-78

函数名	**HAL_TIM_Encoder_Stop_IT**
函数原型	HAL_StatusTypeDef **HAL_TIM_Encoder_Stop_IT** (　　　TIM_HandleTypeDef * htim, 　　　uint32_t Channel)
功能描述	在中断模式下停止定时器编码器接口
输入参数 1	htim：定时器编码器接口处理
输入参数 2	Channel：被使能的定时器通道，该参数可以是以下的值之一 ● TIM_CHANNEL_1：选择定时器通道 1 ● TIM_CHANNEL_2：选择定时器通道 2 ● TIM_CHANNEL_ALL：选择定时器通道 1 和通道 2
先决条件	无
注意事项	无
返回值	HAL 状态

函数 14-79

函数名	**HAL_TIM_IRQHandler**
函数原型	void **HAL_TIM_IRQHandler** (TIM_HandleTypeDef * htim)

（续）

功能描述	该函数处理定时器中断请求
输入参数	htim：定时器处理
先决条件	无
注意事项	无
返回值	无

函数 14-80

函数名	**HAL_TIM_ConfigClockSource**
函数原型	HAL_StatusTypeDef **HAL_TIM_ConfigClockSource** (　　TIM_HandleTypeDef * htim, 　　TIM_ClockConfigTypeDef * sClockSourceConfig)
功能描述	配置供使用的时钟源
输入参数 1	htim：定时器处理
输入参数 2	sClockSourceConfig：指向 TIM_ClockConfigTypeDef 结构的指针，包含了定时器外设时钟源 配置信息
先决条件	无
注意事项	无
返回值	HAL 状态

函数 14-81

函数名	**HAL_TIM_ConfigOCrefClear**
函数原型	HAL_StatusTypeDef **HAL_TIM_ConfigOCrefClear** (　　TIM_HandleTypeDef * htim, 　　TIM_ClearInputConfigTypeDef * sClearInputConfig, 　　uint32_t Channel)
功能描述	配置 OCRef 清除特性
输入参数 1	htim：定时器处理
输入参数 2	sClearInputConfig：指向 TIM_ClearInputConfigTypeDef 结构的指针，包含定时器外设的 OCRef 清除特性和参数
输入参数 3	Channel：指定定时器通道，该参数可以是以下的值之一 ● TIM_CHANNEL_1：定时器通道 1 ● TIM_CHANNEL_2：定时器通道 2 ● TIM_CHANNEL_3：定时器通道 3 ● TIM_CHANNEL_4：定时器通道 4
先决条件	无
注意事项	无
返回值	HAL 状态

函数 14-82

函数名	**HAL_TIM_ConfigTI1Input**

函数原型	HAL_StatusTypeDef **HAL_TIM_ConfigTI1Input**
	(
	    TIM_HandleTypeDef * htim,
	    uint32_t TI1_Selection
	)

功能描述	选择连接至 TI1 输入的信号：直接从 CH1_input 或一个 CH1_input、CH2_input 及 CH3_input 之间的异或组合
输入参数 1	htim：定时器处理
输入参数 2	TI1_Selection：显示通道 1 是否连接到一个异或门的输出，该参数可以是下列值之一 ● TIM_TI1SELECTION_CH1：TIMx_CH1 引脚连接至 TI1 输入 ● TIM_TI1SELECTION_XORCOMBINATION：TIMx_CH1，CH2 和 CH3 引脚连接至 TI1 输入（异或组合）
先决条件	无
注意事项	无
返回值	HAL 状态

函数 14-83

函数名	**HAL_TIM_DMABurst_ReadStart**

函数原型	HAL_StatusTypeDef **HAL_TIM_DMABurst_ReadStart**
	(
	    TIM_HandleTypeDef * htim,
	    uint32_t BurstBaseAddress,
	    uint32_t BurstRequestSrc,
	    uint32_t * BurstBuffer,
	    uint32_t BurstLength
	)

功能描述	配置 DMA 从定时器外设至存储器突发数据传输
输入参数 1	htim：定时器处理
输入参数 2	BurstBaseAddress：DMA 将要开始读取数据的定时器（外设）基地址，该参数可以是下列值之一 ● TIM_DMABASE_CR1 ● TIM_DMABASE_CR2 ● TIM_DMABASE_SMCR ● TIM_DMABASE_DIER ● TIM_DMABASE_SR ● TIM_DMABASE_EGR ● TIM_DMABASE_CCMR1 ● TIM_DMABASE_CCMR2 ● TIM_DMABASE_CCER ● TIM_DMABASE_CNT ● TIM_DMABASE_PSC ● TIM_DMABASE_ARR ● TIM_DMABASE_RCR ● TIM_DMABASE_CCR1 ● TIM_DMABASE_CCR2 ● TIM_DMABASE_CCR3 ● TIM_DMABASE_CCR4 ● TIM_DMABASE_BDTR ● TIM_DMABASE_DCR
输入参数 3	BurstRequestSrc：定时器 DMA 请求源，该参数可以是下列值之一 ● TIM_DMA_UPDATE：定时器更新中断源 ● TIM_DMA_CC1：定时器捕捉比较 1 DMA 源 ● TIM_DMA_CC2：定时器捕捉比较 2 DMA 源 ● TIM_DMA_CC3：定时器捕捉比较 3 DMA 源 ● TIM_DMA_CC4：定时器捕捉比较 4 DMA 源 ● TIM_DMA_COM：定时器交换 DMA 源 ● TIM_DMA_TRIGGER：定时器触发 DMA 源

（续）

输入参数 4	BurstBuffer：缓冲区地址
输入参数 5	BurstLength：DMA 突发传输长度，该参数应该在 TIM_DMABURSTLENGTH_1TRANSFER 至 TIM_DMABURSTLENGTH_18TRANSFERS 之间
先决条件	无
注意事项	无
返回值	HAL 状态

函数 14-84

函数名	**HAL_TIM_DMABurst_ReadStop**

函数原型	HAL_StatusTypeDef **HAL_TIM_DMABurst_ReadStop**
	(
	    TIM_HandleTypeDef * htim,
	    uint32_t BurstRequestSrc
	)

功能描述	停止 DMA 突发读取
输入参数 1	htim：TIM handle 定时器处理
输入参数 2	BurstRequestSrc：禁用定时器 DMA 请求源
先决条件	无
注意事项	无
返回值	HAL 状态

函数 14-85

函数名	**HAL_TIM_DMABurst_WriteStart**

函数原型	HAL_StatusTypeDef HAL_TIM_DMABurst_WriteStart
	(
	    TIM_HandleTypeDef * htim,
	    uint32_t BurstBaseAddress,
	    uint32_t BurstRequestSrc,
	    uint32_t * BurstBuffer,
	    uint32_t BurstLength
	)

功能描述	从存储器至定时器外设配置 DMA 突发传输数据
输入参数 1	htim：TIM handle 定时器处理
输入参数 2	BurstBaseAddress：DMA 开始数据写的定时器基地址，该参数可以是下列值之一 • TIM_DMABASE_CR1 • TIM_DMABASE_CR2 • TIM_DMABASE_SMCR • TIM_DMABASE_DIER • TIM_DMABASE_SR • TIM_DMABASE_EGR • TIM_DMABASE_CCMR1 • TIM_DMABASE_CCMR2 • TIM_DMABASE_CCER • TIM_DMABASE_CNT • TIM_DMABASE_PSC • TIM_DMABASE_ARR • TIM_DMABASE_RCR • TIM_DMABASE_CCR1 • TIM_DMABASE_CCR2 • TIM_DMABASE_CCR3 • TIM_DMABASE_CCR4 • TIM_DMABASE_BDTR • TIM_DMABASE_DCR

（续）

输入参数 3	BurstRequestSrc：定时器 DMA 请求源，该参数可以是下列值之一 • TIM_DMA_UPDATE：定时器更新中断源 • TIM_DMA_CC1：定时器比较捕捉 1 DMA 源 • TIM_DMA_CC2：定时器比较捕捉 2 DMA 源 • TIM_DMA_CC3：定时器比较捕捉 3 DMA 源 • TIM_DMA_CC4：定时器比较捕捉 4 DMA 源 • TIM_DMA_COM：定时器交换 DMA 源 • TIM_DMA_TRIGGER：定时器触发 DMA 源
输入参数 4	BurstBuffer：缓冲区地址
输入参数 5	BurstLength：DMA 突发传输长度，该参数应该在 TIM_DMABURSTLENGTH_1TRANSFER 至 TIM_DMABURSTLENGTH_18TRANSFERS 之间
先决条件	无
注意事项	无
返回值	HAL 状态

函数 14-86

函数名	**HAL_TIM_DMABurst_WriteStop**

函数原型	HAL_StatusTypeDef **HAL_TIM_DMABurst_WriteStop**
	  (
	    TIM_HandleTypeDef * htim,
	    uint32_t BurstRequestSrc
	  )

功能描述	停止定时器 DMA 突发模式
输入参数 1	htim：定时器处理
输入参数 2	BurstRequestSrc：禁用定时器 DMA 请求源
先决条件	无
注意事项	无
返回值	HAL 状态

函数 14-87

函数名	HAL_TIM_GenerateEvent

函数原型	HAL_StatusTypeDef **HAL_TIM_GenerateEvent**
	  (
	    TIM_HandleTypeDef * htim,
	    uint32_t EventSource
	  )

功能描述	产生软件事件
输入参数 1	htim：定时器处理
输入参数 2	EventSource：指定事件源，该参数可以是下列值之一 • TIM_EVENTSOURCE_UPDATE：定时器更新事件源 • TIM_EVENTSOURCE_CC1：定时器捕捉比较 1 事件源

（续）

输入参数 2	• TIM_EVENTSOURCE_CC2：定时器捕捉比较 2 事件源 • TIM_EVENTSOURCE_CC3：定时器捕捉比较 3 事件源 • TIM_EVENTSOURCE_CC4：定时器捕捉比较 4 事件源 • TIM_EVENTSOURCE_COM：定时器比较事件源 • TIM_EVENTSOURCE_TRIGGER：定时器触发事件源 • TIM_EVENTSOURCE_BREAK：定时器刹车事件源
先决条件	无
注意事项	TIM6 和 TIM7 只能生成一个更新事件。TIM_EVENTSOURCE_COM 和 TIM_EVENTSOURCE_BREAK 只适用于 TIM1、TIM15、TIM16 和 TIM17
返回值	HAL 状态

函数 14-88

函数名	**HAL_TIM_IC_ConfigChannel**

函数原型	HAL_StatusTypeDef **HAL_TIM_IC_ConfigChannel**
	(
	    TIM_HandleTypeDef * htim,
	    TIM_IC_InitTypeDef * sConfig,
	    uint32_t Channel
	)

功能描述	按照 TIM_IC_InitTypeDef 指定的参数初始化定时器输入捕捉通道
输入参数 1	htim：定时器 IC 处理
输入参数 2	sConfig：定时器输入捕捉配置结构
输入参数 3	Channel：被使能的定时器通道，该参数可以是下列值之一 • TIM_CHANNEL_1：选择定时器通道 1 • TIM_CHANNEL_2：选择定时器通道 2 • TIM_CHANNEL_3：选择定时器通道 3 • TIM_CHANNEL_4：选择定时器通道 4
先决条件	无
注意事项	无
返回值	HAL 状态

函数 14-89

函数名	**HAL_TIM_OC_ConfigChannel**

函数原型	HAL_StatusTypeDef **HAL_TIM_OC_ConfigChannel**
	(
	    TIM_HandleTypeDef * htim,
	    TIM_OC_InitTypeDef * sConfig,
	    uint32_t Channel
	)

功能描述	通过 TIM_OC_InitTypeDef 中指定的参数初始化定时器输出比较通道
输入参数 1	htim：定时器输出比较处理
输入参数 2	sConfig：定时器输出比较配置结构

（续）

输入参数 3	Channel：被使能的定时器通道，该参数可以是下列值之一 ● TIM_CHANNEL_1：选择定时器通道 1 ● TIM_CHANNEL_2：选择定时器通道 2 ● TIM_CHANNEL_3：选择定时器通道 3 ● TIM_CHANNEL_4：选择定时器通道 4
先决条件	无
注意事项	无
返回值	HAL 状态

函数 14-90

函数名	**HAL_TIM_OnePulse_ConfigChannel**

函数原型	HAL_StatusTypeDef **HAL_TIM_OnePulse_ConfigChannel**
	(
	    TIM_HandleTypeDef * htim,
	    TIM_OnePulse_InitTypeDef * sConfig,
	    uint32_t OutputChannel,
	    uint32_t InputChannel
	)

功能描述	按照 TIM_OnePulse_InitTypeDef 指定的参数初始化定时器单脉冲通道
输入参数 1	htim：定时器单脉冲处理
输入参数 2	sConfig：定时器单脉冲配置结构
输入参数 3	OutputChannel：使能的定时器通道，该参数可以是下列值之一 ● TIM_CHANNEL_1：选择定时器 1 ● TIM_CHANNEL_2：选择定时器 2
输入参数 4	InputChannel：使能的定时器通道启用该参数可以是下列值之一 ● TIM_CHANNEL_1：选择定时器通道 1 ● TIM_CHANNEL_2：选择定时器通道 2
先决条件	无
注意事项	无
返回值	HAL 状态

函数 14-91

函数名	**HAL_TIM_PWM_ConfigChannel**

函数原型	HAL_StatusTypeDef **HAL_TIM_PWM_ConfigChannel**
	(
	    TIM_HandleTypeDef * htim,
	    TIM_OC_InitTypeDef * sConfig,
	    uint32_t Channel
	)

功能描述	通过 TIM_OC_InitTypeDef 中指定的参数初始化定时器 PWM 通道
输入参数 1	htim：定时器处理
输入参数 2	sConfig：定时器 PWM 配置结构

（续）

输入参数 3	Channel：使能的定时器通道，该参数可以是下列值之一 ● TIM_CHANNEL_1：选择定时器通道 1 ● TIM_CHANNEL_2：选择定时器通道 2 ● TIM_CHANNEL_3：选择定时器通道 3 ● TIM_CHANNEL_4：选择定时器通道 4
先决条件	无
注意事项	无
返回值	HAL 状态

函数 14-92

函数名	**HAL_TIM_ReadCapturedValue**
函数原型	uint32_t **HAL_TIM_ReadCapturedValue** (　　　TIM_HandleTypeDef *　htim, 　　　uint32_t　Channel)
功能描述	从捕捉比较单元读取捕捉值
输入参数 1	htim：定时器处理
输入参数 2	Channel：使能的定时器通道，该参数可以是以下的值之一 ● TIM_CHANNEL_1：选择定时器通道 1 ● TIM_CHANNEL_2：选择定时器通道 2 ● TIM_CHANNEL_3：选择定时器通道 3 ● TIM_CHANNEL_4：选择定时器通道 4
先决条件	无
注意事项	无
返回值	捕捉值

函数 14-93

函数名	**HAL_TIM_SlaveConfigSynchronization**
函数原型	HAL_StatusTypeDef **HAL_TIM_SlaveConfigSynchronization** (　　　TIM_HandleTypeDef *　htim, 　　　TIM_SlaveConfigTypeDef *　sSlaveConfig)
功能描述	配置定时器从模式
输入参数 1	htim：定时器处理
输入参数 2	sSlaveConfig：指向 TIM_SlaveConfigTypeDef 结构的指针，其中包含所选触发源和从模式配置信息
先决条件	无
注意事项	无
返回值	HAL 状态

函数 14-94

函数名	**HAL_TIM_SlaveConfigSynchronization_IT**

函数原型	HAL_StatusTypeDef **HAL_TIM_SlaveConfigSynchronization_IT**
	  (
	      TIM_HandleTypeDef * htim,
	      TIM_SlaveConfigTypeDef * sSlaveConfig
	  )

功能描述	配置定时器从模式并使能中断
输入参数 1	htim：定时器处理
输入参数 2	sSlaveConfig：指向 TIM_SlaveConfigTypeDef 结构的指针，其中包含所选触发源和从模式配置信息
先决条件	无
注意事项	无
返回值	HAL 状态

函数 14-95

函数名	**HAL_TIM_ErrorCallback**
函数原型	void **HAL_TIM_ErrorCallback** (TIM_HandleTypeDef * htim)
功能描述	在非阻塞模式下定时器错误回调
输入参数	htim：TIM handle 定时器处理
先决条件	无
注意事项	无
返回值	无

函数 14-96

函数名	**HAL_TIM_IC_CaptureCallback**
函数原型	void **HAL_TIM_IC_CaptureCallback** (TIM_HandleTypeDef * htim)
功能描述	在非阻塞模式下输入捕捉回调
输入参数	htim：定时器 IC 处理
先决条件	无
注意事项	无
返回值	无

函数 14-97

函数名	**HAL_TIM_OC_DelayElapsedCallback**
函数原型	void **HAL_TIM_OC_DelayElapsedCallback** (TIM_HandleTypeDef * htim)
功能描述	在非阻塞模式下输出比较回调
输入参数	htim：定时器 OC 处理
先决条件	无
注意事项	无
返回值	无

函数 14-98

函数名	HAL_TIM_PeriodElapsedCallback
函数原型	void **HAL_TIM_PeriodElapsedCallback** (TIM_HandleTypeDef * htim)
功能描述	非阻塞模式下周期延长回调
输入参数	htim: 定时器处理
先决条件	无
注意事项	无
返回值	无

函数 14-99

函数名	HAL_TIM_PWM_PulseFinishedCallback
函数原型	void **HAL_TIM_PWM_PulseFinishedCallback** (TIM_HandleTypeDef * htim)
功能描述	非阻塞模式下 PWM 脉冲结束回调
输入参数	htim: 定时器处理
先决条件	无
注意事项	无
返回值	无

函数 14-100

函数名	HAL_TIM_TriggerCallback
函数原型	void **HAL_TIM_TriggerCallback** (TIM_HandleTypeDef * htim)
功能描述	在非阻塞模式下霍尔触发检测回调
输入参数	htim: 定时器处理
先决条件	无
注意事项	无
返回值	无

函数 14-101

函数名	HAL_TIM_Base_GetState
函数原型	HAL_TIM_StateTypeDef **HAL_TIM_Base_GetState** (TIM_HandleTypeDef * htim)
功能描述	返回时基状态
输入参数	htim: 时基处理
先决条件	无
注意事项	无
返回值	HAL 状态

函数 14-102

函数名	HAL_TIM_Encoder_GetState
函数原型	HAL_TIM_StateTypeDef **HAL_TIM_Encoder_GetState** (TIM_HandleTypeDef * htim)
功能描述	返回定时器编码器模式状态

（续）

输入参数	htim：定时器编码器处理
先决条件	无
注意事项	无
返回值	HAL 状态

函数 14-103

函数名	**HAL_TIM_IC_GetState**
函数原型	HAL_TIM_StateTypeDef **HAL_TIM_IC_GetState**（TIM_HandleTypeDef * htim）
功能描述	返回定时器输入捕捉状态
输入参数	htim：定时器 IC 处理
先决条件	无
注意事项	无
返回值	HAL 状态

函数 14-104

函数名	**HAL_TIM_OC_GetState**
函数原型	HAL_TIM_StateTypeDef **HAL_TIM_OC_GetState**（TIM_HandleTypeDef * htim）
功能描述	返回定时器 OC 状态
输入参数	htim：定时器输出比较处理
先决条件	无
注意事项	无
返回值	HAL 状态

函数 14-105

函数名	**HAL_TIM_OnePulse_GetState**
函数原型	HAL_TIM_StateTypeDef **HAL_TIM_OnePulse_GetState**（TIM_HandleTypeDef * htim）
功能描述	返回定时器单脉冲模式状态
输入参数	htim：定时器 OPM 处理
先决条件	无
注意事项	无
返回值	HAL 状态

函数 14-106

函数名	**HAL_TIM_PWM_GetState**
函数原型	HAL_TIM_StateTypeDef **HAL_TIM_PWM_GetState**（TIM_HandleTypeDef * htim）
功能描述	返回定时器 PWM 状态
输入参数	htim：定时器处理
先决条件	无
注意事项	无
返回值	HAL 状态

函数 14-107

函数名	**TIM_CCxNChannelCmd**
函数原型	void **TIM_CCxNChannelCmd** (　　TIM_TypeDef *　TIMx, 　　uint32_t　Channel, 　　uint32_t　ChannelNState)
功能描述	使能或禁止定时器捕捉比较通道
输入参数 1	TIMx：选择定时外设
输入参数 2	Channel：指定定时器通道，该参数可以是下列值之一 ● TIM_CHANNEL_1：选择定时器通道 1 ● TIM_CHANNEL_2：选择定时器通道 2 ● TIM_CHANNEL_3：选择定时器通道 3
输入参数 3	ChannelNState：指定定时器通道 CCxNE 位状态，该参数可以是 TIM_CCxN_ENABLE 或 TIM_CCxN_Disable
先决条件	无
注意事项	无
返回值	无

函数 14-108

函数名	**TIMEx_DMACommutationCplt**
函数原型	void **TIMEx_DMACommutationCplt**（DMA_HandleTypeDef *　hdma）
功能描述	定时器 DMA 传输回调
输入参数	hdma：DMA 处理指针
先决条件	无
注意事项	无
返回值	无

函数 14-109

函数名	**HAL_TIMEx_HallSensor_DeInit**
函数原型	HAL_StatusTypeDef **HAL_TIMEx_HallSensor_DeInit**（TIM_HandleTypeDef *　htim）
功能描述	反初始化定时器霍尔传感器接口
输入参数	htim：定时器霍尔传感器处理
先决条件	无
注意事项	无
返回值	HAL 状态

函数 14-110

函数名	**HAL_TIMEx_HallSensor_Init**
函数原型	HAL_StatusTypeDef **HAL_TIMEx_HallSensor_Init**

（续）

函数原型	(
	     TIM_HandleTypeDef * htim,
	     TIM_HallSensor_InitTypeDef * sConfig
	)

功能描述	初始化霍尔传感器接口并创建联合处理
输入参数 1	htim：定时器编码器接口处理
输入参数 2	sConfig：定时器霍尔传感器配置结构
先决条件	无
注意事项	无
返回值	HAL 状态

函数 14-111

函数名	**HAL_TIMEx_HallSensor_MspDeInit**
函数原型	void **HAL_TIMEx_HallSensor_MspDeInit** (TIM_HandleTypeDef * htim)
功能描述	反初始化定时器霍尔传感器微控制器特定程序包
输入参数	htim：定时器处理
先决条件	无
注意事项	无
返回值	无

函数 14-112

函数名	**HAL_TIMEx_HallSensor_MspInit**
函数原型	void **HAL_TIMEx_HallSensor_MspInit** (TIM_HandleTypeDef * htim)
功能描述	初始化定时器霍尔传感器微控制器特定程序包
输入参数	htim：定时器处理
先决条件	无
注意事项	无
返回值	无

函数 14-113

函数名	**HAL_TIMEx_HallSensor_Start**
函数原型	HAL_StatusTypeDef **HAL_TIMEx_HallSensor_Start** (TIM_HandleTypeDef * htim)
功能描述	启动定时器霍尔传感器接口
输入参数	htim：定时器霍尔传感器处理
先决条件	无
注意事项	无
返回值	HAL 状态

函数 14-114

函数名	**HAL_TIMEx_HallSensor_Start_DMA**

函数原型	HAL_StatusTypeDef **HAL_TIMEx_HallSensor_Start_DMA**
	  (
	    TIM_HandleTypeDef * htim,
	    uint32_t * pData,
	    uint16_t Length
	  )

功能描述	启动 DMA 模式下的定时器霍尔传感器接口
输入参数 1	htim：定时器霍尔传感器处理
输入参数 2	pData：目标缓冲区地址
输入参数 3	Length：从定时器外设到存储器传输的数据长度
先决条件	无
注意事项	无
返回值	HAL 状态

函数 14-115

函数名	**HAL_TIMEx_HallSensor_Start_IT**
函数原型	HAL_StatusTypeDef **HAL_TIMEx_HallSensor_Start_IT** (TIM_HandleTypeDef * htim)
功能描述	启动中断模式下的定时器霍尔传感器接口
输入参数	htim：定时器霍尔传感器处理
先决条件	无
注意事项	无
返回值	HAL 状态

函数 14-116

函数名	**HAL_TIMEx_HallSensor_Stop**
函数原型	HAL_StatusTypeDef **HAL_TIMEx_HallSensor_Stop** (TIM_HandleTypeDef * htim)
功能描述	停止定时器霍尔传感器接口
输入参数	htim：定时器霍尔传感器处理
先决条件	无
注意事项	无
返回值	HAL 状态

函数 14-117

函数名	**HAL_TIMEx_HallSensor_Stop_DMA**
函数原型	HAL_StatusTypeDef **HAL_TIMEx_HallSensor_Stop_DMA** (TIM_HandleTypeDef * htim)
功能描述	停止 DMA 模式下的定时器霍尔传感器接口
输入参数	htim：定时器处理
先决条件	无
注意事项	无
返回值	HAL 状态

函数 14-118

函数名	**HAL_TIMEx_HallSensor_Stop_IT**
函数原型	HAL_StatusTypeDef **HAL_TIMEx_HallSensor_Stop_IT** (TIM_HandleTypeDef * htim)
功能描述	停止 DMA 模式下的定时器霍尔传感器接口
输入参数	htim：定时器处理
先决条件	无
注意事项	无
返回值	HAL 状态

函数 14-119

函数名	**HAL_TIMEx_OCN_Start**

函数原型	HAL_StatusTypeDef **HAL_TIMEx_OCN_Start** (
	    TIM_HandleTypeDef * htim,
	    uint32_t Channel
	)

功能描述	启动定时器输出比较信号发生器（互补输出）
输入参数 1	htim：定时器比较处理
输入参数 2	Channel：使能的定时器通道，该参数可以是下列值之一 • TIM_CHANNEL_1：选择定时器通道 1 • TIM_CHANNEL_2：选择定时器通道 2 • TIM_CHANNEL_3：选择定时器通道 3 • TIM_CHANNEL_4：选择定时器通道 4
先决条件	无
注意事项	无
返回值	HAL 状态

函数 14-120

函数名	**HAL_TIMEx_OCN_Start_DMA**

函数原型	HAL_StatusTypeDef **HAL_TIMEx_OCN_Start_DMA** (
	    TIM_HandleTypeDef * htim,
	    uint32_t Channel,
	    uint32_t * pData,
	    uint16_t Length
	)

功能描述	启动 DMA 模式下的定时器输出比较信号发生器（互补输出）
输入参数 1	htim：定时器输出比较处理
输入参数 2	Channel：使能的定时器通道，该参数可以是下列值之一 • TIM_CHANNEL_1：选择定时器通道 1 • TIM_CHANNEL_2：选择定时器通道 2 • TIM_CHANNEL_3：选择定时器通道 3 • TIM_CHANNEL_4：选择定时器通道 4

（续）

输入参数 3	pData：源缓冲区地址
输入参数 4	Length：从内存至定时器外设传输的数据长度
先决条件	无
注意事项	无
返回值	HAL 状态

函数 14-121

函数名	**HAL_TIMEx_OCN_Start_IT**

函数原型	HAL_StatusTypeDef **HAL_TIMEx_OCN_Start_IT**
	(
	  TIM_HandleTypeDef * htim,
	  uint32_t Channel
	)

功能描述	启动中断模式下的定时器输出比较信号发生器（互补输出）
输入参数 1	htim：定时器输出比较处理
输入参数 2	Channel：使能的定时器通道，该参数可以是下列值之一 • TIM_CHANNEL_1：选择定时器通道 1 • TIM_CHANNEL_2：选择定时器通道 2 • TIM_CHANNEL_3：选择定时器通道 3 • TIM_CHANNEL_4：选择定时器通道 4
先决条件	无
注意事项	无
返回值	HAL 状态

函数 14-122

函数名	**HAL_TIMEx_OCN_Stop**

函数原型	HAL_StatusTypeDef **HAL_TIMEx_OCN_Stop**
	(
	  TIM_HandleTypeDef * htim,
	  uint32_t Channel
	)

功能描述	停止定时器输出比较信号发生器（互补输出）
输入参数 1	htim：定时器处理
输入参数 2	Channel：禁用的定时器通道，该参数可以是下列值之一 • TIM_CHANNEL_1：选择定时器通道 1 • TIM_CHANNEL_2：选择定时器通道 2 • TIM_CHANNEL_3：选择定时器通道 3 • TIM_CHANNEL_4：选择定时器通道 4
先决条件	无
注意事项	无
返回值	HAL 状态

函数 14-123

函数名	**HAL_TIMEx_OCN_Stop_DMA**

函数原型	HAL_StatusTypeDef **HAL_TIMEx_OCN_Stop_DMA**
	(
	      TIM_HandleTypeDef * htim,
	      uint32_t Channel
	)

功能描述	停止 DMA 模式下的定时器输出比较信号发生器（互补输出）
输入参数 1	htim：定时器输出比较处理
输入参数 2	Channel：禁用的定时器通道，该参数可以是下列值之一 ● TIM_CHANNEL_1：选择定时器通道 1 ● TIM_CHANNEL_2：选择定时器通道 2 ● TIM_CHANNEL_3：选择定时器通道 3 ● TIM_CHANNEL_4：选择定时器通道 4
先决条件	无
注意事项	无
返回值	HAL 状态

函数 14-124

函数名	**HAL_TIMEx_OCN_Stop_IT**

函数原型	HAL_StatusTypeDef **HAL_TIMEx_OCN_Stop_IT**
	(
	      TIM_HandleTypeDef * htim,
	      uint32_t Channel
	)

功能描述	停止中断模式下的定时器输出比较信号发生器（互补输出）
输入参数 1	htim：定时器比较处理
输入参数 2	Channel：禁用的定时器通道，该参数可以是下列值之一 ● TIM_CHANNEL_1：选择定时器通道 1 ● TIM_CHANNEL_2：选择定时器通道 2 ● TIM_CHANNEL_3：选择定时器通道 3 ● TIM_CHANNEL_4：选择定时器通道 4
先决条件	无
注意事项	无
返回值	HAL 状态

函数 14-125

函数名	**HAL_TIMEx_PWMN_Start**

函数原型	HAL_StatusTypeDef **HAL_TIMEx_PWMN_Start**
	(
	    TIM_HandleTypeDef * htim,
	     uint32_t Channel
	)

（续）

功能描述	启动互补输出 PWM 信号发生器
输入参数 1	htim：定时器处理
输入参数 2	Channel：使能的定时器通道，该参数可以是下列值之一 ● TIM_CHANNEL_1：选择定时器通道 1 ● TIM_CHANNEL_2：选择定时器通道 2 ● TIM_CHANNEL_3：选择定时器通道 3 ● TIM_CHANNEL_4：选择定时器通道 4
先决条件	无
注意事项	无
返回值	HAL 状态

函数 14-126

函数名	**HAL_TIMEx_PWMN_Start_DMA**
函数原型	HAL_StatusTypeDef **HAL_TIMEx_PWMN_Start_DMA** 　(　　　TIM_HandleTypeDef *　htim, 　　　uint32_t　Channel, 　　　uint32_t *　pData, 　　　uint16_t　Length 　)
功能描述	启动 DMA 模式下的定时器互补输出 PWM 信号发生器
输入参数 1	htim：定时器处理
输入参数 2	Channel：使能的定时器通道，该参数可以是下列值之一 ● TIM_CHANNEL_1：选择定时器通道 1 ● TIM_CHANNEL_2：选择定时器通道 2 ● TIM_CHANNEL_3：选择定时器通道 3 ● TIM_CHANNEL_4：选择定时器通道 4
输入参数 3	pData：源缓冲区地址
输入参数 4	Length：从内存至定时器外设要传输的数据长度
先决条件	无.
注意事项	无
返回值	HAL 状态

函数 14-127

函数名	**HAL_TIMEx_PWMN_Start_IT**
函数原型	HAL_StatusTypeDef **HAL_TIMEx_PWMN_Start_IT** 　(　　　TIM_HandleTypeDef *　htim, 　　　uint32_t　Channel 　)
功能描述	启动中断模式下的互补输出 PWM 信号发生器

（续）

输入参数 1	htim：定时器处理
输入参数 2	Channel：禁区用的定时器通道，该参数可以是下列值之一 ● TIM_CHANNEL_1：选择定时器通道 1 ● TIM_CHANNEL_2：选择定时器通道 2 ● TIM_CHANNEL_3：选择定时器通道 3 ● TIM_CHANNEL_4：选择定时器通道 4
先决条件	无
注意事项	无
返回值	HAL 状态

函数 14-128

函数名	**HAL_TIMEx_PWMN_Stop**

函数原型	HAL_StatusTypeDef **HAL_TIMEx_PWMN_Stop**
	(
	    TIM_HandleTypeDef * htim,
	    uint32_t Channel
	)

功能描述	停止互补输出 PWM 信号发生器
输入参数 1	htim：定时器处理
输入参数 2	Channel：禁用定时器通道，该参数可以是下列值之一 ● TIM_CHANNEL_1：选定定时器通道 1 ● TIM_CHANNEL_2：选择定时器通道 2 ● TIM_CHANNEL_3：选择定时器通道 3 ● TIM_CHANNEL_4：选择定时器通道 4
先决条件	无
注意事项	无
返回值	HAL 状态

函数 14-129

函数名	**HAL_TIMEx_PWMN_Stop_DMA**

函数原型	HAL_StatusTypeDef **HAL_TIMEx_PWMN_Stop_DMA**
	(
	    TIM_HandleTypeDef * htim,
	    uint32_t Channel
	)

功能描述	停止 DMA 模式下的定时器互补输出 PWM 信号发生器
输入参数 1	htim：定时器处理
输入参数 2	Channel：禁用的定时器通道，该参数可以是以下的值之一 ● TIM_CHANNEL_1：选择定时器通道 1 ● TIM_CHANNEL_2：选择定时器通道 2 ● TIM_CHANNEL_3：选择定时器通道 3 ● TIM_CHANNEL_4：选择定时器通道 4

（续）

先决条件	无
注意事项	无
返回值	HAL 状态

函数 14-130

函数名	**HAL_TIMEx_PWMN_Stop_IT**

函数原型	HAL_StatusTypeDef **HAL_TIMEx_PWMN_Stop_IT**
	（
	     TIM_HandleTypeDef * htim,
	     uint32_t Channel
	）

功能描述	停止中断模式下的定时器互补输出 PWM 信号发生器
输入参数 1	htim：定时器处理
输入参数 2	Channel：禁用的定时器通道，该参数可以是下列值之一 • TIM_CHANNEL_1：选择定时器通道 1 • TIM_CHANNEL_2：选择定时器通道 2 • TIM_CHANNEL_3：选择定时器通道 3 • TIM_CHANNEL_4：选择定时器通道 4
先决条件	无
注意事项	无
返回值	HAL 状态

函数 14-131

函数名	**HAL_TIMEx_OnePulseN_Start**

函数原型	HAL_StatusTypeDef **HAL_TIMEx_OnePulseN_Start**
	（
	     TIM_HandleTypeDef * htim,
	     uint32_t OutputChannel
	）

功能描述	开启定时器互补输出单脉冲信号发生器
输入参数 1	htim：定时器单脉冲处理
输入参数 2	OutputChannel：使能的定时器通道，该参数可以是下列值之一 • TIM_CHANNEL_1：选择定时器通道 1 • TIM_CHANNEL_2：选择定时器通道 2
先决条件	无
注意事项	无
返回值	HAL 状态

函数 14-132

函数名	**HAL_TIMEx_OnePulseN_Start_IT**
函数原型	HAL_StatusTypeDef **HAL_TIMEx_OnePulseN_Start_IT**

（续）

函数原型	(
	       TIM_HandleTypeDef * htim,
	       uint32_t OutputChannel
	)

功能描述	启动中断模式下的定时器互补通道单脉冲信号发生器
输入参数 1	htim：定时器单脉冲处理
输入参数 2	OutputChannel：使能的定时器通道，该参数可以是下列值之一 ● TIM_CHANNEL_1：选择定时器通道 1 ● TIM_CHANNEL_2：选择定时器通道 2
先决条件	无
注意事项	无
返回值	HAL 状态

函数 14-133

函数名	**HAL_TIMEx_OnePulseN_Stop**

函数原型	HAL_StatusTypeDef **HAL_TIMEx_OnePulseN_Stop**
	 (
	       TIM_HandleTypeDef * htim,
	       uint32_t OutputChannel
	)

功能描述	停止定时器互补输出单脉冲信号发生器
输入参数 1	htim：定时器单脉冲处理
输入参数 2	OutputChannel：禁用的定时器通道，该参数或以是下列值之一 ● TIM_CHANNEL_1：选择定时器通道 1 ● TIM_CHANNEL_2：选择定时器通道 2
先决条件	无
注意事项	无
返回值	HAL 状态

函数 14-134

函数名	**HAL_TIMEx_OnePulseN_Stop_IT**

函数原型	HAL_StatusTypeDef **HAL_TIMEx_OnePulseN_Stop_IT**
	 (
	       TIM_HandleTypeDef * htim,
	       uint32_t OutputChannel
	)

功能描述	停止中断模式下的定时器互补输出单脉冲信号发生器
输入参数 1	htim：定时器单脉冲处理
输入参数 2	OutputChannel：禁用的定时器通道，该参数可以是下列值之一 ● TIM_CHANNEL_1：选择定时器通道 1 ● TIM_CHANNEL_2：选择定时器通道 2

（续）

先决条件	无
注意事项	无
返回值	HAL 状态

函数 14-135

函数名	**HAL_TIMEx_ConfigBreakDeadTime**

函数原型	HAL_StatusTypeDef **HAL_TIMEx_ConfigBreakDeadTime**
	(
	    TIM_HandleTypeDef * htim,
	    TIM_BreakDeadTimeConfigTypeDef * sBreakDeadTimeConfig
	)

功能描述	配置刹车特性、死区时间、锁定级别、OSSI/OSSR 状态和 AOE（自动输出使能）
输入参数 1	htim：定时器处理
输入参数 2	sBreakDeadTimeConfig：指向 TIM_ConfigBreakDeadConfigTypeDef 结构的指针，包含定时器外设 BDTR 寄存器配置信息
先决条件	无
注意事项	无
返回值	HAL 状态

函数 14-136

函数名	**HAL_TIMEx_ConfigCommutationEvent**

函数原型	HAL_StatusTypeDef **HAL_TIMEx_ConfigCommutationEvent**
	(
	    TIM_HandleTypeDef * htim,
	    uint32_t InputTrigger,
	    uint32_t CommutationSource
	)

功能描述	配置定时器通信事件序列
输入参数 1	htim：定时器处理
输入参数 2	InputTrigger：与定时器霍尔传感器相关的内部触发器接口，该参数可以是下列值之一 • TIM_TS_ITR0：选择内部触发器 0 • TIM_TS_ITR1：选择内部触发器 1 • TIM_TS_ITR2：选择内部触发器 2 • TIM_TS_ITR3：选择内部触发器 3 • TIM_TS_NONE：无须触发器
输入参数 3	CommutationSource 换向事件源，该参数可以是下列值之一 • TIM_COMMUTATION_TRGI：换向事件源是接口定时器的 TRGI • TIM_COMMUTATION_SOFTWARE：换向事件源使用软件通过 COMG 位设置
先决条件	无
注意事项	无
返回值	HAL 状态

函数 14-137

函数名	**HAL_TIMEx_ConfigCommutationEvent_DMA**

函数原型	HAL_StatusTypeDef **HAL_TIMEx_ConfigCommutationEvent_DMA**
	    (
	        TIM_HandleTypeDef * htim,
	        uint32_t InputTrigger,
	        uint32_t CommutationSource
	    )

功能描述	配置使用 DMA 的定时器换向事件序列
输入参数 1	htim：定时器处理
输入参数 2	InputTrigger：与定时器霍尔传感器相关的内部触发器接口，该参数可以是下列值之一 ● TIM_TS_ITR0：选择内部触发器 0 ● TIM_TS_ITR1：选择内部触发器 1 ● TIM_TS_ITR2：选择内部触发器 2 ● TIM_TS_ITR3：选择内部触发器 3 ● TIM_TS_NONE：无须触发器
输入参数 3	CommutationSource：换向事件源，该参数可以是下列值之一 ● TIM_COMMUTATION_TRGI：换向事件源是接口定时器的 TRGI ● TIM_COMMUTATION_SOFTWARE：换向事件源由软件通过 COMG 位设置
先决条件	无
注意事项	无
返回值	HAL 状态

函数 14-138

函数名	**HAL_TIMEx_ConfigCommutationEvent_IT**

函数原型	HAL_StatusTypeDef **HAL_TIMEx_ConfigCommutationEvent_IT**
	    (
	        TIM_HandleTypeDef * htim,
	        uint32_t InputTrigger,
	        uint32_t CommutationSource
	    )

功能描述	配置中断模式下的换向事件序列
输入参数 1	htim：定时器处理
输入参数 2	InputTrigger：与定时器霍尔传感器相关的内部触发器接口，该参数可以是下列值之一 ● TIM_TS_ITR0：选择内部触发器 0 ● TIM_TS_ITR1：选择内部触发器 1 ● TIM_TS_ITR2：选择内部触发器 2 ● TIM_TS_ITR3：选择内部触发器 3 ● TIM_TS_NONE：无须触发器
输入参数 3	CommutationSource：换向事件源，该参数可以是下列值之一 ● TIM_COMMUTATION_TRGI：换向事件源是接口定时器的 TRGI ● TIM_COMMUTATION_SOFTWARE：换向事件源由软件通过 COMG 位设置

（续）

先决条件	无
注意事项	无
返回值	HAL 状态

函数 14-139

函数名	**HAL_TIMEx_MasterConfigSynchronization**
函数原型	HAL_StatusTypeDef **HAL_TIMEx_MasterConfigSynchronization** (　　　TIM_HandleTypeDef * htim, 　　　TIM_MasterConfigTypeDef * sMasterConfig)
功能描述	配置定时器在主模式下
输入参数 1	htim：定时器处理
输入参数 2	sMasterConfig：指向 TIM_MasterConfigTypeDef 结构，包含所选触发器输出 (TRGO) 和主 / 从模式
先决条件	无
注意事项	无
返回值	HAL 状态

函数 14-140

函数名	**HAL_TIMEx_RemapConfig**
函数原型	HAL_StatusTypeDef **HAL_TIMEx_RemapConfig** (　　　TIM_HandleTypeDef * htim, 　　　uint32_t Remap)
功能描述	配置 TIM14 输入功能重映射
输入参数 1	htim：定时器处理
输入参数 2	Remap：指定定时器重映射源，该参数可以是下列值之一 • TIM_TIM14_GPIO：TIM14 的 TI1 连接至 GPIO • TIM_TIM14_RTC：TIM14 的 TI1 连接至 RTC 时钟 • TIM_TIM14_HSE：TIM14 的 TI1 连接至 HSE/32 • TIM_TIM14_MCO：TIM14 的 TI1 连接至 MCO
先决条件	无
注意事项	无
返回值	HAL 状态

函数 14-141

函数名	**HAL_TIMEx_BreakCallback**
函数原型	void **HAL_TIMEx_BreakCallback** (TIM_HandleTypeDef * htim)

（续）

功能描述	在非阻塞模式下霍尔刹车检测回调
输入参数	htim：定时器处理
先决条件	无
注意事项	无
返回值	无

函数 14-142

函数名	**HAL_TIMEx_CommutationCallback**
函数原型	void **HAL_TIMEx_CommutationCallback** (TIM_HandleTypeDef * htim)
功能描述	在非阻塞模式下霍尔换向改变回调
输入参数	htim：定时器处理
先决条件	无
注意事项	无
返回值	无

函数 14-143

函数名	**TIMEx_DMACommutationCplt**
函数原型	void **TIMEx_DMACommutationCplt** (DMA_HandleTypeDef * hdma)
功能描述	定时器 DMA 换向回调
输入参数	hdma：DMA 处理指针
先决条件	无
注意事项	无
返回值	无

函数 14-144

函数名	**HAL_TIMEx_HallSensor_GetState**
函数原型	HAL_TIM_StateTypeDef **HAL_TIMEx_HallSensor_GetState** (TIM_Handle-TypeDef * htim)
功能描述	返回定时器霍尔传感器接口状态
输入参数	htim：定时器霍尔传感器处理
先决条件	无
注意事项	无
返回值	HAL 状态

14.4 TIM1 应用实例

定时器 TIM1 在 STM32F072VBT6 微控制器所配备的定时器中功能是最强大的，具有很强的代表性，以下以 TIM1 为例，实际体会一下定时器的计时、捕捉和 PWM 功能。

14.4.1　测量信号周期

　　TIM1 在捕捉模式下，可以检测 4 个输入通道的信号，并将每一个通道产生有效边沿时计数器的计数值复制至 CCRx 寄存器中，读取该寄存器的值并与上一次该寄存器的值相减即可计算出两次捕捉的时间间隔。为了提高捕捉的精确性，启用了输入捕捉中断来提高响应速度。

　　本例中使用 PF10 引脚产生 PWM 信号，并将该信号连接至 TIM1_CH1（PA8）输入通道，使用数码管显示捕捉信号的周期长度。在外设配置上，将 TIM1 时钟源设置为内部时钟，并将通道 1 设置为输入捕捉直接模式。在 "Pinout" 和 "Clock Configuration" 视图中，引脚、外设及时钟配置如图 14-32 和图 14-33 所示。

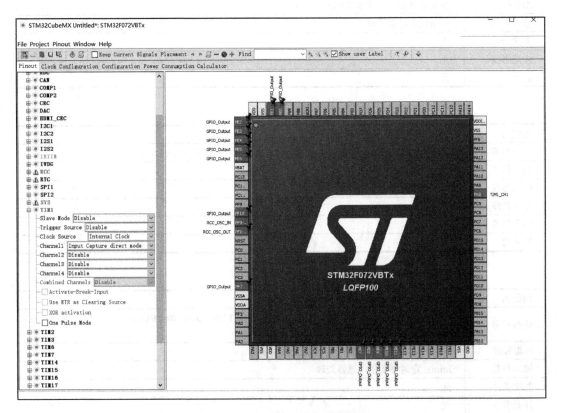

图 14-32　TIM1 输入捕捉引脚设置

　　在 "Configuration" 视图下，将 TIM1 的预分频器设置为 "479"，即将分频比设置为 "480"，即定时器的计数周期为 10μs。自动重载计数器的值设置为 "65535"，输入捕捉通道 1 有效边沿设置为上升沿。具体参数配置如图 14-34 所示。

　　同样在 "Configuration" 视图下，将 NVIC 配置为使能比较捕捉中断，具体参数如图 14-35 所示。

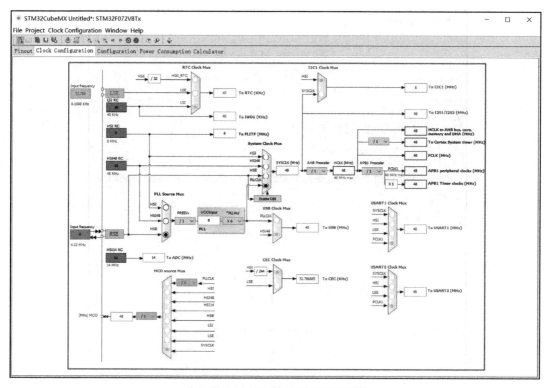

图 14-33　TIM1 输入捕捉时钟设置

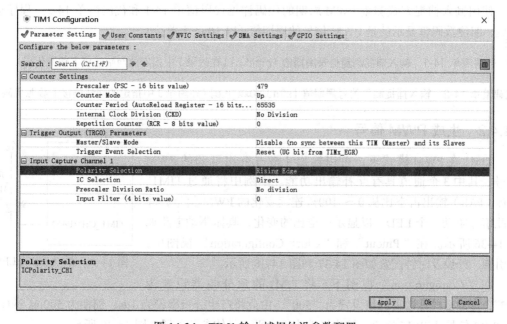

图 14-34　TIM1 输入捕捉外设参数配置

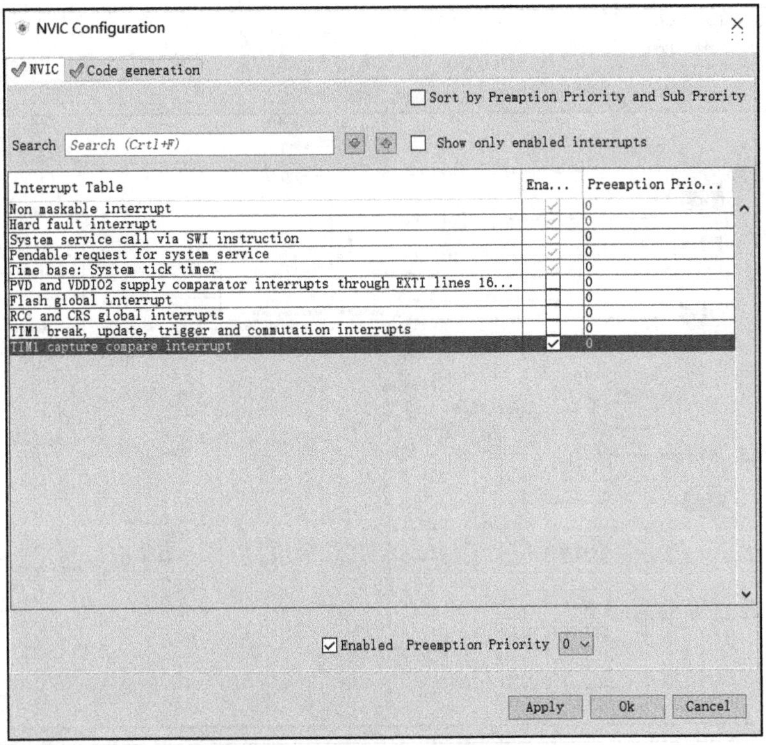

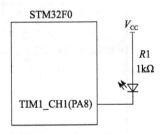

图 14-35　TIM1 输入捕捉中断配置

使用输入捕捉方式测量 PWM 周期的代码详见代码清单 14-1 和代码清单 14-2。程序运行后，四位数码管显示的是 PWM 信号的周期值（以 10μs 为单位）。

代码清单 14-1　输入捕捉测量信号周期值（main.c）（在附录 J 中指定的网站链接下载源代码）

代码清单 14-2　输入捕捉测量信号周期值（stm32f0xx_it.c）（在附录 J 中指定的网站链接下载源代码）

14.4.2　生成 PWM 信号

TIM1 在 PWM 模式下，可以输出 4 路占空比可调的 PWM 信号，其中 3 个通道具有互补输出功能。本例中将通过 TIM1_CH1（PA8）输出占空比从 0 ～ 100% 连续变化的 PWM 信号，并将此信号驱动一个 LED，以显示占空比的变化，具体驱动电路如图 14-36 所示。在 "Pinout" 和 "Clock Configuration" 视图中，对引脚、外设及时钟配置如图 14-37 和图 14-38 所示。

图 14-36　PWM 驱动 LED

在 "Configuration" 视图下，将 TIM1 的预分频器设置为 "47"，自动重载计数器的值设置为 "500"，由此将产生分辨率设为 1μs、周期为 500μs（2kHz）的 PWM 信号。PWM 通道 1 输出极性为低电平。具体参数配置如图 14-39 所示。

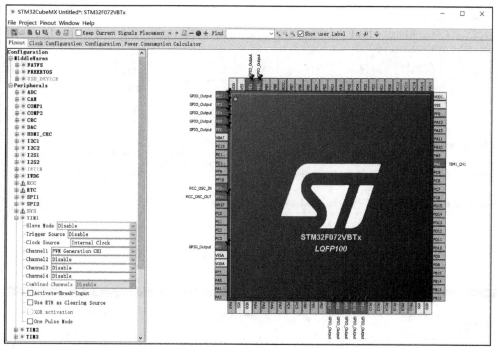

图 14-37 TIM1 的 PWM 引脚设置

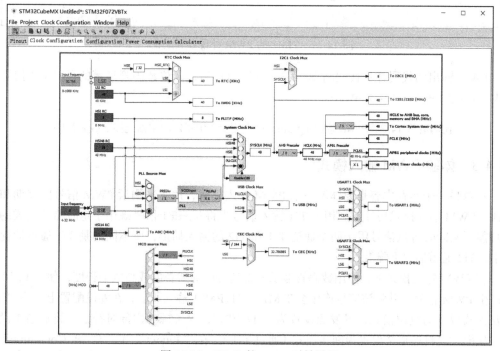

图 14-38 TIM1 的 PWM 时钟设置

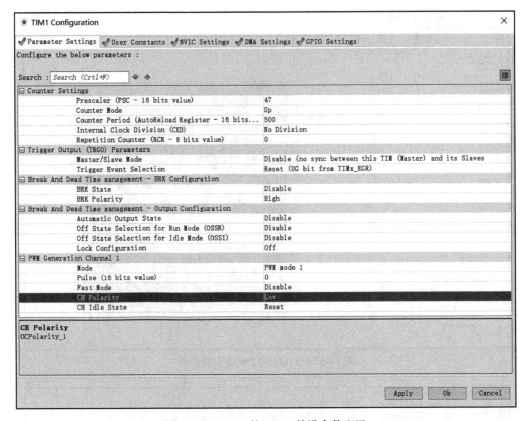

图 14-39   TIM1 的 PWM 外设参数配置

PWM 输出的代码详见代码清单 14-3。程序运行后，四位数码管显示的是 PWM 信号的高电平持续时间（以 1μs 为单位）。

代码清单 14-3   PWM 输出（main.c）（在附录 J 中指定的网站链接下载源代码）

14.4.3   体验 PWM 输入模式

本章另一个实践内容是要体验一下 PWM 输入模式，用它来测量 PWM 信号的周期和占空比。PWM 输入模式巧妙地利用了 TI1 输入信号，将 TI1FP1 信号既用于定时器从模式的复位功能，又同时将该信号用于两个通道 TI1 和 TI2 的输入捕捉，所不同的是 TI1 通道捕捉上升沿，TI2 通道捕捉下降沿。

在 PWM 输入模式下，使用数码管显示捕捉信号的周期长度或高电平长度，使用 PF10 引脚产生 PWM 信号，并将该信号连接至 TIM1_CH1（PA8）输入通道。在外设配置上，将 TIM1 的从模式设置为复位模式，触发源设置为"TI1FP1"，时钟源为内部时钟，并将通道 1 设置为直接模式，将通道 2 设置为间接模式（通过 TI1）。在"Pinout"和"Clock Configuration"视图中，对外设、引脚和时钟的配置如图 14-40 和图 14-41 所示。

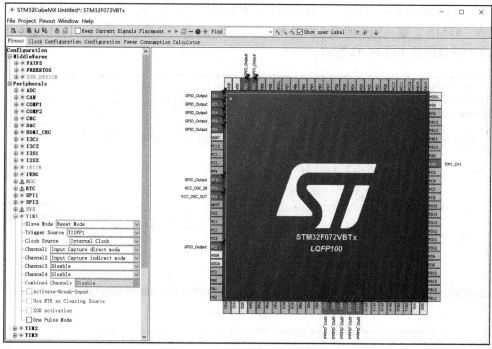

图 14-40　TIM1 引脚及外设配置

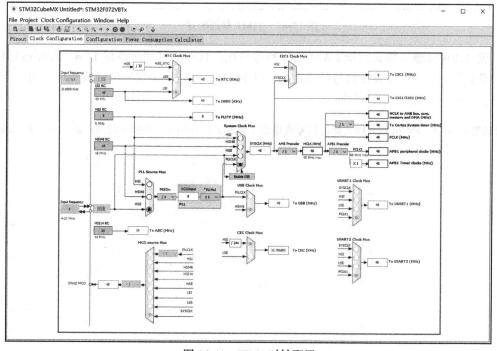

图 14-41　TIM1 时钟配置

在"Configuration"视图下，将 TIM1 的预分频器设置为"479"，自动重载计数器的值设置为"65535"，输入捕捉通道 1 设置为上升沿同，通道 2 设置为下降沿。"Configuration"视图下的参数配置如图 14-42 所示。

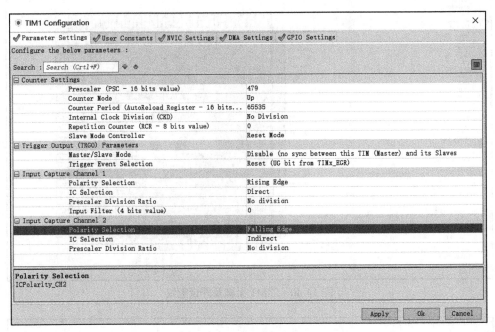

图 14-42　TIM1 参数配置

使用 PWM 输入模式测量 PWM 周期和占空比的代码详见代码清单 14-4。程序运行后，四位数码管显示的是 PWM 信号的周期值（以 10μs 为单位），通过简单修改程序，也可以让数码管显示占空比或高电平时间值。

代码清单 14-4　PWM 输入模式测量信号周期值（main.c）（在附录 J 中指定的网站链接下载源代码）

第 15 章

看 门 狗

STM32F0 系列微控制器片内集成了两种类型的看门狗，分别称为独立看门狗和窗口看门狗，用于监控程序的运行。本章主要介绍这两种看门狗的功能和使用方法。

15.1 独立看门狗

看门狗实际上是一个具有特殊功能的定时器，它会在程序运行时计数，并在溢出时复位微控制器，通过及时进行软件干预，可以确保不会产生复位动作。一旦程序运行出现问题，导致软件干预不能执行，微控制器会复位并重新开始执行程序。独立看门狗由它自己专有的低速时钟来驱动，其电路独立于微控制器的其他部分，用于消除因处理器硬件或软件故障所发生的程序运行错误。

15.1.1 IWDG 的功能

独立看门狗（IWDG）是一个自由运行的向下计数器，当它的定时计数值达到预设的门限时，就会触发一个系统复位请求。IWDG 作为微控制器内嵌的一个外设，由独立的低速 RC 振荡器（LSI RC，40kHz）驱动，因此就算是主时钟失效了，它仍然能保持运行状态。使用独立时钟的另外一个优点就是 IWDG 在 Standby 或 Stop 状态下仍可操作。

IWDG 具有自己专用的三位可编程预分频器，可以对输入时钟进行 4 ~ 256 分频，可以提供较为灵活的时间参数配置。IWDG 非常适合那些需要独立于主程序之外运行，又对时钟精度要求不高的应用场合。其内部结构如图 15-1 所示。

图 15-1　独立看门狗框图

当向 IWDG 的关键字寄存器写入启动指令 0x0000CCCC 时，看门狗计数器开始由复位值 0xFFF 向下计数，当计数值达到 0x000 时由独立看门狗发出复位信号。任何时候将重加载指令 0x0000AAAA 写到 IWDG_KR 寄存器中，都会使 IWDG_RLR 寄存器中的值被重加载到看门狗计数器中，从而阻止即将发生的复位动作。编程 IWDG_RLR 寄存器可以设定看门狗计数器向下计数的开始值，因此定时的长度也是由这个值和预分频器的设置值共同决定的。

IWDG 也能够工作在窗口模式下，只要在窗口寄存器 IWDG_WINR 中设置适当的值即可。IWDG_WINR 寄存器的默认值是 0xFFF，如果没有改写它，那么窗口模式默认是关闭的。窗口寄存器的值一旦改变，立即会引起看门狗计数器的一次重加载动作，将其置为 IWDG_RLR 寄存器中所设置的值，会在一定程度上延缓当前到下次复位所需的时间周期。独立看门狗的窗口模式原理如图 15-2 所示。

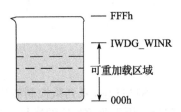

图 15-2 独立看门狗的窗口模式

在窗口模式下，计数器从 IWDG_RLR 寄存器定义的最大值开始向下计数，当计数值位于 IWDG_WINR 寄存器的值和 0 之间时，向 IWDG_KR 寄存器写入 0x0000AAAA 指令不会引发复位，相反，如果向下递减计数器的值位于重加载窗口区域之外时，使用重加载指令则会导致复位。

默认条件下，对 IWDG_PR、IWDG_RLR 和 IWDG_WINR 的写访问操作都是受保护的。想要改变这一点，必须先向 IWDG_KR 寄存器写入 0x00005555 解锁指令。如果写入其他值，将会使写保护重新生效。

📖 编程向导 配置 IWDG 工作在窗口模式

1）向 IWDG_KR 寄存器写入 0x0000CCCC 指令，使能 IWDG。

2）向 IWDG_KR 寄存器写入 0x00005555 指令，打开寄存器访问许可。

3）向 IWDG_PR 寄存器写入 0 ~ 7 的值，配置 IWDG 预分频器。

4）配置重加载寄存器 IWDG_RLR。

5）等待状态寄存器 IWDG_SR 的值更新为 0x00000000。

6）配置窗口寄存器 IWDG_WINR，这将会引发 IWDG_RLR 的值更新至看门狗计数器。

📖 编程向导 配置 IWDG 工作在非窗口模式

1）向 IWDG_KR 寄存器写入 0x00005555 指令，打开寄存器访问许可。

2）向 IWDG_PR 寄存器写入 0 ~ 7 的值，配置 IWDG 预分频器。

3）配置重加载寄存器 IWDG_RLR。

4）等待状态寄存器 IWDG_SR 的值更新为 0x00000000。

5）向 IWDG_KR 寄存器写入 0x0000 AAAA 指令，将 IWDG_RLR 的值刷新到看门狗定时器中。

6）向 IWDG_KR 寄存器写入 0x0000CCCC 指令，使能 IWDG。

15.1.2 特殊状态下的 IWDG

1. 硬件看门狗

如果在选项字节中打开了"硬件看门狗"功能，那么在系统上电时，IWDG 会被自动打开。如果没有在看门狗计数器计数结束或者在非重加载窗口时间向关键字寄存器写入正确的值，那么将会产生硬件复位请求。

2. 调试模式

当微控制器进入调试模式时（内核被暂停），看门狗计数器可以继续运行，也可以被停止。这取决于 DBG 模块中的 DBG_IWDG_STOP 选项的配置。

15.2 窗口看门狗

窗口看门狗（WWDG）使用系统时钟支持运行，在一个程序设定的时间窗口之内，必须由软件进行干预，否则将会产生复位操作，因而称其为窗口看门狗。

15.2.1 WWDG 的内部结构和时间窗口

WWDG 通常用于监测由外部干扰或不可预见的逻辑条件造成的应用程序背离正常的运行序列而产生的软件故障。WWDG 的计数时钟由 APB1 时钟经预分频后得到，通过建立一个精确的可编程时间窗口来检测异常发生是否推迟或提前。窗口看门狗的内部结构如图 15-3 所示。

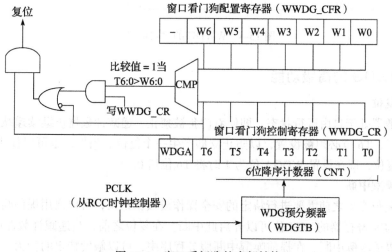

图 15-3　窗口看门狗的内部结构

WWDG 是一个可编程的自由运行递减计数器，来自 APB1 时钟预分频器的 PCLK1 时钟，经 WDC 预分频器分频（$4096 \times 2^{\text{WDGTB}}$）后，得到窗口看门狗的计数时钟。

在系统复位后，窗口看门狗总是处于关闭状态，将 WWDG_CR 寄存器的 WDGA 位置 1
能够开启看门狗，随后它不能再被关闭，直至复位发生。窗口看门狗启动后，7 位的递减计
数器（T[6:0]）开始降序计数，当计数值从 0x40 变为 0x3F（T6 变为 0）时，看门狗将产生一
个复位信号。

应用程序在正常运行过程中，必须定期地写入 WWDG_CR 寄存器的 T[6:0] 位，以保
证 WWDG_CR 寄存器的值始终在 0xFF 和 0xC0 之间，以防止微控制器发生复位。但写入
WWDG_CR 寄存器是有条件的，必须当计数器的值小于窗口配置寄存器 WWDG_CFR 的值
时，才能进行写操作，否则同样会产生复位。这样，在计数器的最小值与 WWDG_CFR 寄存
器的值之间会存在一个时间窗口，具体如图 15-4 所示。

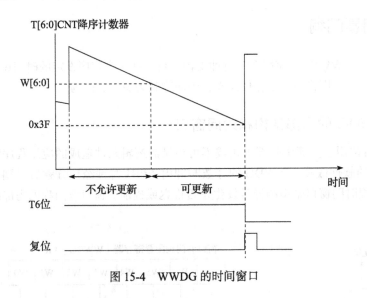

图 15-4　WWDG 的时间窗口

15.2.2　WWDG 的高级功能

1. 软件复位

递减计数器处于自由运行状态，即使看门狗被禁止，递减计数器仍继续递减计数。当看
门狗被启用时，T6 位必须被设置，以防止立即产生一个复位。当然，也可以使用 T6 位来产
生一个软件复位，即在设置 WDGA 位为 1 时将 T6 位清 0。

2. 提前唤醒中断

如果在复位产生之前需要进行特定的安全操作或数据记录，可以启用提前唤醒中断。设
置 WWDG_CFR 寄存器的 WEI 位可以开启此中断。在复位之前，当递减计数器的值为 0x40
时，则产生提前唤醒中断。在提前唤醒中断服务程序中，可以触发特定的行为，例如启动通
信或数据记录等。

在有些应用中，使用窗口看门狗监控程序的最终目的并不是复位，而仅仅是降低故障带
来的损失，使故障弱化。这时可以使用提前唤醒中断，并在中断服务程序中重加载 WWDG

计数器，以避免 WWDG 复位，然后触发必要的处理动作。使用提前唤醒中断要考虑到如果系统锁定在更高优先级的任务上，将使提前唤醒中断不能及时执行，并最终导致 WWDG 复位。

3. 调试模式下的 WWDG

当微控制器进入调试模式时（Cortex-M0 内核停止），根据调试模块中 DBG_WWDG_STOP 配置位的状态，WWDG 的计数器可以继续正常工作或停止。

15.3 看门狗函数

15.3.1 看门狗类型定义

输出类型 15-1：IWDG HAL 状态结构定义

HAL_IWDG_StateTypeDef

```
typedef enum
{
  HAL_IWDG_STATE_RESET     = 0x00,    /* IWDG 没有初始化或禁用 */
  HAL_IWDG_STATE_READY     = 0x01,    /* IWDG 已初始化或准备使用 */
  HAL_IWDG_STATE_BUSY      = 0x02,    /* IWDG 内部处理正在进行 */
  HAL_IWDG_STATE_TIMEOUT   = 0x03,    /* IWDG 起时状态 */
  HAL_IWDG_STATE_ERROR     = 0x04     /* IWDG 错误状态 */
}HAL_IWDG_StateTypeDef;
```

输出类型 15-2：IWDG 初始化结构定义

IWDG_InitTypeDef

```
typedef struct
{
uint32_t Prescaler;    /* 选择 IWDG 预分频器，该参数可以是 IWDG_Prescaler 的值之一 */
uint32_t Reload;       /* 指定 IWDG 降序计数重装值，该参数可以在 Min_Data=0 至 Max_Data=0x0FFF
                          值之间 */
uint32_t Window;       /* 指定与降序计数器比较的窗口值，该参数必须在 Min_Data = 0 至 Max_Data=
0x0FFF 之间 */
} IWDG_InitTypeDef;
```

输出类型 15-3：IWDG 处理结构定义

IWDG_HandleTypeDef

```
typedef struct
{
  IWDG_TypeDef               *Instance;    /* 寄存器基地址 */
  IWDG_InitTypeDef           Init;         /* IWDG 请求参数 */
  HAL_LockTypeDef            Lock;         /* IWDG 锁定对象 */
  __IO HAL_IWDG_StateTypeDef State;        /* IWDG 通信状态 */
}IWDG_HandleTypeDef;
```

15.3.2 看门狗常量定义

输出常量 15-1：IWDG 预分频器

状态定义	释 义
IWDG_PRESCALER_4	IWDG 预分频系数设置为 4
IWDG_PRESCALER_8	IWDG 预分频系数设置为 8
IWDG_PRESCALER_16	IWDG 预分频系数设置为 16
IWDG_PRESCALER_32	IWDG 预分频系数设置为 32
IWDG_PRESCALER_64	IWDG 预分频系数设置为 64
IWDG_PRESCALER_128	IWDG 预分频系数设置为 128
IWDG_PRESCALER_256	IWDG 预分频系数设置为 256

输出常量 15-2：IWDG 窗口

状态定义	释 义
IWDG_WINDOW_DISABLE	IWDG 窗口模式禁用

15.3.3 看门狗函数定义

函数 15-1

函数名	**HAL_IWDG_Init**
函数原型	HAL_StatusTypeDef **HAL_IWDG_Init** (IWDG_HandleTypeDef * hiwdg)
功能描述	通过 IWDG_InitTypeDef 中指定的参数初始化 IWDG 和初始化相关处理
输入参数	hiwdg：指向 IWDG_HandleTypeDef 结构的指针，包含指定 IWDG 模块的配置信息
先决条件	无
注意事项	无
返回值	HAL 状态

函数 15-2

函数名	**HAL_IWDG_MspInit**
函数原型	void **HAL_IWDG_MspInit** (IWDG_HandleTypeDef * hiwdg)
功能描述	初始化 IWDG 微控制器特定程序包
输入参数	hiwdg：指向 IWDG_HandleTypeDef 结构的指针，包含指定 IWDG 模块的配置信息
先决条件	无
注意事项	无
返回值	无

函数 15-3

函数名	**HAL_IWDG_Refresh**
函数原型	HAL_StatusTypeDef **HAL_IWDG_Refresh** (IWDG_HandleTypeDef * hiwdg)
功能描述	刷新 IWDG
输入参数	hiwdg：指向 IWDG_HandleTypeDef 结构的指针，包含指定 IWDG 模块的配置信息
先决条件	无
注意事项	无
返回值	HAL 状态

函数 15-4

函数名	**HAL_IWDG_Start**
函数原型	HAL_StatusTypeDef **HAL_IWDG_Start** (IWDG_HandleTypeDef * hiwdg)
功能描述	启动 IWDG
输入参数	hiwdg: 指向 IWDG_HandleTypeDef 结构的指针，包含指定 IWDG 模块的配置信息
先决条件	无
注意事项	无
返回值	HAL 状态

函数 15-5

函数名	**HAL_IWDG_GetState**
函数原型	HAL_IWDG_StateTypeDef **HAL_IWDG_GetState** (IWDG_HandleTypeDef * hiwdg)
功能描述	返回 IWDG 处理状态
输入参数	hiwdg: 指向 IWDG_HandleTypeDef 结构的指针，包含指定 IWDG 模块的配置信息
先决条件	无
注意事项	无
返回值	HAL 状态

函数 15-6

函数名	**HAL_WWDG_DeInit**
函数原型	HAL_StatusTypeDef **HAL_WWDG_DeInit** (WWDG_HandleTypeDef * hwwdg)
功能描述	反初始化窗口看门狗外设
输入参数	hwwdg: 指向 WWDG_HandleTypeDef 结构的指针，包括指定窗口看门狗模块的配置信息
先决条件	无
注意事项	无
返回值	HAL 状态

函数 15-7

函数名	**HAL_WWDG_Init**
函数原型	HAL_StatusTypeDef **HAL_WWDG_Init** (WWDG_HandleTypeDef * hwwdg)
功能描述	通过 WWDG_InitTypeDef 指定的参数初始化窗口看门狗和初始化相关处理
输入参数	hwwdg: 指向 WWDG_HandleTypeDef 结构的指针，包含指定窗口看门狗模块的配置信息
先决条件	无
注意事项	无
返回值	HAL 状态

函数 15-8

函数名	**HAL_WWDG_MspDeInit**
函数原型	void **HAL_WWDG_MspDeInit** (WWDG_HandleTypeDef * hwwdg)
功能描述	反初始化窗口看门狗微控制器特定程序包
输入参数	hwwdg: 指向 WWDG_HandleTypeDef 结构的指针，包含指定窗口看门狗模块的配置信息
先决条件	无
注意事项	无
返回值	无

函数 15-9

函数名	HAL_WWDG_MspInit
函数原型	void **HAL_WWDG_MspInit** (WWDG_HandleTypeDef * hwwdg)
功能描述	初始化窗口看门狗微控制器特定程序包
输入参数	hwwdg: 指向 WWDG_HandleTypeDef 结构的指针,包含指定窗口看门狗模块的配置信息
先决条件	无
注意事项	无
返回值	无

函数 15-10

函数名	HAL_WWDG_IRQHandler
函数原型	void **HAL_WWDG_IRQHandler** (WWDG_HandleTypeDef * hwwdg)
功能描述	处理窗口看门狗中断请求
输入参数	hwwdg: 指向 WWDG_HandleTypeDef 结构的指针,包含指定窗口看门狗模块的配置信息
先决条件	无
注意事项	EWI 中断在调用 HAL_WWDG_Start_IT 函数时启用,当降序计数器达到 0x40 值时,EWI 中断产生,相应的中断服务程序 (ISR) 可以用来重置计数器或触发特定行为(如通信或数据日志记录)
返回值	无

函数 15-11

函数名	HAL_WWDG_Refresh
函数原型	HAL_StatusTypeDef **HAL_WWDG_Refresh** (WWDG_HandleTypeDef * hwwdg, uint32_t Counter)
功能描述	刷新窗口看门狗
输入参数 1	hwwdg: 指向 WWDG_HandleTypeDef 结构的指针,包含指定窗口看门狗模块的配置信息
输入参数 2	Counter: 输入窗口看门狗计数器的值
先决条件	无
注意事项	无
返回值	HAL 状态

函数 15-12

函数名	HAL_WWDG_Start
函数原型	HAL_StatusTypeDef **HAL_WWDG_Start** (WWDG_HandleTypeDef * hwwdg)
功能描述	启动窗口看门狗
输入参数	hwwdg: 指向 WWDG_HandleTypeDef 结构的指针,包含指定窗口看门狗模块的配置信息
先决条件	无
注意事项	无
返回值	HAL 状态

函数 15-13

函数名	HAL_WWDG_Start_IT
函数原型	HAL_StatusTypeDef **HAL_WWDG_Start_IT** (WWDG_HandleTypeDef * hwwdg)
功能描述	启动窗口看门狗并使能中断
输入参数	hwwdg：指向 WWDG_HandleTypeDef 结构的指针，包含指定窗口看门狗模块的配置信息
先决条件	无
注意事项	无
返回值	HAL 状态

函数 15-14

函数名	HAL_WWDG_WakeupCallback
函数原型	void **HAL_WWDG_WakeupCallback** (WWDG_HandleTypeDef * hwwdg)
功能描述	窗口看门狗提前唤醒回调
输入参数	hwwdg：指向 WWDG_HandleTypeDef 结构的指针，包含指定窗口看门狗模块的配置信息
先决条件	无
注意事项	无
返回值	无

函数 15-15

函数名	HAL_WWDG_GetState
函数原型	HAL_WWDG_StateTypeDef **HAL_WWDG_GetState** (WWDG_HandleTypeDef * hwwdg)
功能描述	返回窗口看门狗处理状态
输入参数	hwwdg：指向 WWDG_HandleTypeDef 结构的指针，包含指定窗口看门狗模块的配置信息
先决条件	无
注意事项	无
返回值	HAL 状态

15.4　IWDG 应用实例

　　独立看门狗使用与微控制器内核不同的时钟源，在电路上也与微控制器的其他部分隔离，这相当于在微控制器外部链接一个外置看门狗，它不仅可以解决软件的运行故障，也可以处理因时钟失效等硬件问题引发的故障。以下我们将配置独立看门狗来监控微控制器的运行，在使用 STM32CubeMX 软件生成开发项目时，在 "Pinout" 视图中，对引脚、外设的配置如图 15-5 所示。

　　在 "Clock Configuration" 视图中，对时钟的配置如图 15-6 所示。

　　在 "Configuration" 视图下，将 IWDG 的预分频系数设置为 4，重装值设为 4000。具体参数配置如图 15-7 所示。

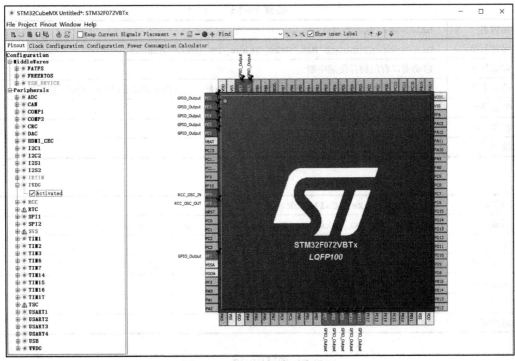

图 15-5 独立看门狗引脚设置

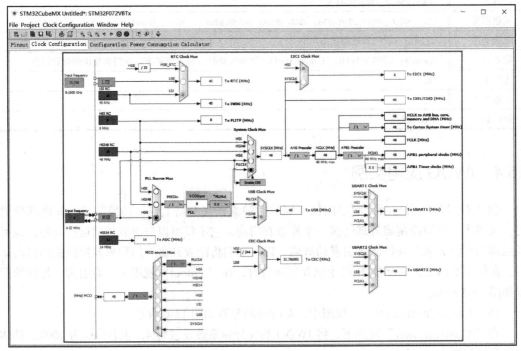

图 15-6 独立看门狗时钟设置

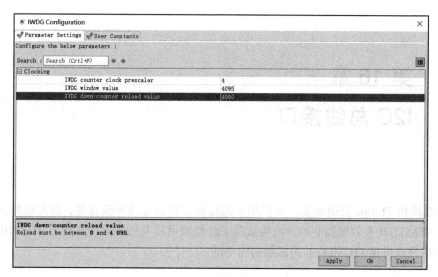

图 15-7　独立看门狗参数配置

使用独立看门狗监控微控制器运行的程序详见代码清单 15-1。

代码清单 15-1　独立看门狗监控微控制器（main.c）（在附录 J 中指定的网站链接下载源代码）

第 16 章
I2C 总线接口

I2C 总线由 Philips 公司开发，主要用于连接微控制器及其外围设备，因此也称其为芯片间总线。STM32F0 系列微控制器片内集成的 I2C 模块可以与外围器件进行芯片间的串行数据通信，本章重点讲述 I2C 模块的内部结构和功能。

16.1　I2C 模块概述

STM32F072VBT6 微控制器的 I2C 模块支持主机和从机模式，并且支持多主机功能。模块可以控制 I2C 总线上特定的时序、协议、仲裁和定时等功能，并且与系统管理总线 SMBus 兼容。

16.1.1　I2C 模块的功能

STM32F072VBT6 微控制器片内集成有 2 个 I2C 模块，其中 I2C1 模块支持标准、快速和超快速模式，具体功能配置详见表 16-1。在标准通信模式下，速率为 100kbit/s，在快速和超快速通信模式下，速率可达 400kbit/s 和 1Mbit/s。当模块启用了 SM 总线功能时，附加的 ALERT（SMBA）引脚将被使能。当 I2C 模块配置成从机模式时，模块本身具有 2 个可编程的 7 位地址或者 1 个可编程的 10 位地址。

表 16-1　I2C 模块的功能配置

I2C 特性	I2C1	I2C2
7 位地址模式	√	√
10 位地址模式	√	√
标准模式（最高 100kbit/s）	√	√
快速模式（最高 400kbit/s）	√	√
独立时钟	√	×
SM 总线	√	×
从停止模式唤醒	√	×
超快速模式（最高 1Mbit/s）及增强 I/O 驱动	√	√

注："√" 已配备，"×" 未配备。

I2C1 模块的内部结构如图 16-1a 所示。I2C1 模块的时钟不是来自于 PCLK 时钟，而是由 HSI 或 SYSCLK 直接驱动，I/O 端口支持增强的 20mA 电流输出能力，以适应超快速模式的需要。I2C2 与 I2C1 的功能大体相同，但 I2C2 不支持 SM 总线，也不能将微控制器从停止模式唤醒，其工作时钟来自于 PCLK。I2C2 模块的内部结构如图 16-1b 所示。

16.1.2　I2C 工作模式

I2C 模块可以工作在从机发送、从机接收、主机发送和主机接收 4 种模式下。微控制器复位后，I2C 模块工作在从机模式下，当模块在软件控制下产生起始条件后自动从从机模式切换到主机模式。当 I2C 模块由于总线仲裁丢失或产生停止信号后，则从主模式切换回从模式。

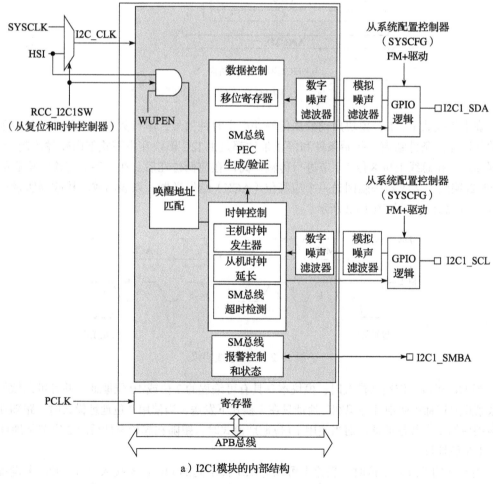

a）I2C1模块的内部结构

图 16-1　I2C1 和 I2C2 模块的内部结构

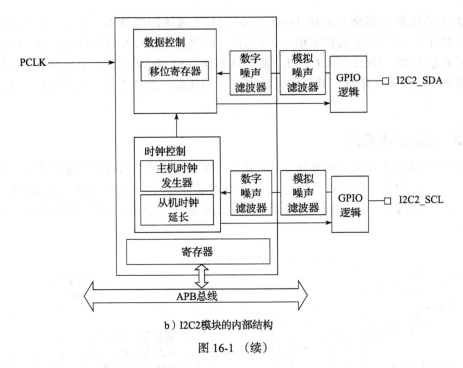

b）I2C2模块的内部结构

图 16-1 （续）

在主机模式下，I2C 模块启动数据传输并产生时钟信号，串行数据传输总是以起始条件开始并以停止条件结束。起始条件和停止条件都是由 I2C 模块在主模式下由软件控制产生，数据和地址在总线上按 8 位 / 字节进行传输，高位在前低位在后。在一字节传输完毕后的第 9 个时钟期间，接收器必须回送一个应答位（ACK）给发送器，以表明成功接收到所发送的信号。I2C 总线协议如图 16-2 所示。

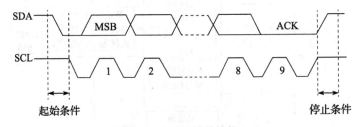

图 16-2 I2C 总线协议

当 I2C 接口工作在从模式时，模块本身具有可编程的 7 位或 10 位地址，并且可以软件开启或禁止对广播呼叫地址的识别。地址只在主模式下发送，当使用 7 位地址模式时，跟随在起始条件后的 1 字节是地址，而当使用 10 位地址模式时，跟随在起始条件后的 2 字节是地址。

1. 7 位地址

当器件的地址是 7 位时，理论上可以有 127 种不同的 I2C 设备接入总线。I2C 主设备在每次进行数据传输时，都会先发送一字节进行寻址。该字节是紧跟在起始条件之后发送的，它既包含了要与之通信的从器件的地址，也包含了接下来通信的方向（写或读）。7 位的地址格式时寻址字节的定义如下：

地址位 6	地址位 5	地址位 4	地址位 3	地址位 2	地址位 1	地址位 0	R/$\overline{W}$ 位

位 7   位 0

在 7 位地址的寻址字节中，器件的地址占用了寻址字节的高 7 位，最低位是 R/$\overline{W}$ 位，用来表示数据的传输方向（读或写）。当该位为 1 时，表示接下来主器件要对从器件进行读操作，数据传输是由从器件向主器件发送数据。当该位为 0 时，表示接下来主器件要对从器件进行写操作，数据传输是由主器件向从器件发送数据。

2. 10 位地址

10 位地址和 7 位地址兼容，而且可以在总线上结合使用。10 位地址格式时寻址字节由一个变为两个，其中第一字节称为头字节，使用保留的 "11110XX" 作为头字节的高 7 位，"XX" 为地址位 9 和地址位 8，最后是方向位 R/$\overline{W}$，头字节的格式如下：

1	1	1	1	0	地址位 9	地址位 8	R/$\overline{W}$ 位

位 7   位 0

头字节之后跟随的是低 8 位的地址字节，具体格式如下：

地址位 7	地址位 6	地址位 5	地址位 4	地址位 3	地址位 2	地址位 1	地址位 0

位 7   位 0

16.1.3 I2C 的初始化

I2C 初始化配置必须在使能 I2C 外设之前进行，具体过程如图 16-3 所示。

1. 启用时钟和外设

在使能 I2C 外设之前，需要在时钟控制器中配置并启用 I2C 外设时钟，之后再通过设置 I2Cx_CR1 寄存器的 PE 位来使能 I2C 模块。当 I2C 被禁用时（PE = 0），I2C 内部执行软件复位，SDA 线和 SCL 线都被释放，内部状态机复位，所有的通信控制位和状态位回到它们的复位值。

2. 设置噪声滤波器

I2C 模块的 SCL 和 SDA 引脚均配有数字和模拟噪声滤波器，在启用 I2C 模块之前可以对其进行配置。I2C 模块的模拟噪声滤波器用于抑制 SDA 和 SCL 线上 50 纳秒宽度以内的尖峰脉冲，其工作方式符合 I2C 总线快速模式和超快速模式规范的要求。默认情况下，当启用 I2C

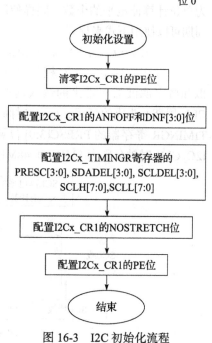

图 16-3 I2C 初始化流程

模块时，模拟噪声滤波器为开启状态，用户可以通过设置 I2Cx_CR1 寄存器的 ANFOFF 位来将其禁用。另外，软件编程 I2Cx_CR1 寄存器的 **DNF[3:0]** 位，可以使能或配置数字噪声滤波器。

3. 配置时钟

I2C1 模块的时钟（I2C_CLK）由 HSI 或 SYSCLK 驱动，I2C2 模块的时钟则仅由 PCLK 时钟驱动。I2C_CLK 经模块内部的时序预分频器分频后，为数据的建立和保持时间计数器以及 SCL 高低电平计数器产生计数时钟周期 t_{PRESC}。I2C 工作时钟的原理如图 16-4 所示，计数时钟与 I2C 工作时钟的关系可用下式表示：

$$t_{\text{PRESC}} = (\text{PRESC} + 1) \times t_{\text{I2C\_CLK}}$$

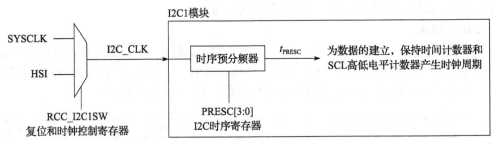

图 16-4 I2C1 的时钟原理

在启动外设之前，必须设置 I2Cx_TIMINGR 寄存器的 SCLH 和 SCLL 位来配置 I2C 时钟。I2Cx_TIMINGR 寄存器的 SCLH[7:0] 和 SCLL[7:0] 位域用于指定 SCL 线上时钟高低电平的存在时间。当 SCL 线上低电平检测开始时，I2C 接口使用 SCLL 计数器以 $t_{\text{I2C\_CLK}} \times (\text{PRESC} + 1)$ 为单位计算低电平的个数，同样使用 SCLH 计数器计算高电平的个数。I2C 主模式下的时钟周期可以使用下式来计算：

$$t_{\text{SCL}} = t_{\text{SYNC1}} + t_{\text{SYNC2}} + \{[(\text{SCLH} + 1) + (\text{SCLL} + 1)] \times (\text{PRESC} + 1) \times t_{\text{I2C\_CLK}}\}$$

上式中，$t_{\text{I2C\_CLK}}$ 是 I2C 模块的工作时钟周期，t_{SYNC1} 时间取决于 SCL 的下降斜率、模拟和数字滤波器所带来的输入延迟以及 SCL 与 I2C_CLK 的时钟同步（需要 2 ~ 3 个 I2C_CLK 周期）造成的延迟，t_{SYNC2} 时间也与上述因素有关。PRESC 是时序预分频值，与 I2Cx_TIMINGR 寄存器的 PRESC[3:0] 位域相关，I2C 主机模式下时钟的生成如图 16-5 所示，当 I2C_CLK 时钟分别为 8MHz 和 48MHz 时的时钟配置可以参考表 16-2 和表 16-3。

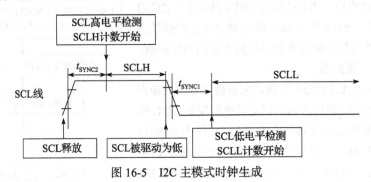

图 16-5 I2C 主模式时钟生成

表 16-2 时序设置（$f_{\text{I2C\_CLK}} = 8\text{MHz}$）

参 数	标准模式（100kHz）	快速模式（400kHz）	超快速模式（500kHz）
$f_{\text{I2C\_CLK}}$	8MHz	8MHz	8MHz
PRESC	1	0	0
SCLL	0x13	0x9	0x6
t_{SCLL}	$20 \times 250\text{ns} = 5.0\mu\text{s}$	$10 \times 125\text{ns} = 1250\text{ns}$	$7 \times 125\text{ns} = 875\text{ns}$
SCLH	0xF	0x3	0x3
t_{SCLH}	$16 \times 250\text{ns} = 4.0\mu\text{s}$	$4 \times 125\text{ns} = 500\text{ns}$	$4 \times 125\text{ns} = 500\text{ns}$
t_{SCL}	$\sim 10\mu\text{s}$	$\sim 2500\text{ns}$	$\sim 2000\text{ns}$
SDADEL	0x2	0x1	0x1
t_{SDADEL}	$2 \times 250\text{ns} = 500\text{ns}$	$1 \times 125\text{ns} = 125\text{ns}$	$1 \times 125\text{ns} = 125\text{ns}$
SCLDEL	0x4	0x3	0x1
t_{SCLDEL}	$5 \times 250\text{ns} = 1250\text{ns}$	$4 \times 125\text{ns} = 500\text{ns}$	$2 \times 125\text{ns} = 250\text{ns}$

注：由于 SCL 内部检测带来的延迟，SCL 周期 t_{SCL} 要大于 $t_{\text{SCLL}} + t_{\text{SCLH}}$。

表 16-3 时序设置（$f_{\text{I2C\_CLK}} = 48\text{MHz}$）

参 数	标准模式（100kHz）	快速模式（400kHz）	超快速模式（1MHz）
$f_{\text{I2C\_CLK}}$	48MHz	48MHz	48MHz
PRESC	0xB	0x5	0x5
SCLL	0x13	0x9	0x3
t_{SCLL}	$20 \times 250\text{ns} = 5.0\mu\text{s}$	$10 \times 125\text{ns} = 1250\text{ns}$	$4 \times 125\text{ns} = 500\text{ns}$
SCLH	0xF	0x3	0x1
t_{SCLH}	$16 \times 250\text{ns} = 4.0\mu\text{s}$	$4 \times 125\text{ns} = 500\text{ns}$	$2 \times 125\text{ns} = 250\text{ns}$
t_{SCL}	$\sim 10\mu\text{s}$	$\sim 2500\text{ns}$	$\sim 875\text{ns}$
SDADEL	0x2	0x3	0x0
t_{SDADEL}	$2 \times 250\text{ns} = 500\text{ns}$	$3 \times 125\text{ns} = 375\text{ns}$	0ns
SCLDEL	0x4	0x3	0x1
t_{SCLDEL}	$5 \times 250\text{ns} = 1250\text{ns}$	$4 \times 125\text{ns} = 500\text{ns}$	$2 \times 125\text{ns} = 250\text{ns}$

注：由于 SCL 内部检测带来的延迟，SCL 周期 t_{SCL} 要大于 $t_{\text{SCLL}} + t_{\text{SCLH}}$。

4. 软件复位

将 I2Cx_CR1 寄存器的 SWRST 位置 1，可以使 I2C 模块软件复位，这时 SCL 和 SDA 线被释放，内部状态机复位，所有的通信控制位和状态位回到它们的复位值，I2C 模块复位后配置寄存器不会受到任何影响。应当说软件复位不是 I2C 模块初始化的必需步骤，但它可以将 I2C 模块置于一个已知的状态。在 I2C 功能模式下复位后受影响的寄存器位如下：

❑ I2Cx_CR2 寄存器：START、STOP、NACK

❑ I2Cx_ISR 寄存器：BUSY、TXE、TXIS、RXNE、ADDR、NACKF、TCR、TC、STOPF、BERR、ARLO、OVR

在 SMBus 功能模式下复位后受影响的寄存器位如下：

❑ I2Cx_CR2 寄存器：PECBYTE

❑ I2Cx_ISR 寄存器：PECERR、TIMEOUT、ALERT

16.1.4 数据传输

I2C 模块通过发送数据寄存器（I2Cx_TXDR）、接收数据寄存器（I2Cx_RXDR）以及一个移位寄存器来处理数据的发送和接收。

1. 数据接收

SDA 线上的串行数据位会填充移位寄存器，在第 8 个 SCL 脉冲之后，一个完整的数据字节会在移位寄存器中恢复完成，这时如果 I2Cx_RXDR 寄存器为空（RXNE = 0），移位寄存器中的内容会硬件复制到 I2Cx_RXDR 寄存器中；如果 I2Cx_RXDR 寄存器非空（RXNE = 1），也就是说先前接收到的数据字节尚未读取，SCL 线将被接收方拉低直到 I2Cx_RXDR 被读取，这个拉伸也称为时钟延长，在接收时时钟延长产生于第 8 至第 9 个 SCL 脉冲之间（应答脉冲之前），I2C 数据接收时序如图 16-6 所示。

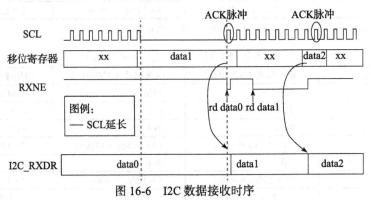

图 16-6 I2C 数据接收时序

2. 数据发送

当发送数据寄存器为空时（TXE = 1），软件将数据写入 I2Cx_TXDR 寄存器后，数据立即送至移位寄存器中，其内容被按位转移到 SDA 线上，并在第 8 个 SCL 脉冲之后发送完成，在第 9 个 SCL 脉冲到来后，接收方会发送一个应答信号（ACK）在总线上。这时，如果 I2Cx_TXDR 寄存器为空（TXE = 1），也就是说 I2Cx_TXDR 寄存器中没有写入数据，SCL 线会被拉低直至 I2Cx_TXDR 有新数据被写入。数据发送的时序如图 16-7 所示。

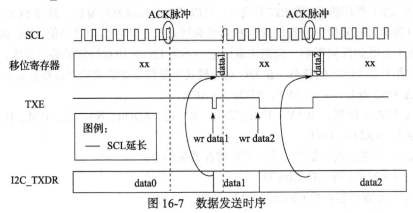

图 16-7 数据发送时序

3. 字节传输管理

I2C 模块内有一个内嵌的字节计数器，可以管理传送的字节数并在指定的字节数传输完毕后生成非应答、停止或重复起始条件。当 I2C 模块工作在主机模式时，字节计数器自动启用，要传输的字节数编程在 I2Cx_CR2 寄存器的 NBYTES[7:0] 位域，当传输的字节数达到了 NBYTES[7:0] 位域中设置字节数时，I2C 模块会按以下方式动作。

❑ 自动结束模式（RELOAD = 0，AUTOEND = 1）：在该模式下，一旦传送字节数达到了 NBYTES[7:0] 位域中设置的字节数，主机会自动发送一个停止条件。

❑ 软件结束模式（RELOAD = 0，AUTOEND = 0）：在该模式下，当发送字节数达到 NBYTES[7:0] 位域中设置的字节数后需要软件干预，代表传输完成的 TC 标志会被置 1，如果 TCIE 位为 1，将产生中断。在 TC 标志置位期间，SCL 信号被拉伸以等待软件的处理，用户可以软件控制将 I2Cx_CR2 寄存器的 START 或 STOP 位置 1 以发送重复起始条件或停止条件，并且软件清除 TC 标志位。当主机需要在传输过程中发送一个 RESTART 条件时，必须使用此模式。

❑ 重装模式（RELOAD = 1，AUTOEND 位无作用）：在该模式下，当 NBYTES 中编程的字节数传输完毕后，TCR 标志被置 1，如果 TCIE 为 1 则会产生一个中断。SCL 时钟在 TCR 标志为 1 期间被拉伸，向 NBYTES 位域写入一个非零值时，TCR 标志会清除。

在从机模式下，字节计数器默认被禁用，但可以通过软件设置 I2Cx_CR2 寄存器的 SBC 位来启用，同时必须选择重载模式（RELOAD = 1），以便允许在从机接收模式下对接收字节的应答（ACK）控制。例如：如果对接收到的每一字节都需要软件决定是否应答，可以在 ADDR 中断服务程序中将 NBYTES 初始化为 1，并在每接收一字节后将 NBYTES 重新加载为 1。这时每当收到一字节，TCR 位（传输完成重加载位）置 1，用户可以从 I2Cx_RXDR 寄存器中读取接收到的数据，然后决定要不要通过设置 I2Cx_CR2 寄存器的 ACK 位来发送应答信号。不仅如此，也可以向 NBYTES 中写入一个比 1 更大的值，在这种情况下会连续接收 NBYTES 个数据之后再软件决定是否应答，I2C 字节传输配置详见表 16-4。

注意：1）SBC 位必须在 I2C 禁用时配置，或者在作为从机没有被寻址时，也可以在 ADDR = 1 时配置。

2）RELOAD 位的值可以在 ADDR = 1 或 TCR = 1 时改变。

3）从机字节控制模式下时钟延长必须使能，不允许在 NOSTRETCH = 1 的时候置位 SBC。

表 16-4 I2C 传输配置

功　能	SBC 位	RELOAD 位	AUTOEND 位
主机发送 / 接收 NBYTES + 停止条件	NC	0	1
主机发送 / 接收 NBYTES + 重复起始条件	NC	0	0
主机连续发送 / 接收数据	NC	1	NC
从机发送 / 接收，所有接收字节均应答	0	NC	NC
从机接收时需要应答控制	1	1	NC

注：NC 为"不用关心"。

16.2　I2C 从机模式

I2C 模块初始化后默认为从机模式，之后将按接收到的 R/W 位的状态自动转入从机发送或从机接收状态。

16.2.1　I2C 从机初始化

从机的初始化过程如图 16-8 所示。从机的初始化过程相对简单，主要是设置从机地址、是否启用从机字节控制、使能中断及 DMA 功能等。

在从机模式下，必须启用至少一个从机地址。两个地址寄存器 I2Cx_OAR1 和 I2Cx_OAR2 都可以用来保存从机的自身地址 OA1 和 OA2。通过设置 I2Cx_OAR1 寄存器的 OA1MODE 位，可以将 OA1 配置为 7 位或 10 位地址模式，并且通过设置 OA1EN 位来启用 OA1。

如果需要额外的从机地址，可以启用第二个从机地址 OA2，方法与启用 OA1 相同。这里需要特别注意的是，OA2 始终是一个 7 位地址，不可以设置为 10 位使用。I2Cx_OAR2 寄存器的 OA2MSK[2:0] 位域用于屏蔽 OA2 地址的某些位，这样可以使 I2C 器件对某一类地址做出特定的回应。例如：当 OA2MSK[2:0] 位域的值为 110 时，地址位 OA2[6:1] 将被屏蔽，只有 OA2[7]参与比较；而当 OA2MSK[2:0] 位域的值为 111 时，收到的所有 7 位地址（保留地址除外）都会被应答。

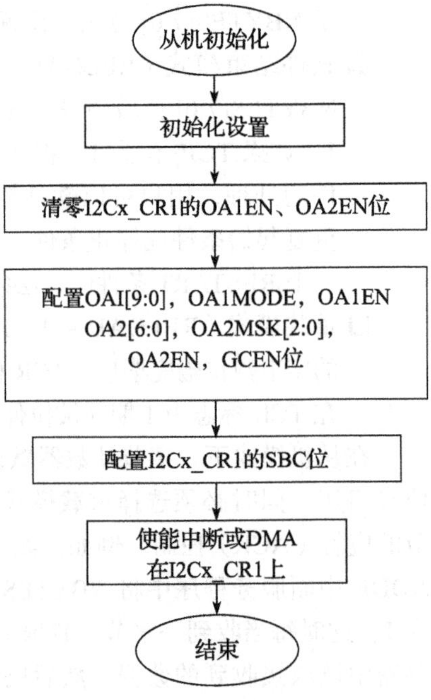

图 16-8　从机初始化过程

当 I2C 器件被寻址后，ADDR 标志被置 1，如果 ADDRIE 位置 1 将会产生一个中断。默认情况下，从机将会开启时钟延长功能，这使其可以根据需要将 SCL 线拉低以便有时间执行内部的软件动作。如果主机不支持时钟延长，必须将 I2Cx_CR1 寄存器的 NOSTRETCH 位置 1 以适应主机的要求。另外，当产生地址中断后，如果启用了多个地址，需要软件读取 I2Cx_ISR 寄存器的 ADDCODE[6:0] 位域以便查询出是哪一个地址被匹配，同时还要检查 DIR 标志，以确定数据的传输方向。

16.2.2　从机时钟延长

时钟延长可以让从机有更多的时间处理自己的内部状态，也可以与同样开启了时钟延长功能的主机之间更紧密地配合。

1. 从机启用时钟延长（NOSTRETCH = 0）

在默认情况下，I2C 从机工作在允许时钟延长方式下，在下列情况发生时从机将拉低 SCL 时钟：

❑ 当接收到的地址和 I2C 模块启用的从机地址之一匹配上时，I2C 从机会拉低 SCL 时钟线，以延缓主机的下一步操作，该延迟将在 ADDR 标志被软件清 0 后释放，清零 ADDR 位的方法是将 ADDRCF 置位 1。

❑ 在从机发送时，如果以前的数据传输完毕后，没有新的数据被写入到 I2Cx_TXDR 寄存器，或者在 ADDR 标志被清除后，还没有将数据写入 I2Cx_TXDR 寄存器（TXE = 1），I2C 从机会拉低 SCL 时钟线，一旦数据被写入 I2Cx_TXDR 寄存器，时钟延长将会被释放。

❑ 在从机接收时，如果 I2Cx_RXDR 寄存器的内容还没有被读走，又有一个新的数据被接收进来，这时从机将拉时钟线，该延长在读取 I2Cx_RXDR 寄存器时被释放。

❑ 在从机字节控制模式下，当启用重载功能时（SBC = 1 和 RELOAD = 1），如果 TCR = 1，意味着当前 NBYTES[7:0] 数量的字节已经发送完毕，这时会启用时钟延长。在向 NBYTES[7:0] 位域中写入一个非零值时会清除 TCR 标志并释放时钟延长。

2. 从机关闭时钟延长（NOSTRETCH = 1）

当 I2Cx_CR1 寄存器的 NOSTRETCH = 1 时，I2C 从机不会延长 SCL 信号，但会置位相应的标志位以处理产生的错误：

❑ 在 ADDR 标志置位时 SCL 时钟不会延长。

❑ 在从机发送时，数据必须在发送的第一个 SCL 脉冲之前写入到 I2Cx_TXDR 寄存器，否则会发生数据欠载，I2Cx_ISR 寄存器的 UDR 标志会置位，如果 I2Cx_CR1 寄存器的 ERRIE 位为 1，会产生一个中断。

❑ 在从机接收时，必须在下一字节到来的第 9 个 SCL 脉冲（ACK）发生前，从 I2Cx_RXDR 寄存器中将数据读走，否则同样会发生数据溢出，OVR 标志被置位，如果 I2Cx_CR1 寄存器的 ERRIE 位为 1，同样会产生一个中断。

16.2.3　从机发送

在允许时钟延长的情况下，从机发送的过程如图 16-9 所示。当从机初始化完成后，一旦 I2C_ISR 寄存器的 ADDR 位置位，即表明从机已经被寻址，这时从机时钟延长开启，如果需要可以软件读取 I2C_ISR 寄

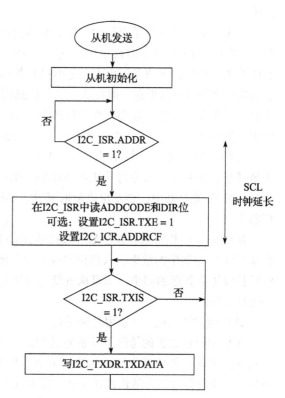

图 16-9　从机发送流程（NOSTRETCH = 0）

存器的 ADDCODE 和 DIR 位，以确定被寻址的从机地址以及数据的传输方向，还可以软件将 I2C_ISR 寄存器的 TXE 位置位来清空 I2C_TXDR 寄存器。当上述处理结束后，可以软件设置 I2C_ICR 寄存器的 ADDRCF 位以清除 ADDR 位，该清除操作将会使从机发送一个应答位，如果之前没有清空 I2C_TXDR 寄存器，其内容将会保存至移位寄存器，并且硬件开启数据的发送。

当 I2C_ISR 寄存器的 TXIS 位置位后，表明发送数据寄存器 I2C_TXDR 为空，这有两种可能，一是之前存入 I2C_TXDR 寄存器的数据已经转移至移位寄存器，二是对于 I2C_TXDR 寄存器的清空操作已经完成。这时如果 I2Cx_CR1 寄存器中的 TXIE 位为 1，则会产生中断。向 I2Cx_TXDR 寄存器中写入要发送的数据，写操作将清除 TXIS 位，数据发送完成后，主机接收方将回应一个应答位在总线上，从机在接收到应答位后 TXIS 位会再次硬件置位。检测 TXIS 置位并持续写入 I2Cx_TXDR 寄存器将可以维持一个数据发送流。

当从机收到一个非应答位（NACK）时，TXIS 位将不会置位，但 I2Cx_ISR 寄存器的 NACKF 位将会置 1，如果 I2Cx_CR1 寄存器的 NACKIE 位为 1，则会产生一个中断。这时从机会自动释放 SCL 和 SDA 线，以便于主机可以执行停止或重复起始条件，当从机收到一个停止条件（STOP）时，I2Cx_ISR 寄存器中的 STOPF 标志会置 1，如果这时 I2Cx_CR1 寄存器的 STOPIE 位为 1，就会产生一个中断，从机接收到停止条件后也表明本次数据传输结束。

在大多数的从机发送应用中，从机字节控制是禁用的（SBC = 0），这时在发送数据寄存器中有数据（TXE = 0）时被主机寻址（ADDR = 1），可以选择将 I2Cx_TXDR 寄存器中的内容作为第一个数据字节发送出去，也可以将 TXE 位置 1 清空 I2Cx_TXDR 寄存器以便写一个新的数据字节并进行发送。但在从机字节控制模式（SBC = 1）下，对于发送字节的数量有严格要求，待发送的字节数必须在地址匹配（ADDR = 1）中断服务程序中写入到 NBYTES 位域中，传输过程中的 TXIS 事件个数与 NBYTES 中写入的值对应。

另外，当时钟延长被禁止（NOSTRETCH = 1）时，SCL 时钟在 ADDR 标志置位（从机被寻址）的时候无法等待从机在 ADDR 中断子程序中将第一个待发送的数据字节写入到 I2Cx_TXDR 寄存器中，要发送该数据字节，必须在从机被寻址之前预先写到 I2Cx_TXDR 寄存器中。

从机被寻址并发送应答位后，按接收到的 R/W 位的状态自动转入发送状态，并将保存在 TXDR 寄存器中的数据送入移位寄存器中开始发送，如果移位寄存器中没有数据，就将时钟延长以等待数据的到来，如果从机禁用时钟延长，将置位相关的错误中断标志位并交由软件进行干预。

❑ 从机发送实例一（禁用时钟延长）

在禁用时钟延长的情况下从机发送数据的过程如图 16-10 所示。在从机完成初始化且没有被寻址之前，软件将待发送的数据字节 1 写入 TXDR 寄存器中（EV1）。当从机被寻址后自动发送应答位并转为从机发送模式，保存在 TXDR 寄存器中的数据字节 1 转移至移位寄存器中，此时 TXE 位和 TXIS 位均置位，表明 TXDR 为空且第一字节已经开始发送。在字节 1

发送过程中，软件再次将字节 2 写入 TXDR 寄存器中（EV2），每收到一个应答位，TXE 位和 TXIS 位都将置位，当从机接收到来自主机的非应答信号后，先前已经写入到 TXDR 寄存器中的数据将不再保存至移位寄存器，TXE 位和 TXIS 位也将不会置位，本次数据传输在主机产生的停止条件后结束。

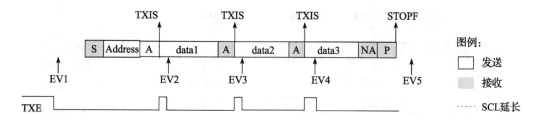

EV1：写data1
EV2：TXIS ISR：写data2
EV3：TXIS ISR：写data3
EV4：TXIS ISR：写data4（未发送）
EV5：TXIS ISR：（可选设置TXE和TXIS位）设置STOPCF

图 16-10　从机发送（禁用时钟延长）

❏ 从机发送实例二（使能时钟延长）

使能时钟延长的从机发送过程如图 16-11 所示。在从机没有被寻址之前，发送数据 1 已经写入 TXDR 寄存器中，当从机被寻址后 ADDR 标志位置 1，此时时钟延长开启以等待从机做相应的软件处理，之后软件置位 ADDRCF 位以清除 ADDR 标志（EV1）。该清除操作将使从机自发送一个应答位，表示从机已准备好进行下一步操作，同时将写入 TXDR 寄存器中的字节 1 移送至移位寄存器中开始发送。当字节 2 发送完毕并接收到来处主机的应答位后，待发送的字节 3 未及时写入 TXDR 中，这时从机又会再次拉低 SCL 线，直至将字节 3 写入 TXDR 中。同样当从机收到非应答信号时，TXIS 位不再置位且保存至 TXDR 寄存器中的字节 4 也不能被发送。

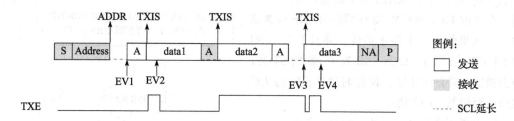

EV1：ADDR ISR：检测ADDCODE和DIR位，设置ADDRCF位
EV2：TXIS ISR：写data2
EV3：TXIS ISR：写data3
EV4：TXIS ISR：写data4（未发送）

图 16-11　从机发送（使能时钟延长）

在从机被寻址后，在软件清除 ADDR 位之前，可以将 TXE 位置位以清空 TXDR 寄存器。当从机发送应答位后，TXDR 寄存器为空，这会导致 TXIS 位置位，从机再次将 SCL 线拉低，以等待数据的写入。本例与之前的不同之处在于从机被寻址后对 TXDR 进行了一次清除操作。具体传输过程如图 16-12 所示。

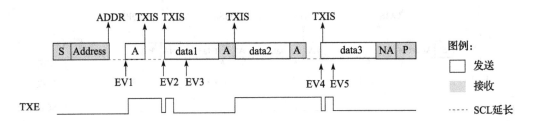

EV1：ADDR ISR：检测ADDCODE和DIR位，设置TXE和ADDRCF位
EV2：TXIS ISR：写data1
EV3：TXIS ISR：写data2
EV4：TXIS ISR：写data3
EV5：TXIS ISR：写data4（未发送）

图 16-12　从机发送（使能时钟延长并清空 TXDR）

16.2.4　从机接收

相对于从机发送，接收的过程显得非常简单。在从机被寻址后，可以软件读取 I2C_ISR 寄存器的 ADDCODE 位和 DIR 位，并设置 I2C_ICR 寄存器的 ADDRCF 位以清除 ADDR 位，按照寻址字节方向位的设置，从机自动转入接收模式。当 I2Cx_ISR 寄存器的 RXNE 置位时，表示 I2Cx_RXDR 中已经保存有接收到的数据，如果 I2Cx_CR1 寄存器的 RXIE 为 1 则会产生一个中断。在读取 I2Cx_RXDR 寄存器后 RXNE 位被清除。当从机收到一个停止条件，并且 I2Cx_CR1 的 STOPIE 被置 1，I2Cx_ISR 寄存器的 STOPF 位会被置 1 并产生中断。使能时钟延长时的从机接收流程如图 16-13 所示。

❑ 从机接收实例一（使能时钟延长）

在允许时钟延长的情况下，从机接收数据的过程如图 16-14 所示。当 ADDR 位置位后，时钟延长被使能，这时从机可以读取 I2C_ISR 寄存器的 ADDCODE 位和 DIR 位用于相关处理，之

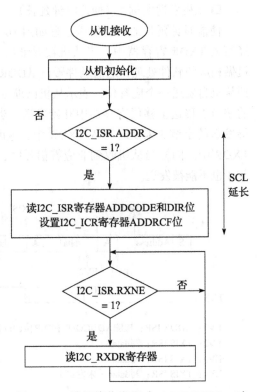

图 16-13　从机接收流程（NOSTRETCH＝0）

后软件设置 I2C_ICR 寄存器的 ADDRCF 位以清除 ADDR 位，从机自动转入接收状态。从机每接收到一个数据字节，RXNE 位都会置位，读取 RXDR 寄存器可以清除 RXNE 位，当接收到的数据没有及时读取时，从机时钟延长会使能。

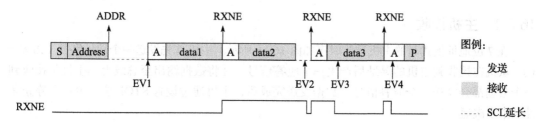

EV1：ADDR ISR：检测ADDCODE和DIR位，设置ADDRCF位
EV2：RXNE ISR：读data1
EV3：RXNE ISR：读data2
EV4：RXNE ISR：读data3

图 16-14　从机接收（使能时钟延长）

❑ 从机接收实例二（禁用时钟延长）

在禁用时钟延长的情况下，从机接收数据的过程如图 16-15 所示。与上述示例不同的是，禁用时钟延长后，接收到的数据需及时读取，否则会发生数据溢出错误。

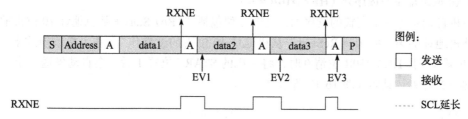

EV1：RXNE ISR：读data1
EV2：RXNE ISR：读data2
EV3：RXNE ISR：读data3
EV4：STOPF：设置STOPCF

图 16-15　从机接收（禁用时钟延长）

16.3　I2C 主模式

默认情况下 I2C 模块工作在从机模式，当通过设置 I2C_CR2 寄存器的 START 位在总线上产生起始条件后，器件就进入到主机模式。这时，I2C 接口启动数据传输并产生时钟信号。串行数据传输总是以起始条件开始并以停止条件结束。

为了启动通信，必须在 I2Cx_CR2 寄存器中设置从机地址参数，具体包括地址模式（7位或 10 位）、要发送的从机地址（SADD[9:0]）、传输方向（RD_WRN）、是否使用 10 位地址读（HEAD10R）以及要传输的字节数（NBYTES[7:0]）等。当以上参数配置完成后，可以软件设置 I2Cx_CR2 寄存器的 START 位，这时 I2C 接口只要检测到总线空闲，将自动发送起始条件并在总线仲裁成功后获得总线的控制权。

16.3.1　主机接收

在 7 位地址模式时的主机接收时序如图 16-16 所示。主机首先发送一个地址字节（R/W = 1），从机在接收到主机的寻址后产生一个应答信号，并将数据输出至总线上，主机每接收到一个数据都会发送一个应答信号。数据发送完成后，主机通过设置 STOP 位产生一个停止条件结束本次通信。

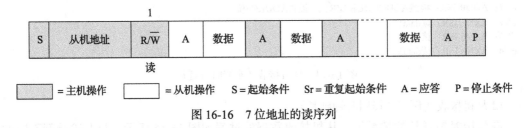

图 16-16　7 位地址的读序列

当使用 10 位地址时，寻址字节由 7 位地址时的 1 个变为 2 个，10 位地址的读序列如下。

1. 10 位地址完整读序列（HEAD10R = 0）

主机自动发送一个完整的读序列，这个序列包括"（Re）Start + 从机地址 10 位头的写操作 + 从机地址的第二字节 + ReStart + 从机地址 10 位头的读操作"。在主机读模式下（RD_WRN 位置 1）且 HEAD10R 位清 0 时，将主机的 START 位置 1 后，会自动发送一个完整的 10 位地址读序列，具体如图 16-17 所示。

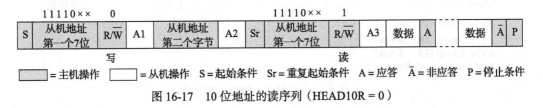

图 16-17　10 位地址的读序列（HEAD10R = 0）

2. 10 位地址头只读序列（HEAD10R = 1）

在主机读模式（RD_WRN 位置 1）且 HEAD10R 位置 1 时，将主机的 START 位置 1 后，将会只发送一个"ReStart + 从机地址 10 位头的读操作"序列。这种方法不能单独使用，而应当建立在前期在主机写模式（RD_WRN 位清 0）时，主机已经向从机寻址并写入若干信息的基础上，而且两次在对从机的寻址间不能有停止条件出现。从器件在接收到上述序列后，开始输出自身数据，具体过程如图 16-18 所示。这种方法非常适用于对某一个 I2C 存储器件的读取。可以先将从器件的存储器单元地址写入，之后仅发送一个"从机地址 10 位头的读操作"，即可开始从指定地址单元读取信息。

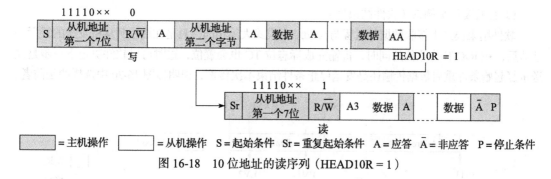

图 16-18　10 位地址的读序列（HEAD10R = 1）

主机接收时，在每字节接收完毕后的第 8 个 SCL 时钟脉冲期间，RXNE 标志会硬件置 1。如果 I2Cx_CR1 寄存器的 RXIE 位为 1，则会产生中断。当软件读取 I2Cx_RXDR 寄存器时 RXNE 位会被硬件清零。

默认情况下，主机接收的字节数由 NBYTES 位域指定，总数不应大于 255（RELOAD = 0）。当 NBYTES 个数据已传输完成后，如果工作在自动结束模式下（AUTOEND = 1），主机在收到最后一字节后会自动发送 NACK 和一个 STOP 条件；而如果工作在软件结束模式下（AUTOEND = 0），在收到最后一字节后会自动发送一个 NACK，TC 标志会硬件置位，SCL 线被拉低，这时可以软件发送 START 或 STOP 条件，并且这两种操作都将会清除 TC 标志；如果数据要接收的字节数大于 255，必须选择重加载模式（RELOAD = 1）。当 NBYTES 字节传输完成后，TCR 标志被置位，SCL 线被拉低直至 NBYTES 中被写入一个非零值。

❑ 主机接收实例一（自动结束模式）

主机在自动结束模式下接收两字节的过程如图 16-19 所示。主机在初始化过程中，已将从机地址、待传送的字节数（设置为 2 字节）设置完毕，并且设置主机字节接收完成后为自动结束模式。初始化完成后，主机发送起始条件，并跟随从机地址，从机在被寻址后发送一个应答位响应，并随即将第一字节发送到总线上供主机读取。主机在成功读取到从机发送的字节后，RXNE 位会置位，并自动发送一个应答位在总线上，软件读取 RXDR 寄存器后 RXNE 位硬件清零（EV1），当主机接收到第二字节后，将不再发送应答位，而是发送一个非应答位，用于通知从机结束发送数据，之后主机将自动发送一个停止位以结束本次传输。

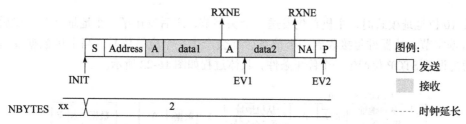

INIT：编程从器件地址，编程 NBYTES = 2，AUTOEND = 1，设置 START 位
EV1：RXNE ISR：读 data1
EV2：RXNE ISR：读 data2

图 16-19　主机接收时序（自动结束模式）

❑ 主机接收实例二（软件结束模式）

软件结束模式下接收数据的过程与自动结束模式大体相同，只是在接收到从机发送的最后一字节后，在 RXNE 位置位的同时，传输完成标志位 TC 也会置位，这时可以软件决定下一步是发送重复起始条件重启数据传输还是发送停止条件结束本次传输，很明显图 16-20 中选择的是前者。

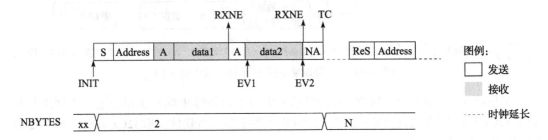

INIT：编程从器件地址，编程NBYTES = 2，AUTOEND = 0，设置START位
EV1：RXNE ISR：读data1
EV2：RXNE ISR：读data2
EV3：TC ISR：编程从器件地址，编程NBYTES = N，设置START位

图 16-20　主机接收时序（软件结束模式）

16.3.2　主机发送

在 7 位地址模式时，主机首先发送一个地址字节（R/W = 0），之后软件控制将数据依次发送至从器件，从器件每接收到一个信息后都会产生一个应答信号，当主机数据发送完成后，通过设置 STOP 位产生一个停止条件结束本次通信，主机发送的过程如图 16-21 所示。

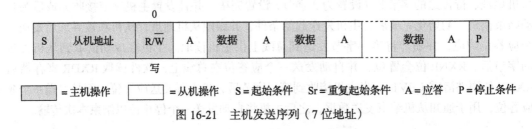

图 16-21　主机发送序列（7 位地址）

在 10 位地址模式时，主机首先发送一个头字节，之后发送第二个地址字节，然后依次发送数据字节，从器件每接收到一个信息后都会产生一个应答信号。当主机数据发送完毕后，通过设置 STOP 位产生一个停止条件，具体过程如图 16-22 所示。

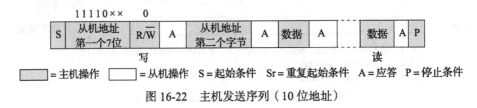

图 16-22　主机发送序列（10 位地址）

在主机发送情况下，每字节发送完之后，TXIS 标志会硬件置 1，并且主机在第 9 个 SCL 时钟脉冲时会收到一个来自从机的应答信号（ACK），如果 I2Cx_CR1 寄存器的 TXIE 位为 1，则会产生中断，向 I2Cx_TXDR 寄存器写入待发送的数据时，TXIS 标志位会被清除。

在数据传输过程中，TXIS 事件的个数与 NBYTES 位域中写入的值相对应。当 I2C 工作在非重加载模式（RELOAD = 0）且 NBYTES 个数据已传输完毕后，如果设置为自动结束模式（AUTOEND = 1），主机会自动发送一个 STOP 条件；而当设置为软件结束模式（AUTOEND = 0）时，传输完毕后 TC 标志会硬件置位，这时可以软件设置 START 位或 STOP 位来发送重复起始条件或停止条件。如果要发送数据的字节总数大于 255，必须将 I2Cx_CR2 寄存器的 RELOAD 位置 1 以选择重加载模式。当发送了 NBYTES 字节之后，TCR（发送完毕自动重装）标志被置位，SCL 线被拉低，NBYTES 中的数据会被重新装载。

❑ 主机发送实例一（自动结束模式）

在自动结束模式下，主机发送两字节的过程如图 16-23 所示。主机在初始化过程中，已经完成了对从机地址、传送的字节数（编程为 2 字节）的设置，并将 I2C 模块设置为自动结束模式。之后主机发送一个起始条件和从机地址以启动本次数据传输，从机在成功被寻址后发送一个应答位，主机接收到此应答位后将 TXIS 位置位。由于此时 TXDR 寄存器中并没有写入待发送的数据，所以主机将 SCL 线拉低以等待数据，直至软件将数据写入 TXDR 寄存器后，SCL 线上的时钟延长随即停止，TXIS 位清除。写入 TXDR 寄存器中的数据立即转移至移位寄存器中进行发送，同时 TXIS 位将会再次置位。当两字节发送完毕后，主机发送一个停止条件结束本次数据传输。

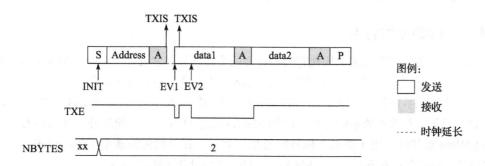

INIT：编程从器件地址，编程 NBYTES = 2，AUTOEND = 1，设置 START 位
EV1：TXIS ISR：读 data1
EV2：TXIS ISR：读 data2

图 16-23　主机发送时序（自动结束模式）

❑ 主机发送实例二（软件结束模式）

在软件结束模式下，数据传输完毕后，TC 标志位置位，这时可以软件决定发送停止条件结束本次传输还是发送重复起始条件重启数据传输。软件结束模式通信过程如图 16-24 所示。

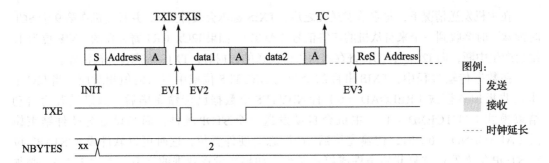

INIT：编程从器件地址，编程NBYTES = 2，AUTOEND = 0，设置START位
EV1：TXIS ISR：读data1
EV2：TXIS ISR：读data2
EV3：TC ISR：编程从器件地址，编程NBYTES = N，设置START位

图 16-24 主机发送时序（软件结束模式）

16.4 SMBus

SMBus（System Management Bus）即系统管理总线，于 1995 年由 Intel 提出，是应用于 PC 系统的低速率通信总线，用于完成系统和电源管理等控制任务。利用系统管理总线，设备可提供制造商、型号 / 部件号、保存暂停事件的状态、报告不同类型的错误等信息，还可以为系统和电源管理相关的任务提供控制总线。

16.4.1 SMBus 的特点

SMBus 由 I2C 衍生而来，因此它与 I2C 之间有很多相似之处。从总线的结构来看，它们都是双线接口（1 条时钟线，1 条数据线），支持主从通信，通信时主设备产生时钟，并且支持多主机功能。不仅如此，SMBus 数据格式也非类似于 I2C 的 7 位地址格式。但 SMBus 相对于 I2C 还是有着诸多的不同之处，比如 SMBus 除了具有两条总线之外，还可以有一条可选的 SMBus 提醒线，用于提示主机开始通信。此外，在总线传输速率、逻辑电平、寻址及总线协议方面也存在着不同之处。SMBus 与 I2C 的不同点详见表 16-5。

表 16-5　SMBus 与 I2C 的比较

类　　别	SMBus	I2C
最大传输速度	100kHz	大于 400kHz
最小传输速度	10kHz	无
时钟超时	35ms	无
总线逻辑电平	固定	由 VDD 决定
地址类型	7 位（保留的、动态的地址等）	7 位、10 位和广播呼叫地址
总线协议	多个总线协议（快速命令、处理呼叫等）	无

在系统管理总线上定义了三种设备：从设备，接收或响应命令的设备；主设备，用来发送命令、产生时钟和终止传输的设备：HOST，特殊的主机，它向系统 CPU 提供主接口。HOST 必须具备主机和从机的双重功能，并且必须支持 SMBus 总线 HOST 通知协议，一个系统中只可以有一个 HOST。STM32F0 微控制器的 SMBus 接口可以配置成主机或从机，也可以配置成 HOST。

16.4.2 SMBus 的功能

1. SMBus 总线协议

SMBus 规范 V2.0 定义了 11 个可能的命令协议，SMBus 设备可以使用这些协议进行通信。SMBus 协议是快速命令，包括发送字节、接收字节、写字节、写字、读字节、读字、过程调用、块读、块写和块写等。这些协议是用户通过软件实现的。

2. 地址解析协议（ARP）

在 SMBus 总线上，如果有 2 个从机地址意外冲突，可以通过给每个从设备动态标定一个新地址的方式解决。为了分配地址，需要一种区分每个设备的机制，每个设备必须拥有一个唯一的设备标识符，这个 128 位的数字是由软件实现的。STM32F0 微控制器的 SMBus 总线接口支持地址解析协议（ARP）。将 I2Cx_CR1 寄存器的 SMBDEN 位置 1，会启用 SMBus 设备的默认地址（0b1100 001）。ARP 命令由用户软件实现。

3. 命令的接收和数据应答控制

一个 SMBus 的接收器必须能够对每个收到的命令或数据回应 NACK。为了允许从机模式下的 ACK 控制，必须将 I2Cx_CR1 寄存器的 SBC 位置 1，以启用从机字节控制模式。

4. HOST 通知协议

设置 I2Cx_CR1 寄存器的 SMBHEN 位，可以将 SMBus 总结接口配置成 HOST，并且支持 HOST 通知协议。这时，HOST 会应答 SMBus 主机地址（0b000 1000）。

5. SMBus 报警

SMBus 接口支持 SMBus 提醒。在 SM 总线上，一个仅作为从机的设备在想要发起通信的时候，可以通过 SMBALERT 引脚通知 HOST，HOST 会处理这个中断，并且随即通过提醒响应地址（0b000 1100）来访问总线上所有的 SMBALERT 设备。只有将 SMBALERT 引脚拉低的设备才会回应提醒响应地址。

当 STM32F0 微控制器的 SMBus 接口被配置为从机设备（SMBHEN=0）时，将 I2Cx_ISR 寄存器的 ALERTEN 位置 1，会导致 SMBA 引脚被拉低，提醒响应地址会同时启用。

当被配置为 HOST 设备（SMBHEN=1）时，只要发现 ALERTEN=1，并且在 SMBA 引脚上检测到一个下降沿时，I2Cx_CR1 寄存器的 ERRIE 位为 1，则会产生中断。当 ALERTEN=0 时，即使是 SMBA 外部引脚为低，提醒线也会被认为是高。另外，如果不需要使用 SMus 提醒引脚，只要使 ALERTEN=0，SMBA 引脚就可以作为一个标准的 GPIO 使用。

6. 包错误检查

包错误检查可以提高 SMBus 通信的可靠性。检查方法是在每个消息后面附带一个包错误检查码（PEC 码），通过对全部的消息字节（包括地址和读写位）使用多项式 $C(x) = x^8 + x^2 + x + 1$（CRC-8）计算得来。SMBus 接口内嵌 PEC 计算单元，在接收数据的时候如果发现 PEC 结果不匹配，会自动发送一个 NACK。

7. SMBus 超时

STM32F0 系列微控制器的 SMBus 外设内嵌一个硬件定时器，用于检测总线上的时钟超时。通过配置超时寄存器（I2Cx_TIMEOUTR）的相应位可以对超时的时间范围进行设定。

❑ 时钟低电平超时

时钟低电平的时间应当在一定的范围内，否则会视为超时。在 I2Cx_TIMEOUTR 寄存器的 TIMOUTEN = 1 且 **TIDLE** = 0 时，会使能硬件定时器并开始检测，如果 SCL 被拉低的时间大于 t_{TIMEOUT} 时间，I2Cx_ISR 寄存器中的 TIMEOUT 标志会置 1。

$$t_{\text{TIMEOUT}} = (\text{TIMEOUTA} + 1) \times 2048 \times t_{\text{I2C\_CLK}}$$

这里需要特别说明的是，总线空闲也被纳入到超时的范围内。当 TIMOUTEN = 1 且 **TIDLE** = 1 时，如果 SCL 和 SDA 线同时为高电平，则视为总线空闲，这时硬件计数器同样会使能，当总结空闲时间超过 t_{IDLE} 值时，I2Cx_ISR 寄存器中的 TIMEOUT 标志会被置 1。

$$t_{\text{IDLE}} = (\text{TIMEOUTA} + 1) \times 4 \times t_{\text{I2C\_CLK}}$$

❑ 时钟延长超时

时钟延长超时所定义的是在一定的时间范围内，主机或从机产生时钟延长的累计值不能超过某一个范围。在主机模式下，所检测的是主机在每一字节传输过程中（START 到 ACK、ACK 到 ACK 或 ACK 到 STOP 之间）时钟延长的累计值（$t_{\text{LOW:MEXT}}$）；而在从机模式下，所检测的是从机从起始条件到停止条件之间时钟延长的累计值（$t_{\text{LOW:SEXT}}$），该累计超时阈值使用下式计算：

$$t_{\text{LOW:EXT}} = (\text{TIMEOUTB} + 1) \times 2048 \times t_{\text{I2C\_CLK}}$$

时钟延长超时检测的范围如图 16-25 所示，SMBus 超时规范详见表 16-6。

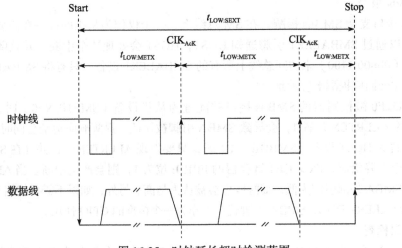

图 16-25 时钟延长超时检测范围

表 16-6　SMBus 超时规范

标　注	参　数	范　围	
		最小值	最大值
$t_{TIMEOUT}$	检测时钟低电平超时	25ms	35ms
$t_{LOW:SEXT}$	累积时钟低电平延长时间（从机）	—	25ms
$t_{LOW:MEXT}$	累积时钟低电平延长时间（主机）	—	10ms

16.4.3　SMBus 初始化

为了正确执行 SMBus 通信，在 I2C 初始化的基础上还需要对以下功能进行初始化。

1. 命令的接收和数据应答控制

一个 SMBus 的接收器必须能够对每个收到的命令或数据回应 NACK。为了允许从机模式下的 ACK 控制，必须将 I2Cx_CR1 寄存器的 SBC 位置 1，以启用从机字节控制模式。

2. 特定地址（从机模式）

如有必要，需要启用特定的 SMBus 地址。

❑ 将 I2Cx_CR1 寄存器的 SMBDEN 位置 1，会启用 SMBus 设备的默认地址（0b110 0001）。

❑ 将 I2Cx_CR1 寄存器的 SMBHEN 位置 1，会启用 SMBus 主机地址（0b000 1000）。

❑ I2Cx_CR1 寄存器的 ALERTEN 位被置 1 时，会启用通知响应地址。

3. 包错误检查

将 I2Cx_CR1 寄存器的 PECEN 位置 1，会启用 PEC 计算，这时的 PEC 传送由硬件计数器（I2Cx_CR2 寄存器中的 NBYTES[7:0]）来配合管理。PEC 数据会在传送了 NBYTES-1 个数据后发送。SMBus 配置详见表 16-7。

表 16-7　SMBus 配置

模　式	SBC 位	RELOAD 位	AUTOEND 位	PECBYTE 位
主机发送 / 接收 NBYTES + PEC + STOP	×	0	1	1
主机发送 / 接收 NBYTES + PEC + ReSTART	×	0	0	1
从机发送 / 接收（带 PEC）	1	0	×	1

4. 超时检测

要启用超时检测功能，需要相应地将 I2Cx_TIMEOUTR 寄存器的 TIMOUTEN 位和 TEXTEN 位置 1。要启用时钟低电平超时检查，先要将要检查的 $t_{TIMEOUT}$ 参数对应的定时器重载值写入到 12 位的 TIMEOUTA[11:0] 位域中，并保持 TIDLE 位为 0；如要使能总线空闲时间检查，则需要在上述设置的基础上，将 TIDLE 位置 1；如要启用时钟延长超时检查，必须配置 12 位定时器 TIMEOUTB，这样在从机模式下会检查 $t_{LOW:SEXT}$，而在主机模式下会检查 $t_{LOW:MEXT}$。各种 I2C_CLK 频率下 TIMEOUTA 和 TIMEOUTB 的设置详见表 16-8、表 16-9 和表 16-10。

表 16-8　不同 I2C_CLK 频率下 TIMEOUTA 设置（时钟低电平检测）

$f_{\text{I2C\_CLK}}$	TIMOUTA[11:0] 位	TIDLE 位	TIMEOUTEN 位	t_{TIMEOUT}
8MHz	0x61	0	1	$98 \times 2048 \times 125\text{ns} = 25\text{ms}$
16MHz	0xC3	0	1	$196 \times 2048 \times 62.5\text{ns} = 25\text{ms}$
48MHz	0x249	0	1	$586 \times 2048 \times 20.08\text{ns} = 25\text{ms}$

注：配置 TIMEOUT 为 25ms（最长 35ms）。

表 16-9　不同 I2C_CLK 频率下 TIMEOUTB 设置（时钟延长检测）

$f_{\text{I2C\_CLK}}$	TIMOUTB[11:0] 位	TEXTEN 位	$t_{\text{LOW:EXT}}$
8MHz	0x1F	1	$32 \times 2048 \times 125\text{ns} = 8\text{ms}$
16MHz	0x3F	1	$64 \times 2048 \times 62.5\text{ns} = 8\text{ms}$
48MHz	0xBB	1	$188 \times 2048 \times 20.08\text{ns} = 8\text{ms}$

注：配置 $t_{\text{LOW:SEXT}}$ 和 $t_{\text{LOW:MEXT}}$ 最长为 8ms。

表 16-10　不同 I2C_CLK 频率下 TIMEOUTA 设置（总线空闲检测）

$f_{\text{I2C\_CLK}}$	TIMOUTA[11:0] 位	TIDLE 位	TIMEOUTEN 位	t_{TIDLE}
8MHz	0x63	1	1	$100 \times 4 \times 125\text{ns} = 50\mu\text{s}$
16MHz	0xC7	1	1	$200 \times 4 \times 62.5\text{ns} = 50\mu\text{s}$
48MHz	0x257	1	1	$600 \times 4 \times 20.08\text{ns} = 50\mu\text{s}$

注：配置 t_{TIDLE} 最长为 50μs。

16.4.4　SMBus 从机模式

1. SMBus 从机发送

在 SMBus 模式下，从机需要使能字节控制功能（SBC = 1），以允许在发送了一定数量字节之后附加 PEC 字节。当 PECBYTE 位置 1 时，包错误检查功能使能，NBYTES[7:0] 位域中编程的字节数中要包括 PEC 字节，而 TXIS 中断总数为 NBYTES − 1。SMBus 从机发送时序如图 16-26 所示。

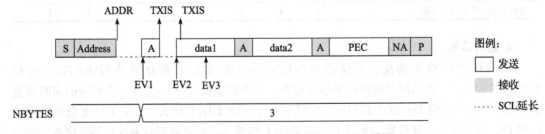

EV1：ADDR ISR：查询 ADDCODE 位，编程 NBYTES = 3，设置 PECBYTE，设置 ADDRCF
EV2：TXIS ISR：写 data1
EV3：TXIS ISR：写 data2

图 16-26　SMBus 从机发送（SBC = 1）时序

2. SMBus 从机接收

在 SMBus 的从机接收模式下，也同样需要使能从机字节控制功能（SBC = 1）。为了检查 PEC 字节，必须清除 RELOAD 位，而且设置 PECBYTE 位为 1。这时，当收到 NBYTES – 1 个数据后，下一个收到的字节会与内部 I2Cx_PECR 寄存器的内容进行比较。如果比较不匹配，会自动生成一个 NACK，如果比较匹配，自动生成一个 ACK。这里需要注意的是，收到的 PEC 字节与任何其他数据一样被复制到 I2Cx_RXDR 寄存器中，并且 RXNE 标志也同样会置位。在 PEC 字节不匹配的情况下，PECERR 标志被置 1，如果 I2Cx_CR1 寄存器的 ERRIE 位为 1，会产生一个中断。SMBus 从机接收 2 字节及 PEC 的时序如图 16-27 所示。

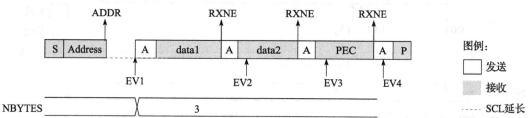

EV1：ADDR ISR：查询 ADDCODE 和 DIR 位，编程 NBYTES = 3，PECBYTE = 1，RELOAD = 1，设置 ADDRCF
EV2：RXNE ISR：读 data1
EV3：RXNE ISR：读 data2
EV4：RXNE ISR：读 PEC

图 16-27　SMBus 从机接收（SBC = 1）传输时序

为了实现对每字节的 ACK 控制，可以选择重载模式（RELOAD = 1），设置 PECBYTE 位，并且将 NBYTES 的值设置为 1。从机在接收到一字节后，RXNE 和 TCR 标志位都会置位，软件读取接收到的数据，并且编程 NACK = 0、NBYTES = 1。由于此时 RELOAD = 1，所以 PECBYTE 位无效，接收到的字节并不参与包错误检查比较。当 2 个数据字节接收完毕后，软件将 RELOAD 位清除，这时再次接收到的字节将作为 PEC 字节并与 I2Cx_PECR 寄存器的内容进行比较。SMBus 软件控制的从机接收传输时序如图 16-28 所示。

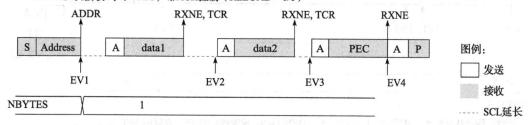

EV1：ADDR ISR：查询 ADDCODE 和 DIR 位，编程 NBYTES = 1，PECBYTE = 1，RELOAD = 1，设置 ADDRCF
EV2：RXNE-TCR：读 data1，编程 NACK = 0 和 NBYTES = 1
EV3：RXNE-TCR：读 data2，编程 NACK = 0、NBYTES = 1 和 RELOAD = 0
EV4：RXNE-TCR：读 PEC

图 16-28　软件控制的从机接收（SBC = 1）传输时序

3. SMBus 主机发送

当 SMBus 主机要发送 PEC 时，在将 START 置 1 之前，PECBYTE 位必须置 1，并且要发送的字节数必须写到 NBYTES[7:0] 位域中。在主机发送过程中，TXIS 中断总数为 NBYTES − 1。如果 SMBus 主机要在 PEC 数据之后自动发送一个 STOP 条件，则应该选择自动结束方式（AUTOEND = 1）。自动结束模式下的 SMBus 主机发送时序如图 16-29 所示。

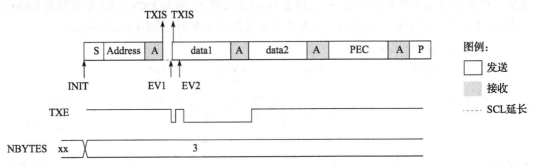

图 16-29 自动结束模式下的 SMBus 主机发送时序

如果要发送 RESTART 条件，则必须选择软件结束模式（AUTOEND = 0）。在这种情况下，一旦 NBYTES − 1 字节被传送完毕，I2Cx_PECR 寄存器的内容会被发送，PEC 发送完后，TC 标志会被置 1，SCL 线会被拉低。在 TC 中断服务程序中可以重新编程从机地址、传输字节数并设置产生 RESTART 条件。软件结束模式下的 SMBus 主机发送时序如图 16-30 所示。

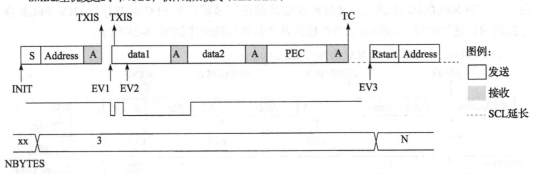

图 16-30 软件结束模式下的 SMBus 主机发送时序

4. SMBus 主机接收

当 SMBus 主机要在接收 PEC 之后自动发出停止条件，必须选择自动结束模式（AUTOEND = 1），同样 PECBYTE 位必须先置 1，而且从机地址也要在 START 位置位之前预先设置。当收到 NBYTES – 1 个数据后，下一个收到的字节会与内部 I2Cx_PECR 寄存器的内容进行比较，匹配后主机会发送 NACK 并跟随一个 STOP 条件。自动结束模式下的 SMBus 主机接收时序如图 16-31 所示。

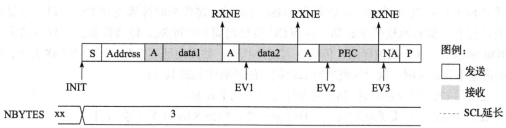

图 16-31　自动结束模式下的 SMBus 主机接收时序

如果 SMBus 主机要在传送末尾发送 RESTART 条件，须选择软件结束模式（AUTOEND = 0）。在收到 PEC 字节后，TC 标志被置位，同时 SCL 线被拉低。RESTART 条件可以在 TC 中断服务程序中编程实现。软件结束模式下的 SMBus 主机接收时序如图 16-32 所示。

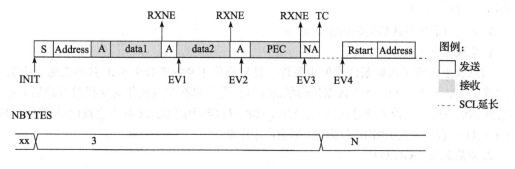

图 16-32　软件结束模式下的 SMBus 主机接收时序

16.5 I2C 模块的控制功能

16.5.1 I2C 低功耗模式

I2C 能够在被寻址的时候将微控制器从 STOP 模式唤醒，将 I2Cx_CR1 寄存器的 WUPEN 位置 1，会启用从 STOP 模式唤醒功能。要实现此功能，必须选择 HSI 振荡器作为 I2C_CLK 的时钟源，且必须启用时钟延长功能。

在 STOP 模式下，HSI 是关闭的。当检测到起始条件后，I2C 接口将启动 HSI 时钟源，然后将 SCL 线拉低直到 HSI 启动完成。HSI 启动后，将作为时钟源支持 I2C 接口用于随后的地址接收。如果地址匹配成功，在 MCU 唤醒期间 I2C 将 SCL 持续拉低，当软件清除了 ADDR 标志后，SCL 线被释放，传输进入正常状态；如果地址不匹配，HSI 会再次关闭，微控制器也不会被唤醒。低功耗模式对 I2C 接口的影响详见表 16-11。

在使用 I2C 接口唤醒微控制器时要注意以下几个方面：

❑ 如果 I2C 时钟是系统时钟时，HSI 振荡器在收到 START 后不会被打开。

❑ 只有 ADDR 中断可以唤醒 MCU，在 I2C 作为主机正在传输数据时，或者作为从机已经被寻址后，不要进入 STOP 模式。

❑ 数字滤波器和从 STOP 模式唤醒功能不兼容，如果 DNF 位不等于 0，设置 WUPEN 位没有任何作用。

表 16-11 低功耗模式

模 式	释 义
SLEEP	没有影响，I2C 中断导致设备退出睡眠模式
STOP	I2C 寄存器的内容被保持
STANDBY	I2C 外设关闭，必须退出 STANDBY 模式后重新初始化

16.5.2 错误条件

以下是可能导致通信失败的错误条件。

1. 总线错误（BERR）

当总线上出现了起始条件或停止条件，且没有位于 9 的倍数个 SCL 脉冲之后，则会产生总线错误。只有当 I2C 处于数据传输状态下（作为主机在发送或作为从机被寻址后）才会有总线错误发生。当检测到总线错误，I2Cx_ISR 寄存器中的 BEER 标志会被硬件置 1，如果 I2Cx_CR1 寄存器中的 ERRIE 位为 1，则会产生中断。

2. 仲裁丢失（ARLO）

当向 SDA 线上发送高电平，但却在 SCL 线的上升沿采样到 SDA 线上为低电平，这时会检测到一次仲裁丢失错误。在主机模式下，仲裁丢失在地址阶段、数据阶段以及数据确认阶段进行检测。当主机模式下产生仲裁丢失时，主机释放 SDA 和 SCL 线，START 控制位由硬件清零，主机自动切换到从机模式；在从机模式下，仲裁丢失检测发生在数据阶段和数据确认阶段，一旦发生仲裁丢失，当前数据传输被终止，SCL 和 SDA 线被释放。当检测到仲裁丢失错误后，I2Cx_ISR 寄存器的 ARLO 标志会被硬件置 1，如果 I2Cx_CR1 寄存器中的 ERRIE 位为 1，则会产生中断。

3. 溢出 / 欠载错误（OVR）

在从机模式下，如果禁用时钟延长（NOSTRETCH = 1），当下列条件发生时就会检测到欠载或溢出错误。

- ❑ 在接收时，尚未读取 RXDR 寄存器的内容时，又有一个新的字节接收到将会产生溢出错误。这时新收到的字节会丢失，并且会自动发送 NACK，用作对新收到的字节的响应。
- ❑ 在发送时，当应该发送第一个数据字节时却有 STOPF = 1。如果 TXE = 0，那么 I2Cx_TXDR 寄存器的值会发送出去，如果 TXE = 1，那么会发送 0xFF，并产生欠载错误；另外，在一个新的字节应该被写入到 I2Cx_TXDR 寄存器但却没有写，那就会将 0xFF 发送出去，并产生欠载错误。

当检测到欠载 / 溢出错误时，I2Cx_ISR 寄存器中的 OVR 标志会硬件置 1，如果 I2Cx_CR1 寄存器中的 ERRIE 位为 1，则会产生中断。

4. 包错误检查错误（PECERR）

在收到的 PEC 字节与 I2Cx_PECR 寄存器的内容不匹配时会检测到 PEC 错误。错误的 PEC 接收后，会自动发送一个 NACK。当检测到 PEC 错误时，I2Cx_ISR 寄存器的 PECERR 标志会被硬件置 1。如果 I2Cx_CR1 寄存器中的 ERRIE 位为 1，则会产生中断。

5. 超时错误（TIMEOUT）

超时错误仅发生在开启 SMBus 功能时。以下条件中的任何一个都会导致超时错误的发生：

- ❑ 当 TIDLE = 0 时，当 SCL 保持低电平的时间达到了在 TIMEOUTA[11:0] 位域所定义的时间。
- ❑ 当 TIDLE = 1 时，SDA 和 SCL 都保持高电平并达到了在 TIMEOUTA[11:0] 位域所定义的时间。
- ❑ 主机时钟低电平延长累计时间达到了在 TIMEOUTB[11:0] 位域规定的时间。
- ❑ 从机时钟低电平延长累计时间达到了在 TIMEOUTB[11:0] 位域规定的时间。

当在主机模式下检测到超时，会自动发送一个 STOP 条件。而当在从机模式下检测到超时，SDA 线和 SCL 线会自动释放。I2Cx_ISR 寄存器中的 TIMEOUT 标志会硬件置 1，如果 I2Cx_CR1 寄存器中的 ERRIE 位为 1，则会产生中断。

6. 通知（ALERT）

当 I2C 接口配置为 HOST（SMBHEN = 1）时，SMBA 引脚检测功能被启用（ALERTEN = 1），当在 SMBA 脚上检测到一个下降沿时，ALERT 标志会置 1。如果 I2Cx_CR1 寄存器的 ERRIE 位为 1，则会产生中断。

16.5.3　DMA 请求

1. 利用 DMA 发送

通过设置 I2Cx_CR1 寄存器 TXDMAEN 位，可以启用 DMA 发送功能。数据被预先存放到 DMA 外设指向的 SRAM 区域，之后发往 I2Cx_TXDR 寄存器。该传输与 TXIS 位是否置位无关。在主机模式下，I2C 初始化、从机地址、方向、字节数和起始条件产生位都由软件设置（从机地址不能使用 DMA 传输）。当所有数据都使用 DMA 传输，必须在设置 START 位之前初始化 DMA，传输的结束由 NBYTES 计数器来管理；在从机模式下，如果使能时钟延长（NOSTRETCH = 0），当所有数据都使用 DMA 传输时，DMA 必须在地址匹配事件之前初始化好，或者在地址匹配中断服务程序中清除 ADDR 标志之前完成；如果禁用时钟延长（NOSTRETCH = 1），DMA 必须在地址匹配事件之前初始化好。

2. 利用 DMA 接收

通过设置 I2Cx_CR1 寄存器 RXDMAEN 位，可以启用 DMA 接收。数据会从 I2Cx_RXDR 寄存器中读取出来，并转移到 DMA 外设所指向的 SRAM 区域，该传输与 RXNE 位是否置位无关。与数据发送相同，只有数据（包括 PEC 字节）可以被 DMA 传输。在主机模式下，I2C 初始化、从机地址、方向、字节数和起始条件产生位都要通过软件设置，而且必须在设置 START 位之前初始化 DMA，传输的结束由 NBYTES 计数器来管理；在从机模式下，如果使能时钟延长（NOSTRETCH = 0），DMA 必须在地址匹配事件之前初始化，或者在地址匹配中断服务程序中清除 ADDR 标志之前完成。

16.5.4 I2C 中断

I2C 接口的中断控制结构如图 16-33 所示。图中 I2C 事件中断和 I2C 错误中断组合成 I2C 全局中断，共享一个中断向量号。STM32F072VBT6 微控制器的 I2C1 模块占用中断向量号 23，I2C2 模块占用中断向量号 24，I2C1 唤醒连接至 EXIT 线 23。要使能 I2C 中断，需要首先在 NVIC 中配置和启用 I2C_IRQ 通道，之后配置 I2C 模块的相应控制位以产生中断。I2C 中断请求详见表 16-12。

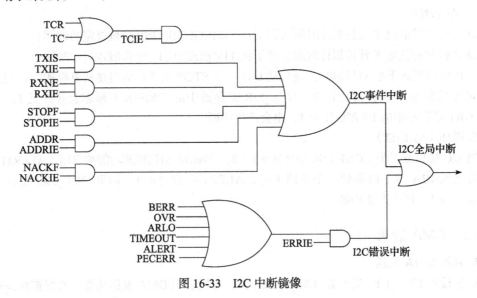

图 16-33　I2C 中断镜像

表 16-12　I2C 中断请求

中断事件	事件标志	事件标志 / 中断清除方法	中断使能控制位
接收缓冲区非空	RXNE	读 I2Cx_RXDR 寄存器	RXIE
发送缓冲区中断状态	TXIS	写 I2Cx_TXDR 寄存器	TXIE
停止条件检测中断标志	STOPF	写 STOPF = 1	STOPIE
发送结束重加载	TCR	写 NBYTES[7:0] 为非 0 值	TCIE
发送结束	TC	写 START = 1 或 STOP = 1	
地址匹配	ADDR	写 ADDRCF = 1	ADDRIE
接收到 NACK	NACKF	写 NACKCF = 1	NACKIE
总线错误	BERR	写 BERRCF = 1	ERRIE
仲裁丢失	ARLO	写 ARLOCF = 1	
上溢 / 下溢	OVR	写 OVRCF = 1	
PEC 错误	PECERR	写 PECERRCF = 1	
超时错误	TIMEOUT	写 TIMEOUTCF = 1	
SMBus 报警	ALERT	写 ALERTCF = 1	

16.6　I2C 函数

16.6.1　I2C 类型定义

输出类型 16-1：I2C 初始化结构定义

I2C_InitTypeDef

```
typedef struct
{
  uint32_t Timing;   /* 指定 I2C_TIMINGR 寄存器的值，该参数计算参考手册中 I2C 初始化部分 */
  uint32_t OwnAddress1;        /* 指定第一个器件地址，该参数可以是 7 位或 10 位地址 */
  uint32_t AddressingMode;     /* 指定如果选择 7 位或 10 位地址模式，该参数可以是 I2C_ADDRESSING_
                                  MODE 的值之一 */
  uint32_t DualAddressMode;    /* 指定如果选择双地址模式，该参数可以是 I2C_DUAL_ADDRESSING_
                                  MODE 的值之一 */
  uint32_t OwnAddress2;        /* 如果选择双地址模式，该参数用于指定第二器件地址，这个参数是 7 位
                                  地址 */
  uint32_t OwnAddress2Masks;   /* 如果选择了双地址模式，该参数用于指定应答地址屏蔽 */
  uint32_t GeneralCallMode;    /* 指定如果选择了广播呼叫模式，该参数可以是 I2C_GENERAL_CALL_
                                  ADDRESSING_MODE 的值之一 */
  uint32_t NoStretchMode;      /* 指定如果选择了非延长模式，该参数可以是 I2C_NOSTRETCH_MODE
                                  的值之一 */
}I2C_InitTypeDef;
```

输出类型 16-2：HALI2C 状态值编码结构定义

HAL_I2C_StateTypeDef

```
typedef enum
```

```
{
    HAL_I2C_STATE_RESET            = 0x00U,      /* 外设还没有初始化 */
    HAL_I2C_STATE_READY            = 0x20U,      /* 外设初始化并准备好使用 */
    HAL_I2C_STATE_BUSY             = 0x24U,      /* 一个内部处理正在进行 */
    HAL_I2C_STATE_BUSY_TX          = 0x21U,      /* 数据发送处理正在进行 */
    HAL_I2C_STATE_BUSY_RX          = 0x22U,      /* 数据接收处理正在进行 */
    HAL_I2C_STATE_LISTEN           = 0x28U,      /* 地址侦听模式正在进行 */
    HAL_I2C_STATE_BUSY_TX_LISTEN   = 0x29U,      /* 地址侦听模式和数据发送处理正在进行 */
    HAL_I2C_STATE_BUSY_RX_LISTEN   = 0x2AU,      /* 地址侦听模式和数据接收处理正在进行 */
    HAL_I2C_STATE_ABORT            = 0x60U,      /* 中止正在进行的用户请求 */
    HAL_I2C_STATE_TIMEOUT          = 0xA0U,      /* 超时状态 */
    HAL_I2C_STATE_ERROR            = 0xE0U       /* 错误 */
}HAL_I2C_StateTypeDef;
```

输出类型 16-3：HAL 模式结构定义（HAL Mode structure definition）

HAL_I2C_ModeTypeDef

```
typedef enum
{
    HAL_I2C_MODE_NONE     = 0x00U,              /* 没有正在进行的 I2C 通信 */
    HAL_I2C_MODE_MASTER   = 0x10U,              /* I2C 通信工作在主模式 */
    HAL_I2C_MODE_SLAVE    = 0x20U,              /* I2C 通信工作在从模式 */
    HAL_I2C_MODE_MEM      = 0x40U               /* I2C 通信工作在存储器模式 */
}HAL_I2C_ModeTypeDef;
```

输出类型 16-4：I2C 处理结构定义

I2C_HandleTypeDef

```
typedef struct __I2C_HandleTypeDef
{
    I2C_TypeDef     *Instance;              /* I2C 寄存器基地址 */
    I2C_InitTypeDef    Init;                /* I2C 通信参数 */
    uint8_t         *pBuffPtr;              /* I2C 传输缓冲区 */
    uint16_t       XferSize;                /* I2C 传输大小 */
    __IO uint16_t      XferCount;           /* I2C 传输计数器 */
    __IO uint32_t      XferOptions;         /* I2C 连续传输选项，该参数可以是 I2C_XFERO-
                                               PTIONS 的值之一 */
    __IO uint32_t      PreviousState;       /* I2C 通信先前状态 */
    HAL_StatusTypeDef (*XferISR)(struct __I2C_HandleTypeDef *hi2c, uint32_t ITFlags,
uint32_t ITSources);                        /* I2C 传输中断处理函数指针 */
    DMA_HandleTypeDef           *hdmatx;    /* I2C TX DMA 处理参数 */
    DMA_HandleTypeDef           *hdmarx;    /* I2C RX DMA 处理参数 */
    HAL_LockTypeDef             Lock;       /* I2C 锁定对象 */
    __IO HAL_I2C_StateTypeDef   State;      /* I2C 通信状态 */
    __IO HAL_I2C_ModeTypeDef    Mode;       /* I2C 通信模式 */
    __IO uint32_t               ErrorCode;  /* I2C 错误代码 */
    __IO uint32_t               AddrEventCount; /* I2C 地址事件计数器 */
}I2C_HandleTypeDef;
```

输出类型 16-5：SMBUS 配置结构定义

SMBUS_InitTypeDef

```
typedef struct
{
  uint32_t Timing;                  /* 指定 SMBUS_TIMINGR 寄存器值 */
  uint32_t AnalogFilter;            /* 指定模拟滤波器是否使能, 该参数可以是 SMBUS_Analog_Filter
                                       的值之一 */
  uint32_t OwnAddress1;             /* 指定器件第一个自身地址, 该参数可以是 7 位或 10 位地址 */
  uint32_t AddressingMode;          /* 指定主机是否选择 7 位或 10 位地址模式, 该参数可以是 SMBUS_
                                       addressing_mode 的值之一 */
  uint32_t DualAddressMode;         /* 指定是否选择双地址模式, 该参数可以是 SMBUS_dual_addressing_
                                       mode 的值之一 */
  uint32_t OwnAddress2;             /* 如果选择了双地址模式, 用于指定第二器件地址, 该参数可以是 7 位
                                       地址值 */
  uint32_t OwnAddress2Masks;        /* 如果选择了双地址模式, 指定第二器件自身地址应答屏蔽 */
  uint32_t GeneralCallMode;         /* 指定是否选择广播呼叫模式, 该参数可以是 SMBUS_general_
                                       call_addressing_mode 的值之一 */
  uint32_t NoStretchMode;           /* 指定是否选择非时钟延长模式, 该参数可以是 SMBUS_nost
                                       retch_mode 之一 */
  uint32_t PacketErrorCheckMode;    /* 指定是否选择包错误检测模式, 该参数可以是 SMBUS_packet_
                                       error_check_mode 的值之一 */
  uint32_t PeripheralMode;          /* 指定外设选择哪一种模式, 该参数可以是 SMBUS_periph-
                                       eral_mode 的值之一 */
  uint32_t SMBusTimeout;            /* 指定连接的 32 位 SMBUS_TIMEOUT_register 值 (使能位
                                       和不同超时值) */
} SMBUS_InitTypeDef;
```

输出类型 16-6：SMBUS 处理结构定义

SMBUS_HandleTypeDef

```
typedef struct
{
  I2C_TypeDef        *Instance;     /* SMBUS 寄存器基地址 */
  SMBUS_InitTypeDef   Init;         /* SMBUS 通信参数 */
  uint8_t            *pBuffPtr;     /* SMBUS 传输缓冲区指针 */
  uint16_t            XferSize;     /* SMBUS 传输大小 */
  __IO uint16_t       XferCount;    /* SMBUS 传输计数器 */
  __IO uint32_t       XferOptions;  /* SMBUS 传输选项 */
  __IO uint32_t       PreviousState; /* SMBUS 通信先前地址 */
  HAL_LockTypeDef     Lock;         /* SMBUS 锁定对象 */
  __IO uint32_t       State;        /* SMBUS 通信状态 */
  __IO uint32_t       ErrorCode;    /* SMBUS 错误代码 */
} SMBUS_HandleTypeDef;
```

16.6.2 I2C 常量定义

输出常量 16-1：I2C 错误代码定义

状态定义	释 义
HAL_I2C_ERROR_NONE	没有错误
HAL_I2C_ERROR_BERR	BERR 错误
HAL_I2C_ERROR_ARLO	ARLO 错误
HAL_I2C_ERROR_AF	ACKF 错误
HAL_I2C_ERROR_OVR	OVR 错误
HAL_I2C_ERROR_DMA	DMA 传输错误
HAL_I2C_ERROR_TIMEOUT	超时错误
HAL_I2C_ERROR_SIZE	大小管理错误

输出常量 16-2：I2C 连续传输选项

状态定义	释 义
I2C_NO_OPTION_FRAME	没有可选帧
I2C_FIRST_FRAME	第一帧
I2C_NEXT_FRAME	下一帧
I2C_FIRST_AND_LAST_FRAME	第一帧和最后帧
I2C_LAST_FRAME	最后帧

输出常量 16-3：I2C 地址模式

状态定义	释 义
I2C_ADDRESSINGMODE_7BIT	7 位地址
I2C_ADDRESSINGMODE_10BIT	10 位地址

输出常量 16-4：I2C 双地址模式

状态定义	释 义
I2C_DUALADDRESS_DISABLE	禁用双地址模式
I2C_DUALADDRESS_ENABLE	使能双地址模式

输出常量 16-5：I2C 自身地址 2 屏蔽

状态定义	释 义
I2C_OA2_NOMASK	没有屏蔽
I2C_OA2_MASK01	OA2[1] 被屏蔽，只有 OA2[7:2] 参与比较
I2C_OA2_MASK02	OA2[2:1] 被屏蔽，只有 OA2[7:3] 参与比较
I2C_OA2_MASK03	OA2[3:1] 被屏蔽，只有 OA2[7:4] 参与比较
I2C_OA2_MASK04	OA2[4:1] 被屏蔽，只有 OA2[7:5] 参与比较
I2C_OA2_MASK05	OA2[5:1] 被屏蔽，只有 OA2[7:6] 参与比较
I2C_OA2_MASK06	OA2[6:1] 被屏蔽，只有 OA2[7] 参与比较
I2C_OA2_MASK07	OA2[7:1] 被屏蔽，所有（除保留地址）收到的 7 位地址都回应

输出常量 16-6：I2C 广播呼叫地址模式

状态定义	释　义
I2C_GENERALCALL_DISABLE	禁用广播呼叫
I2C_GENERALCALL_ENABLE	使能广播呼叫

输出常量 16-7：I2C 非时钟延伸模式

状态定义	释　义
I2C_NOSTRETCH_DISABLE	非时钟延伸模式禁用
I2C_NOSTRETCH_ENABLE	非时钟延伸模式使能

输出常量 16-8：I2C 存储器地址大小

状态定义	释　义
I2C_MEMADD_SIZE_8BIT	8 位地址
I2C_MEMADD_SIZE_16BIT	16 位地址

输出常量 16-9：I2C 传输方向

状态定义	释　义
I2C_DIRECTION_TRANSMIT	发送（主机视角）
I2C_DIRECTION_RECEIVE	接收（主机视角）

输出常量 16-10：I2C 重装结束模式

状态定义	释　义
I2C_RELOAD_MODE	I2C 重装模式
I2C_AUTOEND_MODE	I2C 自动结束模式
I2C_SOFTEND_MODE	I2C 软件结束模式

输出常量 16-11：I2C 开启或停止模式

状态定义	释　义
I2C_NO_STARTSTOP	不产生起始或停止条件
I2C_GENERATE_STOP	产生停止条件
I2C_GENERATE_START_READ	产生起始条件（读方向）
I2C_GENERATE_START_WRITE	产生起始条件（写方向）

输出常量 16-12：I2C 扩展模拟滤波器

状态定义	释　义
I2C_ANALOGFILTER_ENABLE	模拟滤波器使能
I2C_ANALOGFILTER_DISABLE	模拟滤波器禁用

输出常量 16-13：I2CEx 快速 + 模式

状态定义	释　义
I2C_FASTMODEPLUS_PB6	在 PB6 引脚上使能快速 + 模式
I2C_FASTMODEPLUS_PB7	在 PB7 引脚上使能快速 + 模式
I2C_FASTMODEPLUS_PB8	在 PB8 引脚上使能快速 + 模式
I2C_FASTMODEPLUS_PB9	在 PB9 引脚上使能快速 + 模式
I2C_FASTMODEPLUS_I2C1	在 I2C1 引脚上使能快速 + 模式
I2C_FASTMODEPLUS_I2C2	在 I2C2 引脚上使能快速 + 模式

输出常量 16-14：HAL 状态定义

状态定义	释　义
HAL_SMBUS_STATE_RESET	SMBUS 还没有初始化或禁用
HAL_SMBUS_STATE_READY	SMBUS 初始化并准备使用
HAL_SMBUS_STATE_BUSY	SMBUS 内部处理正在进行中
HAL_SMBUS_STATE_MASTER_BUSY_TX	主机数据发送正在进行中
HAL_SMBUS_STATE_MASTER_BUSY_RX	主机数据接收正在进行中
HAL_SMBUS_STATE_SLAVE_BUSY_TX	从机数据发送处理正在进行中
HAL_SMBUS_STATE_SLAVE_BUSY_RX	从机数据接收正在进行中
HAL_SMBUS_STATE_TIMEOUT	超时状态
HAL_SMBUS_STATE_ERROR	接收处理正在进行中
HAL_SMBUS_STATE_LISTEN	正在使用地址侦听模式

输出常量 16-15：SMBUS 错误代码定义

状态定义	释　义
HAL_SMBUS_ERROR_NONE	没有错误
HAL_SMBUS_ERROR_BERR	BERR 错误
HAL_SMBUS_ERROR_ARLO	ARLO 错误
HAL_SMBUS_ERROR_ACKF	ACKF 错误
HAL_SMBUS_ERROR_OVR	OVR 错误
HAL_SMBUS_ERROR_HALTIMEOUT	超时错误
HAL_SMBUS_ERROR_BUSTIMEOUT	总线超时错误
HAL_SMBUS_ERROR_ALERT	报警错误
HAL_SMBUS_ERROR_PECERR	PEC 错误

输出常量 16-16：SMBUS 模拟滤波器

状态定义	释　义
SMBUS_ANALOGFILTER_ENABLE	使能模拟滤波器
SMBUS_ANALOGFILTER_DISABLE	禁用模拟滤波器

输出常量 16-17：SMBUS 地址模式

状态定义	释　义
SMBUS_ADDRESSINGMODE_7BIT	7 位地址
SMBUS_ADDRESSINGMODE_10BIT	10 位地址

输出常量 16-18：SMBUS 双地址模式

状态定义	释　义
SMBUS_DUALADDRESS_DISABLE	双地址模式禁用
SMBUS_DUALADDRESS_ENABLE	双地址模式使能

输出常量 16-19：SMBUS 自身地址 2 屏蔽

状态定义	释　义
SMBUS_OA2_NOMASK	没有屏蔽
SMBUS_OA2_MASK01	OA2[1] 被屏蔽，只有 OA2[7:2] 参与比较
SMBUS_OA2_MASK02	OA2[2:1] 被屏蔽，只有 OA2[7:3] 参与比较
SMBUS_OA2_MASK03	OA2[3:1] 被屏蔽，只有 OA2[7:4] 参与比较
SMBUS_OA2_MASK04	OA2[4:1] 被屏蔽，只有 OA2[7:5] 参与比较
SMBUS_OA2_MASK05	OA2[5:1] 被屏蔽，只有 OA2[7:6] 参与比较
SMBUS_OA2_MASK06	OA2[6:1] 被屏蔽，只有 OA2[7] 参与比较
SMBUS_OA2_MASK07	OA2[7:1] 被屏蔽，所有（除保留地址）收到的 7 位地址都回应

输出常量 16-20：SMBUS 广播呼叫地址模式

状态定义	释　义
SMBUS_GENERALCALL_DISABLE	广播呼叫地址禁用
SMBUS_GENERALCALL_ENABLE	广播呼叫地址使能

输出常量 16-21：SMBUS_nostretch_mode

状态定义	释　义
SMBUS_NOSTRETCH_DISABLE	非时钟延伸模式禁用
SMBUS_NOSTRETCH_ENABLE	非时钟延伸模式使能

输出常量 16-22：SMBUS 包错误检测模式

状态定义	释　义
SMBUS_PEC_DISABLE	包错误检测模式禁用
SMBUS_PEC_ENABLE	包错误检测模式使能

输出常量 16-23：SMBUS 外设模式

状态定义	释　义
SMBUS_PERIPHERAL_MODE_SMBUS_HOST	配置为 HOST
SMBUS_PERIPHERAL_MODE_SMBUS_SLAVE	配置为从机
SMBUS_PERIPHERAL_MODE_SMBUS_SLAVE_ARP	配置为从机（ARP）

输出常量 16-24：SMBUS 重装结束模式定义

状态定义	释 义
SMBUS_SOFTEND_MODE	软件结束模式
SMBUS_RELOAD_MODE	重装模式
SMBUS_AUTOEND_MODE	自动结束模式
SMBUS_SENDPEC_MODE	SENDPEC 模式

输出常量 16-25：SMBUS 启动并闭模式定义

状态定义	释 义
SMBUS_NO_STARTSTOP	无起始或停止条件
SMBUS_GENERATE_STOP	产生停止条件
SMBUS_GENERATE_START_READ	产生起始条件（读方向）
SMBUS_GENERATE_START_WRITE	产生起始条件（写方向）

16.6.3 I2C 函数定义

函数 16-1

函数名	I2C_Disable_IRQ

函数原型	HAL_StatusTypeDef **I2C_Disable_IRQ**
	(
	  I2C_HandleTypeDef * hi2c,
	  uint16_t InterruptRequest
	)

功能描述	禁用中断
输入参数 1	hi2c：指向 I2C_HandleTypeDef 结构的指针，包含指定 I2C 配置信息
输入参数 2	InterruptRequest：I2C 中断配置定义值
先决条件	无
注意事项	无
返回值	HAL 状态

函数 16-2

函数名	I2C_DMAAbort
函数原型	void **I2C_DMAAbort** (DMA_HandleTypeDef * hdma)
功能描述	DMA I2C 通信中止回调（在 DMA 中止过程之后被调用）
输入参数	hdma：DMA 处理
先决条件	无
注意事项	无
返回值	无

函数 16-3

函数名	**I2C_DMAError**
函数原型	void **I2C_DMAError** (DMA_HandleTypeDef * hdma)
功能描述	DMA I2C 通信错误回调
输入参数	hdma: DMA 处理
先决条件	无
注意事项	无
返回值	无

函数 16-4

函数名	**I2C_DMAMasterReceiveCplt**
函数原型	void **I2C_DMAMasterReceiveCplt** (DMA_HandleTypeDef * hdma)
功能描述	DMA I2C 主设备接收处理完成回调
输入参数	hdma: DMA 处理
先决条件	无
注意事项	无
返回值	无

函数 16-5

函数名	**I2C_DMAMasterTransmitCplt**
函数原型	void **I2C_DMAMasterTransmitCplt** (DMA_HandleTypeDef * hdma)
功能描述	DMA I2C 主器件传送处理结束回调
输入参数	hdma: DMA 处理
先决条件	无
注意事项	无
返回值	无

函数 16-6

函数名	**I2C_DMASlaveReceiveCplt**
函数原型	void **I2C_DMASlaveReceiveCplt** (DMA_HandleTypeDef * hdma)
功能描述	DMA I2C 从机接收处理结束回调
输入参数	hdma: DMA 处理
先决条件	无
注意事项	无
返回值	无

函数 16-7

函数名	**I2C_DMASlaveTransmitCplt**
函数原型	void **I2C_DMASlaveTransmitCplt** (DMA_HandleTypeDef * hdma)
功能描述	DMA I2C 从机传送处理结束回调
输入参数	hdma: DMA 处理
先决条件	无
注意事项	无
返回值	无

函数 16-8

函数名	**I2C_Enable_IRQ**

函数原型	HAL_StatusTypeDef **I2C_Enable_IRQ**
	(
	  I2C_HandleTypeDef * hi2c,
	  uint16_t InterruptRequest
	)

功能描述	管理使能的中断
输入参数 1	hi2c：指针指向 I2C_HandleTypeDef 结构，它包含指定的 I2C 的配置信息
输入参数 2	InterruptRequest：I2C 中断配置定义值
先决条件	无
注意事项	无
返回值	HAL 状态

函数 16-9

函数名	**I2C_Flush_TXDR**
函数原型	void **I2C_Flush_TXDR** (I2C_HandleTypeDef * hi2c)
功能描述	I2C 数据发送寄存器清空处理
输入参数	hi2c：I2C 处理
先决条件	无
注意事项	无
返回值	无

函数 16-10

函数名	**I2C_IsAcknowledgeFailed**

函数原型	HAL_StatusTypeDef **I2C_IsAcknowledgeFailed**
	(
	  I2C_HandleTypeDef * hi2c,
	  uint32_t Timeout,
	  uint32_t Tickstart
	)

功能描述	这个函数用于处理在 I2C 通信期间应答失败检测
输入参数 1	hi2c：指向 I2C_HandleTypeDef 结构的指针，包含指定 I2C 配置信息
输入参数 2	Timeout：超时持续时间
输入参数 3	Tickstart：节拍器开始值
先决条件	无
注意事项	无
返回值	HAL 状态

函数 16-11

函数名	I2C_ITAddrCplt
函数原型	void I2C_ITAddrCplt (　I2C_HandleTypeDef * hi2c, 　uint32_t ITFlags)
功能描述	I2C 地址处理完成回调
输入参数 1	hi2c：I2C 处理
输入参数 2	ITFlags：需处理的中断标志位
先决条件	无
注意事项	无
返回值	无

函数 16-12

函数名	I2C_ITError
函数原型	void I2C_ITError (　I2C_HandleTypeDef * hi2c, 　uint32_t ErrorCode)
功能描述	I2C 中断错误处理
输入参数 1	hi2c：I2C 处理
输入参数 2	ErrorCode：要处理的错误代码
先决条件	无
注意事项	无
返回值	无

函数 16-13

函数名	I2C_ITListenCplt
函数原型	void I2C_ITListenCplt (　I2C_HandleTypeDef * hi2c, 　uint32_t ITFlags)
功能描述	I2C 监听完成处理
输入参数 1	hi2c：I2C 处理
输入参数 2	ITFlags：待处理的中断标志位
先决条件	无
注意事项	无
返回值	无

函数 16-14

函数名	**I2C_ITMasterCplt**

函数原型	void **I2C_ITMasterCplt**
	(
	    I2C_HandleTypeDef * hi2c,
	    uint32_t ITFlags
	)

功能描述	I2C 主器件处理结束
输入参数 1	hi2c：I2C 处理
输入参数 2	ITFlags：要处理的中断标志位
先决条件	无
注意事项	无
返回值	无

函数 16-15

函数名	**I2C_ITMasterSequentialCplt**
函数原型	void **I2C_ITMasterSequentialCplt** (I2C_HandleTypeDef * hi2c)
功能描述	I2C 主器件连续处理结束
输入参数	hi2c：I2C 处理
先决条件	无
注意事项	无
返回值	无

函数 16-16

函数名	**I2C_ITSlaveCplt**

函数原型	void **I2C_ITSlaveCplt**
	(
	    I2C_HandleTypeDef * hi2c,
	    uint32_t ITFlags
	)

功能描述	I2C 从机处理结束
输入参数 1	hi2c：I2C 处理
输入参数 2	ITFlags：待处理的中断标志位
先决条件	无
注意事项	无
返回值	无

函数 16-17

函数名	**I2C_ITSlaveSequentialCplt**
函数原型	void **I2C_ITSlaveSequentialCplt** (I2C_HandleTypeDef * hi2c)
功能描述	I2C 从机连续处理结束
输入参数	hi2c：I2C 处理
先决条件	无
注意事项	无
返回值	无

函数 16-18

函数名	**I2C_Master_ISR_DMA**
函数原型	HAL_StatusTypeDef **I2C_Master_ISR_DMA** (　struct __I2C_HandleTypeDef * hi2c, 　uint32_t ITFlags, 　uint32_t ITSources)
功能描述	用于处理主模式及 DMA 方式下中断标志位的中断子程序
输入参数 1	hi2c：指向 I2C_HandleTypeDef 结构的指针，包含指定 I2C 配置信息
输入参数 2	ITFlags：待处理的中断标志位
输入参数 3	ITSources：使能中断源
先决条件	无
注意事项	无
返回值	HAL 状态

函数 16-19

函数名	**I2C_Master_ISR_IT**
函数原型	HAL_StatusTypeDef **I2C_Master_ISR_IT** (　struct __I2C_HandleTypeDef * hi2c, 　uint32_t ITFlags, 　uint32_t ITSources)
功能描述	用于处理主模式及中断方式下中断标志位的中断子程序
输入参数 1	hi2c：指向 I2C_HandleTypeDef 结构的指针，包含指定 I2C 配置信息
输入参数 2	ITFlags：要处理的中断标志位
输入参数 3	ITSources：使能的中断源
先决条件	无
注意事项	无
返回值	HAL 状态

函数 16-20

函数名	**I2C_RequestMemoryRead**
函数原型	HAL_StatusTypeDef **I2C_RequestMemoryRead** (　I2C_HandleTypeDef * hi2c, 　uint16_t DevAddress, 　uint16_t MemAddress, 　uint16_t MemAddSize, 　uint32_t Timeout, 　uint32_t Tickstart)

（续）

功能描述	主器件为读请求发送目标设备地址及内部存储器地址
输入参数 1	hi2c：指向 I2C_HandleTypeDef 结构的指针，包含指定 I2C 配置信息
输入参数 2	DevAddress：目标设备地址，在调用接口之前数据手册中设备 7 位地址的值必须右移以丢弃读写方向位
输入参数 3	MemAddress：内部存储器地址
输入参数 4	MemAddSize：内部存储器地址大小
输入参数 5	Timeout：超时持续时间
输入参数 6	Tickstart：系统节拍器开始值
先决条件	无
注意事项	无
返回值	HAL 状态

函数 16-21

函数名	I2C_RequestMemoryWrite

函数原型	HAL_StatusTypeDef **I2C_RequestMemoryWrite**
	 (
	 I2C_HandleTypeDef * hi2c,
	   uint16_t DevAddress,
	   uint16_t MemAddress,
	   uint16_t MemAddSize,
	   uint32_t Timeout,
	   uint32_t Tickstart
	)

功能描述	主器件为写请求发送目标设备地址及内部存储器地址
输入参数 1	hi2c：指向 I2C_HandleTypeDef 结构的指针，包含指定 I2C 配置信息
输入参数 2	DevAddress：目标设备地址，在调用接口之前数据手册中设备 7 位地址的值必须右移以丢弃读写方向位
输入参数 3	MemAddress：内部存储器地址
输入参数 4	MemAddSize：内部存储器地址大小
输入参数 5	Timeout：超时持续时间
输入参数 6	Tickstar：系统节拍器开始值
先决条件	无
注意事项	无
返回值	HAL 状态

函数 16-22

函数名	I2C_Slave_ISR_DMA

函数原型	HAL_StatusTypeDef **I2C_Slave_ISR_DMA**
	 (
	   struct __I2C_HandleTypeDef * hi2c,
	   uint32_t ITFlags,
	   uint32_t ITSources
	)

（续）

功能描述	中断子程序用于处理从模式及 DMA 方式下的中断标志位
输入参数 1	hi2c：指向 I2C_HandleTypeDef 结构的指针，包含指定 I2C 配置信息
输入参数 2	ITFlags：要处理的中断标志位
输入参数 3	ITSources：使能的中断源
先决条件	无
注意事项	无
返回值	HAL 状态

函数 16-23

函数名	**I2C_Slave_ISR_IT**
函数原型	HAL_StatusTypeDef **I2C_Slave_ISR_IT** (　struct __I2C_HandleTypeDef *　hi2c, 　uint32_t　ITFlags, 　uint32_t　ITSources)
功能描述	中断子程序用于处理从模式及中断方式下的中断标志位
输入参数 1	hi2c：指向 I2C_HandleTypeDef 结构的指针，包含指定 I2C 配置信息
输入参数 2	ITFlags：要处理的中断标志位
输入参数 3	ITSources：使能的中断源
先决条件	无
注意事项	无
返回值	HAL 状态

函数 16-24

函数名	**I2C_TransferConfig**
函数原型	void **I2C_TransferConfig** (　I2C_HandleTypeDef *　hi2c, 　uint16_t　DevAddress, 　uint8_t　Size, 　uint32_t　Mode, 　uint32_t　Request)
功能描述	当开始传送或传送期间（TC 或 TCR 标志位置位）处理 I2C 通信
输入参数 1	hi2c：I2C 处理
输入参数 2	DevAddress：指定被编程的从机地址
输入参数 3	Size：指定编程的字节数，该参数必须是一个 0 ~ 255 之间的值
输入参数 4	Mode：生成新状态的 I2C 开始条件，该参数可以是下列值之一： • I2C_RELOAD_MODE：使能重装模式 • I2C_AUTOEND_MODE：使能自动结束模式 • I2C_SOFTEND_MODE：使能软件结束模式

（续）

输入参数 5	Request：生成新的 I2C 开始条件状态，该参数可以是下列值之一： ● I2C_NO_STARTSTOP：不产生停止和开始条件 ● I2C_GENERATE_STOP：产生停止条件（大小被设置为 0） ● I2C_GENERATE_START_READ：为读请求产生重复起始条件 ● I2C_GENERATE_START_WRITE：为写请求产生重复起始条件
先决条件	无
注意事项	无
返回值	无

函数 16-25

函数名	**I2C_WaitOnFlagUntilTimeout**

函数原型	HAL_StatusTypeDef **I2C_WaitOnFlagUntilTimeout**
	  (
	    I2C_HandleTypeDef * hi2c,
	    uint32_t Flag,
	    FlagStatus Status,
	    uint32_t Timeout,
	    uint32_t Tickstart
	  )

功能描述	这个函数用于处理 I2C 通信超时
输入参数 1	hi2c：指向 I2C_HandleTypeDef 结构的指针，包含指定 I2C 配置信息
输入参数 2	Flag：定义用于检测的 I2C 中断标志位
输入参数 3	Status：新的中断标志位状态（置位或清除）
输入参数 4	Timeout：超时持续时间
输入参数 5	Tickstart：系统定时器开始值
先决条件	无
注意事项	无
返回值	HAL 状态

函数 16-26

函数名	**I2C_WaitOnRXNEFlagUntilTimeout**

函数原型	HAL_StatusTypeDef **I2C_WaitOnRXNEFlagUntilTimeout**
	  (
	    I2C_HandleTypeDef * hi2c,
	    uint32_t Timeout,
	    uint32_t Tickstart
	  )

功能描述	该函数是为特定的 RXNE 中断标志位的应用，用于处理 I2C 通信超时
输入参数 1	hi2c：指向一个 I2C_HandleTypeDef 结构的指针，包含了指定 I2C 配置信息
输入参数 2	Timeout：超时持续时间
输入参数 3	Tickstart：系统定时器开始值
先决条件	无
注意事项	无
返回值	HAL 状态

函数 16-27

函数名	**I2C_WaitOnSTOPFlagUntilTimeout**
函数原型	HAL_StatusTypeDef **I2C_WaitOnSTOPFlagUntilTimeout** (　I2C_HandleTypeDef * hi2c, 　uint32_t　Timeout, 　uint32_t　Tickstart)
功能描述	该函数为特定的 STOP 标志位的应用, 用于处理 I2C 通信超时
输入参数 1	hi2c: 指向 I2C_HandleTypeDef 结构的指针, 包含指定 I2C 配置信息
输入参数 2	Timeout: 超时持续时间
输入参数 3	Tickstart: 系统定时器开始值
先决条件	无
注意事项	无
返回值	HAL 状态

函数 16-28

函数名	**I2C_WaitOnTXISFlagUntilTimeout**
函数原型	HAL_StatusTypeDef **I2C_WaitOnTXISFlagUntilTimeout** (　I2C_HandleTypeDef *　hi2c, 　uint32_t　Timeout, 　uint32_t　Tickstart)
功能描述	该函数为特定的 TXIS 标志位的应用, 用于处理 I2C 通信超时
输入参数 1	hi2c: 指向 I2C_HandleTypeDef 结构的指针, 包含指定 I2C 配置信息
输入参数 2	Timeout: 超时持续时间
输入参数 3	Tickstart: 系统定时器开始值
先决条件	无
注意事项	无
返回值	HAL 状态

函数 16-29

函数名	**HAL_I2C_DeInit**
函数原型	HAL_StatusTypeDef **HAL_I2C_DeInit** (I2C_HandleTypeDef * hi2c)
功能描述	反初始化 I2C 外设
输入参数	hi2c: 指向 I2C_HandleTypeDef 结构的指针, 包含指定 I2C 配置信息
先决条件	无
注意事项	无
返回值	HAL 状态

函数 16-30

函数名	**HAL_I2C_Init**
函数原型	HAL_StatusTypeDef **HAL_I2C_Init** (I2C_HandleTypeDef * hi2c)
功能描述	根据 I2C I2C_InitTypeDef 中指定的参数初始化 I2C，并初始化相关的处理
输入参数	hi2c：指针指向 I2C_HandleTypeDef 结构，包含指定 I2C 配置信息
先决条件	无
注意事项	无
返回值	HAL 状态

函数 16-31

函数名	**HAL_I2C_MspDeInit**
函数原型	void **HAL_I2C_MspDeInit** (I2C_HandleTypeDef * hi2c)
功能描述	反初始化 I2C 微控制器特定程序包
输入参数	hi2c：指向 I2C_HandleTypeDef 结构的指针，包含指定 I2C 配置信息
先决条件	无
注意事项	无
返回值	无

函数 16-32

函数名	**HAL_I2C_MspInit**
函数原型	void **HAL_I2C_MspInit** (I2C_HandleTypeDef * hi2c)
功能描述	初始化 I2C 微控制器特定程序包
输入参数	hi2c：指向 I2C_HandleTypeDef 结构的指针，包含指定 I2C 配置信息
先决条件	无
注意事项	无
返回值	无

函数 16-33

函数名	**HAL_I2C_DisableListen_IT**
函数原型	HAL_StatusTypeDef **HAL_I2C_DisableListen_IT** (I2C_HandleTypeDef * hi2c)
功能描述	中断方式下禁止地址监听模式函数
输入参数	hi2c：指针指向 I2C_HandleTypeDef 结构包含指定 I2C 配置信息
先决条件	无
注意事项	无
返回值	HAL 状态

函数 16-34

函数名	HAL_I2C_EnableListen_IT
函数原型	HAL_StatusTypeDef **HAL_I2C_EnableListen_IT** (I2C_HandleTypeDef * hi2c)
功能描述	中断方式下使能地址监听模式函数
输入参数	hi2c：指针指向 I2C_HandleTypeDef 结构，包含指定 I2C 配置信息
先决条件	无
注意事项	无
返回值	HAL 状态

函数 16-35

函数名	HAL_I2C_IsDeviceReady
函数原型	HAL_StatusTypeDef **HAL_I2C_IsDeviceReady** (　I2C_HandleTypeDef * hi2c, 　uint16_t DevAddress, 　uint32_t Trials, 　uint32_t Timeout)
功能描述	检测目标设备是否通信准备就绪
输入参数 1	hi2c：指向 I2C_HandleTypeDef 结构的指针，包含指定 I2C 配置信息
输入参数 2	DevAddress：目标设备地址，在调用接口之前，数据手册中设备的 7 位地址值必须右移以丢弃读写方向位
输入参数 3	Trials：检测的次数
输入参数 4	Timeout：超时持续时间
先决条件	无
注意事项	无
返回值	HAL 状态

函数 16-36

函数名	HAL_I2C_Master_Abort_IT
函数原型	HAL_StatusTypeDef **HAL_I2C_Master_Abort_IT** (　I2C_HandleTypeDef * hi2c, 　uint16_t DevAddress)
功能描述	在中断方式下终止主器件的 I2C 中断或 DMA 通信进程
输入参数 1	hi2c：指向 I2C_HandleTypeDef 结构的指针，包含指定 I2C 配置信息
输入参数 2	DevAddress：目标设备地址，在调用接口之前，数据手册中设备的 7 位地址值必须右移以丢弃读写方向位
先决条件	无
注意事项	无
返回值	HAL 状态

函数 16-37

函数名	HAL_I2C_Master_Receive
函数原型	HAL_StatusTypeDef **HAL_I2C_Master_Receive** (　I2C_HandleTypeDef * hi2c, 　uint16_t DevAddress, 　uint8_t * pData, 　uint16_t Size, 　uint32_t Timeout)
功能描述	在阻塞模式下，主器件接收一定数量的数据
输入参数 1	hi2c：指向 I2C_HandleTypeDef 结构的指针，包含指定 I2C 配置信息
输入参数 2	DevAddress：目标设备地址，在调用接口之前，数据手册中设备的 7 位地址值必须右移以丢弃读写方向位
输入参数 3	pData：数据缓冲区指针
输入参数 4	Size：发送的数据大小
输入参数 5	Timeout：超时持续时间
先决条件	无
注意事项	无
返回值	HAL 状态

函数 16-38

函数名	HAL_I2C_Master_Receive_DMA
函数原型	HAL_StatusTypeDef **HAL_I2C_Master_Receive_DMA** (　I2C_HandleTypeDef * hi2c, 　uint16_t DevAddress, 　uint8_t * pData, 　uint16_t Size)
功能描述	在非阻塞及 DMA 模式下，主器件接收一定数量的数据
输入参数 1	hi2c：指针指向 I2C_HandleTypeDef 结构，包含指定 I2C 配置信息
输入参数 2	DevAddress：目标设备地址，在调用接口之前，数据手册中设备的 7 位地址的值必须右移以丢弃读写方向位
输入参数 3	pData：数据缓冲区指针
输入参数 4	Size：发送的数据大小
先决条件	无
注意事项	无
返回值	HAL 状态

函数 16-39

函数名	**HAL_I2C_Master_Receive_IT**
函数原型	HAL_StatusTypeDef **HAL_I2C_Master_Receive_IT** (　I2C_HandleTypeDef *　hi2c, 　uint16_t　DevAddress, 　uint8_t *　pData, 　uint16_t　Size)
功能描述	在非阻塞及中断模式下，主器件接收一定数量的数据
输入参数 1	hi2c: 指向 I2C_HandleTypeDef 结构的指针，包含指定 I2C 的配置信息
输入参数 2	DevAddress：目标设备地址，在调用接口之前数据手册中设备 7 位地址值必须右移以丢弃读写方向位
输入参数 3	pData：数据缓冲区指针
输入参数 4	Size：要发送的数据大小
先决条件	无
注意事项	无
返回值	HAL 状态

函数 16-40

函数名	**HAL_I2C_Master_Sequential_Receive_IT**
函数原型	HAL_StatusTypeDef **HAL_I2C_Master_Sequential_Receive_IT** (　I2C_HandleTypeDef *　hi2c, 　uint16_t　DevAddress, 　uint8_t *　pData, 　uint16_t　Size, 　uint32_t　XferOptions)
功能描述	在非阻塞及中断模式下，主器件连续接收一定数量的数据
输入参数 1	hi2c: 指向 I2C_HandleTypeDef 结构的指针，包含指定 I2C 配置信息
输入参数 2	DevAddress：目标设备地址，在调用接口之前数据手册中设备的 7 位地址值必须右移以丢弃读写方向位
输入参数 3	pData：数据缓冲区指针
输入参数 4	Size：要发送的数据大小
输入参数 5	XferOptions：传输选项，I2C 连续传输的设置值
先决条件	无
注意事项	在传输期间方向变化时，该接口允许管理重复启动条件
返回值	HAL 状态

函数 16-41

函数名	**HAL_I2C_Master_Sequential_Transmit_IT**
函数原型	HAL_StatusTypeDef **HAL_I2C_Master_Sequential_Transmit_IT** (　I2C_HandleTypeDef *　hi2c, 　uint16_t　DevAddress, 　uint8_t *　pData, 　uint16_t　Size, 　uint32_t　XferOptions)
功能描述	在非阻塞及中断模式下，主器件连续传送一定数量的数据
输入参数 1	hi2c：指向 I2C_HandleTypeDef 结构的指针，包含了指定 I2C 配置信息
输入参数 2	DevAddress：目标设备地址，在调用接口之前数据手册中设备 7 位地址的值必须右移以丢弃读写方向位
输入参数 3	pData：指针指向数据缓冲区
输入参数 4	Size：要发送的数据大小
输入参数 5	XferOptions：传输选项，I2C 连续传输的设置值
先决条件	无
注意事项	在传输期间方向变化时，该接口允许管理重复启动条件
返回值	HAL 状态

函数 16-42

函数名	**HAL_I2C_Master_Transmit**
函数原型	HAL_StatusTypeDef **HAL_I2C_Master_Transmit** (　I2C_HandleTypeDef *　hi2c, 　uint16_t　DevAddress, 　uint8_t *　pData, 　uint16_t　Size, 　uint32_t　Timeout)
功能描述	在阻塞模式下主器件发送一定数量的数据
输入参数 1	hi2c：指向 I2C_HandleTypeDef 结构的指针，包含指定 I2C 配置信息
输入参数 2	DevAddress：目标设备地址，在调用接口之前，数据手册中设备的 7 位地址值必须右移以丢弃读写方向位
输入参数 3	pData：数据缓冲区指针
输入参数 4	Size：要发送的数据大小
输入参数 5	Timeout：超时时间
先决条件	无
注意事项	无
返回值	HAL 状态

函数 16-43

函数名	**HAL_I2C_Master_Transmit_DMA**

函数原型	HAL_StatusTypeDef **HAL_I2C_Master_Transmit_DMA**
	(
	  I2C_HandleTypeDef *　hi2c,
	  uint16_t　DevAddress,
	  uint8_t *　pData,
	  uint16_t　Size
	)

功能描述	在非阻塞及 DMA 模式下，主器件发送一定数量的数据
输入参数 1	hi2c：指向 I2C_HandleTypeDef 结构的指针，包含指定 I2C 的配置信息
输入参数 2	DevAddress：目标设备地址，在调用接口之前，数据手册中设备的 7 位地址值必须右移以丢弃读写方向位
输入参数 3	pData：数据缓冲区指针
输入参数 4	Size：要发送的数据大小
先决条件	无
注意事项	无
返回值	HAL 状态

函数 16-44

函数名	**HAL_I2C_Master_Transmit_IT**

函数原型	HAL_StatusTypeDef **HAL_I2C_Master_Transmit_IT**
	(
	  I2C_HandleTypeDef *　hi2c,
	  uint16_t　DevAddress,
	  uint8_t *　pData,
	  uint16_t　Size
	)

功能描述	在非阻塞及中断模式下，主器件发送一定数量的数据
输入参数 1	hi2c：指针 I2C_HandleTypeDef 结构包含指定 I2C 配置信息
输入参数 2	DevAddress：目标设备地址，在调用接口之前，数据手册中设备的 7 位地址的值必须右移以丢弃读写方向位
输入参数 3	pData：指向数据缓冲区的指针
输入参数 4	Size：要发送的数据大小
先决条件	无
注意事项	无
返回值	HAL 状态

函数 16-45

函数名	**HAL_I2C_Mem_Read**

函数原型	HAL_StatusTypeDef **HAL_I2C_Mem_Read**
	(
	  I2C_HandleTypeDef *　hi2c,
	  uint16_t　DevAddress,

（续）

| 函数原型 | <pre>uint16_t MemAddress,
uint16_t MemAddSize,
uint8_t * pData,
uint16_t Size,
uint32_t Timeout
)</pre> |
|---|---|
| 功能描述 | 在阻塞模式下从指定的内存地址中读取一定数量的数据 |
| 输入参数 1 | hi2c：指针指向 I2C_HandleTypeDef 结构，包含指定 I2C 配置信息 |
| 输入参数 2 | DevAddress：目标设备地址，在调用接口之前，数据手册中设备的 7 位地址值必须右移以丢弃读写方向位 |
| 输入参数 3 | MemAddress：存储器地址 |
| 输入参数 4 | MemAddSize：存储器地址大小 |
| 输入参数 5 | pData：数据缓冲区指针 |
| 输入参数 6 | Size：要发送的数据大小 |
| 输入参数 7 | Timeout：超时持续时间 |
| 先决条件 | 无 |
| 注意事项 | 无 |
| 返回值 | HAL 状态 |

函数 16-46

函数名	**HAL_I2C_Mem_Read_DMA**
函数原型	<pre>HAL_StatusTypeDef **HAL_I2C_Mem_Read_DMA**
(
I2C_HandleTypeDef * hi2c,
uint16_t DevAddress,
uint16_t MemAddress,
uint16_t MemAddSize,
uint8_t * pData,
uint16_t Size
)</pre>
功能描述	在非阻塞及 DMA 模式下，从一个指定的内存地址处读取一定数量的数据
输入参数 1	hi2c：指向 I2C_HandleTypeDef 结构的指针，包含指定 I2C 配置信息
输入参数 2	DevAddress：目标设备地址，在调用接口之前数据手册中设备 7 位地址值必须右移以丢弃读写方向位
输入参数 3	MemAddress：存储器地址
输入参数 4	MemAddSize：存储器地址大小
输入参数 5	pData：指向数据缓冲区的指针
输入参数 6	Size：要读取的数据量大小
先决条件	无
注意事项	无
返回值	HAL 状态

函数 16-47

函数名	HAL_I2C_Mem_Read_IT
函数原型	HAL_StatusTypeDef **HAL_I2C_Mem_Read_IT** (　I2C_HandleTypeDef * hi2c, 　uint16_t DevAddress, 　uint16_t MemAddress, 　uint16_t MemAddSize, 　uint8_t * pData, 　uint16_t Size 　)
功能描述	在非阻塞及中断模式下，从指定的内存地址读取一定数量的数据
输入参数 1	hi2c：指向 I2C_HandleTypeDef 结构的指针，包含指定 I2C 配置信息
输入参数 2	DevAddress：目标设备地址，在调用接口之前，数据手册中设备的 7 位地址值必须右移以丢弃读写方向位
输入参数 3	MemAddress：存储器地址
输入参数 4	MemAddSize：存储器地址大小
输入参数 5	pData：指向数据缓冲区的指针
输入参数 6	Size：要发送的数据量大小
先决条件	无
注意事项	无
返回值	HAL 状态

函数 16-48

函数名	HAL_I2C_Mem_Write
函数原型	HAL_StatusTypeDef **HAL_I2C_Mem_Write** (　I2C_HandleTypeDef * hi2c, 　uint16_t DevAddress, 　uint16_t MemAddress, 　uint16_t MemAddSize, 　uint8_t * pData, 　uint16_t Size, 　uint32_t Timeout 　)
功能描述	在阻塞模式下向指定的内存地址写一定数量的数据
输入参数 1	hi2c：指向 I2C_HandleTypeDef 结构的指针，包含指定 I2C 配置信息
输入参数 2	DevAddress：目标设备地址，在调用接口之前，数据手册中设备的 7 位地址的值必须右移以丢弃读写方向位
输入参数 3	MemAddress：存储器地址
输入参数 4	MemAddSize：存储器地址的大小
输入参数 5	pData：指向数据缓冲区的指针
输入参数 6	Size：要发送数据的大小
输入参数 7	Timeout：超时时间
先决条件	无
注意事项	无
返回值	HAL 状态

函数 16-49

函数名	**HAL_I2C_Mem_Write_DMA**

函数原型	HAL_StatusTypeDef **HAL_I2C_Mem_Write_DMA**
	(
	  I2C_HandleTypeDef * hi2c,
	  uint16_t DevAddress,
	  uint16_t MemAddress,
	  uint16_t MemAddSize,
	  uint8_t * pData,
	  uint16_t Size
	)

功能描述	在非阻塞及 DMA 模式下，向指定的内存地址写入一定数量的数据
输入参数 1	hi2c：指向 I2C_HandleTypeDef 结构的指针，包含指定 I2C 配置信息
输入参数 2	DevAddress：目标设备地址，在调用接口之前，数据手册中设备的 7 位地址值必须右移以丢弃读写方向位
输入参数 3	MemAddress：存储器地址
输入参数 4	MemAddSize：存储器地址的大小
输入参数 5	pData：指向数据缓冲区的指针
输入参数 6	Size：要发送的数据大小
先决条件	无
注意事项	无
返回值	HAL 状态

函数 16-50

函数名	**HAL_I2C_Mem_Write_IT**

函数原型	HAL_StatusTypeDef **HAL_I2C_Mem_Write_IT**
	(
	  I2C_HandleTypeDef * hi2c,
	  uint16_t DevAddress,
	  uint16_t MemAddress,
	  uint16_t MemAddSize,
	  uint8_t * pData,
	  uint16_t Size
	)

功能描述	在非阻塞及中断模式下，向指定的内存地址写入一定数量的数据
输入参数 1	hi2c：指针指向 I2C_HandleTypeDef 结构，包含指定 I2C 配置信息
输入参数 2	DevAddress：目标设备地址，在调用接口之前，数据手册中设备的 7 位地址的值必须右移以丢弃读写方向位
输入参数 3	MemAddress：存储器地址
输入参数 4	MemAddSize：存储器地址的大小
输入参数 5	pData：指向数据缓冲区的指针
输入参数 6	Size：要发送的数据大小
先决条件	无
注意事项	无
返回值	HAL 状态

函数 16-51

函数名	**HAL_I2C_Slave_Receive**

函数原型	HAL_StatusTypeDef **HAL_I2C_Slave_Receive**
	(
	  I2C_HandleTypeDef * hi2c,
	  uint8_t * pData,
	  uint16_t Size,
	  uint32_t Timeout
	)

功能描述	在阻塞模式下，从机接收一定数量的数据
输入参数 1	hi2c：指针指向 I2C_HandleTypeDef 结构，包含指定 I2C 配置信息
输入参数 2	pData：指向数据缓冲区的指针
输入参数 3	Size：要发送的数据大小
输入参数 4	Timeout：超时时间
先决条件	无
注意事项	无
返回值	HAL 状态

函数 16-52

函数名	**HAL_I2C_Slave_Receive_DMA**

函数原型	HAL_StatusTypeDef **HAL_I2C_Slave_Receive_DMA**
	(
	  I2C_HandleTypeDef * hi2c,
	  uint8_t * pData,
	  uint16_t Size
	)

功能描述	在非阻塞及 DMA 模式下，从机接收一定数量的数据
输入参数 1	hi2c：指针指向 I2C_HandleTypeDef 结构，包含指定 I2C 配置信息
输入参数 2	pData：指向数据缓冲区的指针
输入参数 3	Size：要发送的数据量大小
先决条件	无
注意事项	无
返回值	HAL 状态

函数 16-53

函数名	**HAL_I2C_Slave_Receive_IT**

函数原型	HAL_StatusTypeDef **HAL_I2C_Slave_Receive_IT**
	(
	  I2C_HandleTypeDef * hi2c,
	  uint8_t * pData,
	  uint16_t Size
	)

功能描述	在非阻塞及中断模式下，从机接收一定数量的数据
输入参数 1	hi2c：指针指向 I2C_HandleTypeDef结构，包含指定 I2C 配置信息

（续）

输入参数 2	pData：指向数据缓冲区的指针
输入参数 3	Size：要发送的数据大小
先决条件	无
注意事项	无
返回值	HAL 状态

函数 16-54

函数名	**HAL_I2C_Slave_Sequential_Receive_IT**
函数原型	HAL_StatusTypeDef **HAL_I2C_Slave_Sequential_Receive_IT** (　I2C_HandleTypeDef *　hi2c, 　uint8_t *　pData, 　uint16_t　Size, 　uint32_t　XferOptions)
功能描述	在非阻塞及中断模式下，I2C 从机 / 设备连续接收一定数量的数据
输入参数 1	hi2c：指针指向 I2C_HandleTypeDef 结构，包含指定 I2C 配置信息
输入参数 2	pData：数据缓冲区指针
输入参数 3	Size：要发送的数据大小
输入参数 4	XferOptions：传输选项，I2C 连续发送的设置值
先决条件	无
注意事项	这个接口允许当传送的方向变化时管理重复启动条件
返回值	HAL 状态

函数 16-55

函数名	**HAL_I2C_Slave_Sequential_Transmit_IT**
函数原型	HAL_StatusTypeDef **HAL_I2C_Slave_Sequential_Transmit_IT** (　I2C_HandleTypeDef *　hi2c, 　uint8_t *　pData, 　uint16_t　Size, 　uint32_t　XferOptions)
功能描述	在非阻塞及中断模式下，I2C 从机 / 设备连续发送一定数量的数据
输入参数 1	hi2c：指向 I2C_HandleTypeDef 结构的指针，包含指定 I2C 配置信息
输入参数 2	pData：数据缓冲区指针
输入参数 3	Size：要发送的数据大小
输入参数 4	XferOptions：传输选项，I2C 连续发送的设置值
先决条件	无
注意事项	这个接口允许当传送方向变化时管理重复启动条件
返回值	HAL 状态

函数 16-56

函数名	**HAL_I2C_Slave_Transmit**
函数原型	HAL_StatusTypeDef **HAL_I2C_Slave_Transmit** (　I2C_HandleTypeDef *　hi2c, 　uint8_t *　pData, 　uint16_t　Size, 　uint32_t　Timeout)
功能描述	在阻塞模式下，从机发送一定数量的数据
输入参数 1	hi2c：指向 I2C_HandleTypeDef 结构的指针，包含指定 I2C 的配置信息
输入参数 2	pData：数据缓冲区指针
输入参数 3	Size：要发送的数据大小
输入参数 4	Timeout：超时持续时间
先决条件	无
注意事项	无
返回值	HAL 状态

函数 16-57

函数名	**HAL_I2C_Slave_Transmit_DMA**
函数原型	HAL_StatusTypeDef **HAL_I2C_Slave_Transmit_DMA** (　I2C_HandleTypeDef *　hi2c, 　uint8_t *　pData, 　uint16_t　Size)
功能描述	在非阻塞及 DMA 模式下，从机发送一定数量的数据
输入参数 1	hi2c：指向 I2C_HandleTypeDef 结构的指针，包含指定 I2C 的配置信息
输入参数 2	pData：数据缓冲区指针
输入参数 3	Size：要发送的数据数量
先决条件	无
注意事项	无
返回值	HAL 状态

函数 16-58

函数名	**HAL_I2C_Slave_Transmit_IT**
函数原型	HAL_StatusTypeDef **HAL_I2C_Slave_Transmit_IT** (　I2C_HandleTypeDef *　hi2c, 　uint8_t *　pData, 　uint16_t　Size)

（续）

功能描述	在非阻塞及中断模式下，从机发送一定数量的数据
输入参数 1	hi2c：指向 I2C_HandleTypeDef 结构的指针，包含指定 I2C 的配置信息
输入参数 2	pData：指向数据缓冲区的指针
输入参数 3	Size：要发送的数据数量
先决条件	无
注意事项	无
返回值	HAL 状态

函数 16-59

函数名	**HAL_I2C_AbortCpltCallback**
函数原型	void **HAL_I2C_AbortCpltCallback** (I2C_HandleTypeDef * hi2c)
功能描述	I2C 中止回调
输入参数	hi2c：指向 I2C_HandleTypeDef 结构的指针，包含指定 I2C 的配置信息
先决条件	无
注意事项	无
返回值	无

函数 16-60

函数名	**HAL_I2C_AddrCallback**

函数原型	void **HAL_I2C_AddrCallback**
	(
	  I2C_HandleTypeDef * hi2c,
	  uint8_t TransferDirection,
	  uint16_t AddrMatchCode
	)

功能描述	从机地址匹配回调
输入参数	hi2c：指向 I2C_HandleTypeDef 结构的指针，包含指定 I2C 的配置信息
先决条件	无
注意事项	无
返回值	无

函数 16-61

函数名	**HAL_I2C_ER_IRQHandler**
函数原型	void **HAL_I2C_ER_IRQHandler** (I2C_HandleTypeDef * hi2c)
功能描述	这个函数处理 I2C 错误中断请求
输入参数	hi2c：指向 I2C_HandleTypeDef 结构的指针，包含指定 I2C 的配置信息
先决条件	无
注意事项	无
返回值	无

函数 16-62

函数名	**HAL_I2C_ErrorCallback**
函数原型	void **HAL_I2C_ErrorCallback** (I2C_HandleTypeDef * hi2c)
功能描述	I2C 错误回调
输入参数	hi2c: 指向 I2C_HandleTypeDef 结构的指针, 包含指定 I2C 的配置信息
先决条件	无
注意事项	无
返回值	无

函数 16-63

函数名	**HAL_I2C_EV_IRQHandler**
函数原型	void **HAL_I2C_EV_IRQHandler** (I2C_HandleTypeDef * hi2c)
功能描述	这个函数处理 I2C 事件中断请求
输入参数	hi2c: 指向 I2C_HandleTypeDef 结构的指针, 包含指定 I2C 的配置信息
先决条件	无
注意事项	无
返回值	无

函数 16-64

函数名	**HAL_I2C_ListenCpltCallback**
函数原型	void **HAL_I2C_ListenCpltCallback** (I2C_HandleTypeDef * hi2c)
功能描述	侦听结束回调
输入参数	hi2c: 指向 I2C_HandleTypeDef 结构的指针, 包含指定 I2C 的配置信息
先决条件	无
注意事项	无
返回值	无

函数 16-65

函数名	**HAL_I2C_MasterRxCpltCallback**
函数原型	void **HAL_I2C_MasterRxCpltCallback** (I2C_HandleTypeDef * hi2c)
功能描述	主机 Rx 传送结束回调
输入参数	hi2c: 指向 I2C_HandleTypeDef 结构的指针, 包含指定 I2C 的配置信息
先决条件	无
注意事项	无
返回值	无

函数 16-66

函数名	**HAL_I2C_MasterTxCpltCallback**
函数原型	void **HAL_I2C_MasterTxCpltCallback** (I2C_HandleTypeDef * hi2c)
功能描述	主机 Tx 传送结束回调
输入参数	hi2c: 指向 I2C_HandleTypeDef 结构的指针, 包含指定 I2C 的配置信息

（续）

先决条件	无
注意事项	无
返回值	无

函数 16-67

函数名	**HAL_I2C_MemRxCpltCallback**
函数原型	void **HAL_I2C_MemRxCpltCallback** (I2C_HandleTypeDef * hi2c)
功能描述	存储器 Rx 传送结束回调
输入参数	hi2c：指向 I2C_HandleTypeDef 结构的指针，包含指定 I2C 的配置信息
先决条件	无
注意事项	无
返回值	无

函数 16-68

函数名	**HAL_I2C_MemTxCpltCallback**
函数原型	void **HAL_I2C_MemTxCpltCallback** (I2C_HandleTypeDef * hi2c)
功能描述	存储器 Tx 传送结束回调
输入参数	hi2c：指向 I2C_HandleTypeDef 结构的指针，包含指定 I2C 的配置信息
先决条件	无
注意事项	无
返回值	无

函数 16-69

函数名	**HAL_I2C_SlaveRxCpltCallback**
函数原型	void **HAL_I2C_SlaveRxCpltCallback** (I2C_HandleTypeDef * hi2c)
功能描述	从机 Rx 传送结束回调
输入参数	hi2c：指向 I2C_HandleTypeDef 结构的指针，包含指定 I2C 的配置信息
先决条件	无
注意事项	无
返回值	无

函数 16-70

函数名	**HAL_I2C_SlaveTxCpltCallback**
函数原型	void **HAL_I2C_SlaveTxCpltCallback** (I2C_HandleTypeDef * hi2c)
功能描述	从机 Tx 传送结束回调
输入参数	hi2c：指向 I2C_HandleTypeDef 结构的指针，包含指定 I2C 的配置信息
先决条件	无
注意事项	无
返回值	无

函数 16-71

函数名	**HAL_I2C_GetError**
函数原型	uint32_t **HAL_I2C_GetError** (I2C_HandleTypeDef * hi2c)
功能描述	返回 I2C 错误代码
输入参数	hi2c：指向 I2C_HandleTypeDef 结构的指针，包含指定 I2C 的配置信息
先决条件	无
注意事项	无
返回值	I2C 错误代码

函数 16-72

函数名	**HAL_I2C_GetMode**
函数原型	HAL_I2C_ModeTypeDef **HAL_I2C_GetMode** (I2C_HandleTypeDef * hi2c)
功能描述	返回 I2C 主机、从机或存储器工作模式
输入参数	hi2c：指向 I2C_HandleTypeDef 结构的指针，包含指定 I2C 的配置信息
先决条件	无
注意事项	无
返回值	I2C 工作模式

函数 16-73

函数名	**HAL_I2C_GetState**
函数原型	HAL_I2C_StateTypeDef **HAL_I2C_GetState** (I2C_HandleTypeDef * hi2c)
功能描述	返回 I2C 处理状态
输入参数	hi2c：指向 I2C_HandleTypeDef 结构的指针，包含指定 I2C 的配置信息
先决条件	无
注意事项	无
返回值	I2C 状态

函数 16-74

函数名	**HAL_I2CEx_ConfigAnalogFilter**

函数原型	HAL_StatusTypeDef **HAL_I2CEx_ConfigAnalogFilter**
	(
	  I2C_HandleTypeDef * hi2c,
	  uint32_t AnalogFilter
	)

功能描述	配置 I2C 模拟噪声滤波器
输入参数 1	hi2c：指向 I2C_HandleTypeDef 结构的指针，包含指定 I2Cx 的配置信息
输入参数 2	AnalogFilter：模拟滤波器的新状态
先决条件	无
注意事项	无
返回值	HAL 状态

函数 16-75

函数名	HAL_I2CEx_ConfigDigitalFilter

函数原型	HAL_StatusTypeDef **HAL_I2CEx_ConfigDigitalFilter**
	(
	  I2C_HandleTypeDef * hi2c,
	  uint32_t DigitalFilter
	)

功能描述	配置 I2C 数字噪声滤波器
输入参数 1	hi2c：指向 I2C_HandleTypeDef 结构的指针，包含指定 I2Cx 的配置信息
输入参数 2	DigitalFilter：数字噪声滤波器系数（在 0x00 至 0x0F 之间）
先决条件	无
注意事项	无
返回值	HAL 状态

函数 16-76

函数名	HAL_I2CEx_DisableFastModePlus
函数原型	void **HAL_I2CEx_DisableFastModePlus** (uint32_t ConfigFastModePlus)
功能描述	禁用 I2C 快速＋模式的驱动能力
输入参数	ConfigFastModePlus：选择引脚，该参数可以是 I2CEx 快速＋模式的值之一
先决条件	无
注意事项	无
返回值	无

函数 16-77

函数名	HAL_I2CEx_DisableWakeUp
函数原型	HAL_StatusTypeDef **HAL_I2CEx_DisableWakeUp** (I2C_HandleTypeDef * hi2c)
功能描述	禁止 I2C 从停止模式唤醒
输入参数	hi2c：指向 I2C_HandleTypeDef 结构的指针，包含指定 I2Cx 的配置信息
先决条件	无
注意事项	无
返回值	HAL 状态

函数 16-78

函数名	HAL_I2CEx_EnableFastModePlus
函数原型	void **HAL_I2CEx_EnableFastModePlus** (uint32_t ConfigFastModePlus)
功能描述	使能 I2C 超快速模式的驱动能力
输入参数	ConfigFastModePlus：选择引脚，该参数可以是 I2Cex 超快速模式的值之一
先决条件	无
注意事项	无
返回值	无

函数 16-79

函数名	**HAL_I2CEx_EnableWakeUp**
函数原型	HAL_StatusTypeDef **HAL_I2CEx_EnableWakeUp** (I2C_HandleTypeDef * hi2c)
功能描述	使能 I2C 从停止模式唤醒
输入参数	hi2c：指向 I2C_HandleTypeDef 结构的指针，包含指定 I2Cx 的配置信息
先决条件	无
注意事项	无
返回值	HAL 状态

函数 16-80

函数名	**I2C_Disable_IRQ**
函数原型	HAL_StatusTypeDef **I2C_Disable_IRQ** (　I2C_HandleTypeDef * hi2c, 　uint16_t InterruptRequest)
功能描述	管理禁用的中断
输入参数 1	hi2c：指向 I2C_HandleTypeDef 结构的指针，包含指定 I2C 的配置信息
输入参数 2	InterruptRequest：I2C 中断配置定义值
先决条件	无
注意事项	无
返回值	HAL 状态

函数 16-81

函数名	**I2C_DMAAbort**
函数原型	void **I2C_DMAAbort** (DMA_HandleTypeDef * hdma)
功能描述	DMA I2C 通信中止回调（在 DMA 中断过程中被调用）
输入参数	hdma：DMA 处理
先决条件	无
注意事项	无
返回值	无

函数 16-82

函数名	**I2C_DMAError**
函数原型	void **I2C_DMAError** (DMA_HandleTypeDef * hdma)
功能描述	DMA I2C 通信错误回调
输入参数	hdma：DMA 处理
先决条件	无
注意事项	无
返回值	无

函数 16-83

函数名	I2C_DMAMasterReceiveCplt
函数原型	void **I2C_DMAMasterReceiveCplt** (DMA_HandleTypeDef * hdma)
功能描述	DMA I2C 主机接收处理结束回调
输入参数	hdma：DMA 处理
先决条件	无
注意事项	无
返回值	无

函数 16-84

函数名	I2C_DMAMasterTransmitCplt
函数原型	void **I2C_DMAMasterTransmitCplt** (DMA_HandleTypeDef * hdma)
功能描述	DMA I2C 主机发送处理结束回调
输入参数	hdma：DMA 处理
先决条件	无
注意事项	无
返回值	无

函数 16-85

函数名	I2C_DMASlaveReceiveCplt
函数原型	void **I2C_DMASlaveReceiveCplt** (DMA_HandleTypeDef * hdma)
功能描述	DMA I2C 从机接收处理结束回调
输入参数	hdma：DMA 处理
先决条件	无
注意事项	无
返回值	无

函数 16-86

函数名	I2C_DMASlaveTransmitCplt
函数原型	void **I2C_DMASlaveTransmitCplt** (DMA_HandleTypeDef * hdma)
功能描述	DMA I2C 从机发送处理结束回调
输入参数	hdma：DMA 处理
先决条件	无
注意事项	无
返回值	无

函数 16-87

函数名	I2C_Enable_IRQ
函数原型	HAL_StatusTypeDef **I2C_Enable_IRQ** (　I2C_HandleTypeDef *　hi2c, 　uint16_t　InterruptRequest)
功能描述	管理使能的中断
输入参数 1	hi2c：指向 I2C_HandleTypeDef 结构的指针，包含指定 I2C 的配置信息
输入参数 2	InterruptRequest：I2C 中断配置定义值
先决条件	无
注意事项	无
返回值	HAL 状态

函数 16-88

函数名	I2C_Flush_TXDR
函数原型	void **I2C_Flush_TXDR** (I2C_HandleTypeDef *　hi2c)
功能描述	I2C 发送数据寄存器清空处理
输入参数	hi2c：I2C 处理
先决条件	无
注意事项	无
返回值	无

函数 16-89

函数名	I2C_IsAcknowledgeFailed
函数原型	HAL_StatusTypeDef **I2C_IsAcknowledgeFailed** (　I2C_HandleTypeDef *　hi2c, 　uint32_t　Timeout, 　uint32_t　Tickstart)
功能描述	该函数在一个 I2C 通信过程中处理应答失败检测
输入参数 1	hi2c：指向 I2C_HandleTypeDef 结构的指针，包含指定 I2C 的配置信息
输入参数 2	Timeout：超时持续时间
输入参数 3	Tickstart：系统节拍器开启值
先决条件	无
注意事项	无
返回值	HAL 状态

函数 16-90

函数名	**I2C_ITError**

函数原型	void **I2C_ITError**
	(
	  I2C_HandleTypeDef * hi2c,
	  uint32_t ErrorCode
	)

功能描述	I2C 中断错误处理
输入参数 1	hi2c：I2C 处理
输入参数 2	ErrorCode：待处理的错误代码
先决条件	无
注意事项	无
返回值	无

函数 16-91

函数名	**I2C_ITListenCplt**

函数原型	void **I2C_ITListenCplt**
	(
	  I2C_HandleTypeDef * hi2c,
	  uint32_t ITFlags
	)

功能描述	I2C 侦听结束处理
输入参数 1	hi2c：I2C 处理
输入参数 2	ITFlags：处理中断标志位
先决条件	无
注意事项	无
返回值	无

函数 16-92

函数名	**I2C_ITMasterCplt**

函数原型	void **I2C_ITMasterCplt**
	(
	  I2C_HandleTypeDef * hi2c,
	  uint32_t ITFlags
	)

功能描述	I2C 主机处理结束
输入参数 1	hi2c：I2C 处理
输入参数 2	ITFlags：待处理的中断标志位
先决条件	无
注意事项	无
返回值	无

函数 16-93

函数名	`I2C_ITMasterSequentialCplt`
函数原型	void **I2C_ITMasterSequentialCplt** (I2C_HandleTypeDef * hi2c)
功能描述	I2C 主器件连续传输结束处理
输入参数	hi2c：I2C 处理
先决条件	无
注意事项	无
返回值	无

函数 16-94

函数名	`I2C_ITSlaveCplt`

函数原型	void **I2C_ITSlaveCplt**
	(
	  I2C_HandleTypeDef * hi2c,
	  uint32_t ITFlags
	)

功能描述	I2C 从机处理结束
输入参数	hi2c：I2C 处理
先决条件	无
注意事项	无
返回值	无

函数 16-95

函数名	`I2C_ITSlaveSequentialCplt`
函数原型	void **I2C_ITSlaveSequentialCplt** (I2C_HandleTypeDef * hi2c)
功能描述	I2C 从机连续传输结束处理
输入参数	hi2c：I2C 处理
先决条件	无
注意事项	无
返回值	无

函数 16-96

函数名	`I2C_Master_ISR_DMA`

函数原型	HAL_StatusTypeDef **I2C_Master_ISR_DMA**
	(
	  struct __I2C_HandleTypeDef * hi2c,
	  uint32_t ITFlags,
	  uint32_t ITSources
	)

功能描述	主机及 DMA 模式下处理中断标志位的中断子函数
输入参数 1	hi2c：指向 I2C_HandleTypeDef 结构的指针，包含指定 I2C 的配置信息
输入参数 2	ITFlags：处理中断标志位
输入参数 3	ITSources：使能中断源
先决条件	无

（续）

注意事项	无
返回值	无

函数 16-97

函数名	**I2C_Master_ISR_IT**

函数原型	HAL_StatusTypeDef **I2C_Master_ISR_IT**
	(
	  struct __I2C_HandleTypeDef * hi2c,
	  uint32_t ITFlags,
	  uint32_t ITSources
	)

功能描述	主机在中断模式下处理中断标志位的中断子函数
输入参数 1	hi2c：指向 I2C_HandleTypeDef 结构的指针，包含指定 I2C 的配置信息
输入参数 2	ITFlags：处理中断标志位
输入参数 3	ITSources：使能中断源
先决条件	无
注意事项	无
返回值	HAL 状态

函数 16-98

函数名	**I2C_RequestMemoryRead**

函数原型	HAL_StatusTypeDef **I2C_RequestMemoryRead**
	(
	  I2C_HandleTypeDef * hi2c,
	  uint16_t DevAddress,
	  uint16_t MemAddress,
	  uint16_t MemAddSize,
	  uint32_t Timeout,
	  uint32_t Tickstart
	)

功能描述	主机为读请求发送目标器件地址并跟随内存地址
输入参数 1	hi2c：指向 I2C_HandleTypeDef 结构的指针，包含指定 I2C 的配置信息
输入参数 2	DevAddress：目标器件地址，在调用接口前数据手册中器件 7 位地址值需要右移以丢弃读写方向位
输入参数 3	MemAddress：内部存储器地址
输入参数 4	MemAddSize：内部存储器大小
输入参数 5	Timeout：超时持续时间
输入参数 6	Tickstart：系统节拍器启动值
先决条件	无
注意事项	无
返回值	HAL 状态

函数 16-99

函数名	**I2C_RequestMemoryWrite**

函数原型	HAL_StatusTypeDef **I2C_RequestMemoryWrite**
	(
	  I2C_HandleTypeDef * hi2c,
	  uint16_t DevAddress,
	  uint16_t MemAddress,
	  uint16_t MemAddSize,
	  uint32_t Timeout,
	  uint32_t Tickstart
	)

功能描述	主机为写请求发送目标器件地址并跟随内存地址
输入参数 1	hi2c：指向 I2C_HandleTypeDef 结构的指针，包含指定 I2C 的配置信息
输入参数 2	DevAddress：目标器件地址，在调用接口前数据手册中器件 7 位地址值需要右移以丢弃读写方向位
输入参数 3	MemAddress：内部存储器地址
输入参数 4	MemAddSize：内部存储器地址大小
输入参数 5	Timeout：超时持续时间
输入参数 6	Tickstart：系统节拍器启动值
先决条件	无
注意事项	无
返回值	HAL 状态

函数 16-100

函数名	**I2C_Slave_ISR_DMA**

函数原型	HAL_StatusTypeDef **I2C_Slave_ISR_DMA**
	(
	  struct __I2C_HandleTypeDef * hi2c,
	  uint32_t ITFlags,
	  uint32_t ITSources
	)

功能描述	从机在 DMA 模式下用于处理中断标志位的中断子函数
输入参数 1	hi2c：指向 I2C_HandleTypeDef 结构的指针，包含指定 I2C 的配置信息
输入参数 2	ITFlags：处理中断标志位
输入参数 3	ITSources：使能中断源
先决条件	无
注意事项	无
返回值	HAL 状态

函数 16-101

函数名	**I2C_Slave_ISR_IT**

函数原型	HAL_StatusTypeDef **I2C_Slave_ISR_IT**
	(
	  struct __I2C_HandleTypeDef * hi2c,
	  uint32_t ITFlags,
	  uint32_t ITSources
	)

功能描述	从机在中断模式下用于处理中断标志位的中断子函数
输入参数 1	hi2c：指向 I2C_HandleTypeDef 结构的指针，包含指定 I2C 的配置信息
输入参数 2	ITFlags：处理中断标志位
输入参数 3	ITSources：使能中断源
先决条件	无
注意事项	无
返回值	HAL 状态

函数 16-102

函数名	**I2C_TransferConfig**

函数原型	void **I2C_TransferConfig**
	(
	  I2C_HandleTypeDef * hi2c,
	  uint16_t DevAddress,
	  uint8_t Size,
	  uint32_t Mode,
	  uint32_t Request
	)

功能描述	当开始发送或在发送期间（TC 或 TCR 标志位置位）时处理 I2C 通信
输入参数 1	hi2c：I2C 处理
输入参数 2	DevAddress：指定要编程的从机地址
输入参数 3	Size：指定要编程的字节数，该参数的值的范围为 0 ～ 255
输入参数 4	Mode：I2C 起始条件产生时的新状态，该参数可以是以下的值之一 I2C_RELOAD_MODE：使能重装载模式 I2C_AUTOEND_MODE：使能自动结束模式 I2C_SOFTEND_MODE：使能软件结束模式
输入参数 5	Request：I2C 起始条件产生时的新状态，该参数可以是以下的值之一 I2C_GENERATE_STOP：产生停止条件（大小被设置为 0） I2C_GENERATE_START_READ：为读请求产生重复起始条件 I2C_GENERATE_START_WRITE：为写请求产生重复起始条件
先决条件	无
注意事项	无
返回值	无

函数 16-103

函数名	I2C_WaitOnFlagUntilTimeout

函数原型	HAL_StatusTypeDef **I2C_WaitOnFlagUntilTimeout**
	(
	  I2C_HandleTypeDef * hi2c,
	  uint32_t Flag,
	  FlagStatus Status,
	  uint32_t Timeout,
	  uint32_t Tickstart
	)

功能描述	该函数用于处理 I2C 通信超时
输入参数 1	hi2c：指向 I2C_HandleTypeDef 结构的指针，包含指定 I2C 的配置信息
输入参数 2	Flag：指定 I2C 要检测的标志位
输入参数 3	Status：标志位的新状态（置位或清零）
输入参数 4	Timeout：超时持续时间
输入参数 5	Tickstart：系统节拍器值
先决条件	无
注意事项	无
返回值	HAL 状态

函数 16-104

函数名	I2C_WaitOnRXNEFlagUntilTimeout

函数原型	HAL_StatusTypeDef **I2C_WaitOnRXNEFlagUntilTimeout**
	(
	  I2C_HandleTypeDef * hi2c,
	  uint32_t Timeout,
	  uint32_t Tickstart
	)

功能描述	该函数为指定的 RXNE 标志位应用，用于处理 I2C 通信超时
输入参数 1	hi2c：指向 I2C_HandleTypeDef 结构的指针，包含指定 I2C 的配置信息
输入参数 2	Timeout：超时持续时间
输入参数 3	Tickstart：系统节拍器起始值
先决条件	无
注意事项	无
返回值	HAL 状态

函数 16-105

函数名	I2C_WaitOnSTOPFlagUntilTimeout

函数原型	HAL_StatusTypeDef **I2C_WaitOnSTOPFlagUntilTimeout**
	(
	  I2C_HandleTypeDef * hi2c,
	  uint32_t Timeout,
	  uint32_t Tickstart
	)

（续）

功能描述	该函数为指定的 STOP 标志位应用，用于处理 I2C 通信超时
输入参数 1	hi2c：指向 I2C_HandleTypeDef 结构的指针，包含指定 I2C 的配置信息
输入参数 2	Timeout：超时持续时间
输入参数 3	Tickstart：系统节拍器起始值
先决条件	无
注意事项	无
返回值	HAL 状态

函数 16-106

函数名	**I2C_WaitOnTXISFlagUntilTimeout**
函数原型	HAL_StatusTypeDef **I2C_WaitOnTXISFlagUntilTimeout** (　I2C_HandleTypeDef *　hi2c, 　uint32_t　Timeout, 　uint32_t　Tickstart)
功能描述	该函数为指定的 TXIS 标志位应用，用于处理 I2C 通信超时
输入参数 1	hi2c：指向 I2C_HandleTypeDef 结构的指针，包含指定 I2C 的配置信息
输入参数 2	Timeout：超时持续时间
输入参数 3	Tickstart：系统节拍器起始值
先决条件	无
注意事项	无
返回值	HAL 状态

函数 16-107

函数名	**HAL_I2CEx_ConfigAnalogFilter**
函数原型	HAL_StatusTypeDef **HAL_I2CEx_ConfigAnalogFilter** (　I2C_HandleTypeDef *　hi2c, 　uint32_t　AnalogFilter)
功能描述	配置 I2C 模拟噪声滤波器
输入参数 1	hi2c：指向 I2C_HandleTypeDef 结构的指针，包含指定 I2Cx 外设的配置信息
输入参数 2	AnalogFilter：模拟滤波器的新状态
先决条件	无
注意事项	无
返回值	HAL 状态

函数 16-108

函数名	**HAL_I2CEx_ConfigDigitalFilter**
函数原型	HAL_StatusTypeDef **HAL_I2CEx_ConfigDigitalFilter** (　I2C_HandleTypeDef *　hi2c, 　uint32_t　DigitalFilter)
功能描述	配置 I2C 数字噪声滤波器
输入参数	hi2c：指向 I2C_HandleTypeDef 结构的指针，包含指定 I2Cx 外设的配置信息
输入参数	DigitalFilter：数字噪声滤波器系数，在 0x00 至 0x0F 之间
先决条件	无
注意事项	无
返回值	HAL 状态

函数 16-109

函数名	**HAL_I2CEx_DisableFastModePlus**
函数原型	void **HAL_I2CEx_DisableFastModePlus** (uint32_t　ConfigFastModePlus)
功能描述	禁用 I2C 快速模式 + 的驱动能力
输入参数	ConfigFastModePlus：选择引脚，该参数可以是 I2CEx 快速模式附加的值之一
先决条件	无
注意事项	无
返回值	无

函数 16-110

函数名	**HAL_I2CEx_DisableWakeUp**
函数原型	HAL_StatusTypeDef **HAL_I2CEx_DisableWakeUp** (I2C_HandleTypeDef * hi2c)
功能描述	禁用 I2C 从停止模式唤醒
输入参数	hi2c：指向 I2C_HandleTypeDef 结构的指针，包含指定 I2Cx 外设的配置信息
先决条件	无
注意事项	无
返回值	HAL 状态

函数 16-111

函数名	**HAL_I2CEx_EnableFastModePlus**
函数原型	void **HAL_I2CEx_EnableFastModePlus** (uint32_t　ConfigFastModePlus)
功能描述	使能 I2C 快速 + 模式的驱动能力
输入参数	ConfigFastModePlus：选择引脚，该参数可以是 I2CE 快速模式附加的值之一
先决条件	无
注意事项	无
返回值	无

函数 16-112

函数名	**HAL_I2CEx_EnableWakeUp**
函数原型	HAL_StatusTypeDef **HAL_I2CEx_EnableWakeUp** (I2C_HandleTypeDef * hi2c)
功能描述	使能 I2C 从停止模式唤醒
输入参数	hi2c: 指向 I2C_HandleTypeDef 结构的指针，包含指定 I2Cx 外设的配置信息
先决条件	无
注意事项	无
返回值	HAL 状态

16.7　I2C 应用实例

　　本例中我们将通过使用 STM32F072VBT6 微控制器的 I2C1 模块，与基于 I2C 通信的 EEPROM 存储器 24C08 通信，目的是可以对 24C08 片内的任意一个存储单元进行读写。24C08 是基于 I2C 总线的串行 E2PROM 存储器，内部有 1KB 的存储空间。在对该器件寻址时，地址字节高 4 位固定为 1010，A2 位为器件的可编程地址位，需要根据 24C08 存储器 A2 引脚的连接情况来定义，寻址字节的 a9、a8 位为存储器存储阵列地址，R/$\overline{W}$ 位为读写控制位。24C08 的寻址字节格式如图 16-34 所示。

1	0	1	0	A2	a9	a8	R/$\overline{W}$ 位

位 7　　　　　　　　　　　　　　　　　　　　　　　　　　　　　　　　位 0

图 16-34　24C08 的寻址字节

　　24C08 与 STM32F072VBT6 微控制器的接口电路如图 16-35 所示。微控制器的 I2C1 模块使用 PB6 和 PB7 引脚与 24C08 通信，对存储器的任意存储单元进行读写，并将写入的数据读出显示在数码管上。

　　在使用 STM32CubeMX 软件生成开发项目时，在 "Pinout" 视图中，对引脚和外设的初始化配置如图 16-36 所示。在此配置中需要将 I2C1 模块使能，相应引脚（PB6 和 PB7）会自动配置为 I2C1_SCL 和 I2C1_SDA 功能。

　　在 "Clock Configuration" 视图中，对于时钟的初始化配置如图 16-37 所示。系统时钟配置为由外部 8MHz 晶体振荡器时钟源以 6 倍频后产生，I2C1 模块的时钟使用 HSI 时钟源作为工作时钟。

　　在 "Configuration" 视图中，单击 "I2C" 按钮，对于 I2C 模块的初始化配置如图 16-38 所示。I2C 模块被配置成 100kHz 标准速率模式，使用 7 位地址。

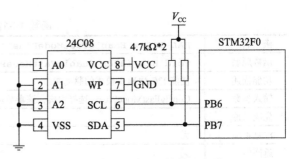

图 16-35　24C08 的接口电路

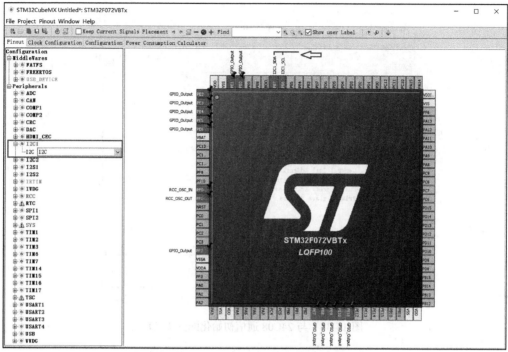

图 16-36　与 24C08 通信初始化配置（一）

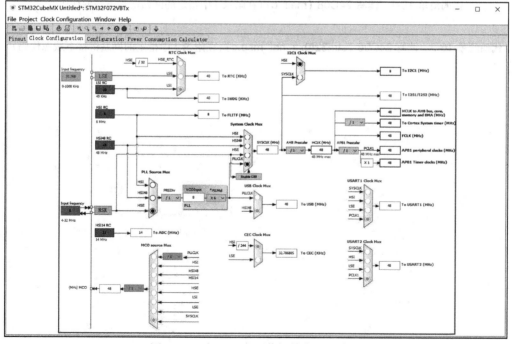

图 16-37　与 24C08 通信初始化配置（二）

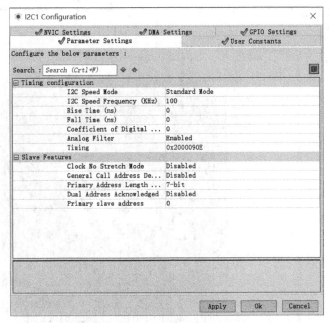

图 16-38　与 24C08 通信初始化配置（三）

基于查询方法读写 24C08 的程序详见代码清单 16-1 和代码清单 16-2。

代码清单 16-1　读写 24C08（main.c）（在附录 J 中指定的网站链接下载源代码）

代码清单 16-2　读写 24C08（stm32f0xx_hal_msp.c）（在附录 J 中指定的网站链接下载源代码）

第 17 章
SPI 总线接口

SPI 总线接口同样是芯片间的串行传输接口，用于连接微控制器及外围器件，实现处理器功能的扩展。本章主要介绍 STM32F0 系列微控制器 SPI 模块的内部结构和功能。

17.1 SPI 概述

SPI（Serial Peripheral Interface）由 Motorola 首创，是一种高速、全双工、同步的通信总线接口，用于 CPU 和外围器件之间进行同步串行数据传输，具有传输速度快、硬件配置简单等特点。由于 SPI 总线简单易用，越来越多的芯片集成了这种通信接口。

17.1.1 SPI 模块的特点

STM32F072VBT6 微控制器片内集成了两个全功能 SPI 模块，可用于数据的高速传输。模块既可以配置成主设备，也可以配置成从设备。SPI 模块可以进行三线全双工同步传输、两线半双工同步传输（双向数据线）或两线简单同步传输（单向数据线）。传输的数据长度可以配置为 4 至 16 位。另外，SPI 模块具有可编程的极性、相位及高低位在前控制，可以灵活适应多种通信需求。SPI 模块还支持 I2S 通信协议，可用于音频设备之间的数据传输。模块具有硬件 CRC 功能，可以对传输的数据进行校验，以实现可靠的通信。SPI 模块的功能配置详见表 17-1。

表 17-1 SPI 模块的功能配置

功能	SPI1	SPI2
硬件 CRC 计算	√	√
Rx/Tx FIFO	√	√
NSS 脉冲模式	√	√
I2S 模式	√	√
TI 模式	√	√

SPI 模块的内部结构如图 17-1 所示。模块的核心部分是移位寄存器。在主机时钟的驱动下，移位寄存器将数据从 MOSI 引脚移出，并同步地将数据从 MISO 引脚移入。SPI 模块在接收和发送方向上各有一个 32 位的嵌入式先进先出缓冲 FIFO 队列，配合内部 DMA 功能，

可以确保数据的高速传输。RXFIFO 和 TXFIFO 用于在移位寄存器和片内地址 / 数据总线间提供数据缓冲。

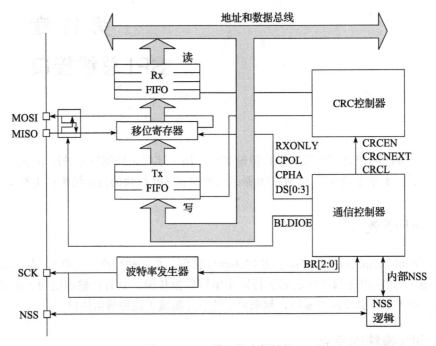

图 17-1　SPI 模块的内部结构

当模块启用 CRC 计算功能后，CRC 控制器用于硬件计算接收到数据的 CRC 值，并与接收值相比较，以确认数据的正确性，或者计算待发送数据的 CRC 值，并在发送数据流的末尾将 CRC 值发送出去。用户可以软件查询状态标志位或使用专用的 SPI 中断来管理通信的进程。

17.1.2　SPI 的工作方式

通常情况下，SPI 模块使用以下 4 个引脚与外部设备进行通信。

❑ MISO：主设备输入 / 从设备输出引脚，用于主模式下的数据接收和从模式下的数据发送。

❑ MOSI：主设备输出 / 从设备输入引脚，用于主模式下的数据发送和从模式下的数据接收。

❑ SCK：SPI 串行时钟引脚，用于主设备时时钟输出或从设备时时钟输入。

❑ NSS：从机片选引脚，用于选择需要与其通信的从机或者用于同步数据帧等。

1. 全双工通信

默认情况下，SPI 被配置为全双工通信。这时，主机和从机的移位寄存器通过 2 个单向线 MOSI 和 MISO 进行连接。通信时，按照主机提供的 SCK 时钟进行同步数据传输。主机的数据经由 MOSI 发送到从机，从机的数据经由 MISO 发送到主机。全双工单主 / 单从通信原理如图 17-2 所示。

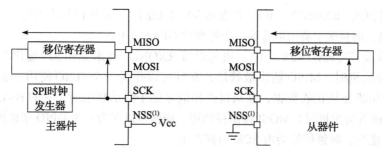

图 17-2 全双工单主 / 单从通信

2. 半双工通信

通过设置 SPIx_CR1 寄存器 BIDIMODE 位，可以使 SPI 模块工作在半双工（half-duplex）模式下。在此配置中，由一个单一的跨接线连接主机和从机。在通信期间，数据按照 SPIx_CR1 寄存器 BDIOE 位的设置，由主机发送到从机或由从机发送到主机。在此配置中，主机的 MISO 引脚和从机 MOSI 引脚没有参与通信，可以作为 GPIO 使用。半双工单主 / 单从通信的原理如图 17-3 所示。

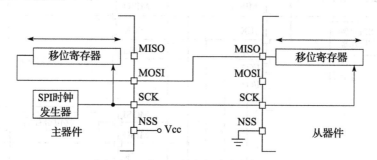

图 17-3 半双工单主 / 单从通信原理

3. 简单通信

可以通过设置 SPIx_CR2 寄存器 RXONLY 位使 SPI 工作在单工模式下，实现单发送或单接收通信。在此配置中，使用一个单一的跨接线连接主机和从机的移位寄存器，其余 MISO 和 MOSI 引脚不用于通信，并可以作为标准的 GPIO 使用。单主 / 单从通信的原理如图 17-4 所示。

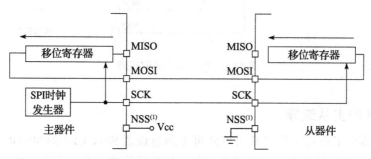

图 17-4 简单的单主 / 单从应用

❑ 单发送模式（RXONLY = 0）：设置和全双工相同，未使用的输入引脚上捕获的信息需要忽略，而且该引脚可以作为一个标准的 GPIO 使用。

❑ 单接收模式（RXONLY = 1）：通过设置 RXONLY 位来禁用 SPI 输出功能。当模块配置为从机时，MISO 输出被禁用，并且可以作为一个 GPIO 使用，这时从机将从 MOSI 引脚连续接收数据，在从机选择信号处于激活状态时，它的 BSY 标志总是为 1；在配置为主机时，MOSI 输出被禁用，同样可以作为一个 GPIO 来使用，并且一旦 SPI 使能后，时钟信号会由 SCK 引脚产生。

4. 单主多从通信

在有两个或两个以上独立从机的通信中，主机可以使用多个 GPIO 引脚来管理从机的片选端。当与某一个从机通信时，主机通过 GPIO 拉低目标从机的 NSS 引脚，从而建立起标准的主从通信渠道。主机与 3 个独立从机通信的工作原理如图 17-5 所示。

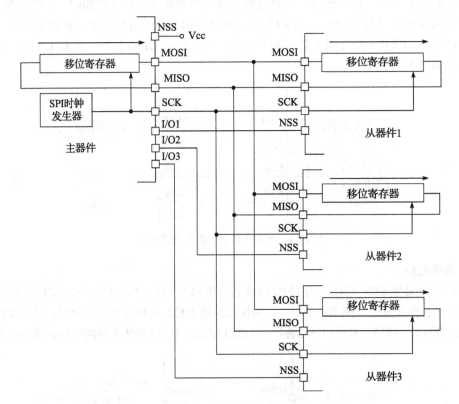

图 17-5 单主多从通信原理

17.1.3 SPI 的主从选择

决定 SPI 模块工作在主机或从机模式可以通过设置 SPIx_CR1 的 MSTR 位来实现。当 MSTR 位清 0 时，SPI 模块配置为从设备，相反则配置为主设备。不仅如此，SPI 模块的主从模式还需要内部 NSS 信号的配合。在主机模式下，内部 NSS 信号必须在数据传输期间保持为高电平；在从机模式下，内部 NSS 信号需要保持为低电平。从机管理的原理如图 17-6 所示。

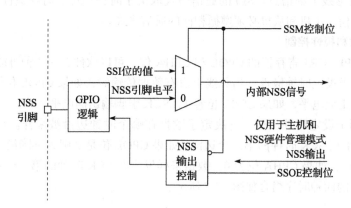

图 17-6　硬件 / 软件从机选择管理

1. 从机模式

当配置为从设备时，SPI 模块需要一个来自主机的片选信号，用于使能主从之间的通信。默认情况下，NSS 引脚连接至内部 NSS 信号，NSS 引脚作为从机的"片选"输入端，当该引脚被拉低时，从机被选中并允许与主机通信。这种方式显然非常适用于单主多从通信方式，以便于主机在多个从机间进行选择。由于上述方法对从机的选择是通过硬件的方式，所以也称之为硬件从机管理。

另外，还可以使用软件管理方式来使能从机与主机的通信，好处是在单主单从通信时，可以进一步减少引脚的开销。将 SPIx_CR1 寄存器的 SSM 位置 1，可以启用软件从机管理，这时 SPIx_CR1 寄存器的 SSI 位连接至内部 NSS 信号，当 SSI 位清 0 时，从机被选中并开始与主机通信。

2. 主机模式

当 SPI 模块被配置为主机且 NSS 信号由软件管理（SSM = 1）时，在数据传输期间 SSI 位需要保持为高电平（SSI = 1）；当 SPI 模块被配置为主机且 NSS 信号由硬件管理（SSM = 0）时，NSS 引脚可以配置为以下两种状态。

- NSS 输出禁止（SSM = 0，SSOE = 0）时，如果 NSS 引脚被外部驱动为高电平，SPI 模块工作在主机模式，如果 NSS 引脚被驱动为低电平，SPI 模块进入主模式故障状态，并自动重新配置为从机模式。该模式可以用于防止多主机总线冲突。
- NSS 输出使能（SSM = 0，SSOE = 1）时，如果 SPI 模块开启（SPE = 1），NSS 引脚将输出低电平直至 SPI 被禁用（SPE = 0）。如果 NSS 脉冲模式被打开（NSSP = 1），在连续通信的间隔期间，NSS 引脚将输出高电平以产生 NSS 脉冲，该信号可以驱动一个从机片选信号，用于选择与其通信的从机。

17.1.4 SPI 的帧格式

在 SPI 通信中，数据的接收和发送同时进行，主从双方在串行时钟（SCK）的驱动下同步发送并采样数据线上的信息。SPI 的通信格式取决于时钟相位、时钟极性和数据帧格式。为了能够正常通信，主机和从机必须遵循相同的通信格式。

1. 时钟相位和极性控制

通过设置 SPIx_CR1 寄存器的 CPOL 和 CPHA 位，可以软件选择 4 种可能的时序关系。

CPOL 位用于设定时钟极性。当总线上没有数据传输时，如果 CPOL 位清 0，SCK 引脚在总线空闲时输出低电平，如果 CPOL 位置 1，SCK 引脚输出高电平。

CPHA 位用于设定时钟相位，它决定了数据在哪个时钟边沿被采样。如果 CPHA 位置 1，数据锁存发生在 SCK 时钟的第二个边沿（如果 CPOL 位是 0 则为下降沿，如果 CPOL 位为 1 则为上升沿）；如果 CPHA 位为 0，数据采样发生在 SCK 时钟的第一个边沿。由 CPHA 和 CPOL 位设定的四种时序组合如图 17-7 所示。

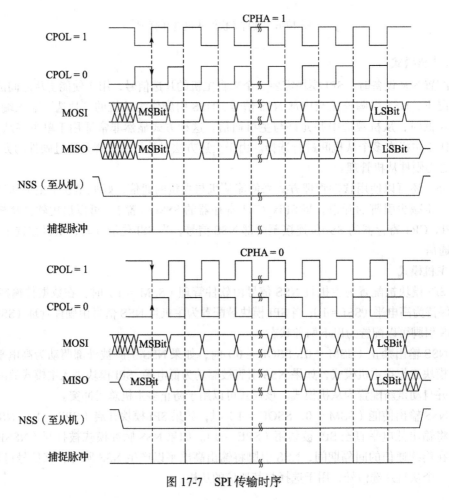

图 17-7 SPI 传输时序

2. 数据帧格式

SPI 总线上的数据传输既可以是高位在前，又可以是低位在前，SPIx_CR1 寄存器的 LSBFIRST 位用于设定此功能。另外，SPI 通信的数据字长可以设置为 4 位至 16 位之间的任意值，具体由 SPIx_CR2 寄存器的 DS 位域来设定。

无论通信字长选定为多少位，对 FIFO 的读访问只能通过 8 位或 16 位的方式，而且其设置应与 FIFO 的接收门限相对应。例如，当 FIFO 的接收门限设置为 8 位（FRXTH = 1）时，对于 FIFO 的读访问也应该是 8 位的，如果这时 SPI 总线上数据的传输长度是 5 位，访问 SPIx_DR 寄存器时，数据帧总是右对齐的。数据右对齐的方式同样适用于当 FIFO 的接收门限为 16 位而字长不足 16 位的情况。SPI 模块数据的对齐方式如图 17-8 所示。

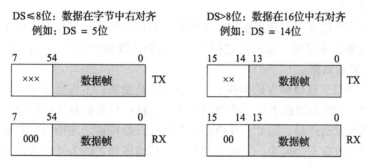

图 17-8　数据对齐方式

17.2　SPI 通信

在全双工通信方式下，SPI 模块的数据接收与发送同步进行。在数据的接收和发送时，各有一个 32 位的先进先出队列（FIFO）作为数据的缓冲。缓冲队列配合 DMA 通道，可以实现高速的数据传输。当数据帧的长度小于或等于 8 位时，还可以将数据自动打包在一起，以提高传输效率。

17.2.1　SPI 的通信流程

1. 数据的接收和发送

SPI 的数据寄存器（SPIx_DR）是一个 16 位寄存器，用于保存待发送或者已经接收到的数据。它在接收和发送方向上各有一个 32 位的先进先出队列（RXFIFO 和 TXFIFO）作为数据的缓冲。当读 SPIx_DR 寄存器时，RXFIFO 会被访问，写 SPIx_DR 寄存器时，则 TXFIFO 会被访问。对 SPIx_DR 寄存器的读访问将会返回存储在 RXFIFO 中但还未读的最早的数据，而对 SPIx_DR 的写访问会将新的数据存放在发送队列的尾部。

数据寄存器的读访问宽度必须与 RXFIFO 门限相配合，门限由 SPIx_CR2 寄存器的 FRXTH 位设置。例如，当门限设定为 8 位，读访问也应该是 8 位的。SPIx_SR 状态寄存器的 FTVL [1:0] 和 FRLVL [1:0] 位域分别用于指示 TXFIFO 和 RXFIFO 的当前缓冲存储程度，该位域是只读的。

另外，对 SPIx_DR 寄存器的读访问必须由 RXNE 事件来引发，即在数据存入 RXFIFO 并达到门限（由 FRXTH 位定义）时被触发。当 RXNE 位被清除时，表明 RXFIFO 已经清空。相应地，对 SPIx_DR 寄存器的写访问要由 TXE 事件来引发，当 TXFIFO 的存储水平少于或等于一半容量时，TXE 置位并触发写访问事件。

在成功接收到下一个数据时，如果 RXFIFO 是满的，将导致溢出事件的发生。SPI 模块在数据传输时，硬件会将 BSY 置位来指示模块的工作状态，如果时钟信号连续运行，在主机模式下，BSY 位在帧与帧之间将持续保持为 1；在从机模式时，BSY 位在帧与帧之间会有 1 个 SPI 时钟周期的时间为 0。

2. 序列处理

多个数据字节可以顺序发送来组成一个消息。启用发送后，保存在主机 TXFIFO 中的数据会开始发送直至发送完成。在发送过程中，主机会连续输出时钟信号直至 TXFIFO 变空，然后停下来等待新的数据。

在单接收、半双工或简单发送模式下，只要 SPI 被使能，主机会立即输出时钟信号并开始接收数据，直至 SPI 关闭或者退出单接收模式。主机一旦开始数据帧传输，从机无法控制或延迟数据序列的发送进程。因此，从机必须在数据开始传输之前准备好数据，并且能持续保持 TXFIFO 中的数据不会欠载，主机应该在每个传输序列之间为从机保留足够的时间以准备数据。

在多个从机并行的系统中，每个数据序列之间应该由 NSS 脉冲来分隔，以便于将每个序列对应到不同的从机。在单从机系统中使能 NSS 脉冲也是有必要的，因为这样可以使从机与每一个数据序列保持同步。

BSY 位被置位时标志着传输正在进行，这时通过查询 FTLVL [1:0] 位域的值，同样可以检测传输是否完成，其功能与 RXNE 位类似。当传输结束并且最后一位数据采样完毕后，接收到的数据已经存储在 RXFIFO 中。检查传输是否完毕，对于系统进入 HALT 模式前很有必要，因为过早的进入 HALT 模式有可能导致数据破坏。

当停止向 SPIx_DR 写入数据后，主机会在当前数据传输进行完毕后结束并停止时钟输出。在数据包模式中，奇数个数据传输完毕后要特别注意防止出现空的字节。在主机处于单接收模式下，只有禁用 SPI 或单接收模式，才能停止时钟。

🖥 编程向导　SPI 的初始化

对主机和从机的初始化过程可以参考以下步骤：

1）设置 BR [2:0] 位域选择串行时钟的波特率。

2）设置 CPOL 和 CPHA 位，定义时钟的极性和相位。

3）设置 RXONLY、BIDIOE 和 BIDIMODE 位选择传输模式。

4）设置 DS 位选择用于传送的数据长度。

5）配置 LSBFIRST 位定义帧格式。

6）根据需要设置 SSM、SSI 和 SSOE 位。

7）如果需要在两个连续的数据帧之间产生 NSS 脉冲，可以设置 NSSP 位以打开 NSS 脉冲模式（此配置下 CPHA 位必须设置为 1）。

8）设置 FRXTH 位，使 RXFIFO 的阈值与 SPIx_DR 寄存器读访问的字长相对应。

9）如果需要使用 DMA，则初始化 LDMA_TX 和 LDMA_RX 位。

10）如果需要开启 CRC 功能，可以将 CRC 多项式写入 SPIx_CRCPR 寄存器中，并设置 CRCEN 位。

11）在 NSS 内部信号为高的时编程 MSTR 位，设定 SPI 模块工作在主机或从机模式。

12）设置 SPE 位，启用 SPI 模块。

SPI 主机配置可以参考以下代码：

```
SPI1->CR1 = SPI_CR1_MSTR | SPI_CR1_BR; /* 配置为主机、第一个上升沿有效 */
SPI1->CR2 = SPI_CR2_SSOE | SPI_CR2_RXNEIE | SPI_CR2_FRXTH | SPI_CR2_DS_2 | SPI_CR2_
DS_1 | SPI_CR2_DS_0; /* 从机选择输出使能、8 位接收 FIFO */
SPI1->CR1 |= SPI_CR1_SPE; /* 使能 SPI1 */
```

SPI 从机配置可以参考以下代码：

```
SPI2->CR2 = SPI_CR2_RXNEIE | SPI_CR2_FRXTH | SPI_CR2_DS_2 | SPI_CR2_DS_1 | SPI_CR2_
DS_0; /* 硬件 NSS、配置为从机、第一个上升沿有效 */
SPI2->CR1 |= SPI_CR1_SPE; /* 使能 SPI2 */
```

3. 关闭 SPI

当关闭 SPI 模块时，应当在一帧数据传输完成后并且 TXFIFO 中没有待发送的数据时进行，否则时钟信号将持续产生直至当前传输结束。在关闭 SPI 之前，还需确保将 RXFIFO 中保存的数据读取出来，如果之前接收到的数据未及时读取就将 SPI 关闭，RXFIFO 中的数据将继续保存直至下一次 SPI 开启。

💻 **编程向导　关闭 SPI**

关闭 SPI 可以参考以下步骤：

1）等待直至 FTLVL [1:0] = 00（没有更多的数据传输）。

2）等待直至 BSY = 0（最后一个数据帧处理完毕）。

3）读取数据直至 FRLVL [1:0] = 00（读取所有接收到的数据）。

4）禁用 SPI（SPE = 0）。

4. 数据打包

当一个数据帧的长度小于或等于 8 位，并且对 SPIx_DR 寄存器执行 16 位读写访问时，数据会自动打包在一起，并行处理两个数据。SPI 先操作低 8 位，然后操作高 8 位。数据打包的过程如图 17-9 所示。

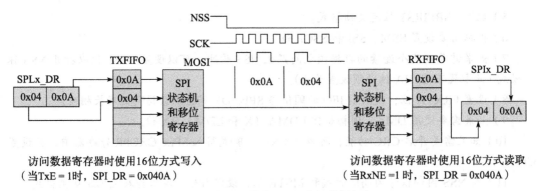

图 17-9 发送和接收 FIFO 中的数据打包

图 17-9 中，在一次对 SPIx_DR 的 16 位写访问后，会有 2 字节的数据被发送出去。如果 RXFIFO 的阈值设置为 16 位（FRXTH = 0），该序列只会生成 1 个接收 RXNE 事件，而不是 2 字节都生成 RXNE 事件。接收方通过对 SPIx_DR 寄存器的一次 16 位读访问就可以将数据全都读取到，但前提是 RXFIFO 的阈值也需要设置为 16 位。

在数据打包过程中，如果出现奇数个字节数据，对于最后一个数据字节的处理方法是：在发送端使用 8 位方式写入 SPIx_DR，并且在接收端将 RXFIFO 的门限改为 8 位，以便在接收到最后一字节时能够产生 RXNE 事件。

5. 使用 DMA 通信

为了提高 SPI 的通信速度，并且在数据收发过程中避免溢出，一个非常有效的方法就是开启 DMA。发送和接收缓冲区的 DMA 请求是互相独立的，在发送时，每当 TXE 置位时会产生 DMA 请求，之后由 DMA 将待发送的数据写入 SPIx_DR 寄存器。当 DMA 传输完所有要发送的数据时，DMA_ISR 寄存器的 TCIF 标志会置 1。接收时与此类似，每当 RXNE 置位时产生 DMA 请求并由 DMA 从 SPIx_DR 寄存器中读数据。

当 SPI 仅用于发送数据时，可以只打开数据发送的 DMA 通道，这时由于收到的数据不会被读取，所以溢出标志位会不断置位。而当 SPI 仅用于接收数据时，同样可以只打开 SPI_RX 的 DMA 通道。

SPI 配置为主机并启用 DMA 时可以参考以下代码：

```
SPI1->CR1 = SPI_CR1_MSTR | SPI_CR1_BR; /* 配置为主机、BR: Fpclk/256、第一个上升沿有效 */
SPI1->CR2 = SPI_CR2_TXDMAEN | SPI_CR2_RXDMAEN | SPI_CR2_SSOE | SPI_CR2_RXNEIE |
SPI_CR2_FRXTH | SPI_CR2_DS_2 | SPI_CR2_DS_1 | SPI_CR2_DS_0; /* 启用接收和发送方向的 DMA、
使能 RXNE 中断、接收 FIFO 为 8 位 */
SPI1->CR1 |= SPI_CR1_SPE; /* 使能 SPI1 */
```

SPI 配置为从机并启用 DMA 时可以参考以下代码：

```
SPI2->CR2 = SPI_CR2_TXDMAEN | SPI_CR2_RXDMAEN | SPI_CR2_RXNEIE | SPI_CR2_FRXTH |
SPI_CR2_DS_2 | SPI_CR2_DS_1 | SPI_CR2_DS_0; /* 硬件 NSS、配置为从机、第一个上升沿有效、启用接收
和发送方向的 DMA、使能 RXNE 中断、接收 FIFO 为 8 位 */
SPI2->CR1 |= SPI_CR1_SPE; /* 使能 SPI2 */
```

6. DMA 下的数据打包传输

如果数据传输由 DMA 来管理，SPI 会根据 DMA 接收和发送通道的配置自动启用或禁用数据打包。当 DMA 通道设置为按 16 位访问、且 SPI 的数据大小设置为小于或等于 8 位，打包模式会自动启用，DMA 会自动管理对 SPIx_DR 寄存器的写操作。在数据打包模式下，如果数据传输的个数为奇数，则需要将 SPIx_CR2 寄存器的 LDMA_TX 和 LDMA_RX 位置 1，使 SPI 在最后一次 DMA 传输时只发送或接收一字节。

17.2.2　SPI 的状态标志

应用程序可以通过以下 3 个状态标志来了解 SPI 的工作状态。

1. 发送缓冲区空标志（TXE）

发送缓冲区空标志用于指示 TXFIFO 中是否有足够的空间来存储待发送的数据。当 TXFIFO 的存储水平低于或等于整个 FIFO 深度一半时，TXE 标志会硬件置 1 并保持此状态直至 TXFIFO 中存储状态发生变化。此时如果 SPIx_CR2 寄存器的 TXEIE 位也置 1，将会产生中断。当 TXFIFO 的存储水平高于 FIFO 深度一半时，TXE 标志会硬件清 0。

2. 接收缓冲区非空（RXNE）

接收缓冲区非空标志用于指示 RXFIFO 中是否保存了接收到的数据。RXNE 标志位置 1 的意义取决于对 SPIx_CR2 寄存器 FRXTH 位的设置。如果 FRXTH 位为 1，RXNE 会在 RXFIFO 的存储水平大于或等于 1/4（8 位）时置 1；如果 FRXTH 位为 0，RXNE 会在 RXFIFO 的存储水平大于或等于 1/2（16 位）时置 1。在上述两种情况下，RXNE 位一旦置位将保持其状态，除非 RXFIFO 的存储水平有所变化。当 RXNE 位置 1 时，如果 SPIx_CR2 寄存器的 RXNEIE 位也置 1，则会产生中断。

3. 忙标志（BSY）

BSY 位用于指示当前数据传输是否结束，从而在软件关闭 SPI 之前防止破坏最后的数据传输。当 BSY 为 1 时表明 SPI 处于数据传输过程中。另外，BSY 标志在防止多主机系统中的写碰撞中也非常有用。BSY 标志可以在 SPI 被正确禁用、主模式故障或传输空闲等条件下被硬件清除。

17.2.3　SPI 的错误标志

SPI 的错误状态可以有溢出、模式故障和 TI 模式帧格式错误 3 种，这 3 种故障均有专属的标志位用于指示错误状态。当错误标志位置 1 时，如果错误中断使能位 ERRIE 也置 1，则会产生 SPI 错误中断。

1. 溢出标志（OVR）

当接收数据时，主机或从机在接收到数据后没有及时清除 RXNE 位，这时又有新的数据被接收时会引发溢出错误。另外，当 RXFIFO 中有没有足够的空间存储收到的数据时，溢出错误也会发生。溢出情况发生时，新接收到的数据将被丢弃，RXFIFO 中先前的数据会被保存。当 SPIx_SR 和 SPIx_DR 寄存器被顺序读取后，溢出标志位（OVR）将被清除。

2. 模式故障位（MODF）

在主机模式下，如果 NSS 信号由硬件管理，但 NSS 引脚被外部电路拉低或者 NSS 信号由软件管理，但 SSI 位为 0 时，都会使内部 NSS 信号为低电平，这会导致主模式错误，相应的模式故障位 MODF 会置 1。主模式错误会导致 SPE 位被硬件清 0，SPI 接口暂时禁用，MSTR 位被清除，SPI 模块转为工作在从机模式下。对 SPIx_SR 寄存器读或写访问，并且写 SPIx_CR1 寄存器，可以软件清除 MODF 位。

3. CRC 错误（CRCERR）

当 SPIx_CR1 寄存器的 CRCEN 位置 1 时，CRC 错误标志用来确认收到数据的有效性。如果接收移位寄存器中 CRC 的值和 SPIx_RXCRC 中的值不匹配，SPIx_SR 寄存器的 CRCERR 标志会被置 1。该标志一旦置 1 则需要由软件清除。

4. TI 模式帧格式错误（FRE）

当 SPI 工作在从模式并且配置为 TI 方式时，在数据通信期间 NSS 引脚上如果出现 NSS 脉冲时，会引起 TI 模式帧格式错误，SPIx_SR 寄存器的 FRE 标志位会被置 1。该错误发生时 SPI 模块不会被禁用，NSS 脉冲会被忽略，SPI 会在开始新的传输前等待下一个 NSS 脉冲。TI 模式帧格式错误可能会导致两字节的数据丢失，当前数据传输可能会被破坏。读取 SPIx_SR 寄存器 FRE 标志会被清除。

17.2.4 NSS 脉冲模式

NSS 脉冲模式应用于单一的主从通信中，当 SPIx_CR1 寄存器的 NSSP 位置 1 时，NSS 脉冲模式被使能。只有在 SPI 被配置为主模式且数据采样为第一个时钟沿（CPHA = 0）时该模式才会生效。当数据发送时，NSS 脉冲会在两个连续的数据帧之间产生，并且 NSS 信号至少会保持一个时钟周期的高电平状态。NSS 脉冲用于允许从机锁存数据，其工作原理如图 17-10 所示。

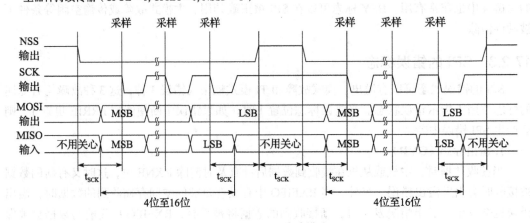

图 17-10　NSS 脉冲模式

17.2.5　SPI 的 CRC 计算

SPI 模块有两个独立的 CRC 计算器，分别用于检查发送和接收数据的可靠性。SPI 模块支持 CRC8 和 CRC16 两种算法，这两种算法只对 8 位或 16 位数据位宽有效，对于其他数据长度无效。在使能 SPI（SPE=0）之前，通过设置 SPIx_CR1 寄存器中的 CRCEN 位来使能 CRC 计算。在数据块传输结束时，计算出的 CRC 值自动与接收到的 CRC 值进行比较，当发现不匹配时，CRCERR 标志将被置位。

当数据传输由软件管理时，在数据最后一字节发送完毕之前，需要软件在当前发送数据之后加入 CRC 数据，方法是将 SPIx_CR1 寄存器的 CRCNEXT 位置 1，这样在当前数据发送完成后，硬件会自动将 SPIx_TXCRC 寄存器中生成的 CRC 校验值发送出去。CRC 数据的发送会占用一个或多个数据通信的时间，当设置为 8 位数据宽度并做 16 位 CRC 检查时，发送完整的 CRC 数据需要两帧。

在数据接收时，接收到的 CRC 值与数据字节一样存储在 RXFIFO 中，硬件会自动将收到的值与 SPIx_RXCRC 寄存器中的计算值进行比较。一旦发生错误，SPIx_SR 寄存器的 CRCERR 标志会硬件置位，软件必须查询 CRCERR 标志以判断数据是否正确。软件对 CRCERR 标志位写 0 可将其清除。

在 SPI 通信时，如果同时开启 CRC 和 DMA 功能，通信末尾 CRC 数据的发送和接收是自动进行的，CRCNEXT 位不再必须由软件处理。DMA 发送通道计数器应该设置为不包括 CRC 数据的数量，而 DMA 接收通道计数器则要多包含一个 CRC 数据的长度。例如，在 8 位数据宽度传输并使用 16 位 CRC 计算时，DMA 接收计数器的值应为数据字节数加 2。在 CRC 校验环节，软件读取过 CRC 数据之后，SPIx_TXCRC 和 SPIx_RXCRC 寄存器的值会自动清零，通过使用 DMA 循环模式可以实现无间断的 SPI 数据传输。

17.2.6　SPI 中断

在 SPI 通信期间，TXFIFO 待装填、RXFIFO 中有收到的数据、主模式故障、溢出错误、CRC 错误以及 TI 帧格式错误等事件均会产生中断。SPI 模块对这些中断的控制详见表 17-2。

表 17-2　SPI 中断请求

中断事件	事件标志	使能控制位
发送 TXFIFO 待装填	TXE	TXEIE
接收 RXFIFO 中有收到的数据	RXNE	RXNEIE
主模式故障	MODF	ERRIE
溢出错误	OVR	
CRC 错误	CRCERR	
TI 帧格式错误	FRE	

以上我们介绍了 SPI 模块的基本工作原理，它是基于 SPI 模块的 Motorola 模式的。不仅

如此，STM32F0 系列微控制器的 SPI 模块还支持 TI 模式，SPIx_CR2 寄存器的 FRF 位用于两种协议的切换。另外，SPI 模块还与 I2S（Inter - IC Sound，集成电路内置音频总线）接口兼容，用于串行的音频传输。对于以上两种功能，本书限于篇幅不再赘述。

17.3 SPI 函数

17.3.1 SPI 类型定义

输出类型 17-1：SPI 配置结构定义

SPI_InitTypeDef

```
typedef struct
{
  uint32_t Mode;         /* 指定 SPI 操作模式，该参数可以是 SPI_Mode 值之一 */
  uint32_t Direction;    /* 指定 SPI 双向模式状态，该参数可以是 SPI_Direction 值之一 */
  uint32_t DataSize;     /* 指定 SPI 数据大小，该参数可以是 SPI_Data_Size 值之一 */
  uint32_t CLKPolarity;  /* 指定串行时钟极性，该参数可以是 SPI_Clock_Polarity 值之一 */
  uint32_t CLKPhase;     /* 指定时钟极性，该参数可以是 SPI_Clock_Polarity 值之一 */
  uint32_t NSS;          /* 指定 NSS 信号（NSS 引脚）是否由硬件或者由软件通过 SSI 位管理，该参数可以
                            是 SPI_Slave_Select_management 值之一 */
  uint32_t BaudRatePrescaler;  /* 指定了波特率预分频器值，该参数可以是 SPI_BaudRate_Prescaler
                            值之一 */
  uint32_t FirstBit;     /* 指定数据传输是从 MSB 或 LSB 位开始，该参数可以是 SPI_MSB_LSB_
                            transmission 值之一 */
  uint32_t TIMode;       /* 指定是否启用 TI 模式，该参数可以是 SPI_TI_mode 值之一 */
  uint32_t CRCCalculation;  /* 指定是否启用 CRC 计算，该参数可以是 SPI_CRC_Calculation
                            值之一 */
  uint32_t CRCPolynomial;  /* 指定用于 CRC 计算的多项式，该参数必须是一个奇数，在 Min_Data = 0
                            和 Max_Data = 65535 之间 */
  uint32_t CRCLength;    /* 指定用于 CRC 计算的 CRC 长度，CRC 长度为 Data8 和 Data16，该参数
                            可以是 SPI_CRC_length 值之一 */
  uint32_t NSSPMode;     /* 指定是否启用 NSSP 信号，该参数可以是 SPI_NSSP_Mode 值之一 */
}SPI_InitTypeDef;
```

输出类型 17-2：HAL 状态结构定义

HAL_SPI_StateTypeDef

```
typedef enum
{
  HAL_SPI_STATE_RESET      = 0x00,  /* 外设没有被初始化 */
  HAL_SPI_STATE_READY      = 0x01,  /* 外设已经初始化并准备使用 */
  HAL_SPI_STATE_BUSY       = 0x02,  /* 内部处理正在进行 */
  HAL_SPI_STATE_BUSY_TX    = 0x03,  /* 数据传输处理正在进行 */
  HAL_SPI_STATE_BUSY_RX    = 0x04,  /* 数据接收处理正在进行 */
  HAL_SPI_STATE_BUSY_TX_RX = 0x05,  /* 数据发送和接收处理正在进行 */
  HAL_SPI_STATE_ERROR      = 0x06   /* SPI 错误状态 */
}HAL_SPI_StateTypeDef;
```

输出类型 17-3：SPI 处理结构定义

`SPI_HandleTypeDef`

```
struct
{
  SPI_TypeDef                 *Instance;              /* SPI 寄存器基地址 */
  SPI_InitTypeDef             Init;                   /* SPI 通信参数 */
  uint8_t                     *pTxBuffPtr;            /* SPI Tx 发送缓冲区指针 */
  uint16_t                    TxXferSize;             /* SPI Tx 发送缓冲区大小 */
  __IO uint16_t               TxXferCount;            /* SPI Tx 传输计数器 */
  uint8_t                     *pRxBuffPtr;            /* SPI Rx 传输缓冲区指针 */
  uint16_t                    RxXferSize;             /* SPI Rx 传输缓冲区大小 */
  __IO uint16_t               RxXferCount;            /* SPI Rx 传输计数器 */
  uint32_t                    CRCSize;                /* SPI 用于数据传输的 CRC 大小 */
  void (*RxISR)(struct __SPI_HandleTypeDef *hspi);    /* Rx 中断处理函数指针 */
  void (*TxISR)(struct __SPI_HandleTypeDef *hspi);    /* Tx 中断处理函数指针 */
  DMA_HandleTypeDef           *hdmatx;                /* SPI Tx DMA 处理参数 */
  DMA_HandleTypeDef           *hdmarx;                /* SPI Rx DMA 处理参数 */
  HAL_LockTypeDef             Lock;                   /* 锁定对象 */
  __IO HAL_SPI_StateTypeDef   State;                  /* SPI 通信状态 */
  __IO uint32_t               ErrorCode;              /* SPI 错误代码 */
}SPI_HandleTypeDef;
```

输出类型 17-4：I2S 初始化结构定义

`I2S_InitTypeDef`

```
typedef struct
{
  uint32_t Mode;        /* 指定 I2S 操作模式, 该参数可以是 I2S_Mode 值之一 */
  uint32_t Standard;    /* 指定 I2S 通信的标准应用, 该参数可以是 I2S_Standard 值之一 */
  uint32_t DataFormat;  /* 指定 I2S 通信的数据格式, 该参数可以是 I2S_Data_Format 值之一 */
  uint32_t MCLKOutput;  /* 指定是否 I2S MCLK 输出是否启用, 该参数可以是 I2S_MCLK_Output 值之一 */
  uint32_t AudioFreq;   /* 指定 I2S 通信频率选择, 该参数可以是 I2S_Audio_Frequency 值之一 */
  uint32_t CPOL;        /* 指定 I2S 时钟的空闲状态, 该参数可以是 I2S_Clock_Polarity 值之一 */
}I2S_InitTypeDef;
```

输出类型 17-5：HAL 状态结构定义

`HAL_I2S_StateTypeDef`

```
typedef enum
{
  HAL_I2S_STATE_RESET    = 0x00,    /* I2S 没有初始化或已禁用 */
  HAL_I2S_STATE_READY    = 0x01,    /* I2S 已初始化并准备好应用 */
  HAL_I2S_STATE_BUSY     = 0x02,    /* I2S 内部处理正在进行 */
  HAL_I2S_STATE_BUSY_TX  = 0x03,    /* 数据发送处理正在进行 */
  HAL_I2S_STATE_BUSY_RX  = 0x04,    /* 数据接收处理正在进行 */
  HAL_I2S_STATE_PAUSE    = 0x06,    /* I2S 暂停状态 */
  HAL_I2S_STATE_ERROR    = 0x07     /* I2S 错误状态 */
}HAL_I2S_StateTypeDef;
```

输出类型 17-6：I2S 处理结构定义

`I2S_HandleTypeDef`

```
typedef struct
{
  SPI_TypeDef          *Instance;      /* I2S 寄存器基地址 */
  I2S_InitTypeDef       Init;          /* I2S 通信参数 */
  uint16_t             *pTxBuffPtr;    /* I2S Tx 传输指针 */
  __IO uint16_t         TxXferSize;    /* I2S Tx 传输大小 */
  __IO uint16_t         TxXferCount;   /* I2S Tx 传输计数 */
  uint16_t             *pRxBuffPtr;    /* I2S Rx 传输缓冲区指针 */
  __IO uint16_t         RxXferSize;    /* I2S Rx 传输大小 */
  __IO uint16_t         RxXferCount;   /* I2S Rx 传输计数器 */
  DMA_HandleTypeDef    *hdmatx;        /* I2S Tx DMA 处理参数 */
  DMA_HandleTypeDef    *hdmarx;        /* I2S Rx DMA 处理参数 */
  __IO HAL_LockTypeDef       Lock;     /* I2S 锁定对象 */
  __IO HAL_I2S_StateTypeDef  State;    /* I2S 通信状态 */
  __IO uint32_t         ErrorCode;     /* I2S 错误代码，该参数可以是 I2S_Error 值之一 */
}I2S_HandleTypeDef;
```

17.3.2　SPI 常量定义

输出常量 17-1：SPI 输出常量

状态定义	释　义
HAL_SPI_ERROR_NONE	没有错误
HAL_SPI_ERROR_MODF	MODF 错误
HAL_SPI_ERROR_CRC	CRC 错误
HAL_SPI_ERROR_OVR	OVR 错误
HAL_SPI_ERROR_FRE	FRE 错误
HAL_SPI_ERROR_DMA	DMA 传输错误
HAL_SPI_ERROR_FLAG	BSY/TXE/FTLVL/FRLVL 标志相关错误
HAL_SPI_ERROR_UNKNOW	未知错误

输出常量 17-2：SPI 模式

状态定义	释　义
SPI_MODE_SLAVE	SPI 从模式
SPI_MODE_MASTER	SPI 主模式

输出常量 17-3：SPI 方向模式

状态定义	释　义
SPI_DIRECTION_2LINES	2 线模式
SPI_DIRECTION_2LINES_RXONLY	2 线模式（只接收）
SPI_DIRECTION_1LINE	单线模式

输出常量 17-4：SPI 数据大小

状态定义	释　义
SPI_DATASIZE_4BIT	SPI 数据大小为 4 位
SPI_DATASIZE_5BIT	SPI 数据大小为 5 位
SPI_DATASIZE_6BIT	SPI 数据大小为 6 位
SPI_DATASIZE_7BIT	SPI 数据大小为 7 位
SPI_DATASIZE_8BIT	SPI 数据大小为 8 位
SPI_DATASIZE_9BIT	SPI 数据大小为 9 位
SPI_DATASIZE_10BIT	SPI 数据大小为 10 位
SPI_DATASIZE_11BIT	SPI 数据大小为 11 位
SPI_DATASIZE_12BIT	SPI 数据大小为 12 位
SPI_DATASIZE_13BIT	SPI 数据大小为 13 位
SPI_DATASIZE_14BIT	SPI 数据大小为 14 位
SPI_DATASIZE_15BIT	SPI 数据大小为 15 位
SPI_DATASIZE_16BIT	SPI 数据大小为 16 位

输出常量 17-5：SPI 时钟极性

状态定义	释　义
SPI_POLARITY_LOW	SPI 极性为低电平
SPI_POLARITY_HIGH	SPI 极性为高电平

输出常量 17-6：SPI 时钟相位

状态定义	释　义
SPI_PHASE_1EDGE	SPI 相位为第一个边沿
SPI_PHASE_2EDGE	SPI 相位为第二个边沿

输出常量 17-7：SPI 从机管理选择

状态定义	释　义
SPI_NSS_SOFT	NSS 软件模式
SPI_NSS_HARD_INPUT	NSS 硬件输入模式
SPI_NSS_HARD_OUTPUT	NSS 硬件输出模式

输出常量 17-8：SPI NSS 脉冲模式

状态定义	释　义
SPI_NSS_PULSE_ENABLE	NSS 脉冲使能
SPI_NSS_PULSE_DISABLE	NSS 脉冲禁用

输出常量 17-9：SPI 波特率预分频器

状态定义	释 义
SPI_BAUDRATEPRESCALER_2	SPI 波特率预分频系数为 2
SPI_BAUDRATEPRESCALER_4	SPI 波特率预分频系数为 4
SPI_BAUDRATEPRESCALER_8	SPI 波特率预分频系数为 8
SPI_BAUDRATEPRESCALER_16	SPI 波特率预分频系数为 16
SPI_BAUDRATEPRESCALER_32	SPI 波特率预分频系数为 32
SPI_BAUDRATEPRESCALER_64	SPI 波特率预分频系数为 64
SPI_BAUDRATEPRESCALER_128	SPI 波特率预分频系数为 128
SPI_BAUDRATEPRESCALER_256	SPI 波特率预分频系数为 256

输出常量 17-10：SPI MSB LSB 传输

状态定义	释 义
SPI_FIRSTBIT_MSB	数据传输高位在前
SPI_FIRSTBIT_LSB	数据传输低位在前

输出常量 17-11：SPI TI 模式

状态定义	释 义
SPI_TIMODE_DISABLE	TI 模式禁用
SPI_TIMODE_ENABLE	TI 模式使能

输出常量 17-12：SPI CRC 计算

状态定义	释 义
SPI_CRCCALCULATION_DISABLE	CRC 计算禁用
SPI_CRCCALCULATION_ENABLE	CRC 计算使能

输出常量 17-13：SPI CRC 长度

状态定义	释 义
SPI_CRC_LENGTH_DATASIZE	与数据大小匹配
SPI_CRC_LENGTH_8BIT	CRC8 位
SPI_CRC_LENGTH_16BIT	CRC16 位

输出常量 17-14：SPI FIFO 接收阈值

状态定义	释 义
SPI_RXFIFO_THRESHOLD	如果 FIFO 水平为满时将产生 RXNE 事件
SPI_RXFIFO_THRESHOLD_QF	如果 FIFO 水平大于或等于 1/2（16 位）将产生 RXNE 事件
SPI_RXFIFO_THRESHOLD_HF	如果 FIFO 水平大于或等于 1/4（8 位）将产生 RXNE 事件

输出常量 17-15：SPI 发送 FIFO 状态水平

状态定义	释　义
SPI_FTLVL_EMPTY	发送 FIFO 水平为空
SPI_FTLVL_QUARTER_FULL	发送 FIFO 水平为 1/4 满
SPI_FTLVL_HALF_FULL	发送 FIFO 水平为 1/2 满
SPI_FTLVL_FULL	发送 FIFO 水平为全满

输出常量 17-16：SPI 接收 FIFO 状态定义

状态定义	释　义
SPI_FRLVL_EMPTY	接收 FIFO 水平为空
SPI_FRLVL_QUARTER_FULL	接收 FIFO 水平为 1/4 满
SPI_FRLVL_HALF_FULL	接收 FIFO 水平为 1/2 满
SPI_FRLVL_FULL	接收 FIFO 水平为全满

输出常量 17-17：I2S 错误

状态定义	释　义
HAL_I2S_ERROR_NONE	没有错误
HAL_I2S_ERROR_TIMEOUT	超时错误
HAL_I2S_ERROR_OVR	OVR 错误
HAL_I2S_ERROR_UDR	UDR 错误
HAL_I2S_ERROR_DMA	DMA 传输错误
HAL_I2S_ERROR_UNKNOW	未知错误

输出常量 17-18：I2S 模式

状态定义	释　义
I2S_MODE_SLAVE_TX	I2S 模式从机发送
I2S_MODE_SLAVE_RX	I2S 模式从机接收
I2S_MODE_MASTER_TX	I2S 模式主机发送
I2S_MODE_MASTER_RX	I2S 模式主机接收

输出常量 17-19：I2S 工作标准

状态定义	释　义
I2S_STANDARD_PHILIPS	I2S 飞利浦模式
I2S_STANDARD_MSB	高字节对齐标准
I2S_STANDARD_LSB	低字节对齐标准
I2S_STANDARD_PCM_SHORT	PCM 标准（短帧）
I2S_STANDARD_PCM_LONG	PCM 标准（长帧）

输出常量 17-20：I2S 数据格式

状态定义	释　义
I2S_DATAFORMAT_16B	16 位数据长度
I2S_DATAFORMAT_16B_EXTENDED	16 扩展位数据长度
I2S_DATAFORMAT_24B	24 位数据长度
I2S_DATAFORMAT_32B	32 位数据长度

输出常量 17-21：I2S MCLK 输出

状态定义	释　义
I2S_MCLKOUTPUT_ENABLE	主时钟输出使能
I2S_MCLKOUTPUT_DISABLE	主时钟输出禁用

输出常量 17-22：I2S 音频频率

状态定义	释　义
I2S_AUDIOFREQ_192K	音频频率 192kHz
I2S_AUDIOFREQ_96K	音频频率 96kHz
I2S_AUDIOFREQ_48K	音频频率 48kHz
I2S_AUDIOFREQ_44K	音频频率 44kHz
I2S_AUDIOFREQ_32K	音频频率 32kHz
I2S_AUDIOFREQ_22K	音频频率 22kHz
I2S_AUDIOFREQ_16K	音频频率 16kHz
I2S_AUDIOFREQ_11K	音频频率 11kHz
I2S_AUDIOFREQ_8K	音频频率 8kHz
I2S_AUDIOFREQ_DEFAULT	默认音频频率

输出常量 17-23：I2S 时钟极性

状态定义	释　义
I2S_CPOL_LOW	时钟极性为低
I2S_CPOL_HIGH	时钟极性为高

17.3.3　SPI 函数定义

函数 17-1

函数名	**SPI_2linesRxISR_16BIT**
函数原型	void **SPI_2linesRxISR_16BIT** (struct __SPI_HandleTypeDef * hspi)
功能描述	在中断模式下发送和接收时 Rx16 处理
输入参数	hspi：指向 SPI_HandleTypeDef 结构的指针，包含 SPI 模块的配置信息
先决条件	无
注意事项	无
返回值	无

函数 17-2

函数名	**SPI_2linesRxISR_16BITCRC**
函数原型	void **SPI_2linesRxISR_16BITCRC** (struct __SPI_HandleTypeDef * hspi)
功能描述	在中断模式下发送和接收时 CRC16 接收处理
输入参数	hspi：指向 SPI_HandleTypeDef 结构的指针，包含 SPI 模块的配置信息
先决条件	无
注意事项	无
返回值	无

函数 17-3

函数名	**SPI_2linesRxISR_8BIT**
函数原型	void **SPI_2linesRxISR_8BIT** (struct __SPI_HandleTypeDef * hspi)
功能描述	在中断模式下发送和接收时 Rx8 处理
输入参数	hspi：指向 SPI_HandleTypeDef 结构的指针，包含 SPI 模块的配置信息
先决条件	无
注意事项	无
返回值	无

函数 17-4

函数名	**SPI_2linesRxISR_8BITCRC**
函数原型	void **SPI_2linesRxISR_8BITCRC** (struct __SPI_HandleTypeDef * hspi)
功能描述	在中断模式下发送和接收时 Rx8 的 CRC 处理
输入参数	hspi：指向 SPI_HandleTypeDef 结构的指针，包含 SPI 模块的配置信息
先决条件	无
注意事项	无
返回值	无

函数 17-5

函数名	**SPI_2linesTxISR_16BIT**
函数原型	void **SPI_2linesTxISR_16BIT** (struct __SPI_HandleTypeDef * hspi)
功能描述	在中断模式下发送和接收时的 Tx16 处理
输入参数	hspi：指向 SPI_HandleTypeDef 结构的指针，包含 SPI 模块的配置信息
先决条件	无
注意事项	无
返回值	无

函数 17-6

函数名	**SPI_2linesTxISR_8BIT**
函数原型	void **SPI_2linesTxISR_8BIT** (struct __SPI_HandleTypeDef * hspi)
功能描述	在中断模式下发送和接收时的 Tx8 处理
输入参数	hspi：指向 SPI_HandleTypeDef 结构的指针，包含 SPI 模块的配置信息
先决条件	无
注意事项	无
返回值	无

函数 17-7

函数名	SPI_CloseRx_ISR
函数原型	void **SPI_CloseRx_ISR** (SPI_HandleTypeDef * hspi)
功能描述	处理 RX 结束事务
输入参数	hspi：指向 SPI_HandleTypeDef 结构的指针，包含 SPI 模块的配置信息
先决条件	无
注意事项	无
返回值	无

函数 17-8

函数名	SPI_CloseRxTx_ISR
函数原型	void **SPI_CloseRxTx_ISR** (SPI_HandleTypeDef * hspi)
功能描述	处理 RX 和 TX 结束事务
输入参数	hspi：指向 SPI_HandleTypeDef 结构的指针，包含 SPI 模块的配置信息
先决条件	无
注意事项	无
返回值	无

函数 17-9

函数名	SPI_CloseTx_ISR
函数原型	void **SPI_CloseTx_ISR** (SPI_HandleTypeDef * hspi)
功能描述	处理 TX 结束事务
输入参数	hspi：指向 SPI_HandleTypeDef 结构的指针，包含 SPI 模块的配置信息
先决条件	无
注意事项	无
返回值	无

函数 17-10

函数名	SPI_DMAError
函数原型	void **SPI_DMAError** (DMA_HandleTypeDef * hdma)
功能描述	DMA 模式下 SPI 通信错误回调
输入参数	hdma：指向 DMA_HandleTypeDef 结构的指针，包含 DMA 模块的配置信息
先决条件	无
注意事项	无
返回值	无

函数 17-11

函数名	SPI_DMAHalfReceiveCplt
函数原型	void **SPI_DMAHalfReceiveCplt** (DMA_HandleTypeDef * hdma)
功能描述	DMA 模式下 SPI 半程接收处理结束回调
输入参数	hdma：指向 DMA_HandleTypeDef 结构的指针，包含 DMA 模块的配置信息
先决条件	无
注意事项	无
返回值	无

函数 17-12

函数名	SPI_DMAHalfTransmitCplt
函数原型	void SPI_DMAHalfTransmitCplt (DMA_HandleTypeDef * hdma)
功能描述	DMA 模式下 SPI 半程发送处理结束回调
输入参数	hdma：指向 DMA_HandleTypeDef 结构的指针，包含 DMA 模块的配置信息
先决条件	无
注意事项	无
返回值	无

函数 17-13

函数名	SPI_DMAHalfTransmitReceiveCplt
函数原型	void SPI_DMAHalfTransmitReceiveCplt (DMA_HandleTypeDef * hdma)
功能描述	DMA 模式下 SPI 发送接收半程处理结束回调
输入参数	hdma：指向 DMA_HandleTypeDef 结构的指针，包含 DMA 模块的配置信息
先决条件	无
注意事项	无
返回值	无

函数 17-14

函数名	SPI_DMAReceiveCplt
函数原型	void SPI_DMAReceiveCplt (DMA_HandleTypeDef * hdma)
功能描述	DMA 模式下 SPI 接收处理结束回调
输入参数	hdma：指向 DMA_HandleTypeDef 结构的指针，包含 DMA 模块的配置信息
先决条件	无
注意事项	无
返回值	无

函数 17-15

函数名	SPI_DMATransmitCplt
函数原型	void SPI_DMATransmitCplt (DMA_HandleTypeDef * hdma)
功能描述	DMA 模式下 SPI 发送处理结束回调
输入参数	hdma：指向 DMA_HandleTypeDef 结构的指针，包含 DMA 模块的配置信息
先决条件	无
注意事项	无
返回值	无

函数 17-16

函数名	SPI_DMATransmitReceiveCplt
函数原型	void SPI_DMATransmitReceiveCplt (DMA_HandleTypeDef * hdma)
功能描述	DMA 模式下 SPI 发送和接收处理结束回调
输入参数	hdma：指向 DMA_HandleTypeDef 结构的指针，包含 DMA 模块的配置信息
先决条件	无
注意事项	无
返回值	无

函数 17-17

函数名	**SPI_EndRxTransaction**

函数原型	HAL_StatusTypeDef **SPI_EndRxTransaction**
	
	(
	    SPI_HandleTypeDef * hspi,
	    uint32_t Timeout
	)

功能描述	处理 Rx 事务结束检测
输入参数 1	hspi: 指向 SPI_HandleTypeDef 结构的指针，包含 SPI 模块的配置信息
输入参数 2	Timeout：超时持续时间
先决条件	无
注意事项	无
返回值	HAL 状态

函数 17-18

函数名	**SPI_EndRxTxTransaction**

函数原型	HAL_StatusTypeDef **SPI_EndRxTxTransaction**
	
	(
	    SPI_HandleTypeDef * hspi,
	    uint32_t Timeout
	)

功能描述	处理 Rx 或 Tx 事务结束检测
输入参数 1	hspi：SPI 处理
输入参数 2	Timeout：超时持续时间
先决条件	无
注意事项	无
返回值	HAL 状态

函数 17-19

函数名	**SPI_RxISR_16BIT**
函数原型	void **SPI_RxISR_16BIT** (struct __SPI_HandleTypeDef * hspi)
功能描述	在中断模式下管理 16 位接收
输入参数	hspi: 指向 SPI_HandleTypeDef 结构的指针，包含 SPI 模块的配置信息
先决条件	无
注意事项	无
返回值	无

函数 17-20

函数名	**SPI_RxISR_16BITCRC**
函数原型	void **SPI_RxISR_16BITCRC** (struct __SPI_HandleTypeDef * hspi)
功能描述	在中断模式下管理 CRC16 接收
输入参数	hspi: 指向 SPI_HandleTypeDef 结构的指针，包含 SPI 模块的配置信息
先决条件	无
注意事项	无
返回值	无

函数 17-21

函数名	**SPI_RxISR_8BIT**
函数原型	void **SPI_RxISR_8BIT** (struct __SPI_HandleTypeDef * hspi)
功能描述	在中断模式下管理 8 位接收
输入参数	hspi：指向 SPI_HandleTypeDef 结构的指针，包含 SPI 模块的配置信息
先决条件	无
注意事项	无
返回值	无

函数 17-22

函数名	**SPI_RxISR_8BITCRC**
函数原型	void **SPI_RxISR_8BITCRC** (struct __SPI_HandleTypeDef * hspi)
功能描述	在中断模式下管理 CRC8 接收
输入参数	hspi：指向 SPI_HandleTypeDef 结构的指针，包含 SPI 模块的配置信息
先决条件	无
注意事项	无
返回值	无

函数 17-23

函数名	**SPI_TxISR_16BIT**
函数原型	void **SPI_TxISR_16BIT** (struct __SPI_HandleTypeDef * hspi)
功能描述	在中断模式下处理 16 位数据发送
输入参数	hspi：指向 SPI_HandleTypeDef 结构的指针，包含 SPI 模块的配置信息
先决条件	无
注意事项	无
返回值	无

函数 17-24

函数名	**SPI_TxISR_8BIT**
函数原型	void **SPI_TxISR_8BIT** (struct __SPI_HandleTypeDef * hspi)
功能描述	在中断模式下处理 8 位数据发送
输入参数	hspi：指向 SPI_HandleTypeDef 结构的指针，包含 SPI 模块的配置信息
先决条件	无
注意事项	无
返回值	无

函数 17-25

函数名	SPI_WaitFifoStateUntilTimeout

函数原型	HAL_StatusTypeDef **SPI_WaitFifoStateUntilTimeout**
	(
	  SPI_HandleTypeDef * hspi,
	  uint32_t Fifo,
	  uint32_t State,
	  uint32_t Timeout
	)

功能描述	处理 SPI_FIFO 通信超时
输入参数 1	hspi：指向 SPI_HandleTypeDef 结构的指针，包含 SPI 模块的配置信息
输入参数 2	Fifo：检测 FIFO
输入参数 3	State：FIFO 状态检测
输入参数 4	Timeout：超时持续时间
先决条件	无
注意事项	无
返回值	HAL 状态

函数 17-26

函数名	SPI_WaitFlagStateUntilTimeout

函数原型	HAL_StatusTypeDef **SPI_WaitFlagStateUntilTimeout**
	(
	  SPI_HandleTypeDef * hspi,
	  uint32_t Flag,
	  uint32_t State,
	  uint32_t Timeout
	)

功能描述	处理 SPI 通信超时
输入参数 1	hspi：指向 SPI_HandleTypeDef 结构的指针，包含 SPI 模块的配置信息
输入参数 2	Flag：检测 SPI 标志位
输入参数 3	State：检测标志位状态
输入参数 4	Timeout：超时持续时间
先决条件	无
注意事项	无
返回值	HAL 状态

函数 17-27

函数名	HAL_SPI_DeInit
函数原型	HAL_StatusTypeDef **HAL_SPI_DeInit** (SPI_HandleTypeDef * hspi)
功能描述	反初始化 SPI 外设
输入参数	hspi：指向 SPI_HandleTypeDef 结构的指针，包含 SPI 模块的配置信息
先决条件	无
注意事项	无
返回值	HAL 状态

函数 17-28

函数名	**HAL_SPI_Init**
函数原型	HAL_StatusTypeDef **HAL_SPI_Init** (SPI_HandleTypeDef * hspi)
功能描述	按照 SPI_InitTypeDef 中指定的参数初始化 SPI 并且初始化相关处理
输入参数	hspi：指向 SPI_HandleTypeDef 结构的指针，包含 SPI 模块的配置信息
先决条件	无
注意事项	无
返回值	HAL 状态

函数 17-29

函数名	**HAL_SPI_MspDeInit**
函数原型	void **HAL_SPI_MspDeInit** (SPI_HandleTypeDef * hspi)
功能描述	反初始化 SPI 微控制器特定程序包
输入参数	hspi：指向 SPI_HandleTypeDef 结构的指针，包含 SPI 模块的配置信息
先决条件	无
注意事项	无
返回值	无

函数 17-30

函数名	**HAL_SPI_MspInit**
函数原型	void **HAL_SPI_MspInit** (SPI_HandleTypeDef * hspi)
功能描述	初始化 SPI 微控制器特定程序包
输入参数	hspi：指向 SPI_HandleTypeDef 结构的指针，包含 SPI 模块的配置信息
先决条件	无
注意事项	无
返回值	无

函数 17-31

函数名	**HAL_SPI_DMAPause**
函数原型	HAL_StatusTypeDef **HAL_SPI_DMAPause** (SPI_HandleTypeDef * hspi)
功能描述	DMA 传送暂停
输入参数	hspi：指向 SPI_HandleTypeDef 结构的指针，包含 SPI 模块的配置信息
先决条件	无
注意事项	无
返回值	无

函数 17-32

函数名	**HAL_SPI_DMAResume**
函数原型	HAL_StatusTypeDef **HAL_SPI_DMAResume** (SPI_HandleTypeDef * hspi)
功能描述	恢复 DMA 传输
输入参数	hspi: 指向 SPI_HandleTypeDef 结构的指针,包含 SPI 模块的配置信息
先决条件	无
注意事项	无
返回值	HAL 状态

函数 17-33

函数名	**HAL_SPI_DMAStop**
函数原型	HAL_StatusTypeDef **HAL_SPI_DMAStop** (SPI_HandleTypeDef * hspi)
功能描述	停止 DMA 传输
输入参数	hspi: 指向 SPI_HandleTypeDef 结构的指针,包含 SPI 模块的配置信息
先决条件	无
注意事项	无
返回值	HAL 状态

函数 17-34

函数名	**HAL_SPI_ErrorCallback**
函数原型	void **HAL_SPI_ErrorCallback** (SPI_HandleTypeDef * hspi)
功能描述	SPI 错误回调
输入参数	hspi: 指向 SPI_HandleTypeDef 结构的指针,包含 SPI 模块的配置信息
先决条件	无
注意事项	无
返回值	无

函数 17-35

函数名	**HAL_SPI_IRQHandler**
函数原型	void **HAL_SPI_IRQHandler** (SPI_HandleTypeDef * hspi)
功能描述	处理 SPI 中断请求
输入参数	hspi: 指向 SPI_HandleTypeDef 结构的指针,包含 SPI 模块的配置信息
先决条件	无
注意事项	无
返回值	无

函数 17-36

函数名	HAL_SPI_Receive
函数原型	HAL_StatusTypeDef **HAL_SPI_Receive** (　SPI_HandleTypeDef * hspi, 　uint8_t * pData, 　uint16_t　Size, 　uint32_t　Timeout)
功能描述	在阻塞模式下接收一定数量的数据
输入参数 1	hspi：指向 SPI_HandleTypeDef 结构的指针，包含 SPI 模块的配置信息
输入参数 2	pData：指向数据缓冲区的指针
输入参数 3	Size：接收一定数量的数据
输入参数 4	Timeout：超时持续时间
先决条件	无
注意事项	无
返回值	HAL 状态

函数 17-37

函数名	HAL_SPI_Receive_DMA
函数原型	HAL_StatusTypeDef **HAL_SPI_Receive_DMA** (　SPI_HandleTypeDef * hspi, 　uint8_t * pData, 　uint16_t　Size)
功能描述	在非阻塞及 DMA 模式下接收一定数量的数据
输入参数 1	hspi：指向 SPI_HandleTypeDef 结构的指针，包含 SPI 模块的配置信息
输入参数 2	pData：指向数据缓冲区的指针
输入参数 3	Size：要发送的数据总量
先决条件	无
注意事项	无
返回值	HAL 状态

函数 17-38

函数名	HAL_SPI_Receive_IT
函数原型	HAL_StatusTypeDef **HAL_SPI_Receive_IT** (　SPI_HandleTypeDef * hspi, 　uint8_t * pData, 　uint16_t　Size)
功能描述	在非阻塞及中断模式下接收一定数量的数据
输入参数 1	hspi：指向 SPI_HandleTypeDef 结构的指针，包含 SPI 模块的配置信息

（续）

输入参数 2	pData：指向数据缓冲区的指针
输入参数 3	Size：要发送的数据总量
先决条件	无
注意事项	无
返回值	HAL 状态

函数 17-39

函数名	**HAL_SPI_RxCpltCallback**
函数原型	void **HAL_SPI_RxCpltCallback** (SPI_HandleTypeDef * hspi)
功能描述	Rx 传输结束回调
输入参数	hspi：指向 SPI_HandleTypeDef 结构的指针，包含 SPI 模块的配置信息
先决条件	无
注意事项	无
返回值	无

函数 17-40

函数名	**HAL_SPI_RxHalfCpltCallback**
函数原型	void **HAL_SPI_RxHalfCpltCallback** (SPI_HandleTypeDef * hspi)
功能描述	Rx 半程传输结束回调
输入参数	hspi：指向 SPI_HandleTypeDef 结构的指针，包含 SPI 模块的配置信息
先决条件	无
注意事项	无
返回值	无

函数 17-41

函数名	**HAL_SPI_Transmit**
函数原型	HAL_StatusTypeDef **HAL_SPI_Transmit** (SPI_HandleTypeDef * hspi, uint8_t * pData, uint16_t Size, uint32_t Timeout)
功能描述	在阻塞模式下传输一定数量的数据
输入参数 1	hspi：指向 SPI_HandleTypeDef 结构的指针，包含 SPI 模块的配置信息
输入参数 2	pData：数据缓冲区指针
输入参数 3	Size：要发送的数据总量
输入参数 4	Timeout：超时持续时间
先决条件	无
注意事项	无
返回值	HAL 状态

函数 17-42

函数名	HAL_SPI_Transmit_DMA
函数原型	HAL_StatusTypeDef **HAL_SPI_Transmit_DMA** (　SPI_HandleTypeDef * hspi, 　uint8_t * pData, 　uint16_t　Size)
功能描述	在非阻塞及 DMA 模式下发送一定数量的数据
输入参数 1	hspi：指向 SPI_HandleTypeDef 结构的指针，包含 SPI 模块的配置信息
输入参数 2	pDatav：数据缓冲区指针
输入参数 3	Size：要发送的数据量
先决条件	无
注意事项	无
返回值	HAL 状态

函数 17-43

函数名	HAL_SPI_Transmit_IT
函数原型	HAL_StatusTypeDef **HAL_SPI_Transmit_IT** (　SPI_HandleTypeDef * hspi, 　uint8_t * pData, 　uint16_t　Size)
功能描述	在非阻塞及中断模式下发送一定数量的数据
输入参数 1	hspi：指向 SPI_HandleTypeDef 结构的指针，包含 SPI 模块的配置信息
输入参数 2	pData：指向数据缓冲区的指针
输入参数 3	Size：要发送的数据数量
先决条件	无
注意事项	无
返回值	HAL 状态

函数 17-44

函数名	HAL_SPI_TransmitReceive
函数原型	HAL_StatusTypeDef **HAL_SPI_TransmitReceive** (SPI_HandleTypeDef * hspi, 　uint8_t * pTxData, 　uint8_t * pRxData, 　uint16_t　Size, 　uint32_t　Timeout)
功能描述	在阻塞模式下发送和接收一定数量的数据
输入参数 1	hspi：指向 SPI_HandleTypeDef 结构的指针，包含 SPI 模块的配置信息
输入参数 2	pTxData：发送数据缓冲区的指针

（续）

输入参数 3	pRxData：接收缓冲区指针
输入参数 4	Size：要发送和接收的数据数量
输入参数 5	Timeout：超时持续时间
先决条件	无
注意事项	无
返回值	HAL 状态

函数 17-45

函数名	**HAL_SPI_TransmitReceive_DMA**

函数原型	HAL_StatusTypeDef **HAL_SPI_TransmitReceive_DMA**
	(
	  SPI_HandleTypeDef * hspi,
	  uint8_t * pTxData,
	  uint8_t * pRxData,
	  uint16_t Size
	)

功能描述	在非阻塞及 DMA 模式下发送和接收一定数量的数据
输入参数 1	hspi：指向 SPI_HandleTypeDef 结构的指针，包含 SPI 模块的配置信息
输入参数 2	pTxData：发送数据缓冲区指针
输入参数 3	pRxData：接收数据缓冲区指针
输入参数 4	Size：要发送的数据数量
先决条件	无
注意事项	无
返回值	HAL 状态

函数 17-46

函数名	**HAL_SPI_TransmitReceive_IT**

函数原型	HAL_StatusTypeDef **HAL_SPI_TransmitReceive_IT**
	(
	  SPI_HandleTypeDef * hspi,
	  uint8_t * pTxData,
	  uint8_t * pRxData,
	  uint16_t Size
	)

功能描述	在非阻塞及中断模式下发送和接收一定数量的数据
输入参数 1	hspi：指向 SPI_HandleTypeDef 结构的指针，包含 SPI 模块的配置信息
输入参数 2	pTxData：发送数据缓冲区指针
输入参数 3	pRxData：接收数据缓冲区指针
输入参数 4	Size：要发送和接收的数据数量
先决条件	无
注意事项	无
返回值	HAL 状态

函数 17-47

函数名	HAL_SPI_TxCpltCallback
函数原型	void **HAL_SPI_TxCpltCallback** (SPI_HandleTypeDef * hspi)
功能描述	Tx 发送结束回调
输入参数	hspi：指向 SPI_HandleTypeDef 结构的指针，包含 SPI 模块的配置信息
先决条件	无
注意事项	无
返回值	无

函数 17-48

函数名	HAL_SPI_TxHalfCpltCallback
函数原型	void **HAL_SPI_TxHalfCpltCallback** (SPI_HandleTypeDef * hspi)
功能描述	Tx 半程传输结束回调
输入参数	hspi：指向 SPI_HandleTypeDef 结构的指针，包含 SPI 模块的配置信息
先决条件	无
注意事项	无
返回值	无

函数 17-49

函数名	HAL_SPI_TxRxCpltCallback
函数原型	void **HAL_SPI_TxRxCpltCallback** (SPI_HandleTypeDef * hspi)
功能描述	Tx 和 Rx 传输结束回调
输入参数	hspi：指向 SPI_HandleTypeDef 结构的指针，包含 SPI 模块的配置信息
先决条件	无
注意事项	无
返回值	无

函数 17-50

函数名	HAL_SPI_TxRxHalfCpltCallback
函数原型	void **HAL_SPI_TxRxHalfCpltCallback** (SPI_HandleTypeDef * hspi)
功能描述	Tx 和 Rx 半程传输回调
输入参数	hspi：指向 SPI_HandleTypeDef 结构的指针，包含 SPI 模块的配置信息
先决条件	无
注意事项	无
返回值	无

函数 17-51

函数名	**HAL_SPI_GetError**
函数原型	uint32_t **HAL_SPI_GetError** (SPI_HandleTypeDef * hspi)
功能描述	返回 SPI 错误代码
输入参数	hspi：指向 SPI_HandleTypeDef 结构的指针，包含 SPI 模块的配置信息
先决条件	无
注意事项	无
返回值	用 bitmap 格式返回 SPI 错误代码

函数 17-52

函数名	**HAL_SPI_GetState**
函数原型	HAL_SPI_StateTypeDef **HAL_SPI_GetState** (SPI_HandleTypeDef * hspi)
功能描述	返回 SPI 处理状态
输入参数	hspi：指向 SPI_HandleTypeDef 结构的指针，包含 SPI 模块的配置信息
先决条件	无
注意事项	无
返回值	SPI 状态

函数 17-53

函数名	**HAL_SPIEx_FlushRxFifo**
函数原型	HAL_StatusTypeDef **HAL_SPIEx_FlushRxFifo** (SPI_HandleTypeDef * hspi)
功能描述	清空接收缓冲器
输入参数	hspi：指向 SPI_HandleTypeDef 结构的指针，包含 SPI 模块的配置信息
先决条件	无
注意事项	无
返回值	SPI 状态

函数 17-54

函数名	**I2S_DMAError**
函数原型	void **I2S_DMAError** (DMA_HandleTypeDef * hdma)
功能描述	DMA 模式下 I2S 通信错误回调
输入参数	hdma：指向 DMA_HandleTypeDef 结构的指针，包含指定 DMA 模块的配置信息
先决条件	无
注意事项	无
返回值	无

函数 17-55

函数名	I2S_DMARxCplt
函数原型	void **I2S_DMARxCplt** (DMA_HandleTypeDef * hdma)
功能描述	DMA 模式下 I2S 接收处理结束回调
输入参数	hdma：指向 DMA_HandleTypeDef 结构的指针，包含指定 DMA 模块的配置信息
先决条件	无
注意事项	无
返回值	无

函数 17-56

函数名	I2S_DMARxHalfCplt
函数原型	void **I2S_DMARxHalfCplt** (DMA_HandleTypeDef * hdma)
功能描述	DMA 模式下 I2S 接收处理半程结束回调
输入参数	hdma：指向 DMA_HandleTypeDef 结构的指针，包含指定 DMA 模块的配置信息
先决条件	无
注意事项	无
返回值	无

函数 17-57

函数名	I2S_DMATxCplt
函数原型	void **I2S_DMATxCplt** (DMA_HandleTypeDef * hdma)
功能描述	DMA 模式下 I2S 发送处理结束回调
输入参数	hdma：指向 DMA_HandleTypeDef 结构的指针，包含指定 DMA 模块的配置信息
先决条件	无
注意事项	无
返回值	无

函数 17-58

函数名	I2S_DMATxHalfCplt
函数原型	void **I2S_DMATxHalfCplt** (DMA_HandleTypeDef * hdma)
功能描述	DMA 模式下 I2S 发送处理半程结束回调
输入参数	hdma：指向 DMA_HandleTypeDef 结构的指针，包含指定 DMA 模块的配置信息
先决条件	无
注意事项	无
返回值	无

函数 17-59

函数名	**I2S_Receive_IT**
函数原型	void **I2S_Receive_IT** (I2S_HandleTypeDef * hi2s)
功能描述	在非阻塞和中断模式下接收一定数量的数据
输入参数	hi2s：I2S 处理
先决条件	无
注意事项	无
返回值	无

函数 17-60

函数名	**I2S_Transmit_IT**
函数原型	void **I2S_Transmit_IT** (I2S_HandleTypeDef * hi2s)
功能描述	在非阻塞和中断模式下发送一定数量的数据
输入参数	hi2s：指向 I2S_HandleTypeDef 结构的指针，包含 I2S 模块的配置信息
先决条件	无
注意事项	无
返回值	无

函数 17-61

函数名	**I2S_WaitFlagStateUntilTimeout**
函数原型	HAL_StatusTypeDef **I2S_WaitFlagStateUntilTimeout** (　I2S_HandleTypeDef * hi2s, 　uint32_t Flag, 　uint32_t State, 　uint32_t Timeout)
功能描述	该函数用于处理 I2S 通信超时
输入参数 1	hi2s：指向 I2S_HandleTypeDef 结构的指针，包含 I2S 模块的配置信息
输入参数 2	Flag：标志位检测
输入参数 3	State：标志位预期值
输入参数 4	Timeout：超时持续时间
先决条件	无
注意事项	无
返回值	HAL 状态

函数 17-62

函数名	**HAL_I2S_DeInit**
函数原型	HAL_StatusTypeDef **HAL_I2S_DeInit** (I2S_HandleTypeDef * hi2s)
功能描述	反初始化 I2S 外设
输入参数	hi2s：指向 I2S_HandleTypeDef 结构的指针，包含 I2S 模块的配置信息
先决条件	无
注意事项	无
返回值	HAL 状态

函数 17-63

函数名	**HAL_I2S_Init**
函数原型	HAL_StatusTypeDef **HAL_I2S_Init** (I2S_HandleTypeDef * hi2s)
功能描述	按照 I2S_InitTypeDef 中指定的参数初始化 I2S 并且创建相关处理
输入参数	指向 I2S_HandleTypeDef 结构的指针，包含 I2S 模块的配置信息
先决条件	无
注意事项	无
返回值	HAL 状态

函数 17-64

函数名	**HAL_I2S_MspDeInit**
函数原型	void **HAL_I2S_MspDeInit** (I2S_HandleTypeDef * hi2s)
功能描述	反初始化 I2S 微控制器特定程序包
输入参数	hi2s: 指向 I2S_HandleTypeDef 结构的指针，包含 I2S 模块的配置信息
先决条件	无
注意事项	无
返回值	无

函数 17-65

函数名	**HAL_I2S_MspInit**
函数原型	void **HAL_I2S_MspInit** (I2S_HandleTypeDef * hi2s)
功能描述	初始化 I2S 微控制器特定程序包
输入参数	hi2s: 指向 I2S_HandleTypeDef 结构的指针，包含 I2S 模块的配置信息
先决条件	无
注意事项	无
返回值	无

函数 17-66

函数名	**HAL_I2S_DMAPause**
函数原型	HAL_StatusTypeDef **HAL_I2S_DMAPause** (I2S_HandleTypeDef * hi2s)
功能描述	暂停媒体音频流播放
输入参数	hi2s: 指向 I2S_HandleTypeDef 结构的指针，包含 I2S 模块的配置信息
先决条件	无
注意事项	无
返回值	HAL 状态

函数 17-67

函数名	**HAL_I2S_DMAResume**
函数原型	HAL_StatusTypeDef **HAL_I2S_DMAResume** (I2S_HandleTypeDef * hi2s)
功能描述	恢复媒体音频流播放
输入参数	hi2s：指向 I2S_HandleTypeDef 结构的指针，包含 I2S 模块的配置信息
先决条件	无
注意事项	无
返回值	HAL 状态

函数 17-68

函数名	**HAL_I2S_DMAStop**
函数原型	HAL_StatusTypeDef **HAL_I2S_DMAStop** (I2S_HandleTypeDef * hi2s)
功能描述	停止媒体音频流播放
输入参数	hi2s：指向 I2S_HandleTypeDef 结构的指针，包含 I2S 模块的配置信息
先决条件	无
注意事项	无
返回值	HAL 状态

函数 17-69

函数名	**HAL_I2S_ErrorCallback**
函数原型	void **HAL_I2S_ErrorCallback** (I2S_HandleTypeDef * hi2s)
功能描述	I2S 错误回调
输入参数	hi2s：指向 I2S_HandleTypeDef 结构的指针，包含 I2S 模块的配置信息
先决条件	无
注意事项	无
返回值	无

函数 17-70

函数名	**HAL_I2S_IRQHandler**
函数原型	void **HAL_I2S_IRQHandler** (I2S_HandleTypeDef * hi2s)
功能描述	该函数处理 I2S 中断请求
输入参数	hi2s：指向 I2S_HandleTypeDef 结构的指针，包含 I2S 模块的配置信息
先决条件	无
注意事项	无
返回值	无

函数 17-71

函数名	**HAL_I2S_Receive**
函数原型	HAL_StatusTypeDef **HAL_I2S_Receive** (　I2S_HandleTypeDef * hi2s, 　uint16_t * pData, 　uint16_t　Size, 　uint32_t　Timeout)
功能描述	在阻塞模式下接收一定数量的数据
输入参数 1	hi2s：指向 I2S_HandleTypeDef 结构的指针，包含 I2S 模块的配置信息
输入参数 2	pData：16 位数据缓冲区指针
输入参数 3	Size：要发送的数据采样数量
输入参数 4	Timeout：超时持续时间
先决条件	无
注意事项	无
返回值	HAL 状态

函数 17-72

函数名	**HAL_I2S_Receive_DMA**
函数原型	HAL_StatusTypeDef **HAL_I2S_Receive_DMA** (　I2S_HandleTypeDef * hi2s, 　uint16_t * pData, 　uint16_t　Size)
功能描述	在非阻塞和 DMA 模式下接收一定数量的数据
输入参数 1	hi2s：指向 I2S_HandleTypeDef 结构的指针，包含 I2S 模块的配置信息
输入参数 2	pData：接收数据缓冲区的 16 位指针
输入参数 3	Size：要发送的数据采样数量
先决条件	无
注意事项	无
返回值	HAL 状态

函数 17-73

函数名	**HAL_I2S_Receive_IT**
函数原型	HAL_StatusTypeDef **HAL_I2S_Receive_IT** (　I2S_HandleTypeDef * hi2s, 　uint16_t * pData, 　uint16_t　Size)
功能描述	在非阻塞和中断模式下接收一定数量的数据
输入参数 1	hi2s：指向 I2S_HandleTypeDef 结构的指针，包含 I2S 模块的配置信息

（续）

输入参数 2	pData：接收数据缓冲区的 16 位指针
输入参数 3	Size：要发送的数据采样数量
先决条件	无
注意事项	无
返回值	HAL 状态

函数 17-74

函数名	**HAL_I2S_RxCpltCallback**
函数原型	void **HAL_I2S_RxCpltCallback** (I2S_HandleTypeDef * hi2s)
功能描述	Rx 传输结束回调
输入参数	hi2s：指向 I2S_HandleTypeDef 结构的指针，包含 I2S 模块的配置信息
先决条件	无
注意事项	无
返回值	无

函数 17-75

函数名	**HAL_I2S_RxHalfCpltCallback**
函数原型	void **HAL_I2S_RxHalfCpltCallback** (I2S_HandleTypeDef * hi2s)
功能描述	Rx 传输半程结束回调
输入参数	hi2s：指向 I2S_HandleTypeDef 结构的指针，包含 I2S 模块的配置信息
先决条件	无
注意事项	无
返回值	无

函数 17-76

函数名	**HAL_I2S_Transmit**

函数原型	HAL_StatusTypeDef **HAL_I2S_Transmit** (
	    I2S_HandleTypeDef * hi2s,
	    uint16_t * pData,
	    uint16_t Size,
	    uint32_t Timeout
	)

功能描述	在阻塞模式下发送一定数量的数据
输入参数 1	hi2s：指向 I2S_HandleTypeDef 结构的指针，包含 I2S 模块的配置信息
输入参数 2	pData：数据缓冲区的 16 位指针
输入参数 3	Size：要发送的数据采样数量
输入参数 4	Timeout：超时持续时间
先决条件	无
注意事项	无
返回值	HAL 状态

函数 17-77

函数名	**HAL_I2S_Transmit_DMA**
函数原型	HAL_StatusTypeDef **HAL_I2S_Transmit_DMA** (　I2S_HandleTypeDef * hi2s, 　uint16_t * pData, 　uint16_t　Size)
功能描述	在非阻塞及 DMA 模式下发送一定数量的数据
输入参数 1	hi2s：指向 I2S_HandleTypeDef 结构的指针，包含 I2S 模块的配置信息
输入参数 2	pData：16 位发送数据缓冲区指针
输入参数 3	Size：要发送的数据采样数量
先决条件	无
注意事项	无
返回值	HAL 状态

函数 17-78

函数名	**HAL_I2S_Transmit_IT**
函数原型	HAL_StatusTypeDef **HAL_I2S_Transmit_IT** (　I2S_HandleTypeDef * hi2s, 　uint16_t * pData, 　uint16_t　Size)
功能描述	在非阻塞及中断模式下发送一定数量的数据
输入参数 1	hi2s：指向 I2S_HandleTypeDef 结构的指针，包含 I2S 模块的配置信息
输入参数 2	pData：一个指向数据缓冲区的 16 位指针
输入参数 3	Size：要发送的数据采样数量
先决条件	无
注意事项	无
返回值	HAL 状态

函数 17-79

函数名	**HAL_I2S_TxCpltCallback**
函数原型	void **HAL_I2S_TxCpltCallback** (I2S_HandleTypeDef * hi2s)
功能描述	Tx 发送结束回调
输入参数	hi2s：指向 I2S_HandleTypeDef 结构的指针，包含 I2S 模块的配置信息
先决条件	无
注意事项	无
返回值	无

函数 17-80

函数名	**HAL_I2S_TxHalfCpltCallback**
函数原型	void **HAL_I2S_TxHalfCpltCallback** (I2S_HandleTypeDef * hi2s)
功能描述	Tx 发送半程结束回调
输入参数	hi2s：指向 I2S_HandleTypeDef 结构的指针，包含 I2S 模块的配置信息
先决条件	无
注意事项	无
返回值	无

函数 17-81

函数名	**HAL_I2S_GetError**
函数原型	uint32_t **HAL_I2S_GetError** (I2S_HandleTypeDef * hi2s)
功能描述	返回 I2S 错误代码
输入参数	hi2s：指向 I2S_HandleTypeDef 结构的指针，包含 I2S 模块的配置信息
先决条件	无
注意事项	无
返回值	I2S 错误代码

函数 17-82

函数名	**HAL_I2S_GetState**
函数原型	HAL_I2S_StateTypeDef **HAL_I2S_GetState** (I2S_HandleTypeDef * hi2s)
功能描述	返回 I2S 状态
输入参数	hi2s：指向 I2S_HandleTypeDef 结构的指针，包含 I2S 模块的配置信息
先决条件	无
注意事项	无
返回值	HAL 状态

17.4 SPI 的应用实例

本例中通过使用 SPI 模块与 FLASH 存储器 W25Q64 通信，来验证 SPI 主从双工通信的过程。W25Q64 是华邦公司推出的大容量基于 SPI 通信的 FLASH 产品，工作电压为 2.7～3.6V，存储容量为 64Mb(8MB)，擦写周期可达 10 万次，数据保存时间可达 20 年。W25Q64 与 STM32F072VBT6 微控制器的通信电路原理如图 17-11 所示。

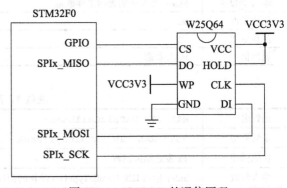

图 17-11 W25Q64 的通信原理

在开始 W25Q64 的编程之前，我们需要对其内部的存储结构和工作特性有一个

基本的了解。W25Q64 将 8MB 的存储容量分为 128 个块（Block），每个块的大小为 64KB。每个块又分为 16 个扇区（Sector），每个扇区 4KB。W25Q64 的最小擦除单位为一个扇区，即每

一次必须将 4KB 的数据一次性擦除。在写 W25Q64 时，必须确保所写的地址范围内存储单元中的数据全部为 FFH，否则数据的写入会失败，这一点在 W25Q64 编程过程中是需要特别注意的。一个比较好的做法是在微控制器的 SRAM 中开辟一个大小为 4KB 的数据缓冲区，将一个扇区内的数据全部读出保存在缓冲区内，擦除该扇区并将读出的扇区内数据连同待保存的数据一道重新写入该扇区中。在开辟缓冲区时，需要注意微控制器 SRAM 的使用量，芯片必须要有 4KB 以上的 SRAM 才能正常运行。

另外，在配置 SPI 模块时，不仅要注意时钟速率、数据位的长度、字节传输高低位顺序等，还要特别注意的是时钟的极性和相位。例如，W25Q64 的数据写入是在时钟的上升沿，而读出是在时钟的下降沿，这需要在数据读写过程中进行相应的转换，才能对器件进行正确的读写。在使用 STM32CubeMX 建立项目时，在"Pinout"视图中，需要使能 SPI 模块，并且专门使用一个 GPIO（PF9）引脚来驱动 W25Q64 的 CS 端。具体的外设及引脚的配置如图 17-12 所示。

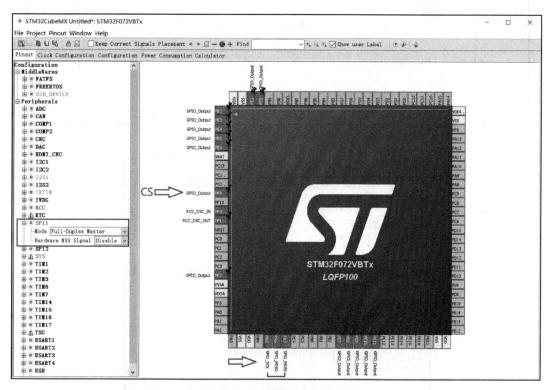

图 17-12　SPI 模块的配置（一）

在"Clock Configuration"视图中，对时钟的配置上仍然使用外部晶体振荡器作为锁相环时钟源，经 6 倍频后为系统提供时钟。具体配置如图 17-13 所示。

在"Configuration"视图中，将 SPI 模块配置为主模式、Motorola 帧格式、数据大小为 8 位、数据传输高位在前，波特率分频系数为 8，时钟极性为低电平、数据锁存在第一个时钟边沿，具体设置如图 17-14 所示。

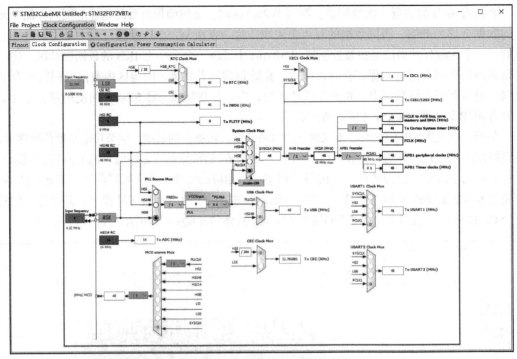

图 17-13　SPI 模块的配置（二）

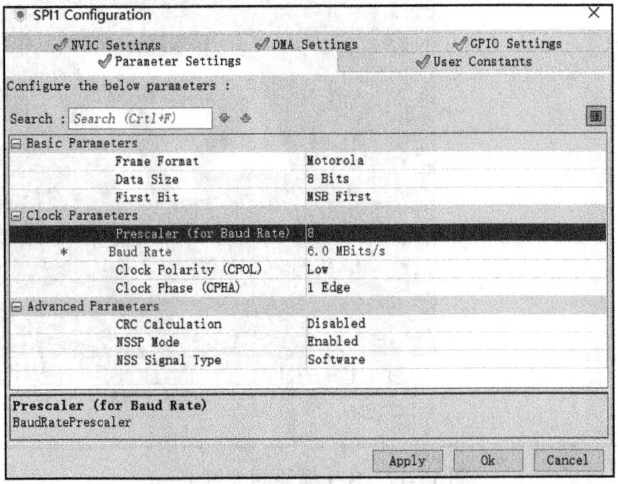

图 17-14　SPI 模块的配置（三）

W25Q64 的读写程序会向 FLASH 存储器发送不同指令，并将读取到的数据值显示在四位数码管上。具体程序代码详见代码清单 17-1 和代码清单 17-2。

代码清单 17-1　读写 W25Q64（main.c）（在附录 J 中指定的网站链接下载源代码）

代码清单 17-2　读写 W25Q64（stm32f0xx_hal_msp.c）（在附录 J 中指定的网站链接下载源代码）

第 18 章
通用同步异步收发器

STM32F0 系列微控制器的串行通信模块全称为通用同步异步收发器（Universal Synchronous Asynchronous Receiver Transmitter，USART），本章重点介绍这些 USART 模块的原理和应用。

18.1　USART 概述

STM32F072VBT6 微控制器片内总计配备了 4 个 USART 模块，采用工业标准 NRZ 异步串行数据格式，可以实现与外部设备间的全双工同步、异步数据通信。模块内部配备了高精度的波特率发生器，具有宽范围的通信速率选择功能，支持全双工、同步异步通信，数据字长可以在 7、8 或 9 位间选择。此外，USART 模块还支持多机通信、智能卡模式、LIN 和 IRDA 等功能，也可以驱动 RS-485 模块实现远程组网通信。

18.1.1　USART 的结构

STM32F072VBT6 微控制器片内 USART 模块及功能配置详见表 18-1，模块的内部结构如图 18-1 所示。USART 有两个数据的传输引脚，其中 RX 是串行数据的输入接口，TX 是串行数据的输出接口。在通常的 USART 模式下，串行数据通过 TX 引脚发送，并通过 RX 引脚接收，串行数据以数据帧的形式发送和接收。当发送器使能时，在数据传输的空闲时期，TX 引脚将输出高电平；在单线和智能卡模式下，TX 引脚既用于发送数据，也用于接收数据。

表 18-1　USART 功能配置

模式 / 功能	USART1/USART2	USART3/USART4
MODEM 硬件流控制	√	√
使用 DMA 连续通信	√	√
多机通信	√	√
同步模式	√	√
智能卡模式	√	—
单线半双工通信	√	√
红外 IrDA SIR 编解码	√	—

（续）

模式 / 功能	USART1/USART2	USART3/USART4
LIN 模式	√	—
双时钟驱动和从 Stop 模式唤醒	√	—
接收超时中断	√	—
Modbus 通信	√	—
自动波特率检测（支持模式）	4	—
RS485 驱动使能信号	√	√
USART 数据长度	7、8 和 9 位	

注：√ = 支持，— = 不支持

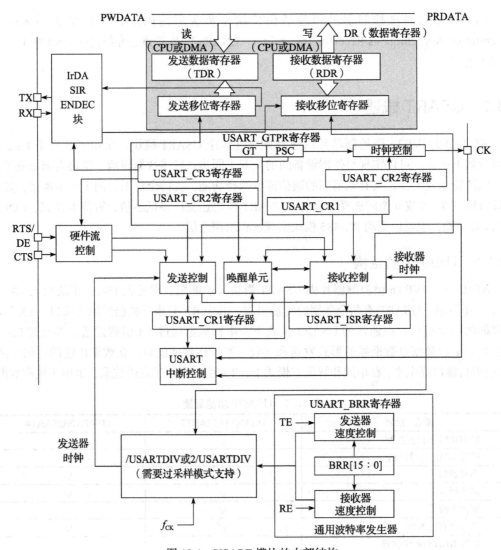

图 18-1　USART 模块的内部结构

USART 具有独立的接收和发送数据寄存器（USART_RDR、USART_TDR），接收和发送数据寄存器都分别有各自的移位寄存器，用于将移入的数据恢复或将数据串行移出。USART 使用专用的波特率发生器，用于驱动串行数据传输，16 个有效位的波特率寄存器（USART_BRR）使用 12 位整数及 4 位小数部分来精确地控制波特率。3 个控制寄存器（USART_CR1、USART_CR2、USART_CR3）用于 USART 的工作模式设定，状态寄存器（USART_ISR）用于指示模块的工作状态，保护时间寄存器（USART_GTPR）用于智能卡模式下保护时间的值。

在同步模式或智能卡模式下，使用 CK 引脚作为时钟输出。该引脚会输出同步模式下的发送数据时钟，这相当于 SPI 主模式时的时钟输出（起始位和停止位之间没有时钟脉冲，在最后一个数据位上可以选择是否时钟脉冲输出）。在发送的同时，数据可以经由 RX 引脚同步接收，时钟的相位和极性可软件设定。另外，在智能卡模式中，CK 引脚会向智能卡提供时钟。

在 RS232 硬件流控制模式下，CTS 引脚为清除发送端，当其为高电平时用于在当前传输末尾阻塞数据发送。RTS 引脚为请求发送端，当其为低电平时表明 USART 已经准备接收数据。在 RS485 模式下，DE 端为驱动使能端，用于将外部收发器的发送模式激活，DE 端与 RTS 共用引脚。

18.1.2 USART 的帧格式

USART 的数据传输是以帧的形式进行的。按照功能的不同，帧可以分为数据帧、空闲帧和停止帧 3 种。数据帧由 1 个低电平的起始位，7 位、8 位或 9 位的数据字（最低有效位在前），0.5、1、1.5 或 2 位的停止位构成。配置 USART_CR1 寄存器的 M[1:0] 位可选择 7 位、8 位或 9 位字长。默认设置中，起始位均为低电平，而停止位均为高电平，此逻辑状态也可以在极性控制中设置为反向。

空闲帧可以被视为完全由 "1" 组成的完整数据帧，其中高电平的范围覆盖了从起始位至停止位的全部，它后面跟随的是包含数据的下一帧的开始位。与空闲帧相反，停止帧则全部由 "0" 组成，包括停止位期间也是 "0"，在停止帧之后，发送器会额外地再插入 2 个停止位。USART 的帧格式如图 18-2 所示。

18.1.3 USART 发送器

发送器由 USART_CR1 寄存器的 TE 位使能，当 TE 位被置 1 后，将会首先发送一个空闲帧。之后，向 USART_TDR 寄存器写入数据即可启动字符的发送，写入 USART_TDR 寄存器的数据将转移至发送移位寄存器，并从 TX 引脚上输出，相应的时钟脉冲在 CK 引脚上产生。这时，USART_TDR 寄存器充当了一个内部总线和发送移位寄存器之间的缓冲器。

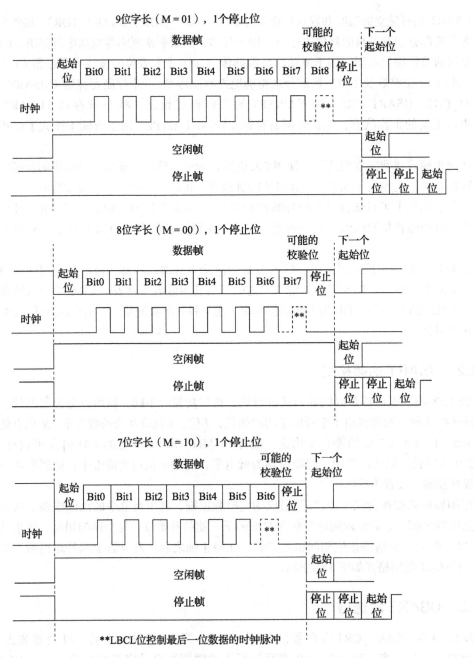

图 18-2 USART 的帧格式

按照 M 位的设置，发送的数据字可以包含 7、8 或 9 个位。在 USART 发送期间，TX 引脚上首先移出数据的最低有效位。在发送的每个字符之前，都有一个低电平的起始位，在发送字符之后则跟随高电平的停止位。USART 支持多种停止位的选择，如：0.5、1、1.5

和 2 个停止位。配置 USART_CR2 寄存器的 STOP[1:0] 位域可以对停止位的数量进行设置。USART 停止位的配置如图 18-3 所示。

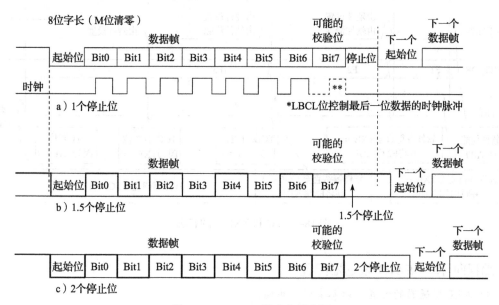

图 18-3　USART 停止位的配置

1. 字符发送

数据发送时 TC 和 TXE 位的状态如图 18-4 所示。软件使能 USART 后，TX 引脚上会自动发送一个空闲帧，并在数据开始传输之前始终保持高电平状态，TXE 位置 1 表明 TDR 寄存器为空。将数据写入 TDR 后，TXE 位清 0 并在一段时间后置 1，这表明数据已经从 TDR 移送至移位寄存器中，数据发送已经开始，并且下一个数据可以被写进 USART_TDR 寄存器而不会覆盖先前的数据。如果 USART_CR1 寄存器中的 TXEIE 位为 1，则会产生中断。当数据字节发送完成（停止位发送后）并且此时 TXE 位仍然置 1，TC 位会置 1 表明数据传输已经完毕。如果 USART_CR1 寄存器中的 TCIE 位为 1，则会产生中断。

2. 发送断开符号

向 USART_RQR 寄存器的 SBKRQ 位写 1 可发送一个断开符号。断开符号的长度取决于 M 位的设置。向 SBKRQ 位写 1 操作会使 USART_ISR 寄存器的 SBKF 位置 1。这时，在完成当前数据发送后，将在 TX 线上发送一个断开符号。当断开符号发送完成时（在断开符号的停止位发出时），SBKF 位会硬件清零。USART 会在最后一个断开帧的结束处插入两个高电平的停止位以保证能识别下一帧的起始位。

3. 发送空闲符号

当 USART 的发送器使能后，即软件将 USART_CR1 寄存器的 TE 位置 1 后，将使 USART 在第一个数据前发送一个空闲符号。

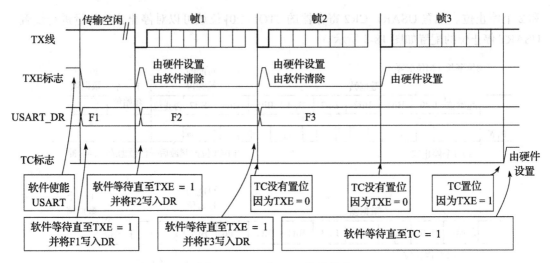

图 18-4 TC 和 TXE 位的状态

💻 编程向导 USART 发送器配置

USART 发送器的配置可以参考以下步骤。

1）设置 USART_CR1 的 M[1:0] 位来定义字长。

2）编程 USART_BRR 寄存器选择波特率。

3）设置 USART_CR2 寄存器的 STOP[1:0] 位定义停止位的数量。

4）将 USART_CR1 寄存器的 UE 位置 1 来使能 USART。

5）如果要开启 DMA 功能，可以配置 USART_CR3 中的 DMAT 位使能发送方向的 DMA 功能。

6）设置 USART_CR1 寄存器的 TE 位使能发送器。

7）把待发送的数据写入 USART_TDR 寄存器，这时 TXE 位将被清除。在只有一个缓冲器的情况下，对每个待发送的数据需要重复步骤 7，但在重复步骤 7 之前应等待 TXE 位置 1。

8）在 USART_TDR 寄存器中写入最后一个数据字后，需要等待 TC 位置 1，它表示最后一个数据帧的传输结束。

9）如果需要关闭 USART 或需要进入停机模式时，需要确认 TC 位已经置 1，以避免破坏最后一次传输。

USART 发送器配置可以参考以下代码：

```
USART1->BRR = 480000 /96; /* 过采样 16, 9600 波特率 */
USART1->CR1 = USART_CR1_TE | USART_CR1_UE; /* 8 位数据位、1 位起始位、1 位停止位、无校验位 */
```

USART 发送字节可以参考以下代码：

```
USART1->TDR = stringtosend[send++]; /* 启动 USART 发送 */
```

USART 传输结束处理可以参考以下代码：

```
if ((USART1->ISR & USART_ISR_TC) == USART_ISR_TC)
{
  if (send == sizeof(stringtosend))
  {
    send=0;
    USART1->ICR |= USART_ICR_TCCF; /* 清除传输结束标志 */
  }
  else
  {
    USART1->TDR = stringtosend[send++]; /* 清除传输结束标志并向 TDR 中写入新的字节 */

  }
}
```

18.1.4　USART 接收器

接收器根据 USART_CR1 寄存器中 M 位的状态接收 7 位、8 位或 9 位的数据字。

1. 字符接收

设置 USART_CR1 寄存器的 RE 位可以激活接收器，在 USART 接收期间，默认情况下数据的最低有效位首先从 RX 脚移入，接收到的数据在移位寄存器中恢复，并保存至 USART_RDR 寄存器中，USART_RDR 寄存器可以看作内部总线和接收移位寄存器之间的缓冲器。

当成功接收到一个字符时，RXNE 位置 1，表明移位寄存器的内容被转移到 RDR。这时如果 RXNEIE 位为 1，将会引发中断请求。在数据接收期间如果检测到帧错误、噪音或溢出错误，相应的错误标志位将被置位。

软件读取 USART_RDR 寄存器可以清除 RXNE 位，RXNE 位也可以通过对 USART_RQR 寄存器的 RXFRQ 位写 1 来清除。为避免溢出错误，RXNE 位必须在下一字符接收结束前清 0。在使能了 DMA 的多缓冲器通信时，RXNE 由 DMA 对数据寄存器的读操作而清 0。

2. 接收断开符号

当接收到一个断开帧时，USART 会像处理帧错误一样处理它。

3. 接收空闲符号

当检测到空闲帧时，其处理步骤和接收到普通数据帧相同，如果 IDLEIE 位为 1，将会产生中断请求。

4. 溢出错误

如果 RXNE 位还没有被复位，又接收到了一个字符，则发生溢出错误。后接收到的数据只有当 RXNE 位被清零后才能从移位寄存器转移到 RDR 寄存器。

当溢出错误产生时，USART_ISR 寄存器的 ORE 位置 1，保存在 RDR 寄存器中的内容不会丢失，软件读 USART_RDR 寄存器仍能得到先前的数据。但移位寄存器中的内容将被覆盖，并且随后接收到的数据也都将丢失。在溢出错误产生时，如果 USART_CR3 寄存器的 EIE 位被置为 1，则会产生中断。ORE 位可以通过将 ICR 寄存器的 ORECF 位置 1 的方式清除。

5. 时钟源的选择

USART 的时钟源可以通过时钟控制系统选择。时钟源的选择必须在使能 USART 之前进行。默认情况下，USART 使用 PCLK 时钟作为时钟源，也可以通过配置 RCC_CFGR3 的相应位将时钟源设定为 SYSCLK、LSE 或 HSI。

时钟源的选择要考虑在低功耗模式下使用串口的可能性，也要兼顾串行通信的速度。使用 LSE、HSI 的好处在于可以使 USART 在 MCU 处于低功耗状态时仍能接收数据，并基于接收到的数据将 MCU 唤醒。

6. 帧错误

由于失去同步或由于大量噪音的原因，停止位没有在预期的时间接收和识别出来，将会引发帧错误，这时 USART_ISR 寄存器的 FE 位会硬件置 1，如果 USART_CR3 的 EIE 位置 1 就会产生中断。当帧错误发生时，错误帧中的数据仍然会从移位寄存器转移到 RDR 寄存器中来。将 USART_ICR 寄存器的 FECF 位置 1 可以清除 FE 标志。

🖥 编程向导　USART 接收器配置

USART 接收器的配置可以参考以下步骤：

1）设置 USART_CR 的 M 位定义字长。

2）编程波特率寄存器 USART_BRR 定义波特率。

3）编程 USART_CR2 寄存器的 STOP[1:0] 位定义停止位的数量。

4）设置 USART_CR1 寄存器的 UE 位激活 USART。

5）如果要开启 DMA 功能，可以配置 USART_CR3 中的 DMAR 位使能接收方向的 DMA 功能。

6）设置 USART_CR1 寄存器的 RE 位激活接收器，使它开始寻找起始位。

USART 接收器配置可以参考以下代码：

```
USART1->BRR = 480000 /96; /* 过采样 16，9600 波特率 */
USART1->CR1 = USART_CR1_RXNEIE | USART_CR1_RE | USART_CR1_UE;
/* 8 位数据位、1 位起始位、1 位停止位、无校验位 */
```

USART 接收字节可以参考以下代码：

```
if ((USART1->ISR & USART_ISR_RXNE) == USART_ISR_RXNE)
{
  chartoreceive = (uint8_t)(USART1->RDR); /* 接收数据，清除标志位 */
}
```

18.1.5　波特率

1. 波特率的设置

通过编程 USART_BRR 寄存器可以将 USART 接收和发送时的波特率一并设置。在标准 USART 模式下，当过采样值为 16（OVER8=0）时，波特率可以使用下式来计算：

$$Tx/Rx\ baud = \frac{f_{CK}}{USARTDIV}$$

当过采样值为 8（OVER8=1）时，波特率可以使用下式来计算：

$$Tx/Rx\ baud = \frac{2 \times f_{CK}}{USARTDIV}$$

在智能卡模式、LIN 模式和 IrDA 模式下（OVER8=0）的波特率计算公式如下：

$$Tx/Rx\ baud = \frac{f_{CK}}{USARTDIV}$$

在上述公式中，USARTDIV 是一个无符号定点数，它编码在 USART_BRR 寄存器中：

1）当 OVER8=0 时：BRR=USARTDIV。

2）当 OVER8=1 时：BRR[2:0] = USARTDIV[3:0] 右移 1 位；BRR[3] =0（必须保持为 0）；BRR[15:4] = USARTDIV[15:4]。

在软件写入 USART_BRR 寄存器后，写入的数值会立即生效并作用于当前的数据传输过程。因此，不能在通信过程中改变波特率寄存器的数值。例如，在 USART 时钟频率为 8MHz 时，如果波特率的值要达到 9600，在过采样的值为 16 的情况下：

USARTDIV = 8000000/9600

BRR = USARTDIV = 833d = 0341h

相应地，在过采样值为 8 的情况下：

USARTDIV = 2 × 8000000/9600

USARTDIV = 1667d = 683h

BRR[3:0] = 3h >>1 = 1h

BRR = 681h

2. 自动波特率检测

当通信速度未知或使用低精度时钟源时，USART 可以根据接收到的一个字符来检测出当前通信的波特率并且能自动设置 USART_BRR 寄存器的值，用于校准自身通信的速率。在过采样率为 16 时，待检测的波特率范围应该在 $f_{CK}/65535$ 至 $f_{CK}/16$ 之间，而当过采样率为 8 时，波特率应该在 $f_{CK}/65535$ 至 $f_{CK}/8$ 之间。在打开自动波特率检测之前，必须首先设置自动波特率检测的方法。通过编程 USART_CR2 寄存器的 ABRMOD[1:0] 位域，可以选择以下 4 种波特率的检测模式。

模式 0：接收一个以 1 开头的字符帧，通过测量起始位的长度（下降沿到上升沿）来获取波特率值。

模式 1：接收一个以 10xx 开头的任意字符帧，通过测量起始位至第一个数据位的持续时间（下降沿到下降沿）来获取波特率值。这种方式在小信号摆率的时候可以确保更好的测量精度。

模式 2：接收一个 0x7F 的字符帧（当低位在前时可以是 0x7F，当高位在前时可以是 0xFE），通过对该字符帧的多次采样来获取波特率的值。

模式 3：接收一个 0x55 的字符帧，通过对该字符帧的多次采样来获取波特率的值。

在打开波特率自动检测之前，接收方的 USART_BRR 寄存器必须先初始化为一个不为零的波特率值。将 USART_CR2 寄存器中的 ABREN 位置 1，开启自动波特率检测，然后 USART 会在 RX 引脚上等待第一个字符过来。自动波特率检测结束后，USART_ISR 寄存器的 ABRF 标志会被硬件置 1。

如果传输受到噪声干扰，ABRE 错误标志会被置 1，该位在通信速度超出自动波特率检测范围（过采样为 16 时为 16~65536 个时钟周期之间，过采样为 8 时为 8~65536 个时钟周期之间）时也会置 1，同时 RXNE 位也会在上述操作结束后置位。

18.2 USART 通信

USART 模块支持全双工、同步和异步通信，也支持多机通信、智能卡模式、LIN 和 IRDA 等功能，还可以驱动 RS-485 模块实现远程组网通信功能。

18.2.1 多机通信

可以将多个 USART 连接成一个网络来实现多机通信。例如将某一个 USART 设置为主设备，网络上的其他 USART 设置为从设备。主设备的 TX 输出端与所有从设备的 RX 输入相连接，从设备的 TX 输出逻辑地与在一起，并且与主设备的 RX 输入相连接。

在多处理器配置中，我们通常希望只有被寻址的接收者才被激活，并且接收随后的数据，而未被寻址的接收者处于静默模式，以防止其参与通信所带来的干扰。通过将 USART_CR1 寄存器的 MME 位置 1，可以使能 USART 的静默功能，但此时 USART 并没有真正进入静默模式，只有软件对 USART_RQR 寄存器的 MMRQ 位写 1 才能使其进入静默模式，USART_ISR 寄存器的 RWU 位硬件置 1。在静默模式下，任何接收状态位都不会被置位，所有的接收中断也被禁止。

退出静默模式的方式与 USART_CR1 寄存器中 WAKE 位的状态有关。

❑ 空闲总线检测（WAKE=0）

当 MMRQ 位被置 1，并且 RWU 被自动置 1 后，USART 进入静默模式。当其检测到一个空闲帧时，USART 会自动唤醒，RWU 位被硬件清零，但这种情况下 USART_ISR 寄存器的 IDEL 位不会被置 1。利用空闲总线检测从静默模式唤醒的过程如图 18-5 所示。

❑ 地址标记检测（WAKE=1）

在此模式下，如果接收到的字符帧最高位是 1，该字节被认为是地址，否则被认为是数据。在一个地址字节中，目标接收器的地址被放在 4 或 7 位的位域中，USART_CR2 寄存器的 ADDM7 位用来选择使用 4 位或 7 位的地址唤醒。

在接收到地址字节后，与保存在 USART_CR2 寄存器 ADD 位域中的本机地址进行比较，如果不匹配，USART 进入静默模式，RWU 位硬件置 1，再次接收到字节时既不会置位 RXNE 标志，也不会产生中断或发出 DMA 请求；如果接收到的地址字节与本机地址匹配，USART 将退出静默模式，RWU 位被硬件清零，后续的字节会被正常接收，RXNE 位会因为地址字节的接收而被置 1，并在以后每次成功接收到数据字节时再次置 1。利用地址标记检测来从静默模式唤醒的过程如图 18-6 所示。

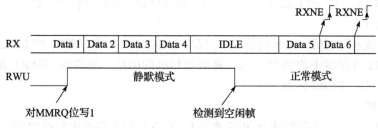

图 18-5　利用线路空闲检测从静默模式唤醒

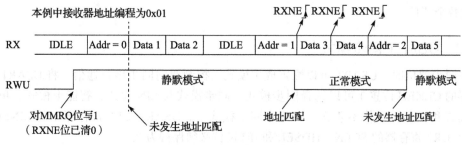

图 18-6　利用地址标记检测从静默模式唤醒

注意： 在 7 位和 9 位数据模式下，地址检测分别按 6 位和 8 位地址（ADD[5:0] 和 ADD[7:0]）操作。

18.2.2　校验控制

设置 USART_CR1 寄存器的 PCE 位，可以使能校验控制。这将使 USART 在发送时生成一个校验位，接收时进行校验检查。根据 M 位定义的帧长度，可能的 USART 帧格式详见表 18-2。

表 18-2　USART 的帧格式

M 位	PCE 位	USART 帧
0	0	起始位 +8 位数据 +停止位
0	1	起始位 +7 位数据 +校验位 +停止位
1	0	起始位 +9 位数据 +停止位
1	1	起始位 +8 位数据 +校验位 +停止位

1. 校验方式

❑ 偶校验：将 USART_CR1 寄存器的 PS 位清 0 将设置偶校验功能。偶校验会使一帧数据中包括校验位在内的"1"的个数为偶数。例如，数据为"00110101"，其中"1"的个数有 4 个，如果选择偶校验，校验位将是"0"。

❑ 奇校验：将 USART_CR1 寄存器的 PS 位置 1 将设置奇校验功能。与偶校验相反，奇校验则是让一帧数据中包括校验位在内的"1"的个数为奇数。例如，数据为"00110101""1"的个数有 4 个，如果选择奇校验，校验位将是"1"。

2. 校验检查

当开启了校验控制后，如果校验检查失败，USART_ISR 寄存器的 PE 标志会被置 1，如果 USART_CR1 寄存器中的 PEIE 为 1，将引发相应的中断。软件向 USART_ICR 寄存器的 PECF 位写 1 可以清除 PE 标志。

3. 校验生成

如果 USART_CR1 寄存器的 PCE 位被置 1，写进数据寄存器中数据的 MSB 位将被校验位替换并发送出去，即如果选择偶校验，则最终会发送出偶数个"1"，如果选择奇校验则会发送奇数个"1"。

18.2.3　USART 同步模式

在同步通信时，USART 可以配置成主模式，控制双向同步串行通信。将 USART_CR2 寄存器的 CLKEN 位置 1 可以选择同步模式。同步模式与 LIN 模式、智能卡模式、单线半双工模式和红外模式均不兼容，因此在同步模式下，USART_CR2 寄存器中的 LINEN 位、USART_CR3 寄存器的 SCEN、HDSEL 和 IREN 位必须保持为 0。

USART 同步模式的工作原理如图 18-7 所示。RX 引脚连接从设备的数据输出端，TX 引脚连接从设备的数据输入端。CK 引脚是 USART 时钟输出，用于控制同步传输主从双方的通信。在同步模式下，TX 引脚上的数据是随 CK 引脚上的时钟同步发出的。在总线空闲期间、起始位和停止位时以及发送断开符号的时候，CK 时钟不被激活。

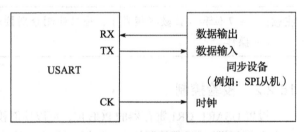

图 18-7　USART 同步模式的工作原理

USART_CR2 寄存器中 LBCL 位的状态决定了在最后一个有效数据位期间产生或不产生时钟脉冲。USART_CR2 寄存器的 CPOL 位允许用户选择时钟极性，其值决定了传输空闲时 CK 线上的电平。CPHA 位允许用户选择时钟相位，当其为 0 时，数据采样发生在第一个时钟沿；当其为 1 时，数据采样发生在第二个时钟沿。LBCL 位用于设置在传输末位（MSB）时，CK 引脚上是否有时钟脉冲输出。在 8 位数据（M 位 =00）时，USART 同步传输时钟极性与相位组合如图 18-8 所示。

18.2.4　利用 DMA 实现连续通信

1. 利用 DMA 发送数据

USART 接收和发送缓冲器的 DMA 请求是各自独立产生的，利用 DMA 可以实现连续的数据通信。通过设置 USART_CR3 寄存器上的 DMAT 位，可以激活发送方向上的 DMA 功能。在数据发送之前，即 TXE 置位之前，待发送的数据应被预先放到 DMA 外设所设定的 SRAM 区域中。当 DMA 控制器所指定的数据传输完成后，DMA 控制器将产生一个中断请求。USART 通过 DMA 发送数据的过程如图 18-9 所示。

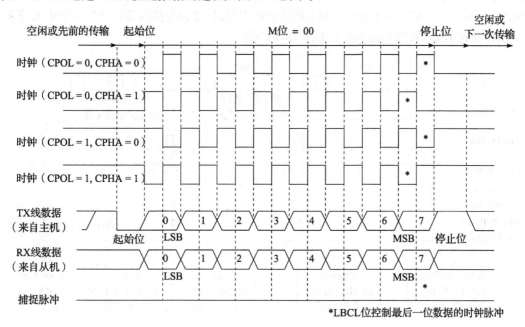

图 18-8　USART 同步传输时钟极性与相位

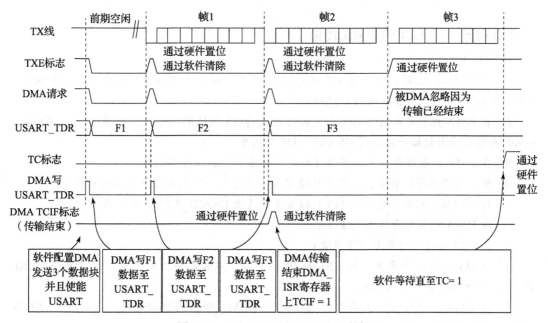

图 18-9　USART 通过 DMA 发送数据

2. 利用 DMA 接收数据

设置 USART_CR3 寄存器的 DMAR 位激活发送方向上的 DMA 传输。当 USART 接收到一字节的数据时，从 USART_RDR 寄存器取出来的数据会被转移到 DMA 外设中指向的 SRAM 区域，当传输完成 DMA 控制器指定的数据量时，DMA 控制器将产生一个中断请求。USART 通过 DMA 接收数据的过程如图 18-10 所示。

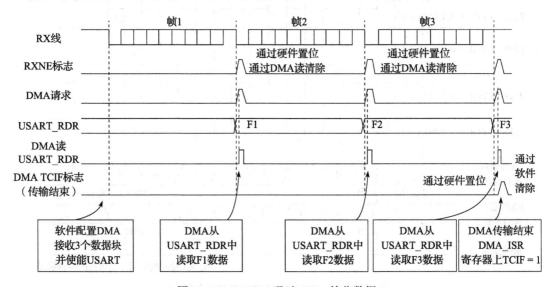

图 18-10   USART 通过 DMA 接收数据

🖥 编程向导   USART 的 DMA 传输

利用 DMA 发送可以参考以下步骤：

1）在 DMA 控制寄存器上将 USART_TDR 寄存器地址配置成 DMA 传输的目的地址，在每个 TXE 事件后，数据将被传送到这个地址。

2）在 DMA 控制寄存器上将内存地址配置成 DMA 传输的源地址，在每个 TXE 事件后，将从此存储区读出数据并传送到 USART_TDR 寄存器。

3）在 DMA 控制寄存器上配置要传输的总的字节数和通道优先级。

4）根据应用程序的要求，配置在传输完成一半还是全部完成时产生 DMA 中断。

5）将 USART_ICR 寄存器的 TCCF 位置 1 以清除 USART_ISR 寄存器的 TC 标志。

6）在 DMA 控制寄存器上激活该通道。

利用 DMA 接收可以参考以下步骤：

1）在 DMA 控制寄存器上将 USART_RDR 配置成 DMA 传输的源地址，在每个 RXNE 事件后，数据将从这个地址取走。

2）在 DMA 控制寄存器上将内存地址配置成 DMA 传输的目标地址，在每个 RXNE 事件后，数据将从 USART_RDR 读取并写入这个目标地址。

3）在 DMA 控制寄存器上配置要传输的字节数。

4）在 DMA 寄存器上配置通道优先级。

5）根据应用程序的要求，配置在传输完成一半还是全部完成时产生 DMA 中断。

6）在 DMA 寄存器上激活该通道。

USART 的 DMA 传输配置可以参考以下代码：

```
USART1->BRR = 480000 /96; /* 过采样 16, 9600 波特率 */
USART1->CR3 = USART_CR3_DMAT | USART_CR3_DMAR; /* 在数据收发时使能 DMA */
USART1->CR1 = USART_CR1_TE | USART_CR1_RE | USART_CR1_UE; /* 8 位数据位、1 位起始位、
                                                            1 位停止位、无校验位 */
/* 查询发送空闲帧 */
while ((USART1->ISR & USART_ISR_TC) != USART_ISR_TC)
{
/* 可添加超时处理以增强代码的鲁棒性 */
}
USART1->ICR |= USART_ICR_TCCF; /* 清除 TC 标志 */
USART1->CR1 |= USART_CR1_TCIE; /* 使能 TC 中断 */
```

18.2.5　USART 的控制功能

1. 硬件流控制

数据在主从设备之间传输时，由于设备间处理速度的差异，会出现丢失数据的现象。例如当微控制器与 PC 之间通信时，PC 发送的数据常常会导致微控制器的接收数据缓冲区溢出，而使用硬件流控制就能很好地解决这个问题。当接收端数据处理能力不足时，就会发出"不再接收"的信号，发送端就会停止发送，直到收到"可以继续接收"的信号为止。

STM32F0 系列微控制器的 USART 利用 CTS 输入端和 RTS 输出端来控制两个设备间的串行数据流，其连接方式如图 18-11 所示。通过将 UASRT_CR3 寄存器的 RTSE 和 CTSE 位置 1，可以单独地使能 RTS 和 CTS 流控制。

❑ RTS 流控制

当 RTS 流控制被使能（RTSE=1）时，只要 USART 接收器准备好接收新的数据，接收器的 RTS 输出端会输出低电平，以允许

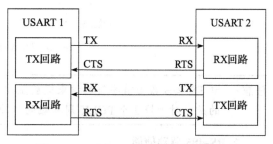

图 18-11　两个 USART 间的硬件流控制

数据发送。当接收器数据寄存器中的数据未被取走时，RTS 输出高电平，由此表明希望在当前帧结束时停止数据传输，RTS 流控制通信的过程如图 18-12 所示。

❑ CTS 流控制

如果 CTS 流控制被使能（CTSE = 1），发送器在发送下一帧数据前会检查自身 CTS 端的输入电平。如果 CTS 端为低电平，则开始将准备好的数据发送出去。如果 CTS 端为高电平，数据发送将被暂停。如果在数据传输期间 CTS 端由低电平转变为高电平，则在当前传输

完成后数据发送才会停止。当 CTSE = 1 时，只要 CTS 输入端状态有变化，硬件就自动设置 CTSIF 状态位，如果 USART_CT3 寄存器的 CTSIE 位也置 1，则会产生中断。CTS 流控制通信的过程如图 18-13 所示。

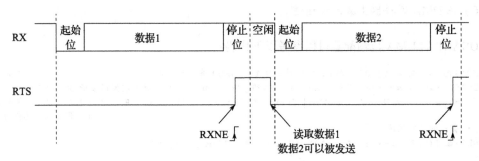

图 18-12　USART 的 RTS 流控制

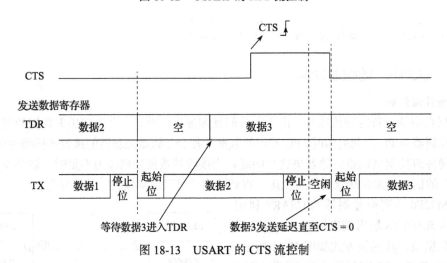

图 18-13　USART 的 CTS 流控制

注意： nCTS 必须较当前字符的结束提前至少 3 个 USART 时钟周期做动作。另外需要注意的是，对于较 2 个 PCLK 周期短的脉冲，CTSCF 标志不一定能够置 1。

---

2. RS-485 驱动使能

RS-485 通信采用半双工工作方式。通信网络中任何时候只能有一点处于发送状态，因此发送电路须由使能信号加以控制。STM32F0 系列微控制器的 USART 模块自带驱动使能端，由此构成的 RS-485 驱动电路如图 18-14 所示。

驱动使能功能由 USART_CR3 寄存器的 DEM 位置控制，当该位置 1 时，用户可以通过 DE（驱动使能）信号来激活外部收发器的控制端。在使用 DE 信号控制外部收发器时，要注意对提前和滞后时间的设置。提前时间是指驱动使能信号和第一字节的起始位之间的时间间隔，它可以通过 USART_CR1 寄存器的 DEAT[4:0] 位域中设置；而滞后时间是指发送最后一字节的停止位和释放 DE 信号之间的时间间隔，通过 DEDT[4:0] 位域设置。DE 信号的极性则可以通过 USART_CR3 寄存器的 DEP 位进行设置。

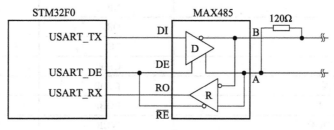

图 18-14　RS-485 驱动电路

3. 从 STOP 模式唤醒

当 USART 使用 HSI 或 LSE 作为时钟源时，如果 USART_CR1 寄存器的 UESM 位置 1，就可以使用 USART 将微控制器从 STOP 模式唤醒，编程 USART_CR3 寄存器的 WUS 位域，用于指定唤醒事件。当发生地址匹配、检测到起始位或接收寄存器中有数据时均可以作为唤醒事件唤醒处于 STOP 模式下的微控制器。低电压模式对 USART 的影响详见表 18-3。

表 18-3　低电压模式对 USART 的影响

模式	内　容
SLEEP	没有影响。USART 中断可以将微控制器从 SLEEP 模式中唤醒
STOP	当微控制器使用 HSI 或 LSE 时钟源且 UESM 位置 1 时，USART 可以将微控制器从 STOP 模式唤醒。微控制器从停止模式唤醒既可以使用标准的 RXNE，也可以使用 WUF 中断
STANDBY	USART 已经关闭，当设备从 STANDBY 模式通出时，需要重新初始化

18.2.6　USART 的中断

USART 的中断源及相应的控制位详见表 18-4，中断源的控制逻辑如图 18-15 所示。

表 18-4　USART 中断请求

中断事件	事件标志	使能控制位
发送数据寄存器空	TXE	TXEIE
CTS 中断	CTSIF	CTSIE
发送完成	TC	TCIE
接收数据寄存器非空（有数据可读）	RXNE	RXNEIE
溢出错误检测	ORE	
空闲线检测	空闲	IDLEIE
奇偶错误	PE	PEIE
LIN 断开	LBDF	LBDIE

（续）

中断事件	事件标志	使能控制位
噪声标志	NF	
溢出错误	ORE	EIE
帧错误	FE	
字符匹配	CMF	CMIE
接收超时错误	RTOF	RTOIE
发现块尾	EOBF	EOBIE
从 Stop 模式唤醒	WUF	WUFIE

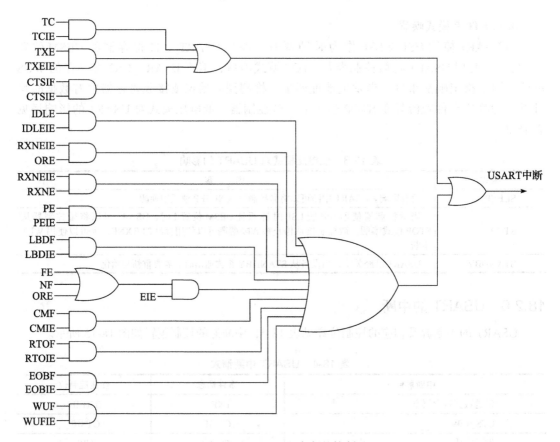

图 18-15　USART 中断的控制

　　本章至此已经对 USART 的主要功能做了较为详细的介绍。应当说 STM32F0 系列微控制器的 USART 功能非常强大，除了上述介绍的功能以外，USART 模块还支持如 Modbus 通信、LIN（本地互联网络）、智能卡模式、IrDA 以及单线半双工通信等功能。本书限于篇幅，对这些功能将不再赘述。

18.3　USART 函数

18.3.1　UART 类型定义

输出类型 18-1：UART 初始化类型定义

UART_InitTypeDef

```
typedef struct
{
    uint32_t BaudRate;      /* 配置 UART 通信波特率 */
    uint32_t WordLength;    /* 指定传输或接收时帧中数据位的数量，该参数可以是 UARTEx_Word_Length
                               值之一 */
    uint32_t StopBits;      /* 指定发送时停止位的数量，该参数可以是 UART_Stop_Bits 值之一 */
    uint32_t Parity;        /* 指定奇偶校验模式，该参数可以是 UART_Parity 值之一。当启用奇偶校验时，计算出
                               的奇偶校验位插入 MSB 传输数据的位置 (9 位字长时设置为第 9 数据位；8 位字长时
                               设置为第 8 位数据位) */
    uint32_t Mode;          /* 指定接收或传输模式是否启用或禁用，该参数可以是 UART_Mode 值之一 */
    uint32_t HwFlowCtl;     /* 指定是否启用或禁用硬件流控制模式，该参数可以是 UART_Hardware_Flow_Control
                               值之一 */
    uint32_t OverSampling;  /* 指定过采样 8 是否启用或禁用，以获得更高的通信速度 (f_PCLK /8)，该参数可以
                               是 UART_Over_Sampling 值之一 */
    uint32_t OneBitSampling;    /* 指定是否选中单一样本或三个样本多数票决的采样方式。选择单一采样
                                   方法时允许接收机时钟有较大的宽容度，该参数可以是 UART_OneBit_
                                   Sampling 值之一 */
}UART_InitTypeDef;
```

输出类型 18-2：UART 高级特性初始化结构定义

UART_AdvFeatureInitTypeDef

```
typedef struct
{
    uint32_t AdvFeatureInit;    /* 指定 UART 高级特性初始化，该参数可以是 UART_Advanced_Features_
                                   Initialization_Type 值之一 */
    uint32_t TxPinLevelInvert;  /* 指定是否使能 TX 引脚有效电平反转，该参数可以是 UART_Tx_Inv 值
                                   之一 */
    uint32_t RxPinLevelInvert;  /* 定是否使能 RX 引脚有效电平反转，该参数可以是 UART_Rx_Inv 值之一 */
    uint32_t DataInvert;        /* 指定数据是否反转 (正 / 直接逻辑与负 / 反向逻辑)，该参数可以是
                                   UART_Data_Inv 值之一 */
    uint32_t Swap;              /* 指定 TX 和 RX 引脚是否互换，该参数可以是 UART_Rx_Tx_Swap 的值
                                   之一 */
    uint32_t OverrunDisable;    /* 指定接收溢出检测是否禁用，该参数可以是 UART_Overrun_Disable
                                   值之一 */
    uint32_t DMADisableonRxError;   /* 指定是否在接收错误时禁用 DMA，该参数可以是 UART_DMA_
                                       Disable_on_Rx_Error 值之一 */
    uint32_t AutoBaudRateEnable;    /* 指定是否启用自动波特率检测，该参数可以是 UART_AutoBaud
                                       Rate_Enable 值之一 */
    uint32_t AutoBaudRateMode;  /* 指定自动波特率检测方式，该参数可以是 UARTEx_AutoBaud_Rate_
                                   Mode 值之一 */
    uint32_t MSBFirst;          /* 指定是否在 UART 传输中首先发送 MSB 位，该参数可以是 UART_MSB_
                                   First 值之一 */
} UART_AdvFeatureInitTypeDef;
```

输出类型 18-3：UART 状态结构的定义

HAL_UART_StateTypeDef

```
typedef enum
{
  HAL_UART_STATE_RESET       = 0x00U,      /* 外设没有初始化 */
  HAL_UART_STATE_READY       = 0x20U,      /* 外设初始化并准备使用 */
  HAL_UART_STATE_BUSY        = 0x24U,      /* 内部处理正在进行 */
  HAL_UART_STATE_BUSY_TX     = 0x21U,      /* 数据传输处理正在进行 */
  HAL_UART_STATE_BUSY_RX     = 0x22U,      /* 数据接收处理正在进行 */
  HAL_UART_STATE_BUSY_TX_RX  = 0x23U,      /* 数据传输和接收的过程正在进行中 */
  HAL_UART_STATE_TIMEOUT     = 0xA0U,      /* 超时 */
  HAL_UART_STATE_ERROR       = 0xE0U       /* 错误 */
}HAL_UART_StateTypeDef;
```

输出类型 18-4：UART 时钟源定义

UART_ClockSourceTypeDef

```
typedef enum
{
  UART_CLOCKSOURCE_PCLK1     = 0x00,       /* PCLK1 时钟源 */
  UART_CLOCKSOURCE_HSI       = 0x02,       /* HSI 时钟源 */
  UART_CLOCKSOURCE_SYSCLK    = 0x04,       /* 系统时钟源 */
  UART_CLOCKSOURCE_LSE       = 0x08,       /* LSE 时钟源 */
  UART_CLOCKSOURCE_UNDEFINED = 0x10        /* 未定义时钟源 */
}UART_ClockSourceTypeDef;
```

输出类型 18-5：UART 处理结构定义

UART_HandleTypeDef

```
typedef struct
{
  USART_TypeDef  *Instance;                 /* UART 寄存器基地址 */
  UART_InitTypeDef  Init;                   /* UART 通信参数 */
  UART_AdvFeatureInitTypeDef AdvancedInit;  /* UART 高级特性初始化参数 */
  uint8_t    *pTxBuffPtr;                   /* UART Tx 发送缓冲区指针 */
  uint16_t    TxXferSize;                   /* UART Tx 传输大小 */
  uint16_t    TxXferCount;                  /* UART Tx 传输计数 */
  uint8_t    *pRxBuffPtr;                   /* UART Rx 传输缓冲区指针 */
  uint16_t    RxXferSize;                   /* UART Rx 传输大小 */
  uint16_t    RxXferCount;                  /* UART Rx 传输计数 */
  uint16_t    Mask;                         /* UART Rx RDR 寄存器屏蔽 */
  DMA_HandleTypeDef  *hdmatx;               /* UART Tx DMA 处理参数 */
  DMA_HandleTypeDef  *hdmarx;               /* UART Rx DMA 处理参数 */
  HAL_LockTypeDef    Lock;                  /* 锁定目标 */
  __IO HAL_UART_StateTypeDef    gState;     /* UART 状态信息和 Tx 全局处理以及相关操作，该
                                               参数可以 HAL_UART_StateTypeDef 值之一 */
  __IO HAL_UART_StateTypeDef    RxState;    /* UART Rx 状态信息相关操作，该参数可以是 HAL_
                                               UART_StateTypeDef 值之一 */
  __IO uint32_t    ErrorCode;               /* UART 错误代码 */
}UART_HandleTypeDef;
```

输出类型 18-6：UART 从停止模式唤醒参数

UART_WakeUpTypeDef

```
typedef struct
{
    uint32_t WakeUpEvent;         /* 指定哪种事件将激活 (WUF) 从停止模式唤醒的标志位，该参数可以是
                                     UART_WakeUp_from_Stop_Selection 值之一。如果设置为 UART_
                                     WAKEUP_ON_ADDRESS，下面的两个字段必须填满 */
    uint16_t AddressLength;       /* 指定地址是否为 4 或 7 位长，该参数可以是 UART_WakeUp_Address_
                                     Len-gth 值之一 */
    uint8_t Address;              /* UART/USART 节点地址 */
} UART_WakeUpTypeDef;
```

输出类型 18-7：USART 初始化结构定义

USART_InitTypeDef

```
typedef struct
{
    uint32_t BaudRate;            /* 配置 USART 通信波特率 */
    uint32_t WordLength;          /* 指定发送或接收时一帧中数据位的数量，该参数可以是 USARTEx_Word_
                                     Length 值之一 */
    uint32_t StopBits;            /* 指定数量的停止位传播，该参数可以是 USART_Stop_Bits 值之一 */
    uint32_t Parity;              /* 指定奇偶校验模式，该参数可以是 USART_Parity 值之一。当奇偶校验
                                     使能时，计算出的奇偶校验值位于发送数据的 MSB 位置（当字长设
                                     置为 9 位时位于第 9 数据位，字长设置为 8 位时位于第 8 数据位）*/
    uint32_t Mode;                /* 指定接收或发送模式是否启用或禁用，该参数可以是 USART_Mode
                                     值之一 */
    uint32_t CLKPolarity;         /* 指定串行时钟的稳定状态，该参数可以是 USART_Clock_Polarity
                                     值之一 */
    uint32_t CLKPhase;            /* 指定时钟转换位捕获，该参数可以是 USART_Clock_Phase 值之一 */
    uint32_t CLKLastBit;          /* 在同步模式下指定 SCLK 引脚输出时钟时，是否时钟脉冲与最后一个
                                     发送数据位 (MSB) 对应，该参数可以是 USART_Last_Bit 值之一 */
}USART_InitTypeDef;
```

输出类型 18-8：HAL USART 状态结构定义

HAL_USART_StateTypeDef

```
typedef enum
{
    HAL_USART_STATE_RESET   = 0x00,     /* 外设没有初始化 */
    HAL_USART_STATE_READY   = 0x01,     /* 外设已经初始化并准备应用 */
    HAL_USART_STATE_BUSY    = 0x02,     /* 一个中断处理正在进行 */
    HAL_USART_STATE_BUSY_TX = 0x12,     /* 数据发送处理正在进行 */
    HAL_USART_STATE_BUSY_RX = 0x22,     /* 数据接收处理正在进行 */
    HAL_USART_STATE_BUSY_TX_RX = 0x32,  /* 数据发送和接收处理正在进行 */
    HAL_USART_STATE_TIMEOUT = 0x03,     /* 超时状态 */
    HAL_USART_STATE_ERROR   = 0x04      /* Error 错误 */
}HAL_USART_StateTypeDef;
```

输出类型 18-9：USART 时钟源定义

USART_ClockSourceTypeDef

```
typedef enum
{
  USART_CLOCKSOURCE_PCLK1      = 0x00,      /* PCLK1 时钟源 */
  USART_CLOCKSOURCE_HSI        = 0x02,      /* HSI 时钟源 */
  USART_CLOCKSOURCE_SYSCLK     = 0x04,      /* SYSCLK 时钟源 */
  USART_CLOCKSOURCE_LSE        = 0x08,      /* LSE 时钟源 */
  USART_CLOCKSOURCE_UNDEFINED  = 0x10       /* 未定义时钟源 */
}USART_ClockSourceTypeDef;
```

输出类型 18-10：USART 处理结构定义

USART_HandleTypeDef

```
typedef struct
{
  USART_TypeDef      *Instance;                 /* USART 寄存器基地址 */
  USART_InitTypeDef  Init;                      /* USART 通信参数 */
  uint8_t      *pTxBuffPtr;                     /* USART 发送缓冲区指针 */
  uint16_t     TxXferSize;                      /* USART Tx 缓冲区大小 */
  uint16_t     TxXferCount;                     /* USART TX 传输计数器 */
  uint8_t      *pRxBuffPtr;                     /* USART Rx 传输缓冲区 */
  uint16_t     RxXferSize;                      /* USART Rx 传输大小 */
  uint16_t     RxXferCount;                     /* USART RX 传输计数 */
  uint16_t     Mask;                            /* USART Rx RDR 寄存器屏蔽 */
  DMA_HandleTypeDef  *hdmatx;                   /* USART Tx DMA 处理参数 */
  DMA_HandleTypeDef  *hdmarx;                   /* USART Rx DMA 处理参数 */
  HAL_LockTypeDef  Lock;                        /* 锁定对象 */
  __IO HAL_USART_StateTypeDef   State;          /* USART 通信状态 */
  __IO uint32_t   ErrorCode;                    /* USART 错误代码 */
}USART_HandleTypeDef;
```

输出类型 18-11：智能卡初始化结构定义

SMARTCARD_InitTypeDef

```
typedef struct
{
  uint32_t BaudRate;         /* 配置智能卡通信波特率 */
  uint32_t WordLength;       /* 指定发送和接收时帧中数据位的数量，该参数 SMARTCARD_Word_
                                Length 只能设置为 9(8+1 数据奇偶校验位) */
  uint32_t StopBits;         /* 指定停止位的数量，只有 1.5 个停止位授权应用在智能卡模式 */
  uint16_t Parity;           /* 指定奇偶校验模式，该参数可以是 SMARTCARD_Parity 值之一，
                                奇偶校验默认启用 (PCE 被强制为 1)。由于字长是被强制设置为 8 位 + 奇偶
                                位，M 位被迫为 1，奇偶校验位是第 9 位 */
  uint16_t Mode;             /* 指定接收或发送模式是否启用或禁用，该参数可以是 SMARTCARD_
                                Mode 值之一 */
  uint16_t CLKPolarity;      /* 指定串行时钟的稳定状态，该参数可以是 SMARTCARD_Clock_
                                Polarity 值之一 */
```

```
  uint16_t CLKPhase;           /* 指定时钟转换时的位采样, 该参数可以是 SMARTCARD_Clock_
                                  Phase 值之一 */
  uint16_t CLKLastBit;         /* 指定在同步模式下, 在传输数据位 (MSB) 时对应的时钟脉冲是否从
                                  SCLK 引脚输出, 该参数可以是 SMARTCARD_Last_Bit 值之一 */
  uint16_t OneBitSampling;     /* 指定单一采样或三个采样的多数票决方式是否被选中。选择单一时钟
                                  样本的方法增加了对接收机时钟偏移的宽容度, 该参数可以是 SMARTCARD_
                                  OneBit_Sampling 值之一 */
  uint8_t  Prescaler;          /* 指定智能卡预分频器 */
  uint8_t  GuardTime;          /* 指定智能卡保护时间 */
  uint16_t NACKEnable;         /* 指定如果发生奇偶错误时是否启用智能卡非应答发送, 该参数可以
                                  是 SMARTCARD_NACK_Enable 值之一 */
  uint32_t TimeOutEnable;      /* 指定是否启用接收器超时, 该参数可以是 SMARTCARD_Timeout_
                                  Enable 值之一 */
  uint32_t TimeOutValue;       /* 指定接收器超时值。它用于实现字符等待时间 (CWT) 特性和块等待
                                  时间 (BWT) 特性, 它是一个 24 位以上的编码 */
  uint8_t BlockLength;         /* 在 T = 1 接收模式下指定智能卡块长度, 该参数可以是从 0x0 至
                                  0xff 的任何值 */
  uint8_t AutoRetryCount;      /* 指定智能卡自动重试次数 (在接收和发送模式下尝试的次数) 当设置
                                  为 0 时传输禁用, 否则其最大值是 7 (在信号错误之前) */
}SMARTCARD_InitTypeDef;
```

输出类型 18-12：智能卡高级特性初始化结构定义

SMARTCARD_AdvFeatureInitTypeDef

```
typedef struct
{
  uint32_t AdvFeatureInit;     /* 指定某一项智能卡高级功能初始化。一些高级特性可能同时
                                  被初始化, 该参数可以是 SMARTCARD_Advanced_Fea-
                                  tures_Initialization_Type 值之一 */
  uint32_t TxPinLevelInvert;   /* 指定 TX 引脚有效电平是否反转, 该参数可以是 SMARTCARD_
                                  Tx_Inv 值之一 */
  uint32_t RxPinLevelInvert;   /* 指定 RX 引脚有效电平是否反转, 该参数可以是 SMARTCARD_
                                  Rx_Inv 值之一 */
  uint32_t DataInvert;         /* 指定数据是否反转 (正 / 直接逻辑与负 / 反向逻辑), 该参
                                  数可以是 SMARTCARD_Data_Inv 值之一 */
  uint32_t Swap;               /* 指定 TX 和 RX 引脚是否交换。该参数可以是 SMARTCARD_
                                  Rx_Tx_Swap 值之一 */
  uint32_t OverrunDisable;     /* 指定接收溢出检测是否禁用, 该参数可以是 SMARTCARD_
                                  Overrun_Disable 值之一 */
  uint32_t DMADisableonRxError; /* 指定是否禁用 DMA 接收错误, 该参数可以是 SMARTCARD_
                                  DMA_Disable_on_Rx_Error 值之一 */
  uint32_t MSBFirst;           /* 指定在 UART 线上是否首先发送 MSB, 该参数可以是 SMARTCARD_
                                  MSB_First 值之一 */
}SMARTCARD_AdvFeatureInitTypeDef;
```

输出类型 18-13：HAL 智能卡状态结构定义

HAL_SMARTCARD_StateTypeDef

```
typedef enum
{
  HAL_SMARTCARD_STATE_RESET   = 0x00U,        /* 外设没有初始化 */
```

```
    HAL_SMARTCARD_STATE_READY    = 0x20U,      /* 外设初始化完成并准备使用 */
    HAL_SMARTCARD_STATE_BUSY     = 0x24U,      /* 内部处理正在进行 */
    HAL_SMARTCARD_STATE_BUSY_TX  = 0x21U,      /* 数据发送过程正在进行 */
    HAL_SMARTCARD_STATE_BUSY_RX  = 0x22U,      /* 数据接收处理正在进行 */
    HAL_SMARTCARD_STATE_BUSY_TX_RX = 0x23U,    /* 数据发送和接收的过程正在进行 */
    HAL_SMARTCARD_STATE_TIMEOUT  = 0xA0U,      /* 超时状态 */
    HAL_SMARTCARD_STATE_ERROR    = 0xE0U       /* 错误状态 */
}HAL_SMARTCARD_StateTypeDef;
```

输出类型 18-14：智能卡时钟源

SMARTCARD_ClockSourceTypeDef

```
typedef enum
{
    SMARTCARD_CLOCKSOURCE_PCLK1      = 0x00,    /* PCLK1 时钟源 */
    SMARTCARD_CLOCKSOURCE_HSI        = 0x02,    /* HSI 时钟源 */
    SMARTCARD_CLOCKSOURCE_SYSCLK     = 0x04,    /* SYSCLK 时钟源 */
    SMARTCARD_CLOCKSOURCE_LSE        = 0x08,    /* LSE 时钟源 */
    SMARTCARD_CLOCKSOURCE_UNDEFINED  = 0x10     /* 未定义时钟源 */
}SMARTCARD_ClockSourceTypeDef;
```

输出类型 18-15：智能卡处理结构定义

SMARTCARD_HandleTypeDef

```
typedef struct
{
    USART_TypeDef        *Instance;                        /* USART 寄存器基地址 */
    SMARTCARD_InitTypeDef  Init;                           /* 智能卡通信参数 */
    SMARTCARD_AdvFeatureInitTypeDef AdvancedInit;          /* 智能卡高级特性初始化参数 */
    uint8_t      *pTxBuffPtr;                              /* 智能卡 TX 传输缓冲区指针 */
    uint16_t     TxXferSize;                               /* 智能卡 TX 传输缓冲区大小 */
    uint16_t     TxXferCount;                              /* 智能卡 TX 传输计数 */
    uint8_t      *pRxBuffPtr;                              /* 智能卡 RX 传输指针 */
    uint16_t     RxXferSize;                               /* 智能卡 RX 传输大小 */
    uint16_t     RxXferCount;                              /* 智能卡 RX 传输计数 */
    DMA_HandleTypeDef    *hdmatx;                          /* 智能卡发送 DMA 处理参数 */
    DMA_HandleTypeDef    *hdmarx;                          /* 智能卡接收 DMA 处理参数 */
    HAL_LockTypeDef      Lock;                             /* 锁定对象 */
    __IO HAL_SMARTCARD_StateTypeDef    gState;             /* 智能卡状态信息与全局处理管理相关，
                                                              以及与发送操作相关，该参数可以是 HAL_
                                                              SMARTCARD_StateTypeDef 值之一 */

    __IO HAL_SMARTCARD_StateTypeDef    RxState;            /* 智能卡状态信息于接收操作相关，该参
                                                              数可以是 HAL_SMARTCARD_State-
                                                              TypeDef 值之一 */

    __IO uint32_t        ErrorCode;                        /* 智能卡错误代码，该参数可以是 SMARTC-
                                                              ARD_Error 值之一 */

}SMARTCARD_HandleTypeDef;
```

18.3.2　UART 常量定义

输出常量 18-1：UART 错误

状态定义	释　义
HAL_UART_ERROR_NONE	没有错误
HAL_UART_ERROR_PE	奇偶校验错误
HAL_UART_ERROR_NE	噪声错误
HAL_UART_ERROR_FE	帧错误
HAL_UART_ERROR_ORE	过载错误
HAL_UART_ERROR_DMA	DMA 传输错误

输出常量 18-2：UART 停止位数目

状态定义	释　义
UART_STOPBITS_0_5	UART 帧包含 0.5 个停止位
UART_STOPBITS_1	UART 帧包含 1 个停止位
UART_STOPBITS_1_5	UART 帧包含 1.5 个停止位
UART_STOPBITS_2	UART 帧包含 2 个停止位

输出常量 18-3：UART 奇偶校验

状态定义	释　义
UART_PARITY_NONE	没有奇偶校验
UART_PARITY_EVEN	偶校验
UART_PARITY_ODD	奇校验

输出常量 18-4：UART 硬件流控制

状态定义	释　义
UART_HWCONTROL_NONE	没有硬件控制
UART_HWCONTROL_RTS	请求发送
UART_HWCONTROL_CTS	清除发送
UART_HWCONTROL_RTS_CTS	请求和清除发送

输出常量 18-5：UART 传输模式

状态定义	释　义
UART_MODE_RX	RX 模式
UART_MODE_TX	TX 模式
UART_MODE_TX_RX	RX 和 TX 模式

输出常量 18-6：UART 状态

状态定义	释　义
UART_STATE_DISABLE	UART 禁止
UART_STATE_ENABLE	UART 使能

输出常量 18-7：UART 过采样

状态定义	释　义
UART_OVERSAMPLING_16	过采样 16
UART_OVERSAMPLING_8	过采样 8

输出常量 18-8：UART 一位采样方法

状态定义	释　义
UART_ONE_BIT_SAMPLE_DISABLE	一位采样禁用
UART_ONE_BIT_SAMPLE_ENABLE	一位采样使能

输出常量 18-9：UART 接收超时

状态定义	释　义
UART_RECEIVER_TIMEOUT_DISABLE	UART 接收超时禁用
UART_RECEIVER_TIMEOUT_ENABLE	UART 接收超时使能

输出常量 18-10：UART DMA 发送

状态定义	释　义
UART DMA TX disabled	UART DMA 发送禁用
UART DMA TX enabled	UART DMA 发送使能

输出常量 18-11：UART DMA 接收

状态定义	释　义
UART_DMA_RX_DISABLE	UART DMA 接收禁用
UART_DMA_RX_ENABLE	UART DMA 接收使能

输出常量 18-12：UART 半双工选择

状态定义	释　义
UART_HALF_DUPLEX_DISABLE	UART 半双工禁用
UART_HALF_DUPLEX_ENABLE	UART 半双工使能

输出常量 18-13：UART 唤醒地址长度

状态定义	释　义
UART_ADDRESS_DETECT_4B	4 位长唤醒地址
UART_ADDRESS_DETECT_7B	7 位长唤醒地址

输出常量 18-14：UART 唤醒方法

状态定义	释　义
UART_WAKEUPMETHOD_IDLELINE	UART 空闲线唤醒
UART_WAKEUPMETHOD_ADDRESSMARK	UART 地址屏蔽唤醒

输出常量 18-15：UART 高级特性初始化类型

状态定义	释　义
UART_ADVFEATURE_NO_INIT	无高级特性初始化
UART_ADVFEATURE_TXINVERT_INIT	TX 引脚有效电平反向
UART_ADVFEATURE_RXINVERT_INIT	RX 引脚有效电平反向
UART_ADVFEATURE_DATAINVERT_INIT	二进制数据反向
UART_ADVFEATURE_SWAP_INIT	TX/RX 引脚交换
UART_ADVFEATURE_RXOVERRUNDISABLE_INIT	RX 过载禁用
UART_ADVFEATURE_DMADISABLEONERROR_INIT	接收错误 DMA 禁用
UART_ADVFEATURE_AUTOBAUDRATE_INIT	自动波特率检测初始化
UART_ADVFEATURE_MSBFIRST_INIT	发送和接收时最高有效位在前

输出常量 18-16：UART 高级特性 TX 引脚有效电平反向

状态定义	释　义
UART_ADVFEATURE_TXINV_DISABLE	TX 引脚有效电平反向禁用
UART_ADVFEATURE_TXINV_ENABLE	TX 引脚有效电平反向使能

输出常量 18-17：UART 高级特性 RX 引脚有效电平反向

状态定义	释　义
UART_ADVFEATURE_RXINV_DISABLE	RX 引脚有效电平反转禁用
UART_ADVFEATURE_RXINV_ENABLE	RX 引脚有效电平反转使能

输出常量 18-18：UART 高级特性二进制数据反转

状态定义	释　义
UART_ADVFEATURE_DATAINV_DISABLE	二进制数据反转禁用
UART_ADVFEATURE_DATAINV_ENABLE	二进制数据反转使能

输出常量 18-19：UART 高级特性 TX 和 RX 引脚交换

状态定义	释　义
UART_ADVFEATURE_SWAP_DISABLE	TX/RX 引脚交换禁用
UART_ADVFEATURE_SWAP_ENABLE	TX/RX 引脚交换使能

输出常量 18-20：UART 高级特性超速禁用

状态定义	释　义
UART_ADVFEATURE_OVERRUN_ENABLE	RX 超速使能
UART_ADVFEATURE_OVERRUN_DISABLE	RX 超速禁用

输出常量 18-21：UART 高级特性自动波特率使能

状态定义	释　义
UART_ADVFEATURE_AUTOBAUDRATE_DISABLE	RX 自动波特率检测禁用
UART_ADVFEATURE_AUTOBAUDRATE_ENABLE	RX 自动波特率检测使能

输出常量 18-22：UART 高级特性 RX 错误时 DMA 禁用

状态定义	释　义
UART_ADVFEATURE_DMA_ENABLEONRXERROR	接收错误时 DMA 使能
UART_ADVFEATURE_DMA_DISABLEONRXERROR	接收错误时 DMA 禁用

输出常量 18-23：UART 高级特性 MSB 在前

状态定义	释　义
UART_ADVFEATURE_MSBFIRST_DISABLE	发送和接收时最高有效位在前
UART_ADVFEATURE_MSBFIRST_ENABLE	最高有效位发送和接收在前使能

输出常量 18-24：UART 高级特性静音模式使能

状态定义	释　义
UART_ADVFEATURE_MUTEMODE_DISABLE	UART 静音模式禁用
UART_ADVFEATURE_MUTEMODE_ENABLE	UART 静音模式使能

输出常量 18-25：UART 驱动使能极性

状态定义	释　义
UART_DE_POLARITY_HIGH	驱动使能信号为高电平
UART_DE_POLARITY_LOW	驱动使能信号为低电平

输出常量 18-26：UARTEx 字长

状态定义	释　义
UART_WORDLENGTH_7B	7 位字长
UART_WORDLENGTH_8B	8 位字长
UART_WORDLENGTH_9B	9 位字长

输出常量 18-27：UARTEx 高级特性自动波特率模式

状态定义	释　义
UART_ADVFEATURE_AUTOBAUDRATE_ONSTARTBIT	自动波特率检测在起始位
UART_ADVFEATURE_AUTOBAUDRATE_ONFALLINGEDGE	自动波特率检测在下降沿
UART_ADVFEATURE_AUTOBAUDRATE_ON0X7FFRAME	自动波特率检测在 0x7F 帧
UART_ADVFEATURE_AUTOBAUDRATE_ON0X55FRAME	自动波特率检测在 0x55 帧

输出常量 18-28：UARTEx 局域互联网络模式

状态定义	释　　义
UART_LIN_DISABLE	局域互联网络禁用
UART_LIN_ENABLE	局域互联网络使能

输出常量 18-29：UARTEx LIN 停止检测

状态定义	释　　义
UART_LINBREAKDETECTLENGTH_10B	LIN 10 位停止检测长度
UART_LINBREAKDETECTLENGTH_11B	LIN 11 位停止检测长度

输出常量 18-30：UARTEx 请求参数

状态定义	释　　义
UART_AUTOBAUD_REQUEST	自动波特率请求
UART_SENDBREAK_REQUEST	发送中断请求
UART_MUTE_MODE_REQUEST	静音模式请求
UART_RXDATA_FLUSH_REQUEST	接收数据清除请求

输出常量 18-31：UARTEx 高级特性停止模式使能

状态定义	释　　义
UART_ADVFEATURE_STOPMODE_DISABLE	UART 停止模式禁用
UART_ADVFEATURE_STOPMODE_ENABLE	UART 停止模式使能

输出常量 18-32：UART 从停止模式唤醒选择

状态定义	释　　义
UART_WAKEUP_ON_ADDRESS	UART 使用地址唤醒
UART_WAKEUP_ON_STARTBIT	UART 使用起始位唤醒
UART_WAKEUP_ON_READDATA_NONEMPTY	UART 使用接收数据寄存器非空唤醒

输出常量 18-33：USART 输出常量

状态定义	释　　义
HAL_USART_ERROR_NONE	没有错误
HAL_USART_ERROR_PE	奇偶校验错误
HAL_USART_ERROR_NE	噪声错误
HAL_USART_ERROR_FE	帧错误
HAL_USART_ERROR_ORE	过载错误
HAL_USART_ERROR_DMA	DMA 传输错误

输出常量 18-34：USART 停止位数量

状态定义	释 义
USART_STOPBITS_0_5	USART 帧包含 0.5 个停止位
USART_STOPBITS_1	USART 帧包含 1 个停止位
USART_STOPBITS_1_5	USART 帧包含 1.5 个停止位
USART_STOPBITS_2	USART 帧包含 2 个停止位

输出常量 18-35：USART 奇偶校验

状态定义	释 义
USART_PARITY_NONE	无奇偶校验
USART_PARITY_EVEN	偶校验
USART_PARITY_ODD	奇校验

输出常量 18-36：USART 模式

状态定义	释 义
USART_MODE_RX	RX 模式
USART_MODE_TX	TX 模式
USART_MODE_TX_RX	RX 和 TX 模式

输出常量 18-37：USART 时钟

状态定义	释 义
USART_CLOCK_DISABLE	USART 时钟禁用
USART_CLOCK_ENABLE	USART 时钟使能

输出常量 18-38：USART 时钟极性

状态定义	释 义
USART_POLARITY_LOW	USART 时钟信号保持为低电平
USART_POLARITY_HIGH	USART 时钟信号保持为高电平

输出常量 18-39：USART 时钟相位

状态定义	释 义
USART_PHASE_1EDGE	USART 帧相位在第 1 个时钟边沿
USART_PHASE_2EDGE	USART 帧相位在第 2 个时钟边沿

输出常量 18-40：USART 最后一位

状态定义	释 义
USART_LASTBIT_DISABLE	USART 帧最后数据位时钟脉冲没有输出至 SCLK 引脚
USART_LASTBIT_ENABLE	USART 帧最后数据位时钟脉冲输出至 SCLK 引脚

输出常量 18-41：USART 中断定义

状态定义	释　义
USART_IT_PE	USART 奇偶校验错误中断
USART_IT_TXE	USART 发送数据寄存器空中断
SART_IT_TC	USART 传输结束中断
USART_IT_RXNE	USART 读数据寄存器非空中断
USART_IT_IDLE	USART 空闲中断
USART_IT_ERR	USART 错误中断
USART_IT_ORE	USART 过载错误中断
USART_IT_NE	USART 噪声错误中断
USART_IT_FE	USART 帧错误中断

输出常量 18-42：USARTEx 字长

状态定义	释　义
USART_WORDLENGTH_7B	USART 帧 7 位字长
USART_WORDLENGTH_8B	USART 帧 8 位字长
USART_WORDLENGTH_9B	USART 帧 9 位字长

输出常量 18-43：USARTEx 请求参数

状态定义	释　义
USART_RXDATA_FLUSH_REQUEST	接收数据清除请求
USART_TXDATA_FLUSH_REQUEST	发送数据清除请求

输出常量 18-44：智能卡错误

状态定义	释　义
HAL_SMARTCARD_ERROR_NONE	没有错误
HAL_SMARTCARD_ERROR_PE	奇偶错误
HAL_SMARTCARD_ERROR_NE	噪声错误
HAL_SMARTCARD_ERROR_FE	帧错误
HAL_SMARTCARD_ERROR_ORE	过载错误
HAL_SMARTCARD_ERROR_DMA	DMA 传输错误
HAL_SMARTCARD_ERROR_RTO	接收超时错误

输出常量 18-45：智能卡字长

状态定义	释　义
SMARTCARD_WORDLENGTH_9B	智能卡帧长度

输出常量 18-46：智能卡停止位数量

状态定义	释　义
SMARTCARD_STOPBITS_0_5	智能卡帧中有 0.5 个停止
SMARTCARD_STOPBITS_1_5	智能卡帧中有 1.5 个停止

输出常量 18-47：智能卡奇偶校验

状态定义	释义
SMARTCARD_PARITY_EVEN	智能卡帧偶校验
SMARTCARD_PARITY_ODD	智能卡帧奇校验

输出常量 18-48：智能卡传输模式

状态定义	释义
SMARTCARD RX mode	智能卡接收模式
SMARTCARD TX mode	智能卡发送模式
SMARTCARD RX and TX mode	智能卡接收和发送模式

输出常量 18-49：智能卡时钟极性

状态定义	释义
SMARTCARD_POLARITY_LOW	智能卡帧极性为低
SMARTCARD_POLARITY_HIGH	智能卡帧极性为高

输出常量 18-50：智能卡时钟相位

状态定义	释义
SMARTCARD_PHASE_1EDGE	智能卡帧相位在第一个时钟边沿
SMARTCARD_PHASE_2EDGE	智能卡帧相位在第二个时钟边沿

输出常量 18-51：智能卡最末位时钟输出

状态定义	释义
SMARTCARD_LASTBIT_DISABLE	智能卡帧最后数据位时钟脉冲没有输出至 SCLK 引脚
SMARTCARD_LASTBIT_ENABLE	智能卡帧最后数据位时钟脉冲输出至 SCLK 引脚

输出常量 18-52：智能卡一位采样方法

状态定义	释义
SMARTCARD_ONE_BIT_SAMPLE_DISABLE	智能卡帧一位采样禁用
SMARTCARD_ONE_BIT_SAMPLE_ENABLE	智能卡帧一位采样使能

输出常量 18-53：智能卡非应答使能

状态定义	释义
SMARTCARD_NACK_ENABLE	智能卡非应答传输使能
SMARTCARD_NACK_DISABLE	智能卡非应答传输禁用

输出常量 18-54：智能卡超时使能

状态定义	释义
SMARTCARD_TIMEOUT_DISABLE	智能卡接收超时禁用
SMARTCARD_TIMEOUT_ENABLE	智能卡接收超时使能

输出常量 18-55：智能卡高级特性

状态定义	释　义
SMARTCARD_ADVFEATURE_NO_INIT	非高级特性初始化
SMARTCARD_ADVFEATURE_TXINVERT_INIT	TX 引脚有效电平反转
SMARTCARD_ADVFEATURE_RXINVERT_INIT	RX 引脚有效电平反转
SMARTCARD_ADVFEATURE_DATAINVERT_INIT	二进制数据反转
SMARTCARD_ADVFEATURE_SWAP_INIT	TX/RX 引脚交换
SMARTCARD_ADVFEATURE_RXOVERRUNDISABLE_INIT	RX 过载禁用
SMARTCARD_ADVFEATURE_DMADISABLEONERROR_INIT	当接收错误时禁用 DMA 功能
SMARTCARD_ADVFEATURE_MSBFIRST_INIT	最高有效位首先发送和接收

输出常量 18-56：TX 引脚有效电平反转

状态定义	释　义
SMARTCARD_ADVFEATURE_TXINV_DISABLE	TX 引脚有效电平反转禁用
SMARTCARD_ADVFEATURE_TXINV_ENABLE	TX 引脚有效电平反转使能

输出常量 18-57：RX 引脚有效电平反转

状态定义	释　义
SMARTCARD_ADVFEATURE_RXINV_DISABLE	RX 引脚有效电平反转禁用
SMARTCARD_ADVFEATURE_RXINV_ENABLE	RX 引脚有效电平反转使能

输出常量 18-58：二进制数据反转

状态定义	释　义
SMARTCARD_ADVFEATURE_DATAINV_DISABLE	二进制数据反转禁用
SMARTCARD_ADVFEATURE_DATAINV_ENABLE	二进制数据反转使能

输出常量 18-59：RX 和 TX 引脚交换

状态定义	释　义
SMARTCARD_ADVFEATURE_SWAP_DISABLE	TX/RX 引脚交换禁用
SMARTCARD_ADVFEATURE_SWAP_ENABLE	TX/RX 引脚交换使能

输出常量 18-60：智能卡过载禁用

状态定义	释　义
SMARTCARD_ADVFEATURE_OVERRUN_ENABLE	RX 过载使能
SMARTCARD_ADVFEATURE_OVERRUN_DISABLE	RX 过载禁用

输出常量 18-61：接收错误时 DMA 禁用

状态定义	释　义
SMARTCARD_ADVFEATURE_DMA_ENABLEONRXERROR	接收错误时 DMA 使能
SMARTCARD_ADVFEATURE_DMA_DISABLEONRXERROR	接收错误时 DMA 禁用

输出常量 18-62：MSB 在前

状态定义	释　义
SMARTCARD_ADVFEATURE_MSBFIRST_DISABLE	发送 / 接收时最高有效位在前禁用
SMARTCARD_ADVFEATURE_MSBFIRST_ENABLE	发送 / 接收时最高有效位在前使能

输出常量 18-63：智能卡请求参数

状态定义	释　义
SMARTCARD_RXDATA_FLUSH_REQUEST	接收数据清除请求
SMARTCARD_TXDATA_FLUSH_REQUEST	发送数据清除请求

18.3.3　USART 函数定义

函数 18-1

函数名	HAL_HalfDuplex_Init
函数原型	HAL_StatusTypeDef **HAL_HalfDuplex_Init** (UART_HandleTypeDef * huart)
功能描述	按照 UART_InitTypeDef 中指定的参数初始化半双工模式并创建相关处理
输入参数	huart：UART 处理
先决条件	无
注意事项	无
返回值	HAL 状态

函数 18-2

函数名	HAL_MultiProcessor_Init
函数原型	HAL_StatusTypeDef **HAL_MultiProcessor_Init** (　UART_HandleTypeDef * huart, 　uint8_t　Address, 　uint32_t　WakeUpMethod)
功能描述	按照 UART_InitTypeDef 中指定的参数初始化多处理机模式并初始化相关处理
输入参数 1	huart：UART 处理
输入参数 2	Address：UART 节点地址（4、6、7 或 8 位长）
输入参数 3	WakeUpMethod：指定 UART 唤醒方式，该参数可以是以下的值之一 • UART_WAKEUPMETHOD_IDLELINE：线路空闲唤醒 • UART_WAKEUPMETHOD_ADDRESSMARK：地址标记唤醒
先决条件	无
注意事项	无
返回值	HAL 状态

函数 18-3

函数名	**HAL_UART_DeInit**
函数原型	HAL_StatusTypeDef **HAL_UART_DeInit** (UART_HandleTypeDef * huart)
功能描述	反初始化 UART 外设
输入参数	huart: UART 处理
先决条件	无
注意事项	无
返回值	HAL 状态

函数 18-4

函数名	**HAL_UART_Init**
函数原型	HAL_StatusTypeDef **HAL_UART_Init** (UART_HandleTypeDef * huart)
功能描述	按照 UART_InitTypeDef 中指定的参数初始化 UART 模式并初始化相关处理
输入参数	huart: UART 处理
先决条件	无
注意事项	无
返回值	HAL 状态

函数 18-5

函数名	**HAL_UART_MspDeInit**
函数原型	void **HAL_UART_MspDeInit** (UART_HandleTypeDef * huart)
功能描述	反初始化 UART 微控制器特定程序包
输入参数	huart: UART 处理
先决条件	无
注意事项	无
返回值	无

函数 18-6

函数名	**HAL_UART_MspInit**
函数原型	void **HAL_UART_MspInit** (UART_HandleTypeDef * huart)
功能描述	初始化 UART 微控制器特定程序包
输入参数	huart: UART 处理
先决条件	无
注意事项	无
返回值	无

函数 18-7

函数名	**HAL_UART_DMAPause**
函数原型	HAL_StatusTypeDef **HAL_UART_DMAPause** (UART_HandleTypeDef * huart)
功能描述	暂停 DMA 传输
输入参数	huart：UART 处理
先决条件	无
注意事项	无
返回值	HAL 状态

函数 18-8

函数名	**HAL_UART_DMAResume**
函数原型	HAL_StatusTypeDef **HAL_UART_DMAResume** (UART_HandleTypeDef * huart)
功能描述	重新开始 DMA 传输
输入参数	huart：UART 处理
先决条件	无
注意事项	无
返回值	HAL 状态

函数 18-9

函数名	**HAL_UART_DMAStop**
函数原型	HAL_StatusTypeDef **HAL_UART_DMAStop** (UART_HandleTypeDef * huart)
功能描述	停止 DMA 传输
输入参数	huart：UART 处理
先决条件	无
注意事项	无
返回值	HAL 状态

函数 18-10

函数名	**HAL_UART_ErrorCallback**
函数原型	void **HAL_UART_ErrorCallback** (UART_HandleTypeDef * huart)
功能描述	UART 错误回调
输入参数	huart：UART 处理
先决条件	无
注意事项	无
返回值	无

函数 18-11

函数名	**HAL_UART_IRQHandler**
函数原型	void **HAL_UART_IRQHandler**（UART_HandleTypeDef * huart）
功能描述	处理 UART 中断请求
输入参数	huart：UART 处理
先决条件	无
注意事项	无
返回值	无

函数 18-12

函数名	**HAL_UART_Receive**
函数原型	HAL_StatusTypeDef **HAL_UART_Receive** （ 　UART_HandleTypeDef * huart, 　uint8_t * pData, 　uint16_t　Size, 　uint32_t　Timeout ）
功能描述	在阻塞模式下接收一定数量的数据
输入参数 1	huart：UART 处理
输入参数 2	pData：数据缓冲区指针
输入参数 3	Size：接收数据的数量
输入参数 4	Timeout：超时持续时间
先决条件	无
注意事项	无
返回值	HAL 状态

函数 18-13

函数名	**HAL_UART_Receive_DMA**
函数原型	HAL_StatusTypeDef **HAL_UART_Receive_DMA** （ 　UART_HandleTypeDef * huart, 　uint8_t * pData, 　uint16_t　Size ）
功能描述	在 DMA 模式下接收一定数量的数据
输入参数 1	huart：UART 处理
输入参数 2	pData：数据缓冲区指针
输入参数 3	Size：接收数据的数量
先决条件	无
注意事项	无
返回值	HAL 状态

函数 18-14

函数名	**HAL_UART_Receive_IT**

函数原型	HAL_StatusTypeDef **HAL_UART_Receive_IT**
	 (
	  UART_HandleTypeDef * huart,
	  uint8_t * pData,
	  uint16_t Size
	)

功能描述	在中断模式下接收一定数量的数据
输入参数 1	huart：UART 处理
输入参数 2	pData：数据缓冲区指针
输入参数 3	Size：接收的数据数量
先决条件	无
注意事项	无
返回值	HAL 状态

函数 18-15

函数名	**HAL_UART_RxCpltCallback**
函数原型	void **HAL_UART_RxCpltCallback** (UART_HandleTypeDef * huart)
功能描述	RX 传输结束回调
输入参数	huart：UART 处理
先决条件	无
注意事项	无
返回值	无

函数 18-16

函数名	**HAL_UART_RxHalfCpltCallback**
函数原型	void **HAL_UART_RxHalfCpltCallback** (UART_HandleTypeDef * huart)
功能描述	RX 半程传输结束回调
输入参数	huart：UART 处理
先决条件	无
注意事项	无
返回值	无

函数 18-17

函数名	**HAL_UART_Transmit**

函数原型	HAL_StatusTypeDef **HAL_UART_Transmit**
	 (
	  UART_HandleTypeDef * huart,
	  uint8_t * pData,
	  uint16_t Size,
	  uint32_t Timeout
	)

（续）

功能描述	在阻塞模式下发送一定数量的数据
输入参数 1	huart：UART 处理
输入参数 2	pData：数据缓冲区指针
输入参数 3	Size：要发送的数据量
输入参数 4	Timeout：超时持续时间
先决条件	无
注意事项	无
返回值	HAL 状态

函数 18-18

函数名	**HAL_UART_Transmit_DMA**
函数原型	HAL_StatusTypeDef **HAL_UART_Transmit_DMA** (　UART_HandleTypeDef * huart, 　uint8_t * pData, 　uint16_t Size)
功能描述	在 DMA 模式下发送一定数量的数据
输入参数 1	huart：UART 处理
输入参数 2	pData：数据缓冲区指针
输入参数 3	Size：要发送的数据量
先决条件	无
注意事项	无
返回值	HAL 状态

函数 18-19

函数名	**HAL_UART_Transmit_IT**
函数原型	HAL_StatusTypeDef **HAL_UART_Transmit_IT** (　UART_HandleTypeDef * huart, 　uint8_t * pData, 　uint16_t Size)
功能描述	在中断模式下发送一定数量的数据
输入参数 1	huart：UART 处理
输入参数 2	pData：数据缓冲区指针
输入参数 3	Size：发送的数据量
先决条件	无
注意事项	无
返回值	HAL 状态

函数 18-20

函数名	HAL_UART_TxCpltCallback
函数原型	void **HAL_UART_TxCpltCallback** (UART_HandleTypeDef * huart)
功能描述	TX 传输结束回调
输入参数	huart：UART 处理
先决条件	无
注意事项	无
返回值	无

函数 18-21

函数名	HAL_UART_TxHalfCpltCallback
函数原型	void **HAL_UART_TxHalfCpltCallback** (UART_HandleTypeDef * huart)
功能描述	TX 半程传输结束回调
输入参数	huart：UART 处理
先决条件	无
注意事项	无
返回值	无

函数 18-22

函数名	HAL_HalfDuplex_EnableReceiver
函数原型	HAL_StatusTypeDef **HAL_HalfDuplex_EnableReceiver** (UART_HandleTypeDef * huart)
功能描述	使能 UART 接收并禁用 UART 发送
输入参数	huart：UART 处理
先决条件	无
注意事项	无
返回值	HAL 状态

函数 18-23

函数名	HAL_HalfDuplex_EnableTransmitter
函数原型	HAL_StatusTypeDef **HAL_HalfDuplex_EnableTransmitter** (UART_HandleTypeDef * huart)
功能描述	使能 UART 发送器和禁用 UART 接收器
输入参数	huart：UART 处理
先决条件	无
注意事项	无
返回值	HAL 状态

函数 18-24

函数名	`HAL_MultiProcessor_DisableMuteMode`
函数原型	HAL_StatusTypeDef **HAL_MultiProcessor_DisableMuteMode** (UART_HandleTypeDef * huart)
功能描述	禁用 UART 静默模式
输入参数	huart: UART 处理
先决条件	无
注意事项	无
返回值	HAL 状态

函数 18-25

函数名	`HAL_MultiProcessor_EnableMuteMode`
函数原型	HAL_StatusTypeDef **HAL_MultiProcessor_EnableMuteMode** (UART_HandleTypeDef * huart)
功能描述	使能 UART 在静默模式
输入参数	huart: UART 处理
先决条件	无
注意事项	无
返回值	HAL 状态

函数 18-26

函数名	`HAL_MultiProcessor_EnterMuteMode`
函数原型	void **HAL_MultiProcessor_EnterMuteMode** (UART_HandleTypeDef * huart)
功能描述	进入 UART 静默模式
输入参数	huart: UART 处理
先决条件	无
注意事项	要从静默模式退出, HAL_MultiProcessor_DisableMuteMode() 用户应用程序必须被调用
返回值	无

函数 18-27

函数名	`HAL_UART_GetError`
函数原型	uint32_t **HAL_UART_GetError** (UART_HandleTypeDef * huart)
功能描述	返回 UART 处理错误代码
输入参数	Huart: 指向 UART_HandleTypeDef 结构的指针, 包含指定 UART 的配置信息
先决条件	无
注意事项	无
返回值	UART 错误代码

函数 18-28

函数名	HAL_UART_GetState
函数原型	HAL_UART_StateTypeDef **HAL_UART_GetState** (UART_HandleTypeDef * huart)
功能描述	返回 UART 处理状态
输入参数	huart: 指向 UART_HandleTypeDef 结构的指针，包含指定 UART 的配置信息
先决条件	无
注意事项	无
返回值	HAL 状态

函数 18-29

函数名	UART_AdvFeatureConfig
函数原型	void **UART_AdvFeatureConfig** (UART_HandleTypeDef * huart)
功能描述	配置 UART 外设高级特性
输入参数	huart: UART 处理
先决条件	无
注意事项	无
返回值	无

函数 18-30

函数名	UART_CheckIdleState
函数原型	HAL_StatusTypeDef **UART_CheckIdleState** (UART_HandleTypeDef * huart)
功能描述	检测 UART 空闲状态
输入参数	huart: UART 处理
先决条件	无
注意事项	无
返回值	HAL 状态

函数 18-31

函数名	UART_DMAError
函数原型	void **UART_DMAError** (DMA_HandleTypeDef * hdma)
功能描述	DMA 状态下，UART 通信错误回调
输入参数	hdma: DMA 处理
先决条件	无
注意事项	无
返回值	无

函数 18-32

函数名	**UART_DMAReceiveCplt**
函数原型	void **UART_DMAReceiveCplt** (DMA_HandleTypeDef * hdma)
功能描述	DMA 状态下，UART 接收处理结束回调
输入参数	hdma：DMA 处理
先决条件	无
注意事项	无
返回值	无

函数 18-33

函数名	**UART_DMARxHalfCplt**
函数原型	void **UART_DMARxHalfCplt** (DMA_HandleTypeDef * hdma)
功能描述	DMA 状态下，UART 接收处理半程结束回调
输入参数	hdma：DMA 处理
先决条件	无
注意事项	无
返回值	无

函数 18-34

函数名	**UART_DMATransmitCplt**
函数原型	void **UART_DMATransmitCplt** (DMA_HandleTypeDef * hdma)
功能描述	DMA 状态下，UART 发送处理结束回调
输入参数	hdma：DMA 处理
先决条件	无
注意事项	无
返回值	无

函数 18-35

函数名	**UART_DMATxHalfCplt**
函数原型	void **UART_DMATxHalfCplt** (DMA_HandleTypeDef * hdma)
功能描述	DMA 状态下，UART 传输处理半程结束回调
输入参数	hdma：DMA 处理
先决条件	无
注意事项	无
返回值	无

函数 18-36

函数名	UART_EndTransmit_IT
函数原型	HAL_StatusTypeDef **UART_EndTransmit_IT** (UART_HandleTypeDef * huart)
功能描述	在非阻塞模式下打包传输
输入参数	Huart：指向 UART_HandleTypeDef 结构的指针，包含指定 UART 模块的配置信息
先决条件	无
注意事项	无
返回值	HAL 状态

函数 18-37

函数名	UART_Receive_IT
函数原型	HAL_StatusTypeDef **UART_Receive_IT** (UART_HandleTypeDef * huart)
功能描述	在中断模式下接收一定数量的数据
输入参数	huart：UART 处理
先决条件	无
注意事项	一旦中断被 HAL_UART_Receive_IT() 使能，该函数只能在中断模式下被调用
返回值	HAL 状态

函数 18-38

函数名	UART_SetConfig
函数原型	HAL_StatusTypeDef **UART_SetConfig** (UART_HandleTypeDef * huart)
功能描述	配置 UART 外设
输入参数	huart：UART 处理
先决条件	无
注意事项	无
返回值	HAL 状态

函数 18-39

函数名	UART_Transmit_IT
函数原型	HAL_StatusTypeDef **UART_Transmit_IT** (UART_HandleTypeDef * huart)
功能描述	在中断模式下发送一定数量的数据
输入参数	huart：UART 处理
先决条件	无
注意事项	一旦中断被 HAL_UART_Receive_IT() 使能，该函数只能在中断模式下被调用
返回值	HAL 状态

函数 18-40

函数名	**UART_WaitOnFlagUntilTimeout**
函数原型	HAL_StatusTypeDef **UART_WaitOnFlagUntilTimeout** (　UART_HandleTypeDef * huart, 　uint32_t　Flag, 　FlagStatus　　Status, 　uint32_t　　Timeout)
功能描述	处理 UART 通信超时
输入参数 1	huart：UART 处理
输入参数 2	Flag：指定 UART 待检测标志位
输入参数 3	Status：标志位状态（置位或复位）
输入参数 4	Timeout：超时持续时间
先决条件	无
注意事项	无
返回值	HAL 状态

函数 18-41

函数名	**UARTEx_Wakeup_AddressConfig**
函数原型	void **UARTEx_Wakeup_AddressConfig** (　UART_HandleTypeDef * huart, 　UART_WakeUpTypeDef　WakeUpSelection)
功能描述	初始化地址检测触发 UART 从停止模式唤醒参数
输入参数 1	huart：UART 处理
输入参数 2	WakeUpSelection：UART 从停止模式唤醒参数
先决条件	无
注意事项	无
返回值	无

函数 18-42

函数名	**HAL_LIN_Init**
函数原型	HAL_StatusTypeDef **HAL_LIN_Init** (　UART_HandleTypeDef * huart, 　uint32_t　BreakDetectLength)
功能描述	通过 UART_InitTypeDef 结构中指定的参数初始化 LIN 模式并创建联合处理
输入参数 1	huart：UART 处理
输入参数 2	BreakDetectLength：定义 LIN 停止检测时间长度，该参数可以是下列值之一： ● UART_LINBREAKDETECTLENGTH_10B：10 位停止检测 ● UART_LINBREAKDETECTLENGTH_11B：11 位停止检测
先决条件	无
注意事项	无
返回值	HAL 状态

函数 18-43

函数名	**HAL_RS485Ex_Init**

函数原型	HAL_StatusTypeDef **HAL_RS485Ex_Init**
	(
	  UART_HandleTypeDef * huart,
	  uint32_t Polarity,
	  uint32_t AssertionTime,
	  uint32_t DeassertionTime
	)

功能描述	按照 UART_InitTypeDef 结构中指定的参数初始化 485 驱动使能特性并且创建相关处理
输入参数 1	huart：UART 处理
输入参数 2	Polarity：选择驱动使能极性，该参数可以是下列值之一 ● UART_DE_POLARITY_HIGH：DE 信号高电平时可用 ● UART_DE_POLARITY_LOW：DE 信号低电平时可用
输入参数 3	AssertionTime：驱动使能提前时间，5 位值定义的是 DE（驱动器使能）信号激活和第一个发送字节起始位的时间间隔。它表述了采样时间单位（1/8 或 1/16 位时间，取决于过采样率）
输入参数 4	DeassertionTime：驱动使能滞后时间。5 位值定义的是发送最后一字节的停止位和释放 DE 信号之间的时间间隔。它表达了在采样时间单位（1/8 或 1/16 位时间，取决于过采样率）
先决条件	无
注意事项	无
返回值	HAL 状态

函数 18-44

函数名	**HAL_UARTEx_WakeupCallback**
函数原型	void **HAL_UARTEx_WakeupCallback** (UART_HandleTypeDef * huart)
功能描述	UART 从停止模式唤醒回调
输入参数	huart：UART 处理
先决条件	无
注意事项	无
返回值	无

函数 18-45

函数名	**HAL_LIN_SendBreak**
函数原型	HAL_StatusTypeDef **HAL_LIN_SendBreak** (UART_HandleTypeDef * huart)
功能描述	传送分隔字符
输入参数	huart：UART 处理
先决条件	无
注意事项	无
返回值	HAL 状态

函数 18-46

函数名	**HAL_MultiProcessorEx_AddressLength_Set**
函数原型	HAL_StatusTypeDef **HAL_MultiProcessorEx_AddressLength_Set** (　UART_HandleTypeDef * huart, 　uint32_t　AddressLength)
功能描述	默认情况是在多处理器模式下，当唤醒方式设置为地址符号，UART 只处理 4 位长的地址检测；这个用户应用程序允许使能长地址检测（6、7 或 8 位长）
输入参数 1	huart：UART 处理
输入参数 2	AddressLength：该参数可以是下列值之一 ● UART_ADDRESS_DETECT_4B：4 位长地址 ● UART_ADDRESS_DETECT_7B：6、7 或 8 位长地址
先决条件	无
注意事项	无
返回值	HAL 状态

函数 18-47

函数名	**HAL_UARTEx_DisableStopMode**
函数原型	HAL_StatusTypeDef **HAL_UARTEx_DisableStopMode** (UART_HandleTypeDef * huart)
功能描述	禁止 UART 停止模式
输入参数	huart：UART 处理
先决条件	无
注意事项	无
返回值	HAL 状态

函数 18-48

函数名	**HAL_UARTEx_EnableStopMode**
函数原型	HAL_StatusTypeDef **HAL_UARTEx_EnableStopMode** (UART_HandleTypeDef * huart)
功能描述	使能 UART 停止模式
输入参数	huart：UART 处理
先决条件	无
注意事项	只要 UART 时钟是 HSI 或 LSE，UART 就能够从停止 1 模式唤醒单片机
返回值	HAL 状态

函数 18-49

函数名	**HAL_UARTEx_StopModeWakeUpSourceConfig**
函数原型	HAL_StatusTypeDef **HAL_UARTEx_StopModeWakeUpSourceConfig** (　UART_HandleTypeDef * huart, 　UART_WakeUpTypeDef　WakeUpSelection)

（续）

功能描述	设置从停止模式唤醒中断标志位选择
输入参数	huart：UART 处理
先决条件	无
注意事项	无
返回值	HAL 状态

函数 18-50

函数名	**HAL_USART_DeInit**
函数原型	HAL_StatusTypeDef **HAL_USART_DeInit** (USART_HandleTypeDef * husart)
功能描述	反初始化 USART 外设
输入参数	husart：USART 处理
先决条件	无
注意事项	无
返回值	HAL 状态

函数 18-51

函数名	**HAL_USART_Init**
函数原型	HAL_StatusTypeDef **HAL_USART_Init** (USART_HandleTypeDef * husart)
功能描述	通过 USART_InitTypeDef 中指定的参数初始化 USART 模式并且初始化相关处理
输入参数	husart：USART 处理
先决条件	无
注意事项	无
返回值	HAL 状态

函数 18-52

函数名	**HAL_USART_MspDeInit**
函数原型	void **HAL_USART_MspDeInit** (USART_HandleTypeDef * husart)
功能描述	反初始化 USART 微控制器特定程序包
输入参数	husart：USART 处理
先决条件	无
注意事项	无
返回值	无

函数 18-53

函数名	**HAL_USART_MspInit**
函数原型	void **HAL_USART_MspInit** (USART_HandleTypeDef * husart)
功能描述	初始化 USART 微控制器特定程序包
输入参数	husart：USART 处理
先决条件	无
注意事项	无
返回值	无

函数 18-54

函数名	**HAL_USART_DMAPause**
函数原型	HAL_StatusTypeDef **HAL_USART_DMAPause** (USART_HandleTypeDef * husart)
功能描述	暂停 DMA 传输
输入参数	husart：USART 处理
先决条件	无
注意事项	无
返回值	HAL 状态

函数 18-55

函数名	**HAL_USART_DMAResume**
函数原型	HAL_StatusTypeDef **HAL_USART_DMAResume** (USART_HandleTypeDef * husart)
功能描述	重新开始 DMA 传输
输入参数	husart：USART 处理
先决条件	无
注意事项	无
返回值	HAL 状态

函数 18-56

函数名	**HAL_USART_DMAStop**
函数原型	HAL_StatusTypeDef **HAL_USART_DMAStop** (USART_HandleTypeDef * husart)
功能描述	停止 DMA 传输
输入参数	husart：USART 处理
先决条件	无
注意事项	无
返回值	HAL 状态

函数 18-57

函数名	**HAL_USART_ErrorCallback**
函数原型	void **HAL_USART_ErrorCallback** (USART_HandleTypeDef * husart)
功能描述	USART 错误回调
输入参数	husart：USART 处理
先决条件	无
注意事项	无
返回值	无

函数 18-58

函数名	**HAL_USART_IRQHandler**
函数原型	void **HAL_USART_IRQHandler** (USART_HandleTypeDef * husart)
功能描述	处理 USART 中断请求
输入参数	husart：USART 处理
先决条件	无
注意事项	无
返回值	无

函数 18-59

函数名	**HAL_USART_Receive**

函数原型	HAL_StatusTypeDef **HAL_USART_Receive**
	(
	  USART_HandleTypeDef * husart,
	  uint8_t * pRxData,
	  uint16_t Size,
	  uint32_t Timeout
	)

功能描述	在阻塞模式下接收一定数量的数据
输入参数 1	husart：USART 处理
输入参数 2	pRxData：数据缓冲区指针
输入参数 3	Size：接收的数据大小
输入参数 4	Timeout：超时持续时间
先决条件	无
注意事项	无
返回值	HAL 状态

函数 18-60

函数名	**HAL_USART_Receive_DMA**

函数原型	HAL_StatusTypeDef **HAL_USART_Receive_DMA**
	(
	  USART_HandleTypeDef * husart,
	  uint8_t * pRxData,
	  uint16_t Size
	)

功能描述	在 DMA 模式下接收一定数量的数据
输入参数 1	husart：USART 处理
输入参数 2	pRxData：数据缓冲区指针
输入参数 3	Size：接收的数据大小
先决条件	无
注意事项	无
返回值	HAL 状态

函数 18-61

函数名	**HAL_USART_Receive_IT**

函数原型	HAL_StatusTypeDef **HAL_USART_Receive_IT**
	(
	  USART_HandleTypeDef * husart,
	  uint8_t * pRxData,
	uint16_t Size
	)

功能描述	在阻塞模式下接收一定数量的数据
输入参数 1	husart：USART 处理
输入参数 2	pRxData：数据缓冲区指针
输入参数 3	Size：接收的数据大小
先决条件	无
注意事项	要接收同步数据，虚拟数据同时传输
返回值	HAL 状态

函数 18-62

函数名	**HAL_USART_RxCpltCallback**
函数原型	void **HAL_USART_RxCpltCallback** (USART_HandleTypeDef * husart)
功能描述	RX 传输结束回调
输入参数	husart：USART 处理
先决条件	无
注意事项	无
返回值	无

函数 18-63

函数名	**HAL_USART_RxHalfCpltCallback**
函数原型	void **HAL_USART_RxHalfCpltCallback** (USART_HandleTypeDef * husart)
功能描述	RX 半程传送结束回调
输入参数	husart：USART 处理
先决条件	无
注意事项	无
返回值	无

函数 18-64

函数名	**HAL_USART_Transmit**

函数原型	HAL_StatusTypeDef **HAL_USART_Transmit**
	(
	  USART_HandleTypeDef * husart,
	  uint8_t * pTxData,
	  uint16_t Size,
	  uint32_t Timeout
	)

（续）

功能描述	在阻塞模式下单纯地发送一定数量的数据
输入参数 1	husart：USART 处理
输入参数 2	pTxData：数据缓冲区指针
输入参数 3	Size：要发送的数据大小
输入参数 4	Timeout：超时持续时间
先决条件	无
注意事项	无
返回值	HAL 状态

函数 18-65

函数名	**HAL_USART_Transmit_DMA**

函数原型	HAL_StatusTypeDef **HAL_USART_Transmit_DMA**
	(
	  USART_HandleTypeDef * husart,
	  uint8_t * pTxData,
	  uint16_t Size
	)

功能描述	在 DMA 模式下发送一定数量的数据
输入参数 1	husart：USART 处理
输入参数 2	pTxData：数据缓冲区指针
输入参数 3	Size：要发送的数据大小
先决条件	无
注意事项	无
返回值	返回值：HAL 状态

函数 18-66

函数名	**HAL_USART_Transmit_IT**

函数原型	HAL_StatusTypeDef **HAL_USART_Transmit_IT**
	(
	  USART_HandleTypeDef * husart,
	  uint8_t * pTxData,
	  uint16_t Size
	)

功能描述	在中断模式下发送一定数量的数据
输入参数 1	husart：USART 处理
输入参数 2	pTxData：数据缓冲区指针
输入参数 3	Size：要发送的数据大小
先决条件	无
注意事项	无
返回值	HAL 状态

函数 18-67

函数名	**HAL_USART_TransmitReceive**
函数原型	HAL_StatusTypeDef **HAL_USART_TransmitReceive** (　USART_HandleTypeDef * husart, 　uint8_t * pTxData, 　uint8_t * pRxData, 　uint16_t　Size, 　uint32_t　Timeout)
功能描述	在阻塞模式下全双工发送和接收一定数量的数据
输入参数 1	husart：USART 处理
输入参数 2	pTxData：TX 数据缓冲区指针
输入参数 3	pRxData：pointer to RX data buffer. RX 数据缓冲区指针
输入参数 4	Size：要发送的数据大小（同样也在接收）
输入参数 5	Timeout：超时持续时间
先决条件	无
注意事项	无
返回值	HAL 状态

函数 18-68

函数名	**HAL_USART_TransmitReceive_DMA**
函数原型	HAL_StatusTypeDef **HAL_USART_TransmitReceive_DMA** (　USART_HandleTypeDef * husart, 　uint8_t * pTxData, 　uint8_t * pRxData, 　uint16_t　Size)
功能描述	在非阻塞模式下全双工收发一定数量的数据
输入参数 1	husart：USART 处理
输入参数 2	pTxData：TX 数据缓冲区指针
输入参数 3	pRxData：RX 数据缓冲区指针
输入参数 4	Size：接收 / 发送一定数量的数量数据
先决条件	无
注意事项	无
返回值	HAL 状态

函数 18-69

函数名	HAL_USART_TransmitReceive_IT
函数原型	HAL_StatusTypeDef **HAL_USART_TransmitReceive_IT** (　USART_HandleTypeDef * husart, 　uint8_t * pTxData, 　uint8_t * pRxData, 　uint16_t Size)
功能描述	在中断模式下全双工发送和接收的数据
输入参数 1	husart：USART 处理
输入参数 2	pTxData：TX 数据缓冲区指针
输入参数 3	pRxData：RX 数据缓冲区指针
输入参数 4	Size：待发送的数据量
先决条件	无
注意事项	无
返回值	HAL 状态

函数 18-70

函数名	HAL_USART_TxCpltCallback
函数原型	void **HAL_USART_TxCpltCallback** (USART_HandleTypeDef * husart)
功能描述	TX 传输结束回调
输入参数	husart：USART 处理
先决条件	无
注意事项	无
返回值	无

函数 18-71

函数名	HAL_USART_TxHalfCpltCallback
函数原型	void **HAL_USART_TxHalfCpltCallback** (USART_HandleTypeDef * husart)
功能描述	TX 半程传输结束回调
输入参数	husart：USART 处理
先决条件	无
注意事项	无
返回值	无

函数 18-72

函数名	HAL_USART_TxRxCpltCallback
函数原型	void **HAL_USART_TxRxCpltCallback** (USART_HandleTypeDef * husart)
功能描述	在非阻塞模式下 Tx/Rx 传输结束回调
输入参数	husart：USART 处理
先决条件	无
注意事项	无
返回值	无

函数 18-73

函数名	**HAL_USART_GetError**
函数原型	uint32_t **HAL_USART_GetError** (USART_HandleTypeDef * husart)
功能描述	返回 USART 错误代码
输入参数	husart：指向 USART_HandleTypeDef 结构的指针，包含指定的 USART 的配置信息
先决条件	无
注意事项	无
返回值	USART 处理错误代码

函数 18-74

函数名	**HAL_USART_GetState**
函数原型	HAL_USART_StateTypeDef **HAL_USART_GetState** (USART_HandleTypeDef * husart)
功能描述	返回 USART 处理状态
输入参数	husart：指向 USART_HandleTypeDef 结构的指针，包含指定的 USART 的配置信息
先决条件	无
注意事项	无
返回值	USART 处理状态

函数 18-75

函数名	**USART_CheckIdleState**
函数原型	HAL_StatusTypeDef **USART_CheckIdleState** (USART_HandleTypeDef * husart)
功能描述	检测 USART 空闲状态
输入参数	husart：USART 处理
先决条件	无
注意事项	无
返回值	HAL 状态

函数 18-76

函数名	**USART_DMAError**
函数原型	void **USART_DMAError** (DMA_HandleTypeDef * hdma)
功能描述	在 DMA 状态下，USART 通信错误回调
输入参数	hdma：DMA 处理
先决条件	无
注意事项	无
返回值	无

函数 18-77

函数名	USART_DMAReceiveCplt
函数原型	void **USART_DMAReceiveCplt** (DMA_HandleTypeDef * hdma)
功能描述	DMA（状态下）USART 接收处理结束回调
输入参数	hdma：DMA 处理
先决条件	无
注意事项	无
返回值	无

函数 18-78

函数名	USART_DMARxHalfCplt
函数原型	void **USART_DMARxHalfCplt** (DMA_HandleTypeDef * hdma)
功能描述	在 DMA 状态下，USART 接收处理半程结束回调
输入参数	hdma：DMA 处理
先决条件	无
注意事项	无
返回值	无

函数 18-79

函数名	USART_DMATransmitCplt
函数原型	void **USART_DMATransmitCplt** (DMA_HandleTypeDef * hdma)
功能描述	在 DMA 状态下，USART 发送处理结束回调
输入参数	hdma：DMA 处理
先决条件	无
注意事项	无
返回值	无

函数 18-80

函数名	USART_DMATxHalfCplt
函数原型	void **USART_DMATxHalfCplt** (DMA_HandleTypeDef * hdma)
功能描述	在 DMA 状态下，USART 发送处理半程结束回调
输入参数	hdma：DMA 处理
先决条件	无
注意事项	无
返回值	无

函数 18-81

函数名	USART_EndTransmit_IT
函数原型	HAL_StatusTypeDef **USART_EndTransmit_IT** (USART_HandleTypeDef * husart)
功能描述	在非阻塞模式下打包传输
输入参数	husart：指向 USART_HandleTypeDef 结构的指针，包含指定 USART 的配置信息
先决条件	无
注意事项	无
返回值	HAL 状态

函数 18-82

函数名	USART_Receive_IT
函数原型	HAL_StatusTypeDef **USART_Receive_IT** (USART_HandleTypeDef * husart)
功能描述	在非阻塞模式下单工接收一定数量的数据
输入参数	husart：USART 处理
先决条件	无
注意事项	无
返回值	HAL 状态

函数 18-83

函数名	USART_SetConfig
函数原型	HAL_StatusTypeDef **USART_SetConfig** (USART_HandleTypeDef * husart)
功能描述	配置 USART 外设
输入参数	husart：USART 处理
先决条件	无
注意事项	无
返回值	HAL 状态

函数 18-84

函数名	USART_Transmit_IT
函数原型	HAL_StatusTypeDef **USART_Transmit_IT** (USART_HandleTypeDef * husart)
功能描述	在非阻塞模式下单工发送一定数量的数据
输入参数	husart：USART 处理
先决条件	无
注意事项	一旦中断被 HAL_USART_Transmit_IT() 函数使能，该函数只能在中断中调用。USART 错误不设法避免溢出错误
返回值	HAL 状态

函数 18-85

函数名	**USART_TransmitReceive_IT**
函数原型	HAL_StatusTypeDef **USART_TransmitReceive_IT** (USART_HandleTypeDef * husart)
功能描述	全双工模式下（非阻塞）全双工发送发送和接收一定数量的数据
输入参数	husart：USART 处理
先决条件	无
注意事项	无
返回值	HAL 状态

函数 18-86

函数名	**USART_WaitOnFlagUntilTimeout**
函数原型	HAL_StatusTypeDef **USART_WaitOnFlagUntilTimeout** (　USART_HandleTypeDef * husart, 　uint32_t　Flag, 　FlagStatus　Status, 　uint32_t　Timeout)
功能描述	处理 USART 通信超时
输入参数 1	husart：USART 处理
输入参数 2	Flag：指定要检测的 USART 标志位
输入参数 3	Status：标志位状态（设置或复位）
输入参数 4	Timeout：超时持续时间
先决条件	无
注意事项	无
返回值	HAL 状态

函数 18-87

函数名	**HAL_SMARTCARD_DeInit**
函数原型	HAL_StatusTypeDef **HAL_SMARTCARD_DeInit** (SMARTCARD_HandleTypeDef * hsmartcard)
功能描述	反初始化 SMARTCARD 外设
输入参数	hsmartcard：指向 SMARTCARD_HandleTypeDef 结构的指针，包含配置信息指定的智能卡模块
先决条件	无
注意事项	无
返回值	HAL 状态

函数 18-88

函数名	**HAL_SMARTCARD_Init**
函数原型	HAL_StatusTypeDef **HAL_SMARTCARD_Init** (SMARTCARD_HandleTypeDef * hsmartcard)
功能描述	通过 SMARTCARD_HandleTypeDef 中指定的参数初始化智能卡模式和初始化相关处理
输入参数	Hsmartcard：指向 SMARTCARD_HandleTypeDef 结构的指针，包含指定的智能卡模块的配置信息
先决条件	无
注意事项	无
返回值	HAL 状态

函数 18-89

函数名	**HAL_SMARTCARD_MspDeInit**
函数原型	void **HAL_SMARTCARD_MspDeInit** (SMARTCARD_HandleTypeDef * hsmartcard)
功能描述	反初始化智能卡的微控制器特定程序包
输入参数	hsmartcard：指向 SMARTCARD_HandleTypeDef 结构的指针，包含指定的智能卡模块配置信息
先决条件	无
注意事项	无
返回值	无

函数 18-90

函数名	**HAL_SMARTCARD_MspInit**
函数原型	void **HAL_SMARTCARD_MspInit** (SMARTCARD_HandleTypeDef * hsmartcard)
功能描述	初始化智能卡微控制器特定程序包
输入参数	hsmartcard：指向 SMARTCARD_HandleTypeDef 结构的指针，包含指定的智能卡模块配置信息
先决条件	无
注意事项	无
返回值	无

函数 18-91

函数名	**HAL_SMARTCARD_ErrorCallback**
函数原型	void **HAL_SMARTCARD_ErrorCallback** (SMARTCARD_HandleTypeDef * hsmartcard)
功能描述	智能卡错误回调
输入参数	hsmartcard：指向 SMARTCARD_HandleTypeDef 结构的指针，包含指定的智能卡模块的配置信息
先决条件	无
注意事项	无
返回值	无

函数 18-92

函数名	**HAL_SMARTCARD_IRQHandler**
函数原型	void **HAL_SMARTCARD_IRQHandler** (SMARTCARD_HandleTypeDef * hsmartcard)
功能描述	处理智能卡中断请求
输入参数	hsmartcard：指向 SMARTCARD_HandleTypeDef 结构的指针，包含指定的智能卡模块的配置信息
先决条件	无
注意事项	无
返回值	无

函数 18-93

函数名	HAL_SMARTCARD_Receive

函数原型	HAL_StatusTypeDef **HAL_SMARTCARD_Receive**
	(
	  SMARTCARD_HandleTypeDef * hsmartcard,
	  uint8_t * pData,
	  uint16_t Size,
	  uint32_t Timeout
	)

功能描述	在阻塞模式下接收一定量的数据
输入参数 1	hsmartcard：指向 SMARTCARD_HandleTypeDef 结构的指针，包含指定的智能卡模块的配置信息
输入参数 2	pData：数据缓冲器指针
输入参数 3	Size：接收数据的数量
输入参数 4	Timeout：超时持续时间
先决条件	无
注意事项	无
返回值	HAL 状态

函数 18-94

函数名	HAL_SMARTCARD_Receive_DMA

函数原型	HAL_StatusTypeDef **HAL_SMARTCARD_Receive_DMA**
	(
	  SMARTCARD_HandleTypeDef * hsmartcard,
	  uint8_t * pData,
	  uint16_t Size
	)

功能描述	在 DMA 模式下接收一定数量的数据
输入参数 1	hsmartcard：指向 SMARTCARD_HandleTypeDef 结构的指针，包含指定的智能卡模块的配置信息
输入参数 2	pData：数据缓冲器指针
输入参数 3	Size：接收数据的数量
先决条件	无
注意事项	智能卡关联的 USART 校验被使能（PCE=1），接收的数据中包含校验位（MSB 位置）
返回值	HAL 状态

函数 18-95

函数名	HAL_SMARTCARD_Receive_IT

函数原型	HAL_StatusTypeDef **HAL_SMARTCARD_Receive_IT**
	(
	  SMARTCARD_HandleTypeDef * hsmartcard,
	  uint8_t * pData,
	  uint16_t Size
	)

功能描述	在中断模式下接收一定数量的数据
输入参数 1	hsmartcard：指向 SMARTCARD_HandleTypeDef 结构的指针，包含指定的智能卡模块的配置信息
输入参数 2	pData：数据缓冲区指针
输入参数 3	Size：接收数据的数量

（续）

先决条件	无
注意事项	无
返回值	HAL 状态

函数 18-96

函数名	**HAL_SMARTCARD_RxCpltCallback**
函数原型	void **HAL_SMARTCARD_RxCpltCallback** (SMARTCARD_HandleTypeDef * hsmartcard)
功能描述	RX 传输结束回调
输入参数	hsmartcard：指向 SMARTCARD_HandleTypeDef 结构的指针，包含指定的智能卡模块的配置信息
先决条件	无
注意事项	无
返回值	无

函数 18-97

函数名	**HAL_SMARTCARD_Transmit**
函数原型	HAL_StatusTypeDef **HAL_SMARTCARD_Transmit** (　SMARTCARD_HandleTypeDef * hsmartcard, 　uint8_t * pData, 　uint16_t Size, 　uint32_t Timeout)
功能描述	在阻塞模式下发送一定数量的数据
输入参数 1	hsmartcard：指向 SMARTCARD_HandleTypeDef 结构的指针，包含指定的智能卡模块的配置信息
输入参数 2	pData：数据缓冲区指针
输入参数 3	Size：发送的数据数量
输入参数 4	Timeout：超时持续时间
先决条件	无
注意事项	无
返回值	HAL 状态

函数 18-98

函数名	**HAL_SMARTCARD_Transmit_DMA**
函数原型	HAL_StatusTypeDef **HAL_SMARTCARD_Transmit_DMA** (　SMARTCARD_HandleTypeDef * hsmartcard, 　uint8_t * pData, 　uint16_t Size)
功能描述	在 DMA 模式下发送一定数量的数据
输入参数 1	hsmartcard：指向 SMARTCARD_HandleTypeDef 结构的指针，包含指定的智能卡模块的配置信息
输入参数 2	pData：数据缓冲区指针
输入参数 3	Size：发送的数据数量

（续）

先决条件	无
注意事项	无
返回值	HAL 状态

函数 18-99

函数名	**HAL_SMARTCARD_Transmit_IT**

函数原型	HAL_StatusTypeDef **HAL_SMARTCARD_Transmit_IT**
	(
	  SMARTCARD_HandleTypeDef * hsmartcard,
	  uint8_t * pData,
	  uint16_t Size
	)

功能描述	在中断模式下发送一定数量的数据
输入参数 1	hsmartcard：指向 SMARTCARD_HandleTypeDef 结构的指针，包含指定的智能卡模块的配置信息
输入参数 2	pData：数据缓冲区指针
输入参数 3	Size：发送的数据数量
先决条件	无
注意事项	无
返回值	HAL 状态

函数 18-100

函数名	**HAL_SMARTCARD_TxCpltCallback**
函数原型	void **HAL_SMARTCARD_TxCpltCallback** (SMARTCARD_HandleTypeDef * hsmartcard)
功能描述	TX 发送结束回调
输入参数	hsmartcard：指向 SMARTCARD_HandleTypeDef 结构的指针，包含指定的智能卡模块的配置信息
先决条件	无
注意事项	无
返回值	无

函数 18-101

函数名	**HAL_SMARTCARD_GetError**
函数原型	uint32_t **HAL_SMARTCARD_GetError** (SMARTCARD_HandleTypeDef * hsmartcard)
功能描述	返回智能卡错误代码
输入参数	hsmartcard：指向 SMARTCARD_HandleTypeDef 结构的指针，包含指定的智能卡模块的配置信息
先决条件	无
注意事项	无
返回值	智能卡处理错误代码

函数 18-102

函数名	HAL_SMARTCARD_GetState
函数原型	HAL_SMARTCARD_StateTypeDef **HAL_SMARTCARD_GetState** (SMARTCARD_HandleTypeDef * hsmartcard)
功能描述	返回智能卡处理状态
输入参数	hsmartcard：指向 SMARTCARD_HandleTypeDef 结构的指针，包含指定的智能卡模块的配置信息
先决条件	无
注意事项	无
返回值	智能卡处理状态

函数 18-103

函数名	SMARTCARD_AdvFeatureConfig
函数原型	void **SMARTCARD_AdvFeatureConfig** (SMARTCARD_HandleTypeDef * hsmartcard)
功能描述	配置智能卡相关 USART 外设高级功能
输入参数	hsmartcard：指向 SMARTCARD_HandleTypeDef 结构的指针，包含指定的智能卡模块的配置信息
先决条件	无
注意事项	无
返回值	无

函数 18-104

函数名	SMARTCARD_CheckIdleState
函数原型	HAL_StatusTypeDef **SMARTCARD_CheckIdleState** (SMARTCARD_HandleTypeDef * hsmartcard)
功能描述	检测智能卡空闲状态
输入参数	hsmartcard：指向 SMARTCARD_HandleTypeDef 结构的指针，包含指定的智能卡模块的配置信息
先决条件	无
注意事项	无
返回值	HAL 状态

函数 18-105

函数名	SMARTCARD_DMAError
函数原型	void **SMARTCARD_DMAError** (DMA_HandleTypeDef * hdma)
功能描述	在 DMA 方式下智能卡通信错误回调
输入参数	hdma：指向 DMA_HandleTypeDef 结构的指针，包含指定的 DMA 模块的配置信息
先决条件	无
注意事项	无
返回值	无

函数 18-106

函数名	SMARTCARD_DMAReceiveCplt
函数原型	void **SMARTCARD_DMAReceiveCplt** (DMA_HandleTypeDef * hdma)
功能描述	在 DMA 方式下，智能卡接收处理结束回调
输入参数	hdma：指向 DMA_HandleTypeDef 结构的指针，包含指定的 DMA 模块的配置信息
先决条件	无
注意事项	无
返回值	无

函数 18-107

函数名	SMARTCARD_DMATransmitCplt
函数原型	void **SMARTCARD_DMATransmitCplt** (DMA_HandleTypeDef * hdma)
功能描述	在 DMA 方式下，智能卡发送处理结束回调
输入参数	hdma：指向 DMA_HandleTypeDef 结构的指针，包含指定的 DMA 模块的配置信息
先决条件	无
注意事项	无
返回值	无

函数 18-108

函数名	SMARTCARD_EndTransmit_IT
函数原型	HAL_StatusTypeDef **SMARTCARD_EndTransmit_IT** (SMARTCARD_HandleTypeDef * hsmartcard)
功能描述	在非阻塞模式下打包传送
输入参数	hsmartcard：指向 SMARTCARD_HandleTypeDef 结构的指针，包含指定的智能卡模块的配置信息
先决条件	无
注意事项	无
返回值	HAL 状态

函数 18-109

函数名	SMARTCARD_Receive_IT
函数原型	HAL_StatusTypeDef **SMARTCARD_Receive_IT** (SMARTCARD_HandleTypeDef * hsmartcard)
功能描述	在非阻塞模式下接收一定数量的数据
输入参数	hsmartcard：指向 SMARTCARD_HandleTypeDef 结构的指针，包含指定的智能卡模块的配置信息
先决条件	无
注意事项	如果中断被 HAL_SMARTCARD_Receive_IT() 启用，该函数在中断服务程序中被调用
返回值	HAL 状态

函数 18-110

函数名	SMARTCARD_SetConfig
函数原型	HAL_StatusTypeDef **SMARTCARD_SetConfig** (SMARTCARD_HandleTypeDef * hsmartcard)
功能描述	配置智能卡相关的 USART 外设
输入参数	hsmartcard：指向 SMARTCARD_HandleTypeDef 结构的指针，包含指定的智能卡模块的配置信息
先决条件	无
注意事项	无
返回值	无

函数 18-111

函数名	SMARTCARD_Transmit_IT
函数原型	HAL_StatusTypeDef **SMARTCARD_Transmit_IT** (SMARTCARD_HandleTypeDef * hsmartcard)
功能描述	在非阻塞模式下发送一定数量的数据
输入参数	hsmartcard：指向 SMARTCARD_HandleTypeDef 结构的指针，包含指定的智能卡模块的配置信息
先决条件	无
注意事项	无
返回值	HAL 状态

函数 18-112

函数名	SMARTCARD_WaitOnFlagUntilTimeout
函数原型	HAL_StatusTypeDef **SMARTCARD_WaitOnFlagUntilTimeout** (　SMARTCARD_HandleTypeDef * hsmartcard, 　uint32_t Flag, 　FlagStatus Status, 　uint32_t Timeout)
功能描述	处理智能卡通信超时
输入参数 1	hsmartcard：指向 SMARTCARD_HandleTypeDef 结构的指针，包含指定的智能卡模块的配置信息
输入参数 2	Flag：指定要检测的智能卡标志位
输入参数 3	Status：新标志位的状态（置位或复位）
输入参数 4	Timeout：超时持续时间
先决条件	无
注意事项	无
返回值	HAL 状态

函数 18-113

函数名	HAL_SMARTCARDEx_BlockLength_Config
函数原型	void **HAL_SMARTCARDEx_BlockLength_Config** (　SMARTCARD_HandleTypeDef * hsmartcard, 　uint8_t BlockLength)

（续）

功能描述	在 RTOR 寄存器中动态更新智能卡块长度
输入参数 1	hsmartcard：指向 SMARTCARD_HandleTypeDef 指针结构，包含指定的智能卡模块配置信息
输入参数 2	BlockLength：智能卡块长度（最多 8 位长）
先决条件	无
注意事项	无
返回值	无

函数 18-114

函数名	**HAL_SMARTCARDEx_DisableReceiverTimeOut**
函数原型	HAL_StatusTypeDef **HAL_SMARTCARDEx_DisableReceiverTimeOut** (SMARTCARD_HandleTypeDef * hsmartcard)
功能描述	禁用智能卡接收超时特性
输入参数	hsmartcard：SMARTCARD_HandleTypeDef 结构指针，包含指定的智能卡模块配置信息
先决条件	无
注意事项	无
返回值	HAL 状态

函数 18-115

函数名	**HAL_SMARTCARDEx_EnableReceiverTimeOut**
函数原型	HAL_StatusTypeDef **HAL_SMARTCARDEx_EnableReceiverTimeOut** (SMARTCARD_HandleTypeDef * hsmartcard)
功能描述	使能智能卡接收超时特性
输入参数	hsmartcard：SMARTCARD_HandleTypeDef 结构指针，包含指定的智能卡模块配置信息
先决条件	无
注意事项	无
返回值	HAL 状态

函数 18-116

函数名	**HAL_SMARTCARDEx_TimeOut_Config**
函数原型	void **HAL_SMARTCARDEx_TimeOut_Config** (SMARTCARD_HandleTypeDef * hsmartcard, uint32_t TimeOutValue)
功能描述	在 RTOR 寄存器中动态更新接收超时值
输入参数 1	hsmartcard：指向 SMARTCARD_HandleTypeDef 结构的指针，包含指定智能卡模块的配置信息
输入参数 2	TimeOutValue：接收机波特率的超时值，超时值必须小于或等于 0x0FFFFFFF
先决条件	无
注意事项	无
返回值	无

18.4　USART 应用实例

在使用 HAL 库为通信模块编程时，经常会遇到 2 种不同的数据传输处理方式，即阻塞模式（Blocking mode）和非阻塞模式（No-Blocking mode）。在阻塞模式下，通信是在轮询方式下执行的，数据的处理需要等待 CPU 的空闲时间进行；而在非阻塞模式下，通信是通过中断或 DMA 方式下执行的，传输的实时性大大提高，用户可以通过使用不同的函数来选择不同的数据处理方式。

本例是 USART1 自收发实验。USART 的 TX 和 RX 引脚用杜邦线短接，使用阻塞方式发送数据，使用非阻塞方式接收数据，并将接收到的数据显示在四位数码管上。在配置 USART 模块时，要特别注意时钟源的选择和波特率的设置。另外，数据位和停止位的长度、字节传输高低位顺序等也是需要考虑的。在使用 STM32CubeMX 软件建立开发项目时，在 "Pinout" 视图中，对引脚和 USART 的配置如图 18-16 所示。

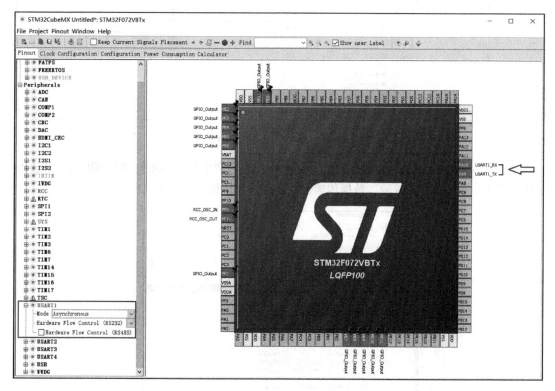

图 18-16　USART1 的配置（一）

在 "Clock Configuration" 视图中，对时钟的配置为使用外部晶体振荡器作为锁相环时钟源，经 6 倍频后为系统提供时钟，USART1 时钟来自于 PCLK1 时钟。具体设置如图 18-17 所示。

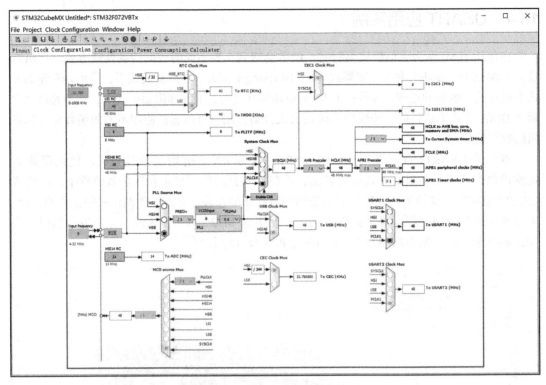

图 18-17　USART1 的配置（二）

在"Configuration"视图中，对于 USART1 模块参数的设置为波特率 9600kHz、字长为 8 位、停止位为 1 位、无校验、数据传输低位在前。具体设置如图 18-18 所示。

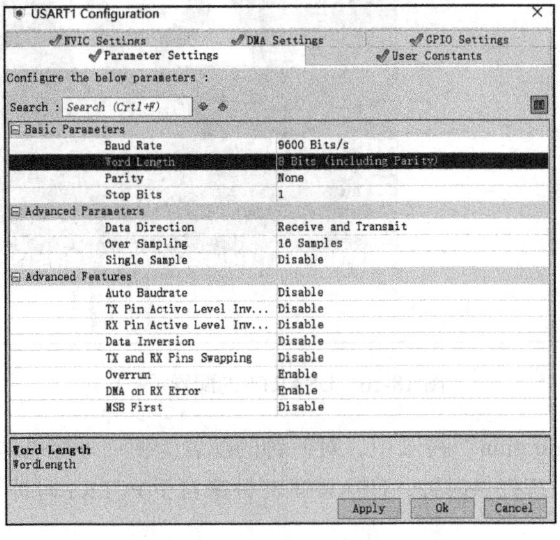

图 18-18　USART1 的配置（三）

本例中 USART1 在通信时,使用中断的方式来接收数据,因此在"Configuration"视图中,还需要对中断进行设置,方法是单击"NVIC"按钮,在 NVIC 配置窗口中的"USART1 global interrupt..."项后面打勾。具体设置如图 18-19 所示。

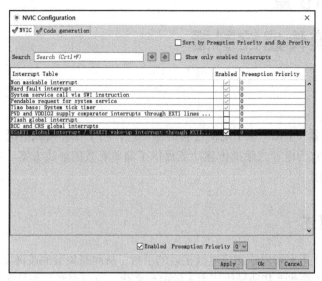

图 18-19 USART1 的配置(四)

USART1 的自收发程序运行后会从 TX 引脚发送出 0 ～ 255 共计 256 个数字,经 RX 引脚接收后,分别显示在四位数码管上,具体程序代码见代码清单 18-1、代码清单 18-2 和代码清单 18-3。

代码清单 18-1 USART1 自收发(main.c)(在附录 J 中指定的网站链接下载源代码)

代码清单 18-2 USART1 自收发(stm32f0xx_hal_msp.c)(在附录 J 中指定的网站链接下载源代码)

代码清单 18-3 USART1 自收发(stm32f0xx_it.c)(在附录 J 中指定的网站链接下载源代码)

第 19 章
触摸传感控制器

触摸传感控制器（TSC）基于电荷迁移检测原理，用于在非接触情况下检测电极附近手指或导体的动作，它为电容式触摸传感功能提供了简单有效的解决方案。本章重点介绍触摸传感器的原理和应用。

19.1　TSC 概述

电容式触摸解决方案可以检测与电极接近的手指，从而避免触摸按键设计中电气直接接触的现象。通过检测手指或者其他导体所引入的电容变化，可以判断是否存在触摸按键的动作。

19.1.1　TSC 的内部结构

表面电荷迁移采样是测量电容量的常用方法，而触摸传感控制器（TSC）正是基于这样一种方法，通过测量每一个检测通道电容值的变化，来实现对触摸或接近动作的检测。触摸传感控制器（TSC）内部结构如图 19-1 所示。

STM32F072VBT6 微控制器内部共集成有 8 个模拟 I/O 口组，每一个模拟 I/O 口组都有一个与之对应的组计数寄存器 TSC_IOGxCR，用于记录该组完成采集所经历的电荷迁移周期数。每个模拟 I/O 口组包含有 4 个 I/O 口，其中一个用于连接采样电容，另外 3 个可以分别定义为电容传感通道。8 个模拟 I/O 口组可以按需要分别使能，并在同一时间由软件或由 SYNC 引脚的电平启动转换，转换的结果保存至各自的组计数寄存器中。对于同一个模拟 I/O 口组，各个使能的电容传感通道会同时采集信号，并保存至同一个组计数寄存器中，这相当于将多个外部通道并联在一起，可以缩短检测时间。例如在做接近检测时，需要一个更大等效面积的电极以便加速电荷采集的过程，这时就可以在同一个模拟 I/O 组下面打开多个通道同时检测。

TSC 的时钟源是 AHB 时钟（f_{HCLK}），脉冲发生器时钟（f_{PGCLK}）和扩展频谱（f_{SSCLK}）时钟由 AHB 时钟经两个独立的可编程预分频器产生。脉冲发生器时钟由 TSC_CR 寄存器的 PGPSC[2:0] 位设定，扩展频谱时钟由 SSPSC 位设定。STM32F072VBT6 微控制器电容传感器 GPIO 引脚详见表 19-1。

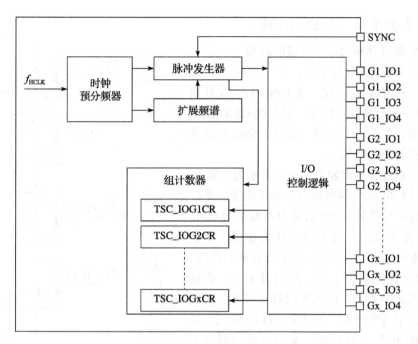

图 19-1 触摸传感控制器（TSC）内部结构

表 19-1 STM32F072VBT6 微控制器电容传感器 GPIO 引脚

组	电容传感信号名称	引脚名称	组	电容传感信号名称	引脚名称
1	TSC_G1_IO1	PA0	5	TSC_G5_IO1	PB3
	TSC_G1_IO2	PA1		TSC_G5_IO2	PB4
	TSC_G1_IO3	PA2		TSC_G5_IO3	PB6
	TSC_G1_IO4	PA3		TSC_G5_IO4	PB7
2	TSC_G2_IO1	PA4	6	TSC_G6_IO1	PB11
	TSC_G2_IO2	PA5		TSC_G6_IO2	PB12
	TSC_G2_IO3	PA6		TSC_G6_IO3	PB13
	TSC_G2_IO4	PA7		TSC_G6_IO4	PB14
3	TSC_G3_IO1	PC5	7	TSC_G7_IO1	PE2
	TSC_G3_IO2	PB0		TSC_G7_IO2	PE3
	TSC_G3_IO3	PB1		TSC_G7_IO3	PE4
	TSC_G3_IO4	PB2		TSC_G7_IO4	PE5
4	TSC_G4_IO1	PA9	8	TSC_G8_IO1	PD12
	TSC_G4_IO2	PA10		TSC_G8_IO2	PD13
	TSC_G4_IO3	PA11		TSC_G8_IO3	PD14
	TSC_G4_IO4	PA12		TSC_G8_IO4	PD15

19.1.2　表面电荷迁移检测原理

表面电荷迁移模拟 I/O 口组的结构如图 19-2 所示。在每个模拟 I/O 口组中，包含有 4 个 GPIO 口，其中采样电容 C_s 占用一个 GPIO 口，而且该组中只能有一个采样电容 I/O，其余的 GPIO 被用来连接电极，作为一个通道。电极上串联电阻可以提高抗静电干扰能力。

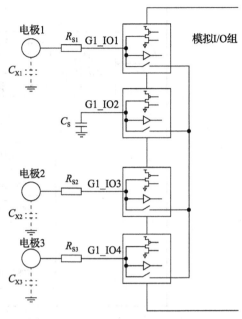

图 19-2　表面电荷迁移模拟 I/O 口组

表面电荷迁移检测原理是由一个电极电容 C_x 和一个向采样电容 C_s 转移电荷的通道组成。采样开始时，连接电极的 GPIO 口输出高电平向 C_x 充电，当 C_x 充满电后，内部模拟开关导通，建立了一个由电极电容 C_x 向采样电容 C_s 充电的回路。当 C_s 上的电压充至一个设定的门限值时，表面电荷迁移检测结束。充电达到门限所需的电荷量和电极电容量直接相关，通过记录对 C_s 的充电时间，可以测量出 C_x 的容量。表 19-2 详细列出了电容传感通道 1 的电荷迁移采集顺序。重复执行状态 3 到状态 7 的步骤直到 C_s 上的电压达到指定门限，在其他通道上的采集顺序也与此相同。不同时间段内采样电容上的电压变化情况如图 19-2 所示。

表 19-2　电荷迁移采集顺序

状态	G1_IO1 （Electrode）	G1_IO2 （Sampling）	G1_IO3 （Electrode）	G1_IO4 （Electrode）	描述
#1	输入悬空 模拟开关关闭	输出开漏低 模拟开关关闭	输入悬空 模拟开关关闭	输入悬空 模拟开关关闭	放空全部的 C_x 和 C_s
#2	输入悬空	输入悬空	输入悬空	输入悬空	死区时间
#3	输出推挽高	输入悬空	输入悬空	输入悬空	充电 C_{X1}
#4	输入悬空	输入悬空	输入悬空	输入悬空	死区时间
#5	输入悬空 模拟开关打开	输入悬空 模拟开关打开	输入悬空	输入悬空	电荷迁移从 C_{X1} 至 C_s
#6	输入悬空	输入悬空	输入悬空	输入悬空	死区时间
#7	输入悬空	输入悬空	输入悬空	输入悬空	测量 C_s 电压

19.1.3　表面电荷迁移采集顺序

表面电荷迁移采集的顺序实例如图 19-4 所示。表面电荷迁移采集的过程由若干个电荷迁移周期构成，直至采样电容 C_s 电压达到设定的门限值为止。每一个电荷迁移周期都由 C_x 充电、电荷从 C_x 转移至 C_s、读取 C_s 电压以及在状态转换时插入的若干个死区时间构成。

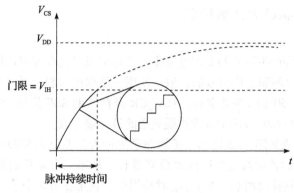

图 19-3　采样电容电压变化

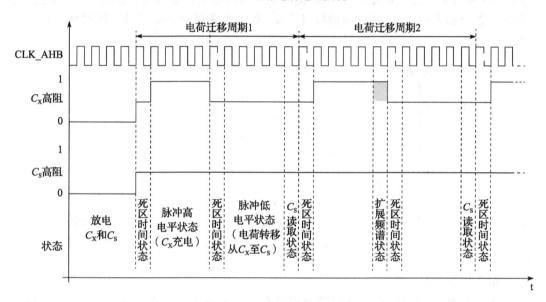

图 19-4　电荷迁移采集顺序

电荷迁移的周期长度是可设置的，脉冲的高电平（C_x 的充电）和脉冲的低电平（从 C_x 转移电荷到 C_s）持续时间可以通过 TSC_CR 寄存器的 CTPH[3:0] 和 CTPL[3:0] 位设置。脉冲高、低电平的时长通常在 500ns 至 2μs 的范围内。为了确保对电极电容测量的准确度，在每一个电荷迁移周期内，脉冲高电平持续时间必须确保能够将 C_x 充满。增加采样电容 C_s 的容量可以提高采集的精度，但相应的采集时间也会延长。

死区时间是插在充电和电荷采集过程之间的一段时间，这段时间内充电开关和电荷迁移开关都处于断开状态，用来保证稳定正确的电荷迁移采集顺序。这个阶段的持续时间固定为 f_{HCLK} 的 2 个周期。如果打开了扩展频谱功能，那么会在脉冲高电平状态的尾部再加上若干个 f_{SSCLK} 的时钟周期。在脉冲低电平快要结束时，通过读取采样电容的 I/O 口状态，可以知道 C_s 电压是否已经达到预定门限值，这个过程是一个 f_{HCLK} 时钟周期。

19.1.4 扩展频谱和最大计数错误

1. 扩展频谱功能

扩展频谱功能允许产生可变的充放电频率，这样可以提高在噪声环境下电荷迁移采集检测的鲁棒性，同时可以限制感应信号的扩散。使用扩展频谱功能，可以在正常的充放电周期的基础上产生 10% ～ 50% 的调整空间。TSC_CR 寄存器的 SSE 位用于使能扩展频谱功能，TSC_CR 寄存器的 SSD[6:0] 位用于设置扩展频谱的最大偏差值。

扩展频谱可变原理如图 19-5 所示。扩展频谱的最大偏差值为 SSD+1，当电荷迁移采集第一个周期开始时，脉冲的高电平时间并没有延长，从第二个采集周期开始，每一个采集周期的高电平持续时间都会增加一个 f_{SSCLK} 时钟周期，直至在第 n 个采集周期时加入 SDD+1 个 f_{SSCLK} 时钟周期。之后从第 $n+1$ 个采集周期开始，每个采集周期都会减少一个 f_{SSCLK} 时钟周期，直至插入的 f_{SSCLK} 时钟周期数量为 0。如果采集过程仍然持续，该增减过程将会持续。

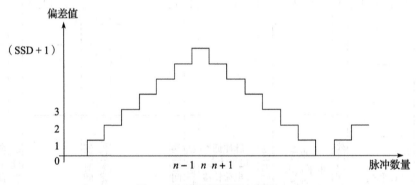

图 19-5 扩展频谱可变原理

2. 最大计数错误

最大计数错误用于防止对有问题通道进行采样时的超时问题。它为每个模拟 I/O 口组的计数器设置一个最大计数值限制，最大计数错误值由 TSC_CR 寄存器的 MCV[2:0] 指定，当采集组计数器达到设定值的时候，正在进行的采集操作会被立即中止，采集结束标志（EOAF）和超时计数错误标志（MCEF）会同时由硬件置 1，如果相关的中断使能位（EOAIE 和 MCEIE）为 1，则会产生相关的中断请求。

19.1.5 TSC 的 I/O 模式

由 TSC 管理的 I/O 口有以下 3 种模式可供选择。

1）未使用的 I/O 模式：指由 TSC 控制的 GPIO，但既未指定为电极 I/O 又未指定为采样电容 I/O 的引脚。

2）采样电容 I/O 模式：定义为采样电容 I/O 引脚，首先要将 I/O 口设置为复用功能开漏输出模式，同时对应的 I/O 口采样控制寄存器 TSC_IOSCR 的 GxIOy 位必须置 1。在一个 I/O

组中，只能定义一个采样电容 I/O 引脚。

3）通道 I/O 模式：定义为通道 I/O 的引脚，要将 I/O 口设置为复用功能推挽输出模式，对应的 I/O 口通道控制寄存器 TSC_IOSCR 的 GxIOy 位必须置 1。

当没有采集过程发生时，所有由 TSC 管辖的 I/O 口都处于默认状态。通过设置 TSC_CR 寄存器的 IODEF 位，可以将 I/O 口的默认状态定义为输出低电平或输入高阻状态。当采集过程开始后，只有未使用的 I/O 口（既未定义为采样电容 I/O，也未定义为通道 I/O）处于默认状态。I/O 口在不同模式下的工作状态详见表 19-3。

表 19-3　I/O 口在不同模式下的工作状态

IODEF 位	采集状态	未使用 I/O 口模式	电极 I/O 口模式	采样电容 I/O 口模式
0（推挽输出、低）	未开始	推挽输出低	推挽输出低	推挽输出低
0（推挽输出、低）	进行中	推挽输出低	—	—
1（输入、高阻）	未开始	输入高阻	输入高阻	输入高阻
1（输入、高阻）	进行中	输入高阻	—	—

19.1.6　TSC 采集过程

通过设置 TSC_CR 寄存器的 AM 位可以为触摸传感控制器设置不同的采集模式。

❑ 常规采集模式（AM=0）：采集在 TSC_CR 寄存器的 START 位置 1 时立即开始。

❑ 同步采集模式（AM=1）：采集由 TSC_CR 寄存器的 START 位来使能，但并不立即开始，而是在同步输入引脚上检测到下降沿、上升沿和高电平时触发开始。该模式允许使用外部信号同步各个通道的采集过程。

TSC_IOGCSR 寄存器中的 GxE 位决定使能的模拟 I/O 组（对应的计数器开始计数），未被使能的模拟 I/O 组的 Cs 电压不会被检测，也不参与对采集结束标志的触发动作。当工作态模拟 I/O 组的 Cs 电压达到指定门限时，TSC_IOGCSR 寄存器中对应的 GxS 位会硬件置 1，当全部活动的模拟 I/O 组的采集工作完成后（全部 GxS 置 1），TSC_ISR 寄存器的 EOAF 标志会被置 1。如果 TSC_IER 寄存器的 EOAIE 位也置 1，则会产生中断请求。

如果有最大计数错误发生，那么进行中的采集动作会停止，TSC_ISR 寄存器的 EOAF 和 MCEF 标志会同时置 1。如果相关的中断使能位为 1（TSC_IER 寄存器中的 EOAIE 和 MCEIE），将产生中断请求。要清除中断标志，必须对 TSC_ICR 寄存器的 EOAIC 和 MCEIC 位写 1。当最大计数错误发生时，剩余的 GxS 位不会置位。

在常规采集模式下，当 TSC_CR 寄存器的 START 位置 1 时采集开始，采集结束后数据保存在 TSC_IOGxCR 寄存器中，START 位由 1 转变为 0。查询 START 位的状态可以判断采集过程是否结束。之后软件需要再次将 START 位置 1，以开始新一轮的采集过程。当新一轮的采集开始时，TSC_IOGxCR 寄存器会自动清零，其值会不断地被对应通道的采集周期更新，直到采集过程结束。为了提高抗干扰能力，可以关闭由 TSC 控制的 GPIO 口的施密特滞后触发功能，方法是将 TSC_IOHCR 寄存器对应的 Gx_IOy 位清 0。

19.1.7 TSC 的低功耗模式和中断

TSC 低功耗模式和中断控制逻辑详见表 19-4 和表 19-5。

表 19-4 低功耗模式对 TSC 的影响

模式	描述
Sleep	无影响。TSC 中断可将微控制器从 Sleep 模式唤醒
Stop	TSC 寄存器处于冻结状态，TSC 停止操作直到微控制器退出 Stop 或 Standby 模式
Standby	

表 19-5 中断控制位

中断事件	使能控制位	事件标志	清除标志位	退出 Sleep 模式	退出 Stop 模式	退出 Standby 模式
结束采集	EOAIE	EOAIF	EOAIC	是	否	否
最大计数错误	MCEIE	MCEIF	MCEIC	是	否	否

19.2 TSC 函数

19.2.1 TSC 类型定义

输出类型 19-1：TSC 状态结构定义

HAL_TSC_StateTypeDef

```
typedef enum
{
  HAL_TSC_STATE_RESET  = 0x00,            /* TSC 寄存器保持其复位值 */
  HAL_TSC_STATE_READY  = 0x01,            /* TSC 寄存器已初始化或成功获取结束 */
  HAL_TSC_STATE_BUSY   = 0x02,            /* TSC 初始化或获取正在进行 */
  HAL_TSC_STATE_ERROR  = 0x03             /* 获取结束并且最大计数错误 */
} HAL_TSC_StateTypeDef;
```

输出类型 19-2：TSC 组状态结构定义

TSC_GroupStatusTypeDef

```
typedef enum
{
  TSC_GROUP_ONGOING   = 0x00,             /* 组获取正在进行或未开始 */
  TSC_GROUP_COMPLETED = 0x01              /* 组获取成功结束（没有最大计数错误）*/
} TSC_GroupStatusTypeDef;
```

输出类型 19-3：TSC 初始化结构定义

TSC_InitTypeDef

```
typedef struct
{
  uint32_t CTPulseHighLength;             /* 电荷迁移高脉冲长度 */
```

```
  uint32_t CTPulseLowLength;              /* 电荷迁移低脉冲长度 */
  uint32_t SpreadSpectrum;               /* 扩展频谱激活 */
  uint32_t SpreadSpectrumDeviation;      /* 扩展频谱误差 */
  uint32_t SpreadSpectrumPrescaler;      /* 扩展频谱预分频 */
  uint32_t PulseGeneratorPrescaler;      /* 脉冲发生器预分频器 */
  uint32_t MaxCountValue;                /* 最大计数值 */
  uint32_t IODefaultMode;                /* IO 默认模式 */
  uint32_t SynchroPinPolarity;           /* 同步引脚极性 */
  uint32_t AcquisitionMode;              /* 获取模式 */
  uint32_t MaxCountInterrupt;            /* 最大计数中断激活 */
  uint32_t ChannelIOs;                   /* 通道 IO 屏蔽 */
  uint32_t ShieldIOs;                    /* 保护 IO 屏蔽 */
  uint32_t SamplingIOs;                  /* 采样 IO 屏蔽 */
} TSC_InitTypeDef;
```

输出类型 19-4：TSC IOs 配置结构定义

TSC_IOConfigTypeDef

```
typedef struct
{
  uint32_t ChannelIOs;                   /* 通道 IO 屏蔽 */
  uint32_t ShieldIOs;                    /* 保护 IO 屏蔽 */
  uint32_t SamplingIOs;                  /* 采样 IO 屏蔽 */
} TSC_IOConfigTypeDef;
```

输出类型 19-5：TSC 处理结构定义

TSC_HandleTypeDef

```
typedef struct
{
  TSC_TypeDef               *Instance;    /* 寄存器基地址 */
  TSC_InitTypeDef           Init;         /* 初始化参数 */
  __IO HAL_TSC_StateTypeDef State;        /* 外设状态 */
  HAL_LockTypeDef           Lock;         /* 锁定特性 */
} TSC_HandleTypeDef;
```

19.2.2　TSC 常量定义

输出常量 19-1：TSC 电荷迁移高脉冲

状态定义	释　义
TSC_CTPH_1CYCLE	1 个脉冲发生器时钟周期
TSC_CTPH_2CYCLES	2 个脉冲发生器时钟周期
TSC_CTPH_3CYCLES	3 个脉冲发生器时钟周期
...	...
TSC_CTPH_16CYCLES	16 个脉冲发生器时钟周期

输出常量 19-2：TSC 电荷迁移低脉冲

状态定义	释 义
TSC_CTPL_1CYCLE	1 个脉冲发生器时钟周期
TSC_CTPL_2CYCLES	2 个脉冲发生器时钟周期
TSC_CTPL_3CYCLES	3 个脉冲发生器时钟周期
...	...
TSC_CTPL_16CYCLES	16 个脉冲发生器时钟周期

输出常量 19-3：TSC 扩展频谱预分频器定义

状态定义	释 义
TSC_SS_PRESC_DIV1	1 分频
TSC_SS_PRESC_DIV2	2 分频

输出常量 19-4：TSC 脉冲发生器预分频器定义

状态定义	释 义
TSC_PG_PRESC_DIV1	1 分频
TSC_PG_PRESC_DIV2	2 分频
TSC_PG_PRESC_DIV4	4 分频
TSC_PG_PRESC_DIV8	8 分频
TSC_PG_PRESC_DIV16	16 分频
TSC_PG_PRESC_DIV32	32 分频
TSC_PG_PRESC_DIV64	64 分频
TSC_PG_PRESC_DIV128	128 分频

输出常量 19-5：TSC 最大计数值定义

状态定义	释 义
TSC_MCV_255	最大计数值 255
TSC_MCV_511	最大计数值 511
TSC_MCV_1023	最大计数值 1023
TSC_MCV_2047	最大计数值 2047
TSC_MCV_4095	最大计数值 4095
TSC_MCV_8191	最大计数值 8191
TSC_MCV_16383	最大计数值 16383

输出常量 19-6：TSC I/O 默认模式定义

状态定义	释 义
TSC_IODEF_OUT_PP_LOW	输出低电平
TSC_IODEF_IN_FLOAT	输入高阻态

输出常量 19-7：TSC 同步引脚极性

状态定义	释　义
TSC_SYNC_POLARITY_FALLING	下降沿
TSC_SYNC_POLARITY_RISING	上升沿和高电平

输出常量 19-8：TSC 获取模式

状态定义	释　义
TSC_ACQ_MODE_NORMAL	正常模式
TSC_ACQ_MODE_SYNCHRO	同步模式

输出常量 19-9：TSC I/O 模式定义

状态定义	释　义
TSC_IOMODE_UNUSED	未使用
TSC_IOMODE_CHANNEL	通道 IO
TSC_IOMODE_SHIELD	屏蔽 IO
TSC_IOMODE_SAMPLING	采样 IO

输出常量 19-10：TSC 中断定义

状态定义	释　义
TSC_IT_EOA	结束采集中断
TSC_IT_MCE	最大计数错误中断

输出常量 19-11：TSC 标志定义

状态定义	释　义
TSC_FLAG_EOA	结束采集中断标志
TSC_FLAG_MCE	最大计数错误中断标志

输出常量 19-12：TSC 组定义

状态定义	释　义
TSC_GROUP1	TSC 组 1
TSC_GROUP2	TSC 组 2
TSC_GROUP3	TSC 组 3
TSC_GROUP4	TSC 组 4
TSC_GROUP5	TSC 组 5
TSC_GROUP6	TSC 组 6
TSC_GROUP7	TSC 组 7
TSC_GROUP8	TSC 组 8
TSC_ALL_GROUPS	所有 TSC 组

输出常量 19-13：TSC 通道定义

状态定义	释　　义
TSC_GROUPx_IO1	TSC 组 x 通道 1（x=1～8）
TSC_GROUPx_IO2	TSC 组 x 通道 2（x=1～8）
TSC_GROUPx_IO3	TSC 组 x 通道 3（x=1～8）
TSC_GROUPx_IO4	TSC 组 x 通道 4（x=1～8）
TSC_GROUPx_ALL_IOS	TSC 组 x 所有通道（x=1～8）

输出常量 19-14：TSC 组标号定义

状态定义	释　　义
TSC_GROUP1_IDX	TSC 组 1 标号
TSC_GROUP2_IDX	TSC 组 2 标号
TSC_GROUP3_IDX	TSC 组 3 标号
TSC_GROUP4_IDX	TSC 组 4 标号
TSC_GROUP5_IDX	TSC 组 5 标号
TSC_GROUP6_IDX	TSC 组 6 标号
TSC_GROUP7_IDX	TSC 组 7 标号
TSC_GROUP8_IDX	TSC 组 8 标号

19.2.3　TSC 函数定义

函数 19-1

函数名	**HAL_TSC_DeInit**
函数原型	HAL_StatusTypeDef **HAL_TSC_DeInit**（TSC_HandleTypeDef * htsc）
功能描述	反初始化 TSC 外设寄存器至其默认复位值
输入参数	htsc：TSC 处理
先决条件	无
注意事项	无
返回值	HAL 状态

函数 19-2

函数名	**HAL_TSC_Init**
函数原型	HAL_StatusTypeDef **HAL_TSC_Init**（TSC_HandleTypeDef * htsc）
功能描述	按照 TSC_InitTypeDef 结构中指定的参数初始化 TSC 外设
输入参数	htsc：TSC 处理
先决条件	无
注意事项	无
返回值	HAL 状态

函数 19-3

函数名	**HAL_TSC_MspDeInit**
函数原型	void **HAL_TSC_MspDeInit** (TSC_HandleTypeDef * htsc)
功能描述	反初始化 TSC 微控制器特定程序包
输入参数	htsc: 指向 TSC_HandleTypeDef 结构的指针，包含指定 TSC 配置信息
先决条件	无
注意事项	无
返回值	无

函数 19-4

函数名	**HAL_TSC_MspInit**
函数原型	void **HAL_TSC_MspInit** (TSC_HandleTypeDef * htsc)
功能描述	初始化 TSC 微控制器特定程序包
输入参数	htsc: 指向 TSC_HandleTypeDef 结构的指针，包含指定 TSC 配置信息
先决条件	无
注意事项	无
返回值	无

函数 19-5

函数名	**HAL_TSC_GroupGetStatus**
函数原型	TSC_GroupStatusTypeDef **HAL_TSC_GroupGetStatus** (　TSC_HandleTypeDef * htsc, 　uint32_t　gx_index)
功能描述	获取组采集状态
输入参数 1	htsc: 指向 TSC_HandleTypeDef 结构的指针，包含指定 TSC 的配置信息
输入参数 2	gx_index：组标号
先决条件	无
注意事项	无
返回值	组状态

函数 19-6

函数名	**HAL_TSC_GroupGetValue**
函数原型	uint32_t **HAL_TSC_GroupGetValue** (　TSC_HandleTypeDef * htsc, 　uint32_t　gx_index)
功能描述	获取一个组的采集结果
输入参数 1	htsc: 指向 TSC_HandleTypeDef 结构的指针，包含指定 TSC 的配置信息
输入参数 2	gx_index：组标号
先决条件	无
注意事项	无
返回值	采集结果

函数 19-7

函数名	**HAL_TSC_Start**
函数原型	HAL_StatusTypeDef **HAL_TSC_Start** (TSC_HandleTypeDef * htsc)
功能描述	启动采集
输入参数	htsc：指向 TSC_HandleTypeDef 结构的指针，包含指定 TSC 的配置信息
先决条件	无
注意事项	无
返回值	HAL 状态

函数 19-8

函数名	**HAL_TSC_Start_IT**
函数原型	HAL_StatusTypeDef **HAL_TSC_Start_IT** (TSC_HandleTypeDef * htsc)
功能描述	使能中断并启动采集
输入参数	htsc：指向 TSC_HandleTypeDef 结构的指针，包含指定 TSC 的配置信息
先决条件	无
注意事项	无
返回值	HAL 状态

函数 19-9

函数名	**HAL_TSC_Stop**
函数原型	HAL_StatusTypeDef **HAL_TSC_Stop** (TSC_HandleTypeDef * htsc)
功能描述	在查询模式下停止以前启动的采集
输入参数	htsc：指向 TSC_HandleTypeDef 结构的指针，包含指定 TSC 的配置信息
先决条件	无
注意事项	无
返回值	HAL 状态

函数 19-10

函数名	**HAL_TSC_Stop_IT**
函数原型	HAL_StatusTypeDef **HAL_TSC_Stop_IT** (TSC_HandleTypeDef * htsc)
功能描述	在中断模式下停止以前启动的采集
输入参数	htsc：指向 TSC_HandleTypeDef 结构的指针，包含指定 TSC 的配置信息
先决条件	无
注意事项	无
返回值	HAL 状态

函数 19-11

函数名	**HAL_TSC_IOConfig**

函数原型	HAL_StatusTypeDef **HAL_TSC_IOConfig**
	(
	  TSC_HandleTypeDef * htsc,
	  TSC_IOConfigTypeDef * config
	)

（续）

功能描述	配置 TSC 引脚
输入参数 1	htsc：指向 TSC_HandleTypeDef 结构的指针，包含指定 TSC 的配置信息
输入参数 2	config：配置结构指针
先决条件	无
注意事项	无
返回值	HAL 状态

函数 19-12

函数名	**HAL_TSC_IODischarge**
函数原型	HAL_StatusTypeDef **HAL_TSC_IODischarge** (　TSC_HandleTypeDef * htsc, 　uint32_t　choice)
功能描述	禁用 TSC 引脚
输入参数 1	htsc：指向 TSC_HandleTypeDef 结构的指针，包含指定 TSC 的配置信息
输入参数 2	choice：使能或禁用
先决条件	无
注意事项	无
返回值	HAL 状态

函数 19-13

函数名	**HAL_TSC_GetState**
函数原型	HAL_TSC_StateTypeDef **HAL_TSC_GetState** (TSC_HandleTypeDef * htsc)
功能描述	返回 TSC 状态
输入参数	htsc：指向 TSC_HandleTypeDef 结构的指针，包含指定 TSC 的配置信息
先决条件	无
注意事项	无
返回值	HAL 状态

函数 19-14

函数名	**HAL_TSC_IRQHandler**
函数原型	void **HAL_TSC_IRQHandler** (TSC_HandleTypeDef * htsc)
功能描述	处理 TSC 中断请求
输入参数	htsc：指向 TSC_HandleTypeDef 结构的指针，包含指定 TSC 的配置信息
先决条件	无
注意事项	无
返回值	无

函数 19-15

函数名	HAL_TSC_PollForAcquisition
函数原型	HAL_StatusTypeDef **HAL_TSC_PollForAcquisition** (TSC_HandleTypeDef * htsc)
功能描述	启动采集并等待直至结束
输入参数	htsc：指向 TSC_HandleTypeDef 结构的指针，包含指定 TSC 的配置信息
先决条件	无
注意事项	超时参数在此没有必要，最大计数错误已经由 TSC 外设管理
返回值	HAL 状态

函数 19-16

函数名	HAL_TSC_ConvCpltCallback
函数原型	void **HAL_TSC_ConvCpltCallback** (TSC_HandleTypeDef * htsc)
功能描述	在非阻塞模式下采集结束回调
输入参数	htsc：指向 TSC_HandleTypeDef 结构的指针，包含指定 TSC 的配置信息
先决条件	无
注意事项	无
返回值	无

函数 19-17

函数名	HAL_TSC_ErrorCallback
函数原型	void **HAL_TSC_ErrorCallback** (TSC_HandleTypeDef * htsc)
功能描述	在非阻塞模式下错误回调
输入参数	htsc：指向 TSC_HandleTypeDef 结构的指针，包含指定 TSC 的配置信息
先决条件	无
注意事项	无
返回值	无

函数 19-18

函数名	TSC_extract_groups
函数原型	uint32_t **TSC_extract_groups** (uint32_t iomask)
功能描述	应用函数用于设置采集组屏蔽
输入参数	iomask：通道 IO 屏蔽
先决条件	无
注意事项	无
返回值	采集组屏蔽

19.3　TSC 应用实例

触摸传感控制器是通过检测通道电容量变化来检测手指的接近动作的，这样在产品使用中可以实现免接触按键设计，这也是当前较流行的一种人机交互方式。对于多个按键，推荐使用不同的组来对按键进行检测，每一个按键与一个组相对应。而对于灵敏度要求较高的接近检测应用，可以用在同一个组中使能多个通道的方式来提高检测精度，这相当于将多个电极电容并联在一起同时检测。

在使用 STM32CubeMX 软件生成开发项目时，在"Pinout"视图中，使能 Group8 组，将 G8_IO1（PD12）配置成采样电容 IO，其他 3 个通道设置成电极 IO，使用中断的方式进行检测。具体的引脚与外设配置如图 19-6 所示。

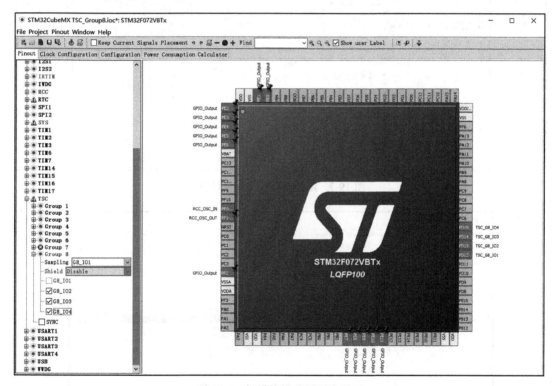

图 19-6　触摸按键检测引脚设置

在"Clock Configuration"视图中，对时钟的配置如图 19-7 所示。

在"Configuration"视图中，将 TSC 的电荷转移高脉冲和低脉冲长度均设置为 2 个周期，关闭扩展频谱功能，脉冲发生器预分频比为 32，最大计数错误值为 16383，并且使能 TSC 中断。具体参数配置如图 19-8 和图 19-9 所示。

使用 Group8 的触摸按键检测代码详见代码清单 19-1、代码清单 19-2 和代码清单 19-3。

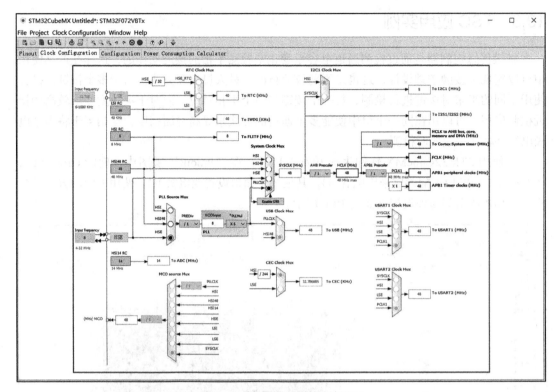

图 19-7 触摸按键检测时钟设置

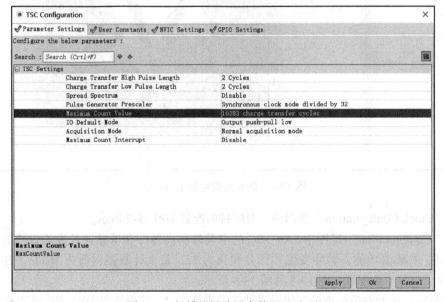

图 19-8 触摸按键检测参数配置(一)

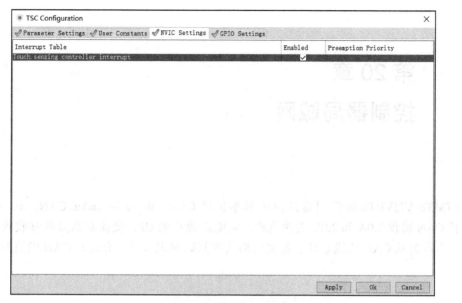

图 19-9 触摸按键检测参数配置（二）

代码清单 19-1 Group8 触摸按键检测（main.c）（在附录 J 中指定的网站链接下载源代码）

代码清单 19-2 Group8 触摸按键检测（stm32f0xx_hal_msp.c）（在附录 J 中指定的网站链接下载源代码）

代码清单 19-3 Group8 触摸按键检测（stm32f0xx_it.c）（在附录 J 中指定的网站链接下载源代码）

第 20 章
控制器局域网

STM32F072VBT6 微控制器片内的基本扩展 CAN（Basic Extended CAN，bxCAN）模块支持 CAN 协议 2.0A 和 2.0B 主动模式，它能以最小的 CPU 负荷来高效处理收到的大量报文。本章将从 CAN 总线原理、报文的格式等基础知识入手，介绍 bxCAN 模块的结构及应用。

20.1 CAN 总线

CAN 是 Controller Area Network(控制器局域网) 的缩写，是国际标准化的串行通信协议。CAN 总线是德国 BOSCH 公司在 20 世纪 80 年代初为解决汽车中众多的控制与测试仪器之间的数据交换而开发的一种串行数据通信协议。由于 CAN 总线具有高性能、高可靠性、高实时性等优点，现已广泛应用于工业自动化、控制设备、交通工具、医疗仪器、建筑、环境监测等众多领域。

CAN 总线是一种多主总线，通信介质可以是双绞线、同轴电缆或光导纤维，通信速率最高可达 1Mbit/s。CAN 总线协议使用异步通信方式，当总线上的一个节点发送数据时，数据以报文（类似于数据包）的形式广播给网络中的所有节点。对每个节点来说，无论数据是否发送给自己，都对其进行接收并鉴别。对于发给自己的报文，CAN 节点会做进一步的处理，其他无关报文会被丢弃。

随着 CAN 总线的应用领域越来越广泛，为了规范定义，1991 年 9 月，Philips Semiconductors 制订并发布了 CAN 技术规范 V2.0 标准。该技术规范包括 A 和 B 两部分。2.0A 给出了曾在 CAN 早期版本中定义的 CAN 报文格式，提供了 11 位的地址，而 2.0B 中则定义了标准和扩展两种报文格式，提供 29 位的地址。

20.1.1 显性与隐性

CAN 总线有两条物理导线，分别是 CAN_High 线和 CAN_Low 线。当总线处于静止状态时，这两条导线上的电平是一样的，大约为 2.5V，两条线上的电压差为 0V，这时总线上的电平称为静电平，也称为隐性电平，总线的状态是隐性状态。当总线上有数据传输时，

CAN_High 线上的电压会升高 1V，而 CAN_Low 线上的电压会降低 1V，即 CAN_High 线为 3.5V，而 CAN_Low 线为 1.5V，两线间电压差达到 2V，此时的电平称为显性电平，总线的状态是显性状态。显性状态和隐性状态的电压变化如图 20-1 所示。

在隐性状态下，CAN_High 线与 CAN_Low 线间没有电压差，而在显性状态下，两线间电压差达到 2V。如果用显性状态表示"0"，用隐性状态表示"1"，通过若干个"0"和"1"的组合，总线就可以传送数据了。通常情况下，CAN 总线的控制单元不能直接与总线相连，而是需要通过一个驱动器连接到总线上。由微控制器构成的 CAN 典型应用如图 20-2 所示。

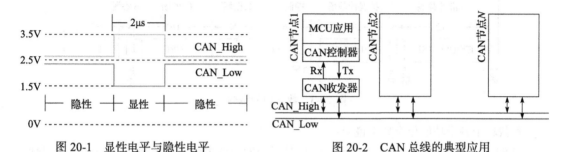

图 20-1 显性电平与隐性电平   图 20-2 CAN 总线的典型应用

20.1.2 报文

CAN 总线上的数据是以报文的形式传输的。在 CAN2.0B 协议中支持两种报文格式：标准格式和扩展格式。二者的不同点在于标识符（ID）的长度不同，其中标准格式标识符的长度为 11 位，而扩展格式标识符长度为 29 位。无论标准格式还是扩展格式，CAN 总线上传送的报文都分为 5 种不同的类型：数据帧、远程帧、错误帧、过载帧和帧间空间。

1. 数据帧

数据帧用于将数据从发送器传输到接收器。数据帧由 7 个不同的位场组成，分别是：帧起始（Start of Frame）、仲裁场（Arbitration Field）、控制场（Control Field）、数据场（Data Field）、CRC 场（CRC Field）、应答场（ACK Field）和帧结尾（End of Frame）。数据帧的结构如图 20-3 所示。

1）帧起始（SOF）：用于标志数据帧或远程帧的开始，由一个显性位组成。只有在总线空闲时才允许节点发送帧起始信号。

2）仲裁场：标准格式的仲裁场由标准格式标识符和远程发送请求位（RTR 位）组成，且 RTR 位在数据帧中为显性。标准格式的标识符的长度为 11 位，这些位按高位在前、低位在后的顺序排列，且 7 个最高位 [STID10:STID4] 必须不能全是隐性位。扩展格式的仲裁场由扩展标识符、替代远程请求位（SRR 位）、识别符扩展位（IDE 位）和远程发送请求位（RTR 位）组成。其中标识符包含两个部分：11 位的基本标识符 [EXID28:EXID18] 和 18 位的扩展标识符 [EXID17:EXID0]。基本标识符首先发送，其次发送 SRR 位和 IDE 位，之后才是扩展标识符和 RTR 位。

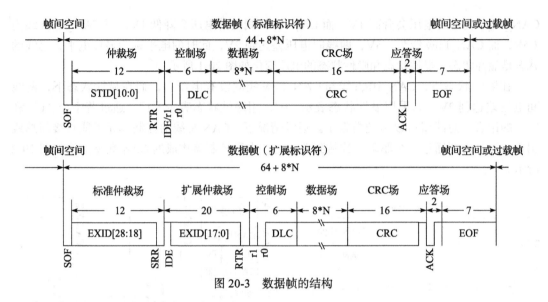

图 20-3 数据帧的结构

仲裁场中各个功能位有如下说明：

❑ RTR(Remote Transmission Request) 位是远程发送请求位，在数据帧中 RTR 位为显性，
而在远程帧中 RTR 位为隐性。

❑ SRR（Substitute Remote Request）位是替代远程请求位，它在扩展格式中占据了标准
帧的 RTR 位的位置，SRR 位是显性位。

❑ IDE（Identifier Extension）位是识别符扩展位，在标准格式中 IDE 位属于控制场且为
显性位，而在扩展格式中 IDE 位属于仲裁场且为隐性位。

3）控制场：控制场由 6 位组成。标准格式的控制场由识别符扩展位（IDE 位）、保留位
r0 和数据长度代码 [DLC3:DLC0] 构成，其中 IDE 位为显性位。扩展格式里的控制场由两个
保留位 [r1:r0] 和数据长度代码 [DLC3:DLC0] 构成，其中保留位必须为显性。标准格式以及
扩展格式的数据长度代码所定义的数据长度详见表 20-1。

4）数据场：包含数据帧里发送的所有数据，
由 0 ～ 8 字节组成，每字节包含 8 个数据位。

5）CRC 场：CRC 即循环冗余校验，是数
据通信领域中最常用的一种差错校验方式。数
据帧中的 CRC 场由 CRC 序列（CRC Sequence）
和 CRC 界定符（CRC Delimiter）构成，标准格
式和扩展格式的 CRC 场相同。

6）应答场：应答场包括应答间隙（ACK
Slot）和应答界定符（ACK Delimiter），长度为
2 位；标准格式和扩展格式的应答场相同。

7）帧结尾：每一个数据帧和远程帧都由

表 20-1 数据帧长度代码

数据长度代码				数据字节
DLC3	DLC2	DLC1	DLC0	
0	0	0	0	0
0	0	0	1	1
0	0	1	0	2
0	0	1	1	3
0	1	0	0	4
0	1	0	1	5
0	1	1	0	6
0	1	1	1	7
1	0	0	0	8

一个标志性的序列作为这一帧的结束，这个标志序列由 7 个连续的隐性位组成，且标准格式和扩展格式的帧结尾是相同的。帧结尾后如果没有节点进行总线收发，总线将进入空闲状态。

2. 远程帧

远程帧用于激活目标发送器发送数据。CAN 协议规定，接收器可以通过向相应的发送器发送远程帧激活该器件，使其把数据发送给接收器。远程帧也有标准格式和扩展格式之分，由 6 个不同的位场组成：帧起始、仲裁场、控制场、CRC 场、应答场、帧结尾。

远程帧与数据帧的区别如下：

1）远程帧中没有数据场，数据长度代码 DLC 的值为 0。

2）远程帧中的 RTR 位是"隐性"位的，而数据帧中 RTR 位是"显性"的。

远程帧的结构如图 20-4 所示。

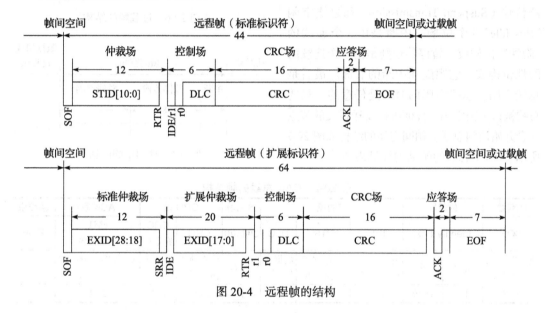

图 20-4 远程帧的结构

3. 错误帧

节点检测到总线错误后会发出错误帧。错误帧由两个位场组成：错误标志（Error Flag）和错误分隔符（Error Delimiter）。检测到错误条件的节点通过发送显性的错误标志位指示错误，其他节点在检测到错误条件后也开始发送错误标志，从而形成一个显性位序列，这是由多个节点发送错误标志位叠加的结果。位序列的总长度最小为 6 位，最大为 12 位。错误标志之后是错误分隔符，包括 8 个连续的隐性位。错误帧的结构如图 20-5 所示。

4. 过载帧

过载帧用于在数据帧或远程帧之间提供一个附加的时间延时。过载帧由两个位场组

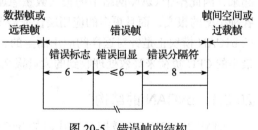

图 20-5 错误帧的结构

成：过载标志（Overload Flag）和过载分隔符（Overload Delimiter）。过载标志由 6 个显性位组成，总线上其他节点在检测到过载条件后也发送过载标志，形成由显性位构成的过载序列。过载序列之后是由 8 个隐性位构成的过载分隔符。过载帧的结构如图 20-6 所示。

5. 帧间空间

帧间空间用于分隔数据帧（或远程帧）与先前帧（包括数据帧、远程帧、错误帧、过载帧）。这里需要说明的是，过载帧与错误帧之前没有帧间空间，且多个过载帧之间也不会由帧间空间分隔。

帧间空间包括中断（Intermission）、暂停传输（Suspend Transmission）和总线空闲（Bus Idle）3 个位场。中断是由 3 个连续的"隐性"位构成。暂停传送则是由 8 个连续的隐性位构成，它跟随在中断的后面。最后是总线空闲。总线空闲的时间是任意的，只要总线被认定为空闲，任何等待发送报文的节点就会开始访问总线。帧间空间的结构如图 20-7 所示。CAN 总线的帧结构详见表 20-2。

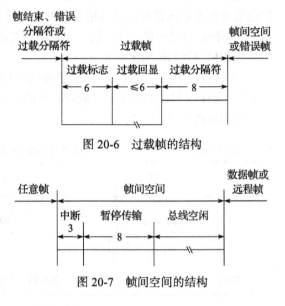

图 20-6　过载帧的结构

图 20-7　帧间空间的结构

表 20-2　CAN 总线的帧结构

帧起始	仲裁段		控制段			数据段	CRC 段		ACK 段	帧结束
SOF	Identify (ID)		IDE	RTR	DLC	Data[8]	CRC	CRC 界定符	确认 正常接收	EOF
显性电平 1：表示帧起始	标准 ID	扩展 ID	0：标准帧 1：扩展帧	0：数据帧 1：远程帧	数据段长度	0 ～ 64	检查帧传输错误	隐性电平 0	发送方发送 00，接收方接收到回应 11	隐性电平
1 位	11 位	18 位	1 位	1 位	4 位	8 字节	15 位	1 位	2 位	7 位

20.2　bxCAN 模块

在现代 CAN 应用中，CAN 网络的节点在不断增加，并且多个 CAN 经常通过网关连接起来，因此整个 CAN 网络中的报文数量急剧增加，这不仅需要一个增强的过滤机制来处理各种类型的报文，而且更多的应用层任务需要占用更多的 CPU 资源。STM32F072VBT6 片内的 bxCAN 模块正是针对这样的应用而生的，它支持 CAN 协议 2.0A 和 2.0B 主动模式，能以最小的 CPU 负荷来高效处理收到的大量报文。

20.2.1　bxCAN 的结构

STM32F072VBT6 微控制器片内的 bxCAN 模块由 CAN2.0B 内核、3 个发送邮箱、3 级深度的两个接收 FIFO、14 个位宽可变的过滤器组以及控制、状态和配置寄存器构成，其内部结构如图 20-8 所示。

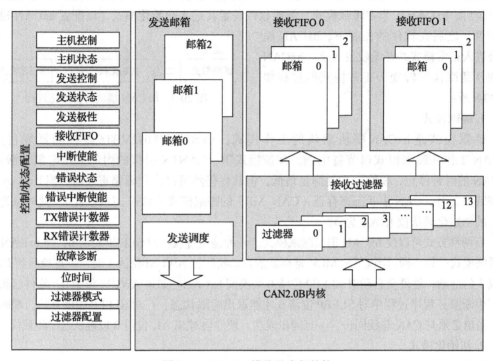

图 20-8 bxCAN 模块的内部结构

1. CAN2.0B 内核

bxCAN 模块可以完全自动地接收和发送 CAN 报文而不需要 CPU 的干预，它支持标准标识符（11 位）和扩展标识符（29 位）。

2. 控制、状态和配置寄存器

通过使用这些寄存器，可以配置 CAN 的参数、请求发送报文、处理报文的接收、管理中断和获取诊断信息等。

3 . 发送邮箱

bxCAN 模块中共有 3 个发送邮箱供软件来发送报文，发送调度器根据优先级决定先发送哪个邮箱的报文。

4. 接收过滤器

bxCAN 模块提供 14 个位宽可变的标识符过滤器组，软件通过对它们编程，从而在接收到的报文中选择所需要的报文，并丢弃无用的报文。

5. 接收 FIFO

bxCAN 模块共有两个接收 FIFO，每个 FIFO 都可以存放 3 个完整的报文，接收 FIFO 完全由硬件来管理。

20.2.2 bxCAN 的工作模式

bxCAN 模块有 3 种主要的工作模式，即初始化模式、正常模式和睡眠模式。在微控制器复位后，bxCAN 工作在睡眠模式，需要软件设置其进入初始化模式，以配置 bxCAN 模块的特性。之后在软件的控制下，bxCAN 模块会进入正常模式并开始收发报文。bxCAN 模块从睡眠模式转变为正常模式的过程如图 20-9 所示。

图 20-9 bxCAN 模块的初始化过程

1. 睡眠模式

睡眠模式是 bxCAN 模块默认的工作模式，当 STM32F072VBT6 微控制器复位后，bxCAN 工作在睡眠模式以节省电能。在该模式下，CANTX 引脚的内部上拉电阻被激活，bxCAN 的时钟停止，模块的功耗降至最低，但软件仍然可以访问邮箱寄存器。当 bxCAN 处于睡眠模式时，CAN 主状态寄存器（CAN_MR）的睡眠模式确认位 SLAK 置 1，此时该寄存器上的初始化确认位 INAK 为 0。

有两种方式可以使 bxCAN 退出睡眠模式。一种是通过软件对 SLEEP 位清 0，使 bxCAN 退出睡眠模式；另一种是当 CAN_MCR 寄存器的自动唤醒位 AWUM 位为 1 时，一旦检测到 CAN 总线上的活动，硬件会自动对 SLEEP 位清 0 来唤醒 bxCAN。如果 AWUM 位为 0，软件必须在唤醒中断服务程序过程中对 SLEEP 位清 0 才能退出睡眠状态。在对 SLEEP 位清 0 后，睡眠模式的退出必须与 CAN 总线同步，一旦同步成功，硬件会对 SLAK 位清 0 以确认退出睡眠模式。

2. 初始化模式

初始化模式用于对 bxCAN 控制器进行状态设定，如配置位时间特性寄存器（CAN_BTR）和控制寄存器（CAN_MCR）等。初始化模式是 bxCAN 模块进入正常工作状态前必经的过程，只有将 bxCAN 模块初始化后，才能正常工作。

进入初始化模式的方法是对 CAN_MCR 寄存器的 INRQ 位置 1，从而请求 bxCAN 进入初始化模式。一旦 bxCAN 模块进入了初始化模式，CAN_MSR 寄存器的 INAK 位会硬件置 1，指示当前的工作模式为初始化模式，此时该寄存器的 SLAK 位为 0。当 bxCAN 处于初始化模式后，CAN 总线上报文的接收和发送被禁止，CAN_TX 引脚输出隐性位（高电平）。清除 CAN_MCR 寄存器的 INRQ 位，会请求 bxCAN 退出初始化模式。

对过滤器的配置不必在初始化模式下进行，但在对 bxCAN 的过滤器组（模式、位宽、FIFO 关联、激活和过滤器值）进行设置前，软件需要对 CAN_FMR 寄存器的 FINIT 位设置 1，以允许对过滤器设置的更改，并且当 FINIT 位为 1 时，报文的接收被禁止。

3. 正常模式

在初始化完成后，需要进入正常模式，以便接收和发送报文。通过对 CAN_MCR 寄存器的 INRQ 位清 0，来请求从初始化模式进入正常模式。bxCAN 要进入正常模式，需要与 CAN 总线取得同步，即在 CANRX 引脚上监测到 11 个连续的隐性位（等效于总线空闲）后，才能进入正常模式。

在进入正常模式前，bxCAN 必须与 CAN 总线取得同步，等待 CAN 总线达到空闲状态，即在 CANRX 引脚上监测到 11 个连续的隐性位时，才可以进入正常模式。当 bxCAN 处于正常模式时，INAK 和 SLAK 位都为 0。bxCAN 工作模式的转换具体过程如图 20-10 所示。

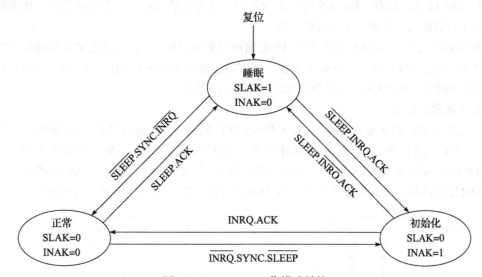

图 20-10　bxCAN 工作模式转换

注：① ACK：等待硬件响应睡眠或初始化请求。② SYNC：等待 CAN 总线变为空闲的状态，即在 CANRX 引脚上检测到连续的 11 个隐性位。

20.2.3　bxCAN 的测试模式

测试模式是一种诊断模式，用于分析和检测 bxCAN 模块以及 CAN 总线的工作状态。测试模式共有 3 种，分别是静默模式、环回模式和环回静默模式。

测试模式只能在 bxCAN 模块工作在初始化模式下进行设定，通过对 CAN_BTR 寄存器的 SILM 和 / 或 LBKM 位置 1，来选择相应的测试模式。一旦进入了测试模式，可通过软件对 CAN_MCR 寄存器的 INRQ 位清 0，使 bxCAN 快速进入正常模式，而无须再次对其进行初始化。

1. 静默模式

通过将 CAN_BTR 寄存器的 SILM 位置 1，可以选择静默模式。在静默模式下，bxCAN 的接收端 Rx 与引脚 CANRX 正常连接，而发送端 Tx 与 CANTX 引脚断开，并在模块内部连接至接收端 Rx 上。这样，bxCAN 可以正常地从总线上接收报文，但却不能向总线发送报文，bxCAN 所发送的报文会在内部被接收回来并可以被 CAN 内核检测到。因此，静默模式通常用于分析 CAN 总线的活动，而不会对总线造成任何影响。bxCAN 的静默模式原理如图 20-11 所示。

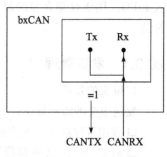

图 20-11　bxCAN 的静默模式

2. 环回模式

通过将 CAN_BTR 寄存器的 LBKM 位置 1，可以选择环回模式。在环回模式下，bxCAN 的发送端 Tx 与引脚 CANTX 正常连接，而接收端 Rx 与 CANRX 引脚断开，并在模块内部连接至发送端 Tx 上，这样，bxCAN 可以正常地向外部发送信息但却不能接收信息。环回模式可以用于自我测试，从而避免外部的影响。

在环回模式下，bxCAN 在内部把 Tx 输出回馈到 Rx 输入上，完全忽略 CANRX 引脚的实际状态，而且 CAN 内核忽略确认错误，即在数据帧或远程帧的确认位时刻，不检测是否有显性位的出现。bxCAN 的环回模式原理如图 20-12 所示。

3. 环回静默模式

通过对 CAN_BTR 寄存器的 LBKM 和 SILM 位同时置 1，可以选择环回静默模式。该模式可用于"热自测试"，既可以像环回模式那样测试 bxCAN，又不会影响 CANTX 和 CANRX 所连接的整个 CAN 系统。在环回静默模式下，CANRX 引脚与 CAN 总线断开，同时 CANTX 引脚被驱动到隐性位状态。bxCAN 的环回静默模式原理如图 20-13 所示。

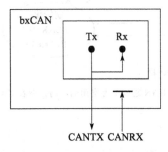

图 20-12 bxCAN 的环回模式

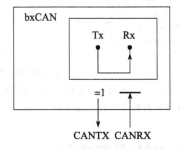

图 20-13 bxCAN 的环回静默模式

20.3 bxCAN 通信

bxCAN 的通信波特率最高可达 1Mbit/s，具有 3 个发送邮箱，报文发送的优先级特性可软件配置，并可以记录发送 SOF 时刻的时间戳。在报文的接收上，具有两个 3 级深度的接收 FIFO，用于存储有效的报文，14 个位宽可变的过滤器组，用于对接收到的有效报文进行筛选。

20.3.1 发送管理

1. 报文的发送

发送报文的流程如下：

❏ 应用程序选择一个空的发送邮箱，设置标识符、数据长度和待发送数据。

❏ 对 CAN_TIxR 寄存器的 TXRQ 位置 1，请求发送。TXRQ 位置 1 后，邮箱就不再是空邮箱；而一旦邮箱不再为空，软件对邮箱寄存器就不再有写的权限。

❑ TXRQ 位置 1 后，邮箱马上进入挂号状态，并等待成为最高优先级的邮箱。一旦邮箱成为最高优先级的邮箱，其状态就变为预定发送状态。

❑ 一旦 CAN 总线进入空闲状态，预定发送邮箱中的报文就马上被发送（进入发送状态）。

❑ 邮箱中的报文被成功发送后，它马上变为空邮箱，硬件相应地对 CAN_TSR 寄存器的 RQCP 和 TXOK 位置 1，来表明一次成功发送。

❑ 如果发送失败，是由仲裁引起的失败，就对 CAN_TSR 寄存器的 ALST 位置 1，是由发送错误引起的失败，就对 TERR 位置 1。

2. 发送优先级

发送的优先级可以由以下两个方面决定。

❑ 由标识符决定：当有超过一个发送邮箱在挂号时，发送顺序由邮箱中报文的标识符决定。根据 CAN 协议，标识符数值最低的报文具有最高的优先级。如果标识符的值相等，那么邮箱号小的报文先被发送。

❑ 由发送请求次序决定：通过对 CAN_MCR 寄存器的 TXFP 位置 1，可以把发送邮箱配置为发送 FIFO，这时，发送的优先级由发送请求次序决定。

3. 发送中止

通过对 CAN_TSR 寄存器的 ABRQ 位置 1，可以中止发送请求。邮箱如果处于挂号或预定状态，发送请求会立即中止。如果邮箱处于发送状态，那么中止请求可能导致两种结果，一种是邮箱中的报文被成功发送，邮箱变为空邮箱，并且 CAN_TSR 寄存器的 TXOK 位被硬件置 1；另一种是邮箱中的报文发送失败，邮箱变为预定状态，然后发送请求被中止，邮箱变为空邮箱且 TXOK 位被硬件清 0。

4. 禁止自动重传模式

通过对 CAN_MCR 寄存器的 NART 位置 1，可以禁止自动重传模式。在该模式下，发送操作只会执行一次，如果发送失败，不管是由于仲裁丢失或出错，硬件都不会再自动发送该报文。在一次发送操作结束后，硬件认为发送请求已经完成，从而对 CAN_TSR 寄存器的 RQCP 位置 1，同时将发送的结果反映在 TXOK、ALST 和 TERR 位上。发送邮箱的工作状态如图 20-14 所示。

20.3.2　接收管理

接收到的报文被存储在 3 级邮箱深度的 FIFO 中。FIFO 完全由硬件来管理，从而节省了 CPU 的处理负荷，简化了软件处理过程并保证了数据的一致性。通过读取 FIFO 输出邮箱来读取 FIFO 中最先收到的报文。

1. 有效报文

根据 CAN 协议，当报文被正确接收（直到 EOF 域的最后一位都没有错误）时，且通过了标识符过滤，那么该报文被认为是有效报文。

2. FIFO 管理

FIFO 从空状态开始，在接收到第一个有效的报文后，状态变为挂号 _1（pending_1），硬件相应地把 CAN_RFR 寄存器的 FMP[1:0] 设置为 "01"。软件可以读取 FIFO 输出邮箱来读出邮箱中的报文，然后通过对 CAN_RFR 寄存器的 RFOM 位置 1 来释放邮箱，这样 FIFO 又变为空状态了。如果在释放邮箱的同时又收到了一个有效的报文，那么 FIFO 仍然保留在挂号 _1 状态，软件可以再次读取 FIFO 输出邮箱来读出新收到的报文。

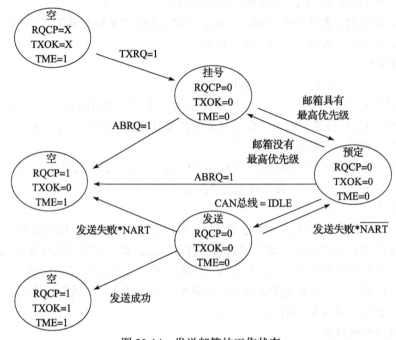

图 20-14　发送邮箱的工作状态

　　如果应用程序不释放邮箱，在接收到下一个有效的报文后，FIFO 状态变为挂号 _2（pending_2），硬件相应地把 FMP[1:0] 设置为 "10"。重复上面的过程，当第三个有效的报文到来时，会把 FIFO 变为挂号 _3 状态，FMP[1:0] 设置为 "11"。此时，软件必须对 RFOM 位置 1 来释放邮箱，以便 FIFO 可以有空间来存放下一个有效的报文。否则，下一个有效的报文到来时就会导致一个报文的丢失。接收 FIFO 的状态如图 20-15 所示。

3. 溢出

　　当 FIFO 处于挂号 _3 状态（即 FIFO 的 3 个邮箱都是满的），在下一个有效的报文到来时就会导致溢出，并且一个报文会丢失。此时，硬件会对 CAN_RFR 寄存器的 FOVR 位置 1 来指示溢出情况。至于哪个报文会被丢弃，取决于对 FIFO 的设置。

　　如果禁用了 FIFO 锁定功能（CAN_MCR 寄存器的 RFLM 位清 0），那么 FIFO 中最后收到的报文会被新报文所覆盖，新收到的报文会保留；如果启用了 FIFO 锁定功能（RFLM 位置 1），新收到的报文会被丢弃，FIFO 中最早收到的 3 个报文会保留。

4. 接收中断

　　一旦向 FIFO 中存入一个报文，硬件就会更新 FMP[1:0] 位，如果 CAN_IER 寄存器的

FMPIE 位为 1，将会产生一个消息挂号中断请求；当 FIFO 变满时（即第 3 个报文已存入），CAN_RFR 寄存器的 FULL 位会置 1，如果 CAN_IER 寄存器的 FFIE 位为 1，将会产生一个 FIFO 满中断请求；在溢出的情况下，FOVR 位被置 1，如果 CAN_IER 寄存器的 FOVIE 位为 1，将会产生一个溢出中断请求。

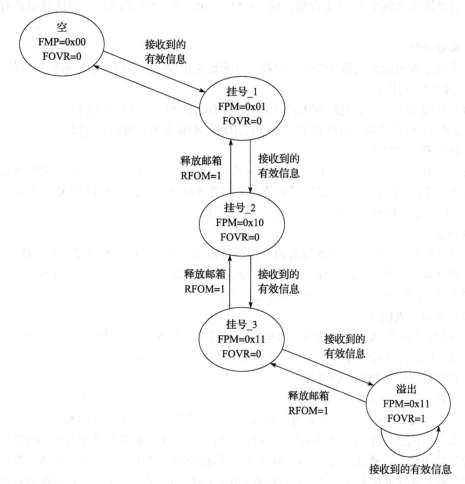

图 20-15　接收 FIFO 的状态

5. 时间触发通信模式

在时间触发通信模式下，CAN 模块内部定时器被激活，用于产生发送和接收邮箱的时间戳，分别存储在 CAN_RDTxR 和 CAN_TDTxR 寄存器中。内部定时器在每个 CAN 位时间累加，在接收和发送帧起始位的采样点位置采样并生成时间戳。

20.3.3　标识符过滤

在 CAN 协议里，报文的标识符不代表节点的地址，而是与报文的内容相关。因此，发送方以广播的形式把报文发送给所有接收者，所有节点在接收报文时根据标识符的值决定软件是否需要该报文，如果需要，就复制到 SRAM 里，否则报文就被丢弃，这一过程无须软件的干预。bxCAN 设置了 14 个位宽可变、可配置的过滤器组（0 ~ 13），以便接收那些软件需要的报文。硬件过滤的优点是可以节省 CPU 资源，提高报文的处理能力。bxCAN 的每个过滤器组由两个 32 位寄存器构成（CAN_FxR0 和 CAN_FxR1）。过滤器组具有如下特点。

1. 位宽可变

每个过滤器组的位宽都可以独立配置，以满足应用程序的不同需求。根据位宽的不同，每个过滤器组可提供：

❏ 1 个 32 位过滤器，包括 STDID[10:0]、EXTID[17:0]、IDE 和 RTR 位。

❏ 2 个 16 位过滤器，包括 STDID[10:0]、IDE、RTR 和 EXTID[17:15] 位。

2. 过滤模式可配置

每个过滤器组有两种工作模式，即标识符列表模式和屏蔽位模式。在标识符列表模式下，收到报文的标识符必须与过滤器的值完全相等才能通过并放入到 FIFO 中；在屏蔽位模式下，可以指定标识符的某位具体为何值，才能通过过滤器。

❏ 屏蔽位模式

在屏蔽位模式下，一个过滤器由两个寄存器组成，分别是标识符寄存器和屏蔽寄存器。标识符寄存器用于指定标识符每一位的值，而屏蔽寄存器用于指定报文标识符的任何一位是按照"必须匹配"还是"不用关心"的方法处理。

❏ 标识符列表模式

在标识符列表模式下，屏蔽寄存器被当作标识符寄存器使用。因此，可以节省一半的寄存器使用。接收报文标识符的每一位都必须跟过滤器标识符相同。

3. 过滤器组位宽和模式的设置

为了过滤出一组标识符，应该设置过滤器组工作在屏蔽位模式，而为了过滤出一个标识符，应该设置过滤器组工作在标识符列表模式。对于应用程序不用的过滤器组，应该保持在禁用状态。在配置一个过滤器组前，必须通过清除 CAN_FA1R 寄存器相应的 FACT 位，把它设置为禁用状态；通过设置 CAN_FM1R 寄存器相应的 FBMx 位，可以配置过滤器组工作在标识符列表模式或屏蔽位模式；通过设置 CAN_FS1R 相应的 FSCx 位，可以配置过滤器组的位宽。过滤器组的配置如图 20-16 所示。

4. 过滤器号

过滤器组中的每个过滤器都被统一编号，称为过滤器号。过滤器号从 0 开始，到某个最大数值结束，最大值取决于 14 个过滤器组的模式和位宽的设置。在给过滤器编号时，并不考虑过滤器组是否为激活状态，即未激活的过滤器也同样占用一个过滤器号。

CAN_FFA1R 寄存器用于指定过滤器组与两个接收 FIFO 的关联，即指定通过某个过滤器的报文是存储在 FIFO0 中还是 FIFO1 中。每个 FIFO 各自对其关联的过滤器进行编号，具体的编号示例如图 20-17 所示。

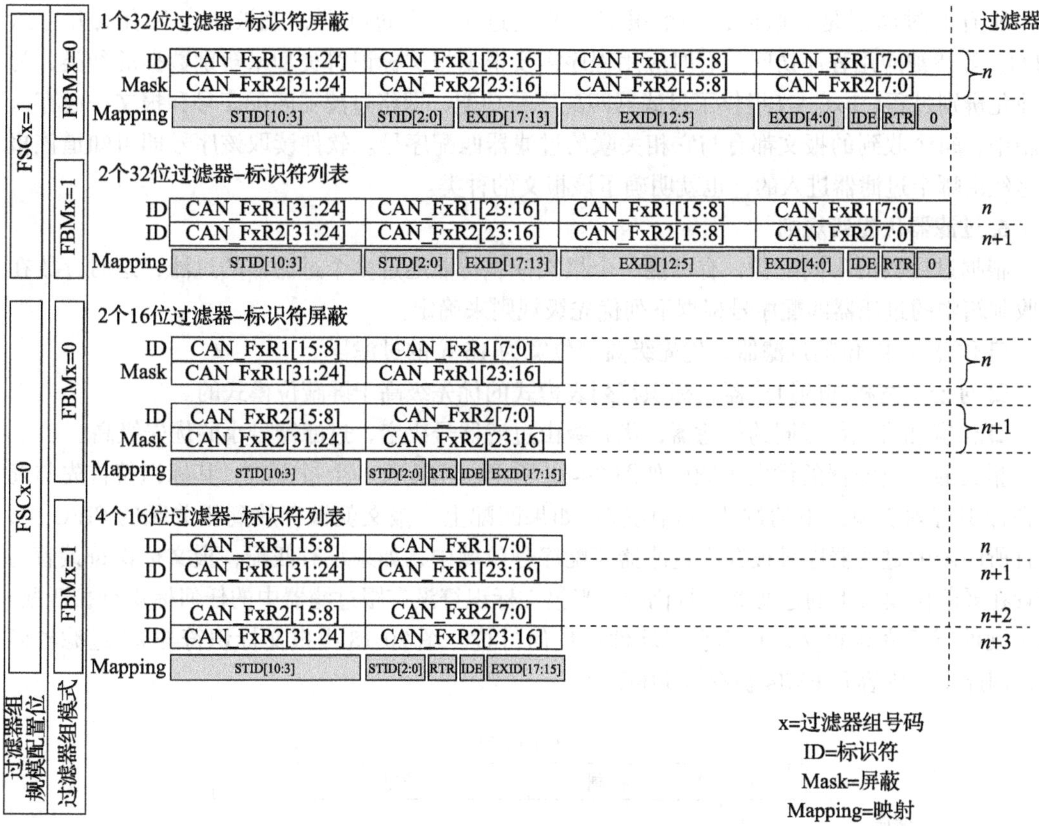

过滤器组规模配置位 / 过滤器组模式

FSCx=1

FBMx=0

1个32位过滤器–标识符屏蔽　　　　　　　　　　　　　　　过滤器号

| ID | CAN_FxR1[31:24] | CAN_FxR1[23:16] | CAN_FxR1[15:8] | CAN_FxR1[7:0] |
| Mask | CAN_FxR2[31:24] | CAN_FxR2[23:16] | CAN_FxR2[15:8] | CAN_FxR2[7:0] |

n

Mapping: STID[10:3] | STID[2:0] | EXID[17:13] | EXID[12:5] | EXID[4:0] | IDE | RTR | 0

FBMx=1

2个32位过滤器–标识符列表

| ID | CAN_FxR1[31:24] | CAN_FxR1[23:16] | CAN_FxR1[15:8] | CAN_FxR1[7:0] | n |
| ID | CAN_FxR2[31:24] | CAN_FxR2[23:16] | CAN_FxR2[15:8] | CAN_FxR2[7:0] | $n+1$ |

Mapping: STID[10:3] | STID[2:0] | EXID[17:13] | EXID[12:5] | EXID[4:0] | IDE | RTR | 0

FSCx=0

FBMx=0

2个16位过滤器–标识符屏蔽

| ID | CAN_FxR1[15:8] | CAN_FxR1[7:0] | |
| Mask | CAN_FxR1[31:24] | CAN_FxR1[23:16] | n |

| ID | CAN_FxR2[15:8] | CAN_FxR2[7:0] | |
| Mask | CAN_FxR2[31:24] | CAN_FxR2[23:16] | $n+1$ |

Mapping: STID[10:3] | STID[2:0] | RTR | IDE | EXID[17:15]

FBMx=1

4个16位过滤器–标识符列表

| ID | CAN_FxR1[15:8] | CAN_FxR1[7:0] | n |
| ID | CAN_FxR1[31:24] | CAN_FxR1[23:16] | $n+1$ |

| ID | CAN_FxR2[15:8] | CAN_FxR2[7:0] | $n+2$ |
| ID | CAN_FxR2[31:24] | CAN_FxR2[23:16] | $n+3$ |

Mapping: STID[10:3] | STID[2:0] | RTR | IDE | EXID[17:15]

x=过滤器组号码
ID=标识符
Mask=屏蔽
Mapping=映射

图 20-16　过滤器组位宽设置

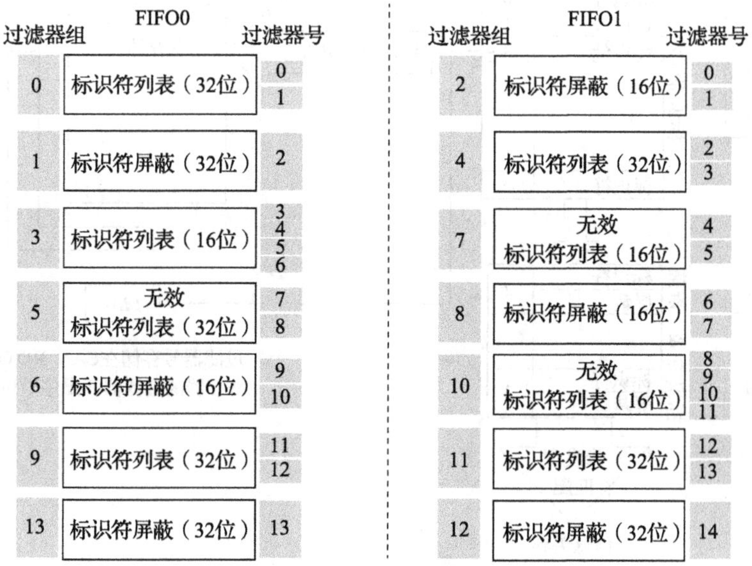

FIFO0

过滤器组		过滤器号
0	标识符列表（32位）	0 / 1
1	标识符屏蔽（32位）	2
3	标识符列表（16位）	3 / 4 / 5 / 6
5	无效 / 标识符列表（32位）	7 / 8
6	标识符屏蔽（16位）	9 / 10
9	标识符列表（32位）	11 / 12
13	标识符屏蔽（32位）	13

FIFO1

过滤器组		过滤器号
2	标识符屏蔽（16位）	0 / 1
4	标识符列表（32位）	2 / 3
7	无效 / 标识符列表（16位）	4 / 5
8	标识符屏蔽（16位）	6 / 7
10	无效 / 标识符列表（16位）	8 / 9 / 10 / 11
11	标识符列表（32位）	12 / 13
12	标识符屏蔽（32位）	14

图 20-17　过滤器编号示例

　　所有的过滤器是并联的,一个报文只要通过了一个过滤器,就被认定为有效并存入FIFO,等待被应用程序访问。有时应用程序需要根据报文标识符类型来辨别数据的种类,为了简化辨别过程,bxCAN提供了过滤器匹配序号功能,即将过滤器匹配序号和报文一起存入邮箱中,每个收到的报文都有与它相关联的过滤器匹配序号。软件读取该序号即可知道该报文是经由哪个过滤器进入的,也就明确了该报文的种类。

5. 过滤器优先级规则

　　根据过滤器的不同配置,有可能一个报文标识符能通过多个过滤器的过滤,这时存放在接收邮箱中的过滤器匹配序号根据下列优先级规则来确定:

　　❑ 位宽为32位的过滤器,优先级高于位宽为16位的过滤器。

　　❑ 对于位宽相同的过滤器,标识符列表模式的优先级高于屏蔽位模式的。

　　❑ 位宽和模式都相同的过滤器,优先级由过滤器号决定,过滤器号小的优先级高。

　　报文通过过滤器的优先级顺序如图20-18所示。当接收一个报文时,其标识符首先与配置在标识符列表模式下的过滤器相比较:如果匹配上,报文就被存放到相关联的FIFO中,并且所匹配的过滤器序号被存入过滤器匹配序号位域中;如果没有匹配,报文标识符接着与配置在屏蔽位模式下的过滤器进行比较;当报文标识符没有跟过滤器中的任何标识符相匹配,那么硬件就丢弃该报文,且不会对软件有任何打扰。图20-18中报文标识符与#4过滤器匹配,因此报文内容和FMI4被存入FIFO。

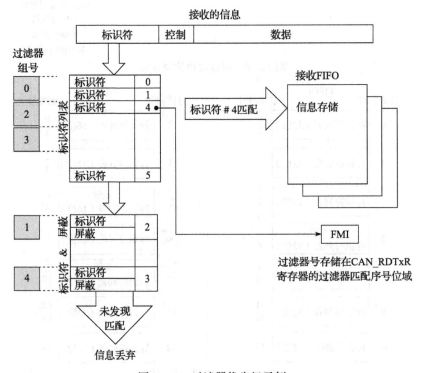

图20-18　过滤器优先级示例

20.3.4　报文存储

bxCAN 的邮箱包含了所有跟报文相关的信息，如标识符、数据位、控制位、状态位和时间戳信息，通过邮箱应用程序可以发送或读取报文。

1. 发送邮箱

bxCAN 有 3 个发送邮箱，每个邮箱由 4 个寄存器构成，即标识符寄存器 CAN_TixR、数据长度控制和时间戳寄存器 CAN_TDTxR、数据低字节寄存器 CAN_TDLxR 和数据高字节寄存器 CAN_TDHxR。在发送报文时，软件需要选择一个空的发送邮箱，把待发送报文的各种信息存储在发送邮箱寄存器中，并通过将相应的标识符寄存器 CAN_TIxR 的 TXRQ 位置 1 发出发送请求。发送的状态可通过查询 CAN_TSR 寄存器获取。

2. 接收邮箱（FIFO）

bxCAN 有两个接收邮箱，每个接收邮箱均为 3 级深度的 FIFO。每个接收邮箱包含 4 个寄存器，分别是接收邮箱标识符寄存器 CAN_RIxR、数据长度控制和时间戳寄存器 CAN_RDTxR、数据低字节寄存器 CAN_RDLxR 和数据高字节寄存器 CAN_RDHxR。在接收到一个报文后，过滤器匹配序号存放在 CAN_RDTxR 寄存器的 FMI 位域中，16 位的时间戳存放在 CAN_RDTxR 寄存器的 TIME[15:0] 位域中，软件可以通过访问上述寄存器来读取它。一旦读取了报文，软件就应该对 CAN_RFxR 寄存器的 RFOM 位进行置 1，以释放该输出邮箱，以便为后面收到的报文留出存储空间。bxCAN 的邮箱寄存器结构如图 20-19 所示。

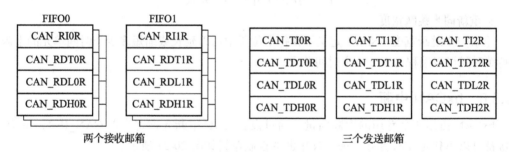

图 20-19　邮箱寄存器结构

20.3.5　位时间

标称位时间（Nominal Bit Time）是 CAN 总线上传送一个数据位所需要的时间，一个标称位时间由同步段、位时间 1 和位时间 2 构成，如图 20-20 所示。

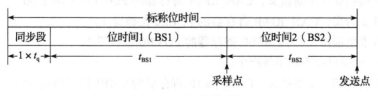

图 20-20　标称位时间

1. 标称位时间的构成

☐ 同步段（SYNC_SEG）：通常一个预期的位变化发生在该时间段内，其时间长度固定为 1 个时间单元（$1t_q$）。

☐ 位时间 1（BS1）：该时间用于定义采样点的位置，长度可以编程为 1 ～ 16 个时间单元，但也可以被自动延长，用于补偿因为网络中不同节点的频率差异造成的相位正向漂移。

☐ 位时间 2（BS2）：该时间用于定义发送点的位置，长度可以编程为 1 ～ 8 个时间单元，但也可以被自动缩短以补偿相位的负向漂移。

2. 标称位时间的计算

$$标称位时间 = 1t_q + t_{BS1} + t_{BS2}$$

其中：$t_{BS1} = t_q \times (TS1[3:0]+1)$，$t_{BS2} = t_q \times (TS2[2:0]+1)$。

3. CAN 通信波特率

CAN 通信波特率与位时间的关系可以表示为：

$$波特率 = 1/ 标称位时间$$

4. 时间单元

时间单元（t_q）是 bxCAN 模块的最小时间单位，该时间基于 bxCAN 的工作时钟，由 APB 时钟经分频后获得：

$$t_q = (BRP[9:0] + 1) \times t_{PCLK}$$

5. 重新同步跳跃宽度

重新同步跳跃宽度（SJW）定义了在每个位段中可以延长或缩短多少个时间单元的上限，其持续时间可以编程为 1 ～ 4 个时间单元。

20.3.6 bxCAN 中断

bxCAN 占用 4 个专用的中断向量。通过设置 CAN 中断允许寄存器 CAN_IER，每个中断源都可以单独允许和禁用。bxCAN 中断的控制逻辑如图 20-21 所示。

1）发送中断可由下列事件产生：

☐ 发送邮箱 0 变为空，CAN_TSR 寄存器的 RQCP0 位被置 1。

☐ 发送邮箱 1 变为空，CAN_TSR 寄存器的 RQCP1 位被置 1。

☐ 发送邮箱 2 变为空，CAN_TSR 寄存器的 RQCP2 位被置 1。

2）FIFO 0 中断可由下列事件产生：

☐ FIFO 0 接收到一个新报文，CAN_RF0R 寄存器的 FMP0 位不再是 00。

☐ FIFO 0 变为满，CAN_RF0R 寄存器的 FULL0 位被置 1。

☐ FIFO 0 发生溢出，CAN_RF0R 寄存器的 FOVR0 位被置 1。

3）FIFO 1 中断可由下列事件产生：

☐ FIFO 1 接收到一个新报文，CAN_RF1R 寄存器的 FMP1 位不再是 00。

☐ FIFO 1 变为满，CAN_RF1R 寄存器的 FULL1 位被置 1。

❏ FIFO 1 发生溢出，CAN_RF1R 寄存器的 FOVR1 位被置 1。

4）错误和状态变化中断可由下列事件产生：

❏ 错误发生，CAN 错误状态寄存器（CAN_ESR）的相应位被置 1。

❏ 唤醒发生，在 CAN 接收引脚上监视到帧起始位（SOF）。

❏ CAN 进入睡眠模式。

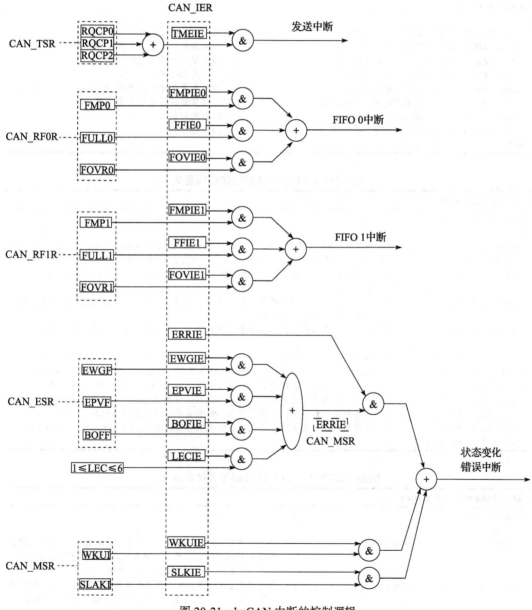

图 20-21　bxCAN 中断的控制逻辑

20.4   bxCAN 函数

20.4.1   bxCAN 类型定义

输出类型 20-1：HAL 状态结构定义

HAL_CAN_StateTypeDef

```
typedef enum
{
  HAL_CAN_STATE_RESET    = 0x00,              /* 没有初始化或禁用 */
  HAL_CAN_STATE_READY    = 0x01,              /* CAN 初始化完成并准备使用 */
  HAL_CAN_STATE_BUSY     = 0x02,              /* CAN 发送处理正在进行 */
  HAL_CAN_STATE_BUSY_TX  = 0x12,              /* CAN 处理正在进行 */
  HAL_CAN_STATE_BUSY_RX  = 0x22,              /* CAN 接收处理正在进行 */
  HAL_CAN_STATE_BUSY_TX_RX = 0x32,            /* CAN 发送接收处理正在进行 */
  HAL_CAN_STATE_TIMEOUT  = 0x03,              /* CAN 超时状态 */
  HAL_CAN_STATE_ERROR    = 0x04               /* CAN 错误状态 */
}HAL_CAN_StateTypeDef;
```

输出类型 20-2：CAN 初始化结构定义

CAN_InitTypeDef

```
typedef struct
{
  uint32_t Prescaler; /* 指定时间单元长度值，该参数必须在 Min_Data = 1 和 Max_Data = 1024 之间 */
  uint32_t Mode;      /* 指定 CAN 操作模式，该参数可以是 CAN_operating_mode 的值之一 */
  uint32_t SJW;       /* 指定时间单元的最大值，该参数可以是 CAN_synchronisation_jump_
                         width 的值之一 */
  uint32_t BS1;       /* 指定位段 1 内的时间单元数量，该参数可以是 CAN_time_quantum_in_bit_
                         segment_1 的值之一 */
  uint32_t BS2;       /* 指定位段 2 内的时间单元数量，该参数可以是 CAN_time_quantum_in_bit_
                         segment_2 的值之一 *
    uint32_t TTCM;    /* 启用或禁用时间触发通信方式，该参数可以设置为 ENABLE 或 DISABLE */
    uint32_t ABOM;    /* 启用或禁用自动 bus-off 管理，该参数可以设置为 ENABLE 或 DISABLE */
  uint32_t AWUM;      /* 启用或禁用自动唤醒模式，该参数可以设置为 ENABLE 或 DISABLE */
  uint32_t NART;      /* 启用或禁用非自动传输模式，该参数可以设置为 ENABLE 或 DISABLE */
  uint32_t RFLM;      /* 启用或禁用接收 FIFO 锁定模式，该参数可以设置为 ENABLE 或 DISABLE */
  uint32_t TXFP;      /* 启用或禁用传输 FIFO 优先级，该参数可以设置为 ENABLE 或 DISABLE */
}CAN_InitTypeDef;
```

输出类型 20-3：CAN 滤波器配置结构定义

CAN_FilterConfTypeDef

```
typedef struct
{
  uint32_t FilterIdHigh;              /* 指定过滤器标识符代码 (32 位配置的最高有效位, 16 位配置
                                         的第一个过滤器标识符）。该参数值必须在 Min_Data =
                                         0x0000 至 Max_Data=0xffff 之间 */
  uint32_t FilterIdLow;               /* 指定过滤器标识符代码 (32 位配置的最低有效位, 16 位配置
                                         的第二个过滤器标识符）。该参数值必须在 Min_Data =
                                         0x0000 至 Max_Data=0xffff 之间 */
```

```
    uint32_t FilterMaskIdHigh;          /* 指定过滤器屏蔽号码或标识符代码，根据模式 (32 位配置的
                                           最高有效位、16 位配置的第一个过滤器标识符 )，该参数值
                                           必须在 Min_Data= 0x0000 至 Max_Data=0xffff 之间 */
    uint32_t FilterMaskIdLow;           /* 指定过滤屏蔽号码或标识符代码，根据模式 (32 位配置的低
                                           有效位，16 位配置的第二个过滤器标识符 )，该参数值必须
                                           在 Min_Data = 0x0000 至 Max_Data=0xffff 之间 */
    uint32_t FilterFIFOAssignment;      /* 指定将过滤器分配的 FIFO(0 或 1)，该参数可以是 CAN_
                                           filter_FIFO 的值之一 */
    uint32_t FilterNumber;              /* 指定将被初始化的过滤器，该参数值必须在 Min_Data =
                                           0 至 Max_Data = 27 之间 */
    uint32_t FilterMode;                /* 指定要初始化的过滤模式，该参数可以是 CAN_filter_
                                           mode 的值之一 */
    uint32_t FilterScale;               /* 指定过滤器的规模，该参数可以是 CAN_filter_scale
                                           的值之一 */
    uint32_t FilterActivation;          /* 启用或禁用过滤器，该参数可以设置为 ENABLE 或 DISABLE*/
    uint32_t BankNumber;                /* 选择启动从过滤器组，该参数值必须在 Min_Data = 0 至
                                           Max_Data = 28 之间 */
}CAN_FilterConfTypeDef;
```

输出类型 20-4：CAN 发送信息结构定义

CanTxMsgTypeDef

```
typedef struct
{
    uint32_t StdId;      /* 指定标准标识符，该参数值必须在 Min_Data = 0 和 Max_Data = 0 x7ff 之间 */
    uint32_t ExtId;      /* 指定扩展标识符，该参数值必须 Min_Data = 0 和 Max_Data = 0 x1fffffff
                            之间的数字 */
    uint32_t IDE;        /* 指定将要传输消息的标识符类型，该参数可以是 CAN_identifier_type 的值之一 */
    uint32_t RTR;        /* 指定消息传输的帧类型，该参数可以是 CAN_remote_transmission_request
                            的值之一 */
    uint32_t DLC;        /* 指定将要传输的帧长度，该参数值必须是 Min_Data = 0 和 Max_Data = 8
                            之间的数字 */
    uint8_t Data[8];     /* 包含要发送的数据，该参数值必须在 Min_Data = 0 和 Max_Data = 0 xff 之间 */
}CanTxMsgTypeDef;
```

输出类型 20-5：CAN 接收结构定义

CanRxMsgTypeDef

```
typedef struct
{
    uint32_t StdId;      /* 指定标准标识符，该参数值必须在 Min_Data = 0 和 Max_Data = 0 x7ff
                            之间 */
    uint32_t ExtId;      /* 指定扩展标识符，该参数值必须在 Min_Data = 0 和 Max_Data = 0 x1fffffff
                            之间 */
    uint32_t IDE;        /* 指定将要接收消息的类型标识符，该参数可以是 CAN_identifier_type 的
                            值之一 */
    uint32_t RTR;        /* 指定接收消息的帧类型，该参数可以是 CAN_remote_transmission_
                            request 的值之一 */
    uint32_t DLC;        /* 指定将被接收帧的长度，该参数值必须是 Min_Data = 0 和 Max_Data = 8
                            之间的数字 */
    uint8_t Data[8];     /* 包含接收到的数据，该参数值必须是 Min_Data = 0 和 Max_Data = 0 xff
                            之间的数字 */
```

```
  uint32_t FMI;          /* 指定通过邮箱存储消息的过滤器索引，该参数值必须是 Min_Data = 0 和
                            Max_Data = 0 xff 之间的数字 */
  uint32_t FIFONumber;/* 指定接收 FIFO 号码，该参数可以是 CAN_FIFO0 或 CAN_FIFO1*/
}CanRxMsgTypeDef;
```

输出类型 20-6：CAN 处理结构定义

CAN_HandleTypeDef

```
typedef struct
{
  CAN_TypeDef        *Instance;      /* 寄存器基地址 */
  CAN_InitTypeDef     Init;          /* CAN 请求参数 */
  CanTxMsgTypeDef*    pTxMsg;        /* 指向发送结构的指针 */
  CanRxMsgTypeDef*    pRxMsg;        /* 指向接收结构的指针 */
  HAL_LockTypeDef     Lock;          /* CAN 锁定对象 */
  __IO HAL_CAN_StateTypeDef  State; /* CAN 通信状态 */
  __IO uint32_t    ErrorCode;        /* CAN 错误代码，该参数可以是 CAN_Error_Code 的值之一 */
}CAN_HandleTypeDef;
```

20.4.2　bxCAN 常量定义

输出常量 20-1：CAN 错误代码

状态定义	释　义
HAL_CAN_ERROR_NONE	没有错误
HAL_CAN_ERROR_EWG	EWG 错误
HAL_CAN_ERROR_EPV	EPV 错误
HAL_CAN_ERROR_BOF	BOF 错误
HAL_CAN_ERROR_STF	装满错误
HAL_CAN_ERROR_FOR	形式错误
HAL_CAN_ERROR_ACK	应答错误
HAL_CAN_ERROR_BR	隐性位错误
HAL_CAN_ERROR_BD	显性 LEC 错误
HAL_CAN_ERROR_CRC	LEC 传输错误

输出常量 20-2：CAN 初始化状态

状态定义	释　义
CAN_INITSTATUS_FAILED	CAN 初始化失败
CAN_INITSTATUS_SUCCESS	CAN 初始化成功

输出常量 20-3：CAN 操作模式

状态定义	释　义
CAN_MODE_NORMAL	正常模式
CAN_MODE_LOOPBACK	环回模式
CAN_MODE_SILENT	静默模式
CAN_MODE_SILENT_LOOPBACK	环回静默模式

输出常量 20-4：CAN 同步跳跃宽度

状态定义	释　义
CAN_SJW_1TQ	1 个时间单元
CAN_SJW_2TQ	2 个时间单元
CAN_SJW_3TQ	3 个时间单元
CAN_SJW_4TQ	4 个时间单元

输出常量 20-5：位时间 1 中 CAN 时间单元

状态定义	释　义
CAN_BS1_1TQ	1 个时间单元
CAN_BS1_2TQ	2 个时间单元
CAN_BS1_3TQ	3 个时间单元
…	…
CAN_BS1_16TQ	16 个时间单元

输出常量 20-6：位时间 2 中 CAN 时间单元

状态定义	释　义
CAN_BS2_1TQ	1 个时间单元
CAN_BS2_2TQ	2 个时间单元
CAN_BS2_3TQ	3 个时间单元
…	…
CAN_BS2_8TQ	8 个时间单元

输出常量 20-7：CAN 过滤器模式

状态定义	释　义
CAN_FILTERMODE_IDMASK	标识符屏蔽模式
CAN_FILTERMODE_IDLIST	标识符列表模式

输出常量 20-8：CAN 过滤器大小

状态定义	释　义
CAN_FILTERSCALE_16BIT	两个 16 位过滤器
CAN_FILTERSCALE_32BIT	一个 32 位过滤器

输出常量 20-9：CAN 过滤器 FIFO

状态定义	释　义
CAN_FILTER_FIFO0	为过滤器 x 分配过滤器 FIFO 0
CAN_FILTER_FIFO1	为过滤器 x 分配过滤器 FIFO 1

输出常量 20-10：CAN 标识符类型

状态定义	释　义
CAN_ID_STD	标准标识符
CAN_ID_EXT	扩展标识符

输出常量 20-11：CAN 远程传输请求

状态定义	释 义
CAN_RTR_DATA	数据帧
CAN_RTR_REMOTE	远程帧

输出常量 20-12：CAN 接收 FIFO 号码

状态定义	释 义
CAN_FIFO0	CAN FIFO 0 用于接收
CAN_FIFO1	CAN FIFO 1 用于接收

输出常量 20-13：邮箱定义

状态定义	释 义
CAN_TXMAILBOX_0	发送邮箱 0
CAN_TXMAILBOX_1	发送邮箱 1
CAN_TXMAILBOX_2	发送邮箱 2

20.4.3 bxCAN 函数定义

函数 20-1

函数名	**CAN_Receive_IT**
函数原型	HAL_StatusTypeDef **CAN_Receive_IT** (　CAN_HandleTypeDef *　hcan, 　uint8_t　FIFONumber)
功能描述	接收到一个正确的 CAN 帧
输入参数 1	hcan：指向 CAN_HandleTypeDef 结构的指针，包含指定的 CAN（模块）的配置信息
输入参数 2	FIFONumber：指定 FIFO 的标号
先决条件	无
注意事项	无
返回值	HAL 状态

函数 20-2

函数名	**CAN_Transmit_IT**
函数原型	HAL_StatusTypeDef **CAN_Transmit_IT** (CAN_HandleTypeDef *　hcan)
功能描述	发起和传送一个 CAN 帧信息
输入参数	hcan：指向 CAN_HandleTypeDef 结构的指针，包含指定的 CAN 模块的配置信息
先决条件	无
注意事项	无
返回值	HAL 状态

函数 20-3

函数名	**HAL_CAN_ConfigFilter**

函数原型	HAL_StatusTypeDef **HAL_CAN_ConfigFilter**
	(
	  CAN_HandleTypeDef * hcan,
	  CAN_FilterConfTypeDef * sFilterConfig
	)

功能描述	根据 CAN_FilterInitStruct 中指定的参数配置 CAN 接收过滤器
输入参数 1	hcan：指向 CAN_HandleTypeDef 结构的指针，包含指定的 CAN 模块的配置信息
输入参数 2	sFilterConfig：指向 CAN_FilterConfTypeDef 数据结构，包含过滤器的配置信息
先决条件	无
注意事项	无
返回值	HAL 状态

函数 20-4

函数名	**HAL_CAN_DeInit**
函数原型	HAL_StatusTypeDef **HAL_CAN_DeInit** (CAN_HandleTypeDef * hcan)
功能描述	反初始化 CANx 外设寄存器至默认的复位值
输入参数	hcan：指向 CAN_HandleTypeDef 结构的指针，包含指定的 CAN 模块的配置信息
先决条件	无
注意事项	无
返回值	HAL 状态

函数 20-5

函数名	**HAL_CAN_Init**
函数原型	HAL_StatusTypeDef **HAL_CAN_Init** (CAN_HandleTypeDef * hcan)
功能描述	根据 CAN_InitStruct 中指定的参数初始化 CAN 外设
输入参数	hcan：指向 CAN_HandleTypeDef 结构的指针，包含指定的 CAN 模块的配置信息
先决条件	无
注意事项	无
返回值	HAL 状态

函数 20-6

函数名	**HAL_CAN_MspDeInit**
函数原型	void **HAL_CAN_MspDeInit** (CAN_HandleTypeDef * hcan)
功能描述	反初始化 CAN 微控制器特定程序包
输入参数	hcan：指向 CAN_HandleTypeDef 结构的指针，包含指定的 CAN 模块的配置信息
先决条件	无
注意事项	无
返回值	无

函数 20-7

函数名	HAL_CAN_MspInit
函数原型	void **HAL_CAN_MspInit** (CAN_HandleTypeDef * hcan)
功能描述	初始化 CAN 微控制器特定程序包
输入参数	hcan：指向 CAN_HandleTypeDef 结构的指针，包含指定的 CAN 模块的配置信息
先决条件	无
注意事项	无
返回值	无

函数 20-8

函数名	HAL_CAN_ErrorCallback
函数原型	void **HAL_CAN_ErrorCallback** (CAN_HandleTypeDef * hcan)
功能描述	CAN 错误回调
输入参数	hcan：指向 CAN_HandleTypeDef 结构的指针，包含指定的 CAN 模块的配置信息
先决条件	无
注意事项	无
返回值	无

函数 20-9

函数名	HAL_CAN_IRQHandler
函数原型	void **HAL_CAN_IRQHandler** (CAN_HandleTypeDef * hcan)
功能描述	处理 CAN 中断请求
输入参数	hcan：指向 CAN_HandleTypeDef 结构的指针，包含指定的 CAN 模块的配置信息
先决条件	无
注意事项	无
返回值	无

函数 20-10

函数名	HAL_CAN_Receive
函数原型	HAL_StatusTypeDef **HAL_CAN_Receive** (CAN_HandleTypeDef * hcan, uint8_t FIFONumber, uint32_t Timeout)
功能描述	收到一个正确的 CAN 帧
输入参数 1	hcan：指向 CAN_HandleTypeDef 结构的指针，包含指定的 CAN 模块的配置信息
输入参数 2	FIFONumber：FIFO 号码
输入参数 3	Timeout：超时持续时间
先决条件	无
注意事项	无
返回值	HAL 状态

函数 20-11

函数名	CAN_Receive_IT
函数原型	HAL_StatusTypeDef **HAL_CAN_Receive_IT** 　(　　CAN_HandleTypeDef *　hcan, 　　uint8_t　FIFONumber 　)
功能描述	收到一个正确的 CAN 帧
输入参数 1	hcan：指向 CAN_HandleTypeDef 结构的指针，包含指定的 CAN 模块的配置信息
输入参数 2	FIFONumber：FIFO 号码
先决条件	无
注意事项	无
返回值	HAL 状态

函数 20-12

函数名	HAL_CAN_RxCpltCallback
函数原型	void **HAL_CAN_RxCpltCallback** (CAN_HandleTypeDef *　hcan)
功能描述	非阻塞模式下传输结束回调函数
输入参数	hcan：指向 CAN_HandleTypeDef 结构的指针，包含指定的 CAN 模块的配置信息
先决条件	无
注意事项	无
返回值	无

函数 20-13

函数名	HAL_CAN_Sleep
函数原型	HAL_StatusTypeDef **HAL_CAN_Sleep** (CAN_HandleTypeDef *　hcan)
功能描述	进入睡眠（低功耗）模式
输入参数	hcan：指向 CAN_HandleTypeDef 结构的指针，包含指定的 CAN 模块的配置信息
先决条件	无
注意事项	无
返回值	HAL 状态

函数 20-14

函数名	HAL_CAN_Transmit
函数原型	HAL_StatusTypeDef **HAL_CAN_Transmit** 　(　　CAN_HandleTypeDef *　hcan, 　　uint32_t　Timeout 　)
功能描述	启动和传送一个 CAN 帧信息
输入参数 1	hcan：指向 CAN_HandleTypeDef 结构的指针，包含指定的 CAN 模块的配置信息
输入参数 2	Timeout：超时持续时间
先决条件	无
注意事项	无
返回值	HAL 状态

函数 20-15

函数名	HAL_CAN_Transmit_IT
函数原型	HAL_StatusTypeDef **HAL_CAN_Transmit_IT** (CAN_HandleTypeDef * hcan)
功能描述	在中断模式下启动和传送一个 CAN 帧信息
输入参数	hcan: 指向 CAN_HandleTypeDef 结构的指针，包含指定的 CAN 模块的配置信息
先决条件	无
注意事项	无
返回值	HAL 状态

函数 20-16

函数名	HAL_CAN_TxCpltCallback
函数原型	void **HAL_CAN_TxCpltCallback** (CAN_HandleTypeDef * hcan)
功能描述	非阻塞模式传输结束回调函数
输入参数	hcan: 指向 CAN_HandleTypeDef 结构的指针，包含指定的 CAN 模块的配置信息
先决条件	无
注意事项	无
返回值	无

函数 20-17

函数名	HAL_CAN_WakeUp
函数原型	HAL_StatusTypeDef **HAL_CAN_WakeUp** (CAN_HandleTypeDef * hcan)
功能描述	从睡眠模式中唤醒 CAN 外设，之后 CAN 外设将工作在正常模式
输入参数	hcan: 指向 CAN_HandleTypeDef 结构的指针，包含指定的 CAN 模块的配置信息
先决条件	无
注意事项	无
返回值	HAL 状态

函数 20-18

函数名	HAL_CAN_GetError
函数原型	uint32_t **HAL_CAN_GetError** (CAN_HandleTypeDef * hcan)
功能描述	返回 CAN 错误代码
输入参数	hcan: 指向 CAN_HandleTypeDef 结构的指针，包含指定的 CAN 模块的配置信息
先决条件	无
注意事项	无
返回值	CAN 错误代码

函数 20-19

函数名	HAL_CAN_GetState
函数原型	HAL_CAN_StateTypeDef **HAL_CAN_GetState** (CAN_HandleTypeDef * hcan)
功能描述	返回 CAN 状态
输入参数	hcan: 指向 CAN_HandleTypeDef 结构的指针，包含指定的 CAN 模块的配置信息
先决条件	无
注意事项	无
返回值	HAL 状态

20.5　bxCAN 应用实例

STM32F072VBT6 微控制器的 bxCAN 模块是通过 PA12/CAN_TX 和 PA11/CAN_RX 引脚与外部 CAN 总线驱动器 TJA1050 相连接，TJA1050 是高速 CAN 收发器，用作控制器和物理总线之间的接口。微控制器与 CAN 总线之间的驱动电路如图 20-22 所示。

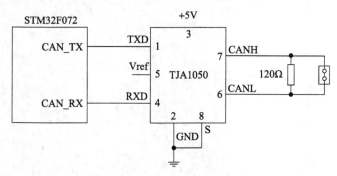

图 20-22　bxCAN 的驱动电路

TJA1050 适用于波特率范围为 60kbit/s ～ 1Mbit/s 的高速 CAN 通信中，具有速度高、低电磁辐射、宽输入范围、宽工作电压、与 3.3V 器件兼容等特点，可以连接至少 110 个节点，且没有上电的节点不会对总线造成干扰。TJA1050 的 TXD 引脚是发送数据输入端，用于连接控制器的 CAN_TX 端；RXD 引脚是接收数据输入端，用于连接控制器的 CAN_RX 端；Vref 引脚是片内参考电压输出端，可以向外提供 2.5V 的参考电压；CANL 和 CANH 引脚分别是低电平和高电平 CAN 总线连接端，用于与 CAN 总线的物理连接；引脚 S 是工作模式的选择端，接地时芯片工作在高速模式，这也是芯片的正常工作模式。将引脚 S 连接到 VCC 可以让芯片进入静音模式，这时发送器禁用，但片内其他功能仍可以继续使用。静音模式可以防止 CAN 收发器不受控制时对网络通信造成堵塞。

在以下的 CAN 应用实例中，我们仅将 bxCAN 模块设置为环回模式，只激活一个过滤器组，把过滤器设置成 32 位的屏蔽位模式，标识符的所有位都不参与比较，这样所有接收到的报文均能通过过滤器。将报文的格式设置成标准帧格式，数据位为 8 位。在发送数据时，信息一路从 CAN_TX 引脚送出，另一路从 bxCAN 的接收端反馈回来，模块把接收到的数据读取出来，按需要将数据显示在数码管上。在使用 STM32CubeMX 软件生成开发项目时，在 "Pinout" 视图中，对引脚、外设的配置如图 20-23 所示。

在 "Clock Configuration" 视图中，对时钟的配置如图 20-24 所示。

在 "Configuration" 视图中，将 bxCAN 模块的时钟预分频器的分频比例设置为 48，这样一个时间单元（$1t_q$）为 1μs，标称位时间为 10μs，数据传输的波特率为 100kbit/s，并且使能了自动离线管理（Bus-Off）功能，将 bxCAN 的工作模式设置为环回模式并且使能中断。具体参数配置如图 20-25 和图 20-26 所示。

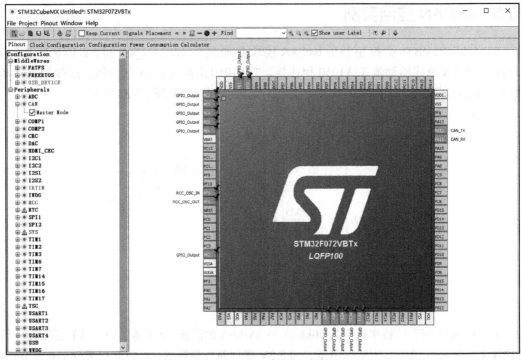

图 20-23　环回模式数据收发引脚设置

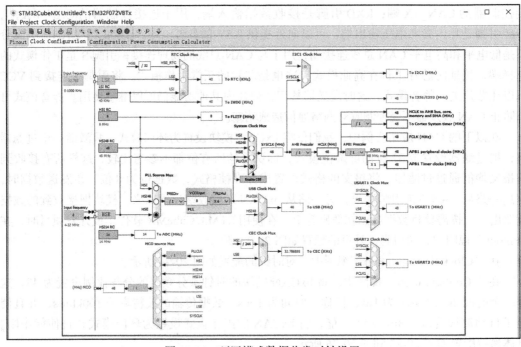

图 20-24　环回模式数据收发时钟设置

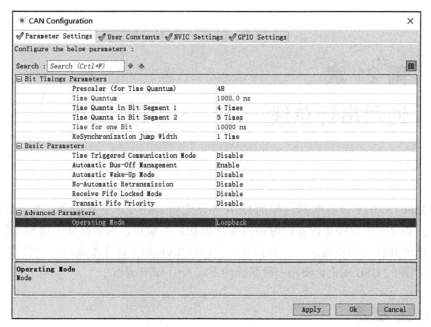

图 20-25 bxCAN 参数配置（一）

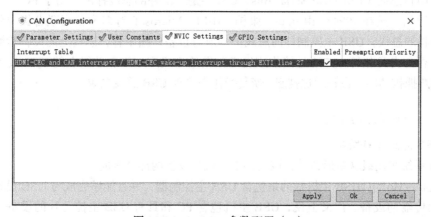

图 20-26 bxCAN 参数配置（二）

bxCAN 在环回模式下收发数据的测试代码详见代码清单 20-1、代码清单 20-2 和代码清单 20-3。

代码清单 20-1 bxCAN 环回模式数据收发（main.c）（在附录 J 中指定的网站链接下载源代码）

代码清单 20-2 bxCAN 环回模式数据收发（stm32f0xx_hal_msp.c）
（在附录 J 中指定的网站链接下载源代码）

代码清单 20-3 bxCAN 环回模式数据收发（stm32f0xx_it.c）（在附录 J 中指定的网站链接下载源代码）

第 21 章
通用串行总线

STM32F072VBT6 微控制器内部的 USB 外设支持 USB 2.0 全速总线，支持 USB 挂起 / 恢复操作，必要时可以停止设备的时钟以实现低功耗的应用。本章将从了解和掌握 USB 总线的基本原理和模块的功能入手，通过使用 STM32CubeMX 软件集成的中间件组件来实现 PC 与微控制器的 USB 通信，使用一种简捷的方式入门 USB 开发。

21.1 USB 概述

通用串行总线（Universal Serial Bus，USB）是一个外部总线标准，用于 PC 与外部设备的连接和通信，是在 1994 年由 Intel、康柏、IBM、Microsoft 等多家公司联合提出的。USB 是基于令牌的总线，USB 主控制器向总线上的所有设备广播令牌，总线上的设备检测令牌中的地址是否与自身相符，并通过接收或发送数据给主机来响应。总线上的 USB 设备支持即插即用和热插拔功能，设备通过挂起 / 恢复操作来管理 USB 总线电源。

21.1.1 USB 总线结构

1. USB 总线拓扑结构

USB 系统采用级联星形拓扑，该拓扑由主机和设备两部分构成。

❑ 主机（Host）：USB 主机指的是包含 USB 主控制器、并且能够完成与 USB 设备之间数据传输的设备。广义上说，USB 主机包含 PC 和具有 USB 主控芯片的设备。主机包含主控制器和根集线器（Root Hub），控制着 USB 总线上的数据传输，USB 所有的数据通信都由 USB 主机发起，主机在数据传输过程中占主导地位。

❑ 设备：USB 协议中将 USB 设备定义为具有某种功能的逻辑或物理实体。USB 设备按照功能可分为两个大类：USB 集线器（HUb）和 USB 功能设备。其中集线器提供若干个端口（Port）将设备连接到 USB 总线上，使得一个 USB 端口可以扩展连接多个 USB 设备。USB 集线器检测连接在总线上的设备，负责总线的故障检测和恢复，并为这些设备提供电源。而功能设备可以分为以下几个标准设备类，如大容量存储设备类（MSD）、人机接口设备类（HID）、通信设备类（CDC）、音频设备类（AUDIO）、视频设备类（VIDEO）等。

2. USB 总线数据传输方式

USB 电缆由 4 根导线组成，分别是一对差分信号线 D+ 和 D-、电源线 V_{BUS} 和地线 GND 组成。数据在 USB 总线上传输时，使用的是 NRZI（反向不归 0）编码方式，这种方式有利于保持数据的完整性、提高抗干扰能力。USB 信号的传输采用的是差分信号传输，使用两条线路的电压差作为判断逻辑 1 还是逻辑 0 的标准。如果在数据传输时受到外部干扰，两条线路上的电平会同时升高或降低，但两条线路的电压差会始终保持稳定，数据传输的正确性不会因为外部干扰的原因而降低。

3. USB 总线状态

USB 总线协议中为总线定义了 4 种状态，即 SE0、SE1、J 和 K 状态。其中，D+ 和 D- 数据线都被拉低时的状态为 SE0 状态；D+ 和 D- 数据线都被拉高时的状态为 SE1 状态（非法状态）；当有设备连接到主机时，D+ 和 D- 数据线其中之一被上拉，被上拉的数据线为高电平，另一根数据线为低电平，这种状态为 J 状态（空闲状态）。总线上包（Package）传输之前或之后，总线处于 J 状态；K 状态同样也是 D+ 和 D- 数据线其中之一被上拉，但其极性与 J 状态相反（如 J 状态为 D+ 上拉，D- 下拉，则 K 状态为 D+ 下拉，D- 上拉），主机通过 J 状态或 K 状态判断接入设备是否支持高速传输。

当 USB 主机或 Hub 的下行端口上没有 USB 设备连接时，USB 总线处于 SE0 状态，当有设备连接时，电流通过 Hub 内部 D+ 和 D- 数据线上的下拉电阻以及 USB 设备上 D+ 或 D- 数据线上的上拉电阻构成分压器。如果主机检测到 D+ 数据线上为高电平，说明连接的是高速 / 全速设备；如果主机检测到 D- 数据线上为高电平，说明连接的是低速设备。USB 总线电阻连接状态如图 21-1 所示。

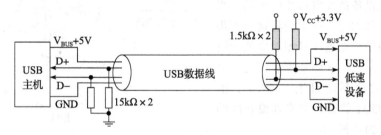

图 21-1　USB 总线电阻连接状态

21.1.2　USB 端点

USB 端点（endpoint）就是位于 USB 设备或主机上的一个能够存储多字节的数据缓冲器区，在物理上，端点通常是一个数据存储器区块，或是控制器芯片中的一个寄存器。端点所存储的数据可能是接收到的数据，也可能是等待发送的数据。每一个端点都有确定的地址，在 USB 设备中，唯一可寻址的就是 USB 端点，主机和设备之间的通信最终作用于设备的端点上，因此端点也是主机与设备之间通信的结束点。

在 USB 通信中，根据端点的用途不同，可以将端点分为 2 类，即 0 号端点和非 0 号端点。0 号端点也称控制端点，它既支持上行传输（IN），又支持下行传输（OUT），其他端点只能单方向传输数据。设备中每一个端点都有唯一的端点号，它和端点的方向共同构成端点的地址（8 位）。这里所说的上行（IN）和下行（OUT）传输是相对于 PC 的，也就是说，IN 是设备的数据输入计算机，而 OUT 是数据从计算机输出到设备。控制端点在 USB 设备上电复位后就可以使用，而其他的端点必须在配置之后才可以使用。除了控制端点以外，对于低速设备，其端点数最多为 4 个，端点号范围为 0 ~ 3，而对于全速 / 高速设备，其端点数最多为 16 个，端点号范围为 0 ~ 15。

端点就相当于一个既有进口、又有出口的池子，用户按需要将数据通过入口放入池子里，固件库中的程序会自动将这些数据发送到指定的地方去，而无须用户干预。通常端点 0 是用来做标准请求响应应用的，也就是在 USB 设备刚刚接入总线、通信刚刚建立时才用到。之后经过配置，端点 1 通常定义为下行传输（OUT），而端点 2 则定义为入上行传输（IN）。

21.1.3 USB 通信管道

USB 的数据是通过管道传输的，USB 管道并不是一个实际的对象，它只是设备端点和主机控制器软件之间建立的关联通道。在数据传输开始前，主机和设备之间必须先建立好一个管道用于沟通情况，每个 USB 设备都有一个默认的管道，用于控制传输，该管道是在 USB 设备成功连接至主机并复位后建立的，通过这个默认的管道，主机与设备间可以沟通信息，开始必要的配置，而其他的管道则是在设备被配置后才产生的。当设备从总线上移除时，主机会将这个不再使用的管道撤销。端点和其相对应的管道在每个方向上按照 0 ~ 15 编号，因此一个设备最多有 32 个活动管道。即 16 个 IN 管道和 16 个 OUT 管道。主机和设备间的管道示意如图 21-2 所示。

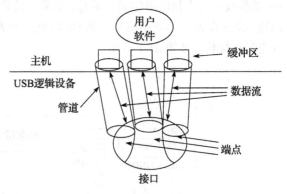

图 21-2 主机和设备间的管道示意

21.1.4 包的字段格式

包（Package）是 USB 总线上数据传输的基本单元，所有数据都是经过打包后在总线上传输的。USB 数据传输的包类型有令牌包、数据包和握手包等几种。包由一些字段构成的，不同功能的字段，按照特定的格式组合在一起可以构成不同类型的包。包的字段主要由同步字段（SYNC）、包标识符字段（PID）、地址字段（ADDR）、端点字段（ENDP）、帧号字段、数据字段、校验字段（CRC）和包结尾字段（EOP）构成。对于不同类型的包，其字段格式也不尽相同。

1）同步字段（SYNC）：同步字段是包的前导，由 8 个数据位构成，其作用是使 USB 设备与总线的包传输速率同步。同步字段的值固定为"00000001B"。

2）包标识符字段（PID）：包标识符字段用于表示包类型，字段长度为 8 位，由 4 个包类型位和 4 个校验位构成，其中校验字段是包类型字段按位取反得到的，用于对包类型字段进行错误检查。包标识符字段的具体定义如下：

D0	D1	D2	D3	D4	D5	D6	D7
PID0	PID1	PID2	PID3	$\overline{PID0}$	$\overline{PID1}$	$\overline{PID2}$	$\overline{PID3}$

3）地址字段（ADDR）：地址字段由 7 位构成，共有 128 个地址值，地址 0 作为默认的地址，不能分配给 USB 设备，因此只有 127 个地址值可分配。当设备上电时，主机使用默认地址 0 与设备通信，当设备配置完成后，主机重新为设备分配一个地址。

4）端点字段（ENDP）：端点字段由 4 位构成，可寻址 16 个端点，该字段仅应用在 IN、OUT 和 SETUP 令牌包中。

5）帧号字段：帧号字段仅存在于帧起始包（SOF）中，长度为 11 位，从 0 开始取值，每发送一个 SOF，该字段值自动加 1，最大值为 0x7FF。当超过最大值时，自动从 0 开始循环。

6）数据字段：数据字段的最大长度为 1024 字节，在数据传输时，首先传输低字节，对于每一字节，首先传输的是字节的最低位。

7）校验字段（CRC）：校验字段用于检验包是否存在错误，保证传输的可靠性。校验采用的方式是循环冗余校验，在令牌包中通常采用 5 位循环冗余校验，而在数据包中则采用 16 位循环冗余校验。

8）包结尾字段（EOP）：包结尾字段用于指示包传输的结束，对于低速和全速设备，包结尾字段在物理上表现为两位的 SE0 状态和一位的 J 状态。对于高速设备，通过故意填充位错误来表明包结束。

21.1.5　USB 的包类型

包类型由 PID 字段表示，具体详见表 21-1。

表 21-1　包类型定义

包类型	PID 名称	PID 值 (D0 ～ D3)	说　明
令牌包	SETUP	1101B	通知 USB 设备将要开始一个控制传输
	IN	1001B	通知设备将要输入数据
	OUT	0001B	通知设备将要输出数据
	SOF	0101B	通知设备这是一个帧起始包
数据包	DATA0	0011B	不同类型的数据包
	DATA1	1011B	
	DATA2	0111B	
	MDATA	1111B	

（续）

包类型	PID 名称	PID 值（D0 ～ D3）	说　明
握手包	ACK	0010B	成功接收数据确认包
	NAK	1010B	数据未准备好
	STALL	1110B	端点挂起或不支持该类型传输
	NYET	0110B	数据接收方未准备好
特殊类	PRE	1100B	SPLIT 传输前导（令牌包）
	ERR	1100B	SPLIT 传输错误（握手包）
	SPLIT	1000B	分裂事务（令牌包）
	PING	0100B	PING 测试（令牌包）
	—	0000B	保留

1. 令牌包

USB 协议中定义了 7 种不同类型的令牌包，其中常用的有 4 种，分别是 SETUP 令牌包、OUT 令牌包、IN 令牌包和 SOF 令牌包。SETUP 令牌包、OUT 令牌包、IN 令牌包的数据格式如下：

同步字段 （SYNC）	包标识符字段 （PID）	地址字段 （ADDR）	端点字段 （ENDP）	校验字段 （CRC）	包结尾字段 （EOP）

SOF 令牌包的数据格式如下：

同步字段 （SYNC）	包标识符字段 （PID）	帧号字段	校验字段 （CRC）	包结尾字段 （EOP）

USB 协议中规定只有主机才能发送令牌包，令牌包定义了主机数据传输的类型，用于建立一次数据传输。IN 令牌包用来建立设备到主机的数据传输，OUT 令牌包用来建立主机到设备的数据传输，IN 和 OUT 令牌包可以对 USB 设备上的任意端点进行寻址。SETUP 令牌包是一个特殊类型的 OUT 令牌包，它总是指向设备的端点 0，具有最高的优先级，设备必须优先接收它，即使正在进行传输操作也不例外。

在低速和全速模式下，主机每隔 1ms 发送一个帧开始包（SOF），因此这 1ms 的时间间隔也被称为一帧，也可以将帧理解成为 1ms 时间段内传输的信息。在高速模式下，主机每隔 125μs 发送一个帧开始包（SOF），这 125μs 的时间间隔也被称为一个微帧，其长度是一个帧的 1/8。

2. 数据包

常用的数据包有 DATA0 和 DATA1 两种，数据包的格式如下：

同步字段 （SYNC）	包标识符字段 （PID）	数据字段 （0 ～ 1024B）	校验字段 （CRC16）	包结尾字段 （EOP）

3. 握手包

握手包由三个字段构成，用来报告事务处理的完成，握手包的格式如下：

同步字段 （SYNC）	包标识符字段 （PID）	包结尾字段 （EOP）

- ❑ ACK 握手包：当数据传输的接收方正确接收到数据包时，接收方将返回 ACK 握手包。ACK 握手包表示一次正确的事务处理，之后才可能进行下一次的事务处理。对于 IN 事务处理，ACK 握手包由主机发出，对于 OUT 事务处理，ACK 握手包由设备发出。
- ❑ NAK 握手包：对于 IN 事务处理，NAK 握手包表示设备没有传输数据到主机。对于 OUT 事务处理，NAK 握手包表示主机没有传输数据到设备。NAK 握手包仅由设备发出，主机不能发出 NAK 握手包。
- ❑ STALL 握手包：STALL 握手包表示设备不能接收或发送数据。对于 IN 事务处理，主机给设备发送 IN 令牌包后，如果设备无法给主机发送数据，则向主机发送一个 STALL 握手包。对于 OUT 事务处理，主机给设备发送 OUT 令牌包和数据包后，如果设备无法接收主机发来的数据，则向主机发送一个 STALL 握手包，STALL 握手包仅由设备发出。

21.1.6　USB 的事务处理

事务处理（Transaction）是主机与设备间通信的基础，事务是由包组成的，一次事务处理由一个令牌包、一个数据包和一个握手包组成。令牌包表示事务处理的开始，它的类型决定了事务处理的类型，USB 协议中定义了 7 种类型的令牌包，因此事务处理也有 7 种类型，其中最重要的 3 种事务处理分别是 SETUP 事务处理、IN 事务处理和 OUT 事务处理。

在事务处理过程中，其令牌包包含有事务类型、传输方向、地址和端点号；数据包包含有本次事务处理要传输的数据，当事务处理不需要发送数据时，将不再发送数据包；握手包用于数据的接收一方向发送一方报告此次事务处理是否成功。

1. SETUP 事务处理

SETUP 事务处理是事务处理的特殊形式，只应用在控制传输设置阶段，用于对设备进行配置。SETUP 事务处理的数据传输方向总是从主机到设备，SETUP 事务处理流程如图 21-3 所示。

图 21-3　SETUP 事务处理流程

2. IN 事务处理

IN 事务处理用于实现设备到主机方向的数据传输。一个完整的 IN 事务处理流程如图

21-4 所示。在正常的数据处理情况下，设备响应主机的 IN 令牌包，并向主机返回数据。如果主机向设备发送的 IN 令牌包在传输过程中出现错误，设备接收不到正确的 IN 令牌包，此时设备将忽略此 IN 令牌包，不对该令牌包做应答；如果设备接收到正确的 IN 令牌包，但是设备的 IN 端点被挂起，无法向主机发送数据，此时设备将向主机发送 STALL 握手包；如果设备接收到正确的 IN 令牌包，但是设备因为某种原因无法向主机提供数据，此时设备将向主机发送 NAK 握手包；如果设备接收到正确的 IN 令牌包，并且向主机发送了数据，但数据包在传输过程中出现错误，主机接收不到正确的数据包，主机将忽略错误的数据包，不做响应。

图 21-4　IN 事务处理流程

3. OUT 事务处理

OUT 事务处理用于实现主机到设备方向的数据传输，一个完整的 OUT 事务处理流程如图 21-5 所示。在正常的数据传输情况下，设备响应主机的 OUT 令牌包，并接收主机发送的数据。如果主机向设备发送的 OUT 令牌包在传输过程中出现错误，设备接收不到正确的 OUT 令牌包，则不对该令牌包做出应答；如果接收到正确的 OUT 令牌包，并且主机向设备发送数据包，但是在传输的过程中数据包出现错误，此时设备将忽略错误的数据包不做响应；如果接收到正确的 OUT 令牌包，但是设备的 OUT 端点被挂起，无法接收主机发来的数据，此时设备将向主机发送 STALL 握手包；如果接收到正确的 OUT 令牌包，但是设备由于某种原因无法接收主机发来的数据，此时设备将向主机发送 NAK 握手包；如果设备的数据触发位和接收到的数据包的触发位不一致，设备将丢弃该数据包，然后向主机发送 ACK 握手包。

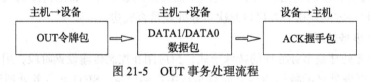

图 21-5　OUT 事务处理流程

21.1.7　USB 数据传输的类型

USB 设备中的每一个有效端点都会与主机间建立一个通道，每个通道以一种方式进行传输，传输分为多个阶段，每个阶段分别由不同的事务组成。USB 协议定义了 4 种传输类型，分别是批量传输、中断传输、同步传输和控制传输。

1. 批量传输

该类传输用于传输大量的数据，要求传输不能出错，但是对传输的时间没有要求，适用于打印机、扫描仪和存储设备等。在数据传输过程中，当 USB 总线带宽紧张时，会自动降低自身的传输速率，为其他传输类型让出自己的带宽。当 USB 总线空闲时，会占用较多的带宽，以提高自身的传输速率。批量传输可以发送大量的数据而不会阻塞 USB 总线，但其传输时间和传输速率得不到保障。

2. 中断传输

中断传输适用于那些只传输少量数据并且请求传输的频率不高的一类设备，USB 总线为中断传输保留了总线带宽，以保证中断传输能在规定的时间内完成。

3. 同步传输

同步传输用于传输大量的、速率恒定的且对周期有要求的数据。同步传输适用于音频和视频类设备，因为这类传输需要及时发送和接收数据，但对数据的正确性要求不高。USB 总线为同步传输保留了总线带宽，以保证其一直使用准确的传输速率，因此传输时间是确定和可预测的。

4. 控制传输

控制传输是 USB 传输中最重要的传输类型，只有在正确地执行完控制传输后，才能执行其他类型的传输。控制传输适用于少量的，对传输时间和传输速率没有要求，但必须保证传输完成的应用。控制传输用于 USB 主机和设备间的配置、命令和状态通信，所有 USB 设备都支持控制传输，当设备连接到主机时，首先开始的是控制传输，使用默认的地址 0 和端点 0 交换信息，包括读取设备的描述符和设置设备地址等。

21.1.8 USB 设备描述符

每一个 USB 设备都有自己特有的配置，如设备的类型、供应商信息、接口和端点数量等。USB 设备使用各种描述符来说明设备或设备中某个组件的信息。描述符是一种数据结构，通常被保存在 USB 设备的固件程序中，用于使主机了解设备的具体信息。USB 设备必须具有的描述符有设备描述符、配置描述符、接口描述符和端点描述符，而其他的描述符如字符串描述符、设备限定描述符、速率配置描述符则是可选的。

1. 设备描述符（Device descriptor）

设备描述符用于说明设备的总体信息，包括设备的类型、设备支持的协议、供应商、产品名称、设备版本号、设备所支持的配置数等，目的是让主机获取所插入 USB 设备的属性，以便加载合适的驱动程序。一个 USB 设备只能有一个设备描述符，固定为 18 字节的长度，它是主机向设备获取的第一个描述符。设备描述符的具体结构可以参考以下代码：

```
uint8_t USBD_FS_DeviceDesc[USB_LEN_DEV_DESC] =
  {
  0x12,                        /* bLength 域，描述符长度 */
  USB_DESC_TYPE_DEVICE,        /* bDescriptorType 域，描述符类型 */
  0x00,                        /* bcdUSB 域，USB 版本号（BCD 编码）*/
  0x02,
  0x02,                        /* bDeviceClass 域，设备类代码 */
  0x02,                        /* bDeviceSubClass 域，设备子类代码 */
  0x00,                        /* bDeviceProtocol 域，设备协议代码 */
```

```
    USB_MAX_EP0_SIZE,              /* bMaxPacketSize 域，端点 0 支持的最大数据包长度 */
    LOBYTE(USBD_VID),              /* idVendor 域，供应商 ID（VID）*/
    HIBYTE(USBD_VID),              /* idVendor 域，供应商 ID（VID）*/
    LOBYTE(USBD_PID_FS),           /* idProduct 域，产品 ID（PID）*/
    HIBYTE(USBD_PID_FS),           /* idProduct 域，产品 ID（PID）*/
    0x00,                          /* bcdDevice 域，设备版本号（BCD 编码）*/
    0x02,
    USBD_IDX_MFC_STR,              /* iManufacturer 域，供应商字符串描述符索引 1 */
    USBD_IDX_PRODUCT_STR,          /* iProduct 域，产品字符串描述符索引 2 */
    USBD_IDX_SERIAL_STR,           /* iSerialNumber 域，设备序号字符串描述符索引 3 */
    USBD_MAX_NUM_CONFIGURATION     /* bNumConfigurations 域，USB 设备支持的配置数 */
};
```

2. 配置描述符（Configuration descriptor）

配置描述符用于说明 USB 设备的配置特性，包括配置信息的总长度、支持接口的个数、配置的属性及设备可以从总线获取的最大电流等。一个 USB 设备可以包含一个或多个配置，如 USB 设备的低速模式和高速模式可以分别对应一个配置，每一个配置都对应一个配置描述符，配置描述符长度固定为 9 字节。配置描述符的具体结构可以参考以下代码：

```
uint8_t Configuration_Descriptor [9] =
{
    0x09,                              /* bLength 域，配置描述符长度 */
    USB_DESC_TYPE_CONFIGURATION,       /* bDescriptorType 域，配置描述符 */
    USB_CDC_CONFIG_DESC_SIZ,           /* wTotalLength 域，配置信息总长度 */
    0x00,
    0x02,                              /* bNumInterfaces 域，2 个接口 */
    0x01,                              /* bConfigurationValue 域，配置值 */
    0x00,                              /* iConfiguration 域，字符串描述符描述配置索引 */
    0xC0,                              /* bmAttributes 域，配置属性（自供电）*/
    0x32,                              /* MaxPower 域，设备从总线上获取最大电流 0mA */
}
```

3. 接口描述符（Interface descriptor）

接口描述符用于说明 USB 设备中各个接口的特性，包括接口号、接口使用的端点数、所属的设备类及其子类等。一个配置可以包含一个或多个接口，每个接口都必须有一个接口描述符。接口是一组端点的集合，用户能够在 USB 处于配置状态时改变这些设置。接口描述符的具体结构可以参考以下代码：

```
uint8_t Interface_Descriptor [9] =
{
    0x09,                         /* bLength 域，接口描述符长度 9 字节 */
    USB_DESC_TYPE_INTERFACE,      /* bDescriptorType 域，接口描述符 */
    0x00,                         /* bInterfaceNumber 域，接口数量 */
    0x00,                         /* bAlternateSetting 域，复用设置 */
    0x01,                         /* bNumEndpoints 域，接口使用的端点数（单一端点）*/
    0x02,                         /* bInterfaceClass 域，接口所属 USB 设备类（通信接口类）*/
    0x02,                         /* bInterfaceSubClass 域，接口所属 USB 设备子类（抽象控制模型）*/
    0x01,                         /* bInterfaceProtocol 域，接口采用的 USB 设备类协议（通用 AT 命令）*/
    0x00,                         /* iInterface 域，接口字符串描述符索引（接口）*/
}
```

4. 端点描述符（Endpoint descriptor）

端点是设备上一个能够存储多字节的缓冲器，数据的传输都是与设备端点相关的。主机在接收和发送数据时也有相应的缓冲器，但是主机并没有端点。端点描述符用于定义端点所支持的传输类型和传输方向等信息，其长度为 7 字节。端点 0 无描述符，而其他端点必须包含描述符。端点描述符的具体结构可以参考以下代码：

```
uint8_t Endpoint_Descriptor2[7] =
{
  0x07,                           /* bLength 域，端点描述符长度（7 字节）*/
  USB_DESC_TYPE_ENDPOINT,         /* bDescriptorType 域，端点类型 */
  CDC_CMD_EP,                     /* bEndpointAddress 域，端点地址 */
  0x03,                           /* bmAttributes 域，端点特性（中断）*/
  LOBYTE(CDC_CMD_PACKET_SIZE),    /* wMaxPacketSize 域，端点支持最大数据包长度 */
  HIBYTE(CDC_CMD_PACKET_SIZE),
  0x10,                           /* bInterval 域，轮询间隔 */
}
```

21.1.9　标准设备请求

标准设备请求可以理解成 USB 主机向设备发出的命令。在控制传输的 SETUP 阶段，主机发送标准设备请求至设备，并使用默认的控制管道，所有的 USB 设备都要求对主机发给自己的请求做出响应。USB 规范定义了 11 个标准设备请求，每个设备请求有 8 字节。

1. 获取描述符请求

USB 主机通过获取描述符请求读取 USB 设备指定的描述符，在该请求的数据阶段，USB 设备将向主机返回指定的描述符。该请求的各个字段为：

bmRequestType	bRequest	wValue	wIndex	wLength
10000000B	GET_DESCRIPTOR	描述符类型 / 索引	0 或语言 ID	描述符长度

2. 设置描述符请求

设置描述符请求是可选的，用于更新已经存在的描述符或者添加新的描述符。在该请求的数据阶段，USB 主机将向设备发送指定的描述符数据。该请求的各个字段为：

bmRequestType	bRequest	wValue	wIndex	wLength
00000000B	SET_DESCRIPTOR	描述符类型 / 索引	0 或语言 ID	描述符长度

3. 设置配置请求

设置配置请求用于为 USB 设备设置一个合适的配置值。设置配置请求无数据阶段，配置值 wValue 必须是 0 或者是与配置描述符相匹配的值。该请求的各个字段为：

bmRequestType	bRequest	wValue	wIndex	wLength
00000000B	SET_CONFIGURATION	配置值	0	1

4. 获取配置请求

获取配置请求主要用于 USB 主机读取设备当前的配置值，在该请求的数据阶段，USB 设备将向主机返回一字节的配置值。该请求的各个字段为：

bmRequestType	bRequest	wValue	wIndex	wLength
10000000B	GET_CONFIGURATION	0	0	1

5. 获取接口请求

获取接口请求主要用于 USB 主机读取指定接口的可替换设置值，也就是接口描述符中 bAlternateSetting 字段的值。在获取接口请求的数据阶段，USB 设备将向主机返回一字节的可替换设置值。该请求的各个字段为：

bmRequestType	bRequest	wValue	wIndex	wLength
10000001B	GET_INTERFACE	0	接口	1

6. 设置接口请求

设置接口请求用于为指定的接口选择一个合适的可替换设置值，该请求没有数据阶段，而且该请求只在 USB 设备处于配置状态时有效。当 USB 设备的一个接口存在一个可替换设置时，该请求使主机可以为其选择所需要的可替换设置。该请求的各个字段为：

bmRequestType	bRequest	wValue	wIndex	wLength
10000001B	SET_INTERFACE	0	接口	1

7. 设置地址请求

设置地址请求主要用于当 USB 设备上电时，为其分配一个唯一的设备地址。该请求没有数据阶段，状态阶段的方向是设备到主机，其中 wValue 字段为新的设备地址。该请求的各个字段为：

bmRequestType	bRequest	wValue	wIndex	wLength
00000000B	SET_ADDRESS	设备地址	0	0

8. 获取状态请求

获取状态请求主要用于 USB 主机读取设备、接口或端点的当前状态。在该请求的数据阶段，USB 设备将向主机返回具有特定格式的两字节数据。该请求的各个字段为：

bmRequestType	bRequest	wValue	wIndex	wLength
10000000B			0	
10000001B	GET_STATUS	0	接口	2
10000010B			端点	

以上是 8 种常用的设备请求，具体数据结构和编码值见表 21-2 和表 21-3，其他设备请求的字段结构详见表 21-4。

表 21-2 USB 标准设备请求的数据结构

偏移量	域	大小 （字节）	描 述
0	bmRequestType	1	请求特征： D7：传输方向 0= 主机至设备 1= 设备至主机 D6:D5：种类 0= 标准 1= 类 2= 厂商 3= 保留 D4:D0：接收者 0= 设备 1= 接口 2= 端点 3= 其他 4 ~ 31 保留
1	bRequest	1	命令类型编码值（详见表 21-3）
2	wValue	2	根据不同的命令，含义也不同
4	wIndex	2	根据不同的命令，含义也不同，主要用于传送索引或偏移
6	wLength	2	如有数据传送阶段，此为数据字节数

表 21-3 USB 标准设备请求编码值

bRequest	值
GET_STATUS	0
CLEAR_FEATURE	1
保留	2
SET_FEATURE	3
保留	4
SET_ADDRESS	5
GET_DESCRIPTOR	6
SET_DESCRIPTOR	7
GET_CONFIGURATION	8
SET_CONFIGURATION	9
GET_INTERFACE	10
SET_INTERFACE	11
SYNCH_FRAME	12

表21-4　USB的11种标准设备请求

设备请求	bmRequestType	bRequest	wValue	wIndex	wLength	Data
清除特性	00000000B 00000001B 00000010B	CLEAR_FEATURE	特性选择符	0 接口号 端点号	0	无
获取配置	10000000B	GET_CONFIGURATION	0	0	1	配置值
获取描述符	10000000B	GET_DESCRIPTOR	描述表种类(高字节)和索引(低字节)	0或语言标志	描述表长	描述表
获取接口	10000001B	GET_INTERFACE	0	接口号	1	可选设置
获取状态	10000000B 10000001B 10000010B	GET_STATUS	0	0(返回设备状态) 接口号(对象是接口时) 端点号(对象是端点时)	2	设备、接口或端点状态
设置地址	00000000B	SET_ADDRESS	设备地址	0	0	无
设置配置	00000000B	SET_CONFIGURATION	配置值(高字节为0,低字节表示要设置的配置值)	0	0	无
设置描述符	00000000B	SET_DESCRIPTOR	描述表种类(高字节)和索引(低字节)	0或语言标志	描述表长	描述表
设置特性	00000000B 00000001B 00000010B	SET_FEATURE	特性选择符(1表示设备,0表示端点)	0 接口号 端点号	0	无
设置接口	00000001B	SET_INTERFACE	可选设置	接口号	0	无
帧同步	10000010B	SYNCH_FRAME	0	端点号	2	帧号

21.1.10　USB 的设备状态

USB 设备有多种状态，有些状态对于主机来说是可见的，而有些状态是设备内部的。USB 设备状态有以下几种。

1）连接状态：当 USB 设备通过电缆连接到主机或 Hub 的下行端口时，即进入连接状态，此时 USB 总线开始向 USB 设备供电，直至电源稳定工作。

2）上电状态：当连接到主机上的 USB 设备得到稳定的总线电源后，便处于上电状态。此时设备还没有被复位，不能对任何事务进行处理，设备可以从 USB 总线上获取电源，也可以自供电。

3）默认状态：当 USB 设备上电后会响应主机发出的复位信号，进行复位操作。复位结束后，USB 设备进入默认状态。这时 USB 设备可以从总线上获得不超过 100mA 的电流，并使用默认的设备地址 0 进行事务处理。

4）地址状态：USB 设备复位结束后，USB 主机重新为设备分配一个地址，这个地址是唯一的，此时设备便处于地址状态。在地址状态后，设备将不再使用默认的地址，而使用新分配的地址进行之后的总线活动。

5）配置状态：在 USB 设备被使用之前，设备必须先被配置，主机发出一个带有非零配置值的配置请求（SET_CONFIGURATION），设备在正确处理配置请求后，便进入配置状态。在配置状态下，所有的寄存器返回至默认值。

6）挂起状态：USB 协议规定，如果 USB 设备在 3ms 内没有检测到总线活动，将自动进入挂起状态以降低功耗。上电后的 USB 设备无论是否被分配新的地址或被配置，都必须时刻准备进入挂起状态。

21.1.11　USB 总线的枚举过程

当一个 USB 设备连接至 USB 总线上时，主机会发现有新的设备插入，但是不知道插入的设备是什么，所以主机就会开始询问它是什么设备、用途是什么、负荷能力怎样，这个询问的过程就是枚举的过程。当新的设备插入时并没有为其分配地址，因此主机与其通信使用默认地址 0，这时主机首先发送一个获取设备描述符指令包，设备接到该指令包后，返回自己设备的设备描述符，通过设备描述符，主机会了解 USB 设备的基本属性，比如支持的传输数据长度、电流负荷、支持 USB 版本等。

主机知道设备的数据长度、电流大小等基本属性后，就会给设备分配一个属于它的地址，之后就开始发送获取设备配置请求，询问设备的具体配置。设备接到指令包后就开始发送 9 字节的设备配置字，其中包括设备配置字的总长度。这样主机就知道设备的配置到底有多长，然后主机再次发送获取设备配置请求指令包，这时设备就开始上传所有的配置字。这时主机已经弄清楚了所插入设备的工作方式和特性，就可以正常工作了。

USB 总线枚举的详细过程如下。

1）当 USB 设备插入到 Hub 端口时，有上拉电阻的一根数据线被拉高到幅值 90% 的电压（约 3V），Hub 检测到它的一根数据线是高电平，就认为有设备插入，并能根据是 D+ 还是 D– 被拉高来判断是低速、全速还是高速设备。检测到设备后，Hub 继续给设备供电。

2）每个 Hub 利用它自己的中断端点向主机报告其各个端口的状态，内容是 Hub 端口的设备连接 / 断开事件。如果有连接 / 断开事件发生，那么主机会向 Hub 发送一个获取接口状态请求，以了解此次端口状态改变的情况，Hub 收到该请求后，会将插入到该端口设备的速度信息（低速、全速、高速）反馈给主机。

3）主机知道有新设备连接后，等待至少 100ms 以使插入操作完成和设备电源稳定。然后 USB 主机控制器向 Hub 发送一个获取接口特性请求让 Hub 复位该端口。Hub 通过驱动设备的数据线到复位状态（D+ 和 D– 均为低电平），并持续至少 10ms。

4）根据 USB2.0 协议，高速设备在开始时默认使用全速模式，所以对于一个支持 USB2.0 的高速 Hub，当它发现其端口连接的是一个全速设备时，会进行高速检测，看看目前这个设备是否还支持高速模式，如果是就切换到高速模式，否则就一直在全速模式下运行。从设备的角度来看，如果是一个高速设备，在刚连接到 Hub 或上电时只能用全速模式，随后 Hub 会进行高速检测，之后这个设备才会切换到高速模式下工作。

5）主机不停地向 Hub 发送获取接口状态请求，以查询设备是否复位成功。Hub 返回的报告信息有一位专门用来标志设备的复位状态。当设备复位成功后，Hub 将撤销复位信号，设备便处于默认状态，并使用默认地址 0 和端点 0 来接收主机发来的请求。此时设备能从总线上获得的最大电流是 100mA。

6）主机给设备发送获取设备描述符请求，设备返回 18 字节的设备描述符。这是主机第一次得到设备描述符，主机并不会分析各个字段的含义，只会读取设备描述符中端点 0 所支持的最大数据包长度（设备描述符的第 8 字节）。当控制传输的状态阶段完成后，主机会要求 Hub 再对设备进行一次复位操作。

7）USB 主机控制器通过设置地址请求向设备分配一个唯一的地址，在完成这次控制传输后，设备将进入地址状态，之后将使用新的地址继续与主机通信。新的地址对于设备来说是终身制的，只要设备不被拔出、复位或者系统重启，那么该地址将一直存在。

8）主机再一次向设备发送获取设备描述符请求，这次主机将会认真解析设备描述符的内容，包括端点 0 支持的最大数据包长度、设备所支持的配置数、供应商 ID（VID）、产品 ID（PID）等信息。之后主机发送获取配置描述符请求。主机先获得 9 字节的配置描述符，其中包括配置描述符和其下层的所有描述符的总长度。接着主机再一次发送获取配置描述符请求，这一次设备会把配置描述符、接口描述符和端点描述符一并发给主机。

9）此时主机会弹出窗体，提示发现新设备的信息。主机通过解析获得的描述符，已经对设备有足够的了解，会选择一个最合适的驱动程序给设备，并将设备添加到 USB 总线的设备列表中，并把对设备的控制权交给驱动程序。

10）驱动程序会要求设备重新发送描述符，并为设备选择一个合适的配置值。在通过描述符获悉设备的状况后，驱动程序向设备发送一个带有所需配置值的设置配置请求。设备接收到请求后，使能所要求的配置，这样设备便处于配置状态，此时设备可以进行数据传输。

21.2　USB 模块

STM32F0072VBT6 微控制器片内集成有符合 USB2.0 全速设备技术规范要求的 USB 模块，通过该模块可以实现与 PC 主机的 USB 通信连接，进一步拓展将该系列微控制器的应用范围。

21.2.1　USB 模块的结构

STM32F072VBT6 微控制器片内集成的 USB 模块，可配置 1 ～ 8 个 USB 端点，具有最多 1024 字节的专用包缓冲存储器（其中 256 字节与 CAN 外设共享），支持批量 / 同步端点的双缓冲区机制和 USB 挂起 / 恢复操作，且支持 USB 2.0 电源管理和电池充电检测（BCD），在 USB_DP 线上嵌入了上拉电阻，具备可编程的 USB 连接 / 断开能力。USB 模块的主要特点见表 21-5。

USB 模块能实现标准 USB 接口的所有功能，其内部结构如图 21-6 所示。

表 21-5　USB 模块的主要特点

USB 特性	配　　置
端点数	8
专用的包存储缓冲器 SRAM	1024 字节
专用的包存储缓冲器 SRAM 存取方案	2×16 位 / 字
USB2.0 链接电源管理（LPM）	支持
电池充电检测（BCD）	支持
USB_DP 线上嵌入式上拉电阻	支持

注：当使能 CAN 时钟时，只有开始的 768 字节用于 USB，最后的 256 字节用于 CAN。

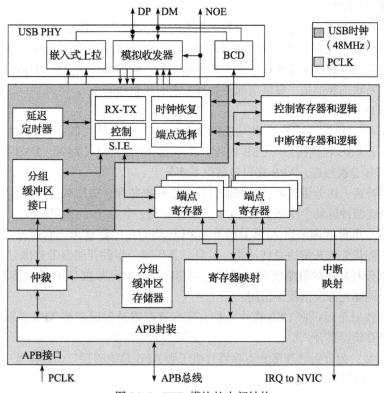

图 21-6　USB 模块的内部结构

USB 模块由以下部分组成。

1. USB 物理接口（USB_PHY）

该模块提供了连接 USB 主机的电气接口。它包含差分模拟收发器、可控嵌入负载电阻（连接到 USB_DP 线）、电池充电检测（BCD）、多路复用的 USB_DP 和 USB_DM 线等。模拟收发器输出使能控制信号通过 USB_NOE 输出，可用于驱动 LED 或为其他电路提供通信方向指示。

2. 串行接口引擎（SIE）

该模块的功能有：帧头同步域的识别、位填充、CRC 的生成和校验、PID 的验证 / 产生以及握手分组处理等。串行接口引擎与 USB 收发器交互，利用分组缓冲接口提供的虚拟缓冲区存储中间数据，并且根据 USB 事件、传输结束、包正确接收等与端点相关事件生成信号和触发中断。

3. 定时器

其功能是产生一个与帧开始报文同步的时钟脉冲，并且在 3ms 范围内如果没有检测到数据的传输，将产生全局挂起事件。

4. 分组缓冲区接口

用于管理分组缓冲区存储单元，它根据 SIE 的要求分配合适的缓冲区，并定位到端点寄存器所指向的存储区域。在每字节传输完成后，自动递增地址，直到数据分组传输结束。

5. 端点相关寄存器

❑ 端点寄存器：每个端点都有一个与之相关的寄存器，用于描述端点类型和当前状态。

❑ 控制寄存器：包含 USB 模块的状态信息，用来触发诸如恢复、低功耗等 USB 事件。

❑ 中断寄存器：提供了中断标志和中断屏蔽功能，配置和访问这些寄存器可以获取中断源、中断状态等信息，并能清除待处理中断的状态标志。

6. APB 接口

在图 21-6 中，我们不难发现串行接口引擎（SIE）部分使用的是 USB 时钟（48MHz），而其余部分除了 USB 物理接口（USB PHY）以外使用的是 PCLK 时钟。USB 模块通过 APB 接口部件与 APB 总线相连，APB 接口包括以下部分。

❑ 分组缓冲区：由分组缓冲接口控制并且提供数据缓存，应用软件可以直接访问该缓冲区。分组缓冲区的大小最多为 1024 字节，由 512 个 16 位的半字构成。

❑ 仲裁器：负责处理来自 APB 总线和 USB 模块的存储器请求。它通过向 APB 提供较高的访问优先权来解决总线冲突，并且总是保留一半的存储器带宽供 USB 模块使用。它采用分时复用的策略实现了虚拟的双端口 SRAM，即在 USB 模块读取分组缓冲区时，也同样允许应用程序访问。

❑ 寄存器映射单元：将 USB 模块各种宽度的寄存器映射成能被 APB 总线寻址的 16 位宽度的存储器集合。

❑ APB 封装：为分组缓冲区和寄存器提供了到 APB 总线的接口，并将整个 USB 模块映射到 APB 地址空间上。

❑ 中断映射单元：将产生中断的 USB 事件映射到 NVIC 请求线上。

21.2.2 USB 模块数据传输

我们已经知道，所谓端点就是一小片数据存储区域，通过这一小片存储区域，可以实现主机与 USB 模块之间的数据传送。USB 模块的分组缓冲区恰恰是为端点提供的存储区域，其大小最多为 1024 字节，由 512 个 16 位的半字构成，最多可用于 16 个单向或 8 个双向端点。为了便于理解 USB 模块与主机的数据传输，我们有必要了解一下 STM32F0 系列微控制器的 USB 模块对于端点是如何定义的。以端点 0 为例，其寄存器定义如图 21-7 所示。

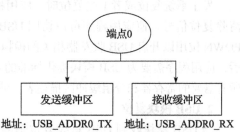

图 21-7 端点 0 的寄存器定义

一个双向端点由以下六个部分来定义。

❑ 端点寄存器（USB_EpnR, n=[0..7]）：用于描述和保存端点的状态信息。

❑ 缓冲区描述表：用于配置 USB 模块和微控制器内核共享的分组缓冲区的地址和大小。

❑ 发送缓冲区地址寄存器（USB_ADDRn_TX）：定义端点 n 发送缓冲区起始地址。

❑ 发送数据字节数寄存器（USB_COUNTn_TX）：定义端点 n 发送缓冲区大小。

❑ 接收缓冲区地址寄存器（USB_ADDRn_RX）：定义端点 n 接收缓冲区起始地址。

❑ 接收数据字节数寄存器（USB_COUNTn_RX）：定义端点 n 接收缓冲区大小。

当 USB 模块同 PC 主机通信时，按照 USB 规范要求，由 USB 模块实现令牌分组的检测、数据发送 / 接收、CRC 的生成和校验、握手分组的处理等功能，整个传输由硬件完成。端点使用的缓冲区大小和数量是动态的，由主机根据传输的需要控制和改变。每个端点都有一个缓冲区描述表，描述该端点使用的缓冲区地址、大小和需要传输的字节数。USB 模块通过一个内部的 16 位寄存器（软件不能访问）实现端口与专用缓冲区的数据交换，数据交换以有效的功能 / 端点的令牌分组开始，并且以发送或接收适当的握手分组结束。

在数据传输结束时，USB 模块将触发与端点相关的中断，通过读状态寄存器或者利用不同的中断处理程序，微控制器可以确定哪个端点需要得到服务，或者在发生如位填充、缓冲区溢出等错误时，做相应的处理。USB 模块还对同步传输和高吞吐量的批量传输提供了特殊的双缓冲区机制，即当微控制器使用一个缓冲区的时候，保证 USB 外设总是可以使用另一个缓冲区。

21.3 USB 总线编程

尽管使用 STM32CubeMX 软件提供的 HAL 库和中间件组件，可以将 USB 编程难度降低，但了解 USB 模块的运行过程和应用程序需要完成的具体功能对于 USB 模块的程序开发非常重要。以下我们将要对一般的 USB 事件、双缓冲端点和同步传输等过程应采取的软件操作做简要的说明。

21.3.1　USB 复位操作

1. 微控制器复位

发生系统复位或者上电复位时，应用程序需要为 USB 模块提供所需要的时钟信号，然后清除复位信号，使应用程序可以访问 USB 模块的寄存器。其次，需要配置 CNTR 寄存器的 PDWN 位用以开启 USB 收发器相关的模拟部分，打开为端点收发器供电的内部参考电压。之后，应用程序需要为 USB 模块提供标准的 48MHz 时钟。当系统复位后，应用程序应该初始化所有需要的寄存器和分组缓冲区描述表，使 USB 模块能够产生正常的中断和完成数据传输。

2. USB 模块复位

当 USB 模块收到 USB 总线复位信号，或 USB_CNTR 寄存器的 FRES 位置位时，USB 模块将会复位。这时，所有端点的通信都被禁止，USB 模块不会响应任何分组。USB 复位后，需要软件使能 USB 模块，同时地址为 0 的默认控制端点（端点 0）也需要被使能，这些都可以通过配置 USB_DADDR 寄存器的 EF 位、EP0R 寄存器和相关的分组缓冲区来实现。

3. 枚举阶段

在 USB 设备的枚举阶段，主机将分配给设备一个唯一的地址。该地址会写入 USB_DADDR 寄存器的 ADD[6:0] 位中，同时配置其他所需的端点。当复位中断产生时，应用程序必须在中断产生后的 10ms 之内使能端点 0 的传输。

21.3.2　分组缓冲区

每个双向端点都可以接收或发送数据。接收到的数据存储在该端点指定的专用缓冲区内，而另一个缓冲区则用于存放待发送的数据。对这些缓冲区的访问由分组缓冲区接口模块实现，它提出缓冲区访问请求，并等待确认信息后返回。为防止微控制器与 USB 模块对缓冲区的访问冲突，缓冲区接口模块使用仲裁机制，使 APB 总线的一半周期用于微控制器的访问，另一半保证 USB 模块的访问。这样，微控制器和 USB 模块对分组缓冲区的访问如同对一个双端口 SRAM 的访问，即使微控制器连续访问缓冲区，也不会产生访问冲突。

每个端点对应于两个分组缓冲区，通常一个用于发送，另一个用于接收。这些缓冲区可以位于整个分组存储区的任意位置，它们的地址和长度都定义在缓冲区描述表中，而缓冲区描述表也同样位于分组缓冲区中，其地址由寄存器确定。

缓冲区描述表的每个表项都关联到一个端点寄存器，它由 4 个 16 位的字组成，因此缓冲区描述表的起始地址按 8 字节对齐（寄存器的最低 3 位总是 "000"）。如果是非同步非双缓冲的单向端点，只需要一个分组缓冲区（发送方向上的分组缓冲区）。其他未用到的端点或某个未使用的方向上的缓冲区描述表项可以用于其他用途，缓冲区描述表项和分组缓冲区的对应关系如图 21-8 所示。

不管是接收还是发送，分组缓冲区都是从底部开始使用的。USB 模块不会访问超出当前分配到的缓冲区区域以外的其他缓冲区的内容。如果缓冲区收到一个比自己大的数据分组，它只会接收最大为自身大小的数据，其他的丢掉，即发生了所谓的缓冲区溢出异常。

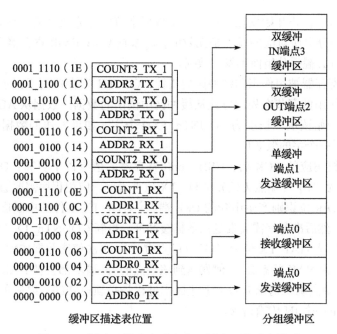

图 21-8　缓冲区描述表项和分组缓冲区的对应关系

21.3.3　端点初始化

初始化端点的第一步是把适当的值写到 ADDRn_TX 或 ADDRn_RX 寄存器中，以便 USB 模块能找到要传输数据的端点所对应的接收和发送数据缓冲区的位置。USB_EpnR 寄存器的 EP_TYPE 位确定端点的基本类型，EP_KIND 位确定端点的特性。作为发送方，需要设置 USB_EpnR 寄存器的 STAT_TX 位来使能端点，并配置 COUNTn_TX 位决定发送长度。作为接收方，需要设置 STAT_RX 位来使能端点，并且设置 USB_ADDRn_RX 寄存器的 BL_SIZE 和 NUM_BLOCK 位，确定接收缓冲区的大小。对于非同步非双缓冲批量传输的单向端点，只需要设置一个传输方向上的寄存器即可。

一旦端点被使能，应用程序就不能再修改 USB_EpnR 寄存器的值和 ADDRn_TX / ADDRn_RX、COUNTn_TX / COUNTn_RX 所在的位置，因为这些值会被硬件实时修改。当数据传输完成后，CTR 中断会产生，此时上述寄存器可以被访问，并重新使能新的传输。

21.3.4　IN 分组

当接收到一 IN 令牌分组（用于数据发送）时，如果接收到的地址和一个配置好的端点地址相符合的话，USB 模块将会根据缓冲区描述表的表项，访问相应的 ADDRn_TX 和 COUNTn_TX 寄存器，并将这些寄存器中的数值存储到内部的 16 位寄存器 ADDR 和 COUNT（应用程序无法访问）中。此时，USB 模块开始根据 DTOG_TX 位发送 DATA0 或 DATA1 分组，并访问缓冲区。在 IN 分组传输完毕之后，从缓冲区读到的第一字节将被装载到输出移位寄存器中，并开始发送。最后一个数据字节发送完成之后，计算好的 CRC 将被发送。如果收到的分组所对应的端点是无效的，将根据 USB_EpnR 寄存器上的 STAT_TX 位发送 NAK 或 STALL 握手分组而不发送数据。

ADDR 内部寄存器被用作当前缓冲区的指针，COUNT 寄存器用于记录剩下未传输的字节数。USB 总线使用低字节在先的方式从缓冲区中读出的数据。数据从 ADDRn_TX 指向的数据分组缓冲区开始读取，长度为 COUNTn_TX/2 个字。如果发送的数据分组为奇数个字节，则只使用最后一个字的低 8 位。

在接收到主机响应的 ACK 后，USB_EpnR 寄存器的值有以下更新：DTOG_TX 位被翻转，STAT_TX 位为"10"（端点无效），CTR_TX 位被置位。应用程序需要通过 USB_ISTR 寄存器的 EP_ID 和 DIR 位识别产生中断的 USB 端点。CTR_TX 事件的中断服务程序需要首先清除中断标志位，然后准备好需要发送的数据缓冲区，更新 COUNTn_TX 为下次需要传输的字节数，最后再设置 STAT_TX 位为"11"（端点有效），再次使能数据传输。当 STAT_TX 位为"10"时（端点为 NAK 状态），任何发送到该端点的 IN 请求都会被 NAK，USB 主机会重发 IN 请求直到该端点确认请求有效。上述操作过程是必须遵守的，以避免丢失紧随上一次 CTR 中断请求的下一个 IN 传输请求。

21.3.5　OUT 和 SETUP 分组

USB 模块对这两种分组的处理方式基本相同。当接收到一个 OUT 或 SETUP 分组时，如果地址和某个有效端点的地址相匹配，USB 模块将访问缓冲区描述表，找到与该端点相关的 ADDRn_RX 和 COUNTn_RX 寄存器，并将 ADDRn_RX 寄存器的值保存在内部 ADDR 寄存器中。同时，COUNT 会被复位，从 COUNTn_RX 中读出的 BL_SIZE 和 NUM_BLOCK 的值用于初始化内部 16 位寄存器 BUF_COUNT，该寄存器用于检测缓冲区溢出。USB 模块将随后收到的数据按字为单位存储到 ADDR 指向的分组缓冲区中。同时，BUF_COUNT 的值自动递减，COUNT 值自动递增。

当检测到数据分组的结束信号时，USB 模块校验收到的 CRC 的正确性。如果传输中没有任何错误发生，ACK 握手分组会被发送到主机。即使发生 CRC 错误或者其他类型的错误，数据还是会被保存到分组缓冲区中，但不会发送 ACK 分组，并且 USB_ISTR 寄存器的 ERR 位将会置位。在这种情况下，应用程序通常不需要干涉处理，USB 模块将从传输错误中自动恢复，并为下一次传输做好准备。如果收到的分组所对应的端点没有准备好，USB 模块将根据 USB_EpnR 寄存器的 STAT_RX 位发送 NAK 或 STALL 分组，数据将不会被写入接收缓冲区。

ADDRn_RX 的值决定接收缓冲区的起始地址，长度由包含 CRC 的数据分组的长度（即有效数据长度 +2）决定，但不能超过 BL_SIZE 和 NUM_BLOCK 所定义的缓冲区的长度。如果接收到的数据分组的长度超出了缓冲区的范围，超过范围的数据不会被写入缓冲区，USB 模块将报告缓冲区发生溢出，并向主机发送 STALL 握手分组，通知此次传输失败，但不产生中断。

如果传输正确完成，USB 模块将发送 ACK 握手分组，内部的 COUNT 寄存器的值会被复制到相应的 COUNTn_RX 寄存器中，BL_SIZE 和 NUM_BLOCK 的值保持不变，也不需要重写。USB_EpnR 寄存器的 DTOG_RX 位翻转，STAT_RX 位为 "10"（NAK），使端点无效，CTR_RX 位置位。当 CTR 中断发生时，应用程序需要首先根据 USB_ISTR 寄存器的 EP_ID 和 DIR 位识别是哪个端点的中断请求。在处理 CTR_RX 中断事件时，应用程序首先要根据 USB_EpnR 寄存器的 SETUP 位确定传输的类型，同时清除中断标志位，然后读相关的缓冲区描述表项指向的 COUNTn_RX 寄存器，获得此次传输的总字节数。处理完接收到的数据后，应用程序需要将 USB_EpnR 中的 STAT_RX 位置为 "11"，使能下一次的传输。当 STAT_RX 位为 "10" 时（NAK），任何一个发送到端点上的 OUT 请求都会被 NAK，PC 主机将不断重发被 NAK 的分组，直到收到端点的 ACK 握手分组。

21.3.6　控制传输

控制传输由 3 个阶段组成：首先是主机发送 SETUP 分组的 SETUP 阶段；然后是主机发送数据的数据阶段；最后是状态阶段，由与数据阶段方向相反的数据分组构成。SETUP 传输只发生在控制端点，它非常类似于 OUT 分组的传输过程。使能 SETUP 传输除了需要分别初始化 DTOG_TX 位为 "1"，DTOG_RX 位为 "0" 外，还需要设置 STAT_TX 位和 STAT_RX 位为 10（NAK），由应用程序根据 SETUP 分组的相应字段决定后面的传输是 IN 还是 OUT。控制端点在每次发生 CTR_RX 中断时，都必须检查 USB_EpnR 寄存器的 SETUP 位，以识别是普通的 OUT 分组还是 SETUP 分组。USB 设备能够通过 SETUP 分组中的相应数据决定数据阶段传输的字节数和方向，并且能在发生错误的情况下发送 STALL 分组，拒绝数据的传输。在数据阶段，未被使用到的方向都应该被设置成 STALL，并且在开始传输数据阶段的最后一个数据分组时，其反方向的传输仍设成 NAK 状态，这样，即使主机立刻改变了传输方向（进入状态阶段），仍然可以保持为等待控制传输结束的状态。

在控制传输成功结束后，应用程序可以把 NAK 变为 VALD，如果控制传输出错，就改为 STALL。此时，如果状态分组是由主机发送给设备的，那么 STATUS_OUT 位（USB_EpnR 寄存器中的 EP_KIND 位）应该被置位。只有这样，在状态传输过程中收到了非零长度的数据分组才会产生传输错误。在完成状态传输阶段后，应用程序需要清除 STATUS_OUT 位，并且将 STAT_RX 设为 VALID，表示已准备好接收一个新的命令请求，STAT_TX 则设为 NAK，表示在下一个 SETUP 分组传输完成前，不接收数据传输的请求。

USB 规范定义 SETUP 分组不能以非 ACK 握手分组来响应，如果 SETUP 分组传输失败，则会引发下一个 SETUP 分组。因此以 NAK 或 STALL 分组响应主机的 SETUP 分组是被禁止的。当 STAT_RX 位被设置为 "01"（STALL）或 "10"（NAK）时，如果收到 SETUP 分组，USB 模块会接收分组，开始分组所要求的数据传输，并返回 ACK 握手分组。如果应用程序在处理前一个 CTR_RX 事件时又收到了 SETUP 分组，USB 模块会丢掉收到的 SETUP 分组，并且不回答任何握手分组，以此来模拟一个接收错误，迫使主机再次发送 SETUP 分组。这样做是为了避免丢失紧随一次 CTR_RX 中断之后的又一个 SETUP 分组传输。

21.3.7 双缓冲端点

　　USB 标准为不同的传输模式定义了不同的端点类型，其中批量端点适用于在主机 PC 和 USB 设备之间传输大批量的数据，主机可以在一帧内利用尽可能多的带宽批量传输数据，使传输效率得到提高。当 USB 设备处理前一次的数据传输时，又收到新的数据分组，它将回应 NAK 分组，PC 主机会不断重发同样的数据分组，直到设备在可以处理数据时回应 ACK 分组。这样的重传占用了很多带宽，影响了批量传输的速率，因此引入了批量端点的双缓冲机制，提高数据传输率。

　　使用双缓冲机制时，单向端点的数据传输将使用到该端点的接收和发送两块数据缓冲区。数据翻转位用来选择当前使用到两块缓冲区中的哪一块，使应用程序可以在 USB 模块访问其中一块缓冲区的同时，对另一块缓冲区进行操作。例如，对一个双缓冲批量端点进行 OUT 分组传输时，USB 模块将来自 PC 主机的数据保存到一个缓冲区，同时应用程序可以对另一个缓冲区中的数据进行处理。

　　因为切换缓冲区的管理机制需要用到所有 4 个缓冲区描述表的表项，分别用来表示每个方向上的两个缓冲区的地址指针和缓冲区大小，因此用来实现双缓冲批量端点的 USB_EpnR 寄存器必须配置为单向。所以只需要设定 STAT_RX 位（作为双缓冲批量接收端点）或者 STAT_TX 位（作为双缓冲批量发送端点）。如果需要一个双向的双缓冲批量端点，就必须使用两个 USB_EpnR 寄存器。

　　为尽可能利用双缓冲的优势达到较高的传输速率，双缓冲批量端点的流量控制流程与其他端点的稍有不同。它只在缓冲区发生访问冲突时才会设置端点为 NAK 状态，而不是在每次传输成功后都将端点设为 NAK 状态。

　　DTOG 位用来标识 USB 模块当前所使用的储存缓冲区，而 SW_BUF 位用来标识应用程序当前所使用的储存缓冲区。当作为发送端点使用时，DTOG_TX（USB_EpnR 寄存器的第 6 位）用作 DTOG，DTOG_RX（USB_EpnR 寄存器的第 14 位）用作 SW_BUF。双缓冲批量端点缓冲区标识定义详见表 21-6，具体的标识方式详见表 21-7。

表 21-6　双缓冲批量端点缓冲区标识定义

标识类别	缓冲区标识位	作为发送端点	作为接收端点
USB 模块	DTOG	DTOG_TX（USB_EpnR 寄存器的第 6 位）	DTOG_RX（USB_EpnR 寄存器的第 14 位）
应用程序	SW_BUF	DTOG_RX（USB_EpnR 寄存器的第 14 位）	DTOG_TX（USB_EpnR 寄存器的第 6 位）

表 21-7　双缓冲批量端点的缓冲区使用标识

端点类型	DTOG 位	SW_BUF 位	USB 模块使用的缓冲区	应用程序使用的缓冲区
IN 端点	0	1	ADDRn_TX_0 / COUNTn_TX_0	ADDRn_TX_1 /COUNTn_TX_1
	1	0	ADDRn_TX_1 /COUNTn_TX_1	ADDRn_TX_0 /COUNTn_TX_0
	0	0	端点处于 NAK 状态	ADDRn_TX_0 /COUNTn_TX_0
	1	1	端点处于 NAK 状态	ADDRn_TX_0 /COUNTn_TX_0

（续）

端点类型	DTOG 位	SW_BUF 位	USB 模块使用的缓冲区	应用程序使用的缓冲区
OUT 端点	0	1	ADDRn_RX_0 /COUNTn_RX_0	ADDRn_RX_1 /COUNTn_RX_1
	1	0	ADDRn_RX_1 /COUNTn_RX_1	ADDRn_RX_0 /COUNTn_RX_0
	0	0	端点处于 NAK 状态	ADDRn_RX_0 /COUNTn_RX_0
	1	1	端点处于 NAK 状态	ADDRn_RX_0 /COUNTn_RX_0

　　可以通过首先将 USB_EpnR 寄存器的 EP_TYPE 位设为 "00"，定义端点为批量端点，再将 EP_KIND 位设为 "1"，定义端点为双缓冲端点，即可得到一个双缓冲批量端点。应用程序根据传输开始时用到的缓冲区来初始化 DTOG 和 SW_BUF 位。DBL_BUF 位（EP_KIND 位）设置之后，每完成一次传输后，USB 模块将根据双缓冲批量端点的流量控制操作，并且持续到 DBL_BUF 变为无效为止。每次传输结束，根据端点的传输方向，CTR_RX 位或 CTR_TX 位将会置位。与此同时，硬件将设置相应的 DTOG 位，完全独立于软件来实现缓冲区交换机制。DBL_BUF 位设置后，每次传输结束时，双缓冲批量端点的 STAT 位的取值不会像其他类型端点一样受到传输过程的影响，而是一直保持为 "11"（有效）。如果在收到新的数据分组传输请求时，USB 模块和应用程序发生了缓冲区访问冲突（即 DTOG 和 SW_BUF 为相同的值），这时状态位将会被设置为 "10"（NAK）。

　　应用程序在响应 CTR 中断时，首先要清除中断标志，然后再处理传输完成的数据。应用程序访问缓冲区之后，需要翻转 SW_BUF 位，以通知 USB 模块该块缓冲区已变为可用状态。由此可见，双缓冲批量传输的 NAK 分组的数目只由应用程序处理一次数据传输的快慢所决定，如果数据处理的时间小于 USB 总线上完成一次数据传输的时间，则不会发生重传，数据的传输率仅受限于 USB 主机。

21.3.8　同步传输

　　USB 标准定义了一种全速的需要保持固定和精确数据传输率的传输方式：同步传输。同步传输一般用于传输音频流、压缩的视频流等对数据传输率有严格要求的数据。一个端点如果在枚举时被定义为 "同步端点"，USB 主机则会为每个帧分配固定的带宽，并且保证每个帧正好传送一个 IN 分组或者 OUT 分组。为了满足带宽需求，同步传输中没有出错重传，在发送或接收数据分组之后，无握手协议，即不会发送 ACK 分组。同样，同步传输只传送 PID 为 DATA0 的数据包，而不会使用数据翻转机制。

　　通过设置 USB_EpnR 寄存器 EP_TYPE 为 "10"，可以将端点设置为同步端点。同步端点没有握手机制，USB_EpnR 寄存器的 STAT_RX 位和 STAT_TX 位分别只能设成 "00"（禁止）和 "11"（有效）。同步传输通过实现双缓冲机制来简化软件应用程序开发，它同样使用两个缓冲区，以确保在 USB 模块使用其中一块缓冲区时，应用程序可以访问另外一块缓冲区。USB 模块使用的缓冲区根据不同的传输方向，由不同的 DTOG 位来标识。同一寄存器中的 DTOG_RX 位用来标识接收同步端点，DTOG_TX 位用来标识发送同步端点，具体详见表 21-8。

表 21-8 同步端点的缓冲区使用标识

端点类型	DTOG 位值	USB 模块使用的缓冲区	应用程序使用的缓冲区
IN 端点	0	ADDRn_TX_0 /COUNTn_TX_0	ADDRn_TX_1 / COUNTn_TX_1
	1	ADDRn_TX_1 /COUNTn_TX_1	ADDRn_TX_0 / COUNTn_TX_0
OUT 端点	0	ADDRn_RX_0 /COUNTn_RX_0	ADDRn_RX_1 / COUNTn_RX_1
	1	ADDRn_RX_1 /COUNTn_RX_1	ADDRn_RX_0 / COUNTn_RX_0

与双缓冲批量端点一样，一个 USB_EpnR 寄存器只能处理同步端点单方向的数据传输，如果要求同步端点在两个传输方向上都有效，则需要使用两个 USB_EpnR 寄存器。应用程序需要根据首次传输的数据分组来初始化 DTOG 位；它的取值还需要考虑到 DTOG_RX 或 DTOG_TX 两位的数据翻转特性。每次传输完成时，USB_EpnR 寄存器的 CTR_RX 位或 CTR_TX 位置位。与此同时，相关的 DTOG 位由硬件翻转，从而使得交换缓冲区的操作完全独立于应用程序。传输结束时，STAT_RX 或 STAT_TX 位不会发生变化，因为同步传输没有握手机制，所以不需要任何流量控制，而一直设为 "11"（有效）。同步传输中，即使 OUT 分组发生 CRC 错误或者缓冲区溢出，本次传输仍被看作正确的，并且可以触发 CTR_RX 中断事件，但是发生 CRC 错误时硬件会设置 USB_ISTR 寄存器的 ERR 位，提醒应用程序数据可能损坏。

21.3.9 挂起 / 恢复事件

USB 标准中定义了一种特殊的设备状态，即挂起状态，在这种状态下 USB 总线上的平均电流消耗不超过 500μA。这种电流限制对于由总线供电的 USB 设备至关重要，而自供电的设备则不需要严格遵守这样的电流消耗限制。USB 主机以 3ms 内不发送任何信号作为标志进入挂起状态。通常情况下，USB 主机每毫秒会发送一个 SOF，当 USB 模块检测到 3 个连续的 SOF 分组丢失事件时，即可判定主机发出了挂起请求，接着它会置位 USB_ISTR 寄存器的 SUSP 位，以触发挂起中断。

📟 编程向导 USB 模块进入挂起状态

1）将 USB_CNTR 寄存器的 FSUSP 置位，这将使 USB 模块进入挂起状态，USB 模块一旦进入挂起状态，对 SOF 的检测立刻停止，以避免在 USB 挂起时又发生新的 SUSP 事件。

2）将 USB_CNTR 寄存器的 LP_MODE 位置位，这将消除模拟 USB 收发器的静态电流消耗，但仍能检测到唤醒信号。

3）消除或减少 USB 模块以外的其他模块的静态电流消耗。

4）可以选择关闭外部振荡器和设备的 PLL，以停止设备内部的任何活动。

USB 设备进入挂起状态之后，将由唤醒序列唤醒。唤醒序列可以由 USB 主机发起，也可以由 USB 设备本身触发。当设备被唤醒时，需要调用唤醒例程来恢复系统时钟和 USB 数据传输。

📖 编程向导　处理 USB 唤醒事件

1）启动外部振荡器和设备的 PLL。

2）清零 USB_CNTR 寄存器的 FSUSP 位。

3）查询 USB_FNR 寄存器的 RXDP 和 RXDM 位，可以判断唤醒事件的类型，具体详见表 21-9。

表 21-9　唤醒事件检测

RXDP、RXDM 状态	唤醒事件	应用程序应执行的操作
00	复位	无
10	无（总线干扰）	恢复到挂起状态
01	恢复挂起	无
11	未定义的值（总线干扰）	恢复到挂起状态

21.4　USB 函数

21.4.1　USB 类型定义

输出类型 21-1：PCD 状态结构定义

PCD_StateTypeDef

```
typedef enum
{
  HAL_PCD_STATE_RESET    = 0x00,
  HAL_PCD_STATE_READY    = 0x01,
  HAL_PCD_STATE_ERROR    = 0x02,
  HAL_PCD_STATE_BUSY     = 0x03,
  HAL_PCD_STATE_TIMEOUT  = 0x04
} PCD_StateTypeDef;
```

注：PCD 为 USB Peripheral Controller Driver 的简写，即 USB 外设控制驱动。

输出类型 21-2：PCD 双缓冲端点方向

PCD_EP_DBUF_DIR

```
typedef enum
{
  PCD_EP_DBUF_OUT,
  PCD_EP_DBUF_IN,
  PCD_EP_DBUF_ERR,
}PCD_EP_DBUF_DIR;
```

输出类型 21-3：PCD 端点缓冲区号码

PCD_EP_BUF_NUM

```
typedef enum
{
  PCD_EP_NOBUF,
  PCD_EP_BUF0,
  PCD_EP_BUF1
}PCD_EP_BUF_NUM;
```

输出类型 21-4：PCD 初始化结构定义

PCD_InitTypeDef

```
typedef struct
{
  uint32_t dev_endpoints;      /* 设备端点数，该参数取决于使用的 USB 内核，该参数必须在 Min_
                                  Data = 1 和 Max_Data = 15 之间 */
  uint32_t speed;              /* USB 内核速度，该参数可以是 PCD_Core_Speed 的值之一 */
  uint32_t ep0_mps;            /* 设置端点 0 最大数据包大小，该参数可以是 PCD_EP0_MPS 的值之一 */
  uint32_t phy_itface;         /* 选择使用的 PHY 接口，该参数可以是 PCD_Core_PHY 的值之一 */
  uint32_t Sof_enable;         /* 启用或禁用 SOF 信号的输出，该参数可以设置为 ENABLE 或
                                  DISABLE */
  uint32_t low_power_enable;   /* 启用或禁用低功耗模式，该参数可以设置为 ENABLE 或 DISABLE */
  uint32_t lpm_enable;         /* 启用或禁用电源管理链接，该参数可以设置为 ENABLE 或 DISABLE */
  uint32_t battery_charging_enable; /* 启用或禁用电池充电，该参数可以设置为 ENABLE 或 DISABLE */
}PCD_InitTypeDef;
```

输出类型 21-5：PCD 端点类型定义

PCD_EPTypeDef

```
typedef struct
{
  uint8_t    num;          /* 端点号码，该参数的值必须是 Min_Data=1 和 Max_Data=15 之间 */
  uint8_t    is_in;        /* 端点方向，该参数的值必须在 Min_Data = 0 和 Max_Data = 1 之间 */
  uint8_t    is_stall;     /* 端点失速条件，该参数的值必须在 Min_Data = 0 和 Max_Data = 1 之间 */
  uint8_t    type;         /* 端点类型，该参数可以是 PCD_EP_Type 的值之一 */
  uint16_t   pmaadress;    /* PMA 地址，该参数的值可以在 Min_addr= 0 和 Max_addr = 1KB 值之间 */
  uint16_t   pmaaddr0;     /* PMA Address0，该参数可以是 Min_addr= 0 和 Max_addr = 1KB
                              之间的任何值 */
  uint16_t   pmaaddr1;     /* PMA Address1，该参数可以是 Min_addr= 0 和 Max_addr = 1KB
                              之间的任何值 */
  uint8_t    doublebuffer; /* 双缓冲区使能，该参数可以是 0 或 1 */
  uint32_t   maxpacket;    /* 端点最大数据包大小，该参数必须在 Min_Data = 0 和 Max_Data =
                              64 KB 之间 */
  uint8_t    *xfer_buff;   /* 传输缓冲区指针 */
  uint32_t   xfer_len;     /* 当前传输长度 */
  uint32_t   xfer_count;   /* 如果发生多包传输时部分传输长度 */
}PCD_EPTypeDef;
```

输出类型 21-6：PCD 处理结构定义

PCD_HandleTypeDef

```
typedef struct
{
  PCD_TypeDef            *Instance;    /* 寄存器基地址 */
  PCD_InitTypeDef        Init;         /* PCD 请求参数 */
  __IO uint8_t           USB_Address;  /* USB 地址 */
  PCD_EPTypeDef          IN_ep[8];     /* IN 端点参数 */
  PCD_EPTypeDef          OUT_ep[8];    /* OUT 端点参数 */
  HAL_LockTypeDef        Lock;         /* PCD 外设状态 */
  __IO PCD_StateTypeDef  State;        /* PCD 通信状态 */
  uint32_t               Setup[12];    /* 设置分组缓冲区 */
  void                   *pData;       /* 上位堆栈处理程序指针 */
} PCD_HandleTypeDef;
```

21.4.2　USB 常量定义

输出常量 21-1：PCD 内核速度

状态定义	释　义
PCD_SPEED_HIGH	高速
PCD_SPEED_FULL	全速

输出常量 21-2：PCD 内核 PHY

状态定义	释　义
PCD_PHY_EMBEDDED	嵌入式物理接口

21.4.3　USB 函数定义

函数 21-1

函数名	**PCD_EP_ISR_Handler**
函数原型	HAL_StatusTypeDef **PCD_EP_ISR_Handler** (PCD_HandleTypeDef * hpcd)
功能描述	该函数处理 PCD 端点中断请求
输入参数	hpcd：PCD 处理
先决条件	无
注意事项	无
返回值	HAL 状态

函数 21-2

函数名	**PCD_ReadPMA**
函数原型	void **PCD_ReadPMA** (　USB_TypeDef * USBx, 　uint8_t * pbUsrBuf, 　uint16_t wPMABufAddr, 　uint16_t wNBytes)
功能描述	将缓冲区从用户内存区域复制到数据包存储区（PMA）
输入参数 1	USBx:USB 外设接口寄存器地址
输入参数 2	pbUsrBuf：用户存储区指针
输入参数 3	wPMABufAddr:PMA 地址
输入参数 4	wNBytes: 拷贝的字节数
先决条件	无
注意事项	无
返回值	无

函数 21-3

函数名	PCD_WritePMA

函数原型	void PCD_WritePMA
	(
	  USB_TypeDef * USBx,
	  uint8_t * pbUsrBuf,
	  uint16_t wPMABufAddr,
	  uint16_t wNBytes
	)

功能描述	将缓冲区从用户内存区域复制到数据包存储区（PMA）
输入参数 1	USBx:USB 外设寄存器地址实例
输入参数 2	pbUsrBuf: 用户存储区指针
输入参数 3	wPMABufAddr:PMA 地址
输入参数 4	wNBytes：拷贝的字节数
先决条件	无
注意事项	无
返回值	无

函数 21-4

函数名	HAL_PCD_DeInit
函数原型	HAL_StatusTypeDef HAL_PCD_DeInit (PCD_HandleTypeDef * hpcd)
功能描述	反初始化 PCD 外设
输入参数	hpcd:PCD 处理
先决条件	无
注意事项	无
返回值	HAL 状态

函数 21-5

函数名	HAL_PCD_Init
函数原型	HAL_StatusTypeDef HAL_PCD_Init (PCD_HandleTypeDef * hpcd)
功能描述	通过 PCD_InitTypeDef 中指定的参数初始化 PCD 并且创建相关处理
输入参数	hpcd:PCD 处理
先决条件	无
注意事项	无
返回值	HAL 状态

函数 21-6

函数名	HAL_PCD_MspDeInit
函数原型	void HAL_PCD_MspDeInit (PCD_HandleTypeDef * hpcd)
功能描述	反初始化 PCD 微控制器特定程序包
输入参数	hpcd:PCD 处理
先决条件	无
注意事项	无
返回值	无

函数 21-7

函数名	**HAL_PCD_MspInit**
函数原型	void **HAL_PCD_MspInit** (PCD_HandleTypeDef * hpcd)
功能描述	初始化 PCD 微控制器特定程序包
输入参数	hpcd: PCD 处理
先决条件	无
注意事项	无
返回值	无

函数 21-8

函数名	**HAL_PCD_ConnectCallback**
函数原型	void **HAL_PCD_ConnectCallback** (PCD_HandleTypeDef * hpcd)
功能描述	连接事件回调
输入参数	hpcd:PCD 处理
先决条件	无
注意事项	无
返回值	无

函数 21-9

函数名	**HAL_PCD_DataInStageCallback**
函数原型	void **HAL_PCD_DataInStageCallback** (　PCD_HandleTypeDef * hpcd, 　uint8_t epnum)
功能描述	数据 IN 阶段回调
输入参数 1	hpcd:PCD 处理
输入参数 2	epnum: 端点数
先决条件	无
注意事项	无
返回值	无

函数 21-10

函数名	**HAL_PCD_DataOutStageCallback**
函数原型	void **HAL_PCD_DataOutStageCallback** (　PCD_HandleTypeDef * hpcd, 　uint8_t epnum)
功能描述	数据 OUT 阶段回调
输入参数 1	hpcd: PCD 处理
输入参数 2	epnum: 端点数
先决条件	无
注意事项	无
返回值	无

函数 21-11

函数名	HAL_PCD_DisconnectCallback
函数原型	void **HAL_PCD_DisconnectCallback** (PCD_HandleTypeDef * hpcd)
功能描述	断开事件回调
输入参数	hpcd：PCD 处理
先决条件	无
注意事项	无
返回值	无

函数 21-12

函数名	HAL_PCD_IRQHandler
函数原型	void **HAL_PCD_IRQHandler** (PCD_HandleTypeDef * hpcd)
功能描述	该函数处理 PCD 中断请求
输入参数	hpcd：PCD 处理
先决条件	无
注意事项	无
返回值	HAL 状态

函数 21-13

函数名	HAL_PCD_ISOINIncompleteCallback
函数原型	void **HAL_PCD_ISOINIncompleteCallback** (PCD_HandleTypeDef * hpcd, uint8_t epnum)
功能描述	部分 ISO IN 回调
输入参数 1	hpcd：PCD 处理
输入参数 2	epnum：端点号
先决条件	无
注意事项	无
返回值	无

函数 21-14

函数名	HAL_PCD_ISOOUTIncompleteCallback
函数原型	void **HAL_PCD_ISOOUTIncompleteCallback** (PCD_HandleTypeDef * hpcd, uint8_t epnum)
功能描述	部分 ISO OUT 回调
输入参数 1	hpcd：PCD 处理
输入参数 2	epnum：端点号
先决条件	无
注意事项	无
返回值	无

函数 21-15

函数名	**HAL_PCD_ResetCallback**
函数原型	void **HAL_PCD_ResetCallback** (PCD_HandleTypeDef * hpcd)
功能描述	USB 复位回调
输入参数	PCD 处理
先决条件	无
注意事项	无
返回值	无

函数 21-16

函数名	**HAL_PCD_ResumeCallback**
函数原型	void **HAL_PCD_ResumeCallback** (PCD_HandleTypeDef * hpcd)
功能描述	刷新事件回调
输入参数	PCD 处理
先决条件	无
注意事项	无
返回值	无

函数 21-17

函数名	**HAL_PCD_SetupStageCallback**
函数原型	void **HAL_PCD_SetupStageCallback** (PCD_HandleTypeDef * hpcd)
功能描述	SETUP 阶段回调
输入参数	hpcd：PCD 处理
先决条件	无
注意事项	无
返回值	无

函数 21-18

函数名	**HAL_PCD_SOFCallback**
函数原型	void **HAL_PCD_SOFCallback** (PCD_HandleTypeDef * hpcd)
功能描述	USB 开始帧回调
输入参数	hpcd：PCD 处理
先决条件	无
注意事项	无
返回值	无

函数 21-19

函数名	**HAL_PCD_Start**
函数原型	HAL_StatusTypeDef **HAL_PCD_Start** (PCD_HandleTypeDef * hpcd)
功能描述	开启 USB 设备
输入参数	hpcd：PCD 处理
先决条件	无
注意事项	无
返回值	HAL 状态

函数 21-20

函数名	**HAL_PCD_Stop**
函数原型	HAL_StatusTypeDef **HAL_PCD_Stop** (PCD_HandleTypeDef * hpcd)
功能描述	停止 USB 设备
输入参数	hpcd：PCD 处理
先决条件	无
注意事项	无
返回值	HAL 状态

函数 21-21

函数名	**HAL_PCD_SuspendCallback**
函数原型	void **HAL_PCD_SuspendCallback** (PCD_HandleTypeDef * hpcd)
功能描述	延迟事件回调
输入参数	hpcd：PCD 处理
先决条件	无
注意事项	无
返回值	无

函数 21-22

函数名	**HAL_PCD_ActivateRemoteWakeup**
函数原型	HAL_StatusTypeDef **HAL_PCD_ActivateRemoteWakeup** (PCD_HandleTypeDef * hpcd)
功能描述	激活远程唤醒信号
输入参数	hpcd：PCD 处理
先决条件	无
注意事项	无
返回值	HAL 状态

函数 21-23

函数名	**HAL_PCD_DeActivateRemoteWakeup**
函数原型	HAL_StatusTypeDef **HAL_PCD_DeActivateRemoteWakeup** (PCD_HandleTypeDef *hpcd)
功能描述	停止发送远程唤醒信号
输入参数	hpcd：PCD 处理
先决条件	无
注意事项	无
返回值	HAL 状态

函数 21-24

函数名	**HAL_PCD_DevConnect**
函数原型	HAL_StatusTypeDef **HAL_PCD_DevConnect** (PCD_HandleTypeDef * hpcd)
功能描述	连接 USB 设备
输入参数	hpcd：PCD 处理
先决条件	无
注意事项	无
返回值	HAL 状态

函数 21-25

函数名	**HAL_PCD_DevDisconnect**
函数原型	HAL_StatusTypeDef **HAL_PCD_DevDisconnect** (PCD_HandleTypeDef * hpcd)
功能描述	断开 USB 设备
输入参数	hpcd：PCD 处理
先决条件	无
注意事项	无
返回值	HAL 状态

函数 21-26

函数名	**HAL_PCD_EP_Close**

函数原型	HAL_StatusTypeDef **HAL_PCD_EP_Close**
	 (
	   PCD_HandleTypeDef * hpcd,
	   uint8_t ep_addr
	)

功能描述	禁用一个端点
输入参数 1	hpcd：PCD 处理
输入参数 2	ep_addr：端点地址
先决条件	无
注意事项	无
返回值	HAL 状态

函数 21-27

函数名	**HAL_PCD_EP_ClrStall**

函数原型	HAL_StatusTypeDef **HAL_PCD_EP_ClrStall**
	 (
	   PCD_HandleTypeDef * hpcd,
	   uint8_t ep_addr
	)

功能描述	清除端点之上的失速条件
输入参数 1	hpcd：PCD 处理
输入参数 2	ep_addr：端点地址
先决条件	无
注意事项	无
返回值	HAL 状态

函数 21-28

函数名	**HAL_PCD_EP_Flush**

函数原型	HAL_StatusTypeDef **HAL_PCD_EP_Flush**
	(
	  PCD_HandleTypeDef * hpcd,
	  uint8_t ep_addr
	)

功能描述	激活一个端点
输入参数 1	hpcd：PCD 处理
输入参数 2	ep_addr：端点地址
先决条件	无
注意事项	无
返回值	HAL 状态

函数 21-29

函数名	**HAL_PCD_EP_GetRxCount**

函数原型	uint16_t **HAL_PCD_EP_GetRxCount**
	(
	  PCD_HandleTypeDef * hpcd,
	  uint8_t ep_addr
	)

功能描述	获取接收数据大小
输入参数 1	hpcd：PCD 处理
输入参数 2	ep_addr：端点地址
先决条件	无
注意事项	无
返回值	数据大小

函数 21-30

函数名	**HAL_PCD_EP_Open**

函数原型	HAL_StatusTypeDef **HAL_PCD_EP_Open**
	(
	  PCD_HandleTypeDef * hpcd,
	  uint8_t ep_addr,
	  uint16_t ep_mps,
	  uint8_t ep_type
	)

功能描述	打开并配置一个端点
输入参数 1	hpcd：PCD 处理
输入参数 2	ep_addr：端点地址
输入参数 3	ep_mps：端点最大包装地址
输入参数 4	ep_type：端点类型
先决条件	无
注意事项	无
返回值	HAL 状态

函数 21-31

函数名	**HAL_PCD_EP_Receive**
函数原型	HAL_StatusTypeDef **HAL_PCD_EP_Receive** (　PCD_HandleTypeDef * hpcd, 　uint8_t　ep_addr, 　uint8_t *　pBuf, 　uint32_t　len)
功能描述	接收一定数量的数据
输入参数 1	hpcd：PCD 处理
输入参数 2	ep_addr：端点地址
输入参数 3	pBuf：接收缓冲区指针
输入参数 4	len：接收的数据总量
先决条件	无
注意事项	无
返回值	HAL 状态

函数 21-32

函数名	**HAL_PCD_EP_SetStall**
函数原型	HAL_StatusTypeDef **HAL_PCD_EP_SetStall** (　PCD_HandleTypeDef *　hpcd, 　uint8_t　ep_addr)
功能描述	在端点之上设置一个失速条件
输入参数 1	hpcd：PCD 处理
输入参数 2	ep_addr：端点地址
先决条件	无
注意事项	无
返回值	HAL 状态

函数 21-33

函数名	**HAL_PCD_EP_Transmit**
函数原型	HAL_StatusTypeDef **HAL_PCD_EP_Transmit** (　PCD_HandleTypeDef *　hpcd, 　uint8_t　ep_addr, 　uint8_t *　pBuf, 　uint32_t　len)
功能描述	发送一定数量的数据
输入参数 1	hpcd：PCD 处理
输入参数 2	ep_addr：端点地址
输入参数 3	pBuf：发送缓冲区指针
输入参数 4	len：发送的数据总量
先决条件	无
注意事项	无
返回值	HAL 状态

函数 21-34

函数名	**HAL_PCD_SetAddress**

函数原型	HAL_StatusTypeDef **HAL_PCD_SetAddress**
	(
	  PCD_HandleTypeDef * hpcd,
	  uint8_t address
	)

功能描述	设置 USB 器件地址
输入参数 1	hpcd：PCD 处理
输入参数 2	address：新器件地址
先决条件	无
注意事项	无
返回值	HAL 状态

函数 21-35

函数名	**HAL_PCD_GetState**
函数原型	PCD_StateTypeDef **HAL_PCD_GetState** (PCD_HandleTypeDef * hpcd)
功能描述	返回 PCD 状态
输入参数	hpcd：PCD 处理
先决条件	无
注意事项	无
返回值	HAL 状态

函数 21-36

函数名	**HAL_PCDEx_PMAConfig**

函数原型	HAL_StatusTypeDef **HAL_PCDEx_PMAConfig**
	(
	  PCD_HandleTypeDef * hpcd,
	  uint16_t ep_addr,
	  uint16_t ep_kind,
	  uint32_t pmaadress
	)

功能描述	配置端点的 PMA
输入参数 1	hpcd：PCD 处理
输入参数 2	ep_addr：端点地址
输入参数 3	ep_kind：端点种类 ● USB_SNG_BUF：使用单独缓冲区 ● USB_DBL_BUF：使用双缓冲区
输入参数 4	pmaadress：在 PMA 中的端点地址
先决条件	无
注意事项	无
返回值	HAL 状态

21.5 USB 编程实例

目前市场上 USB 设备的种类繁多，但是这些设备会有一些共同的特性，根据这些特性可以把 USB 设备划分为不同的类，如音频设备类、显示设备类、通信设备（CDC）类、大容量存储设备类、人机接口设备（HID）类。其中 USB 通信设备类（Communication Device Class，CDC）是 USB 组织定义的一类专门给各种通信设备（电信通信设备和中速网络通信设备）使用的 USB 子类。CDC 规范定义了包含 USB 接口、数据结构和服务请求的框架，使围绕在该框架下种类繁多的通信设备能够被定义和使用。

USB CDC 通信应用

本例通过使用 STM32CubeMX 软件提供的中间件（Middleware）组件，可以将 STM32F072VBT6 微控制器的 USB 模块配置成 CDC 类通信设备。通过该设备可以将连接至 PC 的 USB 模块模拟成串行口，以实现与 PC 之间的数据通信。程序运行后，每隔约 1s，微控制器会通过 USB 接口向 PC 发送一个数据，同时 PC 向微控制器发送的信息会显示在数码管上。

在将 USB 模块配置为 CDC 设备时，对于引脚放外设的配置如图 21-9 所示。在配置引脚时，将数码管的驱动端 PE0 ～ PE11 和 PF2 设置为输出状态，同时将 PC13 引脚也一并设置为输出，用于驱动与之连接的 LED 指示灯；在配置外设（Peripherals）时，使能了 USB 外设，并将功能设置为"Device（FS）"，这时 PA11/USB_DM 和 PA12/USB_DP 引脚的 USB 复用功能将被自动使能；在中间件组件（MiddleWares）的设置上，将其功能类别设置为"Communication Device Class（Virtual Port Com）"，也就是本章提及的 CDC 功能。

在时钟的配置上，同样是将外部晶体振荡器作为 PLL 的输入时钟源。值得注意的是，在使能了 USB 外设时，USB 模块的专用时钟源也会一并使能。具体的时钟配置如图 21-10 所示。

在"Configuration"视图下，单击"Connectivity"项下的"USB"按钮，可以配置 USB 外设属性。这里我们使用默认的配置，具体参数如图 21-11 和图 21-12 所示。

同样在"Configuration"视图下，单击"MiddleWares"项下的"USB_DEVICE"按钮，可以配置 USB 中间件功能参数。这里我们使用默认的参数即可，具体配置如图 21-13 和图 21-14 所示。

CDC 程序生成后，使用 KEIL μVision5 集成开发环境将生成的开发项目打开，在"Application/User"组和"Middlewares/USB_Device_Library"组中的文件如图 21-15 所示。

在"Application/User"组中各文件的功能详见表 21-10。在这些文件中，对 USB 外设初始化是通过中间件组件中的 usbd_conf.c 文件执行的，对 USB 堆栈的初始化则是通过 usb_device.c 实现的，USB 的 VID、PID 和标准配置描述符保存在 usbd_desc.c 文件中，当使用 USB 设备中间件时，用户负责执行的函数位于 usbd_< 名称 >_if.c 文件（如 usbd_CDC_if.c）中。以下需要重点关注的是"usbd_cdc_if.c"这个文件，其内容详见代码清单 21-1，为了便于理解对部分代码加入了注释。

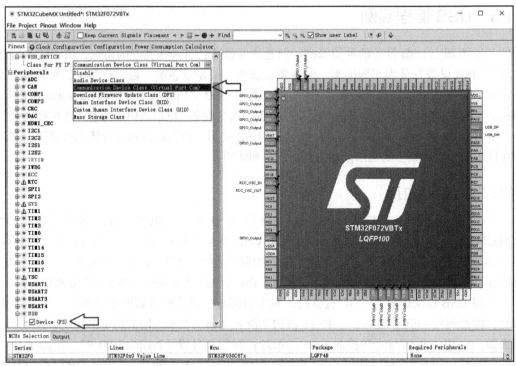

图 21-9　CDC 类通信引脚与外设的配置

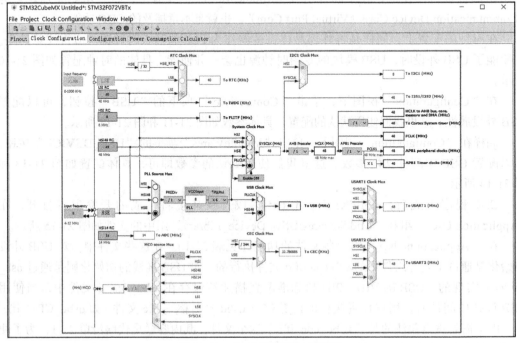

图 21-10　CDC 类通信时钟配置

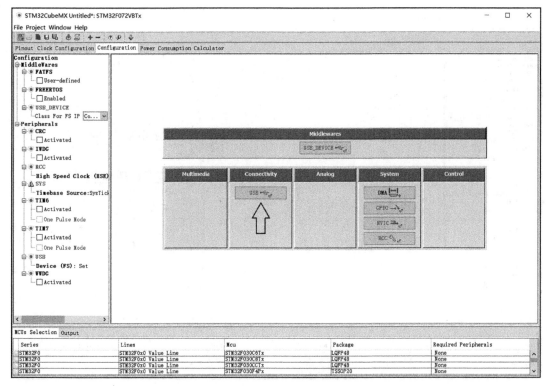

图 21-11　CDC 类通信外设属性配置（一）

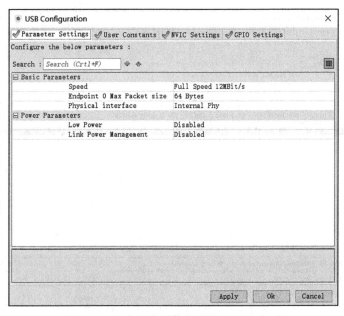

图 21-12　CDC 类通信外设属性配置（二）

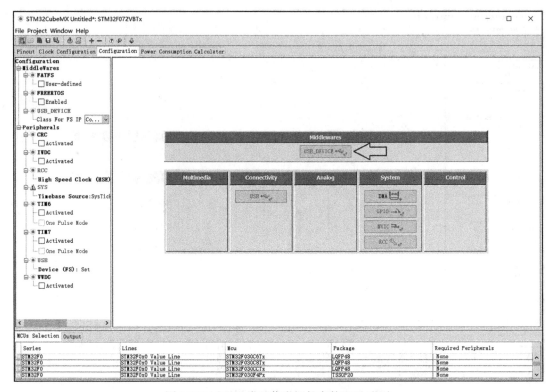

图 21-13 CDC 类通信中间件参数配置（一）

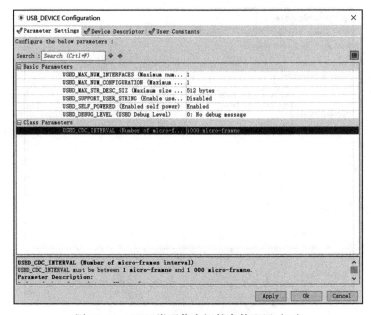

图 21-14 CDC 类通信中间件参数配置（二）

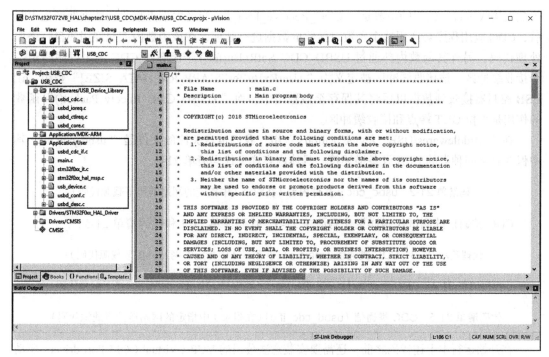

图 21-15 Application/User 组文件

表 21-10 Application/User 组文件功能

文件名	释　义
usbd_cdc_if.c	CDC 用户应用程序接口文件
main.c	主程序文件
stm32f0xx_it.c	中断服务函数文件
stm32f0xx_hal_msp.c	MSP 初始化和反初始化文件
usb_device.c	USB 设备文件
usbd_conf.c	意法公司原厂开发板的 USB 器件库软件包文件
usbd_desc.c	USB 设备描述符文件

代码清单 21-1　usbd_cdc_if.c 文件内容释义（在附录 J 中指定的网站链接下载源代码）

在使用中间件组件生成的 CDC 类应用程序中，在数据发送时必须先将生成的数据保存到一个数据缓冲区中，也就是上述代码中的"UserRxBufferFS[APP_RX_DATA_SIZE]"数组中，然后将发送缓冲区的地址通知 CDC 应用程序，CDC 应用程序会在合适的时机自动将缓冲区的数据经由 USB 接口发送到主机。

在"CDC_Transmit_FS()"函数中使用了两个子函数，一个是"USBD_CDC_SetTxBuffer()"，另一个是"USBD_CDC_TransmitPacket()"，其中前者是设置发送缓冲区地址，后者是将暂存的数据位置和大小通知 USB 发送器，一旦总线空闲 USB 就会自动发送这些数据。同样，对于数据接收来说，使用的函数是"CDC_Receive_FS()"，当经由端点接收到数据并产生中断后，CDC 应用程序会调用这个函数对接收的数据进行处理，在该函数内部允许用户自行添加处理代码，另外其函数内部通过 USBD_CDC_SetRxBuffer() 子函数给 CDC 应用程序指定一个接收缓冲区，该接收缓冲区被定义为"UserRxBufferFS[APP_RX_DATA_SIZE]"数组，让USB 控制器接收到数据以后将其保存至该数组中。而"USBD_CDC_ReceivePacket()"函数的作用是复位 OUT 端点和接收缓冲区。

在"Middlewares/USB_Device_Library"组，我们重点关注的文件是"usbd_cdc.c"，其中保存有不同种类的 USB 设备描述符。具体内容详见代码清单 21-2。

代码清单 21-2   usbd_cdc.c 文件内容（在附录 J 中指定的网站链接下载源代码）

CDC 类通信的测试代码详见代码清单 21-3、代码清单 21-4 和代码清单 21-5。

代码清单 21-3   CDC 类通信（main.c）（在附录 J 中指定的网站链接下载源代码）

代码清单 21-4   CDC 类通信（stm32f0xx_it.c）（在附录 J 中指定的网站链接下载源代码）

代码清单 21-5   CDC 类通信（usbd_cdc_if.c）（在附录 J 中指定的网站链接下载源代码）

在开始运行本上述代码之前，还需要安装意法公司的 VCP（Virtual COM Port driver）驱动程序。该驱动可以从意法公司的官方网站下载获得，VCP 驱动程序压缩包如图 21-16 所示。安装好 VCP 驱动程序后，如果 STM32F072VBT6 的 USB 模块得到正确的配置，则在设备管理器中可以查看到"STMicroelectronics Virtual COM Port（COM4）"设备，具体如图 21-17 所示。

en.stsw-stm321
02

图 21-16   VCP 驱动程序压缩包

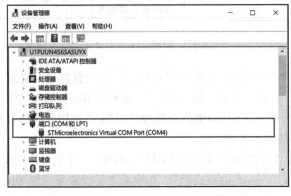

图 21-17   成功识别的 USB 模拟串行口

　　当设备被成功识别为串行口后，我们可以打开串口调试助手，让 PC 向微控制器循环发送 "0xAA"、"0x55" 和 "0x11" 数据，在串口调试助手的接收区会同步接收到上述数据，同时数码管会显示从 PC 接收到的数据，连接至 PC13 端口的 LED 也会有相应的动作，串口调试助手的相关设置如图 21-18 所示。

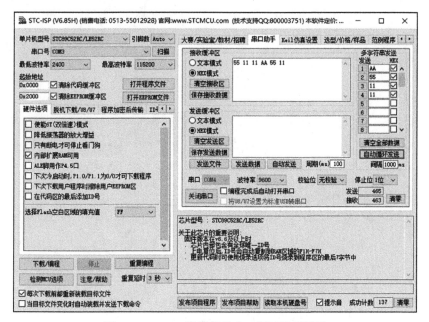

图 21-18　CDC 类通信的串口调试助手设置

附录

附录 A

STM32F072VBT6 系统板电路原理图

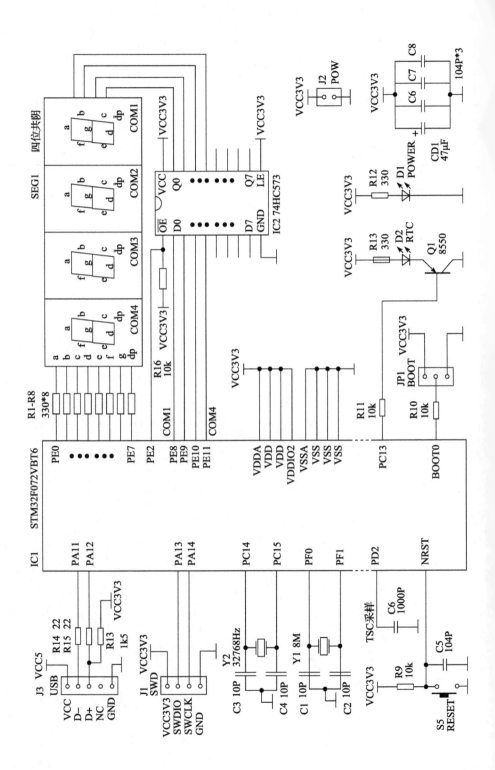

附录 B

STM32F072VBT6 全功能开发板

附录 C
STM32F0 核心板、显示模块及编程器

STM32F072VBT6 微控制器引脚定义

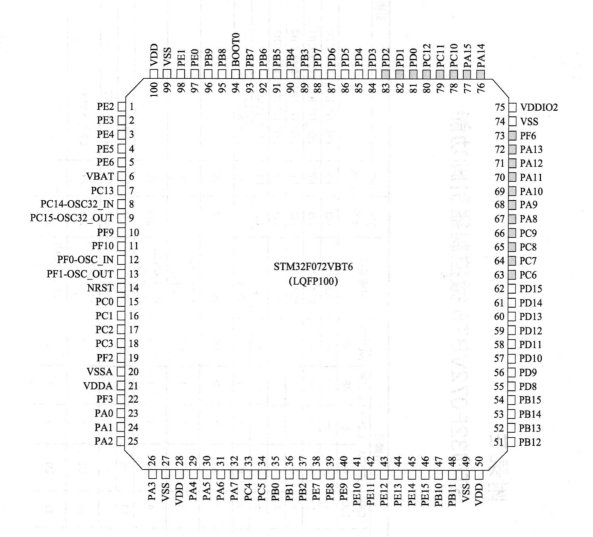

附录 E

STM32F072VBT6 微控制器引脚功能

引脚号						引脚名称	引脚类型	I/O结构	引脚功能	
UFBGA 100	LQFP 100	UFBGA 64	LQFP 64	LQFP 48	WLCSP 49				复用功能	附加功能
B2	1	—	—	—	—	PE2	I/O	FT	TSC_G7_IO1, TIM3_ETR	—
A1	2	—	—	—	—	PE3	I/O	FT	TSC_G7_IO2, TIM3_CH1	—
B1	3	—	—	—	—	PE4	I/O	FT	TSC_G7_IO3, TIM3_CH2	—
C2	4	—	—	—	—	PE5	I/O	FT	TSC_G7_IO4, TIM3_CH3	—
D2	5	—	—	—	—	PE6	I/O	FT	TIM3_CH4	WKUP3, RTC_TAMP3
E2	6	B2	1	—	B7	VBAT	S	—	备份域供电电源	—
C1	7	A2	2	1	D5	PC13	I/O	TC	—	WKUP2, RTC_TAMP1, RTC_TS, RTC_OUT
D1	8	A1	3	2	C7	PC14-OSC32_IN(PC14)	I/O	TC		OSC32_IN
E1	9	B1	4	3	C6	PC15-OSC32_OUT(PC15)	I/O	TC	—	OSC32_OUT
F2	10	—	—	4	—	PF9	I/O	FT	TIM15_CH1	—
G2	11	—	—	—	—	PF10	I/O	FT	TIM15_CH2	—
F1	12	C1	5	5	D7	PF0-OSC_IN (PF0)	I/O	FT	CRS_SYNC	OSC_IN
G1	13	D1	6	6	D6	PF1-OSC_OUT (PF1)	I/O	FT	—	OSC_OUT

位置	引脚号	位置	引脚号	位置	引脚名称	I/O	RST	器件复位输入/内部复位输出（低电平有效）	附加功能
H2	14	E1	7	E7	NRST	I/O		器件复位输入/内部复位输出（低电平有效）	
H1	15	E3	8		PC0	I/O	TTa	EVENTOUT	ADC_IN10
J2	16	E2	9		PC1	I/O	TTa	EVENTOUT	ADC_IN11
J3	17	F2	10		PC2	I/O	TTa	SPI2_MISO, I2S2_MCK, EVENTOUT	ADC_IN12
K2	18	G1	11		PC3	I/O	TTa	SPI2_MOSI, I2S2_SD, EVENTOUT	ADC_IN13
J1	19	—	—	E6	PF2	I/O	FT	EVENTOUT	WKUP8
K1	20	F1	12	F7	VSSA	S	—	模拟地	
M1	21	H1	13	F6	VDDA	S	—	模拟供电电源	
L1	22	—	—	G7	PF3	I/O	FT	EVENTOUT	
L2	23	G2	14	E5	PA0	I/O	TTa	USART2_CTS, TIM2_CH1_ETR, COMP1_OUT, TSC_G1_IO1, USART4_TX	RTC_TAMP2, WKUP1, ADC_IN0, COMP1_INM6
M2	24	H2	15	E4	PA1	I/O	TTa	USART2_RTS, TIM2_CH2, TIM15_CH1N, TSC_G1_IO2, USART4_RX, EVENTOUT	ADC_IN1, COMP1_INP
K3	25	F3	16		PA2	I/O	TTa	USART2_TX, COMP2_OUT, TIM2_CH3, TIM15_CH1, TSC_G1_IO3	ADC_IN2, COMP2_INM6, WKUP4
L3	26	G3	17		PA3	I/O	TTa	USART2_RX, TIM2_CH4, TIM15_CH2, TSC_G1_IO4	ADC_IN3, COMP2_INP
D3	27	C2	18		VSS	S	—	地	
H3	28	D2	19		VDD	S	—	数字供电电源	
M3	29	H3	20	G6	PA4	I/O	TTa	SPI1_NSS, I2S1_WS, TIM14_CH1, TSC_G2_IO1, USART2_CK	COMP1_INM4, COMP2_INM4, ADC_IN4, DAC_OUT1
K4	30	F4	21	F5	PA5	I/O	TTa	SPI1_SCK, I2S1_CK, CEC, TIM2_CH1_ETR, TSC_G2_IO2	COMP1_INM5, COMP2_INM5, ADC_IN5, DAC_OUT2
L4	31	G4	22	F4	PA6	I/O	TTa	SPI1_MISO, I2S1_MCK, TIM3_CH1, TIM1_BKIN, TIM16_CH1, COMP1_OUT, TSC_G2_IO3, EVENTOUT, USART3_CTS	ADC_IN6

（续）

UFBGA 100	LQFP 100	UFBGA 64	LQFP 64	LQFP 48	WLCSP 49	引脚名称	引脚类型	I/O结构	复用功能	附加功能
M4	32	H4	23	17	F3	PA7	I/O	TTa	SPI1_MOSI, I2S1_SD, TIM3_CH2, TIM14_CH1, TIM1_CH1N, TIM17_CH1, COMP2_OUT, TSC_G2_IO4, EVENTOUT	ADC_IN7
K5	33	H5	24	—	—	PC4	I/O	TTa	EVENTOUT, USART3_TX	ADC_IN14
L5	34	H6	25	—	—	PC5	I/O	TTa	TSC_G3_IO1, USART3_RX	ADC_IN15, WKUP5
M5	35	F5	26	18	G5	PB0	I/O	TTa	TIM3_CH3, TIM1_CH2N, TSC_G3_IO2, EVENTOUT, USART3_CK	ADC_IN8
M6	36	G5	27	19	G4	PB1	I/O	TTa	TIM3_CH4, USART3_RTS, TIM14_CH1, TIM1_CH3N, TSC_G3_IO3	ADC_IN9
L6	37	G6	28	20	G3	PB2	I/O	FT	TSC_G3_IO4	—
M7	38	—	—	—	—	PE7	I/O	FT	TIM1_ETR	—
L7	39	—	—	—	—	PE8	I/O	FT	TIM1_CH1N	—
M8	40	—	—	—	—	PE9	I/O	FT	TIM1_CH1	—
L8	41	—	—	—	—	PE10	I/O	FT	TIM1_CH2N	—
M9	42	—	—	—	—	PE11	I/O	FT	TIM1_CH2	—
L9	43	—	—	—	—	PE12	I/O	FT	SPI1_NSS, I2S1_WS, TIM1_CH3N	—
M10	44	—	—	—	—	PE13	I/O	FT	SPI1_SCK, I2S1_CK, TIM1_CH3	—
M11	45	—	—	—	—	PE14	I/O	FT	SPI1_MISO, I2S1_MCK, TIM1_CH4	—
M12	46	—	—	—	—	PE15	I/O	FT	SPI1_MOSI, I2S1_SD, TIM1_BKIN	—
L10	47	G7	29	21	E3	PB10	I/O	FT	SPI2_SCK, I2C2_SCL, USART3_TX, CEC, TSC_SYNC, TIM2_CH3	—

						引脚名称	I/O	FT	功能	附加功能
L11	48	H7	30	22	G2	PB11	I/O	FT	USART3_RX,TIM2_CH4,EVENTOUT, TSC_G6_IO1,I2C2_SDA	—
F12	49	D5	31	23	D3	VSS	S	—	地	
G12	50	E5	32	24	F2	VDD	S	—	数字供电电源	
L12	51	H8	33	25	E2	PB12	I/O	FT	TIM1_BKIN, TIM15_BKIN, SPI2_NSS, I2S2_WS, USART3_CK, TSC_G6_IO2,EVENTOUT	—
K12	52	G8	34	26	G1	PB13	I/O	FTf	SPI2_SCK, I2S2_CK, I2C2_SCL, USART3_CTS, TIM1_CHIN, TSC_G6_IO3	—
K11	53	F8	35	27	F1	PB14	I/O	FTf	SPI2_MISO, I2S2_MCK, I2C2_SDA, USART3_RTS, TIM1_CH2N, TIM15_CH1, TSC_G6_IO4	—
K10	54	F7	36	28	E1	PB15	I/O	FT	SPI2_MOSI, I2S2_SD, TIM1_CH3N, TIM15_CHIN, TIM15_CH2	WKUP7, RTC_REFIN
K9	55	—	—	—	—	PD8	I/O	FT	USART3_TX	—
K8	56	—	—	—	—	PD9	I/O	FT	USART3_RX	—
J12	57	—	—	—	—	PD10	I/O	FT	USART3_CK	—
J11	58	—	—	—	—	PD11	I/O	FT	USART3_CTS	—
J10	59	—	—	—	—	PD12	I/O	FT	USART3_RTS, TSC_G8_IO1	—
H12	60	—	—	—	—	PD13	I/O	FT	TSC_G8_IO2	—
H11	61	—	—	—	—	PD14	I/O	FT	TSC_G8_IO3	—
H10	62	—	—	—	—	PD15	I/O	FT	TSC_G8_IO4, CRS_SYNC	—
E12	63	F6	37	—	—	PC6	I/O	FT	TIM3_CH1	—
E11	64	E7	38	—	—	PC7	I/O	FT	TIM3_CH2	—
E10	65	E8	39	—	—	PC8	I/O	FT	TIM3_CH3	—
D12	66	D8	40	—	—	PC9	I/O	FT	TIM3_CH4	—
D11	67	D7	41	29	D1	PA8	I/O	FT	USART1_CK,TIM1_CH1,EVENTOUT, MCO,CRS_SYNC	—
D10	68	C7	42	30	D2	PA9	I/O	FT	USART1_TX, TIM1_CH2, TIM15_BKIN, TSC_G4_IO1	—

（续）

引脚号						引脚名称	引脚类型	I/O结构	引脚功能	
UFBGA 100	LQFP 100	UFBGA 64	LQFP 64	LQFP 48	WLCSP 49				复用功能	附加功能
C12	69	C6	43	31	C2	PA10	I/O	FT	USART1_RX, TIM1_CH3, TIM17_BKIN, TSC_G4_IO2	—
B12	70	C8	44	32	C1	PA11	I/O	FT	CAN_RX, USART1_CTS, TIM1_CH4, COMP1_OUT, TSC_G4_IO3, EVENTOUT	USB_DM
A12	71	B8	45	33	C3	PA12	I/O	FT	CAN_TX, USART1_RTS, TIM1_ETR, COMP2_OUT, TSC_G4_IO4, EVENTOUT	USB_DP
A11	72	A8	46	34	B3	PA13	I/O	FT	IR_OUT, SWDIO, USB_NOE	—
C11	73	—	—	35	B1	PF6	I/O	FT	—	—
F11	74	D6	47	—	—	VSS	S	—	地	—
G11	75	E6	48	36	B2	VDDIO2	S	—	数字供电电源	—
A10	76	A7	49	37	A1	PA14	I/O	FT	USART2_TX, SWCLK	—
A9	77	A6	50	38	A2	PA15	I/O	FT	SPI1_NSS, I2S1_WS, USART2_RX, USART4_RTS, TIM2_CH1_ETR, EVENTOUT	—
B11	78	B7	51	—	—	PC10	I/O	FT	USART3_TX, USART4_TX	—
C10	79	B6	52	—	—	PC11	I/O	FT	USART3_RX, USART4_RX	—
B10	80	C5	53	—	—	PC12	I/O	FT	USART3_CK, USART4_CK	—
C9	81	—	—	—	—	PD0	I/O	FT	SPI2_NSS, I2S2_WS, CAN_RX	—
B9	82	—	—	—	—	PD1	I/O	FT	SPI2_SCK, I2S2_CK, CAN_TX	—
C8	83	B5	54	—	—	PD2	I/O	FT	USART3_RTS, TIM3_ETR	—
B8	84	—	—	—	—	PD3	I/O	FT	SPI2_MISO, I2S2_MCK, USART2_CTS	—

UFBGA100	LQFP100	LQFP64	LQFP48	WLCSP64	引脚名称	I/O	I/O 结构	复用功能	附加功能
B7	85	—	—	—	PD4	I/O	FT	SPI2_MOSI, I2S2_SD, USART2_RTS	—
A6	86	—	—	—	PD5	I/O	FT	USART2_TX	—
B6	87	—	—	—	PD6	I/O	FT	USART2_RX	—
A5	88	—	—	—	PD7	I/O	FT	USART2_CK	—
A8	89	55	39	A5	PB3	I/O	FT	SPI1_SCK, I2S1_CK, TIM2_CH2, TSC_G5_IO1, EVENTOUT	—
A7	90	56	40	A4	PB4	I/O	FT	SPI1_MISO, I2S1_MCK, TIM17_BKIN, TIM3_CH1, TSC_G5_IO2, EVENTOUT	—
C5	91	57	41	C4	PB5	I/O	FT	SPI1_MOSI, I2S1_SD, I2C1_SMBA, TIM16_BKIN, TIM3_CH2	WKUP6
B5	92	58	42	D3	PB6	I/O	FTf	I2C1_SCL, USART1_TX, TIM16_CH1N, TSC_G5_IO3	—
B4	93	59	43	C3	PB7	I/O	FTf	I2C1_SDA, USART1_RX, USART4_CTS, TIM17_CH1N, TSC_G5_IO4	—
A4	94	60	44	B4	BOOT0	I	B	启动存储器选择	—
A3	95	61	45	B3	PB8	I/O	FTf	I2C1_SCL, CEC, TIM16_CH1, TSC_SYNC, CAN_RX	—
B3	96	62	46	A3	PB9	I/O	FTf	SPI2_NSS, I2S2_WS, I2C1_SDA, IR_OUT, TIM17_CH1, EVENTOUT, CAN_TX	—
C3	97	—	—	—	PE0	I/O	FT	EVENTOUT, TIM16_CH1	—
A2	98	—	—	—	PE1	I/O	FT	EVENTOUT, TIM17_CH1	—
D3	99	63	47	D4	VSS	S	—	地	—
C4	100	64	48	E4	VDD	S	—	数字供电电源	—

注：（1）引脚类型定义见下表。

引脚类型	释　义
S	电源引脚
I	仅作为输入
I/O	输入 / 输出引脚
FT	5V 容忍的 I/O
FTf	5V 容忍 I/O，FM+ 能力
TTa	3.3V 容忍的 I/O，直接连接到 ADC
TC	标准的 3.3V I/O
B	专用的 boot0 引脚
RST	带弱上拉电阻的双向复位引脚

（2）除非另有说明指定，所有 I/O 在复位期间和复位之后都会设置为浮空输入。

（3）引脚的备用功能需要通过 GPIOx_AFR 寄存器选择，而引脚的附加功能直接通过外设寄存器来选择 / 启用。

（4）PC13、PC14、PC15 通过电源开关供电的，因为电源开关只能承受有限的电流（3mA），所以在 GPIO 状态下使用 PC13、PC14 和 PC15 作为输出模式时速度不应超过 2MHz，最大负载 30pF，而且这些 GPIO 引脚不得作为电流源（例如驱动 LED）使用。

（5）首次 RTC 域供电后，PC13、PC14 和 PC15 是作为 GPIO 使用的，其功能就取决于 RTC 寄存器的内容，并且不会因为系统复位而重置。

（6）复位后 PA13 和 PA14 引脚被配置为 SWDIO 和 SWCLK 备用功能，SWDIO 引脚内部上拉和 SWCLK 引脚内部下拉电阻被激活。

附录 F

STM32F072VBT6 微控制器端口复用功能映射表

表 1 端口 A 复用功能映射表

引脚	AF0	AF1	AF2	AF3	AF4	AF5	AF6	AF7
				端口 A 复用功能选择				
PA0	—	USART2_CTS	TIM2_CH1_ETR	TSC_G1_IO1	USART4_TX	—	—	COMP1_OUT
PA1	EVENTOUT	USART2_RTS	TIM2_CH2	TSC_G1_IO2	USART4_RX	TIM15_CH1N	—	—
PA2	TIM15_CH1	USART2_TX	TIM2_CH3	TSC_G1_IO3	—	—	—	COMP2_OUT
PA3	TIM15_CH2	USART2_RX	TIM2_CH4	TSC_G1_IO4	—	—	—	—
PA4	SPI1_NSS,I2S1_WS	USART2_CK	—	TSC_G2_IO1	TIM14_CH1	—	—	—
PA5	SPI1_SCK,I2S1_CK	CEC	TIM2_CH1_ETR	TSC_G2_IO2	—	—	—	—
PA6	SPI1_MISO,I2S1_MCK	TIM3_CH1	TIM1_BKIN	TSC_G2_IO3	USART3_CTS	TIM16_CH1	EVENTOUT	COMP1_OUT
PA7	SPI1_MOSI,I2S1_SD	TIM3_CH2	TIM1_CH1N	TSC_G2_IO4	TIM14_CH1	TIM17_CH1	EVENTOUT	COMP2_OUT
PA8	MCO	USART1_CK	TIM1_CH1	EVENTOUT	CSR_SYNC	—	—	—
PA9	TIM15_BKIN	USART1_TX	TIM1_CH2	TSC_G4_IO1	—	—	—	—
PA10	TIM17_BKIN	USART1_RX	TIM1_CH3	TSC_G4_IO2	—	—	—	—
PA11	EVENTOUT	USART1_CTS	TIM1_CH4	TSC_G4_IO3	CAN_RX	—	—	COMP1_OUT
PA12	EVENTOUT	USART1_RTS	TIM1_ETR	TSC_G4_IO4	CAN_TX	—	—	COMP2_OUT
PA13	SWDIO	IR_OUT	USB_NOE	—	—	—	—	—
PA14	SWCLK	USART2_TX	—	—	—	—	—	—
PA15	SPI1_NSS,I2S1_WS	USART2_RX	TIM2_CH1_ETR	EVENTOUT	USART4_RTS	—	—	—

表 2　端口 B 复用功能选择

引脚名称	AF0	AF1	AF2	AF3	AF4	AF5
PB0	EVENTOUT	TIM3_CH3	TIM1_CH2N	TSC_G3_IO2	USART3_CK	—
PB1	TIM14_CH1	TIM3_CH4	TIM1_CH3N	TSC_G3_IO3	USART3_RTS	—
PB2	—	—	—	TSC_G3_IO4	—	—
PB3	SPI1_SCK, I2S1_CK	EVENTOUT	TIM2_CH2	TSC_G5_IO1	—	—
PB4	SPI1_MISO, I2S1_MCK	TIM3_CH1	EVENTOUT	TSC_G5_IO2	—	TIM17_BKIN
PB5	SPI1_MOSI, I2S1_SD	TIM3_CH2	TIM16_BKIN	I2C1_SMBA	—	—
PB6	USART1_TX	I2C1_SCL	TIM16_CH1N	TSC_G5_IO3	—	—
PB7	USART1_RX	I2C1_SDA	TIM17_CH1N	TSC_G5_IO4	USART4_CTS	—
PB8	CEC	I2C1_SCL	TIM16_CH1	TSC_SYNC	CAN_RX	—
PB9	IR_OUT	I2C1_SDA	TIM17_CH1	EVENTOUT	CAN_TX	SPI2_NSS, I2S2_WS
PB10	CEC	I2C2_SCL	TIM2_CH3	TSC_SYNC	USART3_TX	SPI2_SCK, I2S2_CK
PB11	EVENTOUT	I2C2_SDA	TIM2_CH4	TSC_G6_IO1	USART3_RX	—
PB12	SPI2_NSS, I2S2_WS	EVENTOUT	TIM1_BKIN	TSC_G6_IO2	USART3_CK	TIM15_BKIN
PB13	SPI2_SCK, I2S2_CK	—	TIM1_CH1N	TSC_G6_IO3	USART3_CTS	I2C2_SCL
PB14	SPI2_MISO, I2S2_MCK	TIM15_CH1	TIM1_CH2N	TSC_G6_IO4	USART3_RTS	I2C2_SDA
PB15	SPI2_MOSI, I2S2_SD	TIM15_CH2	TIM1_CH3N	TIM15_CH1N	—	—

表 3　端口 C 复用功能选择

引脚名称	AF0	AF1
PC0	EVENTOUT	—
PC1	EVENTOUT	—
PC2	EVENTOUT	SPI2_MISO, I2S2_MCK
PC3	EVENTOUT	SPI2_MOSI, I2S2_SD
PC4	EVENTOUT	USART3_TX
PC5	TSC_G3_IO1	USART3_RX
PC6	TIM3_CH1	—
PC7	TIM3_CH2	—
PC8	TIM3_CH3	—
PC9	TIM3_CH4	—
PC10	USART4_TX	USART3_TX
PC11	USART4_RX	USART3_RX
PC12	USART4_CK	USART3_CK
PC13	—	—
PC14	—	—
PC15	—	—

表 4　端口 D 复用功能选择

引脚名称	AF0	AF1
PD0	CAN_RX	SPI2_NSS, I2S2_WS
PD1	CAN_TX	SPI2_SCK, I2S2_CK
PD2	TIM3_ETR	USART3_RTS
PD3	USART2_CTS	SPI2_MISO, I2S2_MCK
PD4	USART2_RTS	SPI2_MOSI, I2S2_SD
PD5	USART2_TX	—
PD6	USART2_RX	—
PD7	USART2_CK	—
PD8	USART3_TX	—
PD9	USART3_RX	—
PD10	USART3_CK	—
PD11	USART3_CTS	—
PD12	USART3_RTS	TSC_G8_IO1
PD13	—	TSC_G8_IO2
PD14	—	TSC_G8_IO3
PD15	CRS_SYNC	TSC_G8_IO4

表 5　端口 E 复用功能选择

引脚名称	AF0	AF1
PE0	TIM16_CH1	EVENTOUT
PE1	TIM17_CH1	EVENTOUT
PE2	TIM3_ETR	TSC_G7_IO1
PE3	TIM3_CH1	TSC_G7_IO2
PE4	TIM3_CH2	TSC_G7_IO3
PE5	TIM3_CH3	TSC_G7_IO4
PE6	TIM3_CH4	—
PE7	TIM1_ETR	—
PE8	TIM1_CH1N	—
PE9	TIM1_CH1	—
PE10	TIM1_CH2N	—
PE11	TIM1_CH2	—
PE12	TIM1_CH3N	SPI1_NSS, I2S1_WS
PE13	TIM1_CH3	SPI1_SCK, I2S1_CK
PE14	TIM1_CH4	SPI1_MISO, I2S1_MCK
PE15	TIM1_BKIN	SPI1_MOSI, I2S1_SD

表 6 端口 F 复用功能

引脚名称	AF
PF0	CRS_SYNC
PF1	—
PF2	EVENTOUT
PF3	EVENTOUT
PF6	—
PF9	TIM15_CH1
PF10	TIM15_CH2

附录 G

STM32F072VBT6 微控制器
存储器映像和外设寄存器编址

总　　线	编址范围	大　小	外　　设
	0xE0000000 ～ 0xE00FFFFF	1 MB	Cortex-M0 内核外设
	0x48001800 ～ 0x5FFFFFFF	～ 384 MB	保留
	0x48001400 ～ 0x480017FF	1 KB	GPIOF
	0x48001000 ～ 0x480013FF	1 KB	GPIOE
AHB2	0x48000C00 ～ 0x48000FFF	1 KB	GPIOD
	0x48000800 ～ 0x48000BFF	1 KB	GPIOC
	0x48000400 ～ 0x480007FF	1 KB	GPIOB
	0x48000000 ～ 0x480003FF	1 KB	GPIOA
	0x40024400 ～ 0x47FFFFFF	～ 128 MB	保留
	0x40024000 ～ 0x400243FF	1 KB	TSC
	0x40023400 ～ 0x40023FFF	3 KB	保留
	0x40023000 ～ 0x400233FF	1 KB	CRC
	0x40022400 ～ 0x40022FFF	3 KB	保留
AHB1	0x40022000 ～ 0x400223FF	1 KB	Flash 接口
	0x40021400 ～ 0x40021FFF	3 KB	保留
	0x40021000 ～ 0x400213FF	1 KB	RCC
	0x40020800 ～ 0x40020FFF	2 KB	保留
	0x40020400 ～ 0x400207FF	1 KB	DMA2
	0x40020000 ～ 0x400203FF	1 KB	DMA
	0x40018000 ～ 0x4001FFFF	32 KB	保留
	0x40015C00 ～ 0x40017FFF	9 KB	保留
	0x40015800 ～ 0x40015BFF	1 KB	DBGMCU
	0x40014C00 ～ 0x400157FF	3 KB	保留
APB	0x40014800 ～ 0x40014BFF	1 KB	TIM17
	0x40014400 ～ 0x400147FF	1 KB	TIM16
	0x40014000 ～ 0x400143FF	1 KB	TIM15
	0x40013C00 ～ 0x40013FFF	1 KB	保留

（续）

总　　线	编址范围	大　　小	外　　设
	0x40013800 ～ 0x40013BFF	1 KB	USART1
	0x40013400 ～ 0x400137FF	1 KB	保留
	0x40013000 ～ 0x400133FF	1 KB	SPI1/I2S1
	0x40012C00 ～ 0x40012FFF	1 KB	TIM1
	0x40012800 ～ 0x40012BFF	1 KB	保留
	0x40012400 ～ 0x400127FF	1 KB	ADC
	0x40012000 ～ 0x400123FF	1 KB	保留
	0x40011C00 ～ 0x40011FFF	1 KB	USART8
	0x40011800 ～ 0x40011BFF	1 KB	USART7
	0x40011400 ～ 0x400117FF	1 KB	USART6
	0x40010800 ～ 0x400113FF	3 KB	保留
	0x40010400 ～ 0x400107FF	1 KB	EXTI
	0x40010000 ～ 0x400103FF	1 KB	SYSCFG + COMP
	0x40008000 ～ 0x4000FFFF	32 KB	保留
	0x40007C00 ～ 0x40007FFF	1 KB	保留
	0x40007800 ～ 0x40007BFF	1 KB	CEC
	0x40007400 ～ 0x400077FF	1 KB	DAC
	0x40007000 ～ 0x400073FF	1 KB	PWR
	0x40006C00 ～ 0x40006FFF	1 KB	CRS
APB	0x40006800 ～ 0x40006BFF	1 KB	保留
	0x40006400 ～ 0x400067FF	1 KB	CAN
	0x40006000 ～ 0x400063FF	1 KB	USB/CAN SRAM
	0x40005C00 ～ 0x40005FFF	1 KB	USB
	0x40005800 ～ 0x40005BFF	1 KB	I2C2
	0x40005400 ～ 0x400057FF	1 KB	I2C1
	0x40005000 ～ 0x400053FF	1 KB	USART5
	0x40004C00 ～ 0x40004FFF	1 KB	USART4
	0x40004800 ～ 0x40004BFF	1 KB	USART3
	0x40004400 ～ 0x400047FF	1 KB	USART2
	0x40003C00 ～ 0x400043FF	2 KB	保留
	0x40003800 ～ 0x40003BFF	1 KB	SPI2
	0x40003400 ～ 0x400037FF	1 KB	保留
	0x40003000 ～ 0x400033FF	1 KB	IWWDG
	0x40002C00 ～ 0x40002FFF	1 KB	WWDG
	0x40002800 ～ 0x40002BFF	1 KB	RTC
	0x40002400 ～ 0x400027FF	1 KB	保留
	0x40002000 ～ 0x400023FF	1 KB	TIM14
	0x40001800 ～ 0x40001FFF	2 KB	保留

（续）

总　　线	编址范围	大　小	外　　设
APB	0x40001400 ～ 0x400017FF	1 KB	TIM7
	0x40001000 ～ 0x400013FF	1 KB	TIM6
	0x40000800 ～ 0x40000FFF	2 KB	保留
	0x40000400 ～ 0x400007FF	1 KB	TIM3
	0x40000000 ～ 0x400003FF	1 KB	TIM2
STM32F07x	0x20004000 ～ 0x3FFFFFFF	～ 512 MB	保留
	0x20000000 ～ 0x20003FFF	16KB	SRAM
	0x1FFFF800 ～ 0x1FFFFFFF	2KB	选项字节
	0x1FFFC800 ～ 0x1FFFF7FF	12 KB	系统存储器
	0x08020000 ～ 0x1FFFC7FF	～ 384 MB	保留
	0x08000000 ～ 0x0801FFFF	128 KB	主 Flash 存储器
	0x00020000 ～ 0x07FFFFFF	～ 128 MB	保留
	0x00000000 ～ 0x0001FFFF	128 KB	主 Flash 存储器、系统存储器或 SRAM

附录 H
寄存器特性缩写列表

寄存器位特性	简称	释　义
read/write	rw	软件可以读写此位
read-only	r	软件只可以读此位
write-only	w	软件只可以写此位，读此位将返回复位值
read/clear	rc_w1	软件不但可以读此位，而且通过写 1 可以清除此位，写 0 对该位的值无影响
read/clear	rc_w0	软件不但可以读此位，而且通过写 0 可以清除此位，写 1 对该位的值无影响
read/clear by read	rc_r	软件可以读此位，读操作自动将此位清 0，写该位对其值无影响
read/set	rs	软件可以读此位并将该位置位，写 0 对该位的值无影响
Reserved	Res.	保留位，必须保持复位时的值

附录 I
术语和缩写对照表

术语和缩写	释 义
ADK	AMBA 设计套件
AHB	高级高性能总线
AHB-AP	AHB 访问端口
AMBA	高级微控制器总线架构
APB	高级外设总线
API	应用编程接口
ASIC	专用集成电路
ATB	高级跟踪总线
CMSIS	Cortex 微控制器软件接口标准
CPI	周期指令比
CPU	中央处理单元
DAP	调试访问端口
DSP	数字信号处理器 / 数字信号处理
DWT	数据监视点和跟踪单元
EP	端点（endpoint）
ETM	嵌入式跟踪宏单元
FPB	Flash 补丁和断点单元
FPGA	现场可编程门阵列
FPU	浮点单元
FSR	错误状态寄存器
ICE	在线仿真器
IDE	集成开发环境
IP	知识产权 IP（具有某种特定功能的 IC 模块）
IRQ	中断请求（一般指外部中断）
ISA	指令集架构
ISR	中断服务程序
ITM	指令跟踪宏单元
JTAG	联合测试行动小组
JTAG-DP	JTAG 调试端口

（续）

术语和缩写	释　义
LR	链接寄存器
LSB	最低位
LSU	加载 / 存储单元
MAC	乘累加
MCU	微控制器单元
MMU	存储器管理单元
MPU	存储器保护单元
MSB	最高位
MSP	主栈指针
MSP（HAL 库）	微控制器专用程序包
NMI	不可屏蔽中断
NVIC	嵌套向量中断控制器
OS	操作系统
PC	程序计数器
PCD（HAL 库）	USB 外设控制驱动
PMA	分组存储区
PMU	电源管理单元
PSP	进程栈指针
PPB	私有外设总线
PSR	程序状态寄存器
RTOS	实时操作系统
SCB	系统控制块
SCS	系统控制空间
SIMD	单指令多数据
SP	栈指针
SoC	片上系统
SRPG	状态保持功率门
SW	串行线
SW-DP	串行线调试端口
SWJ-DP	串行线 JTAG 调试端口
SWV	串行线查看（TPIU 的一种操作模式）
TPA	跟踪端口分析仪
TPIU	跟踪端口接口单元
TRM	技术参考手册
UAL	统一汇编语言
WIC	唤醒中断控制器

附录 J

本书源代码清单及下载链接

本书源代码可从华章公司网站链接下载：www.hzbook.com

推荐阅读

FPGA快速系统原型设计权威指南

作者：R.C. Cofer 等 ISBN：978-7-111-44851-8 定价：69.00元

硬件架构的艺术：数字电路的设计方法与技术

作者：Mohit Arora ISBN：978-7-111-44939-3 定价：59.00元

ARM快速嵌入式系统原型设计：基于开源硬件mbed

作者：Rob Toulson 等 ISBN：978-7-111-46019-0 定价：69.00元

嵌入式软件开发精解

作者：Colin Walls ISBN：978-7-111-44952-2 定价：79.00元

推荐阅读

嵌入式系统导论：CPS方法

作者：Edward Ashford Lee 等 ISBN: 978-7-111-36021-6 定价: 55.00元

嵌入式计算系统设计原理（第2版）

作者：Wayne Wolf ISBN: 978-7-111-27068-3 定价: 55.00元

嵌入式微控制器与处理器设计

作者：Greg Osborn ISBN: 978-7-111-32281-8 定价: 59.00元

计算机组成与设计：硬件/软件接口（原书第4版）

作者：David A. Patterson 等 ISBN: 978-7-111-35305-8 定价: 99.00元